国家出版基金项目
NATIONAL PUBLICATION FOUNDATION

雷达技术丛书

雷达电波环境特性

中国电波传播研究所编写组　编著

電子工業出版社
Publishing House of Electronics Industry
北京 · BEIJING

内 容 简 介

武器系统是在一定的环境中工作的，而电波环境是战场环境的重要组成部分。电波环境对电子和无线电武器系统性能既有抑制作用，又有辅助作用。这些系统的设计、研制、试验和作战都要了解电波环境数据和状态。对电波环境精细结构状态的深入研究和掌握，是使电子和无线电武器系统处于领先地位的重要条件。

本书是“雷达技术丛书”的基础分册之一，为雷达技术提供设计所需的大量环境数据，具有共用性和通用性。本书共 6 章，主要介绍雷达工作环境条件及雷达电波在其中的传播规律。雷达工作环境条件包括地（海）面、低层大气、电离层和深空等空间环境，以及受噪声干扰的电磁环境。本书给出各种环境的描述参数、参数估算方法，各频段雷达电波在各种环境中的传播现象，这些电波传播现象对雷达性能的影响，以及对这些影响的描述、估算方法和修正方法。本书包含丰富的图表和实例，供读者参考使用。

本书可作为从事无线电气象、电波传播、雷达技术、雷达信号处理等领域的研究人员及雷达设计师与雷达部队指挥员和官兵的参考书，也可作为相关专业本科生及研究生的教学参考书。

图书在版编目（CIP）数据

雷达电波环境特性 / 中国电波传播研究所编写组编著. -- 北京 : 电子工业出版社, 2025. 5. --（雷达技术丛书）. -- ISBN 978-7-121-49633-2

Ⅰ. TN95

中国国家版本馆CIP数据核字第2025C2P026号

责任编辑：桑　昀
印　　刷：河北迅捷佳彩印刷有限公司
装　　订：河北迅捷佳彩印刷有限公司
出版发行：电子工业出版社
　　　　　北京市海淀区万寿路 173 信箱　　邮编：100036
开　　本：720×1 000　1/16　印张：34　　字数：766 千字　　彩插：8
版　　次：2025 年 5 月第 1 版
印　　次：2025 年 5 月第 1 次印刷
定　　价：210.00 元

凡所购买电子工业出版社图书有缺损问题，请向购买书店调换。若书店售缺，请与本社发行部联系，联系及邮购电话：（010）88254888，88258888。

质量投诉请发邮件至 zlts@phei.com.cn，盗版侵权举报请发邮件至 dbqq@phei.com.cn。

本书咨询联系方式：（010）88254754。

“雷达技术丛书”编辑委员会

中国电波传播研究所编写组

成　　员：（按姓氏拼音首字母排序）

丁宗华　冯　静　郝晓静　焦培南　李　娜　李清亮

刘　钝　卢昌胜　欧　明　王红光　王聚杰　尹志盈

张红波　张金鹏　张玉石　张忠治　赵翠荣

总 序

雷达在第二次世界大战中得到迅速发展，为适应战争需要，交战各方研制出了从米波到微波的各种雷达装备。战后美国麻省理工学院辐射实验室集合各方面的专家，总结第二次世界大战期间的经验，于1950年前后出版了雷达丛书共28本，大幅度推动了雷达技术的发展。我刚参加工作时，就从这套书中得益不少。随着雷达技术的进步，28本书的内容已趋陈旧。20世纪后期，美国Skolnik编写了《雷达手册》，其版本和内容不断更新，在雷达界有着较大的影响，但它仍不及麻省理工学院辐射实验室众多专家撰写的28本书的内容详尽。

我国的雷达事业，经过几代人70余年的努力，从无到有，从小到大，从弱到强，许多领域的技术已经进入国际先进行列。总结和回顾这些成果，为我国今后雷达事业的发展做点贡献是我长期以来的一个心愿。在电子工业出版社的鼓励下，我和张光义院士倡导并担任主编，在中国电子科技集团有限公司的领导下，组织编写了这套"雷达技术丛书"（以下简称"丛书"）。它是我国雷达领域专家、学者长期从事雷达科研的经验总结和实践创新成果的展现，反映了我国雷达事业发展的进步，特别是近20年雷达工程和实践创新的成果，以及业界经实践检验过的新技术内容和取得的最新成就，具有较好的系统性、新颖性和实用性。

"丛书"的作者大多来自科研一线，是我国雷达领域的著名专家或学术带头人，"丛书"总结和记录了他们几十年来的工程实践，挖掘、传承了雷达领域专家们的宝贵经验，并融进了新技术内容。

"丛书"内容共分3部分：第一部分主要介绍雷达基本原理、目标特性和环境，第二部分介绍雷达各组成部分的原理和设计技术，第三部分按重要功能和用途对典型雷达系统做深入浅出的介绍。"丛书"编委会负责对各册的结构和总体内容审定，使各册内容之间既具有较好的衔接性，又保持各册内容的独立性和完整性。"丛书"各册作者不同，写作风格各异，但其内容的科学性和完整性是不容置疑的，读者可按需要选择其中的一册或数册阅读。希望此次出版的"丛书"能对从事雷达研究、设计和制造的工程技术人员，雷达部队的干部、战士以及高校电子工程专业及相关专业的师生有所帮助。

“丛书”是从事雷达技术领域各项工作专家们集体智慧的结晶，是他们长期工作成果的总结与展示，专家们既要完成繁重的科研任务，又要在百忙中抽出时间保质保量地完成书稿，工作十分辛苦。在此，我代表“丛书”编委会向各分册的作者和审稿专家表示深深的敬意！

本次“丛书”的出版意义重大，它是我国雷达界知识传承的系统工程，得到了业界各位专家和领导的大力支持，得到参与作者的鼎力相助，得到中国电子科技集团有限公司和有关单位、中国航天科工集团有限公司有关单位、西安电子科技大学、哈尔滨工业大学等参与单位领导的大力支持，得到电子工业出版社领导和参与编辑们的积极推动，借此机会，一并表示衷心的感谢！

中国工程院院士

2012 年度国家最高科学技术奖获得者

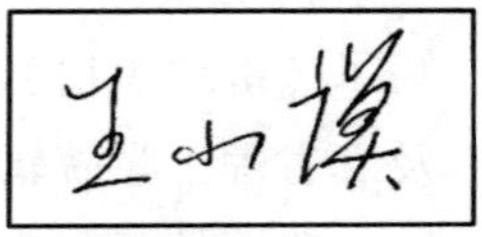

2022 年 11 月 1 日

前言（第二版）

作为精品图书“雷达技术丛书”的分册之一，由已故电波界前辈焦培南研究员和张忠治研究员编著的《雷达环境与电波传播特性》集中体现了我国电波传播研究的重要成果，凝聚了两位前辈的心血和智慧，是我国电波传播研究的宝贵财富。在“雷达技术丛书”修订再版之际，受王小谟院士、张光义院士、刘宪兰编辑和中国电波传播研究所领导的鼓励与支持，为体现近几年电波传播研究的新进展，尝试对《雷达环境与电波传播特性》进行修订，并将书名修改为《雷达电波环境特性》，具体修订内容如下。

第 1 章重点对 1.2.3 节“电波环境信息技术的应用与发展”进行了修订，补充介绍了新研制的第二代电波环境基础信息服务系统——电波环境信息保障系统（2.0 版）的相关内容，根据近几年的研究进展对人工电波环境技术进行了改写，按逻辑关系对 1.3 节和 1.4 节的相关小节进行了顺序调整和内容整合。

第 2 章重点对雷达地海杂波进行了修订与补充。在 2.9 节将第一版的辐射计更改为两种专用的地海杂波测量系统，这更符合地海杂波测量技术现状。在 2.10 节补充了自第一版之后中国电波传播研究所开展的地杂波测量数据和统计分析结果，特别是机载测量有关结果。2.11 节是本章的修订重点，基于中国电波传播研究所近年来对海杂波的深入研究，对本节几乎进行了重新撰写。

第 3 章在第一版结构基本不变的基础上，主要增加了两部分内容：一是 3.4.2 节的中层与低热层环境（临近空间）特征，二是 3.8 节的无线电气象参数测量技术。根据近年来对流层的研究进展，补充修订了 3.2.3 节、3.2.4 节、3.3.3 节、3.3.4 节、3.3.7 节、3.5.1 节、3.5.3 节等。对第一版 3.3.5 节的射线描迹技术和第一版 6.3.2 节的抛物方程理论进行整合，形成了 3.3.6 节“大气波导传播计算方法”。将第一版 3.3.5 节和 3.3.6 节部分内容移到了 6.3.1 节。

第 4 章重点修订了两部分内容。一是 4.1.4 节“电离层的测量方法”，新增了地基 GNSS 电离层 TEC 测量、低轨卫星信标电离层测量和相干散射测量等电离层测量方法，去掉了法拉第旋转、多普勒效应、电离层探针等非常用的测量方法。二是新增 4.7.2 节“返回散射扫频电离图”，第一版中对实际应用较多的返回散射扫频电离图介绍较少，新增部分给出了在各种复杂情况下的返回散射扫频电离图样例。另外，对第一版的4.3.3节和4.5节进行整合，形成了4.5节“电离层电波传播特性”。

第5章第一版主要参考国际电信联盟推荐书ITU P.372编写而成，本想就5.6节的中国大气噪声数据进行修订，但研究发现，由于中国近年来城乡发展速度快，环境噪声电平随区域、时间变化大，传统统计意义上的噪声系数已不能完全反映雷达装备所在地的噪声特性，必须有针对性地开展实地测量与研究，因此，本章内容基本未动。

第6章重点对6.3节进行了修订补充，除了对6.3.1进行改写，新增了6.3.2节“地波超视距雷达电离层污染分析”、6.3.3节“合成孔径雷达（SAR）电离层影响分析”、6.3.4节“杂波环境中雷达探测性能分析”和6.3.5节“探地雷达探测性能分析”等内容，以反映电波传播在雷达装备中的应用成果。

此外，在修订过程中对第一版的编写和印刷错误进行了更正。

本次修订工作由中国电波传播研究所编写组完成，由李清亮策划统稿。本书引用了中国电波传播研究所历年大量研究成果，特别是继承了已故的焦培南和张忠治两位电波界前辈编著的《雷达环境与电波传播特性》一书中的部分章节，得到中国电波传播研究所领导、科技委、科技发展部，以及第二、三、四研究部和电波环境及模化技术重点实验室等方面的大力支持，李海英博士提供了部分插图素材并配合图文修改，许心瑜高工参与了文字校对和编排，西安电子科技大学郭立新教授百忙之中对修订稿进行了认真审阅，并提出了诸多宝贵意见建议，在此一并表示诚挚感谢。

尽管我们怀着一颗虔诚和勇敢的心，试图把前辈留下的事业发扬光大，把本次修订工作做好，但由于水平有限，肯定存在错误与不足，敬希读者批评指正。

李清亮　执笔

2022年3月

前言（第一版）

武器系统是在一定的环境中工作的，而电波环境是战斗环境的重要组成部分。电波环境对电子和无线电武器系统性能既有抑制作用，又有辅助作用。这些武器系统的设计、研制、生产、试验和作战需要相关电波环境数据和状态。对电波环境状态和数据的深入研究和掌握，将尽可能减小环境对武器系统的抑制作用，使环境成为武器系统性能的倍增器；对电波环境精细结构状态的深入研究和掌握，是使电子和无线电武器系统处于领先地位的重要条件。

本书是“雷达技术丛书”的基础分册之一，为雷达技术提供设计所需的大量环境数据，具有共用性和通用性。本书以电波环境为线索，既反映了电波环境和电波传播学科的发展新动向与研究新成果，又针对各种雷达的需求，集中而有效地提供设计所需的大量环境数据，形成了适合工程科技人员研究、雷达设计使用的新写作体系。本书也注意将所用数据与当前施行的电波传播和电波环境的国标、军标相接。本书理论力求深入浅出，电波环境数据力求可靠全面、方便实用和本国化。

本书主要介绍雷达工作环境条件及雷达电波在其中的传播规律。雷达电波频率范围从高频段到毫米波。雷达工作环境条件包括地（海）面、低层大气、电离层和深空等空间环境，以及受噪声干扰的电磁环境。本书给出各种环境的描述参数、参数估算方法，各频段雷达电波在各种环境中的传播现象，这些电波传播现象对雷达性能的影响，以及对这些影响的描述、估算方法和修正方法。本书附有大量曲线、图表等数据，可供读者参考使用。

第 1 章为概论，重点介绍电波传播原理、雷达方程的环境因子。

第 2 章为地面、海面环境与雷达电波特性，重点介绍地面反射、绕射、衰减和多径特性的计算方法，以及地面、海面杂波，气象、飞鸟、昆虫杂波特性。

第 3 章为对流层环境与雷达电波特性，对流层的介电特性随时间和空间变化，它对 VHF 以上频段地基和天基雷达的电波传播有重要的影响。本章重点介绍对流层的特性参数、数学模型及其预测方法；大气波导、气象杂波；不同频段的雷达电波在对流层中传播的闪烁、反常传播、衰减、折射的计算方法，以及折射效应的修正方法。

第 4 章为电离层环境与雷达电波特性，电离层是十分复杂的随机、色散、不均匀和各向异性介质，它对高频天波超视距雷达的电波传播和运作有重要影响，同时对通过电离层的 VHF 以上频段地基和天基雷达的电波传播也有不同程度的影响。本章重点介绍电离层环境的特性参数、数学模型及其预测计算方法；不同频段的雷达电波在电离层环境中传播的各种效应及其预测方法，以及这些效应的修正方法。

第 5 章为雷达噪声与干扰环境，噪声和干扰对雷达检测目标信号是一个门限因素。雷达噪声和干扰是随着频率、时间和空间位置变化的。本章重点介绍频率为 0.1kHz～100GHz 的噪声电平。噪声和干扰源包括：大气层气体、地球表面、银河和天体的辐射，流星干扰，人为和大气无线电噪声。

第 6 章为电波传播环境信息的实际运用，重点介绍在雷达设计和运作中如何运用电波传播环境信息及评估雷达性能。

本书第 2 章由张忠治撰写，其他 5 章由焦培南撰写。本书引用了中国电波传播研究所历年大量研究成果和主持编著的国家标准，以及国际电信联盟（1TU）的推荐书与报告书。刘成国、刘拥军博士，吴健、康士峰、王先义、赵振维等研究员为本书提供了很多近期研究成果。本书撰写过程得到王小谟、张光义和保铮院士的指导，得到邱荣欣高级工程师、刘宪兰编审的审改，得到中国电波传播研究所董庆生所长的大力支持。陈慧军、鲁亚萍、高艳玲在录入和制图方面做了大量工作。在此一并表示诚挚的感谢。

尽管我们试图献给读者一本好书，但由于水平的限制和经验不足，缺点一定不少，甚至还有错误，希望读者批评指正。

焦培南

2006 年 10 月

目　录

第1章　概论 ······ 001

1.1　引言 ······ 002

1.1.1　日地空间 ······ 002

1.1.2　空间电波环境与电磁环境 ······ 003

1.1.3　电波环境信息 ······ 004

1.2　电波环境信息技术 ······ 005

1.2.1　电波环境与雷达的关系 ······ 005

1.2.2　电波环境信息技术学科概要 ······ 006

1.2.3　电波环境信息技术的应用与发展 ······ 008

1.3　雷达电波频段和雷达电波传播方式 ······ 014

1.3.1　雷达电波频段 ······ 014

1.3.2　雷达电波传播方式 ······ 016

1.3.3　常见各频段雷达的主要特点 ······ 018

1.4　电波环境对雷达性能的影响 ······ 021

1.4.1　电波环境各区域特征 ······ 022

1.4.2　雷达环境的电波传播效应 ······ 024

1.4.3　传播效应对雷达的影响 ······ 027

参考文献 ······ 030

第2章　地海面及其电波传播特性 ······ 031

2.1　描述地海面传播特性的几个重要概念 ······ 032

2.1.1　方向图传播因子 ······ 032

2.1.2　后向散射系数 ······ 033

2.1.3　几种角度间的关系 ······ 034

2.2　地海面的介电特性 ······ 034

2.2.1　纯水的复介电常数 ······ 035

2.2.2 冰的复介电常数 …… 035
2.2.3 海水的复介电常数 …… 037
2.2.4 土壤的复介电常数 …… 038
2.2.5 典型地面的电参数 …… 040
2.3 地海面的地波传播衰减 …… 041
2.3.1 地波传播衰减计算 …… 041
2.3.2 均匀光滑球形地面衰减 …… 042
2.3.3 粗糙海面附加传播衰减 …… 042
2.4 地海面的反射系数 …… 061
2.4.1 平面反射系数和透射系数 …… 061
2.4.2 地海面的反射系数 …… 063
2.4.3 Fresnel 椭球和反射 Fresnel 区 …… 063
2.4.4 扩散因子 …… 074
2.4.5 表面粗糙度对反射系数的影响 …… 074
2.5 地面及障碍物绕射 …… 077
2.5.1 光滑地球表面绕射 …… 077
2.5.2 山脊绕射 …… 079
2.5.3 圆顶障碍的绕射计算 …… 080
2.5.4 多重障碍绕射 …… 082
2.6 多径干涉效应 …… 083
2.6.1 产生机制 …… 083
2.6.2 多径传播的天线方向图因子 …… 084
2.6.3 多径干涉效应引起的角度误差 …… 086
2.7 植被树林的衰减 …… 088
2.8 地海杂波理论模型 …… 088
2.8.1 简单模型 …… 089
2.8.2 粗糙表面散射理论模型 …… 091
2.8.3 杂波的起伏特性 …… 094
2.9 地海杂波的测量技术 …… 098
2.9.1 测量原理 …… 098
2.9.2 测量技术 …… 100
2.10 地杂波的测量数据 …… 106
2.10.1 典型地形地物的散射系数和模型 …… 107
2.10.2 地杂波的统计特性 …… 117

2.11 海杂波 …… 126
2.11.1 海面状态描述 …… 126
2.11.2 海杂波的一般特性 …… 130
2.11.3 实测海杂波散射系数 …… 137
2.11.4 海杂波的统计特性 …… 140
2.11.5 海杂波的频谱特性 …… 148
2.11.6 影响海面杂波特性的其他因素 …… 158
2.11.7 短波频段海杂波特性 …… 158
2.12 飞鸟昆虫和气象杂波 …… 161
2.12.1 飞鸟昆虫杂波 …… 161
2.12.2 气象杂波 …… 162
参考文献 …… 163
第 3 章　对流层及其电波传播特性 …… 167
3.1 对流层特性 …… 168
3.2 大气无线电气象参数与折射率 …… 169
3.2.1 大气折射率的变化 …… 170
3.2.2 对流层大气折射率模型 …… 177
3.2.3 降雨率分布 …… 184
3.2.4 水蒸气含量分布 …… 189
3.3 大气波导 …… 191
3.3.1 大气波导的形成原因 …… 192
3.3.2 大气波导结构和特征 …… 194
3.3.3 中国大气波导出现率及特征量 …… 194
3.3.4 全球大气波导出现率及特征量 …… 200
3.3.5 大气波导传播条件 …… 215
3.3.6 大气波导传播计算方法 …… 217
3.3.7 大气波导预报 …… 225
3.4 对流层顶与临近空间 …… 233
3.4.1 平流层特性 …… 233
3.4.2 中间层与低热层特性 …… 239
3.5 对流层电波传播衰减 …… 244
3.5.1 大气气体吸收 …… 244
3.5.2 水凝物衰减 …… 248

3.5.3 云雾、沙尘衰减 …… 253
3.5.4 对流层波导传播损耗 …… 256
3.6 对流层闪烁 …… 258
3.7 大气折射误差修正 …… 260
3.7.1 大气折射基本概念 …… 260
3.7.2 大气折射误差及修正 …… 265
3.8 无线电气象参数测量技术 …… 285
3.8.1 无线电气象参数的接触式测量 …… 285
3.8.2 无线电气象参数的遥感探测 …… 287
参考文献 …… 293

第 4 章 电离层及其电波传播特性 …… 297

4.1 电离层概述 …… 298
4.1.1 电离层结构 …… 298
4.1.2 电离层的电离源 …… 300
4.1.3 电离层的主要特征参数 …… 303
4.1.4 电离层的测量方法 …… 310
4.2 电离层特征参数估算 …… 319
4.2.1 E 层参数估算 …… 320
4.2.2 F_2 层参数估算 …… 321
4.3 电离层电子浓度剖面模型 …… 322
4.3.1 模型种类 …… 323
4.3.2 中国典型电离层数据 …… 328
4.4 电离层不均匀性与不规则变化 …… 332
4.4.1 Es 层 …… 332
4.4.2 扩展 F 层 …… 333
4.4.3 电离层行波式扰动 …… 334
4.4.4 突然电离层骚扰 …… 334
4.4.5 电离层暴 …… 335
4.4.6 极盖吸收与极光吸收 …… 336
4.5 电离层电波传播特性 …… 336
4.5.1 电离层折射指数 …… 336
4.5.2 电离层反射与折射 …… 338
4.5.3 电离层法拉第旋转 …… 340

4.5.4 电离层色散 …… 341
4.5.5 多普勒效应 …… 342
4.5.6 电离层传播时延 …… 342
4.6 电离层闪烁 …… 343
4.6.1 闪烁指数 …… 344
4.6.2 闪烁信号强度的瞬时分布及功率谱特性 …… 345
4.6.3 闪烁全球形态分布及其变化特性 …… 346
4.6.4 中国、东亚地区电离层闪烁衰落统计 …… 349
4.7 电离层返回散射传播 …… 351
4.7.1 传播机理与应用 …… 351
4.7.2 返回散射扫频电离图 …… 352
4.7.3 返回散射定频电离图 …… 356
4.7.4 最小时延线 …… 359
4.7.5 天波超视距雷达的坐标变换 …… 362
4.7.6 返回散射回波能量 …… 366
4.8 电离层传播衰减 …… 370
4.8.1 天波雷达路径传播衰减 …… 370
4.8.2 穿过电离层的电波传播衰减 …… 375
参考文献 …… 376

第 5 章 无线电噪声与干扰 …… 379

5.1 无线电噪声与干扰 …… 380
5.1.1 无线电噪声 …… 380
5.1.2 无线电干扰 …… 381
5.1.3 噪声强度及其相关术语 …… 381
5.2 0.1Hz～100GHz 范围的 F_a 预期值 …… 383
5.2.1 0.1 Hz～10 kHz 频段 F_a 预期值 …… 383
5.2.2 10kHz～100MHz 频段 F_a 预期值 …… 384
5.2.3 100 MHz～100 GHz 频段 F_a 预期值 …… 384
5.3 地球表面及其大气层辐射噪声 …… 386
5.3.1 晴空大气亮温（噪声） …… 386
5.3.2 地球表面亮温 …… 388
5.4 地球以外的噪声源 …… 390
5.4.1 银河系噪声 …… 391

5.4.2 天体辐射 …… 396
5.5 人为无线电噪声 …… 396
5.5.1 预期值 …… 397
5.5.2 场强与极化 …… 399
5.6 大气无线电噪声 …… 399
5.6.1 雷电特性 …… 400
5.6.2 预期值 …… 401
5.6.3 中国大气噪声实际测量数据 …… 453
5.7 无线电干扰 …… 457
5.7.1 非蓄意干扰 …… 457
5.7.2 蓄意干扰 …… 458
参考文献 …… 459

第 6 章 电波环境信息的应用 …… 460

6.1 电波折射修正的实际应用 …… 461
6.1.1 雷达垂直面作用范围图修正 …… 461
6.1.2 雷达测量值修正 …… 473
6.2 电波衰减的实际应用 …… 477
6.2.1 雷达最大探测距离修正 …… 477
6.2.2 目标回波功率密度计算 …… 479
6.2.3 短波地波超视距雷达传播衰减计算 …… 480
6.2.4 短波天波超视距雷达传播衰减计算 …… 481
6.2.5 超短波雷达传播衰减计算 …… 481
6.2.6 微波、毫米波雷达传播衰减计算 …… 482
6.3 电波环境中雷达性能评估 …… 483
6.3.1 大气波导中微波雷达性能评估 …… 483
6.3.2 地波超视距雷达电离层污染分析 …… 490
6.3.3 合成孔径雷达（SAR）电离层影响分析 …… 493
6.3.4 杂波环境中雷达探测性能分析 …… 499
6.3.5 探地雷达探测性能分析 …… 518
参考文献 …… 525

第1章 概论

本章是全书的开篇绪论。首先介绍电波环境概念及电波环境信息技术学科的概要，指出电波环境是环境的重要组成部分，电波环境与雷达系统的关系是一种互相依存关系，特别是对雷达系统性能既有抑制作用，又有辅助作用。要使雷达性能达到最佳，必须使雷达工作参数与电波环境匹配。本章接着指出它是“雷达技术丛书”的基础分册之一，为“雷达技术丛书”其他分册提供设计所需的大量电波环境数据。之后，本章介绍雷达电波传播方式和雷达频段划分及各雷达频段的电频传播特性。最后，本章给出雷达环境的各种电波传播效应及其对雷达性能影响的概要。

1.1 引言

由于雷达工作环境处在地球大气的近地空间之中，这个区域是受太阳影响的日地空间环境的一部分。这里对日地空间、雷达环境及雷达电波环境之间的关联和关系做简要概述。

1.1.1 日地空间

对雷达而言，最感兴趣的电波环境主要是离地面几千千米高度（或者高至同步卫星轨道 3.57×10^4km）以下的近地空间。但是，研究和了解近地空间特性必须涉及日地空间环境的整体联系。日地空间是受太阳支配的，它包括从太阳至地球的广大空域。

1. 太阳

从天体物理的观点来看，太阳是一颗中等质量和亮度的恒星，是银河系中1000多亿颗恒星之一。太阳及其八大行星所构成的太阳系空间（直径约为120亿千米），还不到银河系所占空间的一亿分之一。太阳以其巨大的引力、电磁辐射和粒子辐射三种形式的能量，支配着太阳系内行星的运动，为各行星和星际空间的生命和自然现象提供能量和施加影响。日地空间特性取决于太阳的能量辐射和各层区的各种动力学过程。

2. 日地空间

太阳以约27个地球日为周期自转，而地球赤道面（垂直于自转轴）与黄道面（地球绕太阳公转轨道）具有约23.44°的固定偏角（黄赤交角），同时地球自转轴又偏离地球极轴11.3°。因此，太阳表面不同区域和不同特性的扰动与辐射，特别是太阳风（从太阳上层大气射出的超声速等离子体带电粒子流）和高能粒子辐射，使地球系统的输入及其引发的地球物理效应具有较为复杂的图像。日地空间各层次，包括太阳、太阳大气和行星际空间、地球磁层、热层与电离层、低层中性大气（平流层和对流层）及地球表面和内部，构成了相互联系的整体，常称日地系统，日地系统示意图如图 1-1 所示。

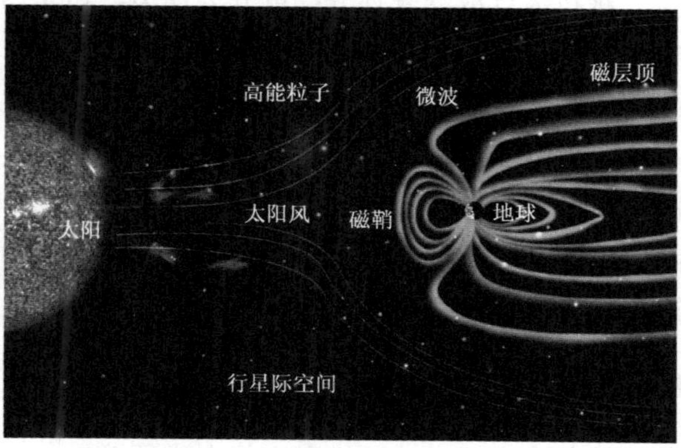

图 1-1　日地系统示意图

不同频率雷达电波通过地球附近的近地空间各层区时均会受到不同程度的影响。从电波传播角度来讲，日地空间环境中的近地空间环境是雷达电波的主要传播环境，也是本书要研究的空域。

3．日地关系

自人造地球卫星开始应用，人类进入空间时代多年来的研究和实践表明，由太阳扰动引发的“空间天气和气候”问题，有可能给空间和地面的技术系统，包括雷达系统，带来严重的威胁，甚至造成巨大的影响和损失。太阳能量的输出和扰动变化对地球大气微量气体与气候过程有强大影响，从而可能影响地面气候和生物圈的生态环境。日地关系的本质反映的是日地空间能量及扰动对人类活动的影响，具体表现为“空间天气和气候”的变化。有人形象地说：“太阳打喷嚏，地球会感冒。”

1.1.2　空间电波环境与电磁环境

1．空间电波传播环境

人类生活在地球大气底层，雷达设备大部分亦处在地面或高层大气之中，因而雷达工作环境包括地面（下）至外层空间整个高层大气。因此，整个地球大气所发生的各种自然现象和物理过程都直接和间接地影响雷达的工作性能。

整个地球高层大气可分为若干层。但根据大气不同的物理特征，可有完全不同的划分方法，常见的有下面几种。第一种按大气热状态来划分：可分为对流层、平流层、中层、热层和外层（或逃逸层），其中，从平流层到部分热层（20～120km）又称临近空间。第二种按大气成分来划分：可分为均匀层和非均匀层。第三种按大气电离状态来划分：可分为非电离层和电离层（电离层又可分为 D 层、E 层、F 层）。第四种按特殊化学成分来划分：如臭氧层等。

我们采用按垂直高度分布介质区域的电气特性及其对无线电波传播有显著不同影响的分法，即把整个雷达工作的空间环境分为地（海）面、对流层、平流层、中层、电离层（直到深空间）等区域，其中，从平流层到电离层 E 层为临近空间。本书将逐一对其环境特性及电波传播特性进行研究。

2. 空间电磁环境

雷达实际工作环境包含空间电波环境和空间电磁环境。

空间电磁环境也是很复杂的。空间电磁环境包含自然界电磁辐射和人为干扰。自然界电磁辐射频谱范围为 10^3～10^{24}Hz，电磁辐射强度为 10^{-33}～10^{-11} $Wm^{-2}Hz^{-1}$。对现代雷达频谱（3MHz～300GHz）而言，自然界噪声系数 F_a（用 dB 数表示）为 −20～100dB，而人为噪声系数 F_a 为 0～60dB。人为无线电干扰包括无意干扰和有意干扰，对于前者多采用避开的办法，而对于后者则采用抗干扰技术。

1.1.3 电波环境信息

1. 信息内涵

雷达环境及其传播特性是以电波环境信息为基础的。电波环境信息包括空间天气信息与空间电磁环境信息。具体地说，它包含空间电波环境和空间电磁环境的形态，空间和时间的分布与变化，不同频率电波与之相互作用的效应、现象和规律。这些信息直接关系着空间和地面雷达系统的正常工作与寿命，而进一步利用这些信息改善雷达设计和指挥雷达工作，使雷达系统与电波环境更加匹配，使雷达工作性能发挥得更加超群。

2. 信息的获取

电波环境是空间环境的一部分，既有局域相对独立性，又有全球关联性。一般来说，电波环境信息的获取首先采用无线电探测和遥感的方法，来获得无线电波与环境相互作用的数据，然后将无线电波与环境相互作用的数据反演为环境的状态及时空变化。同时，还需要在全球实现同步观测和数据交换，以在更大范围内了解其时空变化的关联性。因此，需要以国际合作、区域间联合观测，以及建立世界数据中心等形式，实现全球数据共享。

3. 信息的统一描述

由于电波环境是具有时空变化的大系统，其信息的统一描述面临很多基础性问题，如信息的度量基准和标准、时空变化的同步性、反演认知程度、不确定性的解释、表述与可视化等问题。这些问题必须在全球范围内具有一致性。因此，在联合国的框架内国际上建立了各学术领域的协商机构，并在各国已有标准基础上建立了统一的标准。

1.2 电波环境信息技术[1]

电波环境信息技术是研究电波环境的一门科学，是信息科学的重要组成部分，也是空间天气科学的一个重要科学分支和前沿领域。它通过研究日地关系、空间大气环境及其信息传输过程和物理机制，揭示电波环境的形态及其时间、空间分布，探讨不同频段电磁波在其中传播的规律及对各种无线电系统的影响，进而对各种影响进行评估和修正。

1.2.1 电波环境与雷达的关系

环境不是武器系统的一个具体部件，因此长期被人们忽视。对环境信息的掌握程度，对于武器系统处于领先地位具有重要性，这是直到 20 世纪 80 年代人们才逐步认识到的。

雷达系统都是在一定环境下运作的。电波环境是环境的重要组成部分。电波环境与雷达系统是一种互相依存的关系，对雷达系统性能既有抑制作用，又有辅助作用。电波环境虽然不是一种具体的装备或系统的一个具体部件，但它在系统设计和运作中起着重要作用。由于器件设计技术和信号处理技术的飞速发展，雷达系统整体水平有了很大提高。随着系统灵敏度和精度的提高，系统受自然环境条件的影响越来越大，对电波环境信息依赖性的程度也越来越高。

1. 雷达系统设计和作战的需要

在设计、研制、生产、试验和作战时，雷达系统都要了解电波环境状态和数据。电波环境状态对不同频段的雷达影响是不同的，不同频段的雷达对电波环境状态信息的要求也是不一样的。例如，平流层平台雷达是一个新的雷达系统，在其设计、研制、生产、试验和作战时，都要了解平流层和对流层环境状态和数据。例如，平流层的风场、压力场和对流层的衰减等数据对平流层平台雷达的影响是至关重要的。又如，微波雷达的测速、定位精度会受高层、低层大气的影响，因此大气折射率数据是进行精度修正所必需的。

2. 雷达性能的倍增器

对电波环境状态和数据的深入研究与掌握，可使雷达系统工作参数与环境相匹配，环境就成为雷达系统性能的倍增器。最典型的例子就是微波雷达的超视距探测。在一般条件下，微波雷达只能对视野范围内的目标进行探测，不可能对地球曲率以下的目标进行探测。但如果掌握了低层大气环境大气波导的出现率和状态数据，就可能对地球曲率以下的目标进行探测和定位，研制微波超视距雷达就成为可能。又如，短波天波超视距雷达这种新体制雷达，除了雷达目标探测通道，还有同时工作的地球物理条件自适应通道和干扰自适应监测通道。这两个通道既可以专门保证雷达系统工作参数与其工作环境相匹配，以使雷达系统性能最佳，又可以用来为雷达实时获得电波环境状态数据及自适应给出评估决策。

3. 雷达系统领先的重要条件

雷达系统灵敏度越高、精度越高，受自然环境条件影响就越大，对电波环境信息要求也就越高。近代战争的启示之一就是，局部战争需要全局的信息（包括电波环境信息）支援，发展天地一体化的信息综合系统势在必行。电波环境精细结构状态的深入研究和掌握是使雷达系统处于领先地位的重要条件。

在战争中，人工控制环境让对方的雷达电波或干扰电波偏离己方目标，或者延伸己方雷达电波的作用距离，从而抑制对方，保护自己，这就是一种环境武器的概念。例如，“人工电离层调控”就可能发展成一种“环境武器”。

然而，不管是要使装备与电波环境匹配，还是人工控制环境，都必须掌握和了解电波环境信息。提高现有装备系统的能力和性能或优化新系统设计，必须清楚了解和掌握电波环境因素的限制和可能影响。在战争情况下更是如此，谁透彻地掌握了武器环境特性，谁就有可能保持武器系统的优势，近代局部战争已充分证实了这一点。

1.2.2 电波环境信息技术学科概要

电波环境的研究是一门内涵丰富的学科，被称为电波环境信息技术学科，是高度综合和集成的学科。

电波环境信息技术以空间定位系统、地理信息系统及地面、空基和星基的遥感、观测系统等信息技术为主要内容，以计算机技术、通信技术为主要支撑，还包括与电波环境有关数据和信息的采集、测量、分析、表征、预测、建模、存储、管理、显示和发布等技术。它是以日地关系、电磁理论及电波传播理论为基础，以高新技术为技术支撑的新兴学科，是信息科学的重要组成部分，也是天地一体化的信息综合系统的重要基础。它是空间天气科学的一个重要科学分支和前沿领域。

现代战争多以高、新、尖武器精确打击为主，通过全球信息全覆盖、无缝连接，实现全面的空、地攻防对抗进而实现所谓“零伤亡”的局部战争。支撑这种战争概念的核心技术就是天地一体化的电子信息综合系统，而电波环境信息是其中极重要的一部分。

电波环境信息技术通过日地关系、空间大气环境、信息传输过程和物理机制的研究，揭示电波环境形态、时空分布及不同频段电磁波传播规律。这里进行简要介绍。

1. 电波环境信息技术基础理论问题

电波环境信息技术基础理论问题包括电波环境信息基准、信息标准化、信息的时空变化、信息认知、信息的不确定性、信息解释与反演、信息表达与可视化等。

1）信息基准

信息基准包括几何基准、物理基准和时间基准。它们是确定电波环境信息几何形态和时空分布的基础。

2）信息标准化

电波环境信息具有定位特征、定性特征、关系特征和时间特征。它的获取主要依赖地面或空间信息观测网各种频段的各种探测手段，因此测量数据必须实现信息标准化。信息标准化包括：数据采集标准、存储和交换格式标准、分类与代码、安全保密及技术服务标准等。信息标准化是把电波环境信息的最新成果迅速地、强制性地转化为生产力的重要手段，信息标准化程度将决定以电波环境信息为基础的产业经济效益和社会效益。

3）信息的时空变化

电波环境是一个时空变化的巨大系统，其特征之一是在时间、空间尺度上演化和变化。不同物理现象的时间、空间尺度的跨度可能有十几个数量级。电波环境时空变化理论，一方面，要揭示和掌握电波环境的时空变化特征和规律，并加以模型化描述，形成规范化的理论基础，以使空间特征的静态描述有效地转向对过程的多维动态描述和监测分析；另一方面，对不同的需求，要进行时间优化与空间尺度的组合，以解决不同尺度下信息的衔接、共享、融合和变化检测问题。

4）信息认知

电波环境的信息以地球空间中各个相互联系又相互制约的元素为载体，结构上具有分层性，各元素的空间位置、形态、层次、联系及制约关系均具有识别性，通过形态分析、成因分析、时间过程分析及演化动力学分析，解释和推演环境变化及电波传播效应，以达到对电波环境的多种认知。

5）信息的不确定性

电波环境信息是对电波传播现象的观测、度量基础上的抽象和近似描述，因此存在信息的不确定性，而且它们随时间变化，这使得信息管理十分复杂和困难。不确定性包括类型的、空间位置的、空间关系的、时域的不确定性，以及逻辑上的不一致性和数据的不完整性。

6）信息解释与反演

通过对电波环境信息的定性解释和定量反演，展现电波环境系统状态，揭示时空变化规律，从现象到本质回答电波环境对电波传播过程中面临的资源、环境和灾变诸多重大科学问题和重大事件，是电波环境科学的最终目的。

7）信息表达与可视化

由于计算机中的电波环境数据和信息以数字形式存储，为更好地了解和利用这些信息，需要研究这些信息的表达和可视化。这主要涉及数据库和多比例的表述、数字地图综合、图形可视化、动态仿真和虚拟现实等。

2. 电波环境信息技术的技术体系

电波环境信息技术的技术体系是电波环境信息采集、处理、分析、表述、发布和应用等一系列技术方法所构成的一组完整技术方法的总和。它是实现电波环境信息从采集到应用的技术保证，并能在自动化、时效性、详细程度、可靠性等方面满足实用的需要。电波环境信息技术的技术体系在技术手段上包括：空间定位技术，地、空、天基观测遥感技术，地理信息技术，数据通信技术及计算机模拟技术，并贯穿电波环境信息要素及其变化的探测、采集、处理、管理、分析、表征、预测、建模、仿真、发布和应用等一系列的技术方法。

1.2.3 电波环境信息技术的应用与发展

进入 21 世纪，电波环境信息技术发展的最重要标志是从数据服务全面转向信息服务，从专用信息转向公共服务信息，实现利用电波环境信息观测网和巨型数据库的虚拟网使全球共享电波环境信息资源。在此基础上，形成了国际空间环境服务组织（ISES）、世界数据中心和多个区域中心及其服务网。

近年来，在“信息系统武器化”推动下，我国电波环境信息技术在系统级电波环境基础信息服务系统、嵌入式电波环境实时诊断与修正系统（装备系统自适应硬件分系统）和人工电波环境技术系统 3 个方面均得到了发展和完善。

1．系统级电波环境基础信息服务系统

以电波环境基础信息为基础，为雷达设计、研制、生产、试验和作战提供电波环境基础信息服务系统，包括电波环境数据库、远程查询服务单元、信息发布服务单元、环境特征提取与可视化单元及数据库管理系统，电波环境基础信息服务系统组成框架如图 1-2 所示。

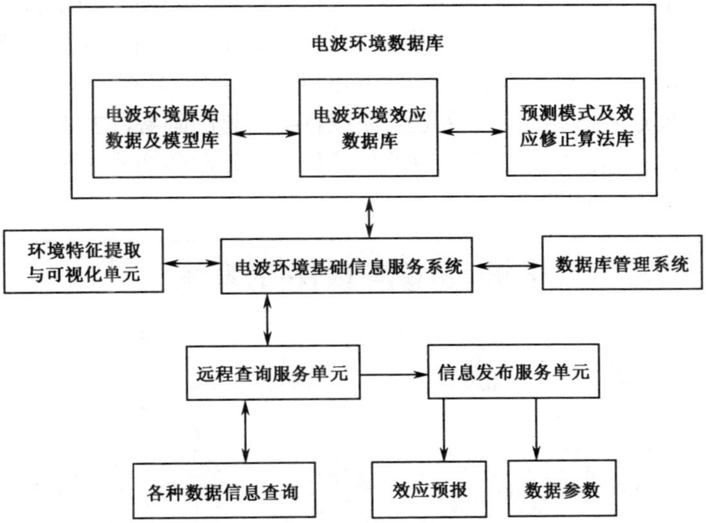

图 1-2　电波环境基础信息服务系统组成框架

数据库主要包括原始数据及模型、电波环境效应、预测模型及效应修正计算方法等，各数据库由多种表格、公式、可视图形和曲线组成。

远程查询服务单元由多个网页组成，向用户提供方便易用的查询界面，并把查询结果以各种形式通过网页显示给用户，并可以实现保存和打印功能。

信息发布服务单元的功能主要通过有线和无线通信网络、因特网，甚至是专业媒体如广播、电视向用户或大众发布。

数据库管理系统的功能主要包括数据库修改、添加、备份、恢复等。

我国第一个系统级电波环境基础信息服务系统——电波环境信息实时查询系统（1.0 版）由中国电波传播研究所于 2002 年研制成功，并在专门网站上发布。查询

内容包括：电离层突然骚扰和电离层暴预报；全国短波通信电路实时通信频率；全国电离层参数实时分布；短波通信电路通信频率及电路性能长期预测；卫星通信系统电路设计。该查询系统解决了我国电波环境实时保障的有无问题，首次实现了电波环境信息由对电子信息系统规划、设计保障向对电子信息系统运行保障的转变。

为进一步满足我国新型电子装备设计、研制与使用需求，中国电波传播研究所在电波环境信息实时查询系统（1.0 版）的基础上进行了全面升级改进，于 2011 年研制完成第二代电波环境基础信息服务系统——电波环境信息保障系统（2.0 版）。与 1.0 版相比，2.0 版涵盖了电离层电波环境预测预报、对流层电波环境预测预报、短波通信系统应用、卫星通信系统应用、微波超视距探测系统应用、电波环境特性在线计算、电波环境特性数据、电波环境传播标准和电波环境定制服务共 9 大类 60 余种电波环境服务信息。2.0 版以 B/S（浏览器/服务器）模式运行，用户端只要具备网络通信条件，安装浏览器，即可查看电波环境信息保障系统发布的信息，使用系统提供的在线计算和查询服务；服务器端运行在局域网中，在电波观测站网监测数据、国际相关网站发布的监测和预报数据，以及电波传播软件库的支撑下，通过对数据分析、处理，完成各类信息的制备，主要借助专网或互联网向各类用户进行信息发布，实现电波环境信息保障服务功能。电波环境信息保障系统（2.0 版）基本架构如图 1-3 所示。

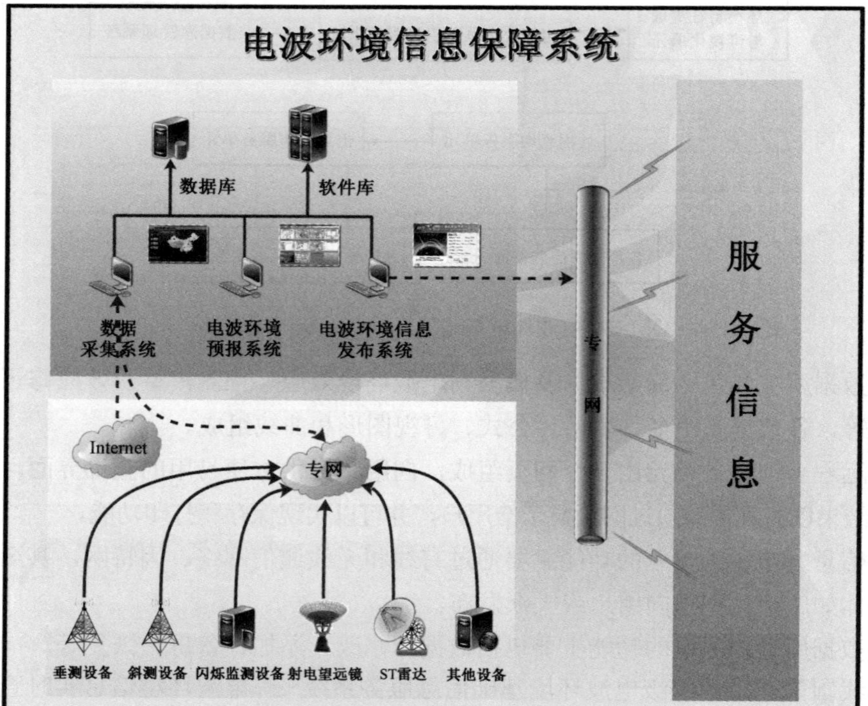

图 1-3　电波环境信息保障系统（2.0 版）基本架构

与 1.0 版相比，2.0 版系统在数据支撑能力、保障能力等方面得到显著提升，具备了对天地一体化电子信息系统规划、设计、试验和作战使用的全过程保障及辅助决策支持能力。

中国电波传播研究所正在研制第三代电波环境基础信息服务系统，即电波环境信息保障系统（3.0 版），力图通过充分集成电波环境及传播特性最新研究成果，拓展频率覆盖范围（从极低频到太赫兹），提高时空分辨率，提升电波环境现报、预报和警报能力，增强电波环境信息的实效性和可靠性，为信息化武器系统提供电波环境信息保障。

2. 嵌入式电波环境实时诊断与修正系统

电波环境信息技术作为一个硬件为雷达提供嵌入式电波环境实时诊断与修正系统。它包括电波环境的实时信息采集、分析、预测、重构，以及实时工作参数修正及信息传输等，雷达系统嵌入式电波环境实时诊断与修正系统示意图如图 1-4 所示。我国现已能为不同用途、不同体制、不同精度要求的雷达，建立嵌入式电波环境实时诊断与修正硬件分系统。

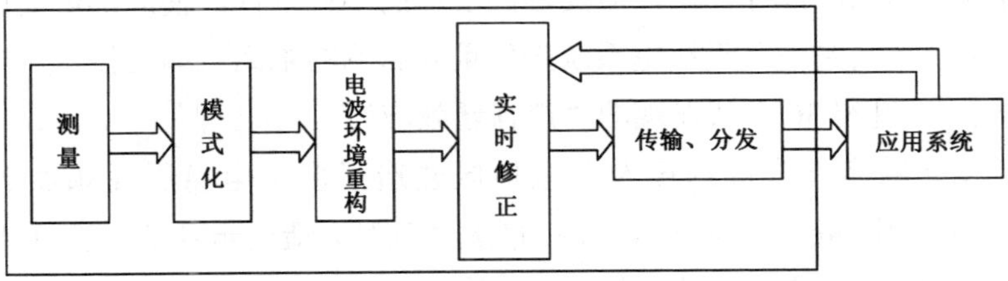

图 1-4　雷达系统嵌入式电波环境实时诊断与修正系统示意图

嵌入式电波环境实时诊断与修正系统的模块功能如下。

测量模块：诊断电波环境状态及其电波环境效应的传感器，并实时实施信息采集和入库。

模式化模块：按不同系统、不同精度要求对电波环境数据进行分析与建模，包括建立电波环境模型效应、预测和修正模型等。

电波环境重构模块：建立多维（经度、纬度、距离、高度、时间等）电波环境信息数据栅网式表格、可视化图形等。

实时修正模块：根据不同体制应用系统的需求和电波环境效应及预测模型，运用电波环境效应修正计算方法，实时给出应用系统工作参数的修正量，使系统与电波环境匹配，实现性能倍增。

传输、分发模块：与应用系统的连接、信息分发。

具有电波环境实时诊断与修正系统的典型雷达就是高频天波超视距雷达，该雷达有三个工作通道：目标检测通道、地球物理监测通道和干扰监测通道，而后两者就是嵌入式电波环境实时诊断与修正系统。

3. 人工电波环境技术

人工电波环境技术是指，采用人工调控手段，局部扰动或改变地球大气层、电离层、磁层、地表面、地下等环境的物理参数，为己方无线电系统提供一种人工可控的电波环境，以延伸无线电装备的作用距离，增强对抗与反对抗能力，缩减对方无线电装备的作用距离，压制和抵消对方的电子对抗能力。

多年来，人工电波环境技术已引起人们广泛的关注和研究，某些技术已得到长足发展，如人工增雨、人工造雾/消雾、人工调控电离层等技术。

这里简单介绍电离层加热技术、电离层物质注入技术和高功率微波人工电离镜技术。

1）电离层加热技术

电离层加热技术是利用大功率高频无线电波照射电离层，通过大功率电波与电离层等离子体的非线性作用，激发等离子体的不稳定性，使局部电离层物理特性发生变化，从而实现对无线电系统产生重要影响的电离层调控技术。电离层加热技术源于 20 世纪 30 年代发现的“卢森堡效应”。

美国和北欧多国在高纬度及北极地区建造了多个电离层高频加热站（见表 1-1），以开展电离层加热实验。美国为实施“高频人造极光研究计划（HAARP）”，在阿拉斯加建立了功率口径等级最大（有效辐射功率达 3GW）的电离层高频加热实验装置。

表 1-1　国际上具有代表性的高频加热电离层装置

装置名称	Plateville	Arecibo	SURA	Troms ϕ	HIPAS	HAARP
首次使用时间	1970 年 4 月	1980 年	1980 年	1980 年 9 月	1977 年	1997 年 3 月
纬度	40.18° N	18° N	56.13° N	69.6° N	64.91° N	62.39° N
经度	104.73° W	67° W	46.1° E	19.2° E	146.83° W	145.15° W
地磁纬度	490	320	710	670	650	620
发射机功率	1.6MW	0.8MW	0.75MW	1.5MW	0.8MW	3.6MW
频率范围	2.7～25MHz	3～15MHz	4.5～9MHz	3.8～8MHz	2.8～4.5MHz	2.8～10MHz
天线增益	18dB	25dB	26dB	28dB	19dB	30dB
有效辐射功率	200MW	300MW	400MW	250MW	120MW	3GW

“电离层加热”一词缘于在大功率电波照射下，加速电离层中电子与离子的碰

撞，导致电离层的电子和离子温度升高。电离层加热还可引起其他诸多加热效应，包括电离层电子密度的升高或降低（又称“耗空”）、沿地磁场分布的多尺度等离子体不均匀体的产生、等离子体谱线增强、异常宽带吸收增强、气辉增强、互调和交调、ELF/VLF 电磁波激发等。实验已表明，这些加热效应是局部的、短暂的、可恢复的，不会造成直接环境破坏和人员伤亡。

电离层加热的相关效应在以下方面展现了重要应用前景。

① 电离层加热产生的沿地磁场分布的多尺度等离子不均匀体，在空间形成了一个较大的散射体，相干散射雷达观测发现[2]，该散射体的散射截面对于 HF 频段可达$10^9 m^2$、VHF 频段达$10^6 m^2$、UHF 频段达$10^4 m^2$。如此大的散射截面，可用于改善短波通信和天波超视距雷达的探测性能，用于 VHF、UHF 频段超视距通信。另外，沿场结构对 VHF、UHF 信号（最高频率为 400MHz）会造成强闪烁。

② 调制加热产生电离层 ELF/VLF 电磁波辐射，可用于对潜通信和地下（水下）超远距离目标探测。HAARP 实验成功在距离加热装置约 4400km 处接收到加热产生的 ELF 电磁波信号，信号强度达 15～20fT[3]，已初步具备实用价值。

2）*电离层物质注入技术*[4]

电离层物质注入技术是指用火箭或卫星在电离层释放具有较高电子亲和力或电荷交换系数的分子气体（如 H_2O、SF_6 等），增加电子损失率和产生受激态物质，从而导致等离子体“洞”（低电子密度区）并伴随气辉增强；或者在电离层释放低电离电位的化学物质（如锂、钡等电离电位低的碱金属），在给定日照或强电波照射下电离速率增加，从而增大本地电子密度形成电离云团。

美国、俄罗斯、日本等国家开展了大量电离层化学物质释放实验，发现注入高活性水分子可形成数百千米直径区域大小的低电子密度区，最大电子密度可下降 50%～99%，积分电子含量可下降 30%～80%。据报道，美国在 20 世纪 70 年代实施阿波罗计划发射大力神火箭时，曾观测到延续数天的区域直径大小达 1000km 的电离层人工低电离密度区。我国一次火箭发射的观测结果表明，直接影响短波雷达电波传播的人工低电离密度区直径超过 500km，持续时间达 2 小时。

电离层人工低电离密度区对探测、通信和导航等系统会产生重要影响。高频电波穿越电离层人工低电离密度区时，受反射、折射效应影响，可使短波通信链路中断；高频天波超视距雷达因失去经电离层反射的目标信号而失效；考虑正常电离层背景而事先设计好的定型远程导弹弹道将产生严重误差；对星基和天基雷达信号造成严重闪烁；电离层人工低电离密度区的聚焦效应可增强对敌干扰信号的能量密度。释放物质都是普通的氧气、一氧化氮、水汽或钡等物质，不是违禁化学物质，而且产生的效应是局部的、短暂的、可恢复的，因此电离层物质注入技术不会造成直接环境破坏和人员伤亡。

3）人工电离镜技术

人工电离镜技术是利用高功率微波脉冲电离和击穿高层大气的中性大气，造成足以反射高频至微波的人工强电离区技术。

强微波脉冲电离和击穿大气的原理是，空气分子被加热后被加速的高能电子撞击，产生电离和中性气体加热的等温电离。相对来说，50km 高度的中性大气最易被击穿和电离而形成“人工电离镜”。

地面发射高功率微波脉冲，满足 50km 高度的击穿门限时，大气被击穿，形成电离区，也发生“尾部侵蚀”。15GW 的 200ns 微波脉冲波束可在 50km 高空形成局部薄而强的等离子块，即“电离镜”。若“电离镜”的电子密度可分别达到 10^4 个/cm^3、10^6 个/cm^3、10^{10} 个/cm^3，则能分别反射频率为 20MHz、200MHz、20GHz 的电磁波。

为了实现减少吸收和反射的损耗，使微波能量有效传输和产生所要求强度的“人工电离镜”，需要合理地选择微波脉冲的宽度和重复频率。

“人工电离镜”有望被用于改善天波超视距雷达对近距离巡航导弹的检测；改善短波、超短波的通信距离；识别导弹弹头和诱饵，跟踪比较特异的军事目标。

1.3 雷达电波频段和雷达电波传播方式

本节主要介绍雷达工作频段、雷达电波传播方式及常见各频段雷达的主要特点。

1.3.1 雷达电波频段

1. 电磁波频谱

人类观测、研究和利用的电磁波频率低至千分之几赫兹（地磁脉动），高至 10^{30}Hz（宇宙射线），相应的波长则从 10^{11}m 到 10^{-20}m 以下。连续分布、按序排列的频率被称为频谱或波谱，电磁波按频率或波长可划分为无线电波、红外线（IR）、可见光、紫外光、X 射线、γ 射线和宇宙射线。无线电波包括极长波、超长波、长波、中波、短波、超短波、微波、毫米波和亚毫米波；光频以上的波，波长很短，常用 Å 表示，宇宙射线的波长已小于电子的半径（2.8×10^{-11}m），具有粒子特性。

根据《中国大百科全书（电子学与计算机）》[5]和 ITU（International Telecommunication Union，国际电信联盟）的电磁波谱划分和命名方法，表 1-2 给出了按波长 $\lambda = 10^N$m 和频率 $f = 10^M$Hz 排列的电磁波频谱。

表 1-2 电磁波频谱（$\lambda = 10^N$m, $f = 10^M$Hz）

名称	宇宙射线	γ 射线	X 射线	紫外线	可见光	红外线	无线电波
N	<−16	−16～−11	−11～−8	−8～−7	−7～−6	−6～−3	−3～11
M	>24	24～19	19～16	16～15	15～14	14～11	11～−3

2．无线电波频谱

表 1-3 给出了无线电波频谱的划分和命名。

表 1-3 无线电波频谱的划分和命名

波段名		波长λ	频率 f	频段名
亚毫米波	SMMW	0.1～1mm	300～3000GHz	IR-光
毫米波	Microwave（微波）	1～10mm	30～300GHz	极高频（EHF）
厘米波		1～10cm	3～30GHz	超高频（SHF）
分米波		10～100cm	300～3000MHz	特高频（UHF）
超短波	Metricwave（米波）	1～10m	30～300MHz	甚高频（VHF）
短波	SW	10～100m	3～30MHz	高频（HF）
中波	MW	100～1000m	300～3000kHz	中频（MF）
长波	LW	1～10km	30～300kHz	低频（LF）
甚长波	VLW	10～100km	3～30kHz	甚低频（VLF）
特长波	ULW	100～1000km	300～3000Hz	特低频（ULF）
超长波	SLW	10^3～10^4km	30～300Hz	超低频（SLF）
极长波	ELW	>10^4km	<30Hz	极低频（ELF）

3．雷达电波频段划分

从本质上说，雷达频率使用没有根本的限制。任何装置，无论其频率如何，只要通过辐射电磁能量及利用从目标散射回波对目标进行探测和定位，都属于雷达工作频率的范畴。雷达常采用的工作波长范围从小于 10^{-7}m（紫外线）至大于 100m（短波）。

常用的雷达频段有一套字母代号，雷达电波频段划分可参见表 1-4。有些原始的代号（P、L、S、X 和 K）是第二次世界大战期间为了保密而采用的。后来虽不再需要保密，但这些代号仍继续沿用。新频段的开辟又增加了一些代号（C、Ku 和 Ka 等），而有一些代号则很少使用（如表 1-4 中用*标注的 I、G、P 和 Q）。近年来，人们利用毫米波（mm）与光波之间的频谱开发了太赫兹（THz）频段雷达，频率范围为 0.1～10THz（1THz = 10^3GHz）。

表 1-4 雷达电波频段划分

频段名	常规（亚洲、欧洲、非洲）分法	北美、南美地区分法
HF/MHz	3～30	3～30
VHF/MHz I/MHz* G/MHz* P/MHz*	30～300 100～150 150～225 225～239	138～144 216～225
UHF/MHz	300～1000	420～450 890～940
L/MHz	1000～2000	1215～1460
S/MHz	2000～4000	2300～2500 2700～3700
C/MHz	4000～8000	5250～5925
X/MHz	8000～12000	8500～10680
Ku/GHz	12～18	13.4～14.0 15.7～17.7
K/GHz	18～27	24.05～24.25
Ka/GHz Q/GHz*	27～40 36～40	33.4～36.0
V/GHz	40～75	59～64
W/GHz	75～110	76～81 92～100
mm/GHz	110～300	126～142
		144～149
		231～235
		238～248

1.3.2 雷达电波传播方式

雷达电波传播方式主要有空间直射波传播、地下直射波传播、地面绕射波传播、天波返回散射波传播和大气波导波传播等，后 3 种传播方式是超视距传播方式，雷达电波传播方式如图 1-5 所示。

1．空间直射波传播

超短波（VHF）频率以上的对空、对地、对海和航天测控雷达大多采用这种传播方式。这种传播方式将雷达电波限定在视线范围，也就是地平线以上的整个空间。当仰角较小时，这种传播方式还包含地面的反射波。雷达采用这种传播方式可实现对远至数千千米的外空目标进行探测。

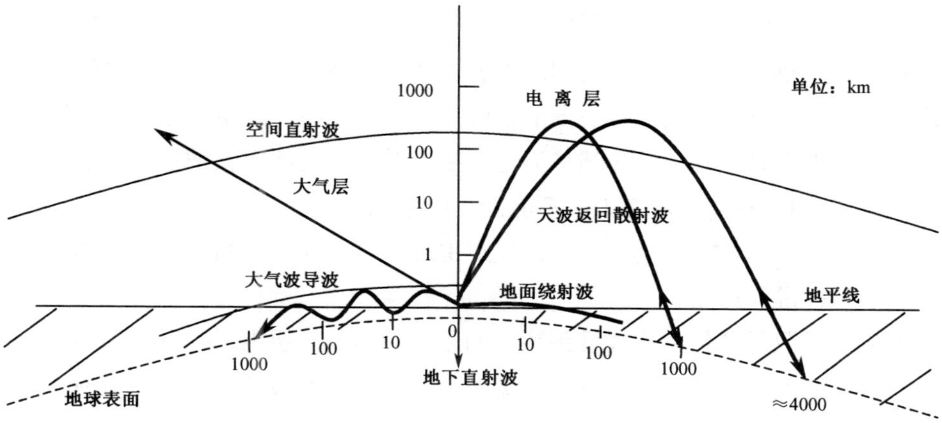

图 1-5 雷达电波传播方式

空间直射波传播方式受到的环境影响有：大气折射指数的不均匀所引起的折射效应、闪烁效应和衰减效应，电离层电子密度不均匀所引起的电离层折射效应、闪烁效应和衰减效应，以及小仰角时地面、海面、地形地物的反射、干涉和衰减效应。

2. 地下直射波传播

探测地面下、海面下目标的雷达采用地下直射波传播方式。探地雷达发射宽带（无载频）纳秒脉冲。一般来说，雷达电波会受到地下介质的严重衰减和地界面的强烈反射。

3. 地面绕射波传播

当雷达天线与目标均处在（或贴近）地面（海面）上，且天线高度小于波长时，雷达与目标间会存在地面绕射（也称地波）传播方式。采用这种传播方式的短波［也称高频（HF）］地波超视距雷达可实现对地平线以下 300～400km 海面和空中目标的探测。

地面绕射波传播方式受到环境的影响主要是地面、海面的地形地物反射及衰减效应。低电离层直接回波的干扰也不容忽视。

4. 天波返回散射波传播

天波传播是指向天空传播的电波经电离层反射回到地面的传播方式，而天波返回散射传播是指经电离层反射到远方地（海）面的天波，受地（海）面起伏不平及其电气特性的不均匀影响电波向四面八方散射，而有一部分电波将沿着原来的（或其他可能的）路径再次经电离层反射回到发射点，被那里的接收机接收。也可能出现两跳或两跳以上的返回散射波传播。天波经地面散射时，电波亦可能偏离来时的大圆路径，发生非后向散射的“侧向”传播，经电离层反射，到达偏离发射点的地面站。这样的传播称为地侧后向散射波传播。天波返回散射波传播有“跳距”，即近距离可能有天波不能到达的区域。

采用这种传播方式的高频天波超视距雷达可对 800～3500km 的地（海）面及其上空的目标进行探测。

天波返回散射波传播方式受到环境的影响包括电离层电子密度的不均匀引起的电离层折射效应、多普勒频移与展宽效应、法拉第旋转效应和衰减效应，以及地面和海面的散射及衰减效应。

5．大气波导波传播

大气折射率沿高度的分布可以分为若干区段。每个区段的折射率梯度与相邻区段可能有较大区别。如果某个区段的折射率梯度远远偏离正常值，则称这一区段为层结。大气负折射率梯度很大的层结，即超折射层或波导层。大气波导是指在低层大气中能使无线电波在某一高度上出现全反射的大气层结。大气波导可以“捕获”在其中足够小仰角发出的足够高频率的电波，即这样的电波只能在这种波导的上下边界之间传播，而不能逃出波导。这种导向传播叫作波导传播。如果没有其他附加因素的影响，这种传播的损耗比自由空间传播的损耗要小，可以认为波导对电波的“捕获”是折射效应的结果。这时射线将不断返回下垫层或地（海）面，再经反向折射或反射而向前传播。

大气波导是以一定概率出现的。微波雷达可以利用这种传播方式，以一定的时间概率实现对 300km 以上的海（地）面上的目标进行超视距探测。

大气波导波传播方式受到的环境影响有：大气折射指数的不均匀所引起的折射效应、衰减效应，地面、海面的地形地物反射及衰减效应，特别是以一定概率出现的大气波导衰减效应。

1.3.3 常见各频段雷达的主要特点[6]

1．HF（3～30MHz）频段

该频段称作高频或短波频段。英国在第二次世界大战前夕装备的世界第一部实用雷达就工作在 22～28MHz 的 HF 频段上。这个频段虽对雷达应用有很多不利之处，如窄波束要求很大的天线，外界环境噪声很高，电磁波谱十分拥挤，可用

的带宽较窄，需要考虑电离层折射、吸收、闪烁、极化旋转和色散效应，在小仰角时有地面反射、绕射和多径影响，存在不需要的地面反射杂波等，但由于波长较长，很多感兴趣的目标处于谐振区，因此有时可以获得比微波频段更大的雷达散射截面。

英国防空雷达使用这个频段，并非因为这是雷达的最佳频段，而是当时这是能得到可靠的大功率元件的最高频段。现在已经证实，HF 频段电波有很好的超视距传播能力，常用于超视距警戒。如利用地波传播方式，HF 地波雷达已能探测在视距外 300km 内舰船和海面上空的飞机。如利用电离层的天波传播方式，HF 天波雷达可以实现 800～3000km 地（海）面运动目标的检测。当今，HF 雷达对海洋的研究已发展为一门无线电海洋学，从海面的回波谱可以获得近、中、远海的海洋状态和气象数据，如海面的风向、风速、浪高和海流速度等参数。此外，该频段已有很多利用雷达原理探测天文和电离层的观测仪器。

2. VHF（30～300MHz）频段

第二次世界大战前，美国开发的早期雷达就工作在这个频段，该频段常用于超远程警戒。从雷达的制造工艺、外部噪声、作用距离、角分辨力、设备简繁和可靠性等多方面比较而言，这个频段可以说是最节省大型雷达建造和运转费用的频段。VHF 频段容易实现高稳定度的发射机和接收机，具有良好的动目标显示性能，而且在预期的多普勒速度范围内不存在盲速。同时，这个频段所受的气象回波和大气衰减影响较小，但使用 VHF 频段需要考虑对流层吸收衰减、电离层和对流层折射、电离层闪烁、极化旋转、色散和在小仰角跟踪时的多径效应。

3. UHF（300～1000MHz）频段

该频段常用于超远程警戒。与 VHF 频段相比，UHF 频段容易实现较窄的天线波束，外部噪声低。气象效应一般也不大，但需要考虑对流层吸收衰减、电离层和对流层折射、电离层闪烁、极化旋转、色散和在小仰角跟踪时的多径效应。对具有一个适当大天线的可靠超远程警戒雷达，特别是监测地球外的空间飞行器和弹道导弹，UHF 频段是一个好频段。它也很好地满足用 AMTI（动目标显示系统）检测飞机的机载预警雷达要求。固态发射机在这个频段已能产生高的功率，有很好的带宽和可维修性。

4. L（1.0～2.0GHz）频段

此频段多用于陆基远程警戒、空中交通管制。这个频段外部噪声很低，可以实现好的动目标显示功能及用很窄的波束得到高的功率、好的角分辨率。但需要考虑对流层吸收衰减、电离层和对流层折射、电离层闪烁、极化旋转、色散和在小仰角跟踪时的多径效应。L 频段可用于检测超远程外空目标的大雷达。

5．S（2.0～4.0GHz）频段

此频段常用于中程警戒、机场交通管制、远程气象监测。在 S 频段用尺寸适中的天线就可得到良好的角分辨率，且外部噪声电平很低。但是 S 频段目标显示性能通常比 UHF 频段差得多。虽然气象影响不像更高频段那么麻烦，但是雨的衰减会大大缩短雷达作用距离。然而，S 频段对测量降雨率的远程气象监测雷达却是首选频段。此频段很窄的天线波束可得到良好的角分辨率和精确度，很容易做到减少敌方雷达主波束的干扰。因为频率这样高的天线很容易做到很窄的仰角波束，所以军用三坐标雷达和测高雷达也用此频段，如 AWACS（机载预警控制系统）这样的中程机载警戒雷达。S 频段以下的频率适用于空中监视，而 S 频段以上频率用作情报收集更好。用于空中监视和精密跟踪，如多功能相控天线阵的军用空中防御系统，S 频段是适当的。

6．C（4.0～8.0GHz）频段

此频段介于 S 频段和 X 频段之间。以它和更高的频率实现远距离空中监视是困难的。此频段可很好地实现远距离空中精密跟踪雷达，也可用于空中防御和中程气象探测。

7．X（8.0～12.5GHz）频段

这是武器控制和民用雷达常用的频段。战斗机火力控制、船舶导航和领航、天气预报、多普勒导航和城市交通测速等均用此频段。工作在此频段的雷达通常体积较小，因此适用于需要机动和减轻质量的场合。X 频段不适用于远程监视，而适用于情报收集和近程高分辨率监视。此频段有产生短脉冲（或进行宽带脉冲压缩）的足够带宽，并可用相对小的天线口径得到窄波束。X 频段雷达小到可拿在手里，也可大到天线口径为 36.5m、平均功率为 500kW 的大天文观测雷达。降雨衰减会使 X 频段雷达性能大为减弱。

8．Ku、K 和 Ka（12.5～40.0GHz）频段

第二次世界大战初期，K 频段雷达的中心波长为 1.25cm（频率为 24GHz）。业已证明，由于它非常接近吸收性很强的水蒸气谐振频率 22.2GHz，吸收使雷达的作用距离缩短，因此雷达选择这样的频段是不合适的。后来又以水蒸气的吸收

谐振频率为界，人们将 K 频段分为两个频段。较低的是 Ku 频段，频率为 12.5～18.0GHz；较高的是 Ka 频段，频率为 26.5～40.0GHz。对这个频段有兴趣是因为足够宽的带宽和可用小的天线口径得到很窄的波束。但它很难产生、辐射高的功率。频率较高时，由于点杂波和衰减造成的限制较严重，所以没有太多雷达用这些频率。因为机场地面交通的定位和控制必须有很高的角度和距离分辨率，所以机场地面检测雷达采用 Ku 频段。频段距离短的缺点在该应用场景中就不重要了。

9. 毫米（大于 40.0GHz）波频段

尽管 Ka 频段波长大约为 8.5mm（频率为 35GHz），但技术上 Ka 频段雷达更像微波雷达而不像毫米波雷达，因此它很少被划分到毫米波范围。毫米波雷达频率为 40～300GHz。因为频率为 60GHz 时，大气氧气吸收线有异常高的衰减，所以在大气层中排除了 60GHz 附近的频率应用。一般以 94.0GHz（3mm 波长）为毫米波典型频率的代表。

大于 40.0GHz 的毫米波频段进一步细分如表 1-4 所示。尽管研究人员对电磁频谱的毫米波频段很感兴趣，但还未有工作频率高于 Ka 频段的雷达。在毫米波频段很难得到较大功率、灵敏的接收机和低损耗传输线，但这还不是问题的根本。使用这一频段受到的主要限制是“晴空”大气层的高衰减，而且外部噪声电平、气候杂波随频率增高而迅速增大。一些“传播窗口”的衰减较邻近的频率小，所谓“传播窗口”，是指 94.0GHz 的衰减实际上大于 22.2GHz 水蒸气的吸收衰减。毫米波频段的最大优势是在空间使用，因为那里没有高的大气衰减。在大气层中可以考虑在短距离内使用，这时总衰减不大，可以接受。

10. 激光频段

红外光、可见光和紫外光谱的激光雷达可以得到大小和效率适当的相干功率和定向窄波束。激光雷达具有良好的角度和距离分辨率，可用于目标信息收集（如精密测距和成像）。它在军事寻的和测距上已有应用。它被考虑用于空间测量大气温度、水蒸气、臭氧剖面及云高和对流层风。但它不太适用于监视，因为接收口径相对较小，难以用窄波束搜索大空域。激光雷达的严重缺点是不能在雨、云、雾环境中有效地工作。

1.4 电波环境对雷达性能的影响

雷达工作环境根据大气电波特性可以划分为若干层，下面给出各层的特征，并简要介绍各层对雷达性能的影响。

1.4.1 电波环境各区域特征

我们把从地（海）面直到 1000km 以上的整个近地空间作为雷达环境，如图 1-6 所示。该图左边给出了近地空间的大空域分区，即地（海）面、对流层、平流层（含中层）、电离层和磁层，并给出了电离层的电子密度分布；右边给出了近地空间的温度分布剖面。各区域环境特征如下。

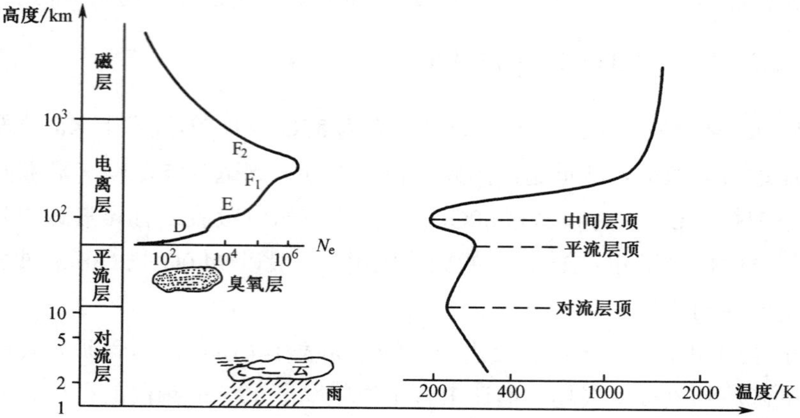

图 1-6 高层大气雷达电波环境划分

1. 地（海）面

地面、海面及地海交界环境特征是地球表面不均匀性（随机粗糙面）、电气特性（电导率、磁导率、介电常数）不均匀性和复杂的地形地貌，它们都严重影响雷达无线电波传播。

2. 对流层

对流层是最贴近地面的一层大气。地面吸收太阳能量，将光能转化为热能，再从地面向大气低层传输就发生了强烈的对流，这是该层大气的主要特征。对流层顶在极地区域离地面 9km，在赤道可达 17km。该区域大气折射率（或大气的介电常数）严重影响雷达无线电波传播。

3. 平流层

对流层顶到平流层顶（约 50km）这一段空间为平流层。这里大气中水蒸气含量很少，尘埃也很少，十分透明，大气垂直对流不强，多为平流运动，而且这种运动尺度很大。平流层的风场结构对以平流层为平台的雷达系统定点稳定性影响较大。但一般来说，这段空间的大气对雷达无线电波传播影响不大。

4. 中间层

中间层的大气边界是从平流层顶到约 85km 高度。中间层的大气物质进行着强光化反应，以中性分子为主。一般来说，中间层对无线电波传播影响不大，但它是甚低频（VLF）波导传播的上边界。此外，中间层的风场结构较复杂。

5. 电离层

电离层是 60～1000km 以上的高层大气，在太阳辐射的影响下，大气物质发生电离。该区域的电离状态显著影响雷达无线电波传播。电离层区域大致划分为 D、E、F 区，它们均有明显的日、季、年和太阳活动周期的规则变化，以及由太阳辐射突变引发的随机不规则变化。

受地磁场影响，电离层是色散和各向异性介质，具有双折射指数。电离层对短波的反射是天波超视距雷达的原理基础，电离层及其不均匀性对 L 以下频段的星地链路无线电波传播具有重要影响，因此，天波超视距雷达、星载合成孔径雷达（SAR）等无线电系统必须考虑电离层传播效应。

6. 磁层

磁层是指在背景太阳风和基本地球磁场（位于地心的磁偶极子场）相互作用下，形成的一个太阳风被排斥而地球磁场被太阳风压迫变成类似彗星头尾一样的空穴，在此空穴内地球磁场起着主要控制作用的层区，如图 1-1 所示。磁层内充满着稀薄的等离子体，主要是质子、电子，以及少量的氦和中性氢粒子。磁压比气压大得多。等离子体运动完全受磁场支配。正常的磁层对雷达无线电波传播影响不大，但是当太阳风暴爆发时，在太阳风暴的扰动作用下，磁层内磁场发生爆变形成磁暴，并作用于电离层引发电离层暴，对雷达无线电波传播会产生很大影响。

近年来，人们又把上述包括平流层、中间层和低电离层部分的空间称作临近空间（美国称为“横断区”）。它介于传统的空天之间，长期未得到开发利用。作为空天一体化作战的重要战略领域，一方面，临近空间飞行器在预警探测、侦察监视、通信保障、电子对抗等信息支援方面极具发展潜力；另一方面，在临近空间部署军事装备，由于其位置的特殊性，可威胁天基、空基等平台甚至地面目标，其潜在的军事应用价值受到了世界各军事强国的高度重视。随着近年来材料技术、控制技术、推进技术等方面的飞速发展，发展临近空间系统已成为可能。目前，美军在临近空间理论、武器装备研制、作战应用等方面开展了一系列研究，走在世界的前列。

1.4.2 雷达环境的电波传播效应

雷达环境对电波传播的影响是多方面的，产生的效应简述如下[7]。

1. 折射效应

电波折射效应是对流层和电离层大气的折射指数的空间变化使雷达信号在大气层中的传播速度异于在真空中的传播速度而产生传播射线的弯曲，使测得的目标仰角（俯角）、距离和多普勒频移等目标视在参数不同于目标真实参数的一种效应。折射效应包括：

（1）大气折射指数的不均匀性所引起的折射效应，包含附加传播时延、目标视在位置的误差、射线偏轴，大气波导的折射效应；

（2）电离层电子密度的不均匀性引起的电离层折射效应，包含群时延、到达角误差。

折射效应对雷达性能的影响有两方面。一是雷达探测和跟踪目标的垂直面内的作用范围与自由空间时有所不同，一般在垂直面内向下（有时向上）倾斜；二是使得目标的位置参数（斜距、仰角、高度、距离、距离差）及其变化率（径向速度等）产生误差，降低了检测目标的信噪比。

2. 衰减效应

电波衰减效应是指无线电波在自由空间或介质传播过程中能量的减弱效应。衰减效应包括：

（1）地、海面反射引起的多径衰减，地形、地物引起的遮蔽衰减和绕射衰减，地（海）面导电率、介电常数引起的衰减与相差；

（2）大气氧气和水汽等气体分子、水汽凝结物（雨、雪、云、雾等）对电波吸收、散射所产生的衰减和去极化，大气折射指数的不均匀性所引起的损耗和波束散焦损耗，大气波导的衰减效应；

（3）电离层电子碰撞对电波的吸收。

衰减效应对雷达性能的影响主要是缩短了雷达探测和跟踪目标的作用距离，降低了雷达探测和跟踪目标的信噪比。

3. 色散效应

色散效应是指由于大气为非理想介质，介质中折射率与频率有关，穿越介质的电波信号传播时延是频率的函数，特别是宽带信号就会散开，引起严重时延散布效应。例如，电离层就是色散介质。

色散效应造成雷达成像分辨率大大下降，跟踪测距、测角及测速误差大大增加，色散是影响空间监视雷达、导弹预警雷达和星载合成孔径雷达（SAR）的最重要环境效应。

4. 闪烁效应

对流层湍流和电离层不规则体的运动变化，无线电波穿过大气层、电离层时产生的幅度、相位、极化和到达角的变化，表现为信号电平的快速起伏。信号的峰峰起伏可达 1～30dB，起伏可持续几分钟，有时甚至几小时。

这种现象是由：①目标尺度与传播路径 Fresnel 区尺度相近的湍流、电子密度引起的；②强的电子密度梯度，尤其是垂直于传播路径方向的电子密度梯度引起的。闪烁效应已在频率范围 10MHz～12GHz 内观测到。

闪烁影响雷达的作用距离和成像精度，严重的电离层闪烁可引起雷达信号中断，电离层闪烁效应的影响在我国东南低纬度地区较为严重，在太阳活动高年份尤为严重，L 频段的闪烁高达数十 dB。

5. 杂波

杂波主要是指非目标杂散回波。地（海）的电不均匀性、大气不均匀体及电子密度不均匀体的散射都可能引起非目标杂散回波。飞鸟、昆虫对电波的散射也会引起非目标杂散回波。

由地（海）面引起的散射回波称作地海杂波，由大气不均匀体引起的散射回波称作气象杂波，由飞鸟、昆虫等引起的散射回波称作飞鸟昆虫杂波。这些杂波在幅度、频谱及时空相关性方面均可对目标回波造成干扰或污染，是影响雷达目标检测和识别的重要因素。

6. 多径效应

多径效应是指由于地海面、电离层的反射，电波的直达波和反射波或多条传播路径回波同时到达接收点而产生的多路径传播干涉衰落效应。多径效应有频率选择性衰落和时间选择性衰落之分。

多径效应可产生信号交调、信号误码和虚假目标。

7. 多普勒效应

目标相对于雷达接收机运动，会引起返回信号频率增加或减少的多普勒效应。在电离层传播路径上，总电子含量的时间变化率也可以引起多普勒效应。这两种多普勒频移所产生的多普勒频率可能是同数量级的。

多普勒效应可引起雷达的测速误差。

8．去极化效应

去极化效应是指电波通过介质后的极化状态与原来的极化状态不同的现象。对流层中的大气不均匀性、大气沉降物，特别是降雨、冰雹、降雪等对微波以上频段的电波将产生严重的去极化效应；电离层可产生极化旋转（Faraday 旋转）效应，使线性（或圆）极化波在电离层传播后变为椭圆极化波。此外，横向倾斜表面反射、射线偏离天线主轴、多径等都可能引起去极化效应。

去极化效应将直接影响雷达对目标极化特征的提取和识别或能量的损耗。

9．干扰与外噪声

干扰与外噪声包括大气无线电噪声、晴空大气亮温、地球表面辐射噪声、天体辐射、银河系电噪声、人为无线电噪声、无线电台干扰。

干扰与外噪声对雷达性能的影响主要是降低雷达探测和跟踪目标的信噪比，缩短雷达探测和跟踪目标的作用距离。

不同雷达环境的电波传播效应如表 1-5 所示。

表 1-5　不同雷达环境的电波传播效应

雷达环境	传播效应	受影响雷达频段
地（海）面	地（海）面反射引起的多径衰落和衰减	VHF/UHF/SHF/EHF
	地形地物引起的多径衰落、遮蔽衰减和绕射衰减	VHF/UHF/SHF/EHF/HF
	地（海）面导电率、介电常数引起的衰减与相差	VHF/UHF/SHF/EHF/HF
	地（海）面杂波使检测信杂比变低	VHF/UHF/SHF/EHF/HF
	海面蒸发波导增大雷达作用距离	UHF/SHF/EHF
对流层、平流层和中间层	折射指数的大尺度不均匀性所引起的大气折射效应，含附加传播时延、目标视在位置误差、射线偏轴、损耗和波束散焦损耗	VHF/UHF/SHF/EHF
	折射指数的中小尺度不均匀性所引起的闪烁等多径传播效应，含接收信号的幅度、相位和到达角的快速变化，以及天线的有效增益降低	VHF/UHF/SHF/EHF
	氧气和水汽等气体分子对电波能量的吸收	UHF/ SHF/EHF
	水汽凝结物（雨、雪、云、雾等）对电波的吸收、散射所产生的衰减和去极化	UHF/SHF/EHF
	气象杂波、昆虫杂波使信杂比变化，发生虚警	UHF/ SHF/EHF
	对流层波导增大作用距离	UHF/ SHF/EHF
	平流层风场、中间层切变风*	*

续表

雷达环境	传播效应	受影响雷达频段
电离层	电子密度的大尺度不均匀性引起的电离层折射效应，含群时延、色散、多普勒频移和到达角误差	HF/VHF/UHF
	电子密度的小尺度不规则性引起的电离层闪烁，包括信号幅度、相位和到达角的随机起伏	VHF/UHF/ SHF/HF
	地磁场引起的法拉第旋转效应，含极化损耗和交叉极化，分辨率降低	HF/VHF/UHF
	电子碰撞引起的电离层吸收	HF/VHF
无线电噪声与干扰	大气无线电噪声	HF
	晴空大气亮温、地球表面辐射噪声	UHF/SHF/EHF
	天体辐射	UHF/SHF/EHF
	银河系电噪声	HF/VHF/UHF
	人为无线电噪声	HF/VHF/UHF
	无线电台干扰	HF/VHF

附注：*平流层风场对平流层平台系统设计有重要影响。

1.4.3 传播效应对雷达的影响

1. 传播损耗

一般雷达的探测能力和精度取决于给定的信噪比。雷达信噪比方程为

$$S/N = P_{\mathrm{av}} G_{\mathrm{t}} G_{\mathrm{r}} \lambda^2 \sigma T_{\mathrm{c}} / [(4\pi)^3 R^4 k T_0 F_{\mathrm{a}} L_{\mathrm{s}} L_{\mathrm{P}}] \tag{1.1}$$

雷达距离方程为

$$R^4 = P_{\mathrm{av}} G_{\mathrm{t}} G_{\mathrm{r}} \lambda^2 \sigma T_{\mathrm{c}} / [(4\pi)^3 k T_0 F_{\mathrm{a}} (S/N) L_{\mathrm{s}} L_{\mathrm{P}}] \tag{1.2}$$

式中，P_{av} 为平均发射功率；G_{t} 为发射天线增益；G_{r} 为接收天线增益；T_{c} 为相干积累时间；λ为工作波长；σ为目标散射截面积；k 为玻尔兹曼常数；T_0 为环境温度；F_{a} 是相对于 kT_0 的外部噪声电平，S/N 为信噪比（信号与噪声之比）；L_{s} 为系统损耗；L_{P} 是在环境传播引起的两次路径损耗（或衰减）因子。

电波在环境中传播引起的路径损耗因子 L_{P} 在不同环境、不同频段、不同雷达类型之间是不同的。在本书各章的讨论中，雷达电波的自由空间扩散损耗，即 $\dfrac{1}{(4\pi)^2 R^4}$ 项是不计入雷达传播环境的路径损耗 L_{P} 之中的。

表 1-6 给出的是不同类型雷达电波在环境中传播引起的路径损耗项 L_{P} 需要计入的路径损耗因子。若有的路径损耗因子不存在，则不需要计入；有的路径损耗因子存在多次，则需要计入多次。

表 1-6 不同类型雷达电波在环境中传播引起的路径损耗项 L_P 需要计入的路径损耗因子

雷达类型		需要计入的环境传播引起的路径损耗因子
HF	地波雷达	A_{gl}（或 A_{gh}），A_{ss}
	天波雷达	A_{iA}，A_{Ac}，A_q，A_{er}，A_h，A_z
VHF	对地、对空、对海雷达	A_{in}，A_d，A_{wd}，$A_e(p)$
	航天测控雷达	A_{in}，A_d，A_{wd}，$A_{sc}(p)$
UHF/SHF/EHF	对地、对空、对海雷达	A_{gt}（或 A_{gs}），A_{in}，A_d，A_{wd}，A_g，A_{sd}，$A_R(p)$，$A_e(p)$
	航天测控雷达	A_{gt}（或 A_{gs}），A_{in}，A_d，A_{wd}，A_g，A_{sd}，$A_R(p)$，$A_{sc}(p)$

对照表 1-6，不同类型雷达需要计入的路径损耗因子说明如下。

1）短波频段雷达路径损耗因子

① 地波雷达。需要计入环境传播引起的路径损耗项有：当雷达贴地面时，光滑海面的损耗 A_{gl}；当雷达有一定高度时，光滑海面的损耗 A_{gh}；粗糙海面的附加损耗 A_{ss}。

② 天波雷达。需要计入环境传播引起的路径损耗项有：电离层吸收损耗 A_{iA}，E 层吸收损耗修正 A_{Ac}，Es 层遮蔽损耗 A_q，Es 层反射损耗 A_{er}，极区损耗 A_h，附加损耗 A_z。

2）超短波频段雷达路径损耗因子

① 对地、对空、对海雷达。需要计入环境传播引起的路径损耗项有：地海面干涉损耗 A_{in}，障碍物绕射损耗 A_d，树林损耗 A_{wd}，在大气波导传播 p%时间超过的损耗 $A_e(p)$。

② 航天测控雷达。需要计入环境传播引起的路径损耗项有：地海面干涉损耗 A_{in}，障碍物绕射损耗 A_d，树林损耗 A_{wd}，p%时间超过的电离层闪烁损耗 $A_{sc}(p)$。

3）微波频段雷达路径损耗因子

① 对地、对空、对海雷达。需要计入环境传播引起的路径损耗项有：大气吸收损耗 A_{gt}（或 A_{gs}），地海面干涉损耗 A_{in}，障碍物绕射损耗 A_d，树林损耗 A_{wd}，云雾损耗 A_g，沙尘损耗 A_{sd}，p%时间超过的降雨损耗 $A_R(p)$，在大气波导传播 p%时间超过的损耗 $A_e(p)$。

② 航天测控雷达。需要计入环境传播引起的路径损耗项有：大气吸收损耗 A_{gt}（或 A_{gs}），地海面干涉损耗 A_{in}，障碍物绕射损耗 A_d，树林损耗 A_{wd}，云雾损耗 A_g，沙尘损耗 A_{sd}，p%时间超过的降雨损耗 $A_R(p)$，p%时间超过的对流层和电离层闪烁损耗 $A_{sc}(p)$。

有关传播环境路径损耗项的各个因子计算方法将在第 2 章、第 3 章和第 4 章详细叙述。第 6 章将讨论各种雷达传播衰减的选取。

2. 折射误差及其修正

折射使传播射线弯曲。雷达测得的是目标的视在仰角、距离、高度与距离变化率（或视在多普勒频移），而不是目标的真实仰角、距离、高度与距离变化率（或真实多普勒频移），因此导致折射误差。因此，必须对雷达测量目标的折射误差进行修正，以使雷达测得目标的视在量修正为真实量。

折射误差修正是根据探测或统计大气层的折射指数剖面或折射率剖面，由雷达测得的目标的视在量（仰角、距离、高度与距离变化率或多普勒频移）计算出目标的真实量，相应的视在量与真实量之差为该量的折射误差。对于不同的雷达传播方式，目标的视在量有不同的折射误差修正方法。

常规雷达的目标仰角、距离与高度折射误差修正方法有射线描迹法、线性分层法、等效地球半径法。通过三站测量可对目标多普勒频移、距离变化率和运动速度进行折射误差的修正。

短波超视距雷达的目标仰角、距离与高度折射误差修正方法与常规雷达是不同的。短波超视距雷达受超视距的影响，目标的仰角、高度已失去了原来的意义。一般地说，目标参数是方位、地面距离、多普勒频移。天波超视距雷达最重要的是将经电离层返回散射传播的雷达射线斜距离变换为地面距离，但这种变换由于电离层的分层及不稳定性而变得非常复杂。

微波超视距雷达目标仰角、距离与高度折射误差修正方法与常规雷达也是不同的。这时大气中射线经过的真实路径不再和自由空间雷达方程中体现的直线距离相同。波导传播多发生在零度附近的仰角上，且大气波导引起的射线弯曲消除了地平线效应，使射线在波导层结内产生多次跳跃，因此计算变得非常复杂。

有关雷达电波传播的折射误差修正计算方法将在第 3 章和第 4 章详细叙述。第 6 章将讨论根据折射来修正各种雷达的垂直面作用范围图和测量值。

3. 其他传播效应的影响

地海杂波、气象杂波、飞鸟昆虫杂波的计算和估计将在第 2 章详细叙述。低层大气层的色散效应、闪烁效应、多径效应、多普勒效应、去极化效应的计算和估计将在第 3 章详细叙述。电离层色散效应、闪烁效应、多径效应、多普勒效应、法拉第旋转效应的计算和估计将在第 4 章详细叙述。

4. 外部噪声与干扰

雷达干扰与噪声环境（包括大气无线电噪声、晴空大气亮温、地球表面辐射噪声、天体辐射、银河系电噪声、人为无线电噪声、无线电台干扰）的计算和估计，将在第 5 章详细叙述。

参考文献

[1] 焦培南，张忠治. 雷达环境与电波传播特性[M]. 北京：电子工业出版社，2007.

[2] D. Thome and David W. Blood. First Observations of RF Backscatter from Field-aligned Irregularities Produced by Ionospheric Heating[J]. Radio Science, 1974, 9(11): 917-921.

[3] MOORE R, INAN U, BELL T. ELF Waves Generated by Modulated HF Heating of the Auroral Electrojet and Observed at a Ground Distance of ~ 4400km[J]. Journal of Geophysical Research: Space Physics, 2007, 112.

[4] SASSELLI R, MCLAUGHLIN J. Beyond-the-horizon VHF Communication Using Man-made Ionospheric Scatterers[J]. NASA STI/Recon Technical Report N, 1974.

[5] 中国大百科全书编辑委员会《电子学与计算机》编辑委员会. 中国大百科全书（电子学与计算机）. 北京：中国大百科全书出版社，1986.

[6] Skolnik M I. Radar Handbook[M]. New York: McGraw-Hill, 1990.

[7] 熊皓. 无线电波传播[M]. 北京：电子工业出版社，2000.

第 2 章

地海面及其电波传播特性

地面、海面及地海交界环境的不均匀性、电气特性不均匀性及地形地貌都严重影响雷达无线电波传播。

本章主要讨论地面、海面环境引起的各种传播现象及对雷达性能产生的影响。首先介绍地面、海面的介电特性。其次，叙述地海面环境的反射、地面障碍绕射、多径干涉效应及计算方法。再次，主要讨论地海面环境杂波理论模型、杂波测量技术，并给出雷达地杂波和海杂波测量数据。最后，简述雨、飞鸟和昆虫的散射特性。

2.1 描述地海面传播特性的几个重要概念[1]

在讨论地面、海面环境与雷达电波特性之前，先介绍几个重要概念。

2.1.1 方向图传播因子

方向图传播因子 F 是为了计算环境（地球表面和大气）传播对雷达影响而引进的一个参数。顾名思义，它包含了绕射、反射、折射与多径传播等各种传播效应和天线方向图的影响。按照定义，方向图传播因子 F 表示天线波束主轴所指向的空间某一点上实际复数场强与该点上自由空间复数场强的比值，用数学符号表示可写成

$$F = \frac{E}{E_0} \tag{2.1}$$

式中，E 是天线波束主轴所指向的空间某一点上实际复数场强，E_0 是同一点上自由空间复数场强。

按照电磁场的互逆原理，从雷达到目标的方向图传播因子与从目标返回雷达的方向图传播因子没有差别，都可用 F 表示。考虑方向图传播因子的影响，雷达方程就可以写为

$$P_{\rm r} = \frac{P_{\rm t} G^2 \lambda^2 \sigma}{(4\pi)^3 R^4} |F|^4 \tag{2.2}$$

式中，$P_{\rm r}$ 为雷达接收功率，$P_{\rm t}$ 为雷达发射功率，G 为雷达发射（接收）天线增益，λ为工作波长，σ 为目标散射截面积，R 为目标与雷达间的距离。

最简单的情况是自由空间传播，假若天线方向图是 $f(\theta,\phi)$，那么 $F = f(\theta,\phi)$。当天线的主轴对准目标时，$F = f(\theta_0,\phi_0) = 1$。在一般情况下，函数 F 的形式比较复杂，要依照起主要作用的传播机制来确定。

方向图传播因子 F 描述雷达波束的各种传播效应，也应该包括大气引起的各种传播效应，如大气吸收、大气衰减、大气折射等。这些内容另有章节介绍，这里主要讨论地海表面引起的各种传播现象。

2.1.2　后向散射系数

雷达信号照射到地面或海面时会向各个方向散射，其中，向后返回到雷达接收机的信号，通常被称为雷达回波。这种回波信号，会污染目标信号，甚至掩盖目标信号，所以又称雷达杂波。不管叫什么，实质上两者都指同一个物理现象。为了统一起见，本文采用“雷达杂波”一词，或简称杂波。陆地产生的杂波称作地杂波，海表面产生的杂波称作海杂波。

对于孤立目标，采用雷达截面积度量雷达目标的散射强度，它等于某个方向散射功率与入射平面波功率比值的 4π 倍。与孤立目标不同，雷达杂波用 σ^0 来描述。σ^0 是微分散射截面积，或称后向散射系数，简称散射系数。它的定义为单位面积的单站雷达截面积，无量纲（经常用分贝表示），为清楚起见，有时写成 $\mathrm{m}^2/\mathrm{m}^2$。

被照射的地球表面可以看成许多散射单元的集合。接收到的散射场是所有散射单元散射场的总和。假若 n 是照射区域内所包含散射单元的个数，那么雷达接收到的散射功率 P_{r} 就可以写成

$$P_{\mathrm{r}}=\sum_{i}^{n}\frac{\lambda^2 P_{\mathrm{t}i}G_{\mathrm{t}i}G_{\mathrm{r}i}\sigma^0(A_i)\Delta A_i}{4\pi(4\pi R_i^2)^2} \tag{2.3}$$

式中，ΔA_i 是第 i 个散射单元的面积，$\sigma^0(A_i)$ 是该散射单元的散射系数，$P_{\mathrm{t}i}$、$G_{\mathrm{t}i}$ 和 $G_{\mathrm{r}i}$ 分别是该单元对应的发射功率 P_{t}、天线增益 G_{t} 和接收天线增益 G_{r}。对式（2.3）取极限，有限和就变成积分表达式

$$P_{\mathrm{r}}=\frac{\lambda^2}{(4\pi)^3}\int_{照射区}\frac{P_{\mathrm{t}}G_{\mathrm{t}}G_{\mathrm{r}}\sigma^0(A)\mathrm{d}A}{R^4} \tag{2.4}$$

此积分不完全正确，因为这意味着存在许多尺寸极小的、真正独立的散射中心。但是，只要照射区足够大，包含许多散射中心，式（2.4）就可以使用。在实验测量中，式（2.4）是实验设计的主要依据。

许多文献中散射系数用 γ 表示。γ 与 σ^0 的定义略有不同，它的定义为单位投影面积的单站雷达散射截面积。图 2-1 给出了地面面积和投影面积的关系，图中只显示了纵向剖面，A 是地面面积，A' 是投影面积，θ 是入射角。因为两者的横向长度基本一样，所以有

$$A'=A\cos\theta$$

无论如何定义，雷达截面积应保持不变（散射能量相同），于是有

$$\sigma^0 A=\gamma A'=\gamma A\cos\theta$$

由此可得

$$\sigma^0=\gamma\cos\theta \tag{2.5}$$

因为 γ 和 σ^0 都称为散射系数，因此在阅读文献时必须注意，要确定作者使用

哪个散射系数。

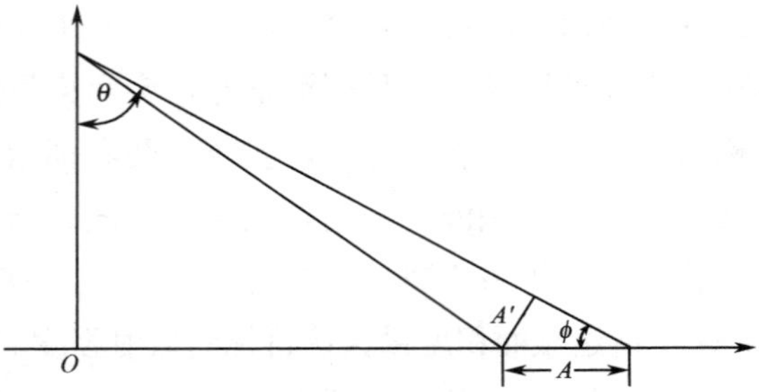

图 2-1　地面面积和投影面积关系

2.1.3　几种角之间的关系

雷达杂波研究与应用中经常使用的几种角之间的关系如图 2-2 所示。

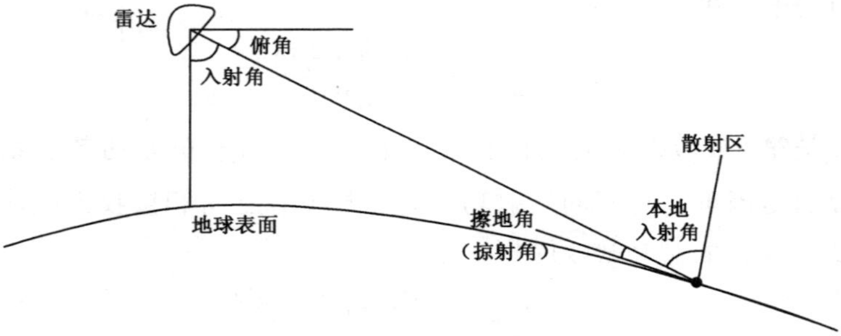

图 2-2　几种角之间的关系

雷达入射角和俯角分别为雷达波束轴与地面垂线和水平线的夹角，二者为互余的关系；擦地角（掠射角）和本地入射角则分别为波束轴与交地点处的地面切线和法线之间的夹角，二者为互余的关系。只有当距离较近或地球表面近似为平面的情况下，擦地角才与俯角相等，或者说本地入射角与擦地角为互余关系。在具体应用时，应注意避免混淆。

2.2　地海面的介电特性

和其他媒质（介质）一样，从电磁理论的观点来看，地面和海面的媒质特性也以它们的介电常数和电导率为特征。它们的导磁率虽然在某些情况下略有差别，但都当作单位值来处理。在微波频段，一般可以把自然物质的媒质特性分成三类：①淡水和冰；②海水；③混合媒质。淡水和冰，基本上可以看成均匀媒质，关系比较清楚，可以用 Debye 张弛方程进行计算。海水中溶解了氯化钠，变成电解溶液，它的微波媒质特性与淡水显著不同。地面大部分媒质是混合媒质，主要有土壤，植被和雪等其他物质。混合物由多种不同的物质组成。例如，土壤除包含各种固体成分外，孔隙中还有空气和水。混合物的介电常数与多种因素有关，包括各种成分的介电常数、所占体积的比例、空间分布，以及它们与入射电场的相对方向。通常认为，最好的计算模型是半经验模型，这是从理论和实验相结合的研究中总结出的模型。下面介绍纯水、冰、海水、土壤和植被等几种媒质的介电常数模型[2]。

2.2.1　纯水的复介电常数

淡水基本上可以看作纯水。著名的 Debye 张弛方程描述了纯水复介电常数与频率 f 的关系，纯水复介电常数的实部 $\varepsilon'_{\mathrm{w}}$ 和虚部 $\varepsilon''_{\mathrm{w}}$ 分别为

$$\varepsilon'_{\mathrm{w}} = \varepsilon_{\mathrm{w}\infty} + \frac{\varepsilon_{\mathrm{w}0} - \varepsilon_{\mathrm{w}\infty}}{1+(2\pi f \tau_{\mathrm{w}})^2} \tag{2.6a}$$

$$\varepsilon''_{\mathrm{w}} = \frac{2\pi f \tau_{\mathrm{w}}(\varepsilon_{\mathrm{w}0} - \varepsilon_{\mathrm{w}\infty})}{1+(2\pi f \tau_{\mathrm{w}})^2} \tag{2.6b}$$

式中，$\varepsilon_{\mathrm{w}\infty} = 4.9$ 是高频（或光学）介电常数，由实验确定。张弛时间常数 τ_{w} 与温度 T（单位℃）的关系为

$$\begin{aligned}2\pi\tau_{\mathrm{w}}(T) = {} & 1.1109\times10^{-10} - 3.824\times10^{-12}T + \\ & 6.938\times10^{-14}T^2 - 5.096\times10^{-16}T^3\end{aligned} \tag{2.7}$$

其中，$\varepsilon_{\mathrm{w}0}(T)$ 是静态介电常数，与温度的关系为

$$\begin{aligned}\varepsilon_{\mathrm{sw}0}(T,0) = {} & 87.134 - 1.949\times10^{-1}T - 1.276\times10^{-2}T^2 + \\ & 2.491\times10^{-4}T^3\end{aligned} \tag{2.8}$$

图 2-3 给出的是纯水的复介电常数随频率的变化曲线。曲线表明，纯水的复介电常数随温度变化比较小，但随频率变化很大。实部和虚部随频率的变化不相同，实部随频率增大单调地下降，而虚部随频率增大先升后降，在 10GHz 附近出现最大值。

2.2.2　冰的复介电常数

这里所说的冰是指清洁水结成的冰，不含杂质，是一种均匀媒质。冰的张弛频率在微波范围内与水不同。0℃时冰的张弛频率 $f_{\mathrm{i}0}$ 是 7.23kHz，−66℃时降到 3.5Hz。在微波范围内，冰的复介电常数可用修正的 Debye 公式进行计算

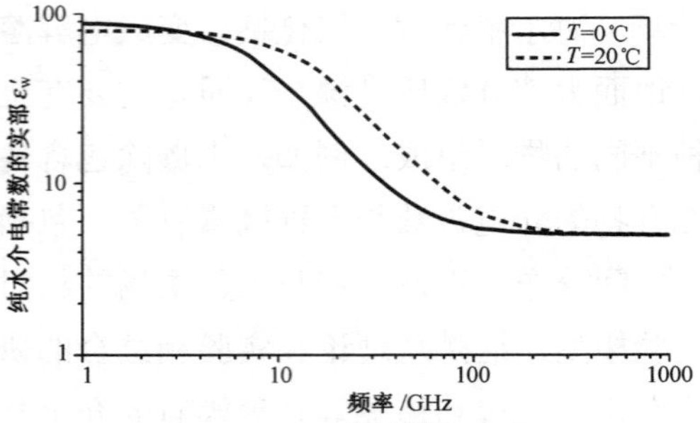

（a）实部

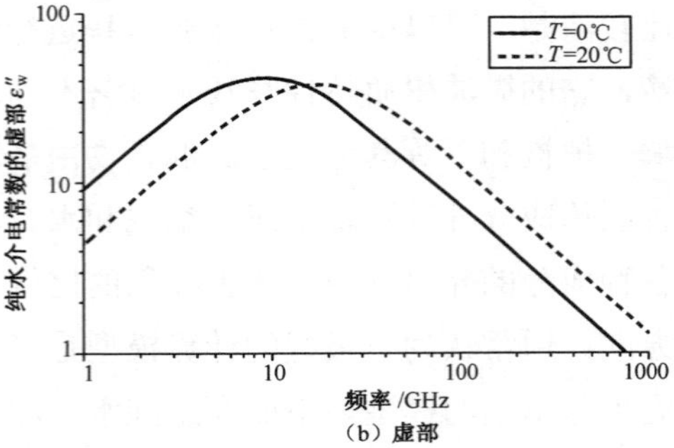

（b）虚部

图 2-3　纯水的复介电常数随频率的变化曲线

$$\varepsilon_i' = \varepsilon_{i\infty} + \frac{(\varepsilon_{i0} - \varepsilon_{i\infty})\left[1 + p^{1-\alpha}\sin\left(\frac{1}{2}\alpha\pi\right)\right]}{1 + 2p^{1-\alpha}\sin\left(\frac{1}{2}\alpha\pi\right) + p^{2(1-\alpha)}} \tag{2.9}$$

$$\varepsilon_i'' = \frac{(\varepsilon_{i0} - \varepsilon_{i\infty})p^{1-\alpha}\cos\left(\frac{1}{2}\alpha\pi\right)}{1 + 2p^{1-\alpha}\sin\left(\frac{1}{2}\alpha\pi\right) + p^{2(1-\alpha)}} + \frac{\sigma}{\sigma_0}\lambda \tag{2.10}$$

式中，$\varepsilon_{i\infty} = 3.168$ 是冰的高频介电常数，$\sigma_0 = 1.88496 \times 10^{11}$，$\lambda$ 是波长，其他参数与温度 T 有关，可用下列公式进行计算，

$$\alpha = 0.288 + 0.0052T + 0.00023T^2$$

$$\varepsilon_{i0} = 203.168 + 2.5T + 0.15T^2$$

$$p = 9.990288 \times 10^{-5}\exp\left(\frac{1.32 \times 10^4}{1.9869 \times (T + 273)}\right)$$

$$\sigma = 1.26\exp\left(-\frac{1.25 \times 10^4}{1.9869 \times (T + 273)}\right)$$

冰的复介电常数比较稳定，随温度和频率的变化都不大。当温度从−30℃变到0℃时（频率为 3GHz），实部和虚部分别在 3.1681～3.1698、1.5504×10^{-4}～7.352×10^{-4} 范围内变化。图 2-4（a）和图 2-4（b）分别是冰的复介电常数实部和虚部随频率变化的曲线（温度为 0℃）。从曲线可以看出，冰的复介电常数的实部，在 0.1GHz 时为 3.172，逐步下降，频率增加到 30GHz 时降到 3.168；虚部从 6.2×10^{-4} 降到 1.428×10^{-4}。冰的复介电常数的实部，无论是随温度还是随频率的变化都很小，在 1%以下，基本可以当作常数；虚部的数量级很小，但变化较大。在实际工程中，采用下面的简化模型进行计算

$$\varepsilon_i' = 3.2 \tag{2.11a}$$

$$\varepsilon_i'' = -j60\frac{C}{f \times 10^6}\sigma_e \tag{2.11b}$$

式中，$\sigma_e = \begin{cases} 0.000057 & f \leqslant 2000 \\ 0.000057 + 6.79(f-200)\times 10^{-8} & 2000 \leqslant f \leqslant 10000 \end{cases}$，$f$ 是频率（单位为 MHz），σ_e 是电导率。

这个简单模型把介电常数实部看作常数，虚部仅随频率变化。图 2-4（b）中的虚线是简单模型的计算结果。曲线表明，两种模型的计算结果相差不大。

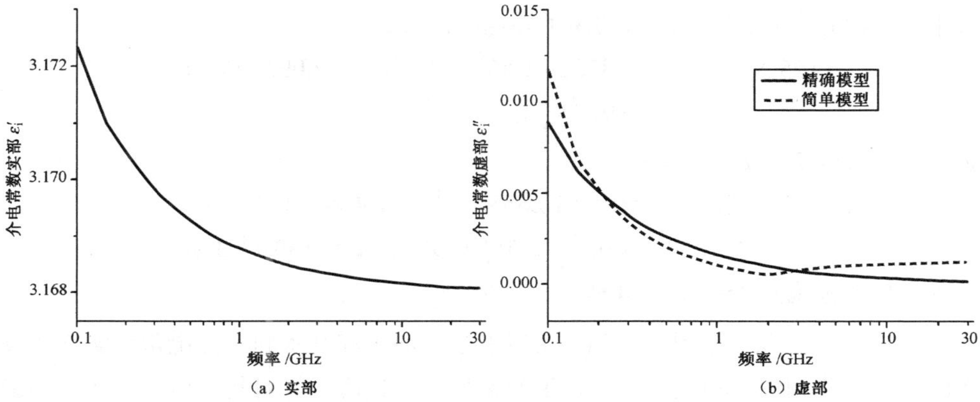

图 2-4　冰的复介电常数随频率的变化

2.2.3　海水的复介电常数

海水是盐溶液，它的含盐浓度定义为在 1kg 溶液中溶解的固体盐的总量，用 S_{sw} 表示。海水的复介电常数的实部 ε_{sw}' 和虚部 ε_{sw}'' 为

$$\varepsilon_{sw}' = 4.9 + \frac{\varepsilon_{sw0} - 4.9}{1+(2\pi f \tau_{sw})^2} \tag{2.12a}$$

$$\varepsilon_{sw}'' = \frac{2\pi f \tau_{sw}(\varepsilon_{sw0} - 4.9)}{1+(2\pi f \tau_{sw})^2} + \frac{\sigma_i}{2\pi\varepsilon_0 f} \tag{2.12b}$$

式中，$\varepsilon_0 = 8.854\times 10^{-12}\,\mathrm{F/m}$ 是自由空间介电常数。

静态介电常数 ε_{sw0} 与 S_{sw} 和温度 T（℃）的关系为

$$\varepsilon_{sw0}(T, S_{sw}) = \varepsilon_{sw0}(T,0)a(T,S_{sw}) \tag{2.13}$$

式中

$$\varepsilon_{sw0}(T,0) = 87.134 - 1.949\times 10^{-1}T - 1.276\times 10^{-2}T^2 + 2.491\times 10^{-4}T^3$$

$$a(T,S_{sw}) = 1.0 + 1.613\times 10^{-5}TS_{sw} - 3.656\times 10^{-3}S_{sw} + 3.210\times 10^{-5}S_{sw}^2 - 4.232\times 10^{-7}S_{sw}^3$$

海水弛豫时间 $\tau_{sw}(T, S_{sw})$ 的经验计算公式为

$$\tau_{sw}(T,S_{sw}) = \tau_{sw}(T,0)b(T,S_{sw}) \tag{2.14}$$

式中，$\tau_{sw}(T,0)=\tau_{w}(T)$，$\tau_{w}(T)$是纯水的弛豫时间［见式（2.7）］，$b(T,S_{sw})$是经验多项式：

$$b(T,S_{sw}) = 1.0 + 2.282\times10^{-5}TS_{sw} - 7.638\times10^{-4}S_{sw} - 7.760\times10^{-6}S_{sw}^{2} + 1.105\times10^{-8}S_{sw}^{3}$$

离子导电率σ_{i}的计算公式为

$$\sigma_{i}(T,S_{sw}) = \sigma_{i}(25,S_{sw})\exp(-\varphi) \tag{2.15}$$

式中，$\sigma_{i}(25,S_{sw})$是25℃海水的离子导电率：

$$\sigma_{i}(25,S_{sw}) = S_{sw}[0.18252 - 1.4619\times10^{-3}S_{sw} + 2.093\times10^{-5}S_{sw}^{2} - 1.282\times10^{-7}S_{sw}^{3}]$$

φ是S_{sw}和$\varDelta = 25 - T$的函数：

$$\varphi = \varDelta[2.033\times10^{-2} + 1.266\times10^{-4}\varDelta + 2.464\times10^{-6}\varDelta^{2} - S_{sw}(1.849\times10^{-5} - 2.551\times10^{-7}\varDelta + 2.551\times10^{-8}\varDelta^{2})]$$

上式有效的范围是$0 \leqslant S_{sw} \leqslant 40$‰。

比较图2-5（a）与图2-3（a）可以看出，海水和纯水的复介电常数实部随频率的变化规律相似，相差也很小，说明氯离子、钠离子等对复介电常数实部的影响不大。图2-5（b）与图2-3（b）相比，当频率较低时，海水的复介电常数虚部比纯水的要大很多，频率较高时（如20GHz以上），两者几乎没有差别。此时，海水中的氯离子、钠离子等起主要作用，在频率低时影响较大，在频率高时几乎不起作用。

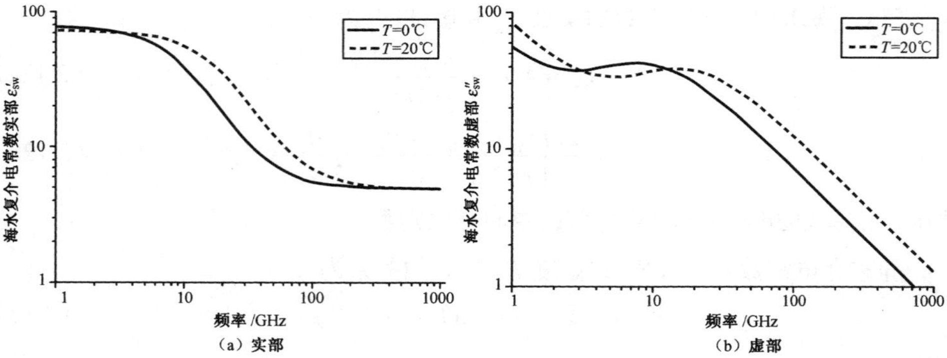

图2-5　海水复介电常数随频率的变化曲线

2.2.4　土壤的复介电常数

干燥土壤是空气和固体土壤颗粒的混合物。在微波频段，它的平均复介电常数实部$\varepsilon'_{\text{soil}}$为 2～4，虚部$\varepsilon''_{\text{soil}}$一般小于 0.05，并且与温度和频率几乎无关。湿土壤是土壤颗粒、空气泡和液态水的混合物，它的复介电常数可用如下半经验公式进行计算：

$$\varepsilon_{\text{soil}}^{\alpha} \approx 1+\frac{\rho_{\text{b}}}{\rho_{\text{ss}}}\left(\varepsilon_{\text{ss}}^{\alpha}-1\right)+m_{\text{v}}^{\beta}\left(\varepsilon_{\text{fw}}^{\alpha}-1\right) \tag{2.16}$$

式中，$\rho_{\text{ss}} \approx 2.65\,\text{g cm}^{-3}$，是土壤固体成分的密度，$\varepsilon_{\text{ss}}^{\alpha}=4.7-\text{j}0$，是土壤固体成分的复介电常数，$m_{\text{v}}$ 是按体积比计算的土壤湿度（称作体湿度），α 和 β 是经验常数，$\alpha=0.65$，β 与土壤类型有关。对于沙性黏土，假如沙和黏土所占的比例（按质量计算）分别用 f_{s} 和 f_{c} 表示，则计算 β 的经验表达式为

$$\beta=1.09-0.11f_{\text{s}}+0.18f_{\text{c}} \tag{2.17}$$

一般，β 取值为 1.0～1.16。若把频率限制在 4GHz 以上，土壤盐分的影响可以忽略，$\varepsilon_{\text{fw}}^{\alpha}$ 可以按纯水复介电常数模型进行计算。

ρ_{b} 是土壤混合物的密度，可以用下面的经验公式计算：

$$\rho_{\text{b}}=3.4355r^{0.3018} \tag{2.18}$$

式中，$r=25.1-0.21f_{\text{s}}+0.22f_{\text{c}}$。

图 2-6 给出了土壤复介电常数与体湿度 m_{v} 的关系。复介电常数的实部和虚部画在同一张图上，上面是实部，下面是虚部。相应的频率标示在曲线的尾部。土壤是沙性黏土，沙占 30.6%，淤泥占 55.9%，黏土占 13.5%。虽然土壤复介电常数的实部和虚部都随体湿度的增大而增大，但两者随频率变化的规律有所不同。土壤复介电常数实部在频率较低时增大速度较快，在频率较高时增大速度较慢；相反，虚部在频率较低时增大速度较慢，在频率较高时增大速度较快。

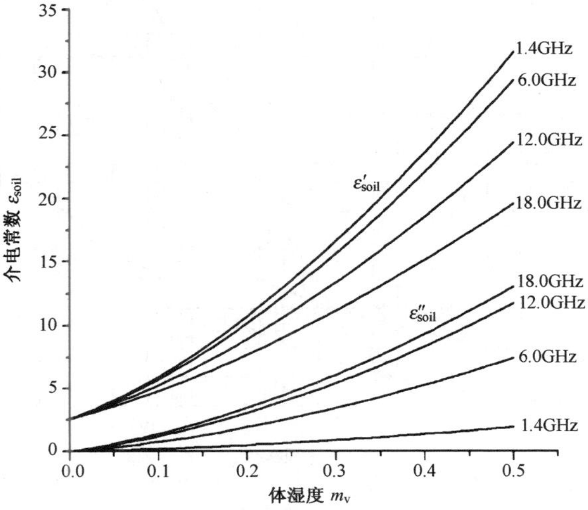

图 2-6　土壤复介电常数与体湿度的关系

2.2.5 典型地面的电参数

地面可以被看成非磁性介质，导磁率与真空一样。ITU-R P.527-3 报告[2]给出的典型地面相对介电常数和导电率与频率的关系如图 2-7 所示。从图 2-7 中可看出，海水和淡水具有相同的相对介电常数，但是海水的导电率比淡水大得多。因为海水中含有导电性能较好的盐分。当频率小于 10GHz 时，湿地的导电率与淡水的接近，而比干地的导电率大得多，这受湿土中水的影响。

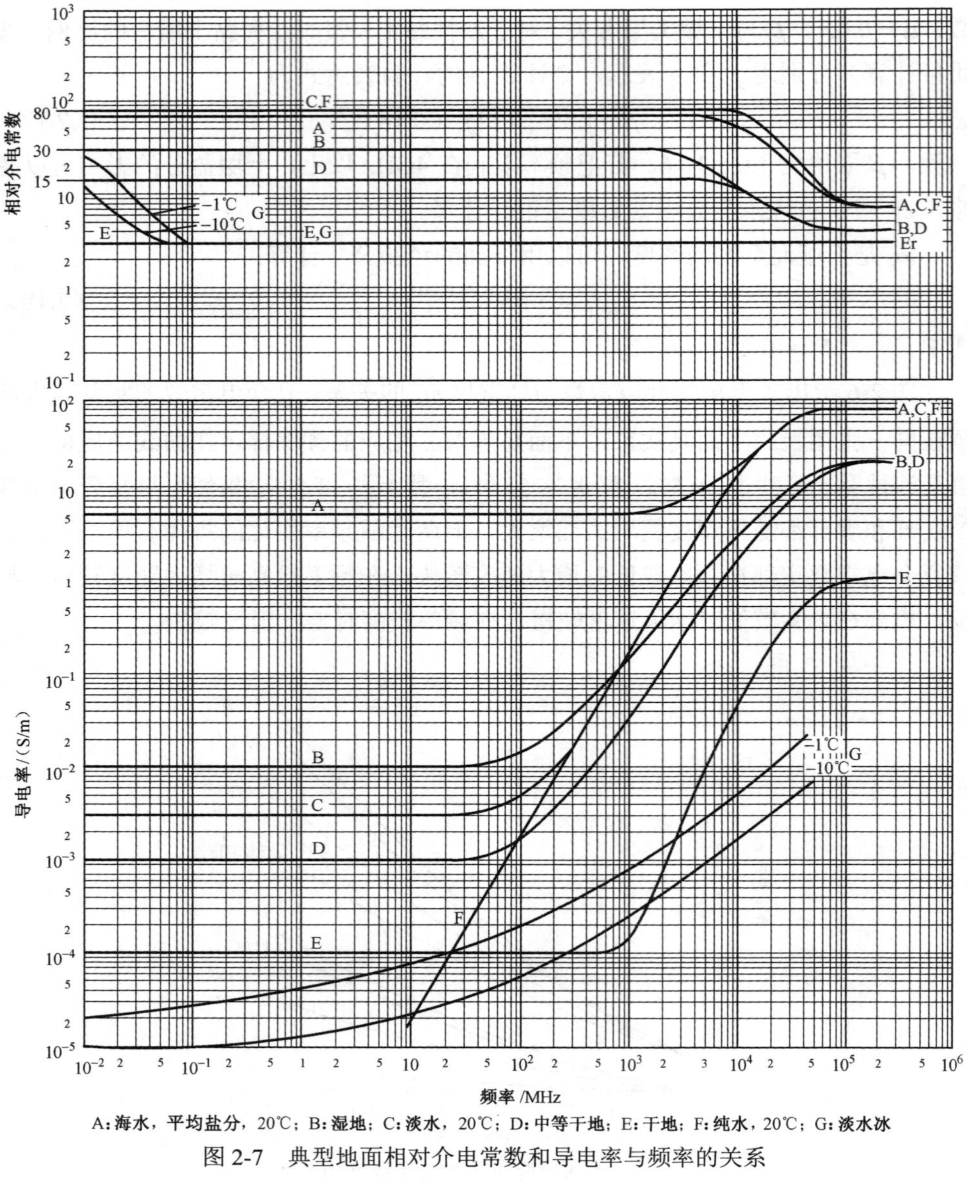

A：海水，平均盐分，20℃；B：湿地；C：淡水，20℃；D：中等干地；E：干地；F：纯水，20℃；G：淡水冰

图 2-7 典型地面相对介电常数和导电率与频率的关系

复介电常数用相对介电常数和导电率表示，且与频率有关，可表示为

$$\varepsilon_r' = \varepsilon_r - \mathrm{j}60\lambda_0\sigma \tag{2.19}$$

式中，λ_0 为真空的波长，单位为 m；σ 为导电率，单位为 S/m。比较 ε_r' 的实部和虚部的大小可以判断介质属何种类型。通常约定：当 $60\lambda_0\sigma \gg \varepsilon_r$ 时，介质为导体；当 $60\lambda_0\sigma \approx \varepsilon_r$ 时，介质为半导体；当 $60\lambda_0\sigma < \varepsilon_r$ 时，介质为电介质。于是可以在不同频率范围内把地面当成不同类型的介质。

2.3　地海面的地波传播衰减

地面、海面的地波传播是短波超视距雷达的主要传播方式，本节主要介绍不同地面、海面的短波地波传播衰减量。

2.3.1　地波传播衰减计算

均匀光滑球形地面地波传播衰减计算由三套数学公式组成：推广的平地面公式、留数级数公式和几何光学公式。它们假定低层大气折射率为指数模式且不考虑电离层反射，并各自适用于特定的空间范围。由于公式推导非常复杂，这里仅给出结果，有兴趣的读者可参见文献[3]和[4]。

地波传播衰减为

$$A_{\mathrm{gw}} = 20\lg|\boldsymbol{U}_0/\boldsymbol{U}| \tag{2.20}$$

式中，$\boldsymbol{U}$、$\boldsymbol{U}_0$ 分别为赫兹矢量和自由空间赫兹矢量，而 $\boldsymbol{U}_0$ 的特征形式为 $\boldsymbol{U}_0 = \exp(-\mathrm{j}kd)/d$，$d$ 是目标到天线的距离，k 是自由空间波数。

1．推广的平地面公式

在 $d \leqslant 0.4\lambda^{1/3}a^{2/3}$ 且 $h_1 \leqslant h_2 < \lambda^{2/3}a^{1/3}$（$h_1$、$h_2$ 为目标与天线高度的低者和高者）的近距离、近地面的范围内，采用推广的平地面公式，此时赫兹矢量为

$$\boldsymbol{U} = \frac{\exp(-\mathrm{j}kdm_0)}{\sqrt{ad\sin(d/a)}}(w_\mathrm{d} + w_\mathrm{w} + w_\mathrm{g}) \tag{2.21}$$

式中，a 为地球半径，m_0 为修正地面折射率，w_d 为直达波效应，w_w 为地面波阻抗为无穷大时的反射波效应，w_g 为表面波和反射波的综合效应。

2．留数级数公式

在 $d > 0.4\lambda^{1/3}a^{2/3}$ 且 $h_1 \leqslant h_2 < \lambda^{2/3}a^{1/3}$ 的范围内，或 h_1、h_2 中至少有一个大于 $\lambda^{2/3}a^{1/3}$、几何光学场最接近视距干涉最大值点以远的距离（主要是超视距，包括

部分视距）范围内，采用留数级数公式，且赫兹矢量为

$$U=\sqrt{\frac{8\pi k^3\exp(-\mathrm{j}\pi/2)}{a\sin(d/a)}}\sum\frac{\exp(-\mathrm{j}kdS_n)}{\Psi^{(2)}(S_n,0)}\frac{g^{(2)}(S_n,H_1)}{g^{(2)}(S_n,0)}\frac{g^{(2)}(S_n,H_2)}{g^{(2)}(S_n,0)} \tag{2.22}$$

式中，$\Psi^{(2)}(S_n,0)$ 为 n 次模激励因子，$g^{(2)}(S_n,H)/g^{(2)}(S_n,0)$ 为高度增益函数，S_n 为 n 次传播常数，H_1、H_2 为端点高度 h_1、h_2 的修正高度。

3. 几何光学公式

在推广的平地面公式和留数级数公式不适用的范围内，采用几何光学公式。这时，赫兹矢量为

$$\boldsymbol{U}=\boldsymbol{U}_1+\boldsymbol{U}_3,\quad d\leqslant d_{\mathrm{t}} \tag{2.23}$$

$$\boldsymbol{U}=\boldsymbol{U}_2+\boldsymbol{U}_3,\quad d>d_{\mathrm{t}} \tag{2.24}$$

式中，$\boldsymbol{U}_1$ 为 $d\leqslant d_{\mathrm{t}}$ 的直接射线场，$\boldsymbol{U}_2$ 为 $d>d_{\mathrm{t}}$ 的直接射线场，$\boldsymbol{U}_3$ 为反射射线场，d_{t} 为转换距离，即 $U_1=U_2$ 的距离。

以上三套公式在 CCIR［国际无线电咨询委员会，1993 年合并到国际电信联盟（ITU）］地波传播报告中已有计算机程序 GRWAVE。

2.3.2 均匀光滑球形地面衰减

CCIR 利用地波传播计算机程序 GRWAVE 计算了目标与天线都贴近地面、目标与天线在不同高度两种情况下均匀光滑球形地面衰减[5]。

1. 目标与天线都贴近地面时的衰减

图 2-8～图 2-18 给出了目标与天线都贴近地面时，11 个地面参数、5 个频率、不同地面距离下垂直极化的衰减 A_{gl}。这些曲线当 $60\lambda_0\sigma\gg\varepsilon_{\mathrm{r}}$ 和高度不超过 $1.2\sigma^{1/2}\lambda^{3/2}$ 时是可以使用的。

2. 目标与天线在不同高度时的衰减

图 2-19～图 2-38 给出了目标与天线在不同高度时，2 个海面参数、5 个频率、不同地面距离下垂直极化的衰减 A_{gh}。

2.3.3 粗糙海面附加传播衰减

海上的风和海流是海面粗糙的主要原因。2.3.2 节中的均匀光滑球形海面衰减没有考虑海面粗糙度的影响。粗糙海面对均匀光滑球形海面的地波附加传播衰减以 10～15MHz 最显著，而低于 2MHz 和高于 100MHz 时附加传播衰减将减少到

零。图 2-39～图 2-43 给出了 5 个频率、6 种海况下，相对于均匀光滑海面的附加衰减 A_{ss} 与距离的关系[6]。

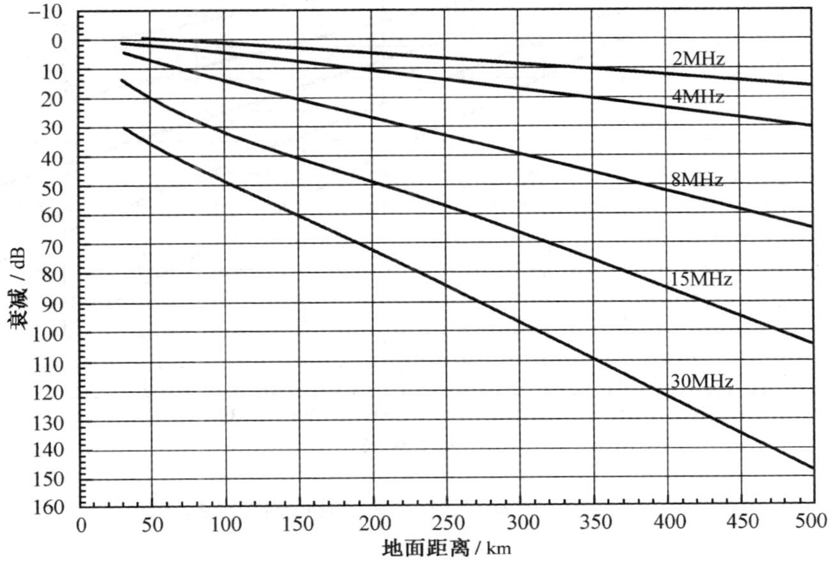

图 2-8　天线和目标都贴近地面时的衰减

低盐分海水，$\sigma = 1\text{S/m}$，$\varepsilon = 80$，垂直极化

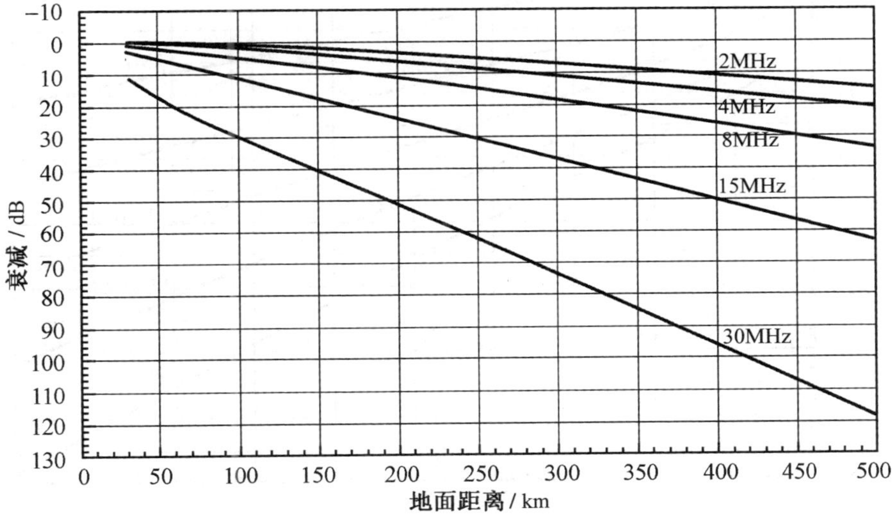

图 2-9　天线和目标都贴近地面时的衰减

平均盐分海水，$\sigma = 5\text{S/m}$，$\varepsilon = 70$，垂直极化

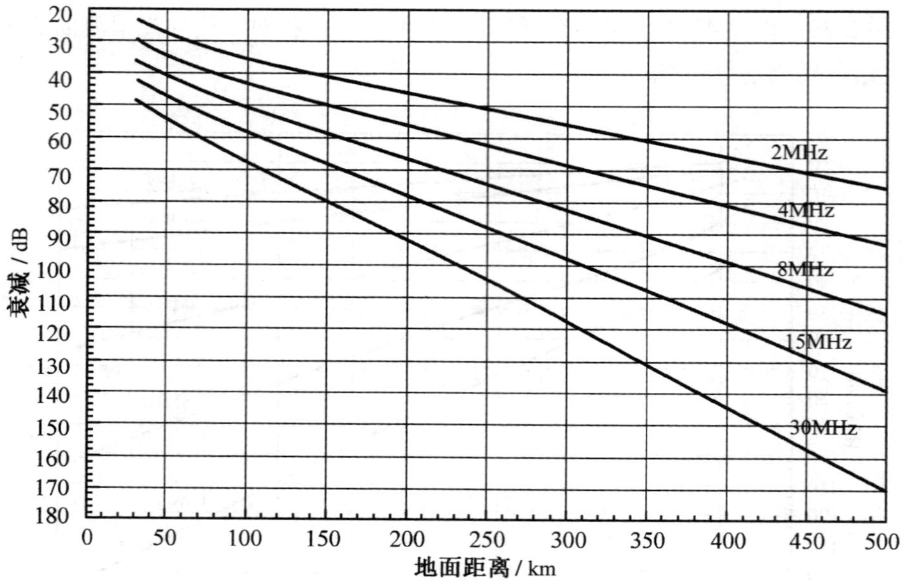

图 2-10　天线和目标都贴近地面时的衰减

淡水，$\sigma = 3\times10^{-3}$S/m，$\varepsilon = 80$，垂直极化

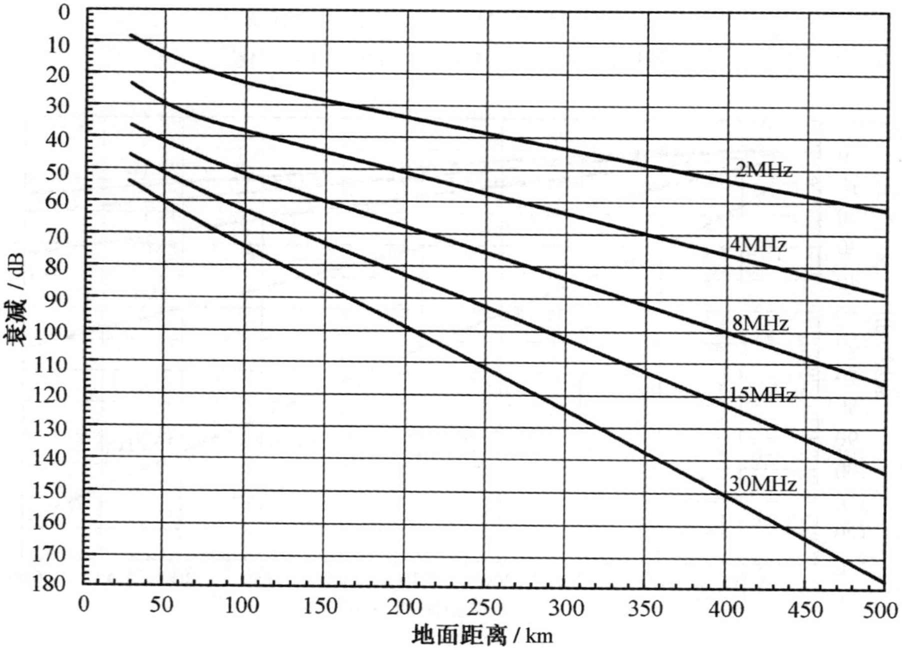

图 2-11　天线和目标都贴近地面时的衰减

陆地，$\sigma = 3\times10^{-2}$S/m，$\varepsilon = 40$，垂直极化

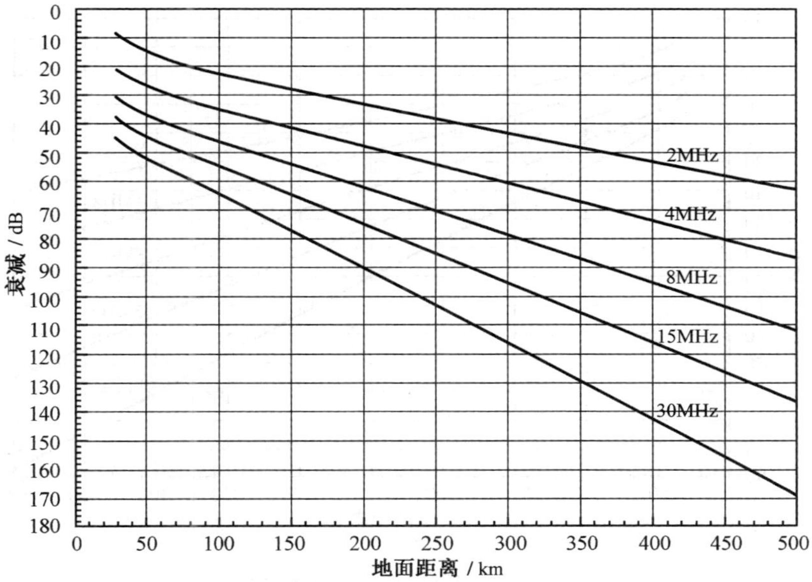

图 2-12　天线和目标都贴近地面时的衰减

湿土，$\sigma=10^{-2}$S/m，$\varepsilon=30$，垂直极化

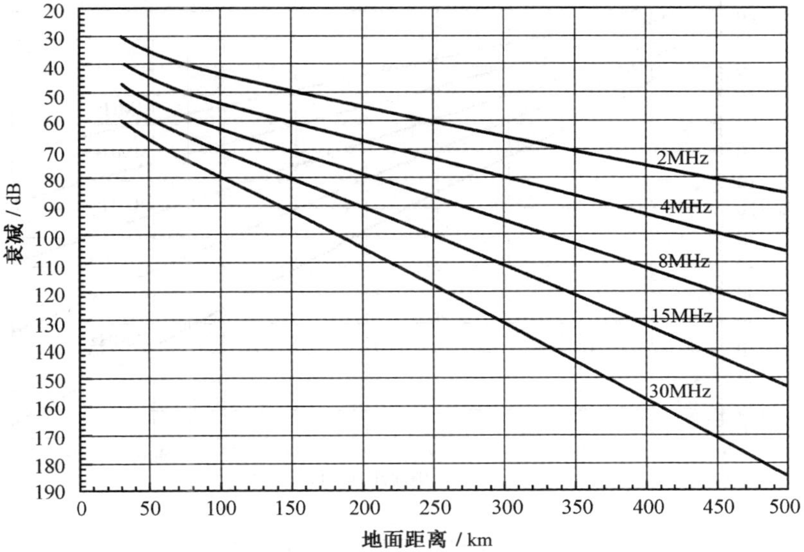

图 2-13　天线和目标都贴近地面时的衰减

陆地，$\sigma=3\times10^{-3}$S/m，$\varepsilon=22$，垂直极化

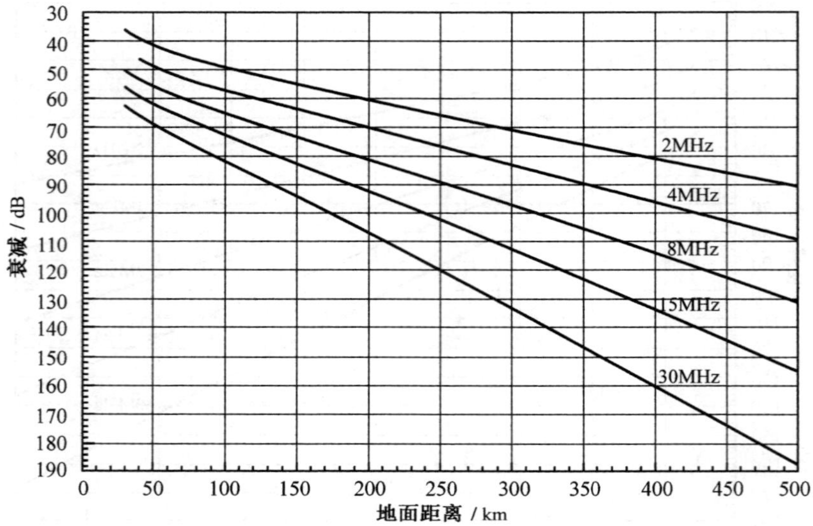

图 2-14　天线和目标都贴近地面时的衰减

中等干燥地面，$\sigma=10^{-3}$S/m，$\varepsilon=15$，垂直极化

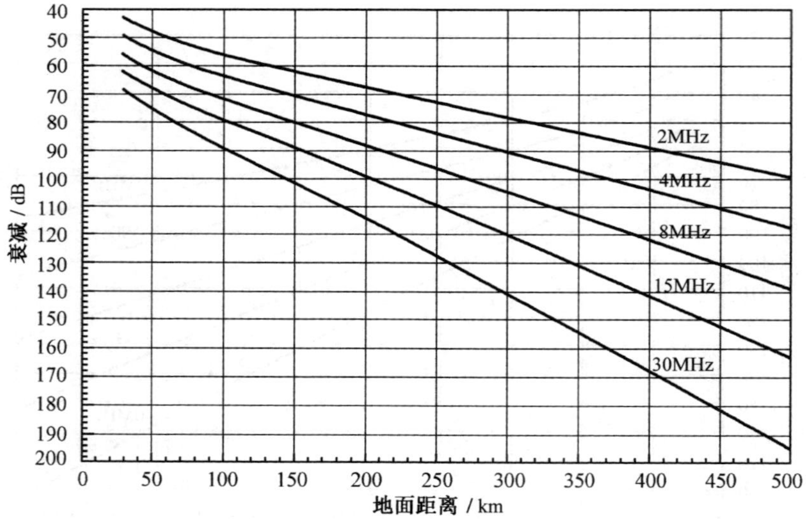

图 2-15　天线和目标都贴近地面时的衰减

干燥地面，$\sigma=3\times10^{-4}$S/m，$\varepsilon=7$，垂直极化

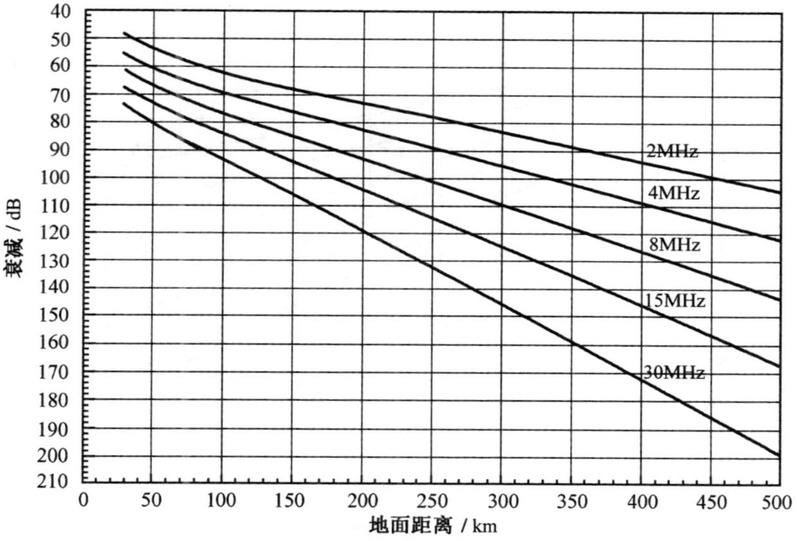

图 2-16　天线和目标都贴近地面时的衰减

甚干燥地面，$\sigma=10^{-4}$S/m，$\varepsilon=3$，垂直极化

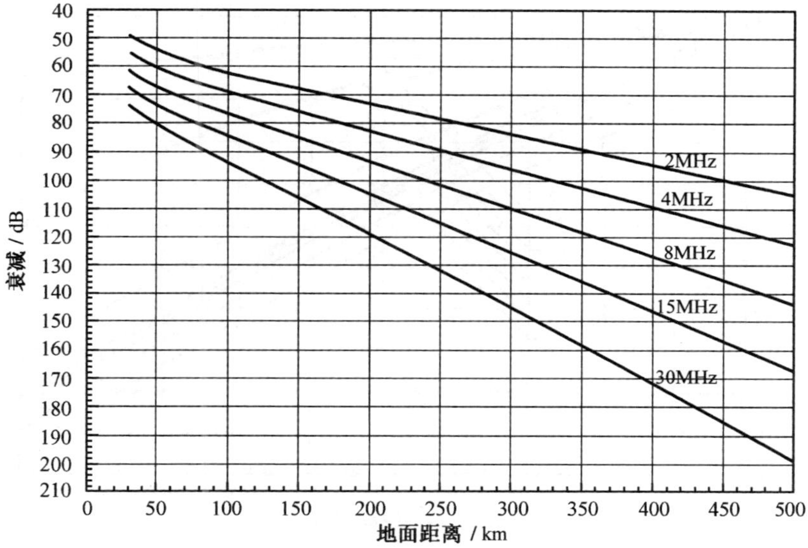

图 2-17　天线和目标都贴近地面时的衰减

−1℃淡水，$\sigma=3\times10^{-5}$S/m，$\varepsilon=3$，垂直极化

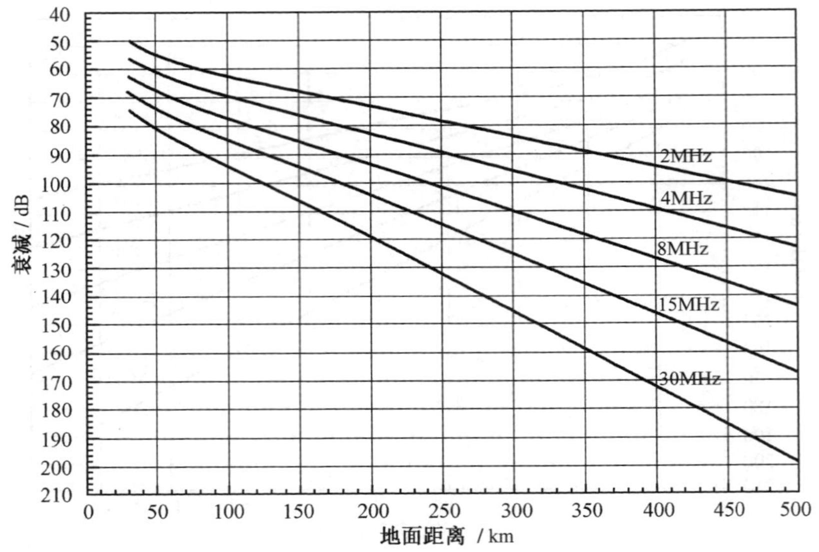

图 2-18　天线和目标都贴近地面时的衰减

−10℃淡水，$\sigma=10^{-5}$S/m，$\varepsilon=3$，垂直极化

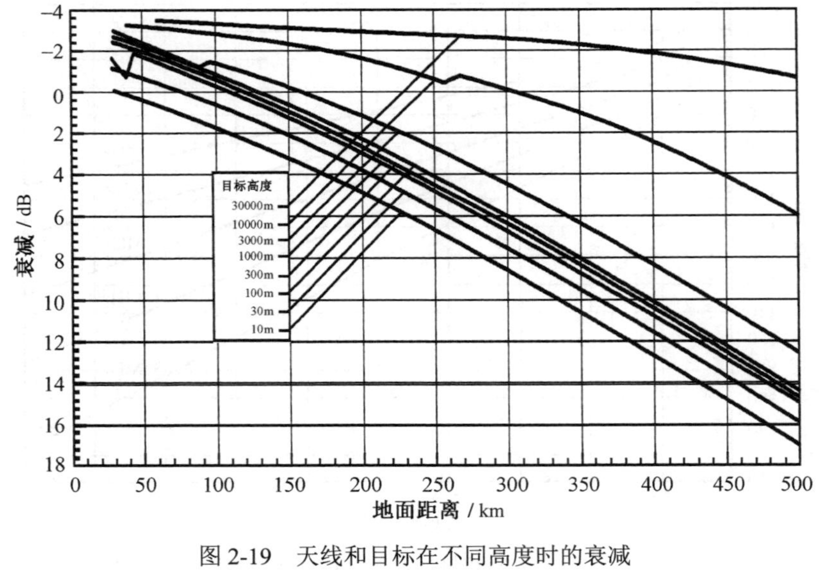

图 2-19　天线和目标在不同高度时的衰减

低盐分海水，$\sigma=1$S/m，$\varepsilon=80$，天线高度 5m，频率 2MHz，垂直极化

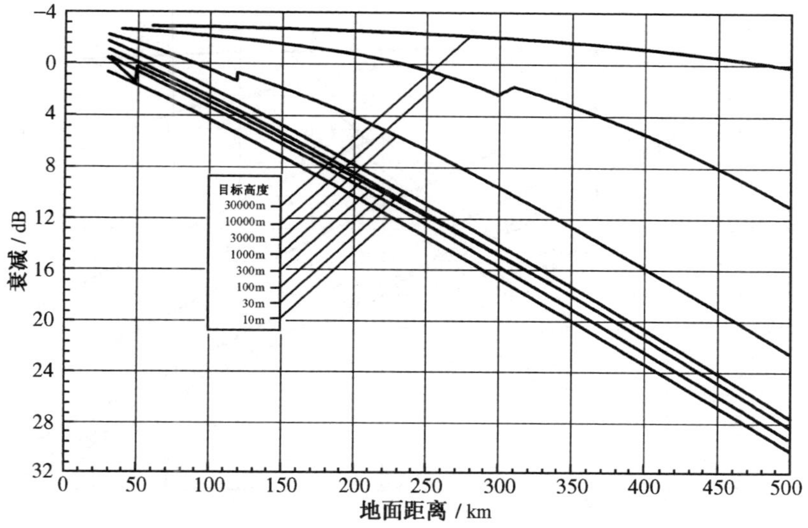

图 2-20　天线和目标在不同高度时的衰减

低盐分海水，$\sigma = 1\text{S/m}$，$\varepsilon = 80$，天线高度 5m，频率 4MHz，垂直极化

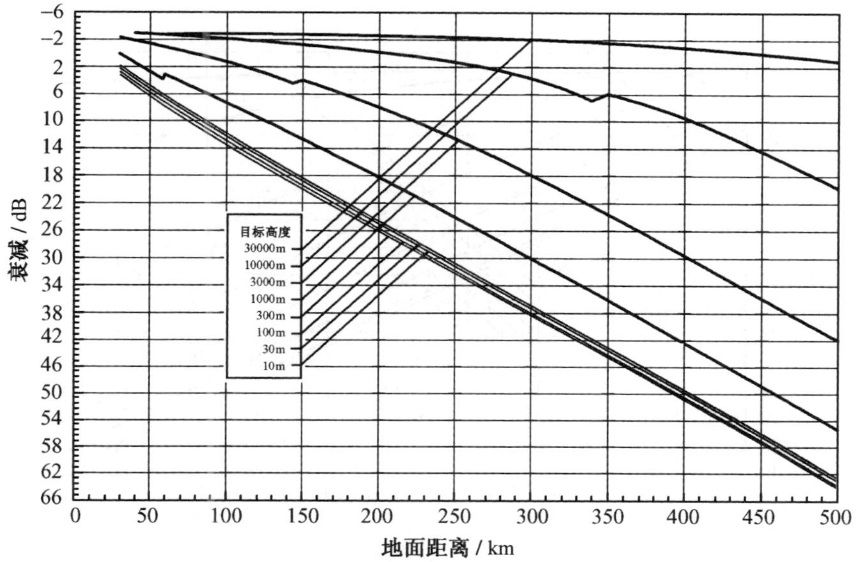

图 2-21　天线和目标在不同高度时的衰减

低盐分海水，$\sigma = 1\text{S/m}$，$\varepsilon = 80$，天线高度 5m，频率 8MHz，垂直极化

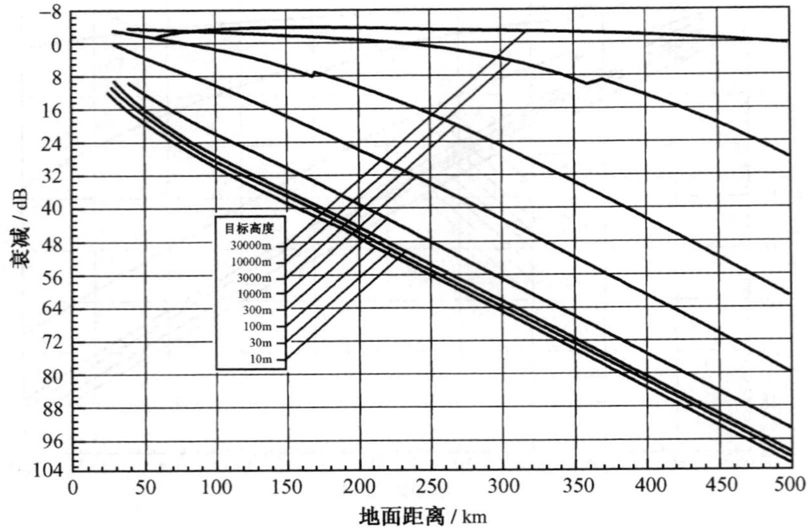

图 2-22　天线和目标在不同高度时的衰减

低盐分海水，$\sigma = 1\text{S/m}$，$\varepsilon = 80$ ，天线高度 5m，频率 15MHz，垂直极化

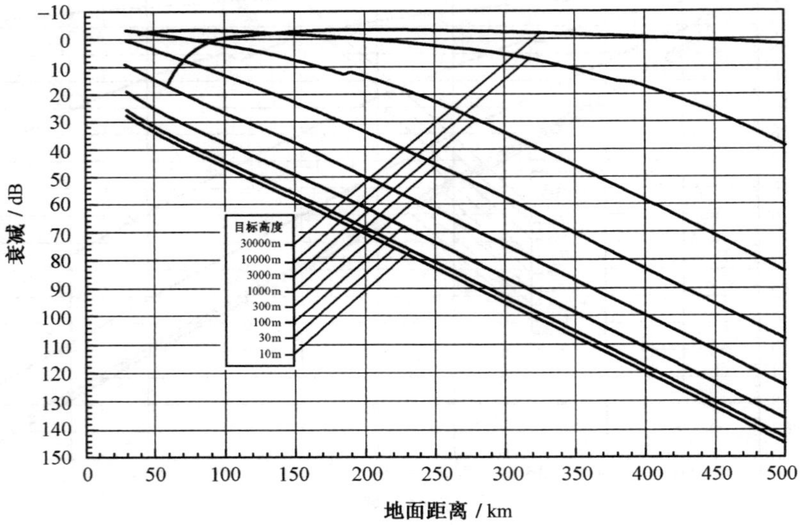

图 2-23　天线和目标在不同高度时的衰减

低盐分海水，$\sigma = 1\text{S/m}$，$\varepsilon = 80$ ，天线高度 5m，频率 30MHz，垂直极化

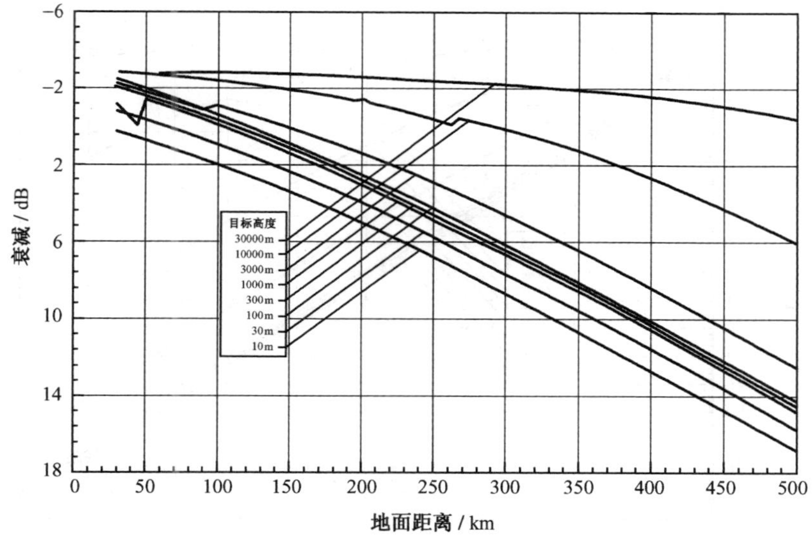

图 2-24　天线和目标在不同高度时的衰减

低盐分海水，$\sigma = 1\text{S/m}$，$\varepsilon = 80$，天线高度 10m，频率 2MHz，垂直极化

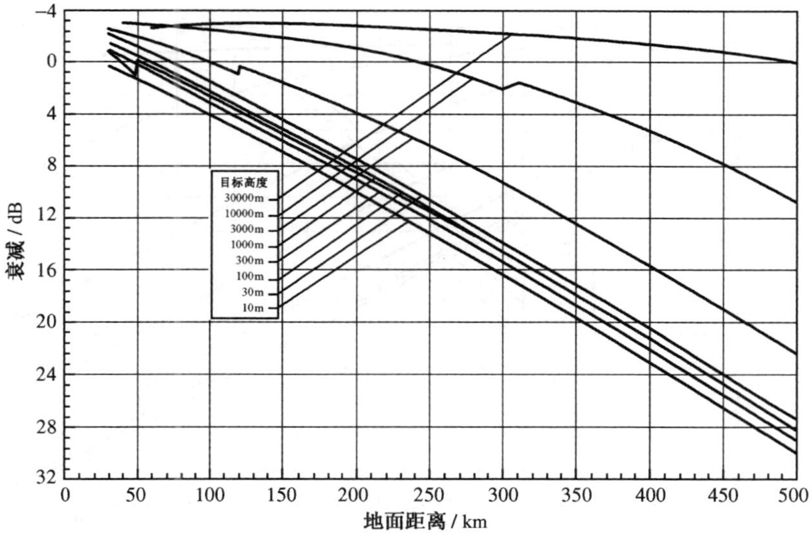

图 2-25　天线和目标在不同高度时的衰减

低盐分海水，$\sigma = 1\text{S/m}$，$\varepsilon = 80$，天线高度 10m，频率 4MHz，垂直极化

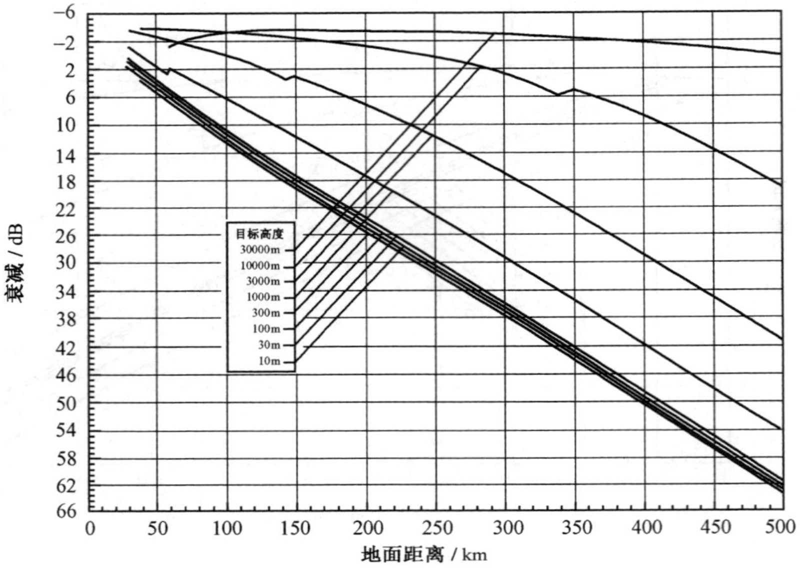

图 2-26　天线和目标在不同高度时的衰减

低盐分海水，$\sigma = 1\text{S/m}$，$\varepsilon = 80$，天线高度 10m，频率 8MHz，垂直极化

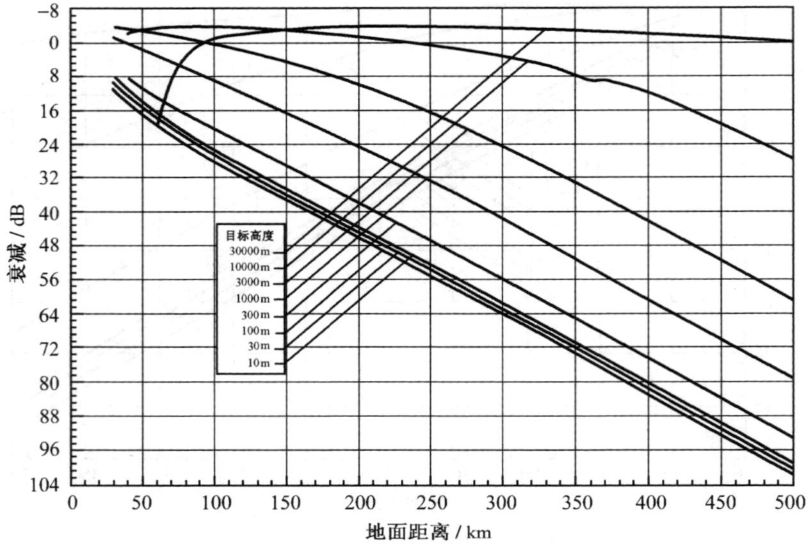

图 2-27　天线和目标在不同高度时的衰减

低盐分海水，$\sigma = 1\text{S/m}$，$\varepsilon = 80$，天线高度 10m，频率 15MHz，垂直极化

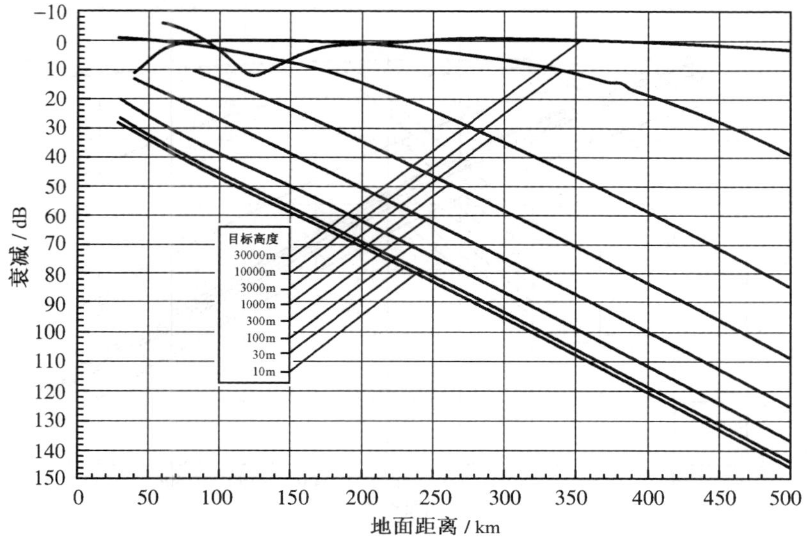

图 2-28　天线和目标在不同高度时的衰减

低盐分海水，$\sigma = 1\text{S/m}$，$\varepsilon = 80$，天线高度 10m，频率 30MHz，垂直极化

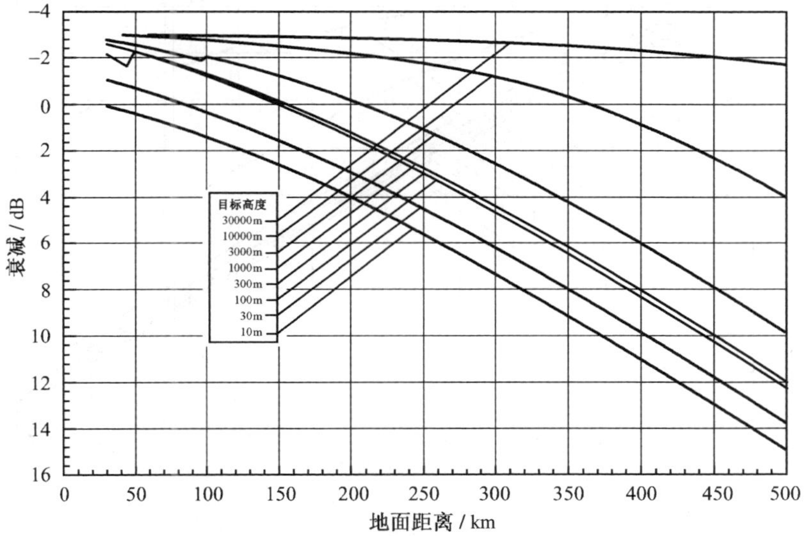

图 2-29　天线和目标在不同高度时的衰减

平均盐分海水，$\sigma = 5\text{S/m}$，$\varepsilon = 70$，天线高度 5m，频率 2MHz，垂直极化

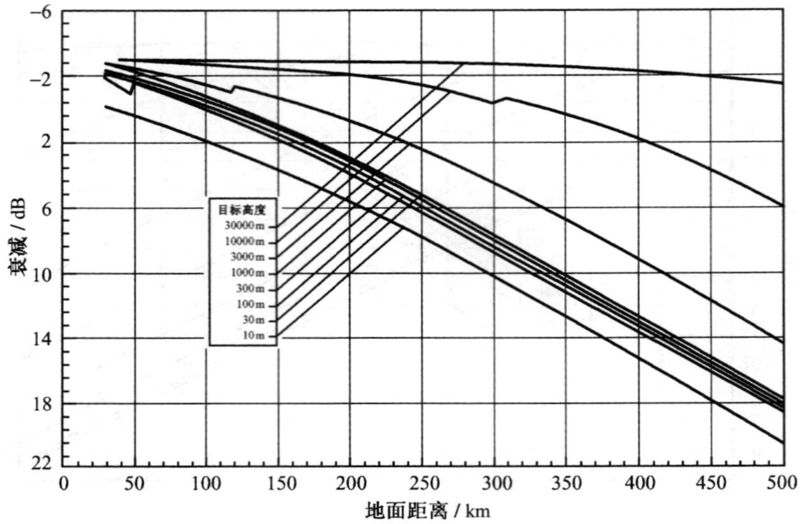

图 2-30　天线和目标在不同高度时的衰减

平均盐分海水，$\sigma = 5\text{S/m}$，$\varepsilon = 70$，天线高度 5m，频率 4MHz，垂直极化

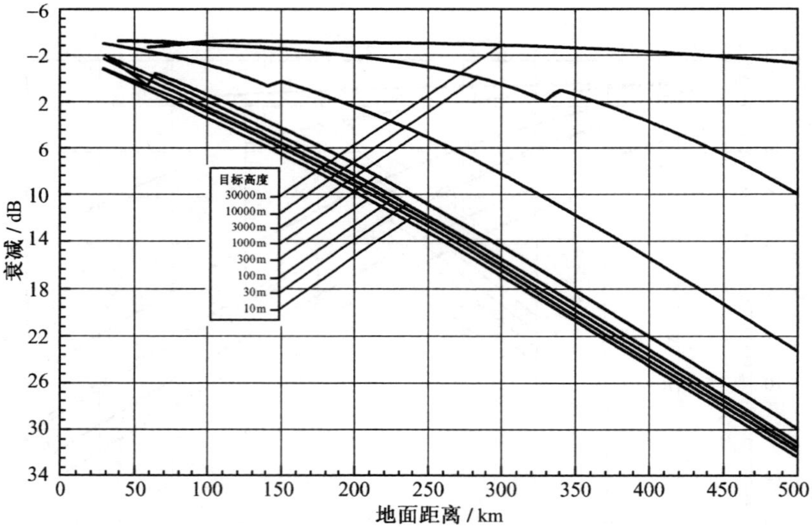

图 2-31　天线和目标在不同高度时的衰减

平均盐分海水，$\sigma = 5\text{S/m}$，$\varepsilon = 70$，天线高度 5m，频率 8MHz，垂直极化

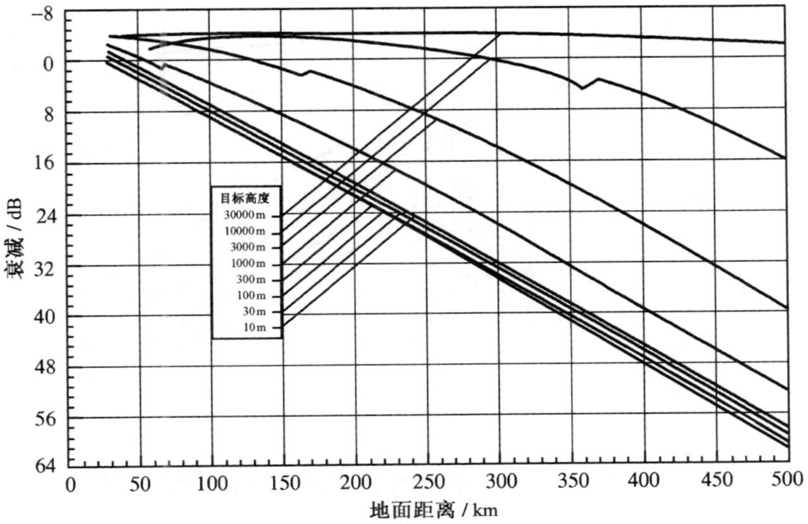

图 2-32　天线和目标在不同高度时的衰减

平均盐分海水，$\sigma = 5\text{S/m}$，$\varepsilon = 70$，天线高度 5m，频率 15MHz，垂直极化

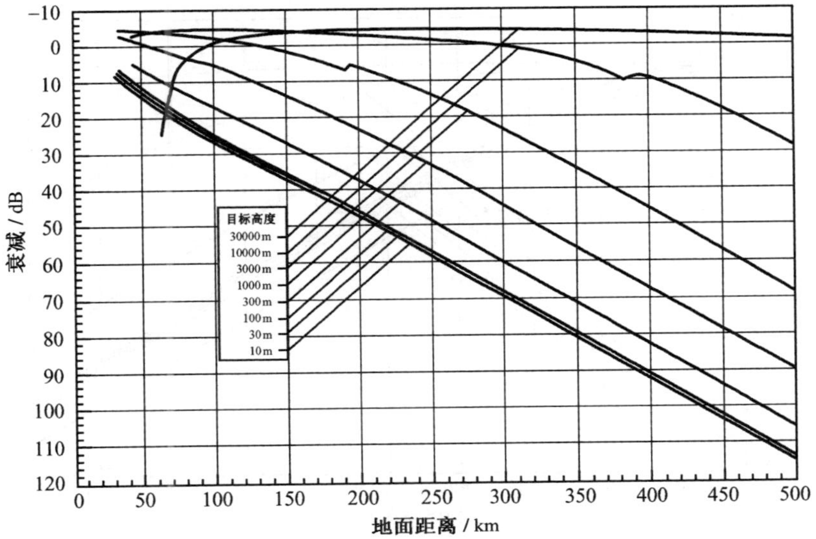

图 2-33　天线和目标在不同高度时的衰减

平均盐分海水，$\sigma = 5\text{S/m}$，$\varepsilon = 70$，天线高度 5m，频率 30MHz，垂直极化

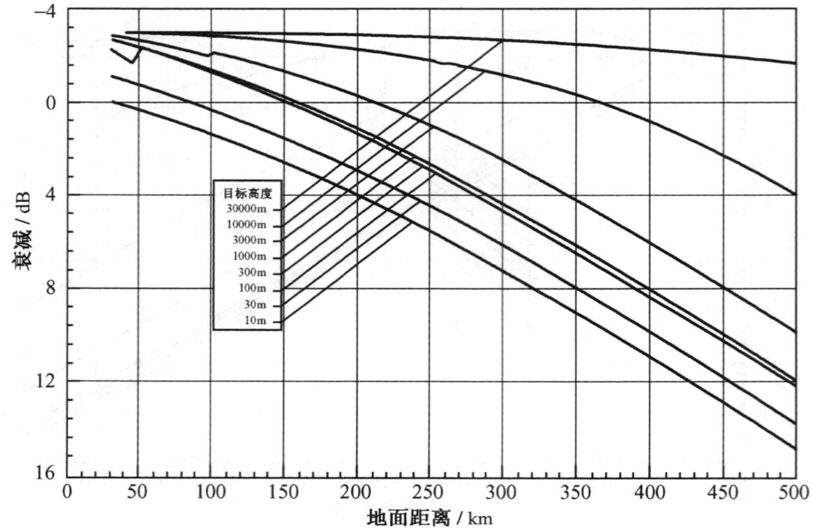

图 2-34　天线和目标在不同高度时的衰减

平均盐分海水，$\sigma = 5\text{S/m}$，$\varepsilon = 70$，天线高度 10m，频率 2MHz，垂直极化

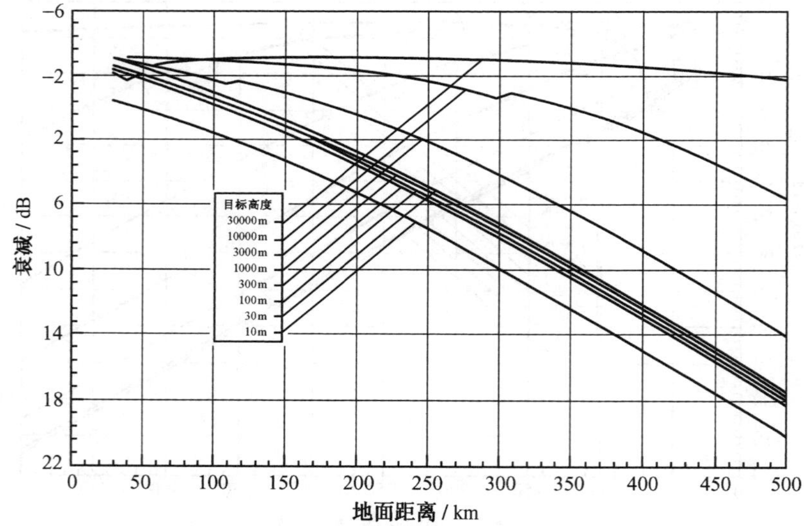

图 2-35　天线和目标在不同高度时的衰减

平均盐分海水，$\sigma = 5\text{S/m}$，$\varepsilon = 70$，天线高度 10m，频率 4MHz，垂直极化

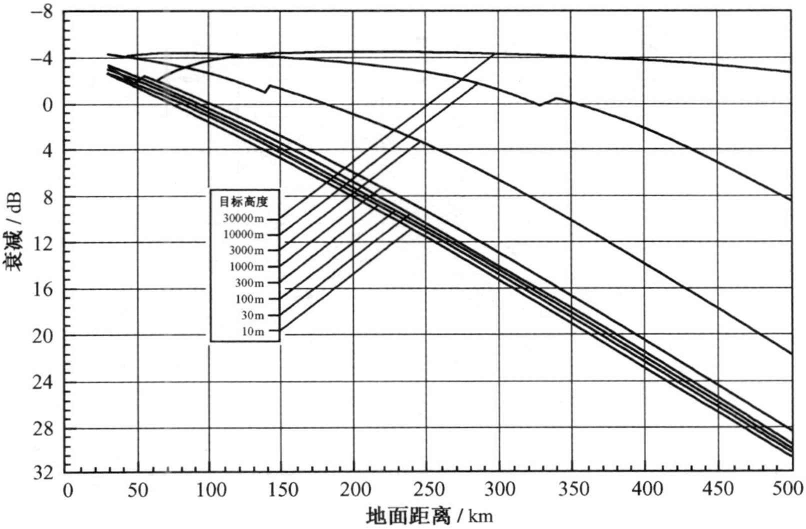

图 2-36　天线和目标在不同高度时的衰减

平均盐分海水，$\sigma = 5\text{S/m}$，$\varepsilon = 70$，天线高度 10m，频率 8MHz，垂直极化

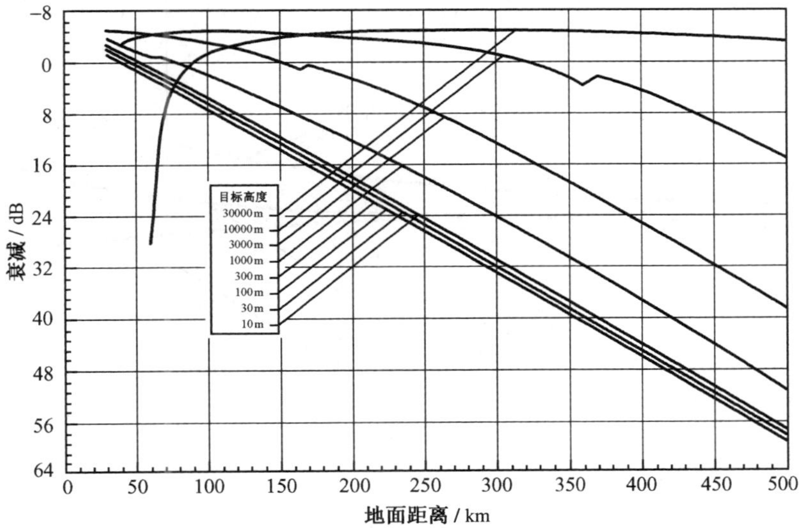

图 2-37　天线和目标在不同高度时的衰减

平均盐分海水，$\sigma = 5\text{S/m}$，$\varepsilon = 70$，天线高度 10m，频率 15MHz，垂直极化

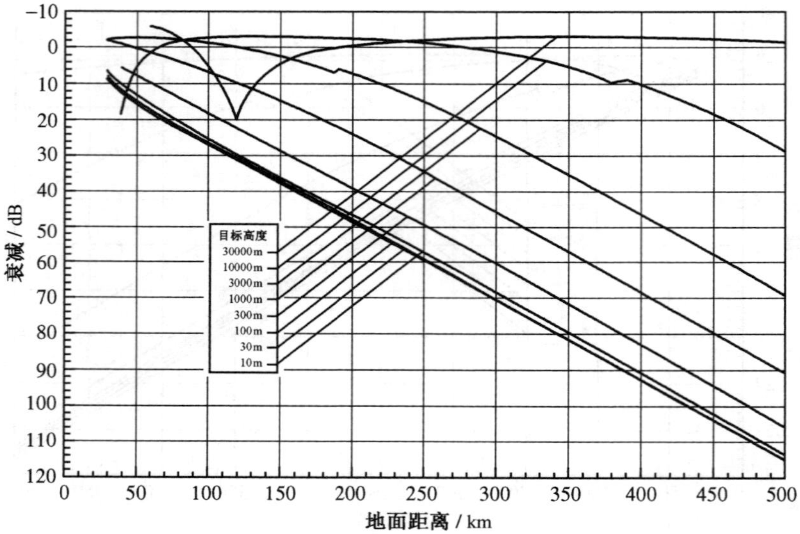

图 2-38 天线和目标在不同高度时的衰减

平均盐分海水，$\sigma = 5\text{S/m}$，$\varepsilon = 70$，天线高度 10m，频率 30MHz，垂直极化

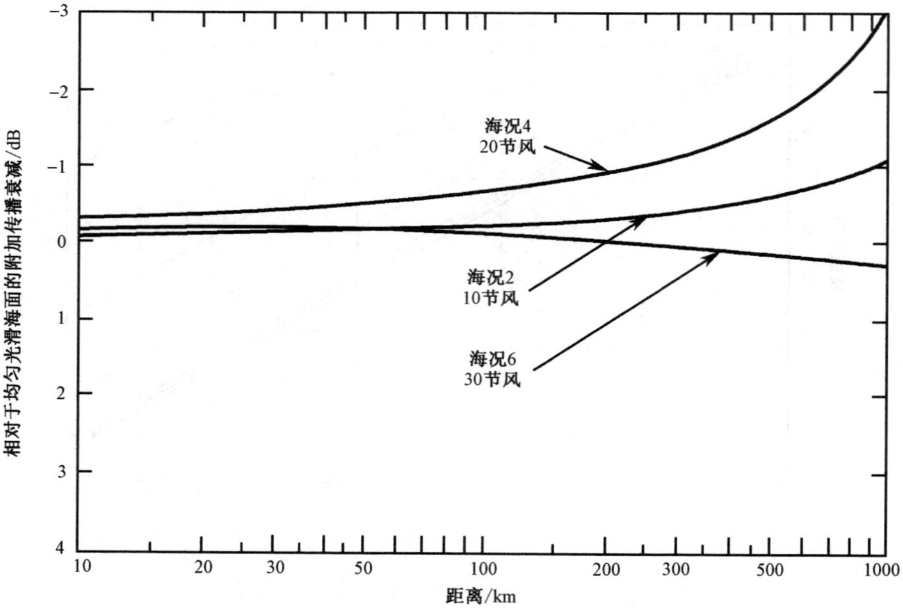

图 2-39 3MHz 不同海情的附加衰减

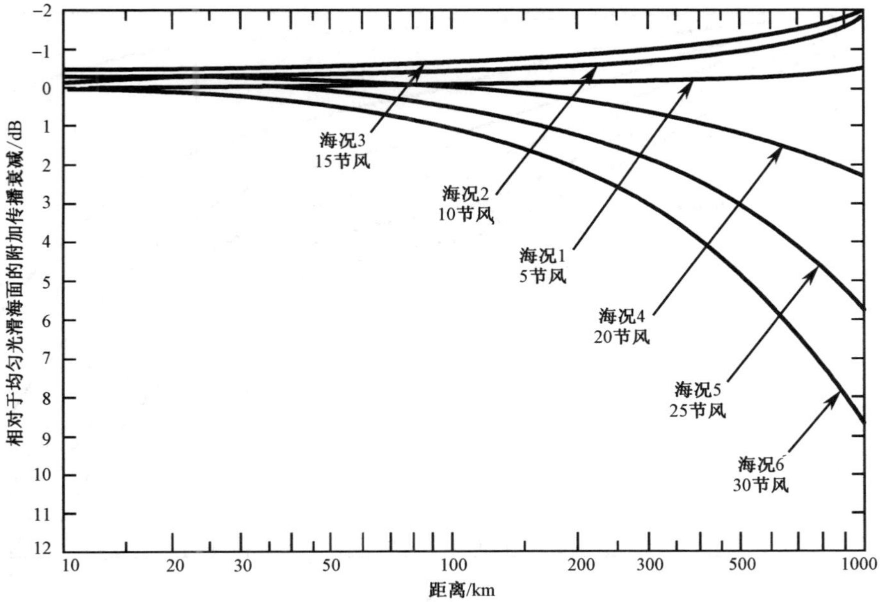

图 2-40　5MHz 不同海情的附加衰减

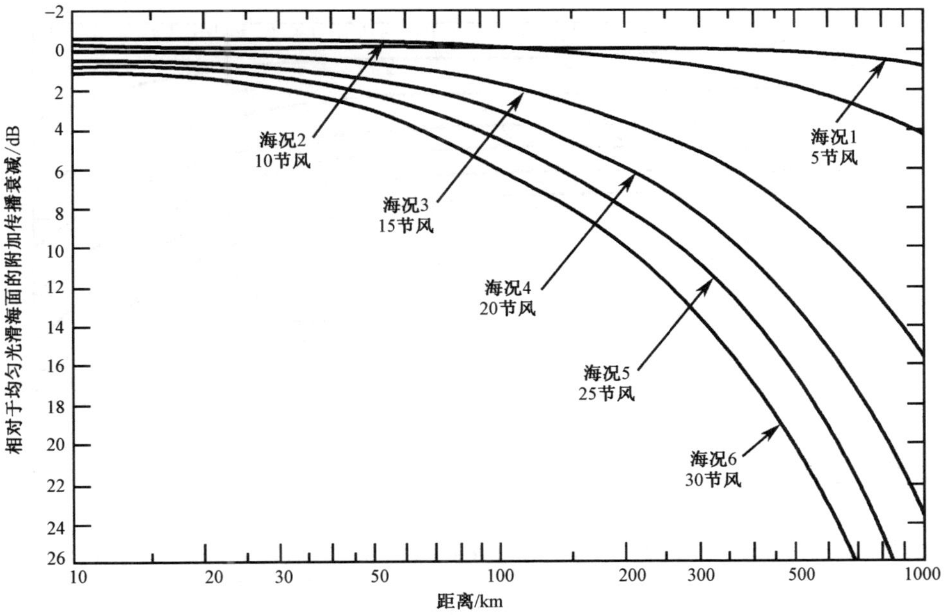

图 2-41　10MHz 不同海情的附加衰减

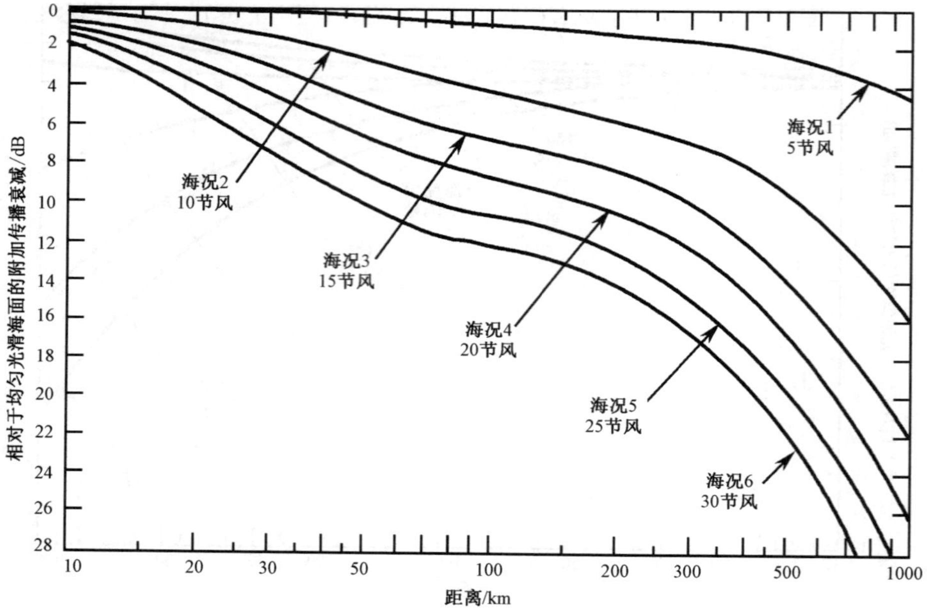

图 2-42　20MHz 不同海情的附加衰减

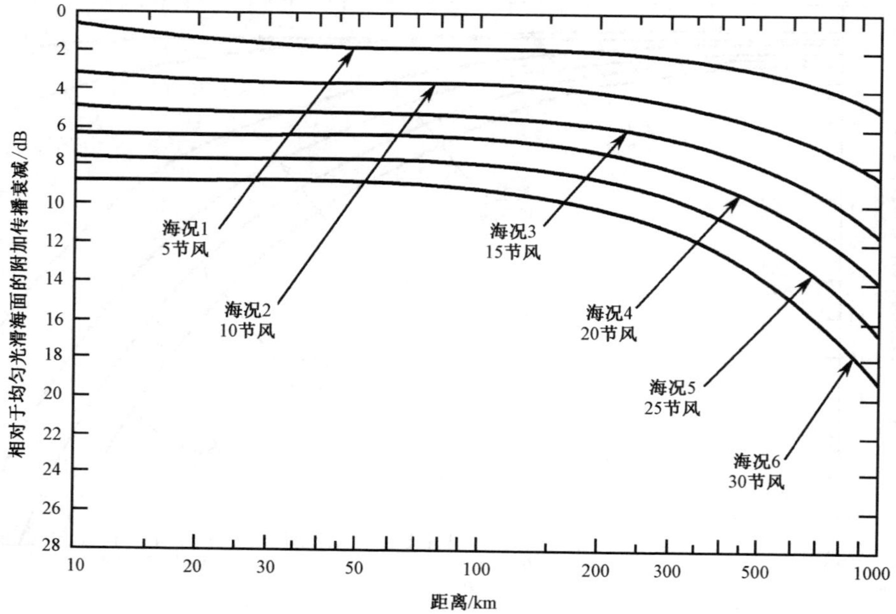

图 2-43　50MHz 不同海情的附加衰减

2.4　地海面的反射系数

本节及 2.5 节、2.6 节和 2.7 节讨论地形、地物对超短波、微波和毫米波雷达信号的衰减效应。这些效应主要表现为地面反射或散射引起的多径对直达波的干涉，突出地形、地物引起的障碍绕射衰减及植被、树林对电波的吸收[7~13]。

2.4.1　平面反射系数和透射系数

假设平面电磁波投射到两种各向同性均匀媒质的分界面上。两种媒质的介电常数分别是 ε_1 和 ε_2，它们的导磁率分别是 μ_1 和 μ_2。界面的位置是 $z=0$，而入射面在 $x-z$ 平面内，如图 2-44 所示。

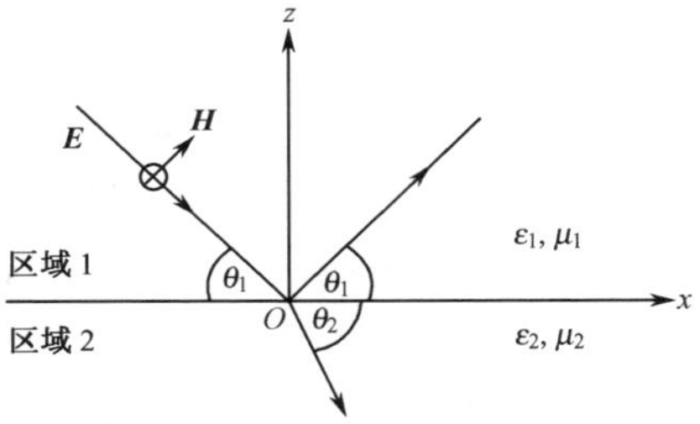

图 2-44　平面波在分界面上反射和透射

假设入射波是水平极化波 $\boldsymbol{E}_y=\boldsymbol{y}E_0\exp\left(\mathrm{j}k_x x-\mathrm{j}k_z z\right)$，那么在区域 1 存在入射波和反射波，总场是它们的线性叠加：

$$\boldsymbol{E}_1=\boldsymbol{y}E_0\exp\left(\mathrm{j}k_{1x}x-\mathrm{j}k_{1z}z\right)+\boldsymbol{y}E_0R_{\mathrm{H}}\exp\left(\mathrm{j}k_{1x}x+\mathrm{j}k_{1z}z\right) \tag{2.25}$$

在区域 2，只有透射场，

$$\boldsymbol{E}_2=\boldsymbol{y}E_0T_{\mathrm{H}}\exp\left(\mathrm{j}k_{2x}x-\mathrm{j}k_{2z}z\right) \tag{2.26}$$

在式（2.25）和式（2.26）这两个表达式中，R_{H} 是反射波和入射波振幅之比，称为反射系数；T_{H} 是透射波和入射波之比，称作透射系数；$k_i=\omega\sqrt{\varepsilon_i\mu_i}$，$k_{iz}=\sqrt{k_i^2-k_x^2}$（$i=1,2$）分别是波数和它的垂直分量；$k_{ix}=k_i\cos\theta_i$ 是波数的水平分量，其中 θ_i 是射线与水平方向的夹角。按照 Snell 定理，应有 $k_{1x}=k_{2x}$。

在 $z=0$ 的边界上，要求电场的切向分量和法向分量连续，于是得到

$$1+R_{\mathrm{H}}=T_{\mathrm{H}} \tag{2.27a}$$

$$\frac{k_{1z}}{\mu_1}\left(1-R_{\mathrm{H}}\right)=\frac{k_{2z}}{\mu_2}T_{\mathrm{H}} \tag{2.27b}$$

由式（2.27a）和式（2.27b）可以解出水平极化波反射系数 R_{H} 和透射系数 T_{H}：

$$R_{\mathrm{H}}=\frac{\mu_2k_{1z}-\mu_1k_{2z}}{\mu_2k_{1z}+\mu_1k_{2z}} \tag{2.28a}$$

$$T_{\mathrm{H}}=\frac{2\mu_2k_{1z}}{\mu_2k_{1z}+\mu_1k_{2z}} \tag{2.28b}$$

同样，可以推出垂直极化波的反射系数 R_{V} 和透射系数 T_{V}，即

$$R_{\mathrm{V}}=\frac{\varepsilon_2k_{1z}-\varepsilon_1k_{2z}}{\varepsilon_2k_{1z}+\varepsilon_1k_{2z}} \tag{2.29a}$$

$$T_{\rm V}=\frac{2\varepsilon_2 k_{1z}}{\varepsilon_2 k_{1z}+\varepsilon_1 k_{2z}} \tag{2.29b}$$

在自然界中，我们所遇到的界面主要是地、海面。在这种情况下，$\mu_2=\mu_1=\mu_0$，$\varepsilon_1=\varepsilon_0$，$\varepsilon_2=\varepsilon_0\varepsilon_{\rm r}$（$\varepsilon_0$是真空中的介电常数，$\mu_0$是真空中的导磁率，$\varepsilon_{\rm r}$是地面相对介电常数），反射系数$R_{\rm H}$、$R_{\rm V}$的计算公式就可以简化为

$$R_{\rm H}=\frac{\sin\theta_1-\sqrt{\varepsilon_{\rm r}-\cos^2\theta_1}}{\sin\theta_1+\sqrt{\varepsilon_{\rm r}-\cos^2\theta_1}}=\rho_{\rm H}\exp(-{\rm j}\varphi_{\rm H}) \tag{2.30}$$

$$R_{\rm V}=\frac{\varepsilon_{\rm r}\sin\theta_1-\sqrt{\varepsilon_{\rm r}-\cos^2\theta_1}}{\varepsilon_{\rm r}\sin\theta_1+\sqrt{\varepsilon_{\rm r}-\cos^2\theta_1}}=\rho_{\rm V}\exp(-{\rm j}\varphi_{\rm V}) \tag{2.31}$$

在式（2.30）和式（2.31）中，$\rho_{\rm H}$和$\rho_{\rm V}$是反射系数的模（也就是幅度），$\varphi_{\rm H}$和$\varphi_{\rm V}$是反射系数的相位。

图 2-45 和图 2-46 分别是平滑海面和地面的$\rho_{\rm H}$、$\rho_{\rm V}$、$\varphi_{\rm H}$和$\varphi_{\rm V}$随掠射角θ_1的变化曲线。这些曲线反映了水平极化反射和垂直极化反射性质的主要差别。

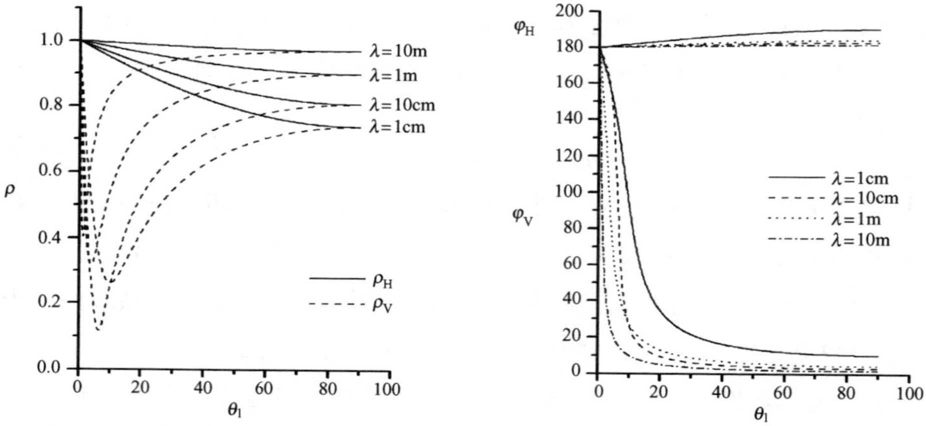

（a）反射系数的幅度　　（b）反射系数的相位

图 2-45　不同极化、不同波长海水反射系数随掠射角的变化

垂直入射时（$\theta_1=\pi/2$），由图 2-45（a）可以看出，$R_{\rm V}$和$R_{\rm H}$的幅度相等，但相位相差180°。从式（2.30）和式（2.31）也可以得到

$$R_{\rm V}=\frac{\varepsilon_{\rm r}-\sqrt{\varepsilon_{\rm r}}}{\varepsilon_{\rm r}+\sqrt{\varepsilon_{\rm r}}}=-\frac{1-\sqrt{\varepsilon_{\rm r}}}{1+\sqrt{\varepsilon_{\rm r}}}=-R_{\rm H}$$

实际上，当垂直入射时，垂直极化反射和水平极化反射已经没有区别。为了保持它们的相位一致，必须加上负号。

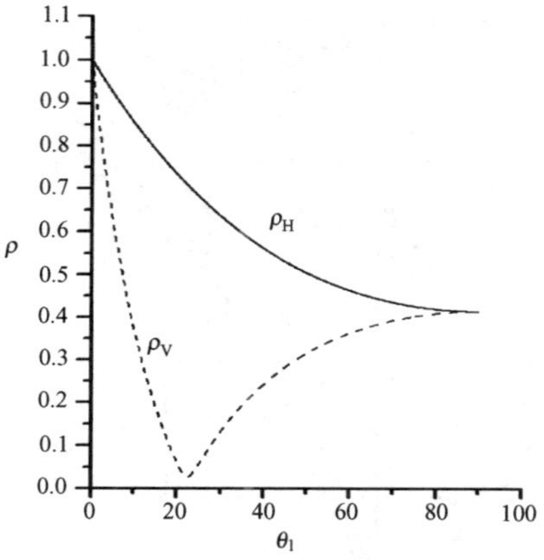

（a）反射系数的幅度

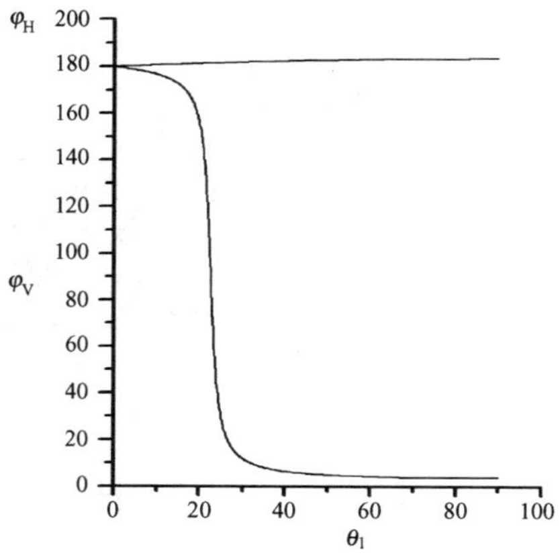

（b）反射系数的相位

图 2-46　不同极化的土壤反射系数随掠射角的变化

水平入射（$\theta_1 = 0°$）时，ρ_V 和 ρ_H 都是 1，φ_V 和 φ_H 都是180°，而且与 ε_r 和频率无关。当 θ_1 在 0° 和 90° 之间时，水平极化反射系数的相位随掠射角的变化不大，幅度的变化要比垂直极化反射系数的小得多。垂直极化反射系数的幅度和相位随掠射角变化都很大。假若媒质是纯介质，即没有损耗，ε_r 是一个实数，由式（2.31）看出，当掠射角 $\theta_1 = \arcsin\left(1/\sqrt{\varepsilon_r}\right)$ 时，垂直极化反射系数的幅度 ρ_V 几乎为零，这个 θ_1 被称作 Brewster 角，记为 θ_B。在实际情况中，自然界中的媒质多少都带有一点损耗，ρ_V 不会是零，但会在某个角度达到最小值。一般把这个角度称作伪 Brewster 角。在这个角度附近，反射系数的相位 φ_V 也发生突然变化，从近 180° 几乎降到 0°。

2.4.2　地海面的反射系数

CCIR 推荐的一套地海面反射系数图表在实际工程中是十分有用的[13]。图 2-47～图 2-54 分别给出了平均盐分海面、潮湿地面、中等干燥地面和甚干燥地面在 6 个频率（0.1GHz、0.3GHz、1GHz、3GHz、6GHz、9GHz）和水平极化、垂直极化、圆极化下镜面反射系数的模（幅度）和相位滞后值与频率、掠射角（擦地角）的关系。

2.4.3　Fresnel 椭球和反射 Fresnel 区

Huygens 原理形象地说明了波的传播过程。由波源激起的任何波阵面上的每个点都可看作次级球面波的波源。下一个波阵面上任何一个点的波，是前一个波阵面上所有次级波源贡献的总和。Fresnel 应用 Huygens 原理，建立了主传播区的概念。主传播区就是对传播过程起决定性作用的区域。假设从 A 出发的波向 B 传播，

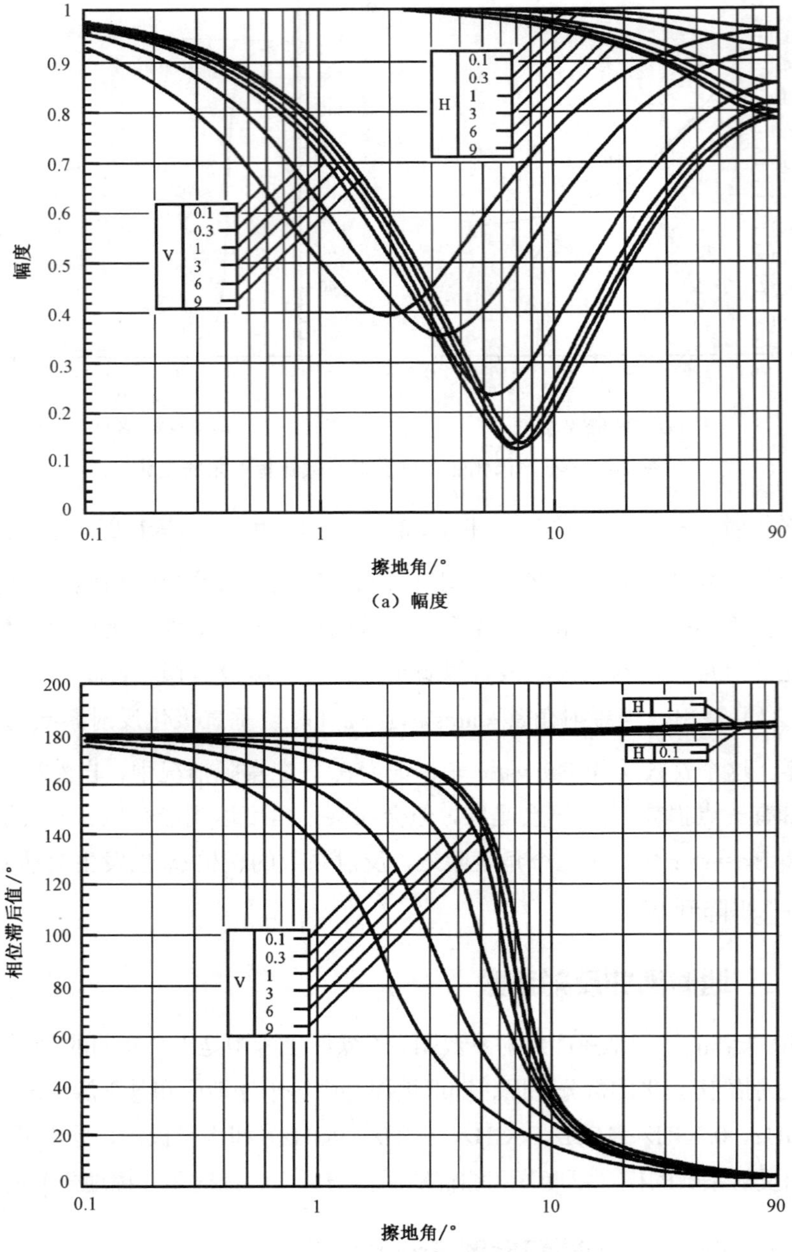

（a）幅度

（b）相位

H：水平极化；V：垂直极化；频率单位：GHz

图 2-47　平均盐分海面的镜面反射系数

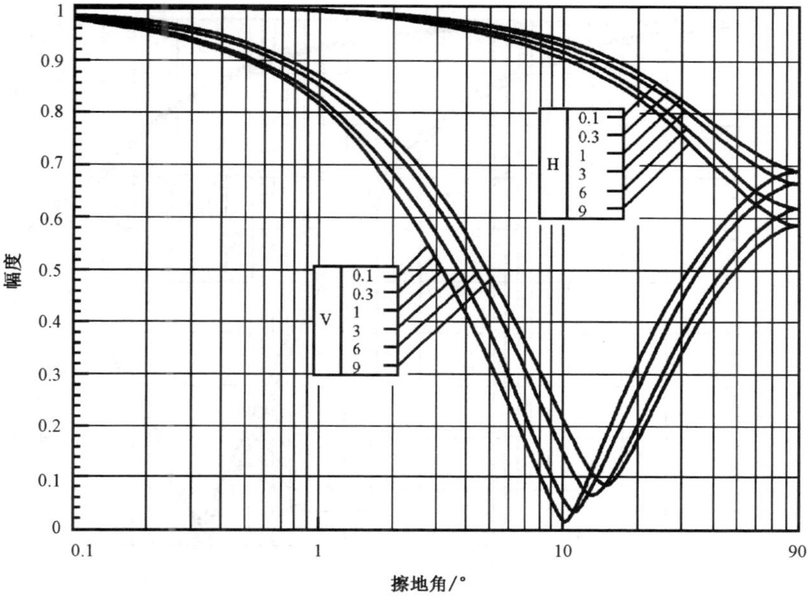

(a) 幅度

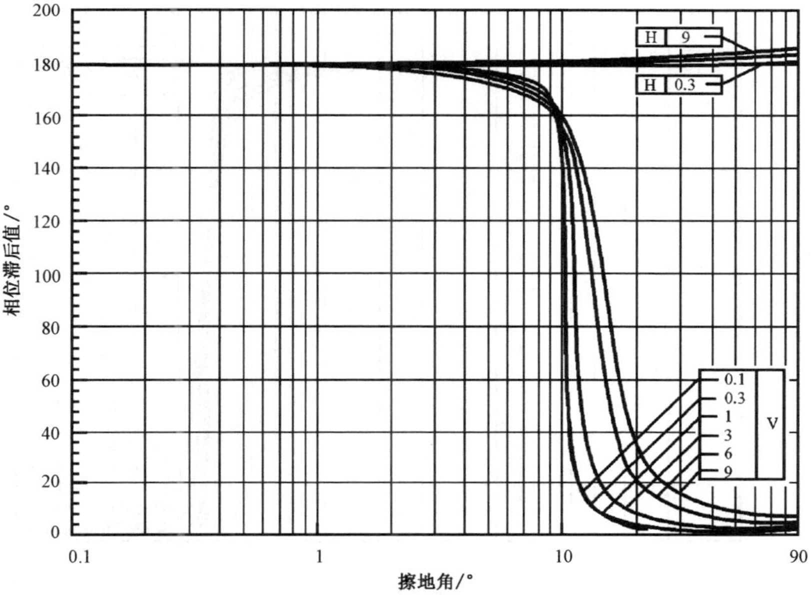

(b) 相位

H：水平极化；V：垂直极化；频率单位：GHz

图 2-48　潮湿地面的镜面反射系数

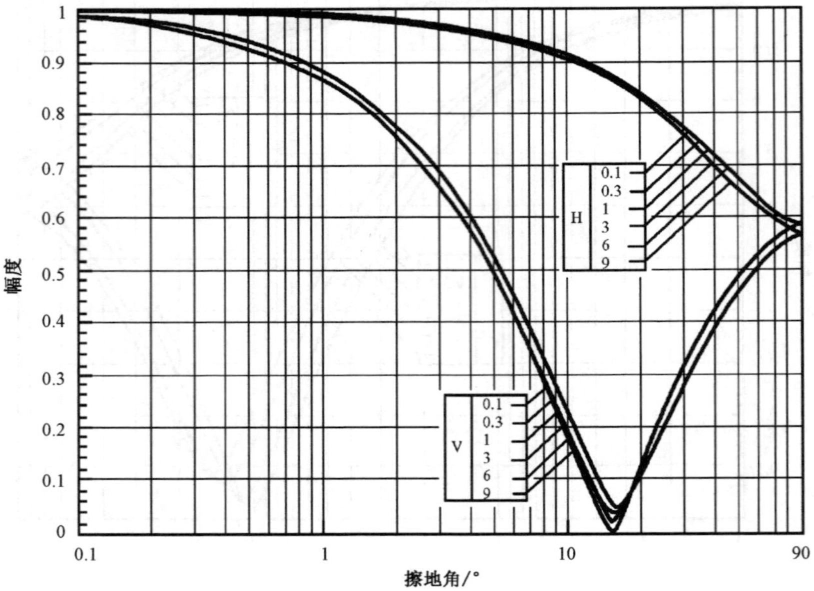

（a）幅度

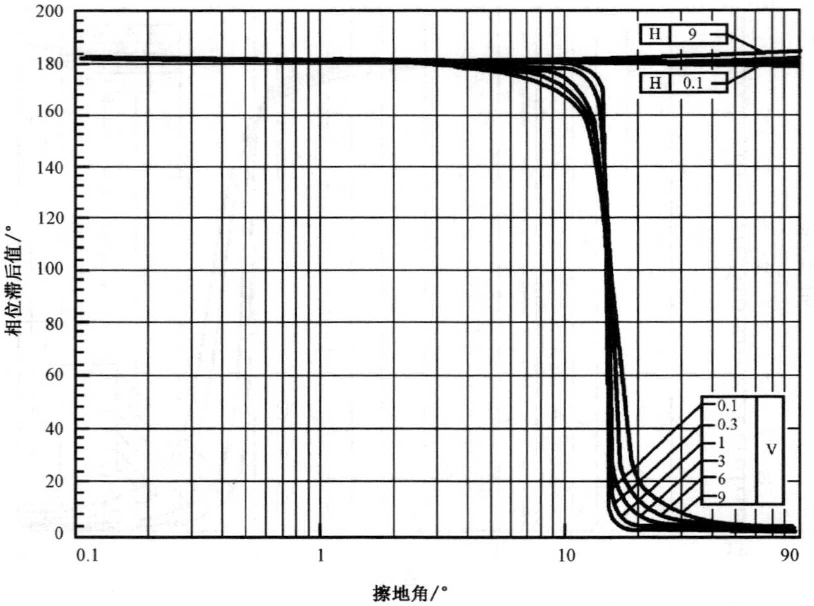

（b）相位

H：水平极化；V：垂直极化；频率单位：GHz

图 2-49　中等干燥地面的镜面反射系数

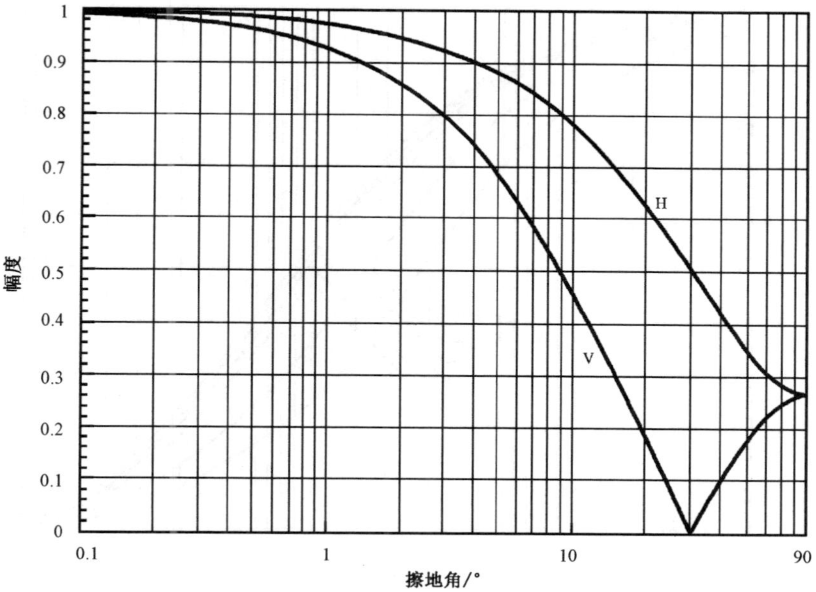

（a）幅度

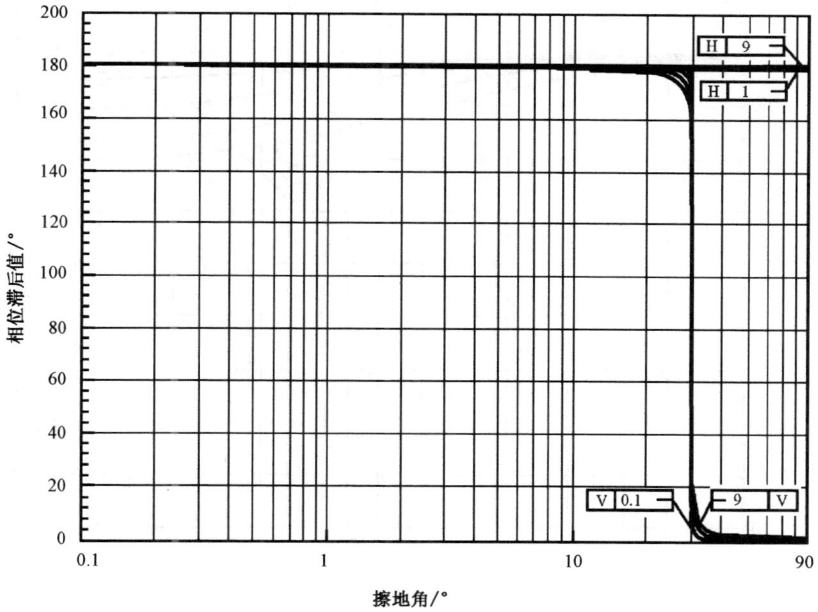

（b）相位

H：水平极化；V：垂直极化；频率单位：GHz

图 2-50　甚干燥地面的镜面反射系数

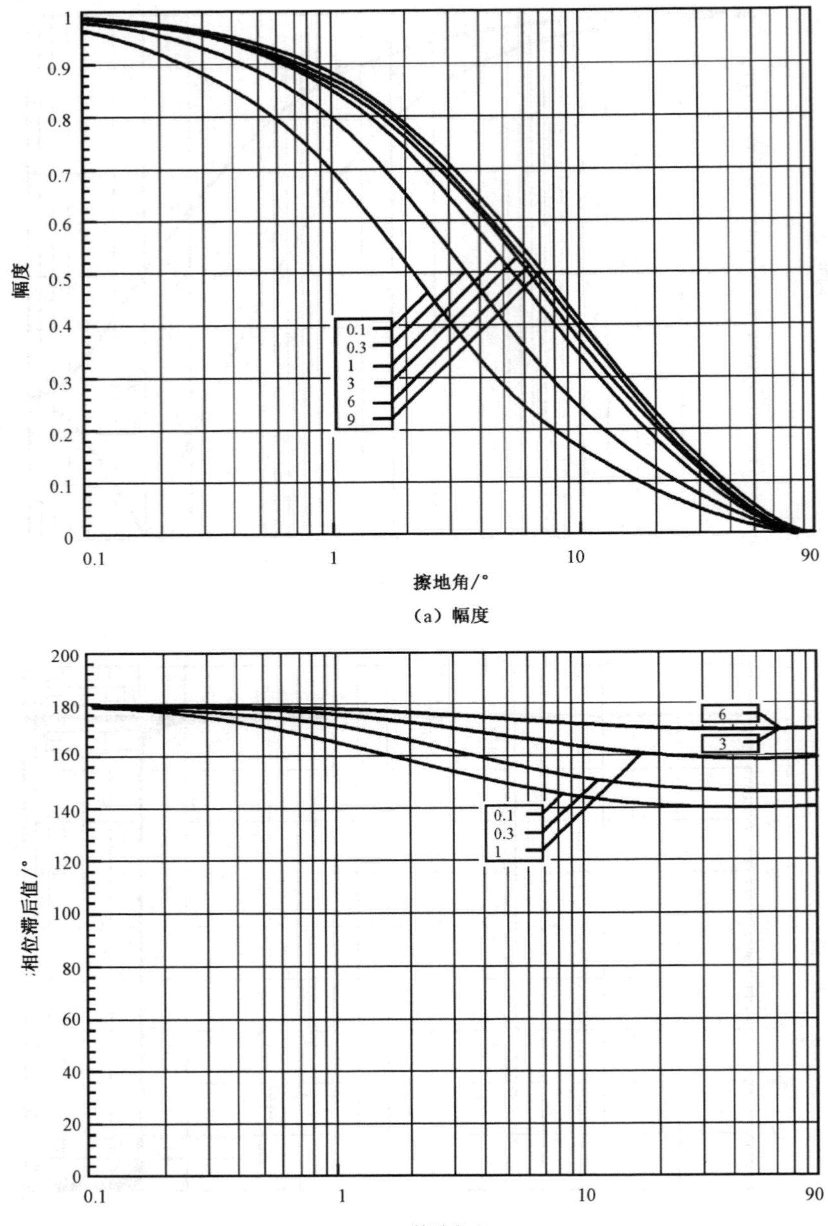

（a）幅度

（b）相位

频率单位：GHz

图 2-51　平均盐分海面圆极化的镜面反射系数

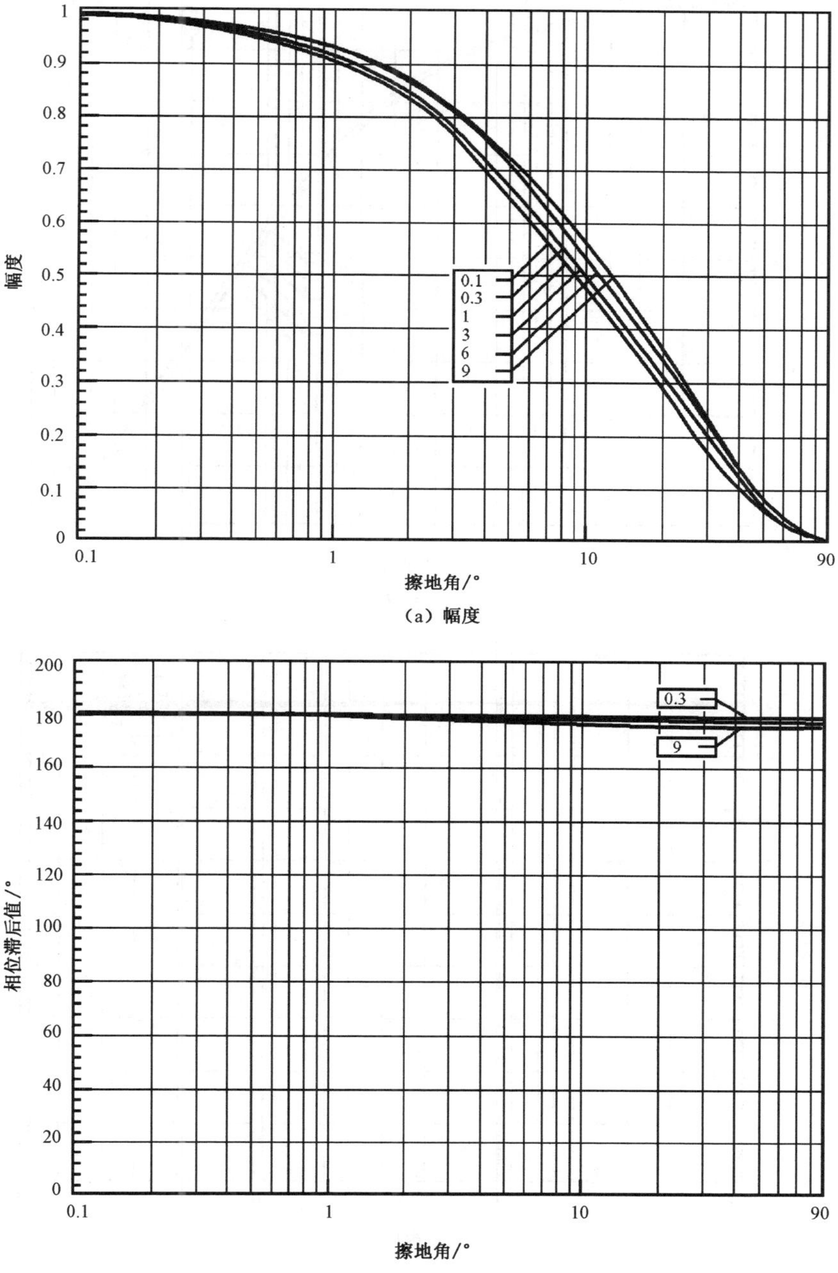

（a）幅度

（b）相位

频率单位：GHz

图 2-52　潮湿地面圆极化的镜面反射系数

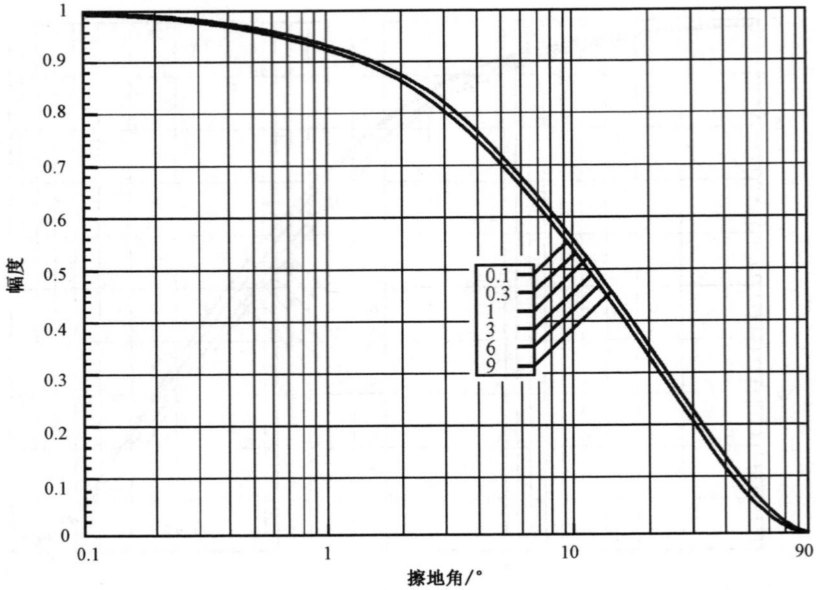

（a）幅度

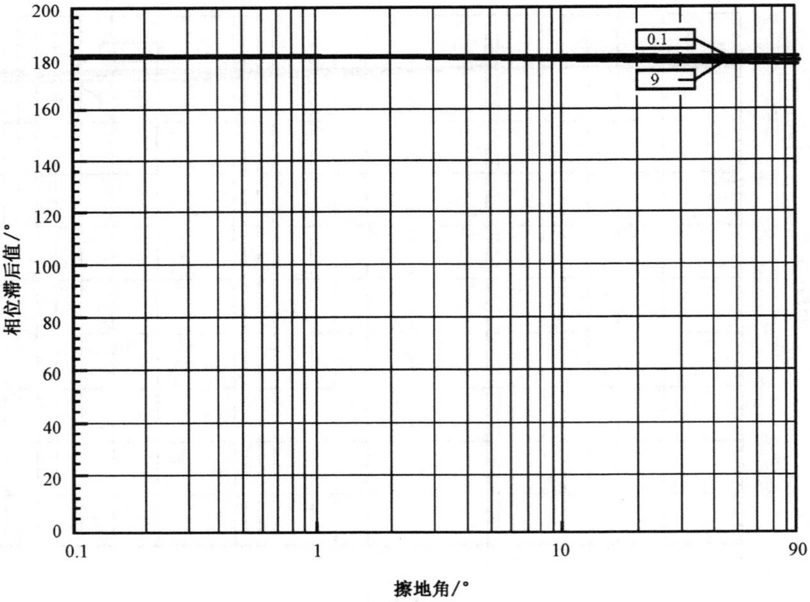

（b）相位

频率单位：GHz

图 2-53　中等干燥地面圆极化的镜面反射系数

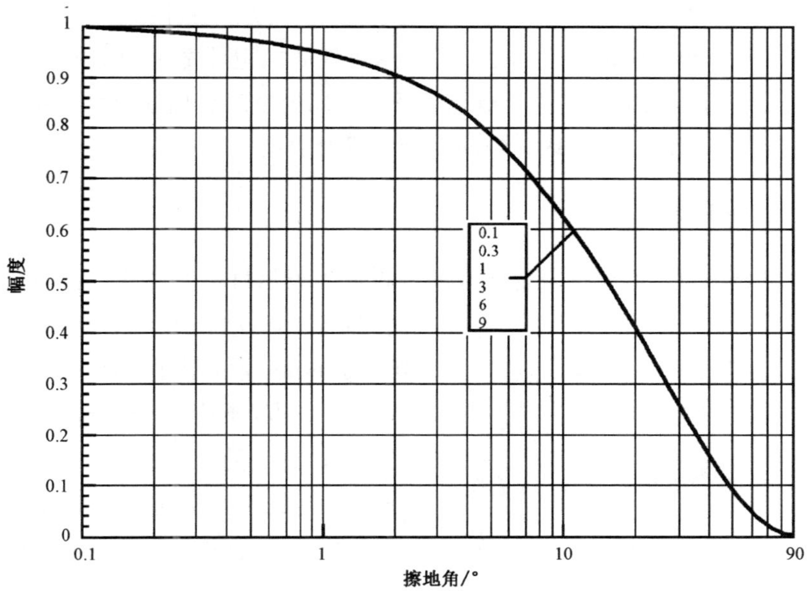

（a）幅度

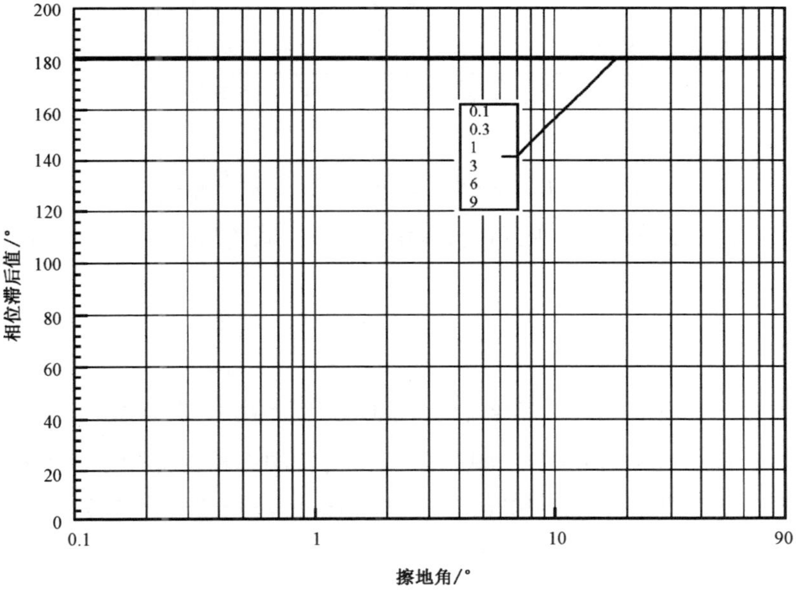

（b）相位

频率单位：GHz

图 2-54　甚干燥地面圆极化的镜面反射系数

A 出发经过主传播区任何一点到达 B 的路程长度，与从 A 直接到 B 的路程长度之间的路程差，不会大于波长的 1/2，满足这种性质的主传播区通常被称作“第一 Fresnel 区”。在电波传播中，这个概念广泛用于均匀空间传播的反射、折射和绕射过程的分析。下面简单介绍均匀空间传播的反射的第一 Fresnel 区的主要特征。

1. Fresnel 椭球

在均匀空间中，A 表示发射天线的位置，B 表示目标的位置，它们之间的距离用 d 表示，波长用 λ 表示。按照定义，第一 Fresnel 区是满足方程

$$AM + BM = AB + \lambda/2$$

的空间点 M 的集合。图 2-55 是第一 Fresnel 区的垂直剖面图。把 AB 线作为 x 轴，坐标原点 O 位于 AB 直线的中心，将通过 O 点的垂线作为 y 轴，那么，在这个坐标系中，点 A、B 和 M 的坐标分别是

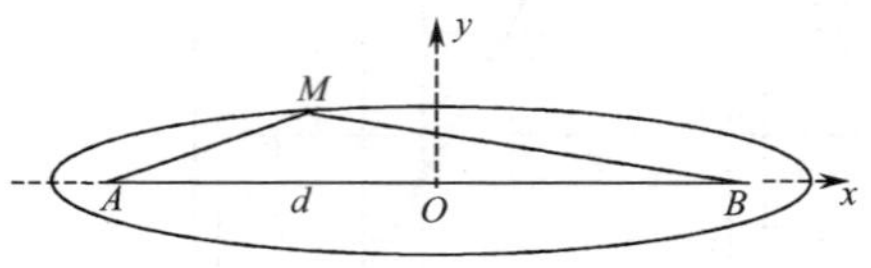

图 2-55　均匀空间的 Fresnel 椭球示意图

$$A=(-d/2,0)\text{，}\quad B=(d/2,0)\text{，}\quad M=(x,y)$$

这样，第一 Fresnel 区满足

$$\sqrt{(x+d/2)^2+y^2}+\sqrt{(x-d/2)^2+y^2}=d+\lambda/2 \tag{2.32}$$

将式（2.32）展开，可得

$$4x^2(\lambda d+\lambda^2/4)+4y^2(d^2+\lambda d+\lambda^2/4)=(\lambda d+\lambda^2/4)(d^2+\lambda d+\lambda^2/4) \tag{2.33}$$

事实上，λ 总是比 d 小很多，仅保留主要项，式（2.33）可以写成标准的椭圆方程

$$\frac{x^2}{d^2/4}+\frac{y^2}{\lambda d/4}=1 \tag{2.34}$$

这个椭圆的长半轴 $a=d/2$（忽略了顶点到焦点的距离），短半轴 $b=\sqrt{\lambda d}/2$。在整个空间中，第一 Fresnel 区是一个以 AB 直线为轴的细长旋转椭球，其最大旋转半径等于短半轴。例如，当 d=30km 时，对于 1m 的波长其最大旋转半径是 86.6m，对于 0.03m 的波长其最大旋转半径是 15m。

2. 反射 Fresnel 区

反射定理是从射线概念出发推导出来的，在这种推导中完全由反射点确定反射场。从 Huygens-Fresnel 原理的观点来看，发射信号照射到地面，引起诱导电流。地面任何一点的诱导电流产生的二次场向所有方向辐射；空间任何一点的场是地

面所有二次场的总和。反射场实际上是满足一定相位关系的特定地面区域二次辐射场的总和。这个特定区域就是产生反射场的 Fresnel 区。

“反射第一 Fresnel 区”是以 $A'B$ 为轴的旋转椭球与水平面（地面或海面）相交的区域。A' 是发射天线的镜像，如图 2-56 所示。令 ΔL_0 是直射线和反射射线（包括镜像部分）之间的路程差，那么反射第一 Fresnel 区椭圆上的点 M 满足下面的方程：

$$AM + BM = \Delta L_0 + \lambda/2 \tag{2.35}$$

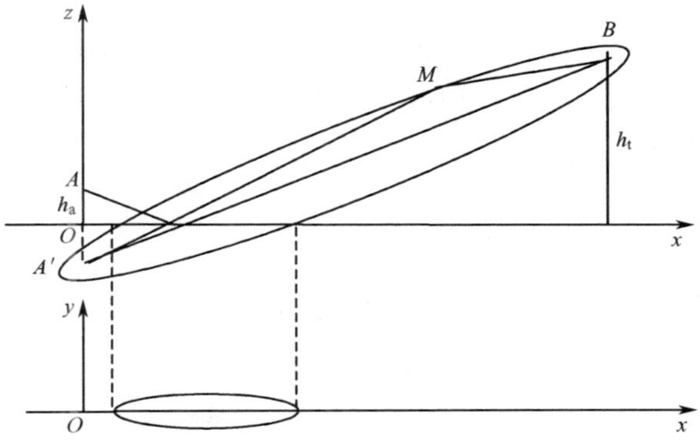

图 2-56　反射 Fresnel 区示意图

假设发射天线的高度用 h_a 表示，目标高度用 h_t 表示，通过简单的计算，可以获得路程差的表达式 $\Delta L_0 = 2h_t h_a/d$。

经计算可以获得反射 Fresnel 区中心的坐标为

$$x_0 = \frac{d}{2}\frac{1+2h_a(h_a+h_t)/\lambda d}{1+(h_a+h_t)^2/\lambda d}, \qquad y_0 = 0 \tag{2.36}$$

椭圆的长轴沿着 Ox 方向，长度为 $2a$，有

$$a = \frac{d}{2}\frac{\sqrt{1+4h_a h_t/\lambda d}}{1+(h_a+h_t)^2/\lambda d} \tag{2.37}$$

椭圆的短轴在 Oy 方向，长度为 $2b$，有

$$b = \frac{\sqrt{\lambda d}}{2}\frac{\sqrt{1+4h_a h_t/\lambda d}}{1+(h_a+h_t)^2/\lambda d} \tag{2.38}$$

用具体案例来看一看这种椭圆的特性。假设 $d = 30\text{km}$，$h_a = 0$，$h_t = 50\text{m}$，当波长 $\lambda = 1\text{m}$ 时，长半轴 $a = 13.84\text{km}$，短半轴 $b = 79.9\text{m}$，椭圆的面积 $A = \pi ab = 3474020.5\text{m}^2$；当波长 $\lambda = 0.03\text{m}$ 时，长半轴 $a = 3.97\text{km}$，短半轴 $b = 3.96\text{m}$，椭圆的面积 $A = 49389.6\text{m}^2$。这两个椭圆都是面积很大的细长椭圆。

2.4.4 扩散因子

前面在推导反射系数时，假定电磁波是平面波，分界面是平面。实际上，波以球面波的形式传播；分界面是地球表面，基本上是一个球面。波束入射到地球表面时，波束会发生扩散。这种效应引起扩散损耗，通常用扩散因子 D 表示，它定义为

$$D = \lim_{\Omega \to 0}\left(\frac{Q}{Q'}\right)^{1/2} \tag{2.39}$$

式中，Q 是平面反射波束的截面积，Q' 是球面反射波束的截面积，Ω 是波束所张的立体角。严格地说，扩散因子 D 依赖地球表面的形状和性质，也依赖波束的形状，它的推导十分复杂。Kerr 以射线近似为基础，通过纯几何关系计算得到了扩散因子 D 的近似计算公式：

$$D \approx \left(1+\frac{2d_1 d_2}{a_{\rm E} d \sin\theta}\right)^{-1/2} \tag{2.40}$$

式（2.40）中的参数如图 2-57 中所示，$a_{\rm E}$ 是等效地球半径，d_1 是发射点到反射点的地面距离，d_2 是接收点到反射点的地面距离，$d = d_1 + d_2$，θ 是掠射角。

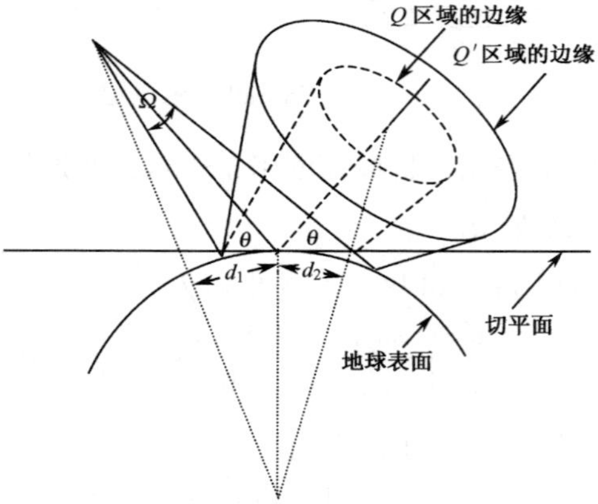

图 2-57　地球表面产生扩散效应示意

从式（2.40）可以看出，D 总是小于 1，说明地球表面引起了扩散损耗。当 θ 趋向 0 时，即入射趋向水平时，D 趋向 0。这显然不符合实际情况。这种差错出现的主要原因是在推导过程中采用了射线近似。

2.4.5 表面粗糙度对反射系数的影响

1. Rayleigh 准则

一般自然表面都是起伏不平的，可以用高度 h 的标准差 σ_h 和相关长度 l_h 描述表面的随机变化。标准差 σ_h 和相关系数 ρ_h 分别定义为

$$\sigma_h = \left(\left\langle h^2 \right\rangle - \left\langle h \right\rangle^2\right)^{1/2}, \quad \rho_h(x) = \frac{\sum_{i=1}^{N} h(i)h(x+i)}{\sum_{i=1}^{N} h^2(i)}$$

式中，符号 $\langle \cdot \rangle$ 表示统计平均，x 是离开 i 点的距离。表面相关长度定义为相关系数等于 1/e 时 x 的长度，用 l_h 表示，即

$$\rho_h(l_h) = 1/\mathrm{e}$$

在电磁散射理论中，衡量表面是否“光滑”，采用如下 Rayleigh 准则：假设两条反射线之间的相位差小于 $\pi/2$，可以认为表面是光滑的。在图 2-58 中，入射波分别从高度相差 Δh 的 A、B 两点反射。从几何关系可以看出，两条反射线的相位差为 $\Delta\varphi = 4\pi\Delta h \sin\theta/\lambda$，令 $\Delta\varphi < \pi/2$，那么由上式可得 $\Delta h < \lambda/(8\sin\theta)$。对于随机起伏表面，在式中用 σ_h 代替 Δh，就可以得到 Rayleigh 准则为

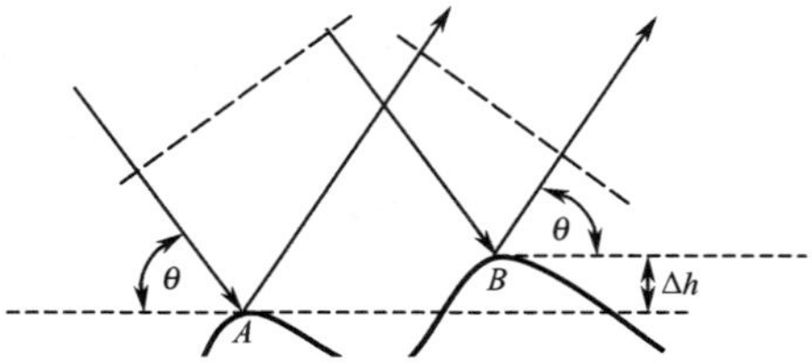

图 2-58　A、B 两点反射线之间相位差

$$\sigma_h < \lambda/(8\sin\theta) \tag{2.41}$$

在某些情况下，为了提高测量精度，要采用更加严格的标准：

$$\sigma_h < \lambda/(32\sin\theta) \tag{2.42}$$

2．表面粗糙度对反射系数的影响

2.4.1 节讨论过的电磁波从光滑平坦分界表面反射，反射能量全部集中在镜反射方向，称为镜反射。当电磁波入射到粗糙表面时，反射能量的空间角分布与表面粗糙度有关。对于稍微粗糙的表面，散射能量由反射分量和散射分量两部分组成，它的角分布如图 2-59（a）所示。反射分量还是在镜反射方向，它的功率比平滑表面的反射功率小。镜反射分量常常又称相干散射分量，而散射分量常常被称作漫散射分量或非相干散射分量，散射分量的能量散布在各个方向，它的振幅小于镜反射分量的振幅。随着表面越来越粗糙，散射分量越来越大，镜反射分量越来越小。当表面十分粗糙时，镜反射分量可以忽略，仅存在散射分量，如图 2-59（b）所示。

许多研究者计算了 Gaussian 分布表面的修正镜反射系数。在这些计算中，尖

锐边缘和遮挡的影响被忽略。镜反射系数的幅度 R_s 是三个因子的乘积，即

$$R_s = \rho D \rho_s \tag{2.43}$$

式中，ρ 是平滑表面反射系数的幅度；D 是扩散因子；ρ_s 表示粗糙表面反射因子。对于高度呈 Gaussian 分布的表面，ρ_s 的平均值为

$$\begin{aligned} \left\langle \rho_s^2 \right\rangle &= \exp(-\Delta \Phi^2) \\ \Delta \Phi &= 4\pi \sigma_h \sin\theta / \lambda \end{aligned} \tag{2.44}$$

式中，σ_h 是表面高度的标准差。

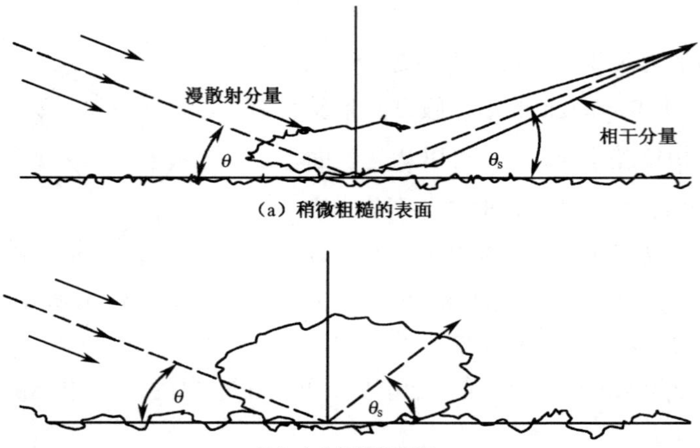

图 2-59　不同粗糙表面镜反射分量和漫散射分量的相对关系

从图 2-60 可以看，粗糙表面反射因子 ρ_s 完全取决于 $\sigma_h \sin\theta/\lambda$。当满足 $\sigma_h \sin\theta/\lambda < 1/8$ 时，ρ_s 接近 1，粗糙表面可以看作平滑面。当满足 $\sigma_h \sin\theta/\lambda \gg 1/8$ 时，ρ_s 几乎等于零，这说明散射能量不再集中在镜反射方向，而是发散到其他各个方向。

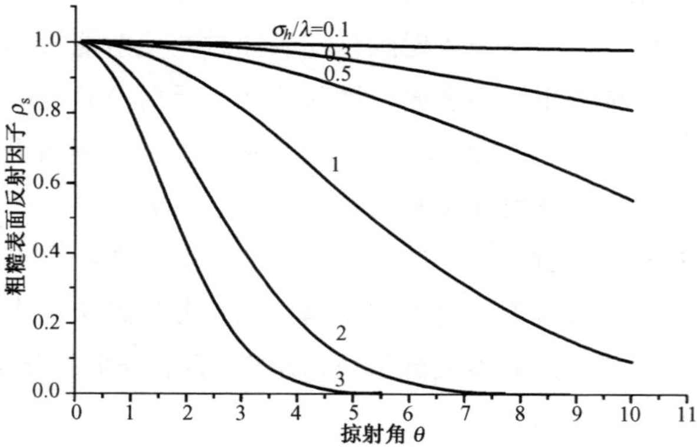

图 2-60　粗糙表面反射因子随擦射角的变化

3. 植被对反射系数的影响

陆地表面常常被一层植物覆盖。植被会吸收电磁波能量，也会散射部分能量，总的效果是减小反射系数，也就是再乘上一个系数 ρ_{v} 。系数 ρ_{v} 被称为植被因子，可以用下面简单的模型进行估计：

$$\rho_{\mathrm{v}} = \exp\left(-\frac{K}{\lambda}\sin\theta\right) \tag{2.45}$$

式中， K 是与植物类型有关的常数，其值列于表 2-1 中。

表 2-1　与植物类型有关的常数 K 的取值

植被类型	无植被	小草	浓密野草或灌木	浓密树林
K 值	0	1	3	10

在这种情况下，镜反射方向的反射系数幅度修改为 R_{sv} ，有

$$R_{\mathrm{sv}} = \rho_0 D \rho_{\mathrm{s}} \rho_{\mathrm{v}} \tag{2.46}$$

2.5　地面及障碍物绕射

当电磁波在障碍物附近通过时，不再以直线方式传播，会发生绕射，绕过障碍继续传播。但是，射线近似不能正确地描述这种传播现象。

在小仰角传播中，绕射起很重要的作用。山脊、山峰和地球表面本身都可以把能量绕射到阴影区，使在阴影区探测到目标成为可能。

绕射现象可以用微观理论定性说明。当入射场到达障碍物时，在入射场的激励下，障碍物中的电荷发生强迫振荡。这种振荡电荷会发射出次级电磁波，它的频率与入射波的频率相同。空间任何一点观察到的场强，是入射场和次级辐射场向量的总和，因而电磁波可以绕过障碍物继续传播。

原则上，电磁场理论可以求解任何电磁问题，也就是在满足边界条件下求出 Maxwell 方程的解。实际上，只有极少数情况才能求出 Maxwell 方程的严格解。在自然界，山脊和山峰的形状很怪异，很难用一个简单的几何形状来准确描述，同时由于构成这些障碍物材料的电磁特性十分复杂，入射场也不是单色平面波，因而得不到严格解，一般只有近似解。下面介绍几种计算绕射场强的常用方法。

2.5.1　光滑地球表面绕射

光滑地球表面绕射是个古老的课题，许多著名的科学家从事过这方面的研究工作。最初所得到的解是调和级数解，这对于半径比波长大得多的球并不适用。

后来，经过 Fock[9]、Vogler[10]等许多人的研究，留数级数解找到，问题得到基本解决。这种形式的解是电磁波频率、极化、地面介电特性、路径长度以及天线高度的函数。当频率高于 100MHz 时，两种极化都可以采用比较简单的水平极化来进行计算。绕射损耗 F_d 一般用相对于自由空间场强的比值来表示：

$$F_{\mathrm{d}}=\frac{E_{\mathrm{d}}}{E_0}=\sqrt{4\pi D}\sum_{n=1}^{\infty}f_n\left(H_{\mathrm{r}}\right)f_n\left(H_{\mathrm{t}}\right)\exp\left(-\frac{1}{2}(\sqrt{3}+\mathrm{j})a_nD\right) \tag{2.47}$$

式中，E_{d} 为绕射场强；E_0 为自由空间场；$D=\dfrac{d}{d_0}$ 为归一化距离，而 d 为接收（或目标）两端点之间的距离；$d_0=\left(\dfrac{r_{\mathrm{e}}^2\lambda}{\pi}\right)^{\frac{1}{3}}$ 为标准距离（r_{e} 为等效地球半径）；为方便起见，以下 H_{t} 和 H_{r} 统一用 $H_{\mathrm{t,r}}$ 表示；$H_{\mathrm{t,r}}=\dfrac{h_{\mathrm{t,r}}}{h_0}$ 为（目标或雷达）归一化高度（$h_{\mathrm{t,r}}$ 为目标或雷达高度）；$h_0=\dfrac{1}{2}\left(\dfrac{r_{\mathrm{e}}^2\lambda}{\pi^2}\right)^{\frac{1}{3}}$ 为标准高度；函数 $f_n\left(H_{\mathrm{r,t}}\right)$ 是高度增益因子：

$$f_n\left(H_{\mathrm{r,t}}\right)=\frac{\mathrm{Airy}\left(-a_n+\exp\left(\dfrac{\mathrm{j}\pi}{3}\right)H_{\mathrm{r,t}}\right)}{\exp\left(\dfrac{\mathrm{j}\pi}{3}\right)\mathrm{Airy}'(-a_n)}$$

式中，$\mathrm{Airy}(\cdot)$ 代表 Airy 积分，$\mathrm{Airy}'(\cdot)$ 是它的导数；a_n 是 Airy 函数积分为零的根，前 5 个值列于表 2-2 中。

表 2-2 Airy 函数积分为零的根

n	1	2	3	4	5
a_n	2.3881	4.0879	5.5206	6.7867	7.9441

在进行计算时应该注意，在切线点附近（尤其是靠光学干涉区一侧），式（2.47）的级数收敛很慢，而且精度不高，因此实际上式（2.47）只用来计算阴影区的传播损耗。计算表明，在阴影区级数收敛很快，一般只取级数的第一项就可达到足够的精度。

图 2-61 以波长 λ 为参数，画出了衰减随距离的变化曲线。在计算时，假定雷达的高度是 20m，目标的高度为 60m。在这种情况下，当目标与雷达的距离大于 50km 时，目标就处在阴影区。

从图 2-61 中可以看出，在绕射效应的作用下，目标处在阴影区时，回波信号不会突然消失，而随距离逐步减弱。雷达工作波长不同，光滑地球表面产生的影响不同。波长较长，回波信号随距离减弱的速度较慢；波长较短，目标回波信号随距离减弱的速度较快。根据天线理论，地表面会使天线波束上抬，抬起的程度与波长有关，波长较长，抬起的角度大。在探测低空目标时，要考虑光滑地球表面所产生的这种双重影响，选择适当的雷达工作波长，使雷达达到最好的低空探测性能。

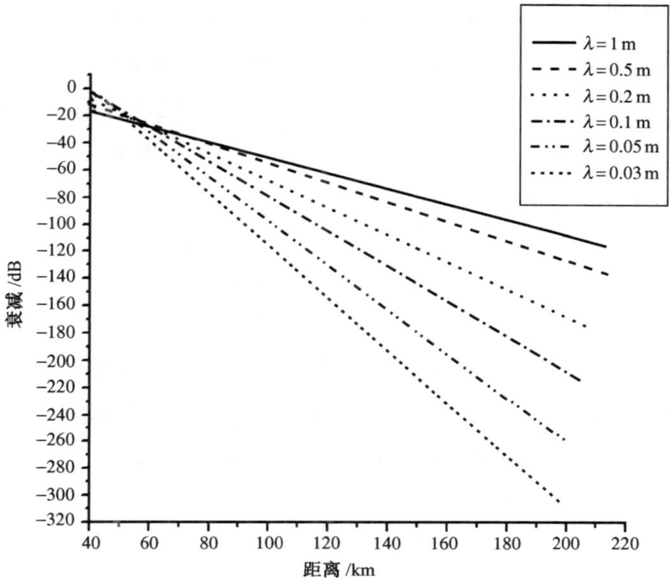

图 2-61　衰减随距离的变化

2.5.2　山脊绕射

如果山脊比较陡峭，在横向有一定的宽度（大于第一 Fresnel 区），则可视为障碍屏，即假定障碍为半无限吸收屏。这个问题的几何关系显示在图 2-62 中。做这样的假定后，可以沿用物理光学中半无限屏的绕射理论。绕射的附加衰减因子 F_{k} 为

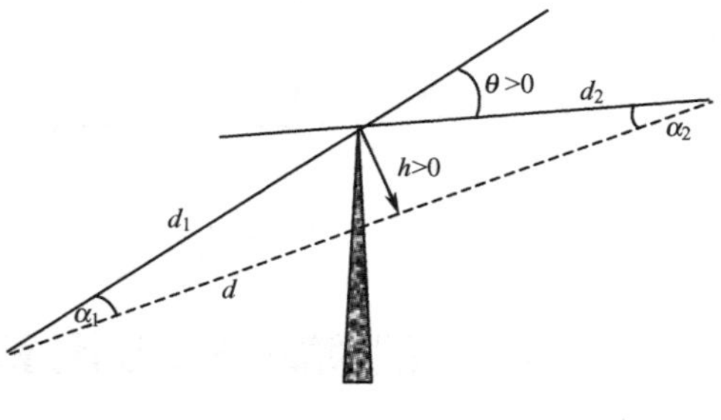

图 2-62　山脊绕射几何参数图

$$F_{\mathrm{k}}=\frac{P_{\mathrm{d}}}{P_0}=\frac{1}{2}(C^2(v)+S^2(v)) \quad (2.48)$$

式中，P_{d} 是绕射场功率；P_0 是自由空间场功率；$C(v)$ 和 $S(v)$ 是 Fresnel 积分：

$$C(v)=\frac{1}{2}-\int_0^v \cos^2\left(\frac{\pi u^2}{2}\right)\mathrm{d}u \quad (2.49\mathrm{a})$$

$$S(v)=\frac{1}{2}-\int_0^v \sin^2\left(\frac{\pi u^2}{2}\right)\mathrm{d}u \quad (2.49\mathrm{b})$$

v 与障碍的几何参数有如下关系：

$$v=\varepsilon h\sqrt{\frac{2}{\lambda}\left(\frac{1}{d_1}+\frac{1}{d_2}\right)}=\varepsilon\sqrt{\frac{2h\theta}{\lambda}}=\varepsilon\sqrt{\frac{2d}{\lambda}\alpha_1\alpha_2} \tag{2.50}$$

式中，d 是雷达到目标的距离，d_1、d_2 分别是雷达和目标到绕射屏顶点的距离，h 是绕射屏顶点到雷达与目标所在直线的垂直距离。ε 是 h 的符号，当雷达到目标的直线与障碍相交时，它为正；当雷达与目标所在直线从障碍上部通过，而障碍又处在第一 Fresnel 区时，它为负。角度 α_1、α_2 和 θ 分别是 d 、d_1 和 d_2 三条线之间的夹角，如图 2-62 所示。

绕射附加衰减因子 F_k 用分贝表示，具有如下形式：

$$F_k(\text{dB})=-10\log\left|\frac{C^2(v)+S^2(v)}{2}\right| \tag{2.51}$$

图 2-63 给出了 F_k 随 v 的变化曲线。当 v 小于–1 时，曲线振荡变化；当 v 大于–1 时，曲线随 v 的增大急剧下降。当 $v>1$ 时，F_k 可以用下面的近似表达式计算：

$$F_k(\text{dB})=-14-17\lg(v)-3.5\lg^2(v) \tag{2.52}$$

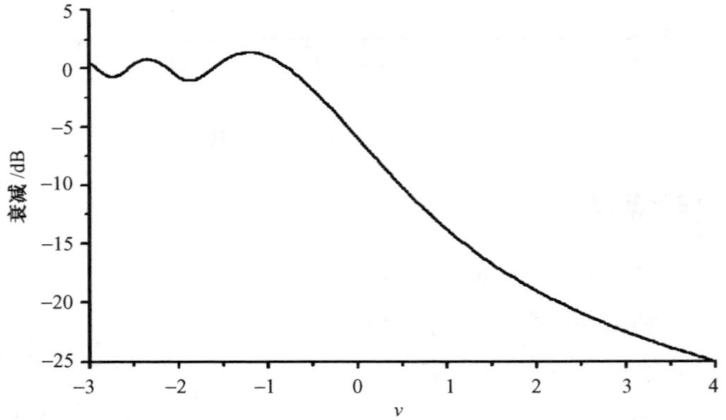

图 2-63　山脊绕射损耗与参数 v 的关系曲线

2.5.3　圆顶障碍的绕射计算

圆顶障碍可以当作圆柱体来处理。即使采用这样简单的模型，它的绕射解析解也比前一种情况复杂得多，然而它还可以用近似公式进行计算。这种模型的几何关系用图 2-64 来表示。其中，R 是圆顶障碍的曲率半径，d_1 和 d_2 分别是两条切线的长度，θ 是两条切线的交角，α_1 和 α_2 分别是两条切线与雷达和目标连线的交角。

圆顶绕射损耗 F_y 是三项和，即

$$F_y=-10\lg\frac{P}{P_0}=F_s(v)+T(\rho)+Q(\chi) \tag{2.53}$$

第一项 $F_s(v)$ 是山脊绕射损耗，山脊的高度和位置与圆顶障碍的相同。第二项 $T(\rho)$ 是顶部曲率引起的附加损耗，可以用近似多项式计算：

$$T(\rho)=7.2\rho-2\rho^2+3.6\rho^3-0.8\rho^4 \tag{2.54}$$

式中，ρ 是无量纲量，表达式为

$$\rho=\left(\frac{1}{d_1}+\frac{1}{d_2}\right)^{1/2}\left(\frac{\lambda R^2}{\pi}\right)^{1/6} \tag{2.55}$$

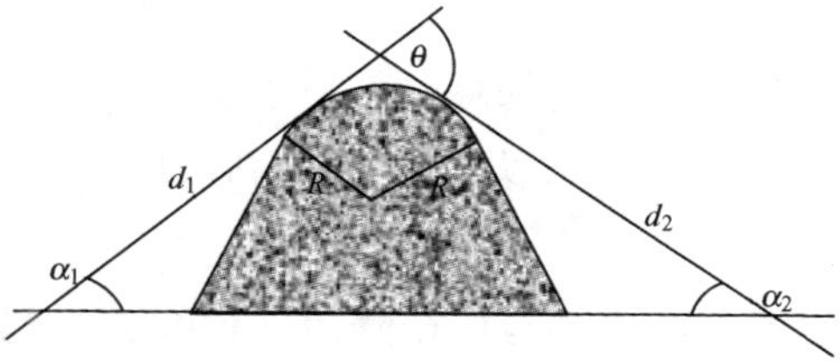

图 2-64　圆顶障碍几何关系图

第三项 $Q(\chi)$ 是耦合项，近似表达式为

$$Q(\chi)=\begin{cases}166(\sqrt{1+\chi/8+\chi^2/80}-1), & \chi\geqslant 0\\ \chi T(\rho)/\rho, & \chi<0\end{cases} \tag{2.56}$$

参数 χ 的表达式为

$$\chi=\sqrt{\frac{\pi}{2}}v\rho=\left(\frac{\pi R}{\lambda}\right)^{1/3}\theta \tag{2.57}$$

图 2-65 是不同 ρ 值的圆顶障碍绕射损耗随参数 v 的变化曲线。与图 2-63 相比可以看出，圆顶障碍绕射产生的损耗总大于山脊绕射损耗。

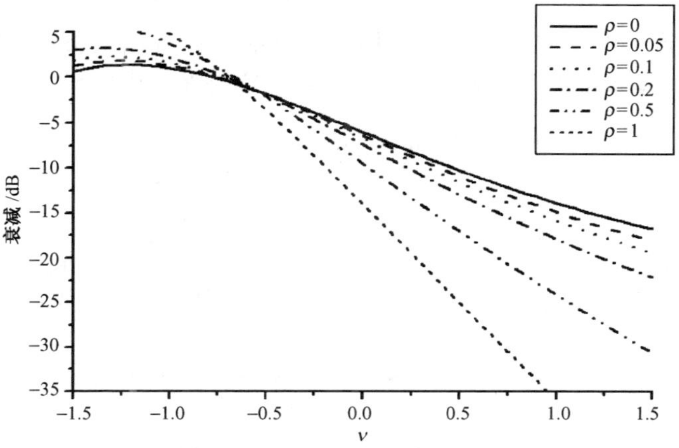

图 2-65　圆顶障碍绕射损耗与参数 v 的变化曲线

2.5.4 多重障碍绕射

一条路径上很少只有一个孤立的障碍，经常存在一连串山头。这样多山峰的情况太复杂，不可能进行严格处理，只能采用简便的经验近似方法。常用的方法有两种，下面介绍它们的原理。

1. Epstein-Perterson 方法

这种方法是 Epstein 和 Perterson 在 1953 年提出的。它的基本做法是建立虚拟路径，依次求出各个障碍物的绕射损耗，然后求和。每个障碍物的绕射损耗计算采用的方法视障碍的形状而定，可以采用计算山脊绕射损耗或圆顶障碍绕射损耗的方法。

例如，假若在雷达和目标之间有两个障碍 AA' 和 BB'（见图 2-66）。AA' 是虚拟路径 RB 上的障碍，可以根据截断高度 h_1 和障碍的形状，利用相应的公式计算此障碍的绕射损耗 F_{E1}。同样，BB' 是虚拟路径 AT 上的障碍，可以根据截断高度 h_2 和障碍的形状，利用相应的公式计算此障碍的绕射损耗 F_{E2}。那么，总绕射损耗 $F_E = F_{E1} + F_{E2}$。

2. Deygout 方法

Deygout 方法是 Deygout 在 1966 年提出的。它的主要做法是，先找出主要障碍并计算出它的绕射损耗，再计算次要障碍的绕射损耗，然后求两种绕射损耗的和。这种方法把所有的障碍都当作山脊处理，计算比较容易。主障碍根据参数 v 确定，v 最大的就是主障碍。

图 2-67 是说明这种方法的一个例子，仍然只设置两个障碍 AA' 和 BB'。显然 AA' 是 RT 路径上的主要障碍，可以用山脊绕射计算方法算出这个障碍的绕射损耗 F_{D1}。建立一条辅助路径 AT，障碍的有效高度是 h_2，用同样的方法算出绕射损耗 F_{D2}。那么，总损耗就是 $F_D = F_{D1} + F_{D2}$。

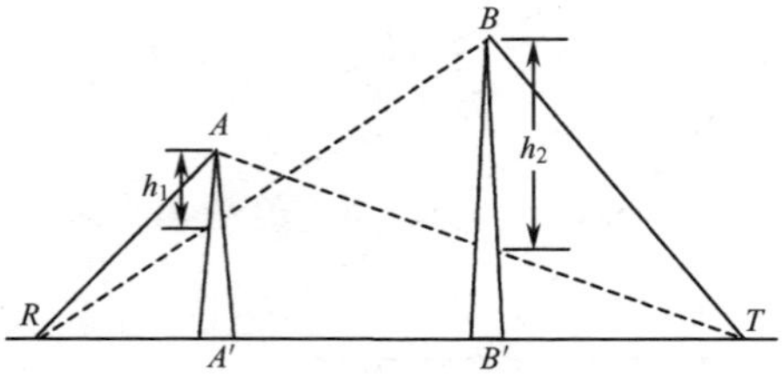

图 2-66 Epstein-Peterson 方法示意图

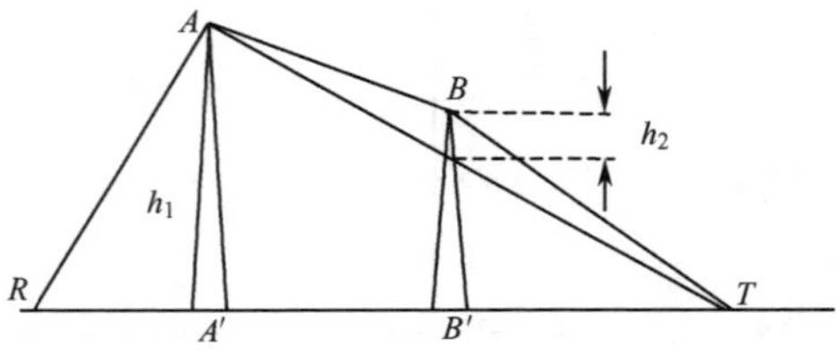

图 2-67 Deygout 方法示意图

2.6　多径干涉效应[1]

当雷达波束照射到目标、地表面或障碍物时，除了从目标直接散射返回的回波，经地表面和障碍物间接散射来的目标回波也会同时到达雷达接收机，两者相互叠加，产生干涉效应，通常称为多径干涉效应。下面分别介绍多径干涉效应的产生机制、多径传播的天线方向图因子和多径干涉效应引起的角度误差。

2.6.1　产生机制

障碍物通过散射或绕射把目标回波传送到雷达接收机，这种间接目标回波在大多数情况下都比直接目标回波弱。但地面反射的目标回波很强，几乎与直接目标回波相当。因此，障碍物引起的多径干涉效应要比地表面引起的多径干涉效应弱得多。采用适当的措施，可以比较容易减弱和消除障碍物引起的多径干涉效应。但地表面反射是引起多径干涉效应的主要原因。

地表面多径干涉效应的特性与地面的粗糙度密切相关。对于平坦表面，反射系数是 Fresnel 反射系数，它是掠射角和表面介电常数的函数。只要知道射线的几何关系和地表面的介电常数，就可以预测平坦地面的多径干涉效应。但在自然环境中，所有的地表面都不平坦，平坦地表面只是一种理想情况。粗糙地面镜反射的效率是掠射角和地面粗糙度的函数。除了十分小的掠射角很难产生镜反射，当掠射角从零开始增加时，镜反射场逐渐转变成相位随机变化的漫散射场。当掠射角和地面粗糙度合适时，镜反射和漫散射可以同时存在。粗糙地面的镜反射与平坦地面的反射十分类似。反射波的相位是相干的，但是反射系数比平滑地面的小，而且带有小的变化起伏。当地面高度的均方偏差 Δh 满足 $\Delta h \sin\theta < \lambda / 8$ 时，粗糙表面可以看作平坦表面。因此，当掠射角十分小而波长又比较长时，容易发生多径干涉效应。

随着掠射角的增大，波的镜反射成分逐渐减弱，散射成份逐渐增强，当 $\Delta h \sin\theta > \lambda / 8$ 时，只存在散射成分，没有镜反射成分，称为漫散射。漫散射方向性很小，散射场随机变化，幅度服从瑞利分布，相位在 2π 范围内均匀分布。由于漫散射波的振幅比直达波的振幅小很多，直达波和漫散射波之间的干涉所产生的场，虽然它的振幅和相位都是起伏变化的，但这只是叠加在直达波上的小起伏。这类干涉引起的各种误差，采取一些平滑处理措施，比较容易消除。

多径干涉效应改变了直达波的振幅、相位和方向，对雷达性能产生一系列的影响，主要有两个方面：

（1）引起波瓣分裂，使单个波瓣变成多个波瓣，改变场强的空间分布，影响雷达的探测性能；

（2）对雷达的仰角、方位角及距离等参数都有影响，但影响最严重的是仰角。

2.6.2 多径传播的天线方向图因子

图 2-68 描述了直达波与反射波发生干涉的几何关系。假定表面是平坦表面，

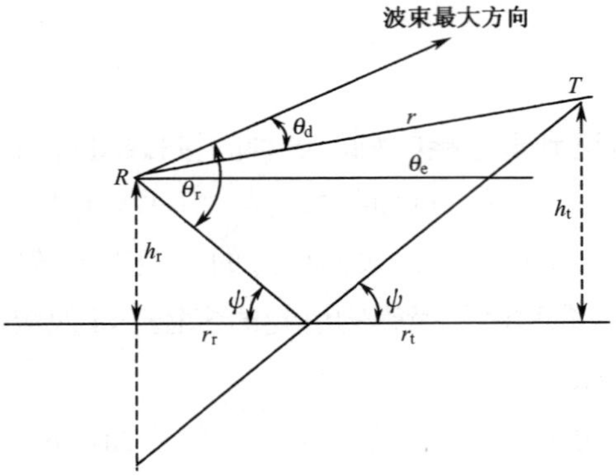

图 2-68 多径干涉的几何关系

雷达放置在 R 点，高度为 h_r。目标处在 T 点，高度是 h_t。雷达和目标之间有两条信号路径。一条是直达路径 RT，雷达发出的信号通过这条路径到达目标，目标反射信号又沿着这条路径返回。另一条是反射路径，雷达发出的信号经地面反射后到达目标，目标反射信号沿着原路径返回。用 $f(\cdot)$ 表示天线方向图，波束的最大方向如图 2-68 所示，θ_d 是直达波的方向与波束最大方向的夹角，θ_r 是反射线的方向与波束最大方向的夹角，θ_e 是直达路径与水平线的夹角。雷达所接收的信号，是两条路径来的信号的向量叠加，合成信号的功率与传播因子 F 的四次方成正比。假定是水平极化，反射系数以式（2.30）表示，经过简单的运算可以得到传播因子的表达式为

$$F = \left| f(\theta_d) + \rho_H \exp\left[-j(\varphi_H + \varphi_d)\right] f(\theta_r) \right| \tag{2.58}$$

$\varphi_d = k\Delta r$ 是路程差引起的相位变化，$k = 2\pi/\lambda$ 是波数，Δr 是路程差，有

$$\Delta r = \sqrt{r^2 + (h_r + h_t)^2} - \sqrt{r^2 + (h_t - h_r)^2} \tag{2.59}$$

传播因子是自由空间雷达方程的修正因子，利用修正后的雷达方程就可以计算干涉区域的雷达距离和高度覆盖图，计算结果如图 2-69 所示。其中标出了主要参数，频率 3 GHz，天线方向图呈 Gaussian 分布，垂直波束宽度 5°，水平极化，架设高度 12 m，天线最大方向指向水平方向。从图 2-69 可以看出，受到多径干涉效应的影响，空间能量重新分配，一个波瓣分裂成多个波瓣。仔细分析一下式（2.58）和式（2.59），就可以更清楚地了解这种波瓣分裂的原因。

当仰角很小时，式（2.59）就可以近似地表示为

$$\Delta r \approx \frac{2h_r h_t}{r}$$

此时，对于水平极化波，反射系数的幅度 $\rho_{\mathrm{H}}=1$，相位 $\varphi_{\mathrm{r}}=\pi$，直达路径和反射路径的总相位差 φ 为

$$\varphi=\varphi_{\mathrm{d}}+\varphi_{\mathrm{r}}=\frac{2\pi}{\lambda}\frac{2h_{\mathrm{r}}h_{\mathrm{t}}}{r}+\pi$$

假定 $f\left(\theta_{\mathrm{r}}\right)=f\left(\theta_{\mathrm{d}}\right)\approx 1$，那么由式（2.58）可以得到

$$F^4=4\left(1-\cos\frac{4\pi h_{\mathrm{r}}h_{\mathrm{t}}}{\lambda r}\right)^2=16\sin^4\left(\frac{2\pi h_{\mathrm{r}}h_{\mathrm{t}}}{\lambda r}\right)$$

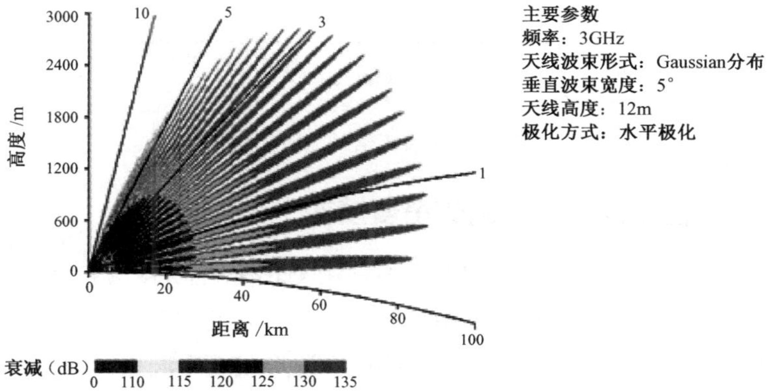

图 2-69　多径干涉效应对仰角波瓣图的影响

从这个简化表达式可以看出，当正弦项的参数 $2\pi h_{\mathrm{t}}h_{\mathrm{r}}/(\lambda r)$ 为 $\pi/2$ 的奇数倍时，场强达到最大；当为偶数倍时，场强为零。雷达的位置是固定的，波长选定后也是不变的，场强的空间分布就取决于目标高度与距离的比值，即 h_{t}/r。从图 2-68 可以看出，仰角 θ_{e} 与目标高度 h_{t}、雷达高度 h_{r}、距离 r 具有如下的简单关系：

$$\sin\theta_{\mathrm{e}}=\frac{h_{\mathrm{t}}-h_{\mathrm{r}}}{r}$$

在小仰角的情况下，当 $r>r_{\mathrm{t}}>r_{\mathrm{r}}$ 时，$\theta_{\mathrm{e}}\approx(h_{\mathrm{t}}-h_{\mathrm{r}})/r$，可以得到分裂后各个波瓣所在的角位置，第一个波瓣的角度是 $\lambda/4h_{\mathrm{r}}$（弧度）。

正弦函数的变化范围为 0～1，则 F^4 的值就从 0 变化到 16。回波信号与 F^4 成正比，因此雷达接收到的信号起伏变化。这种现象一般叫作多径衰落。图 2-70 画出了多径衰落信号随距离的变化，目标高度保持 300m 不变。为了比较，图中用虚线画出了自由空间衰落随距离变化的关系。分裂波瓣最大值 $F=2$，相当于雷达信号增强了 12dB。分裂波瓣最小处，雷达信号几乎降低至零。这种变化对雷达的探测和跟踪都会产生一定影响。在分裂波瓣的最大方向，雷达探测距离有可能增加 1 倍；而在分裂波瓣的最小方向，雷达有可能丢失目标。当然，这只是理想

情况，实际上地面和海面不会平坦如镜，回波信号的起伏变化也没有这样大。

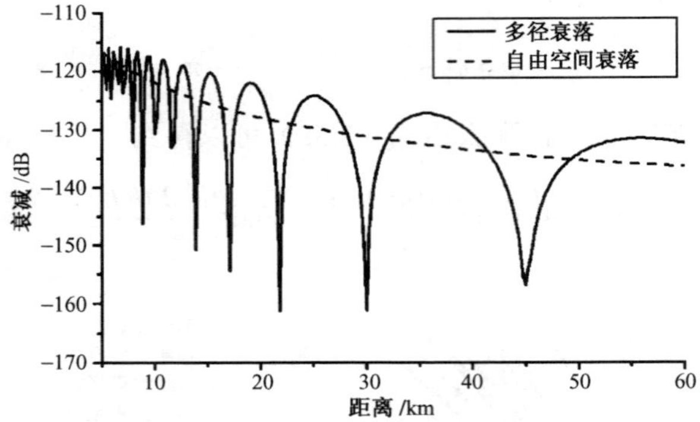

图 2-70　多径衰落信号随距离变化

2.6.3　多径干涉效应引起的角度误差

多径干涉效应影响雷达所有的 4 个测量量（距离、仰角、方位和速度），但影响最严重的是仰角。跟踪测量多采用单脉冲雷达，它通常有两种形式，幅度单脉冲和相位单脉冲。幅度单脉冲，采用网络或馈源形成 3 个波束，即 1 个和波束及水平、垂直 2 个差波束。和波束最大值指向搜索方向，差波束的零值方向与和波束的最大值方向一致。测量差支路输出与和支路输出的比值，得到校准曲线。把测量的比值与校准曲线进行比较，就可以确定目标与和波束中心偏离的角度。相位单脉冲测量两对副馈源输出信号的相位差，并且可以直接找出它们与目标相对于和波束方向偏离的角度。

单脉冲雷达测向测量简单平面波的到达角。雷达波束总有一定的宽度，在跟踪掠海目标时，不可能把目标和它的镜像来波隔开。这样两个相隔很近的平面波同时到达，就引起了仰角误差。反射多径干涉效应影响幅度单脉冲和相位单脉冲的方式略有差别。对于幅度单脉冲系统，多径干涉效应使差瓣方向图的零位置移动。对于相位单脉冲系统，多径干涉效应产生相位误差。两种情况的角度误差相同。下面以相位单脉冲为例，讨论多径干涉效应如何影响系统的跟踪测量。

相位单脉冲系统可以看成两单元干涉仪。目标以 θ 角（θ 是射线方向与天线轴线的夹角）照射到天线，那么两个馈源输出信号之间的相位差 $\Delta\varphi$ 为

$$\Delta\varphi=\frac{2\pi}{\lambda}d_{\mathrm{c}}\sin\theta+\varphi_{\mathrm{m}} \tag{2.60}$$

式（2.60）中，d_{c} 是两个馈源相位中心之间的距离，λ 是波长，φ_{m} 是多径干涉效应引起的相位误差。

如果令两个馈源输出的信号分别是 S_1 和 S_2，那么 $\hat{\theta}$ 的估计值为

$$\hat{\theta}=\arcsin\left\{\frac{\lambda}{2\pi d_{\mathrm{c}}}\angle\left[\frac{S_1|S_2|}{|S_1|S_2}\right]\right\}=\theta+\varepsilon_{\mathrm{m}} \tag{2.61}$$

式中，$\angle\left[\frac{S_1|S_2|}{|S_1|S_2}\right]$ 是由信号 S_1 和 S_2 得到的相位角；ε_{m} 是接收机噪声和多径相位差 φ_{m} 共同产生的角度误差。

图 2-71 是多径干涉效应引起的相位单脉冲雷达仰角跟踪误差随距离的变化曲线。天线是垂直放置的 32 单元线性阵列，长度为 1.82m，天线中心高出海面 20m，工作频率是 10GHz。上面 16 个单元构成相位单脉冲的一个输出端口，下面 16 个单元构成另一个输出端口。假定目标飞行高度不变，固定为 10m。假定每个端口输出的信噪比是 20dB。天线主轴一直对准目标，式（2.61）中 $\theta=0$，所以估计的结果就是 ε_{m}，也就是多径干涉效应和噪声造成的角度误差。由于信噪比很高，所以多径干涉效应是产生仰角跟踪误差的主要来源。这个结果虽然是理论计算结果，没有完全反映实际情况，但可以从中看到跟踪误差的变化范围和特点。跟踪误差随距离缓慢变化，有点类似于阻尼振荡。另外，距离远，变化速度慢；距离近，变化速度快。最大误差可以达到 0.4°，这时可能丢失目标。

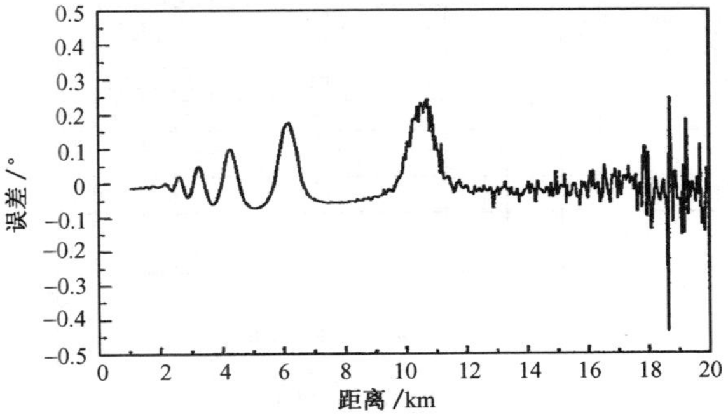

图 2-71 多径干涉效应引起的相位单脉冲雷达仰角跟踪误差随距离的变化

上面的讨论已经说明，多径干涉效应会引起很大的跟踪误差，导致无法跟踪低空目标。许多人尽了很大努力，寻求解决问题的办法，都没有取得满意的结果，主要原因是直达信号和反射信号之间有很高的相关性，无法分离。但是，人们还是找到一些办法，这些办法虽然不能完全消除多径干涉效应的误差，但可以降低它的影响，主要有下面几种：

（1）利用波束狭窄的天线，不让主波束照射到海面，避免多径干涉效应，保持较小的工作仰角。

（2）固定天线仰角，一旦目标达到合适的波束范围，就转入闭环跟踪。

（3）采用频率捷变技术，迅速改变频率，使信号空间分布更均匀。

2.7 植被树林的衰减

当有一薄层树林遮蔽雷达天线或目标时，电波透过树林的衰减 A_{wd} 主要与电波透过树林的长度 d_{wd}（单位为 m）有关：

$$0 \leqslant d_{wd} < 14\text{m}, \quad A_{wd} = 0.45 f^{0.284} d_{wd} \tag{2.62}$$

$$14 \leqslant d_{wd} \leqslant 400\text{m}, \quad A_{wd} = 1.33 f^{0.284} d_{wd}^{0.588} \tag{2.63}$$

式中，f 为电波频率（单位为 GHz）。图 2-72 给出了电波透过树林的衰减 A_{wd}。

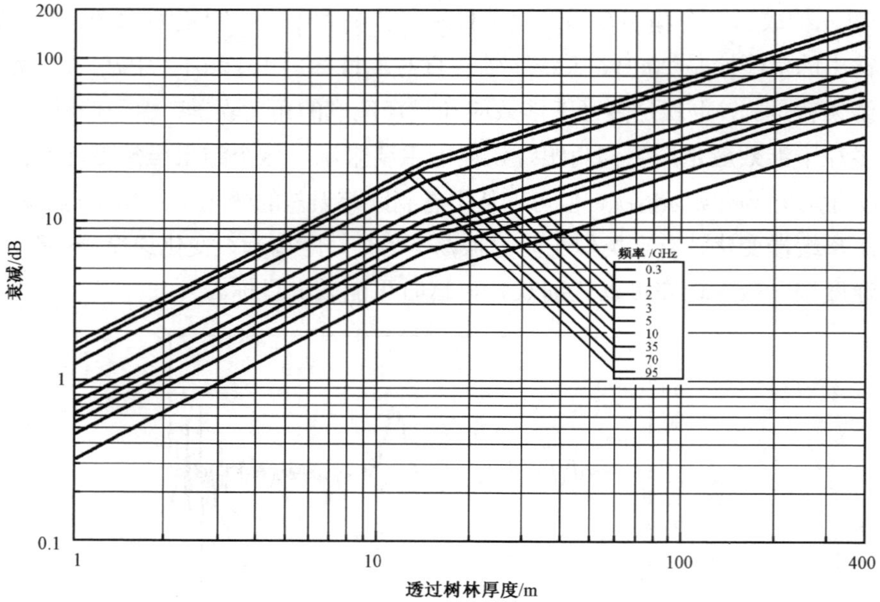

图 2-72 电波透过树林的衰减

不同种类、密度（树林在地面的投影面积与总占地面积之比）、湿度和季节的树林衰减是有差异的，其中，树林密度和季节的影响较大。某些地区，工作在 5℃ 的 700MHz 雷达测量结果表明，当树林的密度分别为 20%和 50%时，单程树林的衰减大约相差 7dB；温带地区 450～950MHz 单程树林衰减的季节变化大约为 4.5dB。一般地说，这些差异随电波频率增大而增大，随仰角增大而减少。

2.8 地海杂波理论模型

地（海）表面散射理论模型已经在许多公开文献上发表。一个有效的地（海）

表面散射理论模型依赖两个要素：描述表面的数学模型和求解技术。海面从来不是平静的光滑表面，总有风浪存在。浪的结构十分复杂，无法用数学模型来描述，地表面更难描述。现在大部分理论研究都采用统计方法描述表面状态。然而，统计描述本身也要简化，如大多数理论都采用统计各向同性假定。实际上，城市、农田和海浪都不符合这个假定。此外，大多数理论模型只包括几个参数（高度标准偏差、相关长度和平均斜率等），实际上自然表面比这要复杂得多。在求解技术方面，同样有许多困难。在电磁散射理论中，只有几种简单的金属目标，才有严格的解析解。即使表面的数学模型能够建立，也只能求出近似解。但是尽管各种理论存在缺陷，仍然可以利用它解释实验中遇到的各种现象，并且从中得到启示，找到如何将测量结果外推的方法。下面简单介绍几种理论模型。

2.8.1　简单模型

1. Gamma 常数模型

这个模型很简单，仍然被广泛使用。假定表面由多个小球层所组成，能量的 $(1-\gamma)$ 部分被吸收，其余 γ 部分能量再次向各个方向辐射出去。模型的数学表达形式是

$$\sigma^0(\psi)=\gamma\sin\psi \tag{2.64}$$

因为 γ 是一个常数，所以该模型被称为 Gamma 常数模型。其中，ψ 是擦地角（掠射角）。许多实验证明，式（2.64）在擦地角 ψ 范围为 10°～60° 时适用。虽然 γ 是一个常数，但它是针对特定情况而言的，随着表面的物理性质和雷达工作频率不同，它有很大的变化，一般要通过实验确定。通常先测量 σ^0 随 ψ 的变化，然后经过数据拟合确定 γ 常数。

2. 小镜面理论

小镜面理论把粗糙表面看成由许多小镜面组成，每个小镜面与粗糙表面相切。单个小镜面的散射与它的大小有关。无限大平面的散射是 Delta（δ）函数，把能量反射到镜反射方向。随着平面的减小，散射方向图逐渐变宽，幅度减小。小镜面的大小用波长衡量。在实际处理时，采用几何光学散射模型，即假定波长为零。在这种假定下，只有那些朝向合适的小镜面对接收信号才有贡献。这一点可以用图 2-73 来说明。在图 2-73 中，$2\Delta\alpha$ 是在小镜面处接收天线所张成的角度，也是对接收信号有贡献的小镜面的斜率范围；θ 表示小镜面斜率。假若小镜面斜率的概率密度函数是 $p_s(\theta)$，则接收到的功率为

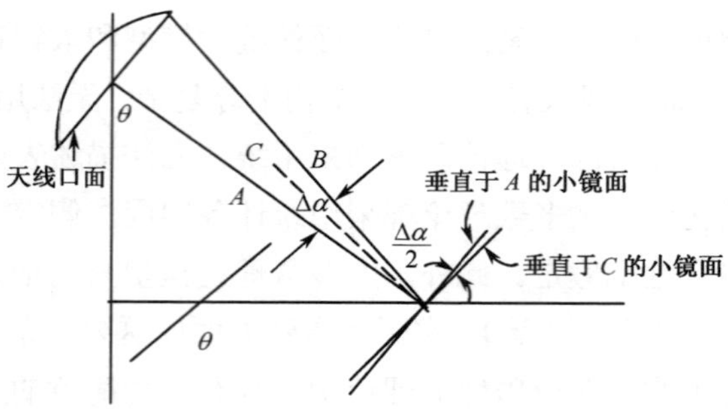

图 2-73　小镜面反射的几何示意图（几何光学）

$$P_{\mathrm{r}} = A\int_{\alpha-\Delta\alpha/2}^{\alpha+\Delta\alpha/2} p_{\mathrm{s}}(\theta)\mathrm{d}\theta \tag{2.65}$$

式中，A是包含雷达方程所有参数的常数。

当波长和小镜面大小都是有限的时，要同时考虑小镜面斜率分布和小镜面大小分布，必须采用两者的联合概率密度函数$P_{\mathrm{S}}(\theta_x,\theta_y)$。实际上，这种分布很难得到有意义的表达形式，因此实际应用价值很小。但是，小镜面理论可以对许多观察到的现象做出定性解释，十分形象，经常在文献中采用。

3．Bragg 共振散射

当入射角比较大（大于 30°），并且入射电磁波的波长与表面频谱（表面可以用表面相对高度频谱来描述）某个分量波长满足一定条件时，就会发生共振散射。这种现象被称为 Bragg 共振散射。

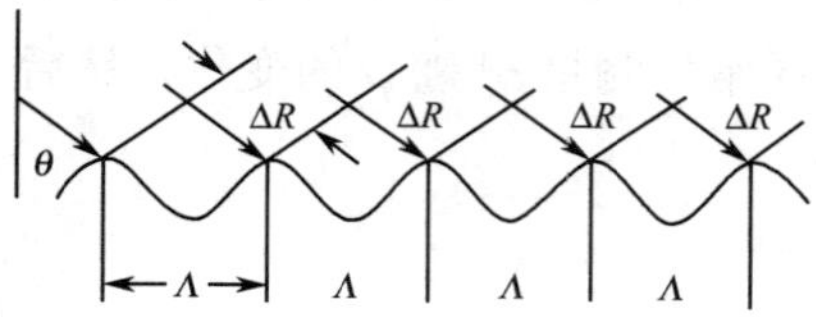

图 2-74　Bragg 共振散射

图 2-74 说明了 Bragg 共振散射。图 2-74 中画出了表面相对高度频谱的一个正弦分量，同时用箭头表示以入射角θ入射的平面波。表面相对高度频谱正弦分量的波长是Λ，雷达波长是λ，ΔR表示到达表面两条射线的路程差。

如果每个散射信号都来自每个正弦分量的同一部分，那么接收电压V_{r}是单个散射波电压V_0的同相相加，即

$$V_{\mathrm{r}} = \sum_{m=0}^{N} V_0 \exp(-\mathrm{j}2kR_0)\exp(-\mathrm{j}2km\Delta R)$$

其中，k是波数，R_0是某个参考点到观察点的距离，N是照射范围内正弦波分量的波长总数，很容易得出

$$V_{\mathrm{r}} = V_0 \exp(-\mathrm{j}2kR_0)\frac{\sin[k(N+1)\Delta R]}{\sin(k\Delta R)} \tag{2.66}$$

那么，Bragg 共振散射的条件是

$$k\Delta R=\frac{2\pi}{\lambda}\Delta R=n\pi,\qquad n=0,1,2,\cdots$$

用空间波长 Λ 和入射角 θ 表示，Bragg 共振散射的条件可以写为

$$\frac{2\Lambda}{\lambda}\sin\theta=n,\qquad n=0,1,2,\cdots$$

2.8.2　粗糙表面散射理论模型

自然表面都是不规则的，它的电磁散射没有精确的解析表示，只能在一定假定下求出近似解。粗糙表面的散射涉及电磁波与随机粗糙界面的相互作用，分析方法与计算都十分复杂。几十年来，许多学者做了大量的研究工作，提出了许多模型和方法，包括物理光学模型、微扰法、双尺度法、全波法、相位近似法和矢量传输法。此外，还有学者提出了蒙特卡罗法等数值计算方法。在所有方法中，物理光学模型、微扰法和双尺度法比较成熟，应用比较广泛。下面扼要地介绍这三种方法。

1．物理光学模型——基尔霍夫模型

这个模型以基尔霍夫—惠更斯原理为基础。基尔霍夫近似认为，流经局部弯曲表面（或粗糙表面）上每一点的电流与流过该点切平面上的电流相同。也就是说，粗糙表面上某点的电流大小与该点切平面的电流大小一样，但相位有变化，相位差由这个点与平均平面的高度差来确定。做了这个假定之后，分析计算仍然很困难，还需要补充假设和近似。对于高度标准偏差比较大的表面，采用稳定相位近似；还要对表面高度分布函数及其自相关函数等统计特性做出假设。在假定表面高度分布函数及其自相关函数都是高斯函数的情况下，已经证明，后向散射系数为

$$\sigma_{\rm pp}^{0}(\theta)=\frac{\left|R_{\rm pp}(0)\right|^{2}\exp\left[-\tan^{2}\theta\big/\left(2\sigma_{h}^{2}\left|\rho''(0)\right|\right)\right]}{2\sigma_{h}^{2}\left|\rho''(0)\right|\cos^{4}\theta}\tag{2.67a}$$

$$\sigma_{\rm Pq}^{0}(\theta)=0\tag{2.67b}$$

式（2.67a）中，$\rho''(\cdot)$ 是表面高度自相关函数的二阶微分；θ 是入射角；σ_h 是表面高度的标准偏差；$R_{\rm pp}(0)$ 是垂直入射时的 Fesnel 反射系数，它在水平极化和垂直极化时没有区别，因此，同极化后向雷达散射截面积 $\sigma_{\rm pp}^{0}(\theta)$ 之间也没有区别。$\sigma_{\rm pq}^{0}(\theta)$ 是去极化后向雷达散射截面积，为零时表示没有考虑多重散射。从这个表达可以看出，它与频率无关，因此不能解释雷达截面积随频率的变化。

基尔霍夫近似只适用于粗糙度较小、变化平缓的粗糙表面。具体来说，这种粗糙表面相关长度L必须大于电磁波波长λ，同时表面高度的标准差σ_h要足够小，以至于表面的平均曲率半径大于电磁波波长。这些限制，可以用数学表达式表示为

$$\frac{2\pi}{\lambda}L>6 \quad 或 \quad L^2>2.76\sigma_h\lambda$$

2．微扰法——小微扰近似解

小微扰近似的条件是要求粗糙表面起伏方差σ_h远小于波长λ，平均斜率与起伏方差和波数k的乘积在同一数量级。这个限制条件可以表示为

$$k\sigma_h \ll 1, \quad k^3\sigma_h^2 L \ll 1, \quad \sqrt{2}\sigma_h/L<0.3$$

微扰法的实质就是在一阶近似条件下引进边界条件

$$E_x+\frac{\partial h(x,y)}{\partial x}E_z=0$$

$$E_y+\frac{\partial h(x,y)}{\partial y}E_z=0$$

E_x、E_y和E_z是场强的三个分量，$h(x,y)$是边界表面的起伏高度。

在半无限空间中，任何一点的场强都是入射场、反射场和散射场三者的和。把这些场强，在边界上展开成微扰小量的级数，用边界条件确定级数的各项系数。经过一系列的复杂计算，就可以求出起伏表面的散射系数为

$$\sigma_{\text{pq}}^0=4\pi k^4\cos^2\theta_{\text{i}}\cos\theta_{\text{s}}\left|\alpha_{\text{pq}}\right|^2 W(k\sin\theta_{\text{s}}\cos\varphi_{\text{s}}-k\sin\theta_{\text{i}},k\sin\theta_{\text{s}}\sin\varphi_{\text{s}}) \quad (2.68)$$

式中，下标 p、q 表示不同的极化（H 或 V），$k=2\pi/\lambda$是波数，λ是波长，$W(\cdot)$是粗糙边界面的频谱，α_{pq}按照发射和接收极化不同的组合，有如下形式：

$$\alpha_{\text{HH}}=\frac{(1-\varepsilon_{\text{r}})\cos\varphi_{\text{s}}}{[\cos\theta_{\text{i}}+(\varepsilon_{\text{r}}-\sin^2\theta_{\text{i}})^{1/2}][\cos\theta_{\text{s}}+(\varepsilon_{\text{r}}-\sin^2\theta_{\text{s}})^{1/2}]} \quad (2.69\text{a})$$

$$\alpha_{\text{VH}}=\frac{(1-\varepsilon_{\text{r}})(\varepsilon_{\text{r}}-\sin^2\theta_{\text{s}})^{1/2}\sin\varphi_{\text{s}}}{[\cos\theta_{\text{i}}+(\varepsilon_{\text{r}}-\sin^2\theta_{\text{i}})^{1/2}][\varepsilon_{\text{r}}\cos\theta_{\text{s}}+(\varepsilon_{\text{r}}-\sin^2\theta_{\text{s}})^{1/2}]} \quad (2.69\text{b})$$

$$\alpha_{\text{HV}}=\frac{(1-\varepsilon_{\text{r}})(\varepsilon_{\text{r}}-\sin^2\theta_{\text{s}})^{1/2}\sin\varphi_{\text{s}}}{[\varepsilon_{\text{r}}\cos\theta_{\text{i}}+(\varepsilon_{\text{r}}-\sin^2\theta_{\text{i}})^{1/2}][\cos\theta_{\text{s}}+(\varepsilon_{\text{r}}-\sin^2\theta_{\text{s}})^{1/2}]} \quad (2.69\text{c})$$

$$\alpha_{\text{VV}}=\frac{(1-\varepsilon_{\text{r}})[\varepsilon_{\text{r}}\sin\theta_{\text{i}}\sin\theta_{\text{s}}-\cos\varphi_{\text{s}}(\varepsilon_{\text{r}}-\sin^2\theta_{\text{i}})^{1/2}(\varepsilon_{\text{r}}-\sin^2\theta_{\text{s}})^{1/2}]}{[\varepsilon_{\text{r}}\cos\theta_{\text{i}}+(\varepsilon_{\text{r}}-\sin^2\theta_{\text{i}})^{1/2}][\varepsilon_{\text{r}}\cos\theta_{\text{s}}+(\varepsilon_{\text{r}}-\sin^2\theta_{\text{s}})^{1/2}]} \quad (2.69\text{d})$$

式中，ε_{r}是界面下媒质的复介电常数。对于后向散射，$\theta_{\text{s}}=\theta_{\text{i}}=\theta$，$\varphi_{\text{s}}=\pi$，以上各表达式就简化为

$$\sigma_{\text{pq}}^0=4\pi k^4\cos^4\theta\left|\alpha_{\text{pq}}\right|^2 W(-2k\sin\theta,0) \quad (2.70)$$

$$\alpha_{\mathrm{HH}}=\frac{(1-\varepsilon_{\mathrm{r}})}{[\cos\theta+(\varepsilon_{\mathrm{r}}-\sin^2\theta)^{1/2}]^2} \tag{2.71a}$$

$$\alpha_{\mathrm{VH}}=0 \tag{2.71b}$$

$$\alpha_{\mathrm{HV}}=0 \tag{2.71c}$$

$$\alpha_{\mathrm{VV}}=(\varepsilon_{\mathrm{r}}-1)\frac{\sin^2\theta-\varepsilon_{\mathrm{r}}(1-\sin^2\theta)}{[\varepsilon_{\mathrm{r}}\cos\theta_{\mathrm{i}}+(\varepsilon_{\mathrm{r}}-\sin^2\theta_{\mathrm{i}})^{1/2}]^2} \tag{2.71d}$$

3. 双尺度法

基尔霍夫近似适用于大尺度粗糙表面，小微扰近似解适用于小尺度粗糙表面。在自然界中，任何表面都很复杂，不能简单地用一种尺度来表示。因此，单独用任何一种方法求解都不能得到令人满意的结果。假若把一个粗糙表面看成一个小尺度粗糙表面叠加在一个大尺度粗糙表面上而形成的双尺度粗糙表面，这样就更接近真实情况。在这种设想的支配下，就产生了双尺度模型。双尺度模型散射场的解是把两种尺度的解有机结合起来得到的一般解。

在求解过程中，要引入两个坐标系，一个局部坐标系描述小尺度粗糙表面的散射场，一个主坐标系描述大尺度粗糙表面的散射场和双尺度粗糙表面的总散射场。小尺度粗糙表面的小微扰近似解，在局部坐标系中是成立的。要在主坐标系中使用，必须进行坐标变换。小尺度表面叠加在大尺度表面上，还要求它的统计平均。不过在这个理论中假定了小尺度粗糙和大尺度粗糙是两个独立的随机过程，因此只要对大尺度粗糙随机过程求它的统计平均就可以。大尺度粗糙表面在主坐标系中，大尺度的基尔霍夫近似解无须进行坐标变换，但由于大尺度表面上叠加了小尺度表面，因此解表达式中的反射系数要进行修改。修改后的小微扰近似解和基尔霍夫近似解直接相加就是双尺度模型的解，即

$$\sigma_{\mathrm{pq}}^{0}(\theta)=\sigma_{\mathrm{pp}}^{0(\mathrm{ka})}(\theta)+\left\langle\sigma_{\mathrm{pp}}^{0(\mathrm{spa})}(\theta')\right\rangle \tag{2.72}$$

$\sigma_{\mathrm{pp}}^{0(\mathrm{ka})}(\theta)$ 是修正后基尔霍夫模型的散射系数。它与式（2.67a）基本相同，只是修正了反射系数；$\left\langle\sigma_{\mathrm{pp}}^{0(\mathrm{spa})}(\theta')\right\rangle$ 是小尺度的贡献，它是经坐标变换后进行统计平均得到的散射系数。统计平均是对大尺度随机过程而言的，这就要求已知大尺度粗糙度的概率分布函数。这又是一个难题，在实际应用中得不到这样的分布函数，只能采用假定的分布函数。

图 2-75 画出了三种方法的计算结果。在计算中，假定大尺度的均方根斜率 $\sqrt{2}(\sigma/l)=0.1$，小尺度的相对均方根高度和相关长度分别是 $k\sigma_1=0.13$ 和 $kl_1=0.1$，介电常数 $\varepsilon_{\mathrm{r}}=48.3-\mathrm{j}34.9$。从图 2-75 中可以直观地看出，当接近法线入射（$0°\leqslant\theta\leqslant 20°$）时，大尺度粗糙度支配散射特性；当入射角比较大（$\theta\geqslant 25°$）

时，小尺度散射起主要作用。双尺度法综合了两者的优点，在比较大的角度范围内都适用。

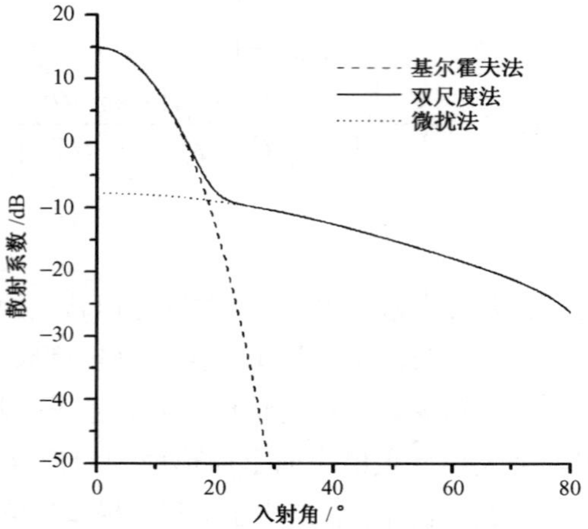

图 2-75　粗糙表面 3 种方法的比较

2.8.3　杂波的起伏特性

前两节介绍的理论模型都只能近似地计算杂波“平均”值。假若雷达不动，地面上的物体也静止不动，则雷达接收的杂波信号恒定不变。但地面和海面都很复杂，地面上有岩石、山地、农田和树林等，并且在风的作用下树林等植被会来回摆动；海面上海浪不停地运动，不断变化，它们都可以看作运动散射点的集合。当固定雷达波束照射到一个区域时，由于照射区域内散射体的运动和它们散射信号的相互干涉，雷达接收到的杂波信号以类似于噪声变化的方式随时间起伏变化。当雷达波束移动或扫动时，除了散射点的自身运动，照射区内的散射点还不断更换变化。在这种情况下，杂波起伏由两种成分构成：一种由照射体内的运动散射点所产生，另一种由整个照射区内散射点的变化所产生。前一种杂波起伏的产生原因和性质与固定雷达波束观察到的杂波起伏类似。后一种杂波起伏是雷达波束的运动造成的，这时照射区的位置已经移动，即使散射体不动，它们产生的杂波也会不断起伏变化，因此其常常被称作空间起伏。

不管哪种杂波起伏都是随机信号，要用统计方法进行研究。描述地海杂波的统计参数主要是杂波幅度的统计分布、杂波信号的相关函数和功率谱密度。

1．杂波幅度的统计分布

杂波幅度发生概率是区分起伏回波特征的重要参数。对于某个固定位置来的回波，它的幅度随时间变化统计的分布，被称作幅度时间统计分布。同样，在同一时间不同方向来的回波幅度也有起伏，从这种信号统计出来的分布称为空间统计分布。这两种统计分布一般不相同。在一般情况下，杂波在时间上和空间上同时变化，要用复合统计分布来描述。

描述杂波幅度常用的分布有 Rayleigh（瑞利）分布、Ricean 分布、Weibull（韦布尔）分布、Lognormal（对数正态）分布和 K 分布等。

1）Rayleigh 分布

Rayleigh 概率密度分布函数说明了杂波信号幅度 x 的起伏特性，它的数学表达式为

$$p_{\mathrm{R}}(x)=\begin{cases}\dfrac{x}{\sigma^2}\exp\left[-\dfrac{x^2}{2\sigma^2}\right], & x\geqslant 0\\ 0, & x<0\end{cases} \tag{2.73}$$

式中，σ 是正常数，相位在 $[0,2\pi]$ 内均匀分布。Rayleigh 分布的均值为

$$\langle x\rangle=\sqrt{\frac{\pi}{2}}\sigma$$

它的二阶矩为

$$\langle x^2\rangle=2\sigma^2$$

起伏分量的方差为

$$\langle x_{\mathrm{ac}}^2\rangle=\langle x^2\rangle-\langle x\rangle^2=\left(2-\frac{\pi}{2}\right)\sigma^2=0.429\sigma^2$$

均值的平方（代表平均信号电平）与起伏方差（代表起伏噪声）的比值为

$$S=\frac{\langle x\rangle^2}{\langle x_{\mathrm{ac}}^2\rangle}=3.66\ \text{（或 5.6dB）}$$

这就是 Rayleigh 起伏信号固有的信噪比。起伏信号相当于一项附加噪声，即使平均信号电平比机内噪声高很多，起伏信号也只能得到 5.6dB 的信噪比。

这个分布常常用来描述大量运动的、大致相同的散射体杂波起伏。箔条、雨滴甚至树叶散射产生的杂波，都可以用这种分布来描述。

2）Ricean 分布

地面经常会遇到这种情况，一个固定不动的强散射体周围集合了许多活动的小散射体。固定不动的强散射体，产生强的恒定杂波信号，活动小散射体产生的杂波信号服从 Rayleigh 分布。总的杂波信号的分布特性可用 Ricean 分布函数来描述：

$$p_{\mathrm{Ric}}(x)=\frac{1}{\sigma}(1+m^2)\exp\left[-m^2-\frac{x}{\sigma}(1+m^2)\right]\mathrm{I}_0\left[2m\sqrt{(1+m^2)\frac{x}{\sigma}}\right] \tag{2.74}$$

$I_0(\cdot)$ 是修正 Bessel 函数，m^2 是恒定杂波功率与随机杂波的平均功率之比。当杂波完全是恒定杂波时，分布变成一个尖峰，杂波信号是一个恒定信号。

3）Weibull 分布

Weibull 分布已经广泛用于描述地面杂波，也常常用来描述目标和海杂波。Weibull 概率密度函数 $p_{\mathrm{w}}(x)$ 可以表示为

$$p_{\mathrm{w}}(x)=\begin{cases}\dfrac{m}{\alpha}(x)^{m-1}\exp\left(-\dfrac{x^m}{\alpha}\right), & x\geqslant 0\\ 0, & x<0\end{cases} \tag{2.75}$$

形状参数 $m>0$，尺度参数 $\alpha>0$。Weibull 分布的均值为

$$\langle x\rangle=\alpha^{\frac{1}{m}}\Gamma\left(1+\frac{1}{m}\right)$$

它的二阶矩为

$$\langle x^2\rangle=a^{2/m}\Gamma\left(1+\frac{2}{m}\right)$$

式中，$\Gamma(\cdot)$ 是 Gamma 函数。

4）Lognormal 分布

测量区域中包含强离散散射体（如建筑物或其他人造目标）的地杂波更加接近 Lognormal 分布。Lognormal 分布通常用来描述高分辨率、小擦地角下地海杂波的空间分布。

Lognormal 分布概率密度函数为

$$p_{\mathrm{L}}(x)=\frac{1}{\sqrt{2\pi}\sigma x}\exp\left\{-\frac{[\ln(x)-\mu]^2}{2\sigma^2}\right\},\qquad x>0 \tag{2.76}$$

对于随机变量 x，如果 $\ln(x)$ 是服从均值 μ 和方差 σ^2 的正态分布，则 x 服从 Lognormal 分布。

Lognormal 分布的均值为

$$\langle x\rangle=\exp\left(\mu+\frac{1}{2}\sigma^2\right)$$

x 的第 r 阶矩为

$$\mu_r=\langle x^r\rangle=\exp\left(r\mu+\frac{1}{2}r^2\sigma^2\right)$$

方差为

$$\langle x^2\rangle=\exp(2\mu+\sigma^2)\exp(\sigma^2-1)$$

5）K 分布

K 分布是在光学领域使用的一种统计分布，后来被引用来描述杂波的起伏特

性。引进 K 分布之后，可以用数学公式同时描述杂波的时间和空间起伏，促进了复合分布的发展和应用。复合时空分布，对于目标检测中的杂波抑制分析十分有用。

在波束运动的情况下，杂波的起伏一般受两个过程控制。一个是波束的运动，它使得照射区内杂波信号的平均值发生变化，令杂波信号平均值的分布为 $p(y)$。另一个是照射区内散射体的运动，引起杂波信号起伏。对于一个照射区而言，这种起伏的均值不变，那么起伏幅度的分布就是在均值为 y 这个条件下的条件概率分布 $p(x\,|\,y)$。假定 $p(y)$ 是 Gamma 分布，$p(x\,|\,y)$ 是 Rayleigh 分布，则可以证明 $p_{\mathrm{K}}(x)$ 就是 K 分布：

$$p_{\mathrm{K}}(x)=\frac{2}{a\Gamma(v)}\left(\frac{x}{2a}\right)^{v+1}\mathrm{K}_v\left(\frac{x}{a}\right) \tag{2.77}$$

它的累积分布是

$$F_{\mathrm{K}}(x)=1-\frac{2}{\Gamma(v+1)}\left(\frac{x}{2a}\right)^{v+1}\mathrm{K}_{v+1}\left(\frac{x}{a}\right)\quad (x>0,v>-1,a>0)$$

它的 n 阶矩是

$$M_n=\frac{2^n a^n\Gamma(0.5n+1)\Gamma(0.5n+v+1)}{\Gamma(v+1)}$$

式中，x 是起伏杂波的幅度，$\Gamma(\cdot)$ 是 Gamma 函数，$\mathrm{K}_v(\cdot)$ 是 v 阶第三类修正 Bessel 函数，a 是尺度因子，v 是形状因子。在 K 分布中有数个可控制参数，且这些参数的选择一般要服从 Rayleigh 分布的统计特性。

2．杂波信号的自相关函数和功率谱密度

雷达杂波信号 $x(t)$ 的自相关函数 $R(\tau)$ 定义为

$$R(\tau)=\lim_{T\to\infty}\frac{1}{2T}\int_{-T}^{T}x(t)x(t+\tau)\mathrm{d}t \tag{2.78}$$

功率谱密度 $P(f)$ 定义为

$$\begin{aligned}P(f)&=\lim_{T\to\infty}\frac{1}{2T}\left|\int_{-T}^{T}x(t)\exp(-\mathrm{j}2\pi ft)\mathrm{d}\right|^2\\&=\int_{-\infty}^{\infty}R(\tau)\exp(-\mathrm{j}2\pi f\tau)\mathrm{d}t\end{aligned} \tag{2.79}$$

在式（2.78）、式（2.79）中，T 是样本长度，τ 是延迟时间，f 是起伏频率。这两个定义是处理实验数据的基本依据。

人们对杂波功率谱从理论和实验上进行了广泛的研究，建立了计算模型。下面简单地介绍两种模型。

1）植被杂波功率谱

在这个模型中，在假定照射区域中各个散射体独立的条件下，分析了植被随风摆动速率的分布问题。求出植被随风摆动速率的分布之后，就可以计算出植被产生的杂波功率谱$P(f)$，即

$$P(f)=\frac{C}{2\pi f_{10}}\frac{1}{\left[1+\left(\frac{f}{f_{10}}\right)^2\right]^{3/2}} \tag{2.80}$$

$$f_{10}=\frac{2v_0}{\lambda}\cos\theta\cos\alpha_0$$

式中，v_0是植被摆动的平均速度，α_0是风向，θ是射线的擦地角，C是常数。

频谱的半功率点宽度$f_{0.5}$为

$$f_{0.5}=1.54\frac{v_0}{\lambda}\cos\theta\cos\alpha_0$$

2）移动雷达杂波信号起伏功率谱计算

下面给出雷达移动所产生的杂波信号起伏功率谱的计算公式。进行计算的先决条件是要知道地面散射系数的分布图（或者杂波数据库和数字地图），以及雷达的体制和参数。主要依据还是雷达方程，不过要稍微进行修改，变成适合计算的形式，即

$$P(f_\mathrm{d})=\frac{1}{(4\pi)^2}\int_{A_0}\frac{P_\mathrm{t}G_\mathrm{t}A_\mathrm{r}\sigma^0\mathrm{d}A}{R^4}=\frac{\mathrm{d}f_\mathrm{d}}{(4\pi)^2}\int_{A_0}\frac{P_\mathrm{t}G_\mathrm{t}A_\mathrm{r}\sigma^0}{R^4}\frac{\mathrm{d}A}{\mathrm{d}f_\mathrm{d}} \tag{2.81}$$

式中，f_d为多普勒频率，积分号下的A_0是f_d和$f_\mathrm{d}+\mathrm{d}f_\mathrm{d}$之间的照射面积。在一般情况下，式（2.81）采用数值计算；某些特定情况下，式（2.81）可以简化。

2.9 地海杂波的测量技术

在地海杂波的常见杂波模型及起伏特性基础上，本节主要介绍地海杂波的测量。首先给出地海杂波的测量原理，然后介绍几种常用的测量系统及其测量方法。

2.9.1 测量原理

原则上，只要雷达常数已知，测量出接收功率P_r，就可以求解积分式（2.4）得到$\sigma^0(A)$。但这样做很困难，一般都采用近似办法。假若照射区域比较小，认为在区域内$\sigma^0(A)$都一样，距离和发射功率自身的差别可以忽略不计，则式（2.4）可以简化为

$$\sigma^0 \approx \frac{(4\pi)^3 R^4}{\lambda^2}\left(\frac{P_r}{P_t}\right)\frac{1}{\int_{\text{照射区}} G_r G_t \mathrm{d}A} \tag{2.82}$$

式（2.82）说明，只要波长 λ 和距离 R 已知，测量出接收功率和发射功率的比值 P_r / P_t，就可以得到散射系数 σ^0，关键是要求出照射区域的积分。

假若接收天线和发射天线是同一个天线，天线的增益是

$$G_r = G_t = G_0 f(\theta,\phi) \tag{2.83}$$

式中，G_0 是天线最大增益，$f(\theta,\phi)$ 是天线方向图。那么式（2.82）的积分项可以表示为

$$G_0^2 A_w = G_0^2 \int f^2(\theta,\phi)\mathrm{d}A \tag{2.84}$$

式中，A_w 是等效面积，有

$$A_w = \int_{\text{照射区}} f^2(\theta,\phi)\mathrm{d}A$$

把式（2.84）代入式（2.82）就获得

$$\sigma^0 = \frac{(4\pi)^3 R^4}{\lambda^2 G_0^2 A_w}\left(\frac{P_r}{P_t}\right) \tag{2.85}$$

假如测量系统具有测量距离的能力，能够分辨从不同距离返回的回波，再配合使用波束狭窄的天线，就可以简化散射系数的测量，如图 2-76 所示。设距离分辨率是 ΔR，那么在被测量区域的径向长度 Δx 为

$$\Delta x = \frac{\Delta R}{\sin\theta}$$

假定狭窄波束天线在方位上的波束宽度是 φ_0，波束内增益不变，波束外增益为零，即

$$G_t = \begin{cases} G_a, & -\varphi_0/2 < \varphi_a < \varphi_0/2 \\ 0, & \varphi_a < \varphi_0/2 \text{ 或 } \varphi_a > \varphi_0/2 \end{cases}$$

式中，φ_a 是相对于天线轴的方位角，那么被测量区域的横向宽度 $\Delta y = R\varphi_0$，被测量区域的面积可以表示为

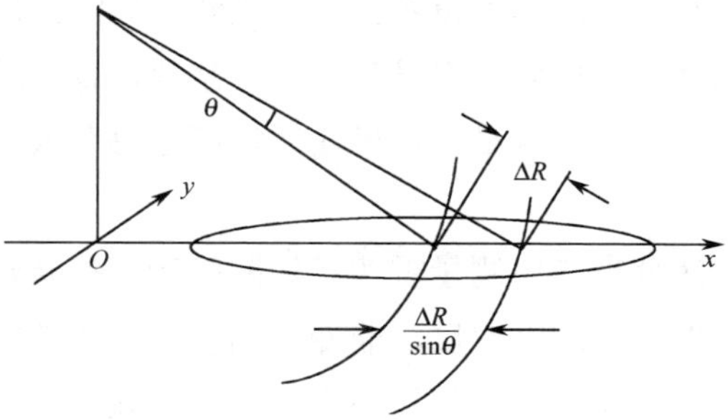

图 2-76　简化散射系数的测量

$$A_w = \Delta x \Delta y = \frac{\Delta R}{\sin\theta} R \varphi_0 \tag{2.86}$$

把式（2.86）代入式（2.85），σ^0 的表达式变为

$$\sigma^0 \cong \frac{(4\pi)^3 R^3 \sin\theta}{\lambda^2 G_0 \varphi_0 \Delta R}\left(\frac{P_r}{P_t}\right) \tag{2.87}$$

σ^0 与 P_r/P_t 成正比，利用这个关系，可以进一步简化实验工作。从发射机引出一个信号，经过一个衰减器（衰减量已知）送到接收机前端，经过放大，把输出信号与地球表面的回波信号同时记录下来。比较两个信号，通过式（2.87）就很容易确定相对散射系数，而不用知道实际的发射功率和接收机增益的绝对值。这样虽说增加一点设备，但简化了实验工作。

在上面的讨论中，实际上做了 3 项假设：①照射区域内 σ^0 不变；②波束宽度内天线增益不变，其他地方为零；③照射区域内距离变化和功率变化可以忽略。在这 3 项假设中，第 2 项容易满足，不会引起多大误差。第 1 项说明测量的 σ^0 是一个平均值，这个平均值的代表性与照射区域的面积和地球表面状态有关。假若在照射区域中有一个散射很强的点状目标，就有可能引起较大的误差。第 3 项的影响更值得注意。从原始公式（2.84）来看，积分是对整个天线方向图进行的，不仅要对主瓣积分，而且要对副瓣积分。天线副瓣，一般比主瓣低，但占据的角度范围很大，由天线副瓣进入地球表面的散射能量不可忽视。当天线副瓣中有强散射目标时，从天线副瓣进入的能量较大，会引起较大的测量误差。因此，仔细地进行数据处理，尽可能降低这些不利因素的影响，是测量技术中的关键问题。

2.9.2 测量技术

1. 测量系统

地海杂波测量系统包括两大部分：一是直接测量地海面散射特性的雷达，二是用于地海面背景参数测量的相关设备。在雷达测量地海面散射特性的同时，必须对地海面参数（如地面粗糙度、电导率、介电常数，以及海水温度、盐度、波高、风速、风向等）开展同步测量，这样才能保证地海杂波测量数据及研究分析的准确性和时效性。

地海杂波测量雷达分为专用测量雷达（如散射计）和结合任务的非专用测量雷达。经定标和自动增益控制限定后，非专用测量雷达才能用于地海杂波测量。地海杂波测量可以有地基固定、地基移动、船（舰）载、球载、机载、星载等不同测量平台，它们之间提供了不同但有互补性的杂波测量信息。机载杂波测量单

位时间内可以获取较多的数据，但是它的空间分辨率是比较粗的。如果载机高度较低，那么天线波束在地面上的投影尺寸足够小，可以测量均匀目标的散射特性。但一般来说载机飞行高度较高，波束宽度较大，波束照射区域内同时包括几种地形，不满足均匀目标的条件，这种测量的空间分辨率就较粗。较宽阔的海面、大沙漠、大森林则例外，对于这些类型的区域，机载杂波测量雷达比车载杂波测量雷达更合适。有的雷达只能在特定角度、特定频率和特定极化情况下测量，但也有一些雷达被设计成在覆盖一个或几个参数的范围内都可测量。显然，不同用途设计的雷达，在性能上可以各不相同。下面介绍两种用于地海杂波测量的测量系统。

1）多频段车载散射计测量系统

由中国电波传播研究所研制的多频段车载散射计测量系统以宽频带矢量网络分析仪（简称矢网）为收发核心装置，采用脉冲体制、单天线结构，多频段车载散射计测量系统的组成框图如图 2-77 所示。其中，天线由 L、S、C、X、Ku、Ka 六个频段组成，多频段车载散射计测量系统的基本参数如表 2-3 所示。伺服装置适用于所有天线的独立安装，实现对天线波束指向角度的控制。抱闸由四个制动器组成，在吊装平台下确保测量系统的平衡、天线波束指向角的准确及设备升降的安全。矢网保护柜用于安装矢网、以太网交换机、串口联网服务器、温度传感器、DC 直流电源等设备，具备对矢网的保护、对系统的集成等功能。主控计算机通过以太网，实现对设备的远程控制、信号采集和显示、数据保存及测试数据的管理。辅助设备包括定标球、供电设备等，用于系统外定标和提供电力保障等。该测量系统以野外工作为主，包括吊装平台与固定平台两种工作模式，可实现典型目标、地海面背景等散射特性的测量。

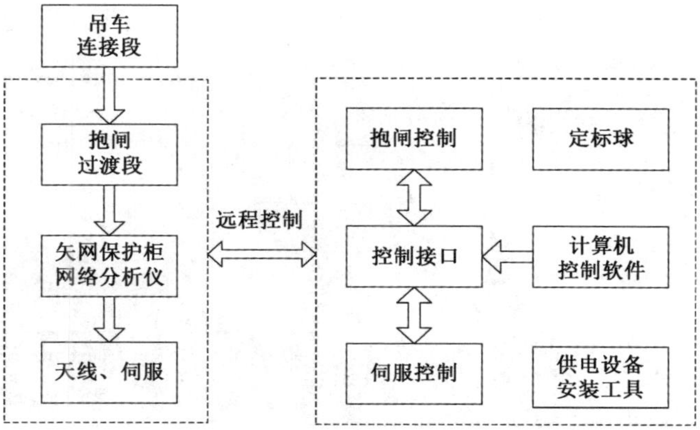

图 2-77　多频段车载散射计测量系统的组成框图

表 2-3　多频段车载散射计测量系统的基本参数

工作参数	技术指标						
频段	L	S	C	X	Ku	Ka	
中心频率（GHz）	1.34	3.2	6	9.5	15	37.5	
最大带宽（GHz）	0.1	0.2	0.2	1	1	1	
天线方位波束（°）	≥20			≥4	≥20	≥20	≥4
天线俯仰波束宽度（°）	≥10			≥4	≥10	≥10	≥4
天线增益（dB）	≥18			≥30	≥18	≥18	≥30
方位副瓣电平（dB）	≤-15			≤-20	≤-15	≤-15	≤-20
俯仰副瓣电平（dB）	≤-17			≤-20	≤-17	≤-17	≤-20
极化隔离度（dB）	≥20			≥25	≥25		
极化方式	HH、VV、HV、VH						
发射功率	≥9dBmW，可调						
最小脉冲宽度	33ns						
噪声	≤-118dBmW						

2）五频段海杂波测量系统

为长期连续对海杂波进行观测研究，中国电波传播研究所在位于黄海海域的灵山岛上构建了五频段海杂波测量系统，如图 2-78 所示。表 2-4 给出了五频段海杂波测量系统的基本技术参数，其中 UHF、L、S 三个频段采用 IDPCA（逆偏置相位天线）技术，即将雷达天线阵面划分为多个特性相同的子阵，通过子阵间发射和接收时间顺序的不同实现仿雷达平台（如机载）运动。五部雷达架设在海拔高度 445～478 米处，对北偏东海域实施海杂波测量。除五部雷达外，在雷达站还设置有风速计、电磁频谱监测仪和对海面船只监视的 AIS（船舶自动识别系统），在观测海域投放了海浪浮标，可满足海面及其环境参数同步录取的要求。

图 2-78　灵山岛五频段海杂波测量系统

表 2-4　五频段海杂波测量系统的基本技术参数

频段	L	S	UHF	Ku	X
海拔高度	～470m	～440m	～440m	～450m	～465m
最大擦地角	≤10°				
最小擦地角	约 1.28°	约 1.22°	约 1.22°	约 1.24°	约 1.26°
观测方位	≤210°	≤60°	≤60°	≤120°	≤120°
	• 转动精度：方位角≤1°，俯仰角≤0.1° • 转动方式：电控，转速可调，最大值不低于 6RPM • 波束指向误差：≤0.1°				
观测方式	平台固定，仿机载运动			平台固定，定点测试	
参数调节	多通道/多带宽/多脉宽/多重频/机扫/相扫			单通道/多带宽/多脉宽/多重频/机扫	

2. 接收机的动态范围

为了保证测试结果能达到一定的测量精度，充分反映散射系数的起伏特性，接收机不能采用自动增益控制。这是地海杂波测量系统与普通雷达不同的一个显著特点。但是，散射系数的变化范围很大，因此接收机应具有比较大的动态范围。

影响散射系数的因素很多，主要有三个：地球表面介电常数的变化，σ^0 随角度的变化，接收到的散射功率随距离的变化。

自然界各种物体的介电常数差别很大，小的只有 1.2（如雪），大的可以到达 80（如纯水）。当电波垂直入射时，小的反射系数只有 0.046，大的反射系数可达 0.8 以上，相差达 24.8dB。实验已经证明 σ^0 随角度的变化很大，对于裸露土地，仅 30° 的角度范围，σ^0 相差可达 45dB；对于平静海面，σ^0 随角度的变化会更大。从雷达方程可知，接收到的散射功率 $P_r \propto R^{-4}$，假若角度从 10° 变到 80°，相应的距离变化引起的接收功率变化可达 30dB。此外，交叉极化信号一般要比同极化信号小 10dB 左右。简单相加，要求动态范围在 100dB 以上。这些因素之间相互制约，综合考虑要求接收机的动态范围达到 80dB 左右。

3. 校准

为了与其他测量结果进行比较，同时给新系统设计提供数据，必须进行绝对校准。校准是地海杂波测量的一个关键步骤。

相对校准也称内校准，有两种方法，一种是分别校准法，另一种是比例校准法。分别校准法是分别测量系统各个部件的损耗或响应函数，确定发射功率 P_t 和接收功率 P_r。这种校准方法误差来源多，校准总精度不高。比例校准法只校

准 P_r/P_t，是一种比较好的方法，优点比较突出。从式（2.84）可以看出，如果确定了 P_r/P_t，只要知道天线增益，不用测量设备的其他参数就可以确定散射系数 σ^0。比例校准法的原理如图 2-79 所示。在发射机和天线之间、接收机和天线之间均放一个定向耦合器，发射信号通过这两个耦合器和一个衰减器送到接收机的输入端，作为校准信号。这个校准信号 P'_{rc} 的值是

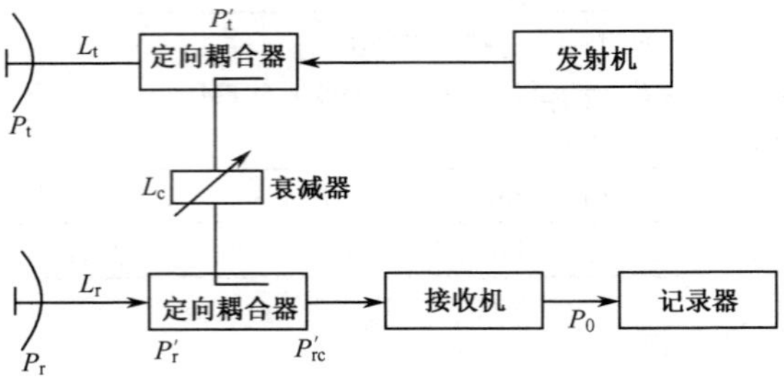

图 2-79　比例校准法的原理

$$P'_{rc}=\frac{P'_t}{L_c L_{DCt} L_{DCr}} \tag{2.88}$$

式中，L_c 是衰减器的损耗，L_{DCt} 是发射机定向耦合器的耦合度，L_{DCr} 是接收机定向耦合器的耦合度。用 g 表示接收机的增益，那么校准信号和接收信号在接收机输出端口的视频信号 P_{oc} 和 P_{or} 可分别表示为

$$P_{oc}=gP'_{rc},\qquad P_{or}=gP'_r$$

利用式（2.88）很容易得到两者的比值为

$$\frac{P_{or}}{P_{oc}}=\frac{P'_r}{P'_{rc}}=\frac{P'_r}{P'_t}L_c L_{DCt} L_{DCr} \tag{2.89}$$

从图 2-79 可以看出

$$P_t=\frac{P'_t}{L_t},\qquad P_r=P'_r L_r$$

L_t 是从发射耦合器到发射天线之间馈线的衰减值，L_r 是从接收耦合器到接收天线之间馈线的衰减值。代入式（2.89）就可以得到

$$\frac{P_r}{P_t}=\frac{P'_r}{P'_t}L_r L_t=\frac{P_{or}}{P_{oc}}\frac{L_r L_t}{L_c L_{DCt} L_{DCr}} \tag{2.90}$$

这就是比例校准法的一般方程。

至此，通过内校准，我们获得了 P_r/P_t，只要知道天线增益，就可以求出散射系数的绝对值。但这样一定要知道精确的天线增益和天线方向图。在实验室或天线测量场，可以对天线方向图和增益进行精密测量。当天线安装在飞机上或其他金属体上之后，天线方向图和天线增益会发生变化，再进行测量就特别困难。为

了克服这一困难，一般采用外定标技术。

外定标技术采用标准目标的散射信号提供校准电平。这类标准目标的散射截面积是已知的，或者通过简单的办法就可以准确地测定。方形或圆形金属平板、金属球、三面角反射器等都可以作为标准目标。用标准目标进行校准的精度取决于标准目标的散射截面积和背景散射截面积的相对大小。理论已证明，要想把测量误差控制在 1dB 以内，必须把背景和标准目标的散射截面积之比值控制在 –20 dB 以内。在地面进行测量时，这个要求容易满足，因为可以把标准目标架高，天空是背景，背景散射很小。在进行机载测量时，背景是地球表面，背景散射比较强。若测量设备的分辨率比较高，则选用适当的标准目标也可以满足要求。若测量设备的分辨率比较低，则要把比值控制在 –20 dB 以内就比较困难了。在这种情况下，可以采用有源校准器或某种地物来代替。有源校准器，实际上是一个应答器，它的增益和发射功率要根据测试条件进行设计和调试。作为定标目标的地物，要满足几个基本要求：①散射系数 σ^0 要均匀一致；②散射系数在测试期间不随时间变化；③面积足够大。最后提醒一下，这两种替代标准目标自身也应该校准。

4．平均值精度与独立样本数

面目标由许多散射体构成，路程长度不同和径向速度不同的散射体之间的相互干涉，导致面目标的散射信号是起伏信号，在时间上和空间上都变化，与噪声信号十分类似。因此，和噪声信号一样，可以用统计模型来描写它的特性，Rayleigh 分布相当好地描述了面目标信号的起伏特性。独立样本数与平均值精度的关系如图 2-80 所示，图中，σ 是标准差，μ 是平均值。曲线是标准差变化曲线，呈漏斗状。当只有一个独立样本时，$\pm\sigma$ 相差 10.6dB，相当于 3.18 倍的电压。因此，对 Rayleigh 分布集合采取一个样本，很难接近平均值。随着独立样本数的增加，标准差减小，平均值精度提高。7 个以上的独立样本，平均值精度就优于 2dB；独立样本数达到 25，平均值精度可以优于 1dB；再增加独立样本数，平均值精度变化很慢，即使有 1000 个独立样本，仍然还有 0.15dB 左右的误差。

所谓独立样本，就是样本彼此不相关，只要采样间隔足够长，如采样间隔大于通带的倒数，就可以认为样本彼此不相关。在进行连续采样时，有效独立样本数 N 为

$$N=\frac{\overline{P}_{\mathrm{e}}^{2}T}{2\int_{0}^{T}\left(1-\dfrac{x}{T}\right)R_{\mathrm{sf}}(x)\mathrm{d}x} \tag{2.91}$$

式中，$\overline{P}_{\mathrm{e}}$ 是包络的平均功率，T 是积分（平均）时间，$R_{\mathrm{sf}}(x)$ 是自相关函数。当 BT 很大时，N 可以近似为 BT，其中 B 是中频带宽。在离散采样情况下，有

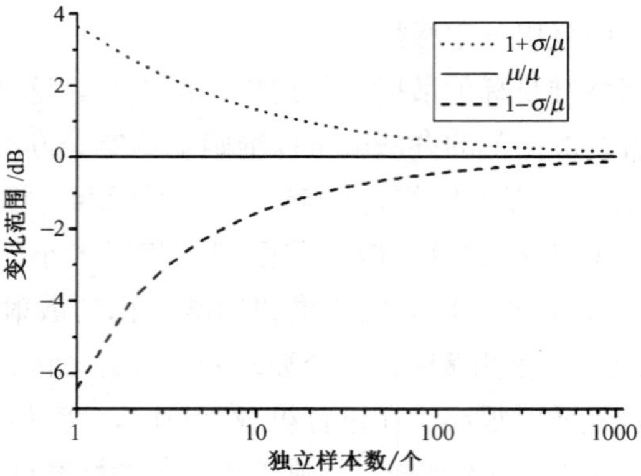

图 2-80　独立样本数与平均值精度的关系

$$N = \frac{N_p}{1 + 2\sum_{k=1}^{N_p - 1} \rho_{sf}(kT_p)} \tag{2.92}$$

式中，N_p 为采样总数，T_p 是采样间隔，$\rho_{sf}(\cdot)$ 是离散样本的归一化自相关函数。当 $T_p = 1/B, 2/B, \cdots$ 时，N 达到最大值，这时 $N = BT + 1$。

上面所讨论的方法，实际上是通过增加带宽和累计（平均）时间，实现去除相关，进而增加独立样本数。另外，可以移动天线更新照射区域，获取新的独立样本。

5. 从合成孔径雷达图像获取散射系数

合成孔径雷达充分利用了相位信息，在方位进行压缩，获取高分辨率的地球表面图像。这种图像是灰度图像，灰度等级反映了地球表面散射强弱的变化，可以提取散射系数。假若只研究散射信号的相对变化，只要系统稳定，或者利用内定标消除不稳定因素，就可以利用图像直接进行研究。图像的灰度还与设备参数和信号处理技术有关，要提取散射系数的绝对值，也需要进行外定标。与散射测量一样，利用强参考目标，可以进行绝对校准。有源应答器特别适合作为参考目标。也可以采用其他方法校准，例如，用校准好的地基或直升飞机测量系统，测量一块场地作为参考标准，然后将其与图像进行比较。

2.10 地杂波的测量数据

杂波测量一般都测量后向散射系数随入射角的变化，这样做一方面进行实验很方便，另一方面可以通过散射系数随入射角的变化研究各种因素的影响。

在理想情况下，后向散射系数与入射角的变化关系如图 2-81 所示，它大体可以划分成近垂直入射区、平坦区和近掠射区三个区域。近垂直入射区，也称准镜面反射区。该区域以相干的镜向反射为主，散射系数随入射角增大而快速减小。该区域的宽度和斜率与地面的状况（如粗糙度和介电常数）等特性有关。平坦区又称平直区，在此区域内，杂波变化基本上是缓慢的，以非相干散射为主，散射系数随入射角的变化较小。近掠射区又称干涉区，在一般情况下，这个区域的散射系数也随入射角的增加而迅速减小。

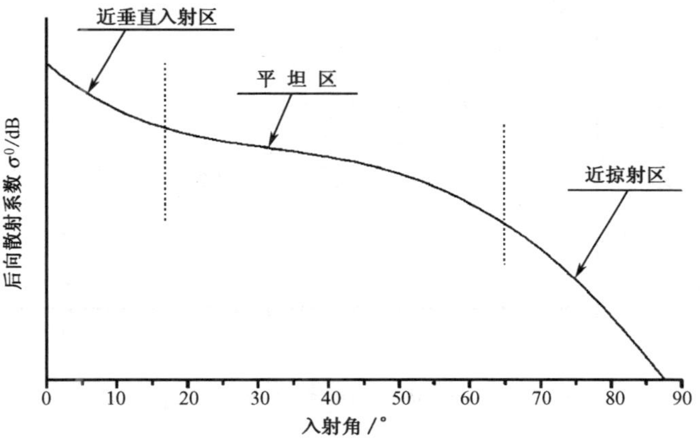

图 2-81　后向散射系数与入射角的变化关系

实际上，散射系数与雷达系统参数（波长、极化、照射区域和照射方向）有关，也与地表面的地形、表面粗糙度，以及表层或覆盖层中（趋肤深度之内）的复介电常数不均匀性等地面实况参数有关。它的变化十分复杂，实际测量获得的曲线很少和理想曲线一样。

2.10.1　典型地形地物的散射系数和模型[14~21]

1．粗糙地面的散射系数

地面粗糙度对散射系数的影响与波长有关，一个表面在波长较长时可以看成平滑的，而在波长较短时就是粗糙的。平滑地面散射系数随入射角减小的速度比粗糙地面快得多。图 2-82 是三个频段电波在粗糙地面的散射系数随入射角的变化曲线，说明了这种效应。粗糙地面的均方根高度 σ_h 大约是 1.8cm，三个频率分别是 1.35GHz、5.0GHz 和 9.375GHz，相应的 $k\sigma_h$ 分别是 0.53、1.69 和 3.53。在一般情况下，$k\sigma_h$ 小于 0.2 认为表面是光滑的，而 $k\sigma_h$ 大于 1 则认为表面是粗糙的。对于 1.4GHz 的频率，$k\sigma_h$ 大于 0.2 而小于 1，虽然地面不是光滑地面，但也不是很粗糙，散射系数减小的速度最快，从0°到30°下降了近 17dB。对于 4.5GHz 和 9.375GHz，$k\sigma_h$ 都比 1 大得多，地面只能看作粗糙表面，散射系数减小速度要慢得多，从0°到30°，C 频段的散射系数大约减小了 8dB，而 X 频段的散射系数只减小 5dB 左右。

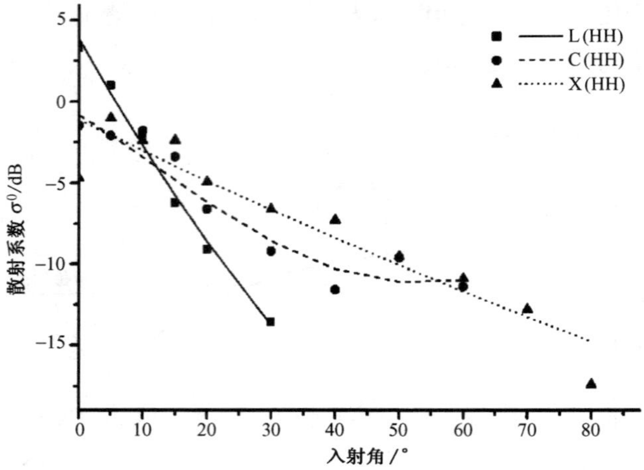

图 2-82　粗糙地面的散射系数随入射角的变化

2. 植被的散射系数

严格地说，植被的散射不是面散射而是体散射。雷达信号照射某种植物时，除了表面散射小部分信号，大部分信号渗透到植物中。在植物内部的传输过程中，植物的各个组成部分（叶子、枝条和果实等）起着双重作用，部分能量被吸收，部分能量被散射，只有一部分信号到达地面。到达地面信号的大小，取决于植物的状态，植物高大浓密，到达地面的信号比较小，植物矮小稀疏，到达地面的信号就比较大。到达地面的信号经地面散射后，再经过同样的传输过程向各个方向散射。因此，影响植被散射特性的因素很多，除植物的高矮疏密外，还与植物的结构和所含水分的多少有关，同时与土壤的各种参数有关，植被的散射系数变化十分复杂。

图 2-83 是三个频段电波的草地散射系数随入射角的变化曲线。三个频段的曲线有个共同特点，同极化散射系数（图中的 HH 或 VV 极化曲线）相差很小，说明草地对极化不敏感。交叉极化散射系数比同极化散射系数要低 10～15dB。从频率关系来看，L 频段曲线下降速率最快，C 频段曲线下降速率较慢，X 频段曲线下降速率最慢，不同频率的电波在草地的散射特性存在差别。

图 2-84 是三幅不同高度水稻的 X 频段散射曲线，水稻的平均高度分别是低于 60cm、60～90cm 和高于 90cm。从图 2-84 中可以明显地看出不同高度的水稻所产生的影响。对于同极化散射系数，当入射角为 0°时，低于 60cm 水稻的散射系数最大，达 13dB；60～90cm 水稻的散射系数次之，为 4dB 左右；高于 90cm 水稻的散射系数最小，接近 0dB，最高最低相差 13dB。不同高度水稻的散射系数随入射角的下降速率也不相同，从 0°到 30°，矮水稻的散射系数下降了 17dB，中等高度水稻的散射系数下降了 14dB，高水稻的散射系数只下降了 10dB。对于交叉极化，除较矮水稻的散射系数要大些外，其他两种高度水稻的散射系数大小相差不多，三种曲线的下降速率基本相同。上面所有的数据说明，植被增高、加密产生的总效应，是使散射系数减小，使其随入射角的变化趋于平缓。

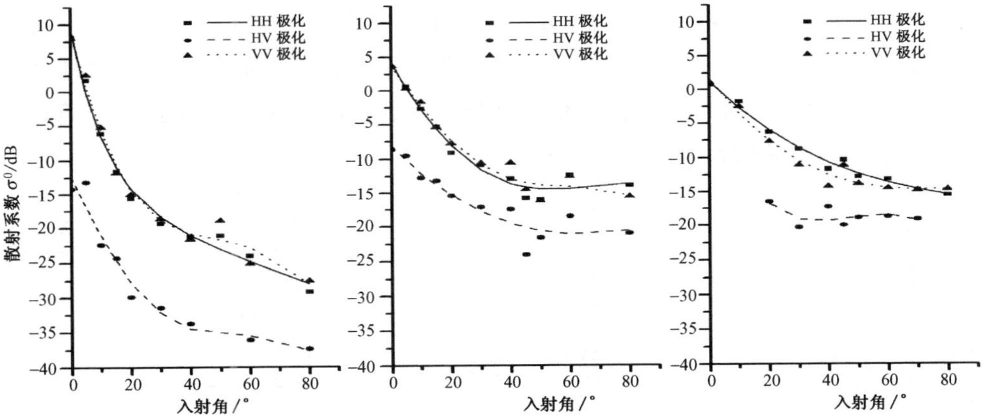

(a) L 波段　(b) C 波段　(c) X 波段

图 2-83　草地散射系数随入射角的变化

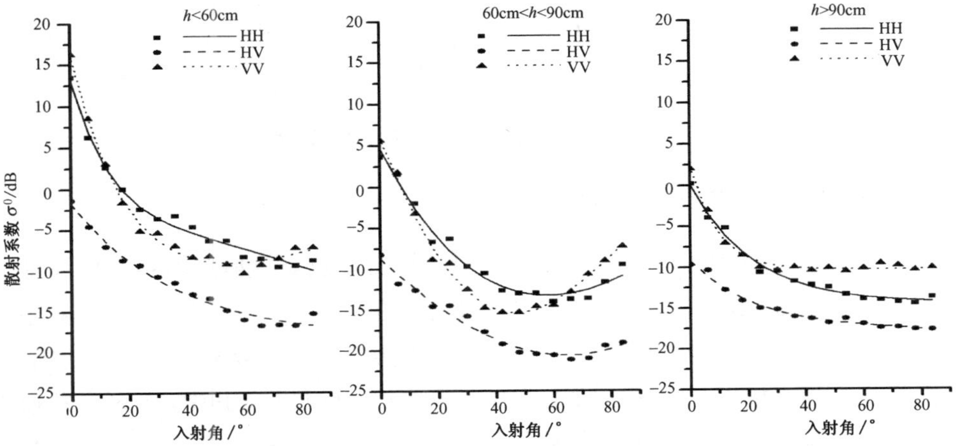

图 2-84　不同高度水稻的 X 频段散射系数

3．雪地的散射系数

雪本身是冰晶微粒和空气的混合体，没有水分的雪叫作干雪，因雪融化而含水的雪叫作湿雪。雪对电磁波有双重作用，既散射又吸收：对于干雪，散射是主要的，吸收很小；对于湿雪，吸收增大，散射减小。雪地的散射特性，除了取决于雪本身的物理特性，还受到地表面的影响。电磁波容易穿透干雪，地表面的影响比较大；湿雪吸收能力强，电磁波很难渗透到地表面，地表面的影响小。

雪地的散射系数随入射角的变化如图 2-85 所示，第一幅和第三幅都是同极化散射曲线，第二幅是交叉极化散射曲线，每幅图上有三条不同频率的曲线。可以看出，同频率水平极化和垂直极化之间的差别很小，不超过 ± 1dB，说明雪地的散射特性对极化不敏感。这个特点与其他地物不相同。对于不同的频率，不管是同极化散射还是交叉极化散射，均频率高、散射强，而且偏离垂直方向越大，频率之间的散射差别越大。例如，对于水平极化散射系数，入射角为 0° 时 X 频段比 L 频段只高 2.3dB，在 30° 高了 10.6dB，到 70° 就高了 12dB 左右。这说明，随着入射角的增加，雪的散射作用也在增强。

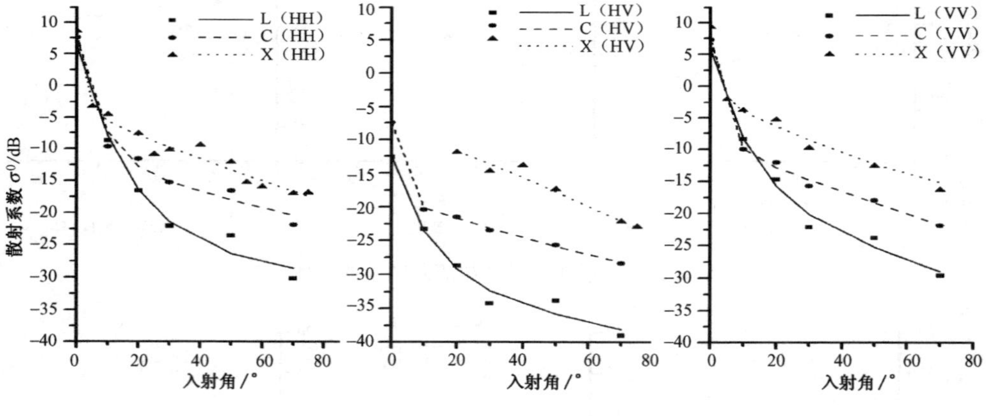

图 2-85　雪地的散射系数随入射角的变化

4．地物散射系数的经验模型

前文介绍了地面散射系数的理论模型，指出了建立模型的困难之处和理论模型的不足之处。尽管理论上有困难和不足，但是仍然可以用来解释实验中遇到的各种现象，找出起作用的主要因素，指导实验数据的分析并建立经验模型。国内外许多学者根据各自的实验结果提出了各种经验模型，其中，美国密歇根大学 F. T. Ulaby 和 M. C. Dobson[8]提出的经验模型是一个既简单又灵活的模型。

F. T. Ulaby 和 M. C. Dobson 综合了 20 世纪 60 年代至 1988 年公开发表的大量地面散射系数测量数据，根据他们提出的四项准则对数据进行了筛选和订正，分成四大类（裸露地面和稀疏草地、植被、城市地区、雪地），每个大类又分成若干子类，建立了数据库。由于缺乏城市的数据，数据库中实际上只有三大类数据。他们对数据进行了统计分析，并在此基础上提出了平均散射系数的经验模型：

$$\sigma^0 = P_1 + P_2 \exp(-P_3\theta) + P_4 \cos(P_5\theta + P_6) \tag{2.93}$$

式中，θ（弧度）是入射角，$P_1 \sim P_6$ 是参数，通过拟合实验数据确定。采用此经验模型对图 2-82～图 2-85 中的测量数据进行拟合，所得参数 $P_1 \sim P_6$ 分别列在表 2-5～表 2-8 中。

表 2-5　裸土参数表

频 段	极化	入射角范围（°）	P_1	P_2	P_3	P_4	P_5	P_6	相关系数
L	HH	0～30	−40.443	49.712	0.579	−11.488	−1.094	1.081	0.992
C	HH	0～60	−45.421	42.489	0.783	−32.743	0.378	1.653	0.907
X	HH	0～60	−42.269	45.211	0.189	−10.876	−0.246	1.188	0.897

表 2-6　草地参数表

频 段	极化	入射角范围（°）	P_1	P_2	P_3	P_4	P_5	P_6	相关系数
L	HH	0～80	−24.942	25.249	4.802	18.402	0.4804	−5.213	0.989
	HV	0～80	−52.619	40.644	0.958	−4.429	3.399	−1.470	0.961
	VV	0～80	−34.672	48.759	1.944	5.649	−3.224	3,582	0.984
C	HH	0～80	−43.478	55.331	0.598	−9.518	2.058	−0.632	0.974
	HV	0～80	−39.134	56.932	0.455	−25.962	0.766	0.039	0.878
	VV	0～80	−60.197	64.762	0.341	−4.900	2.991	−1.395	0.966
X	HH	0～80	−57.817	68.689	0.402	−9.936	1.187	0.242	0.985
	HV	20～70	−55.855	73.715	1.727	−27.970	1.685	0.937	0.417
	VV	0～80	−49.563	67.363	0.756	−27.055	0.773	0.932	0.969

表 2-7　水稻参数表

高度（cm）	极化	入射角范围（°）	P_1	P_2	P_3	P_4	P_5	P_6	相关系数
h<60	HH	0～84	−20.004	18.588	3.595	−14.529	0.635	3.030	0.988
	HV	0～84	−18.590	18.492	1.426	−3.852	0.233	1.114	0.980
	VV	0～84	−12.368	35.049	2.582	−10.693	0.714	0.917	0.993

续表

高度（cm）	极化	入射角范围（°）	P_1	P_2	P_3	P_4	P_5	P_6	相关系数
60<h<90	HH	0～84	−17.543	71.603	0.764	−57.161	0.510	0.526	0.977
	HV	0～84	−45.369	57.565	−0.337	−85.512	0.462	−1.323	0.975
	VV	0～84	−55.858	70.291	0.341	0.313	1.953	−1.036	0.990
h>90	HH	0～84	−41.760	16.818	2.370	−27.166	0.219	2.735	0.987
	HV	0～84	−43.970	16.093	1.769	−25.029	0.485	2.409	0.984
	VV	0～84	−32.162	12.670	6.145	−21.943	−0.047	3.268	0.987

表 2-8　雪地参数表

频 段	极化	入射角范围（°）	P_1	P_2	P_3	P_4	P_5	P_6	相关系数
L	HH	0～70	−28.961	32.882	3.171	2.767	0.895	0.607	0.987
	HV	0～70	−21.603	17.824	4.626	24.131	0.317	1.940	0.981
	VV	0～70	−28.784	25.683	4.154	9.892	0.943	0.457	0.991
C	HH	0～70	−23.866	20.689	6.451	12.660	0.572	0.592	0.978
	HV	0～70	−16.201	11.192	35.297	16.130	0.566	1.722	0.999
	VV	0～70	−18.378	16.609	14.724	52.079	0.195	1.398	0.996
X	HH	0～75	−8.304	12.809	19.313	15.581	0.671	1.313	0.975
	HV	20～75	−25.919	7.913	0.336	10.622	0.995	0.489	0.953
	VV	0～70	−6.213	9.736	20.042	10.208	1.200	1.173	0.981

5. 散射系数的常数γ模型

如图 2-81 所示的平坦区，由于散射系数随入射角（或擦地角）的变化相对平缓，为便于工程应用，人们通常采用一种常数γ模型或等效γ模型，其表达式为

$$\sigma^0 = \gamma\cos\theta \tag{2.94}$$

式中，θ为入射角，在考虑弯曲地球地面情况下，应为散射区的局部入射角；γ为常数，与地物类型和频率、极化等条件有关，一般范围为−25～−5dB。

若式（2.94）改用擦地角ψ，则表示为

$$\sigma^0 = \gamma\sin\psi \tag{2.95}$$

在更一般的情况下，散射系数可用入射角余弦或擦地角正弦的幂次方关系（又称n次γ模型）或指数模型描述。其中，n次γ模型为

$$\sigma^0 = \gamma\cos^n\theta = \gamma\sin^n\psi \tag{2.96}$$

式中，n与地面类型的粗糙度有关，当$n=1$时，即为式（2.95）。指数模型的形式为

$$\sigma^0 = \gamma \exp\left(-\frac{\theta}{b}\right) \tag{2.97}$$

式中，b 是与地物类型有关的参数。需要说明的是，常数 γ 模型仅是方便工程应用的简化模型，并不是对所有地杂波类型都适用，且其角度的适用范围应限于平坦区，在其他区域的应用应谨慎。在准镜面反射区，模型的值比实测值低；在小擦地角区，受传播因子的影响，模型的值则要比实测值高。

几种测量地形地物描述如表 2-9 所示，图 2-86～图 2-91 分别给出了不同地形散射系数的实测值与常数 γ 模型的值的比较。可以看出，γ 与地面类型、雷达频率和极化有关，对于同一种地形，两种极化的差别为 2～4dB，γ 随频率的增加而变大，L、S、C 和 X 频段散射系数随入射角的变化基本符合指数模型和 n 次 γ 模型。

表 2-9　几种测量地形地物描述

地形地物	描述
戈壁	测量场地地势整体较为平坦，但遍布很多沙包，沙包高 10～150cm，沙包多呈圆形分布，直径为 20～500cm。沙包上植被为灌木小叶片植物，长势较好，植被高 10～50cm，沙包土质为沙性土壤，沙包以外（地面）地势相对平坦，地面零星分布少许植被，土质为石子和沙质的混合土壤
农耕地	测量场地地面为翻耕过的农耕地，整体较为平整，西面为平整的翻耕地，东西宽约 40m，南北长约 200m，东面为埂和沟交替出现的翻耕地，东西宽约 23m，南北长约 200m，埂宽约 1.2m，沟宽约 0.5m，深约 0.4m
小麦	测量场地点地面较为平坦，基本被生长茂密的冬小麦均匀覆盖，麦陇走向为南北方向，平均行距约 13cm，株距约 3cm，株高平均约 15cm。小麦无新生枝叶，部分叶尖枯黄，但整体生长良好
草地	测量场地有轻微起伏，地面粗糙度大。测量区为草原牧场的一部分，植被多为自然生长的针形草，草平均株高约 10cm，其他为贴地而生的矮草，且较为稀疏
雪地	测量点地面起伏较小，地形较平坦。地表面覆盖平均厚度约为 4.2cm 的干雪，干雪将地面完全覆盖，干雪表面基本看不到草。干雪下面几乎没有草，只有分布较稀疏的草根
海冰	测试对象为结冰海面，厚度约 9cm。冰表面因之前解冻的冰渣又重新冻住，冰面较不平整，冰层间有气泡。L 频段实测冰的介电常数为（5.46，1.51），海水介电常数为（82.18，38.38）

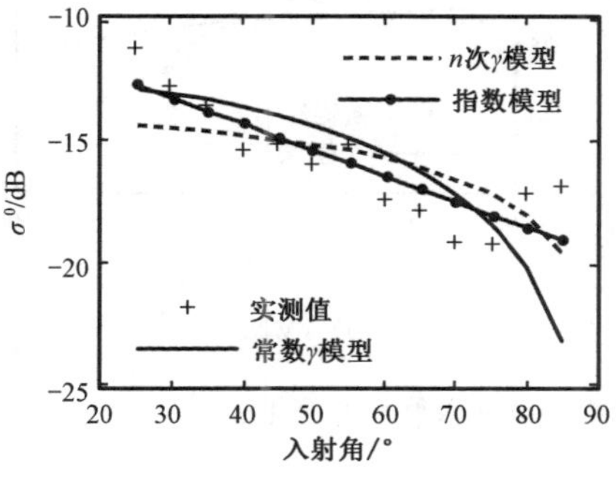

（a）HH 极化

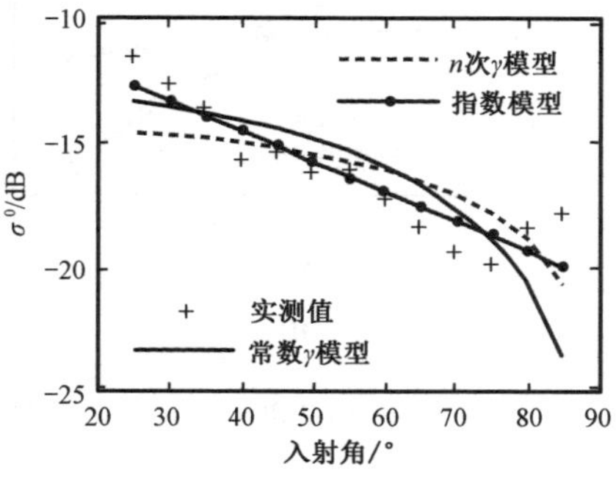

（b）VV 极化

图 2-86　戈壁 X 频段散射系数均值随入射角的变化

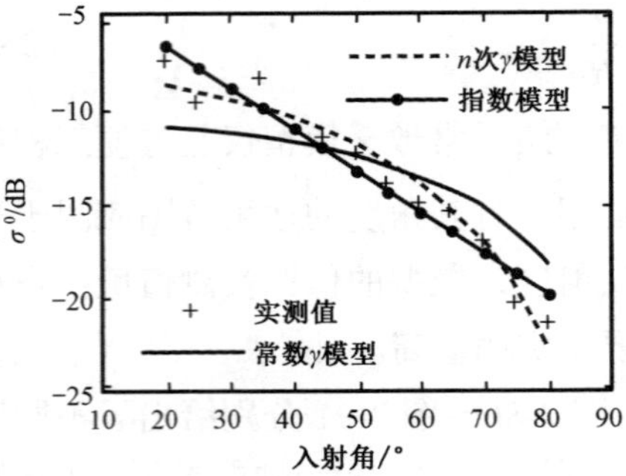

（a）HH 极化

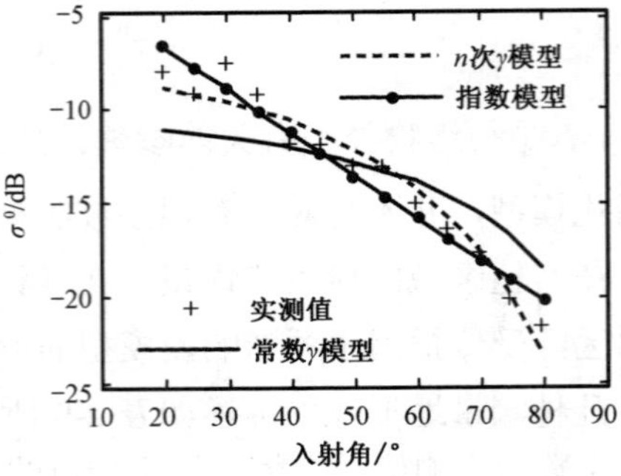

（b）VV 极化

图 2-87　农耕地 S 频段散射系数均值随入射角的变化

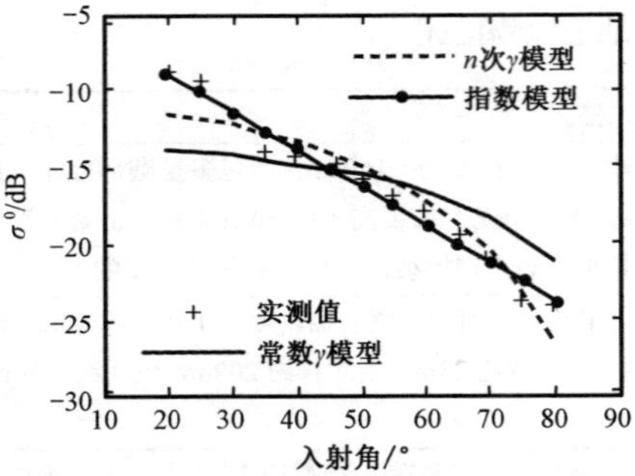

（a）HH 极化

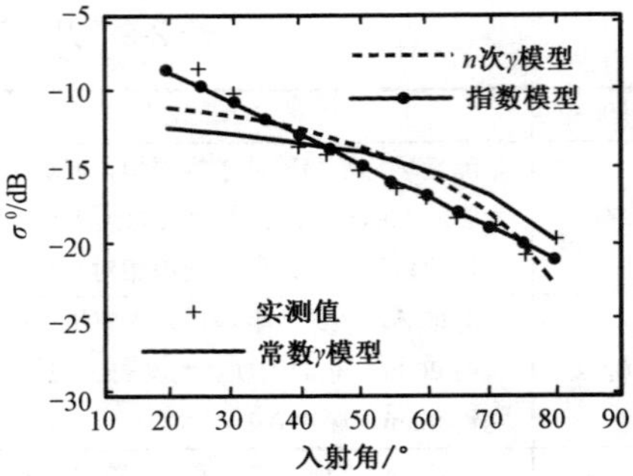

（b）VV 极化

图 2-88　麦田 L 频段散射系数均值随入射角的变化

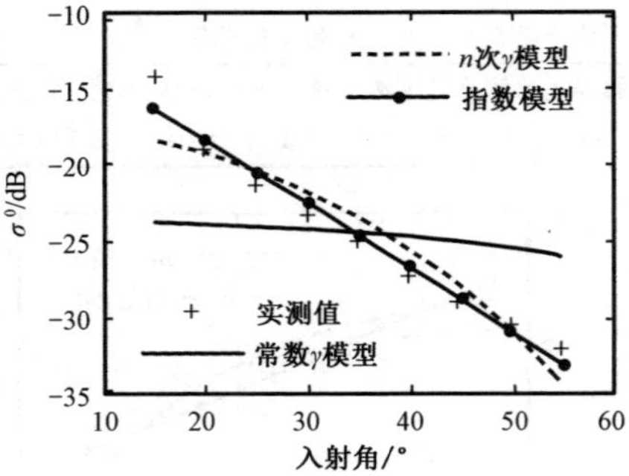

（a）HH 极化

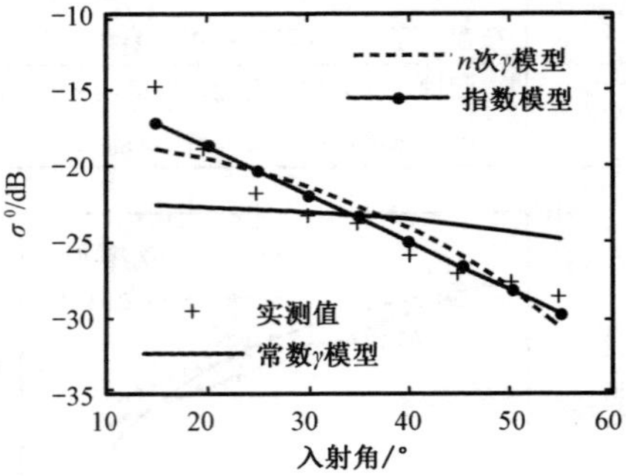

（b）VV 极化

图 2-89　草地 L 频段散射系数均值随入射角的变化

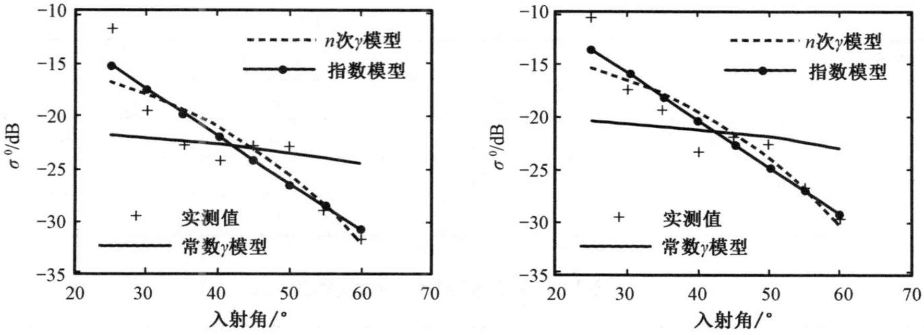

（a）HH 极化　　（b）VV 极化

图 2-90　雪地 S 频段散射系数均值随入射角的变化

对于如图 2-81 所示的近垂直入射区，其散射机制以面散射的相干分量为主，可认为随入射角增大按高斯规律衰减。由此，可以将上述平坦区的常数 γ 模型进一步推广至小入射角下的近垂直入射区，得到相应的修正常数 γ 模型，即

$$\sigma^0 = \gamma\cos\theta + a\exp[-(\theta/b)^2] \tag{2.98}$$

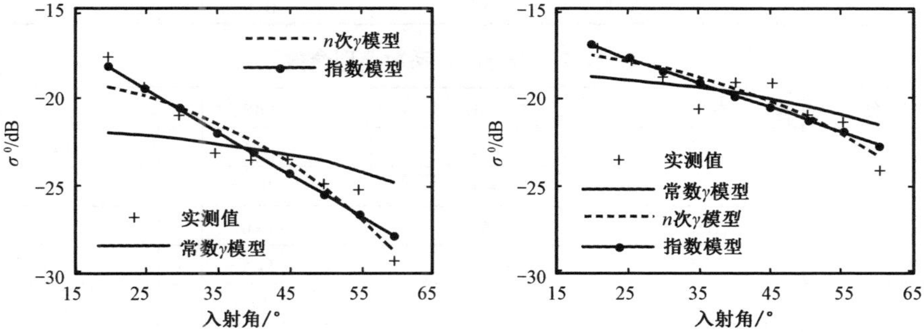

（a）HH 极化　　（b）VV 极化

图 2-91　海冰 C 频段散射系数均值随入射角的变化

其中，θ 为入射角（度），γ 、a、b 为与地物和雷达参数有关的参数。表 2-10～表 2-13 中给出的是 L、X 频段在入射角为 0°～84° 时根据农作物的散射系数数据拟合得到的 γ 、 a、 b 的值。

表 2-10　小麦散射系数模型参数

频段	极化	γ（dB）	a（dB）	b
L	HH	−2.7	7.7	22.8
	VV	−0.9	4.6	22.1
	HV	−11.7	−1.8	21.2
	VH	−12.2	−3.1	21.8

续表

频段	极化	γ（dB）	a（dB）	b
X	HH	−1.3	−4.3	17.7
	VV	−8.1	−6.1	16.3
	HV	−19.2	9.5	70.5
	VH	−30.0	19.1	72.2

表 2-11　油菜散射系数模型参数

频段	极化	γ（dB）	a（dB）	b
L	HH	−3.8	4.9	22.35
	VV	−4.2	−2.9	19.0
	HV	−50	−6.1	51.6
	VH	−50	−4.6	48.7
X	HH	−2.9	2.9	46.5
	VV	−1.8	2.0	48.0
	HV	−10.6	−2.5	46.5
	VH	−15.7	−1.3	48.0

表 2-12　裸土散射系数模型参数

频段	极化	γ（dB）	a（dB）	b
L	HH	−9.2	−3.0	14.3
	VV	−8.8	−9.4	10.1
	HV	−14.1	−13.6	5.7
	VH	−12.8	−11.4	8.4
X	HH	−3.5	−4.0	28.2
	VV	−2.0	−1.1	26.2
	HV	−50	−10.3	73.7
	VH	−50	−12.0	57.6

表 2-13　草地散射系数模型参数

频段	极化	γ（dB）	a（dB）	b
L	HH	−6.7	−5.1	15.2
	VV	−5.8	4.3	12.5
	HV	−11.7	−6.5	1.9
	VH	−12.4	−0.09	9.0
X	HH	−6.2	13.3	6.78
	VV	−12.4	10.5	19.9
	HV	−12.2	−5.6	7.4
	VH	−14.7	−3.8	7.3

表 2-14 为中国电波传播研究所利用机载雷达测量得到的在 L 频段 HH、VV 极化下平原、丘陵、山区等典型地形的常数 γ 模型、n 次 γ 模型和指数模型拟合的参数及标准差。从拟合的标准差看出，在中等擦地角范围内，各种地形的 γ 和 n 次 γ 模型、γ 指数模型符合较好。

表 2-14　L 频段典型地形 γ 模型拟合结果

地形	极化	常数 γ 模型		n 次 γ 模型			γ 指数模型		
		γ (dB)	标准差 (dB)	γ (dB)	n	标准差 (dB)	γ (dB)	θ (°)	标准差 (dB)
黄土高原丘陵	HH	−12.94	4.32	−6.52	2.04	1.45	4.23	14.24	1.88
	VV	−15.05	4.03	−8.93	2.69	1.48	0.37	14.23	1.22
秦岭山区	HH	−11.84	5.71	−4.66	2.38	3.61	6.71	12.98	3.60
	VV	−9.56	2.75	−4.05	1.74	1.46	1.93	22.2	1.30
安徽平原	VV	−16.70	4.15	−7.81	2.94	1.52	0.44	14.58	1.86
东南沿海山区	VV	−11.5	3.84	−6.21	2.49	1.48	1.68	16.04	1.59
苏北平原	VV	−12.1	3.51	−4.09	2.28	1.69	4.64	15.98	1.86
渭河平原	HH	−12.08	4.06	−6.46	2.44	1.43	1.84	15.44	1.79

2.10.2　地杂波的统计特性

由于雷达波束的空间变化或波束内地面散射体随时间的变化，陆地雷达杂波信号是分辨单元内大量随机散射中心的后向散射电磁场向量相加，杂波幅度在空间上和时间上都发生变化。因此，对杂波特性的描述需要采用统计方法。

1. 地杂波的幅度分布

2.8.3 节介绍了描述陆地雷达杂波幅度的 Rayleigh 分布（瑞利分布）、Ricean 分布、Weibull 分布（韦布尔分布）、Lognormal 分布（对数正态分布）和 K 分布。当雷达分辨率较低、入射角较小时，杂波幅度一般用 Rayleigh 分布表示，它描述在雷达分辨单元内存在大量大小基本相等、相位在[0，2π]内均匀分布的散射体的合成回波，其 I、Q 支路信号同相，正交分量呈高斯分布。当单元内有一个散射体起主要作用时，其回波比其他散射体都大得多，此时杂波幅度呈 Ricean 分布。在高分辨率和小擦地角情况下，雷达杂波表现为较长的“拖尾”，引起雷达检测的虚警率升高。在这种情况下，可采用 Lognormal 分布、Weibull 分布或 K 分布，以更好地拟合小概率分布范围的较大杂波变化趋势。

在这些分布中，Rayleigh 分布与 Lognormal 分布属于两个相反的极端情况。前者动态范围较窄，大幅度回波出现概率偏小；后者动态范围过大，因此预测大回波的概率也比实际值要大。Weibull 分布和 K 分布具有较广泛的适应性，它们都有两个参数，一个是反映杂波均值的尺度参数，另一个是反映函数形状的形状参数。Weibull 分布的特例是 Rayleigh 分布，这时形状参数等于 2。当形状参数小于 2 时，则说明分布的拖尾比 Rayleigh 分布长，否则比 Rayleigh 分布短。因此，通过调整参数也可以较好地拟合杂波测量数据。当 K 分布的形状参数趋于无穷大时，也可成为 Rayleigh 分布，K 分布可以描述杂波的快起伏和慢起伏特性，具有理论基础和良好的解析性质。此外，一些学者还提出其他一些分布形式，如 Γ 分布等。不同分布杂波特性和参数估计在雷达系统设计、环境模拟仿真和目标检测中获得了广泛的应用。

利用车载散射计测量得到的农作物地形杂波数据，温芳茹等[22]分析了 L 频段和 X 频段的统计分布，发现裸土、小麦、草地、油菜等相对均匀地形的杂波幅度符合 Weibull 分布。表 2-15 给出了典型农作物杂波幅度 Weibull 分布的形状参数，可以看出形状参数随极化、入射角的变化不明显，这表明地杂波的空间起伏主要由地物的介电常数和几何特征决定。对于同一种地物类型，L 频段的形状参数普遍大于 X 频段。

表 2-15　典型农作物杂波幅度 Weibull 分布的形状参数

地物类型	频段	极化	形状参数范围	均值	入射角范围（°）
裸土	L	HH	1.34～2.11	1.77	12～60
		VV	1.32～2.42	1.91	
		VH	1.58～2.17	1.82	
		HV	1.37～2.00	1.73	
	X	HH	0.82～1.46	1.16	0～84
		VV	0.72～2.88	1.63	
		VH	0.12～3.61	1.44	
		HV	1.12～3.12	1.85	
小麦	L	HH	1.73～2.50	2.12	6～54
		VV	1.32～3.21	2.17	
		VH	1.52～3.02	2.06	6～54
		HV	1.30～2.49	2.01	
	X	HH	0.76～2.47	1.70	0～84
		VV	0.91～2.31	1.62	
		VH	1.03～3.16	2.17	
		HV	0.88～2.79	1.69	

续表

地物类型	频段	极化	形状参数范围	均值	入射角范围（°）
草地	L	HH	1.79～2.30	1.85	24～54
		VV	1.14～1.89	1.56	
		VH	1.24～2.01	1.51	
		HV	1.08～1.85	1.39	
	X	HH	0.57～0.93	0.77	0～72
		VV	0.53～0.95	0.76	
		VH	0.51～1.04	0.78	
		HV	0.54～1.02	0.78	
油菜	X	HH	0.85～2.97	1.76	0～84
		VV	0.84～2.87	1.69	
		VH	0.69～2.62	1.55	
		HV	0.62～2.81	1.53	

中国电波传播研究所利用机载雷达测量得到了 L 频段中等入射角下关中平原、东南沿海丘陵、六盘山高原地区、中原城市等地形的杂波数据[23]。图 2-92 给

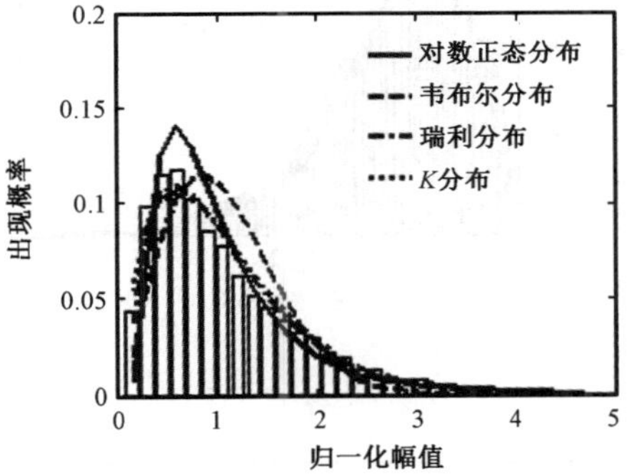

（a）关中平原（入射角 68°）

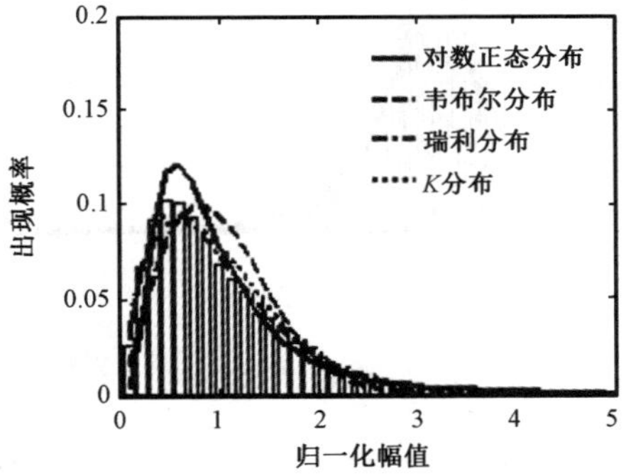

（b）东南沿海丘陵（入射角 66°）

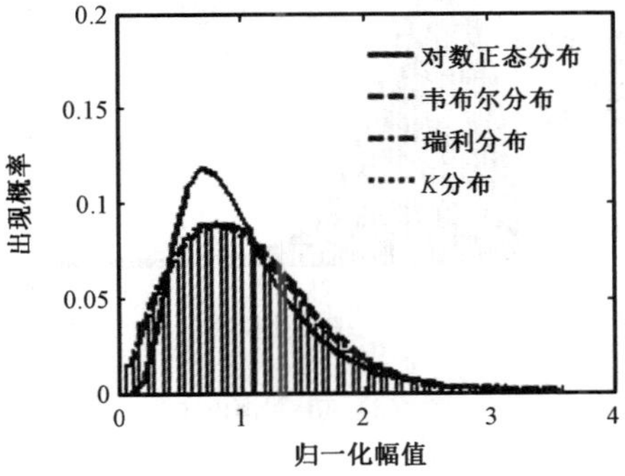

（c）六盘山高原地区（入射角 79°）

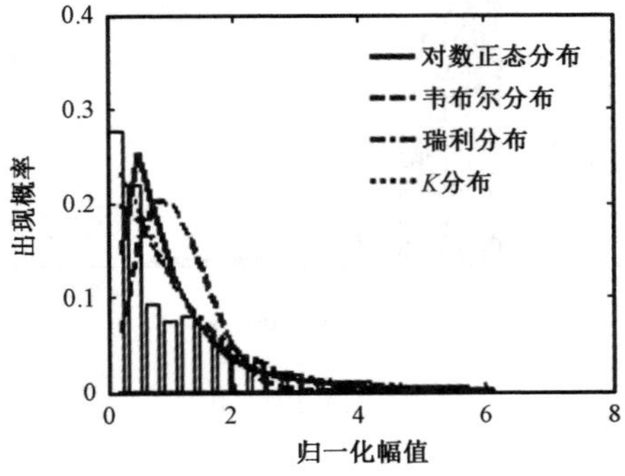

（d）中原城市（入射角 71°）

图 2-92　L 频段 HH 极化下四种地形的地杂波幅度分布

出了典型角度下 L 频段 HH 极化下四种地形的地杂波幅度分布，可以看出这四种地形的杂波幅度分布均与 Weibull 分布较符合。图 2-93 给出了 L 频段 VV 极化中等入射角（63°）下杂波幅度分布的拟合结果，可以看出各种地形的杂波幅度分布均偏离 Rayleigh 分布，接近 Weibull 和 *K* 分布。图 2-94 给出了 L 频段 VV 极化较大入射角（80°）下各种复合地形杂波的幅度概率分布。从统计分布的拖尾看，大部分均偏离 Rayleigh 分布，在 Weibull 分布、*K* 分布和 Lognormal 分布之间，说明地杂波拖尾较长。

图 2-95 给出了 S 频段 HH 极化较小擦地角下平原、丘陵、山区、沙漠地形地杂波幅度概率分布的拟合曲线。多数数据介于 Weibul 分布和 Lognormal 分布之间，平原地形的地杂波幅度概率分布与 Weibull 分布较为吻合，形状参数分布范围较大（1.3～1.8）。

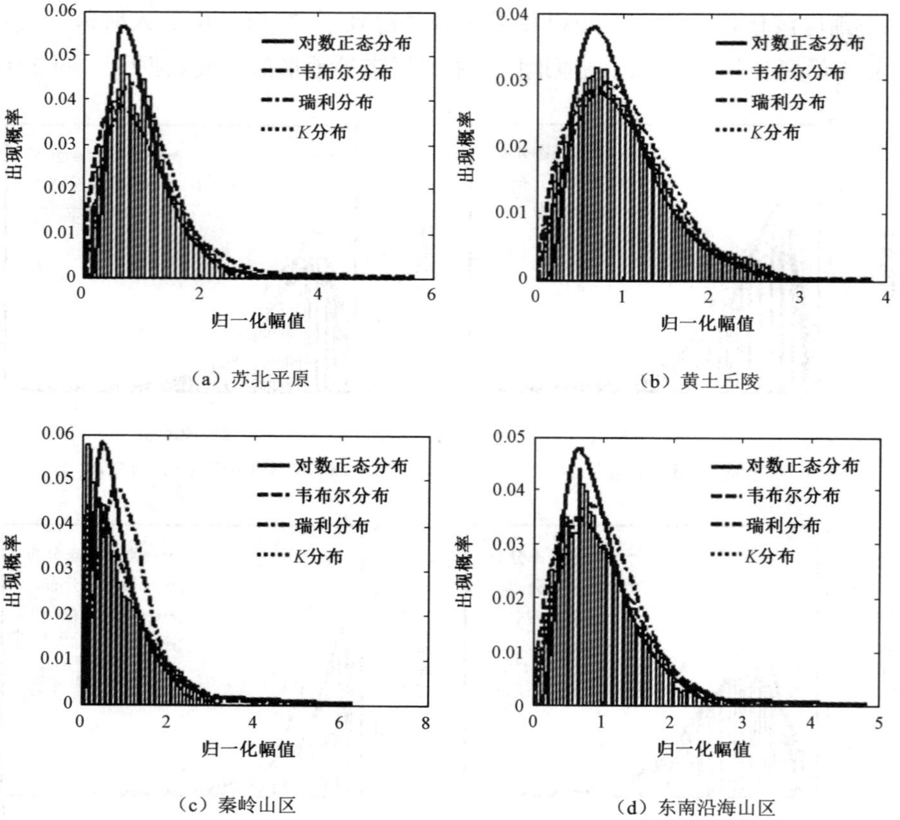

（a）苏北平原　（b）黄土丘陵　（c）秦岭山区　（d）东南沿海山区

图 2-93　L 频段 VV 极化中等入射角（63°）下杂波幅度分布

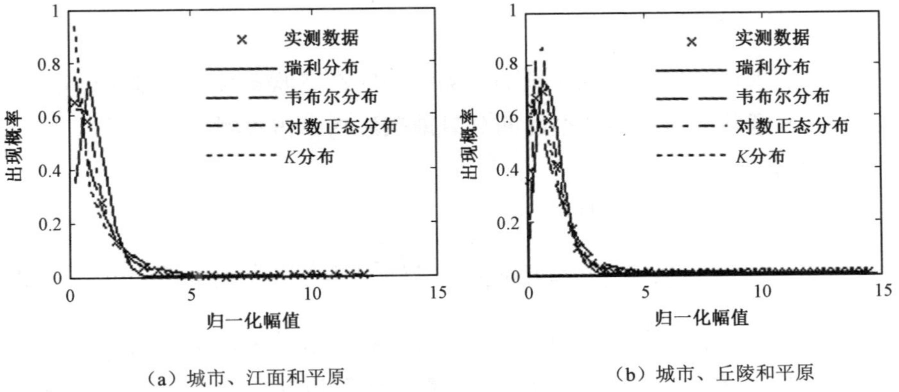

（a）城市、江面和平原　　（b）城市、丘陵和平原

图 2-94　L 频段 VV 极化较大入射角（80°）下各种复合地形地杂波的幅度概率分布

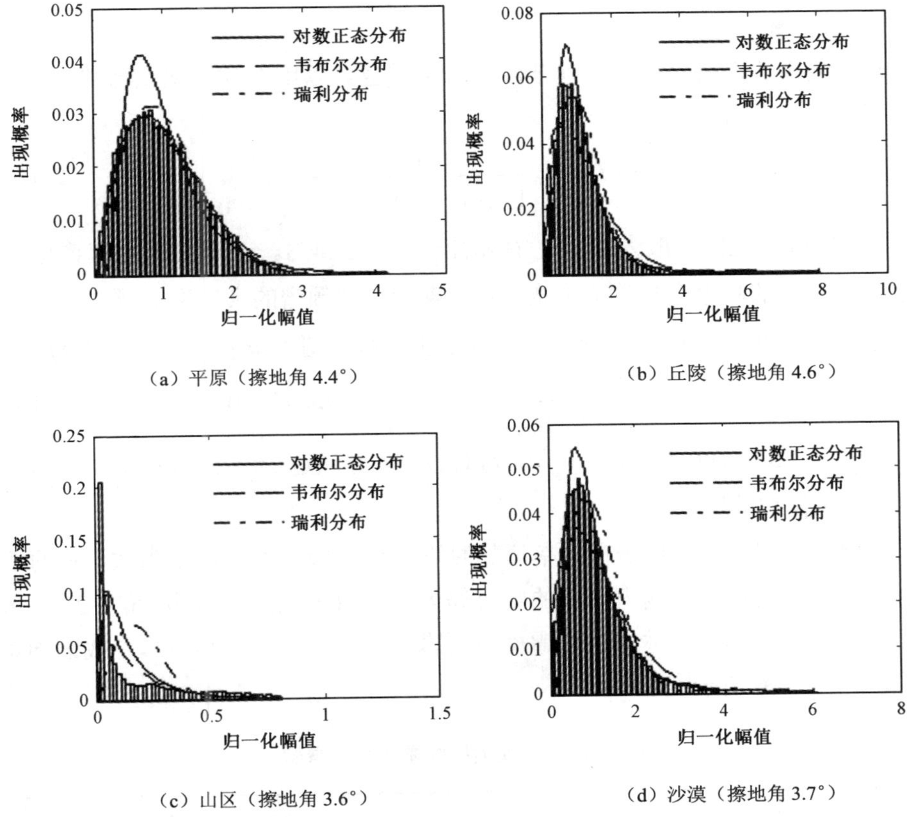

（a）平原（擦地角 4.4°）　　（b）丘陵（擦地角 4.6°）

（c）山区（擦地角 3.6°）　　（d）沙漠（擦地角 3.7°）

图 2-95　S 频段 HH 极化较小擦地角下平原、丘陵、山区、沙漠地形地杂波幅度概率分布

2. 地面杂波谱

人们通过理论和实验研究了地面覆盖植被时在风吹条件下的地杂波谱，建立了高斯型、幂函数、包含指数型的两分量地杂波功率谱模型。

1）高斯型功率谱

高斯型功率谱密度函数为

$$P(f)=P_0\exp\left[-\frac{\alpha(f-f_0)^2}{f_{3\mathrm{dB}}^2}\right] \tag{2.99}$$

式中，P_0是常数，$f_{3\mathrm{dB}}$是谱的3dB带宽，f_0是谱中心频率，α与风速和地物类型有关。对于地杂波，一般设$f_0=0$。在植被较多的情况下，$f_{3\mathrm{dB}}$约为风速V_w对应多普勒频率的3%。早期的非相参雷达测量的杂波谱较多使用了高斯功率谱的形式，多用于多普勒谱的一次估计。

2）幂函数谱

一些测量数据研究表明，地杂波的功率谱也可以用N次方谱函数描述，功率谱密度函数表示为

$$P(f)=P_0\frac{1}{1+\left[(f-f_0)/f_{3\mathrm{dB}}\right]^n} \tag{2.100}$$

式中，n的取值范围一般为2～6，最常用的n为2或3。n=2时的功率谱也称柯西谱，n=3时的功率谱也称立方谱。$f_{3\mathrm{dB}}$表示杂波频谱的半功率点频率。

立方谱可以用来描述X频段HH极化的树林非相干杂波谱，其形式为

$$P(f)=\frac{1}{1+(f/f_{3\mathrm{dB}})^3}，\quad -35\mathrm{dB}<10\lg(P(f))<0 \tag{2.101}$$

式中，$f_{3\mathrm{dB}}=1.33\exp(0.3013W_\mathrm{s})$（单位为Hz），$W_\mathrm{s}$是风速（单位为m/s）。对于5.4m/s的风速，$f_{3\mathrm{dB}}=6.7\mathrm{Hz}$。

幂指数谱相对于高斯谱在频率增加时下降得较慢。但是，幂指数谱在对应功率小于−35dB的频率范围内拟合的结果偏大。使用多频段雷达测量的风吹（风速范围为2.7～6.8m/s）树林的杂波谱也可用幂函数谱来表达，其中幂函数谱同频率的关系如表2-16所示[24]。

表2-16　风吹树林的幂函数谱参数

参数	频率			
	9.5GHz	16GHz	35GHz	95GHz
N	3	3	2.5	2
$f_{3\mathrm{dB}}$（Hz）	9	16	21	35

3）地杂波谱的两分量模型

林肯实验室[25]通过对地基移动多频段（VHF 频段、UHF 频段、L 频段、S 频段和 X 频段）相参雷达小擦地角地杂波谱分析，形成了两分量地杂波谱模型：

$$P_{\text{tot}}(v)=\frac{r}{r+1}\delta(v)+\frac{r}{r+1}P_{\text{ac}}(v) \tag{2.102}$$

式中，r 是总的 DC（由静止散射体产生）和 AC（由动散射体产生）分量功率的比值，$\delta(v)$ 函数以 $v=0$ 为中心代表准 DC 分量，AC 分量可用指数函数模拟，即

$$P_{\text{ac}}(v)=(\beta/2)\exp(-|\beta|v),\quad -\infty<v<+\infty \tag{2.103}$$

式中，常数 β 是指数函数的形状因子；$\beta/2$ 是 AC 分量的归一化因子，$\int_{-\infty}^{+\infty}P_{\text{ac}}(v)\mathrm{d}v=1$。若用多普勒频率 f 表示，在式（2.103）中用 f 代替 v，用 $\beta\lambda/2$ 代替 β。

高斯型和幂型功率谱均包含 DC 分量和 AC 分量的贡献，指数谱仅包含 AC 分量。如图 2-96 所示，在远离多普勒零点的位置，三种谱强度有很大的不同。对较低的多普勒速度，高斯型功率谱和幂型功率谱提供了有效的谱估计。对较高的多普勒速度，高斯型功率谱低估了谱强度，而幂型功率谱高估了谱强度。

中国电波传播研究所利用机载雷达数据得到了 L 频段 HH、VV 极化中等擦地角下典型地形的频谱特性[23]。图 2-97 给出了渭河平原、秦岭山区、黄土丘陵、混合地形的 L 频段 HH 极化典型地形距离—多普勒频谱，图 2-98 为擦地角 30°时 L 频段 HH 极化典型地形多普勒频谱实测数据与模型拟合对比。图 2-99 和图 2-100 分别给出了平原、山区、丘陵等地形 L 频段 VV 极化距离—多普勒二维杂波图和典型角度下平均多普勒频谱实测数据与模型拟合对比。可以看出，杂波的平均多普勒谱形状用立方谱模型拟合较好。由于地杂波测试采用正侧视，因此杂波谱的展宽主要是由天线方位波束宽度引起的。

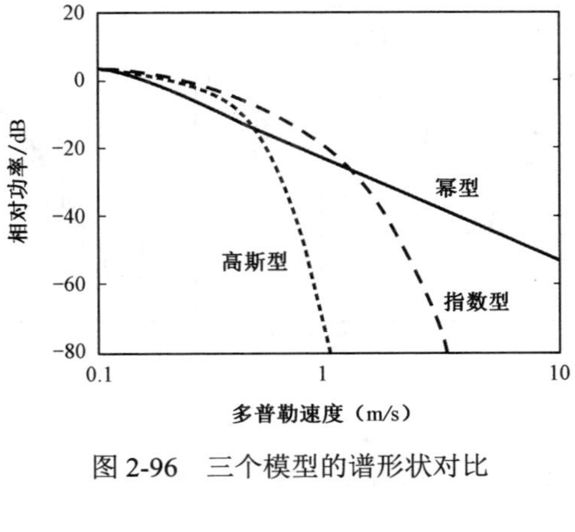

图 2-96　三个模型的谱形状对比

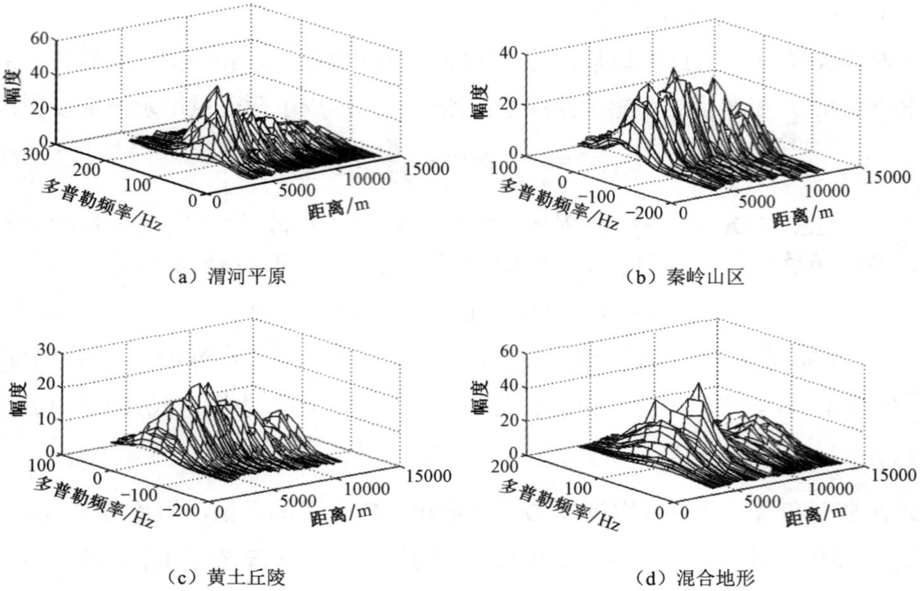

图 2-97　L 频段 HH 极化典型地形距离—多普勒频谱

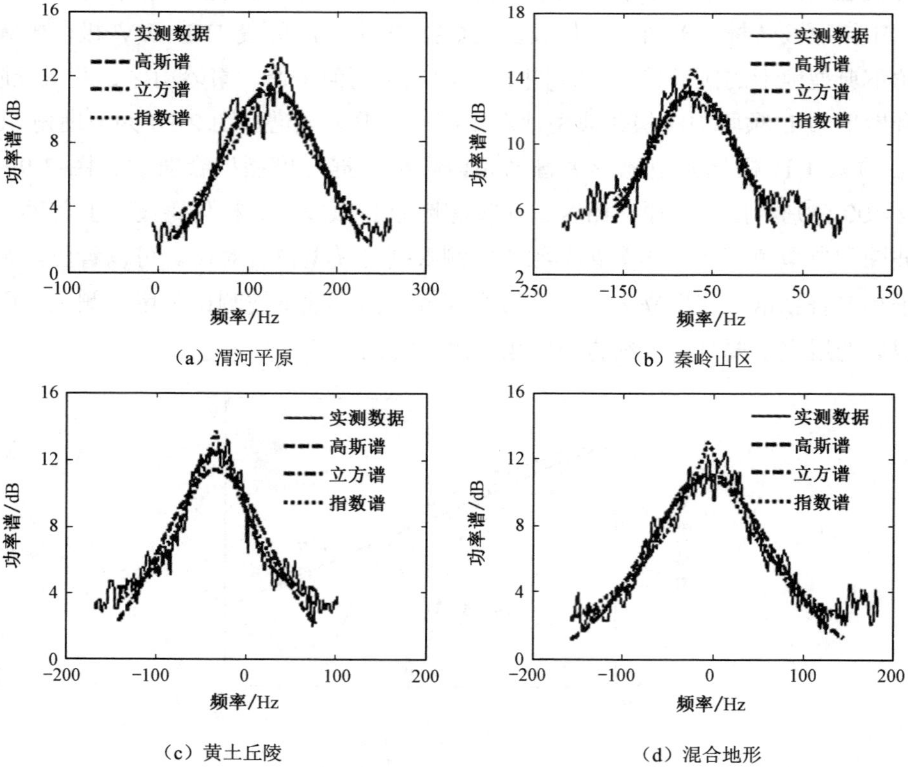

图 2-98　L 频段 HH 极化典型地形多普勒频谱实测数据与模型对比

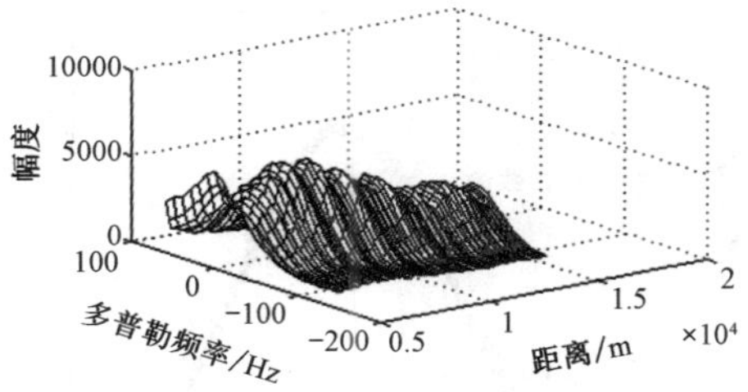

（a）安徽平原

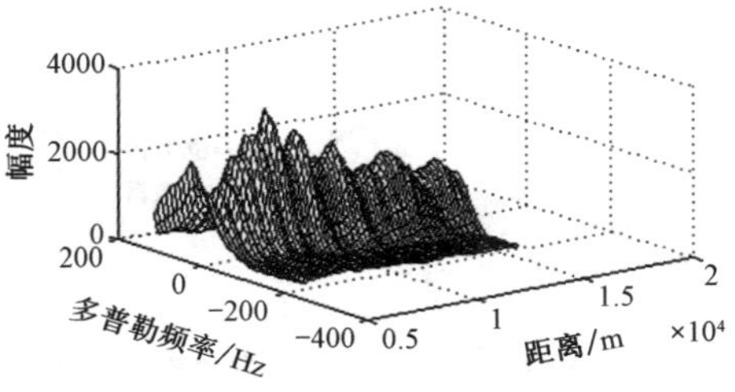

（b）苏北平原

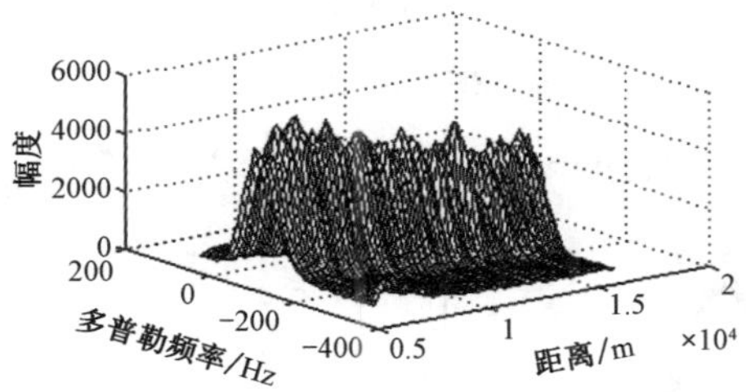

（c）丘陵地形

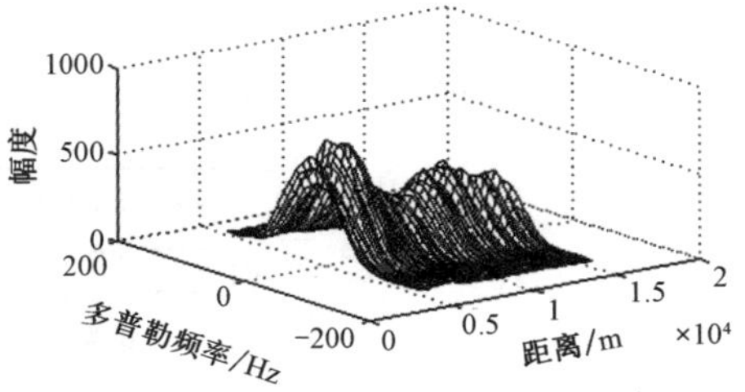

（d）秦岭山区

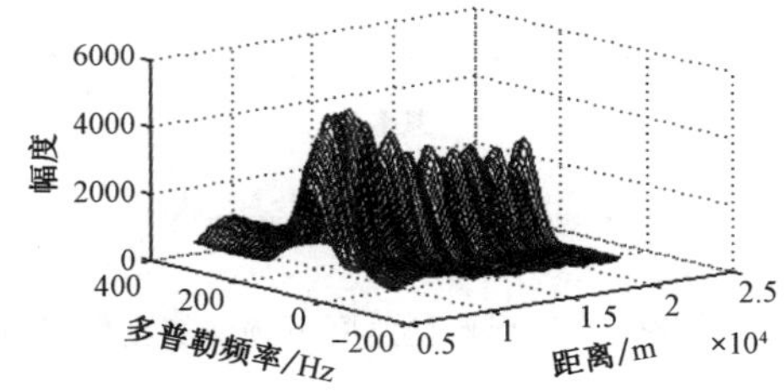

（e）东南沿海山区

图 2-99　L 频段 VV 极化典型地形距离—多普勒频谱

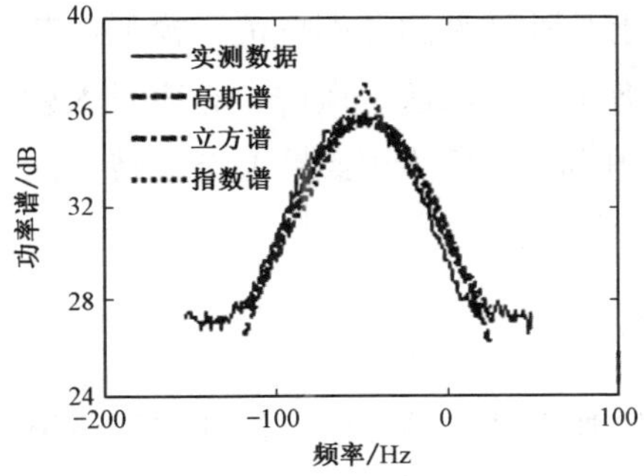

（a）安徽平原（擦地角 28.5°）

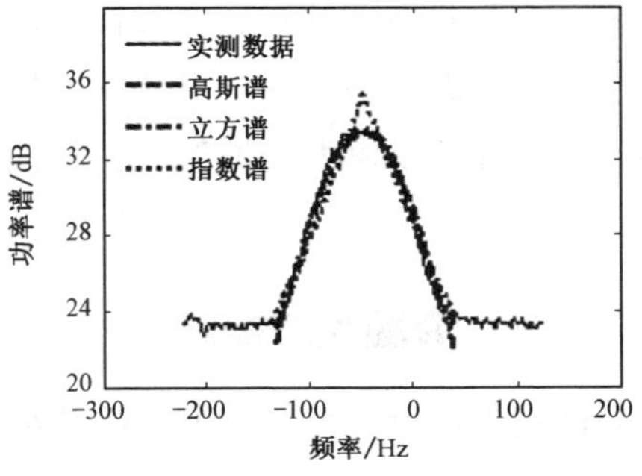

（b）苏北平原（擦地角 25.4°）

图 2-100　L 频段 VV 极化平原地形典型角度下频谱实测数据与模型对比

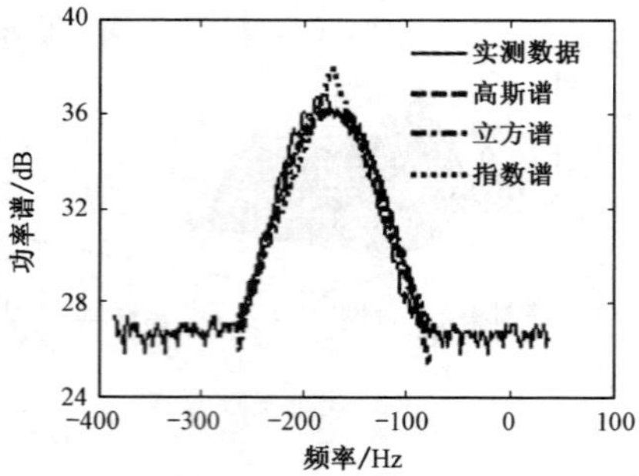

（c）丘陵地形（擦地角 27.2°）

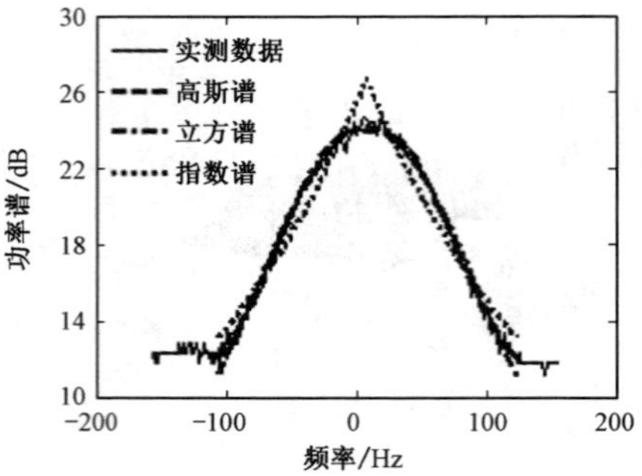

（d）秦岭山区（擦地角 27°）

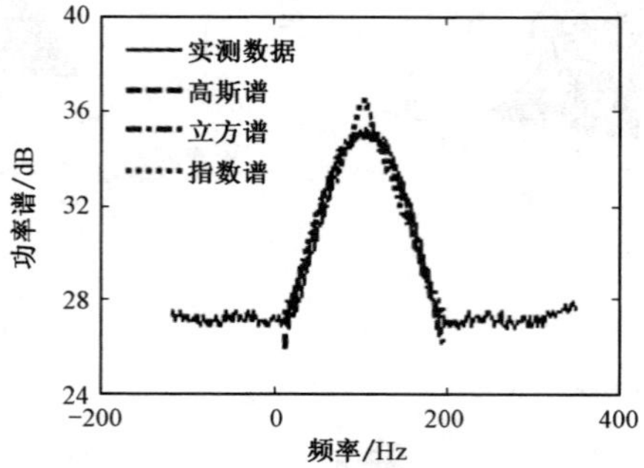

（e）东南沿海山区（擦地角 27°）

图 2-100　L 频段 VV 极化平原地形典型角度下频谱实测数据与模型对比（续）

2.11　海杂波

本节首先对海面的状态进行描述，给出几种常见的海面风浪谱模型；其次介绍海面杂波（海杂波）的一般特性，指出海杂波与风速、风向、频率及入射角的关系；再次介绍实测海杂波的统计特性与频谱；最后给出影响海杂波特性的其他因素。

2.11.1　海面状态描述

海面由大尺度并近似周期性的波浪和叠加于其上的波纹、泡沫与浪花组成，海水则具有相对稳定和均匀的介电特性。海杂波与海面的几何形状或粗糙度及物理特性、波浪运动方向与雷达波束的相对方位等有关。

大尺度波浪具有大尺度结构，由风浪和涌浪来描述。风浪是由本地风产生、发展和传播的海浪，迎风面波面平缓，背风面波面较陡，波浪波长较短，不规则或不对称；涌浪则由持续时间较长的远地风形成，波浪波长较长且近似于正弦波形，波面平滑、规则；叠加在大尺度上的小尺度波纹称为海面的微细结构或毛细波，由接近海面的阵风产生；泡沫和浪花通常由各种波浪的相互干涉引起。因此，在实际环境中和复杂条件下，海面可能呈现极不规则的状态。

用来描述海面状态的参量主要有波浪波高、波浪波长、波浪周期，与之相关的还有风速、波浪的方向等。

相邻的波峰与波谷间的垂直距离为波高。波浪传播方向相邻的两个波峰间的水平距离称为波浪波长；在观测点上相继通过两个波峰所需的时间称为波浪周期。波浪的方向（波向）指波浪的来向，在波浪观测中以地理正北为零度，按顺时针方向用 16 个方位来划分。由于风向通常与波向相同，因此，在杂波观测中，通常以顺风、逆风和侧风来描述雷达波束与波向的关系。

关于海情（海况）的定性描述可参考蒲氏风级表和道氏波级表。世界气象组织的海情等级标准如表 2-17 所示。

表 2-17　海情等级标准

海情等级	浪高（m）	描述用语
0	0	镜 面
1	0～0.1	涟 漪
2	0.1～0.5	微 波
3	0.6～1.2	小 浪
4	1.2～2.4	中 浪
5	2.4～4.0	大 浪
6	4.0～6.0	强 浪
7	6.0～9.0	巨 浪
8	9.0～14.0	狂 浪
9	> 14.0	飓 浪

海杂波的理论分析需要给出海浪的定量描述，对海浪的研究一般通过理论分析、实验模拟和现场观测三种方法。长期以来，视海浪为平稳随机过程并用海浪谱来描述的方法是研究海浪的主要途径之一。随着非线性动力学理论的发展，近年来一些学者将海面视为混沌过程和分形表面并应用于杂波研究。以下介绍几种风浪谱形式。

1．Neumann 谱[8]

20 世纪 50 年代 Neumann 根据不同风速下波高与周期的关系，提出了一个半经验海浪谱：

$$S(\omega)=C\frac{\pi}{2}\omega^{-6}\exp(-2g^2/U_{10}{}^2\omega^2) \tag{2.104}$$

式中，$C=3.05\mathrm{m^2/s^5}$，U_{10} 为海面上 10m 高度处的风速，g 为重力加速度，ω 为频率。Neumann 谱仅适用于描述充分发展的海面。

2. P-M 谱[8]

Pierson 和 Moscowitz 对大西洋上多年的观测资料进行统计，得到平均谱

$$S(\omega)=\alpha g^2\omega^{-5}\exp\left[-\beta\left(\frac{g}{U_{19.5}\omega}\right)^4\right] \tag{2.105}$$

式中，$\alpha=8.10\times10^{-3}$，$\beta=0.74$，$U_{19.5}$ 为 19.5m 处的风速。P-M 谱也仅适用于描述充分发展的海面。

3. JONSWAP 谱[26]

20 世纪 60 年代末期，英、荷、美、德等国为了北海开发需要，分别在丹麦、德国边境西海岸对海浪进行系统观测，即联合北海波浪计划（Joint North Sea Wave Project，是迄今为止对海浪最系统的观测），由此得到了 JONSWAP 非稳态海谱模型，被认为是国际标准海洋谱，其一维形式为

$$S(\omega)=\alpha g^2\omega^{-5}\exp\left[-\frac{5}{4}\left(\frac{\omega_0}{\omega}\right)^4\right]\cdot\gamma^{\exp\left[-\frac{(\omega-\omega_0)^2}{2\sigma_p{}^2\omega_0^2}\right]} \tag{2.106}$$

式中，ω_0 为谱峰频率，是一个依赖风速的参数，可由深水风浪频散关系 $\omega^2=gk$ 求得；g 为重力加速度；k 为波数；γ 为峰升因子，定义为同一风速下谱峰值 $E_{\max}$ 与 P-M 谱的谱峰值 $E_{(\mathrm{PM})\max}$ 的比值，其值为 1.5～6，将 γ =3.3 时的 JONSWAP 谱称为平均 JONSWAP 谱；σ_p 称为峰形参数，其值为

$$\begin{cases}\sigma_p=0.07,\ \omega\leqslant\omega_0\\ \sigma_p=0.09,\ \omega>\omega_0\end{cases} \tag{2.107}$$

无因次常数 $\alpha=0.07\tilde{x}^{-0.22}$，无因次风区 $\tilde{x}=gx/U_{10}{}^2$（x 为风区长度，U_{10} 为海面 10m 高处的风速），其值域为 $10^{-1}\sim10^5$，无因次峰频率 $\tilde{\omega}_0=U_{10}\omega_0/g=22\tilde{x}^{-0.33}$。

JONSWAP 谱是以风区为参数的海浪频谱，风区同时影响尺度系数、谱峰频率和峰升因子，并且当风区取较大的值时，峰升因子趋近 1，此时 JONSWAP 谱和 P-M 谱逐渐重合。

JONSWAP 谱能够描述充分发展的海面和非充分发展的海面。

4．Elfouhaily 谱[27]

Elfouhaily 谱（简称 E 谱）是由 T. Elfouhaily 等于 1997 年基于实验测量数据，对 P-M 谱、JONSWAP 谱修正后建立的一种波谱模型，其一般形式为

$$S\left(k\right)=L_{\mathrm{PM}}(k)k^{-3}\left[B_{\mathrm{L}}\left(k\right)+B_{\mathrm{H}}\left(k\right)\right] \tag{2.108}$$

式中，下标 L、H 分别表示低频、高频，B 代表曲率谱，k 为波数，$L_{\mathrm{PM}}(k)$ 代表 P-M 饱和谱，可表示为

$$L_{\mathrm{PM}}(k)=\exp\left[-1.25\left(k/k_{\mathrm{p}}\right)^{-2}\right] \tag{2.109}$$

式中，$k_{\mathrm{p}}=g/c_{\mathrm{p}}^2$ 为谱峰对应的波数；$c_{\mathrm{p}}=U_{10}/\Omega$ 为相速度；U_{10} 为海面 10m 高处的风速；Ω 为无因次波龄，描述海面的发展状态，其值与无因次风区 $\tilde{x}$ 的关系为

$$\Omega=0.84\tanh\left[-\left(\tilde{x}/2.2\times10^4\right)^{0.4}\right]^{-0.75} \tag{2.110}$$

式（2.108）中 $B_{\mathrm{L}}\left(k\right)$ 表示长波曲率谱，其表达式为

$$B_{\mathrm{L}}\left(k\right)=\frac{1}{2}\alpha_{\mathrm{p}}\frac{c_{\mathrm{p}}}{c(k)}F_{\mathrm{p}}(k) \tag{2.111}$$

其中，尺度因子 $\alpha_{\mathrm{p}}=0.006\sqrt{\Omega}$，波浪相速度 $c(k)=\sqrt{g/k\left(1+k^2/k_{\mathrm{m}}^2\right)}$，$F_{\mathrm{p}}$ 为长波作用函数，表达式为

$$F_{\mathrm{p}}(k)=J_{\mathrm{p}}(k)\exp\left[-\frac{\Omega}{\sqrt{10}}\left(\sqrt{\frac{k}{k_{\mathrm{p}}}}-1\right)\right] \tag{2.112}$$

式中，$J_{\mathrm{p}}=\gamma^{\Gamma}$ 为峰值加强因子，其中

$$\gamma=\begin{cases}1.7, & 0.84<\Omega\leqslant1\\ 1.7+6\ln\left(\Omega\right), & 1<\Omega<5\end{cases} \tag{2.113}$$

$$\Gamma=\exp\left[-\left(\sqrt{k/k_{\mathrm{p}}}-1\right)^2/\left(2\sigma^2\right)\right] \tag{2.114}$$

$$\sigma=0.08\left(1+4\Omega^{-3}\right) \tag{2.115}$$

式（2.108）中 $B_{\mathrm{H}}\left(k\right)$ 表示短波曲率谱，表示为

$$B_{\mathrm{H}}\left(k\right)=\frac{1}{2}\alpha_{\mathrm{m}}\frac{c_{\mathrm{m}}}{c}F_{\mathrm{m}}(k) \tag{2.116}$$

式中，α_{m} 为小尺度波广义平衡参数：

$$\alpha_{\mathrm{m}}=10^{-2}\begin{cases}1+\ln\left(u_{\mathrm{f}}/c_{\mathrm{m}}\right), & u_{\mathrm{f}}>c_{\mathrm{m}}\\ 1+3\ln\left(u_{\mathrm{f}}/c_{\mathrm{m}}\right), & u_{\mathrm{f}}<c_{\mathrm{m}}\end{cases} \tag{2.117}$$

式中，u_{f} 为海表面摩擦风速（单位为 m/s），c_{m} 是取曲率谱重力—毛细波峰值 k_{m} 时的最小相速度，一般取值为

$$k_{\mathrm{m}}=\sqrt{\rho_{\mathrm{w}} g / T}=370 \mathrm{~rad/m} \tag{2.118}$$

$$c_{\mathrm{m}}=\sqrt{2 g / k_{\mathrm{m}}}=0.23 \mathrm{~m/s} \tag{2.119}$$

式中，ρ_{w} 为水的体积密度。式（2.116）中 F_{m} 为短波作用函数，表示为

$$F_{\mathrm{m}}(k)=\exp\left[-\frac{1}{4}\left(1-\frac{k}{k_{\mathrm{m}}}\right)^{2}\right] \tag{2.120}$$

E 谱是一个全波数范围内的风浪谱，由重力波和张力波两部分组成，并考虑到了海浪能量通过波浪间的相互作用而在不同尺度之间传递的现象，可认为其是一种长短波谱统一的海谱模型。

5. 会战谱[28]

1966 年，我国学者提出了适合我国实际情况的海浪预报模式谱，即

$$S(\omega)=C\omega^{-5}\exp\left[-\left(\frac{\omega}{\bar{\omega}}\right)^{2}\right] \tag{2.121}$$

式中，$C=1.48\mathrm{m^2/s^4}$，$\bar{\omega}=2\pi/\bar{T}$（$\bar{T}$ 为波浪平均周期）。

2.11.2 海杂波的一般特性

由于海面在时间上的运动和在空间的相对统计均匀和平稳性，海杂波的时间变化比地杂波的大，但空间变化要小，散射强度与海面的风速、风向关系很大。

由于海面相对规则或有一定的准周期性，对应于海面频谱的特定分量，海面散射特性可用 Bragg 谐振现象来解释。若雷达波长为λ，入射角为θ，由弱张力波和短重力波产生的表面波波长为Λ，则 Bragg 谐振条件表示为

$$2\Lambda\sin\theta/\lambda=n\pi, \quad n=0,1,2,\cdots \tag{2.122}$$

海杂波散射系数随入射角的变化趋势与地杂波相似，但在通常情况下变化更快。在近垂直入射情况下，海面接近镜面条件的小面单元具有窄的后向散射方向性，根据准镜面反射机理可产生很强的回波。随着风速和波高的增大，起伏的海表面粗糙度变大，入射能量被散射到其他方向上，因此后向散射将逐渐减弱。在较大入射角条件下，Bragg 散射是主要的散射机理。随着入射角的增大，谐振波长变小，杂波频谱将对应于较大波数的海面谱密度。实际观测和理论分析均表明，谱密度随波数下降很快，因此海面的后向散射随角度变化下降较快。在小擦地角入射区域，除了风速的因素，还有一些现象将会对散射特性产生重要影响，如遮蔽效应和多径干涉效应。在小擦地角条件下，雷达波与被照射的海面之间，将有部分波浪被前面的波浪所遮挡；海面直射波与反射波之间将产生干涉。这两种现

象引起散射系数在小擦地角下急剧下降，且散射系数随角度的变化比仅考虑 Bragg 散射还要大。

海杂波与极化的关系在不同海情、频段和入射角条件下会有不同。一般来说，在平静海面条件下，垂直极化散射系数往往大于水平极化散射系数，其比值在实际观测中可为−8～22 dB；当风浪较大时，两种极化系数接近相同；在某些情况下，如以小擦地角投射到极粗糙海面时，水平极化散射系数可能会大于垂直极化散射系数（常称“海尖峰”现象）。

雷达波长对海杂波散射系数的影响很难统一描述，现有散射系数的测量值与雷达波长之间还缺乏明显的相关性，主要原因有：各频段测量系统很难一致且同时进行；海情等环境状况描述的一致性、可比性较差；散射系数对风速等引起的环境变化的敏感性较强；散射系数与波长关系的依赖性较小。因此，不同频段的实验系统需要采用一致的校准方法并排除其他一些环境因素才能进行数据之间的比较。不同测量者的测量结果往往相差较大。如果实验系统的误差较大，那么再加上环境的变化及条件描述的不确定性，数据对波长的依赖关系可能被掩盖。因此，最好利用同一体制和设备的系统，在环境条件一致的情况下进行分析。目前尚缺少大量的这类数据，因此还很难建立与频率相关的、在较大范围适用的定量模型。但许多学者的观测和研究，已得到一些有益的结果。观测表明，垂直极化散射系数与水平极化散射系数的比值随着波长的增大而增大，在微波频段风浪较大时，垂直极化散射系数可能基本上与波长无关，水平极化散射系数则随波长的增大而减小。

根据有关文献，海杂波与风速、风向、频率及入射角的关系可用下述模型来描述。

1．常数γ模型

在一般情况下，常数γ模型可用于对海杂波平均强度的估计，常数γ为风速和波长的函数，单位为 dB：

$$\gamma = 6K_{\mathrm{B}} - 10\lg(\lambda) - 64 \tag{2.123}$$

式中，K_{B}为毕氏（Beaufort）风级数。式（2.123）未体现极化和波向的关系，只是一种平均的效果。在风速稳定的状态下，K_{B}与表面均方根差σ的近似关系为$\sigma \approx K_{\mathrm{B}}^3/300$。

2．GIT 及其修正模型

GIT 模型[29]是海杂波散射系数均值的确定性参数模型，适用于小擦地角状态。

该模型是擦地角、风速、平均波高、雷达指向、雷达波长和极化的函数。在该模型下，海杂波均值散射系数分解成三个因子：干涉（多径）因子、风速因子和风（浪）向因子。第一个因子是由高斯分布波高的多径干涉理论推导的因子，因此在较小擦地角时散射系数表现出随擦地角减小以ψ^4的速率下降；第二个因子和第三个因子由实测数据的经验拟合得出。风向因子描述了由于雷达天线方位角与海浪方向影响的变化。该模型适用的频率范围较广（1～100GHz），擦地角范围为0.1°～10°，平均波高0～4m，风速3～30kn。

下面以频率范围1～10GHz为例，给出各模型因子表达式。

1）干涉因子A_{I}

$$\begin{aligned} A_{\mathrm{I}} &= \sigma_{\psi}^4 \big/ (1+\sigma_{\psi}^4) \\ \sigma_{\psi} &= (14.4\lambda + 5.5)\psi h_{\mathrm{a}} / \lambda \end{aligned} \tag{2.124}$$

式中，λ为雷达波长（米），ψ为擦地角（弧度），h_{a}为平均波高（米）。

2）逆风/顺风因子A_{u}

$$A_{\mathrm{u}} = \exp[0.2\cos\varphi(1-2.8\psi)(\lambda+0.015)^{-0.4}] \tag{2.125}$$

式中，φ为相对风向的雷达指向（弧度）。

3）风速因子A_{w}

$$A_{\mathrm{w}} = [1.94V_{\mathrm{w}} \big/ (1+V_{\mathrm{w}}/15.4)]^{q_{\mathrm{w}}} \tag{2.126a}$$

$$q_{\mathrm{w}} = 1.1 \big/ (\lambda+0.015)^{0.4} \tag{2.126b}$$

式中，V_{w}为在充分发展海表面下由平均波高确定的风速，即

$$V_{\mathrm{w}} = 8.67 h_{\mathrm{av}}^{0.4} \tag{2.126c}$$

4）散射系数σ^0

对于水平极化，

$$\sigma_{\mathrm{HH}}^0(\mathrm{dB}) = 10\lg(3.9\times10^{-6}\lambda\psi^{0.4}A_{\mathrm{I}}A_{\mathrm{u}}A_{\mathrm{w}}) \tag{2.127}$$

对于垂直极化，

$$\sigma_{\mathrm{VV}}^0(\mathrm{dB}) = \begin{cases} \sigma_{\mathrm{HH}}^0 - 1.73\ln(h_{\mathrm{a}}+0.015) + 3.76\ln(\lambda) + \\ \quad 2.46\ln(\psi+0.0001) + 22.2 & , f<3\mathrm{GHz} \\ \sigma_{\mathrm{HH}}^0 - 1.05\ln(h_{\mathrm{a}}+0.015) + 1.09\ln(\lambda) + \\ \quad 1.27\ln(\psi+0.0001) + 9.7 & , 3\mathrm{GHz}<f<10\mathrm{GHz} \end{cases} \tag{2.128}$$

GIT模型的特点是同时采用了风速和波高作为输入参数，可以描述更复杂的海面状态。在GIT模型中，风速和波高可以独立输入，也可以通过转换关系计算得到另一参数。

应用发现GIT模型在较低风速、较高风速情况下估计海杂波幅度均值偏小，为此引入两个临界风速因子和两个相对斜率调整因子[30]对GIT模型中的风速因子

进行修正，来调整海杂波幅度均值随风速变化的非线性关系，即

$$A_{\mathrm{w}}^{\mathrm{m}}=\left[\frac{1.94V_{\mathrm{w}}}{1+V_{\mathrm{w}}/15.4}+\exp\left[\rho_1\left(v_1^c-V_{\mathrm{w}}\right)\right]+\ln\left[\exp\left[\rho_2\left(V_{\mathrm{w}}-v_2^c\right)\right]+1\right]\right]^{1.1/(\lambda+0.015)^{0.4}} \tag{2.129}$$

$$\rho_1>0,\quad \rho_2>0,\quad v_2^c>v_1^c>0$$

式中，V_{w} 为风速，λ 为波长。相对于式（2.126），式（2.129）增加了两个分量，第一个为 $\exp\left[\rho_1\left(v_1^c-V_{\mathrm{w}}\right)\right]$，表示当风速 V_{w} 小于临界风速 v_1^c 时在相对斜率 ρ_1 下的变化量；第二个分量为 $\ln\left[\exp\left[\rho_2\left(V_w-v_2^c\right)\right]+1\right]$，表示当风速 V_{w} 大于临界风速 v_2^c 时在相对斜率 ρ_2 下的变化量，该分量采用对数形式用来调整增量的变化幅度，即调整后使风速增大引起的该分量的变化较小。

为进一步简化，提高模型的灵活性，采用类似于下面介绍的 NRL 模型的做法，令风向因子和干涉因子为 1，得到修正 GIT 模型的完整形式为

$$\sigma_{\mathrm{HH}}^0(\mathrm{dB})=10\lg[3.9\times10^{-6}\lambda\psi^{0.4}A_{\mathrm{w}}^m]+C \tag{2.130}$$

$$\begin{aligned}\sigma_{\mathrm{V}}^0(\mathrm{dB})=&10\lg[3.9\times10^{-6}\lambda\varphi^{0.4}A_{\mathrm{w}}^m]-1.73\ln[(V_{\mathrm{w}}/8.67)^{2.5}+0.015]+\\&3.76\ln(\lambda)+2.46\ln(\psi+0.0001)+22.2\end{aligned} \tag{2.131}$$

式中，C 为常数，用于调整海杂波的整体幅度，它与式（2.129）中的斜率调整参数 ρ_1、ρ_2，以及临界风速参数 v_1^c、v_2^c 为修正 GIT 模型的 5 个新输入参数。

图 2-101 给出了修正前后 GIT 模型与实测 L 频段海杂波数据的对比结果，其中模型中的 5 个参数采用粒子群优化（Particle Swarm Optimization，PSO）算法得到。从图中可以看出：①实测数据表现出当风速大于约 9m/s 时幅度均值增长速率变快，在这种幅度均值随风速的变化趋势建模中修正 GIT 模型要比传统 GIT 模型

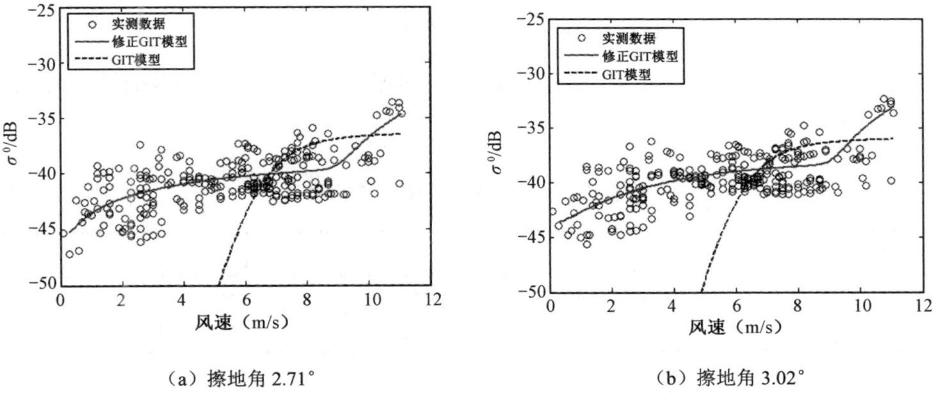

（a）擦地角 2.71°　　（b）擦地角 3.02°

图 2-101　修正前后 GIT 模型与实测 L 频段海杂波数据的对比结果

性能更好；②传统 GIT 模型在高风速情况下与实测数据拟合较好，但是随风速增大幅度均值增大的趋势存在拟合差异；③在大约低于 6m/s 风速情况下，传统 GIT 模型明显出现了幅度均值的低估计，与实测数据的偏差较大。

3. NRL 及其修正模型

NRL 模型是由 Vilhelm 和 Rashmi 两位学者利用 Nathanson 的实验测量数据，通过拟合得到的一种后向散射系数经验模型[31]，适用于 0.1～35GHz 雷达频率，以及擦地角范围 0°～60° 条件下的平均杂波散射系数估计。该模型的表达式为

$$\sigma^0 = c_1 + c_2\lg(\sin(\psi)) + \frac{(27.5 + c_3\psi)\lg(f)}{(1 + 0.95\psi)} + c_4(1+S)^{1/(2+0.085\psi+0.033S)} + c_5\psi^2 \tag{2.132}$$

式中，ψ 为擦地角（°），S 为海情，f 为雷达频率（GHz），NRL 模型中的 5 个参数如表 2-18 所示。

表 2-18　NRL 模型中的 5 个参数

参数	c_1	c_2	c_3	c_4	c_5
HH 极化	−73.00	20.78	7.351	25.65	0.0054
VV 极化	−50.79	25.93	0.7093	21.58	0.00211

通过我国海域 UHF 频段和 S 频段实测海杂波数据建模发现，上述模型在部分条件下误差较大。为此，在式（2.132）基础上，建立了一种修正 NRL 模型[23]，数学表达式为

$$\sigma^0 = c_1 + c_2\lg(\sin(\psi)) + \frac{(27.5 + c_3\psi)\lg(f)}{(1 + 0.95\psi + c_4 S)} + c_5(1+S)^{1/(2+0.085\psi+0.033S)} \tag{2.133}$$

式（2.133）中参数的含义与式（2.132）中的相同，修正 NRL 模型的 5 个参数如表 2-19 所示。

表 2-19　修正 NRL 模型的 5 个参数

参数	c_1	c_2	c_3	c_4	c_5
逆浪	−74.54	31.79	20.57	−0.3655	32.30
侧浪	−75.79	35.03	26.92	−0.2530	36.38

图 2-102 给出了在四级海情、侧浪条件下，修正前后 NRL 模型与部分典型 UHF 频段、S 频段实测海杂波数据拟合效果的对比。从图中可以看出，修正 NRL

模型与测量海域海杂波数据拟合效果较好，特别是随擦地角变化趋势匹配较理想。

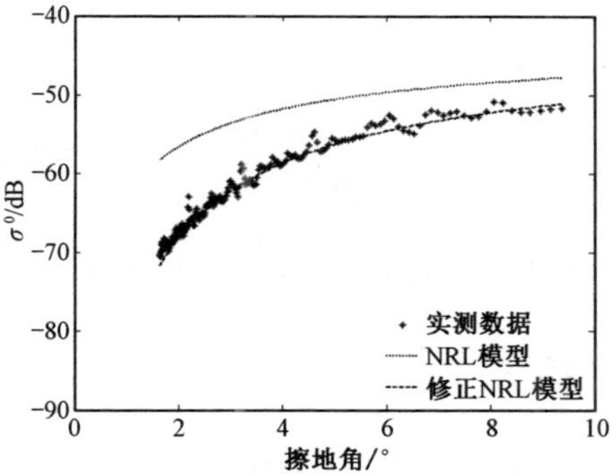

（a）UHF 频段

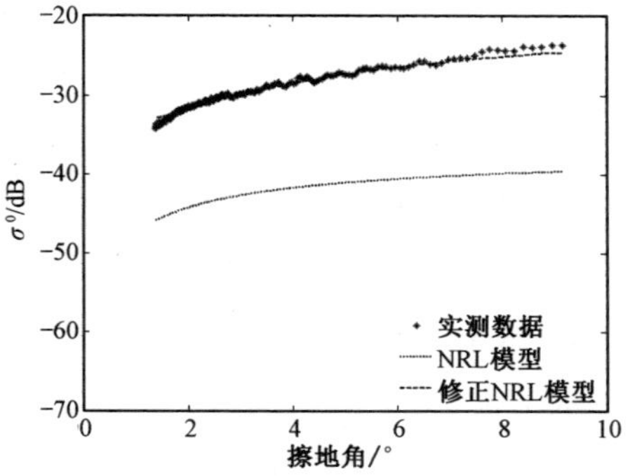

（b）S 频段

图 2-102　修正前后 NRL 模型与部分典型 UHF 频段、S 频段实测海杂波数据拟合效果的对比

4．TSC 及其修正模型

TSC 模型是擦地角、道格拉斯海情、风向角、雷达波长和极化的函数[32,33]。TSC 模型在函数形式上与 GIT 模型相似，但有几个常数和变量的依赖关系稍有不同。该模型考虑了反常传播的影响，因此散射系数随擦地角减小下降的速率没有 GIT 模型那么快。有效风速和波高通过海情计算得到，也可单独输入这两个参数。TSC 模型适用的频率范围是 0.5～35GHz，擦地角范围为 0.1°～90°，海情等级 0～5 级。各个模型因子表达式如下。

1）擦地角因子 G_A

$$G_\mathrm{A}=\sigma_\alpha^{1.5}/(1+\sigma_\alpha^{1.5}) \tag{2.134a}$$

$$\sigma_\alpha=14.9\psi(\sigma_\mathrm{z}+0.25)/\lambda \tag{2.134b}$$

$$\sigma_\mathrm{z}=0.115S^{1.95} \tag{2.134c}$$

式中，λ 为雷达波长（单位为 ft），ψ 为擦地角（单位为弧度），S 为海情，σ_z 为海面高度标准方差（单位为 ft）。

2）风速因子 G_w

$$G_\mathrm{w}=[(V_\mathrm{w}+4.0)/15]^A \tag{2.135a}$$

$$V_\mathrm{w}=6.2S^{0.8} \tag{2.135b}$$

$$A=2.63A_1/(A_2A_3A_4) \tag{2.135c}$$

$$A_1=(1+(\lambda/0.03)^3)^{0.1} \tag{2.135d}$$

$$A_2=(1+(\lambda/0.1)^3)^{0.1} \tag{2.135e}$$

$$A_3=(1+(\lambda/0.3)^3)^{Q/3} \tag{2.135f}$$

$$A_4 = 1 + 0.35Q \tag{2.135g}$$

$$Q = \psi^{0.6} \tag{2.135h}$$

3）方位因子 G_u

$$G_u = \begin{cases} 1, & \psi = \pi/2 \\ \exp\{0.3\cos\varphi\exp(-\psi/0.17)/(\lambda^2+0.005)^{0.2}\}, & \text{其他} \end{cases} \tag{2.136}$$

式中，V_w 为风速（单位为 kn），φ 为相对风向的雷达指向（单位为弧度）。

4）散射系数

水平极化

$$\sigma_{HH}^0(\mathrm{dB}) = 10\lg\left\{1.7\times10^{-5}\psi^{0.5}G_u G_w G_A/(\lambda+0.05)^{1.8}\right\} \tag{2.137}$$

垂直极化

$$\sigma_{VV}^0(\mathrm{dB}) = \begin{cases} \sigma_{HH}^0 - 1.73\ln(2.507\sigma_z + 0.05) + 3.76\ln\lambda + \\ \quad 2.46\ln(\sin\psi + 0.0001) + 19.8, & f < 2\mathrm{GHz} \\ \sigma_{HH}^0 - 1.05\ln(2.507\sigma_z + 0.05) + 1.09\ln\lambda + \\ \quad 1.27\ln(\sin\psi + 0.0001) + 9.65, & f \geqslant 2\mathrm{GHz} \end{cases} \tag{2.138}$$

通过对我国黄海海域的 UHF 频段海杂波散射系数建模发现，TSC 模型与实测数据存在不小差距。因为 UHF 频段的波长从 0.1m 到 1m，对于该频段海杂波而言，Bragg 散射分量主要来自波长较长的重力波，而非毛细波。众所周知，重力波容易受到风速、风向和擦地角因素的影响。

因此，通过分析可知，擦地角因子和风向因子造成了 TSC 模型与实测结果的偏差，为了改善预测效果，对两个因子进行修正，修正后的 TSC 模型[34]表达式如下：

$$\sigma_{HH}^0(\mathrm{dB}) = 10\lg\left(\frac{1.7\times10^{-5}\psi^{0.5}G_w G_A^m G_u^m}{(3.2808\lambda+0.05)^{1.8}}\right) + C \tag{2.139}$$

式中，G_A^m 和 G_u^m 为修正擦地角因子和修正风向因子，C=15 用于补偿因子修正带来的整体偏差。尽管 TSC 模型中擦地角因子考虑了海情和擦地角对均值的影响，但考虑的程度仍不够，主要体现在均值曲线斜率更大，因此需要对这两个因素的指数项进行调整，调整后擦地角因子函数形式为

$$G_A^m = 1 - \frac{1}{1 + \psi^3\left[4.5416(0.0135S^{3.6868} + 0.3265)/\lambda\right]^{1.5}} \tag{2.140}$$

式中，S 代表了道格拉斯海情，ψ 代表擦地角（单位为弧度），λ 代表雷达波长（单位为 m）。擦地角的指数从 1.5 提高到 3，用于校正幅度均值随擦地角变化的斜率，海情指数项的提高用于调整不同海情间的幅度范围。

然后考虑风向因子的修正。在 TSC 模型中，风向因子不包含海情因素，而实验数据分析表明，这是一个与海情相关的量，因此考虑在风向因子中增加海情项。同时，考虑到风向因子在对数域与擦地角近似成线性关系，因此增加项采用指数函数的形式。具体函数形式为

$$
\begin{aligned}
G_{\mathrm{u}}^{\mathrm{m}} &= \exp\left[\frac{0.3\cos\varphi\exp(-\psi/0.17)}{(10.7636\lambda^2+0.005)^{0.2}}\right] \\
&\exp\left\{-\sin^2\varphi\left[(3.43S^2-14.25S+16.49)\psi-0.15S^2+1.05S-1.4\right]\right\}
\end{aligned}
\tag{2.141}
$$

式中，φ 是风向角（单位为弧度），其他参数含义与式（2.140）中的一致。

图 2-103 给出了不同风向下修正 TSC 模型与实测 UHF 频段海杂波散射系数的对比。为了更好地展示拟合效果，不同海情和不同风向下的散射系数使用该条件下所有实测数据计算的平均结果来表征。从图 2-103 中可以看出，修正 TSC 模型很好地匹配了实测数据，而修正前的 TSC 模型偏差明显。从不同风向下的幅度均值随擦地角变化曲线可以得到，在逆风向 4°～8°和侧风向 3°～9°擦地角范围内，修正 TSC 模型与实测数据差值在 1dB 以内，从而证明了该模型的有效性。

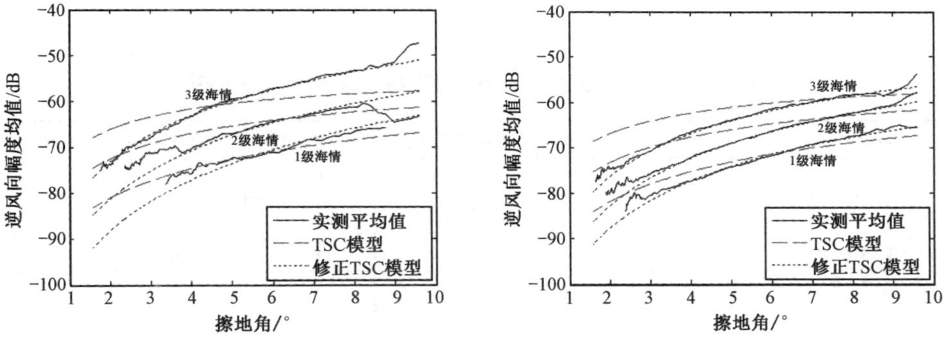

（a）逆风向　　　　　　（b）侧风向

图 2-103　不同风向下修正 TSC 模型与实测 UHF 频段海杂波散射系数的对比

2.11.3　实测海杂波散射系数

本节给出中国电波传播研究所近年来利用岸基多频段海杂波测量系统得到的海杂波散射系数，并对其变化趋势进行简述。

1．UHF 频段散射系数

图 2-104 给出了岸基 UHF 频段不同海情下，多组实测海杂波数据平均后的散射系数随擦地角的变化，海情级别采用道格拉斯海情。雷达频率为 456MHz，采

用 HH 极化，测试海域为黄海灵山岛海域。可以看出，大量数据平均后随着海情等级增加散射系数增大的趋势很明显，但逆浪向（或波向）和侧浪向结果差别不是很明显。

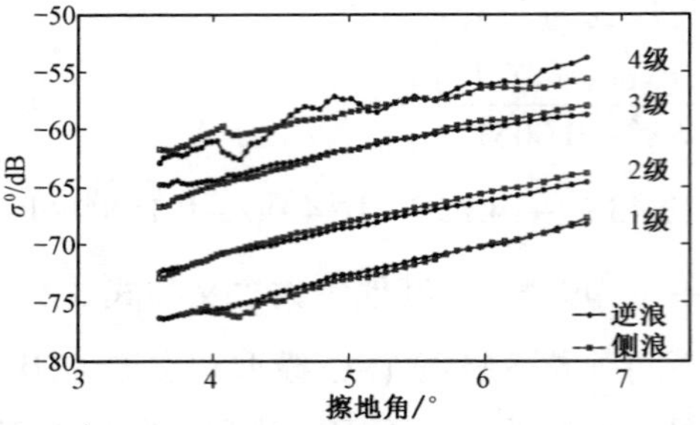

图 2-104　UHF 频段不同海情下多组实测海杂波数据平均后的散射系数随擦地角的变化

2. L 频段散射系数

表 2-20 给出了岸基 L 频段 6 组典型实测海杂波数据相关参数，其中，风浪参数来源于实时同步记录的海洋环境参数，风向和波向角是相对雷达指向的角度。

表 2-20　岸基 L 频段 6 组典型实测海杂波数据相关参数

数据编号	SLV01	SLV02	SLV03	SLV04	SLH01	SLH02
极化方式	VV	VV	VV	VV	HH	HH
最大擦地角（°）	7.1	7.7	6.2	4.8	6.7	3.2
最小擦地角（°）	2.1	2.7	1.2	1.8	2.0	1.2
有效波高（m）	0.3	0.2	0.5	2.3	0.5	2.0
风速（m/s）	5.5	10.0	5.9	8.7	6.3	7.2
相对风向（°）	6	134	123	58	81	88
相对波向（°）	46	84	140	50	64	49

图 2-105 给出了 L 频段 6 组实测数据海杂波散射系数均值对比结果。可以看出，当海情基本相近时，VV 极化海杂波散射系数均值明显大于 HH 极化，HH 极化与 VV 极化海杂波散射系数均值随擦地角变化的趋势不太一致，HH 极化在较低海情下海杂波散射系数均值随擦地角减小下降速率较 VV 极化快；在较高海情下，HH 极化海杂波散射系数均值随擦地角变化趋势不敏感，呈振荡型，而 VV 极化海杂波散射系数均值随擦地角减小也出现了降低变缓的趋势，即在较小的角度下出现较强回波。

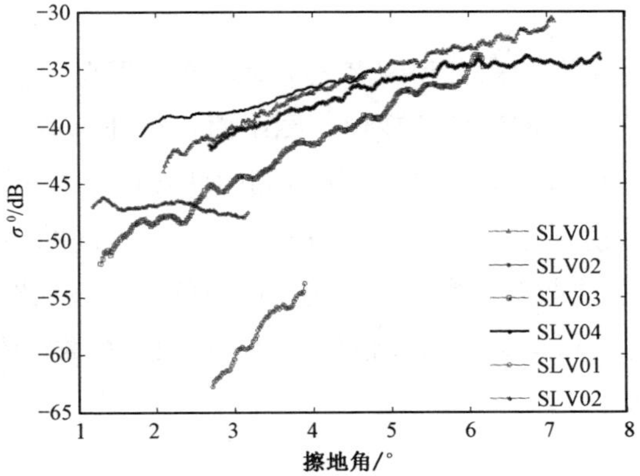

图 2-105　L 频段 6 组实测数据海杂波散射系数均值对比结果

海杂波散射系数 5%分位点和 95%分位点的变化基本上可以反应出其起伏程度，图 2-106（a）和图 2-106（b）给出了 SLH02 与 SLV04 两组数据海杂波散射系数各分位点随擦地角的变化关系。这两组数据为同一天测试，海情等级较高，从结果可以看出 VV 极化海杂波散射系数随擦地角减小呈现递减趋势，趋势较缓，在擦地角 3° 变化范围内，散射系数均值降低约 6dB。HH 极化海杂波散射系数随擦地角减小呈现平直变化趋势，散射系数在某个值范围内上下波动。在同等擦地角下，VV 极化海杂波散射系数比 HH 极化的高约 10dB。

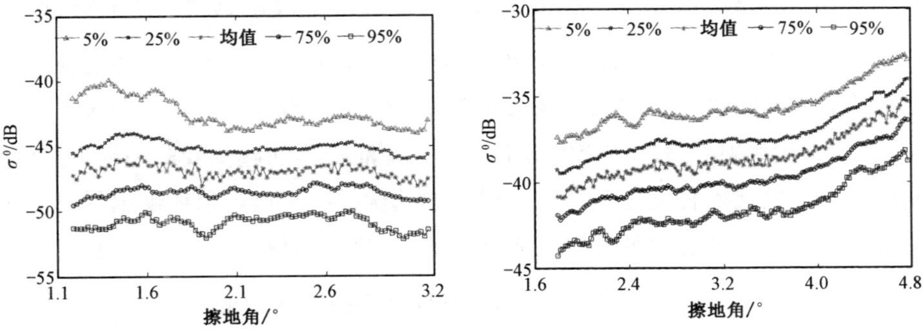

（a）SLH02 数据　　（b）SLV04 数据

图 2-106　L 频段高海情下实测数据海杂波散射系数各分位点随擦地角的变化关系

3．S 频段散射系数

为分析相同海情条件下不同海域海杂波特性的差异，利用同一部 S 频段雷达分别在黄海灵山岛海域、东海洞头海域、南海汕头海域开展了岸基海杂波测量，获取了大量多海情海杂波数据。雷达频率为 3.2GHz，采用 HH 极化，带宽为 20MHz，脉宽为 3μs。

图 2-107 给出了黄海、东海和南海三个海域在不同海情下的 HH 极化典型海杂波数据散射系数均值随擦地角的变化。图中曲线分别为不同时间录取的同一海情下不同浪高的多组数据的平均结果。比较图中曲线可以看出，随着海情的升高，同一海域的海杂波散射系数变大，符合物理规律。对不同的海域而言，当擦地角为 2° 时，东海的海杂波散射系数大于南海，南海的海杂波散射系数大于黄海。当擦地角为 3° ～4° 时，除南海 3 级海情外，海杂波散射系数整体规律为东海大于南海，南海与黄海基本一致。

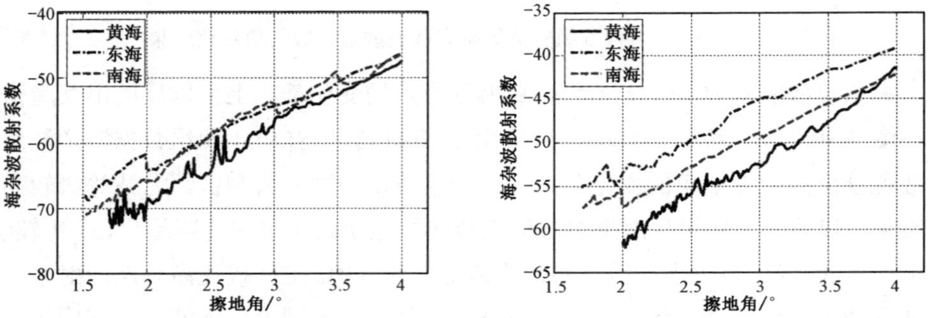

（a）2 级海情　　（b）3 级海情

图 2-107　三个海域在不同海情下的 HH 极化典型海杂波数据散射系数均值随擦地角的变化

表 2-21 给出了三个海域海杂波散射系数的定量对比，从表中可以看出，东海的海杂波散射系数略大于南海，南海海杂波散射系数略大于黄海，量级都在 1～3dB。从海杂波散射系数样本点的分布来看，南海样本的起伏较东海和黄海更大，不同样本之间的离散程度更高，黄海样本的起伏最小。该现象体现出尽管在相同海情下，南海海杂波的幅度特性更加不平稳，说明了南海海浪的复杂性。

表 2-21　三个海域海杂波散射系数的定量对比

擦地角	海情	黄海	东海	南海
2°	2 级海情	−65.45dB	−64.29dB	−64.77dB
	3 级海情	−59.5dB	−53.81dB	−58.25dB
4°	2 级海情	−47.3dB	−46.37dB	−46.48dB
	3 级海情	−41.47dB	−39.22dB	−42.19dB

2.11.4　海杂波的统计特性

海杂波是由海面照射区内大量散射单元回波的向量叠加形成的，波浪与波纹的运动使每个分量的相对相位发生改变，引起总合成杂波类似噪声随机的变化。与地杂波相比，海杂波主要随时间变化，回波的时间起伏被认为有三类：

（1）大量独立运动散射单元相干所引起的快速随机起伏；

（2）海浪幅度变化产生的较慢起伏，海浪传播产生的周期性起伏；

（3）对应海面大尺度变化的缓慢长期变化。

与地杂波类似，海杂波的统计特性与雷达参数、入射关系、海面状况有关。在一般情况下，VV 极化、较低频段、平静海面或侧风向时的回波比 HH 极化、较高频段、粗糙海面或迎风、顺风向时的回波更接近 Rayleigh 分布。当散射表面统计均匀且雷达分辨率较低时，大部分回波幅度可能接近 Rayleigh 分布，但在小擦地角和高分辨率条件下，幅度较大的回波下降较慢，与 Rayleigh 分布相比有一个较大的“拖尾”，但并不如对数正态分布那么大，因此利用 Weibull 分布或 K 分布来描述可能更接近实际。

1．幅度统计分布模型参数估计

杂波的幅度统计分布模型在雷达检测包括 CFAR 处理器的最优化中至关重要。研究能够较为精确地描述杂波幅度的统计模型，一方面可以为雷达系统仿真提供逼真的杂波环境模型；另一方面有助于雷达杂波滤波器的设计和实现，提高抑制杂波的能力，改善雷达的探测性能，这一点在面对现代目标隐身技术和超低空突防的威胁时显得越发重要。

基于海杂波实测数据的幅度统计分布参数估计是开展海杂波统计特性定量分析的重要基础。目前，关于幅度分布的模型参数估计方法主要集中于矩估计法和最大似然（ML）估计法。ML 估计法的估计精度较高，但需要进行复杂的数学计算。矩估计法是一种基于数理统计的方法，估计算法简单，但需要一定数量的样本，使用条件较高。

1）ML 估计法

Rayleigh 分布、Lognormal 分布、Weibull 分布可以采用 ML 估计法[35]，具体如下。

a）Rayleigh 分布的 ML 估计

$$\hat{a}=\sqrt{\frac{1}{2}\sum_{i=1}^{n}x_i^2} \tag{2.142}$$

b）Lognormal 分布的 ML 估计

$$\hat{\mu}=\frac{1}{n}\sum_{i=1}^{n}\ln(x_i) \tag{2.143}$$

$$\hat{\sigma}^2 = \frac{1}{(n-1)}\sum_{i=1}^{n}[\ln(x_i) - \hat{\mu}]^2 \tag{2.144}$$

c）Weibull 分布的 ML 估计

$$\hat{v} = \left\{\frac{6}{\pi^2}\frac{n}{n-1}\left[\frac{1}{n}\sum_{j=1}^{n}(\ln(x_i))^2 - \left(\frac{1}{n}\sum_{j=1}^{n}\ln(x_i)\right)^2\right]\right\}^{-1/2} \tag{2.145}$$

$$\hat{b} = \exp\left[\frac{1}{n}\sum_{j=1}^{n}\ln(x_i) + 0.5772\hat{b}^{-1}\right] \tag{2.146}$$

2）矩估计法

对于 K 分布，由于难以得到 ML 估计法的闭式解，最常采用的是矩估计法。对于已知样本，样本的 n 阶原点矩为

$$\hat{m}_n = \frac{1}{N}\sum_{i=1}^{N}x_i^n，\ n \geqslant 0 \tag{2.147}$$

对于 K 分布，其 n 阶矩表达式为

$$m_n = \left(\frac{1}{\sqrt{b}}\right)^n \frac{\Gamma(1+n/2)\Gamma(v+n/2)}{\Gamma(v)}，\ n \geqslant 0 \tag{2.148}$$

因此，原则上可以利用任意两组矩对未知参数进行估计。以下介绍在实际应用中常见的几种矩估计法[23]。

a）基于一阶矩和二阶矩的方法

$$\begin{cases} \dfrac{\hat{m}_1^2}{\hat{m}_2} = \dfrac{\pi\Gamma^2(v+0.5)}{4\hat{v}[\Gamma(v)]^2} \\ \hat{b} = \dfrac{\pi\Gamma^2(v+0.5)}{4\hat{m}_1^4\Gamma^2(v)} \end{cases} \tag{2.149}$$

b）基于二阶矩和四阶矩的方法

$$\begin{cases} \hat{v} = \left(\dfrac{\hat{m}_4}{2\hat{m}_2^2} - 1\right)^{-1} \\ \hat{b} = \dfrac{\hat{v}}{\hat{m}_2} \end{cases} \tag{2.150}$$

这两种方法不需要进行数值求解，计算简单，是最常用的方法。但由于高阶矩对数据较为敏感，在参数估计时应尽量取低阶矩。各种矩估计法应用于 K 分布时，在样本数相同的条件下，随着形状参数 v 的增大，不同估计器的性能发生变化。

2．幅度统计分布特性

为了定量分析海杂波时间序列服从的统计分布形式和分布参数，通常采用四

种常用的典型海杂波幅度统计分布模型，即 Rayleigh 分布、Lognormal 分布、Weibull 分布和 K 分布，利用最大似然估计法、一阶矩估计法或二阶矩估计法得到分布参数，对实测的海杂波幅度统计分布对比拟合。以下给出不同频段下的典型分析结果。

1）UHF 频段海杂波幅度分布

图 2-108 给出了四级海情下 UHF 频段岸基海杂波的时间序列典型案例。雷达频率为 456MHz，采用 HH 极化，带宽为 2.5MHz，脉宽为 10μs，脉冲重复频率为 1000Hz，每组数据测量时长大约为 1 分钟。图中时间序列对应的 UHF 频段雷达样本数据擦地角为 5°。通过对四种海情下时间序列的整体起伏特性比较可以发现，随着海情等级的升高，海杂波时间序列的起伏整体变强，尖峰性变得更为明显，说明在高海情下海杂波的时间平稳性变差，这与经验结论是一致的。

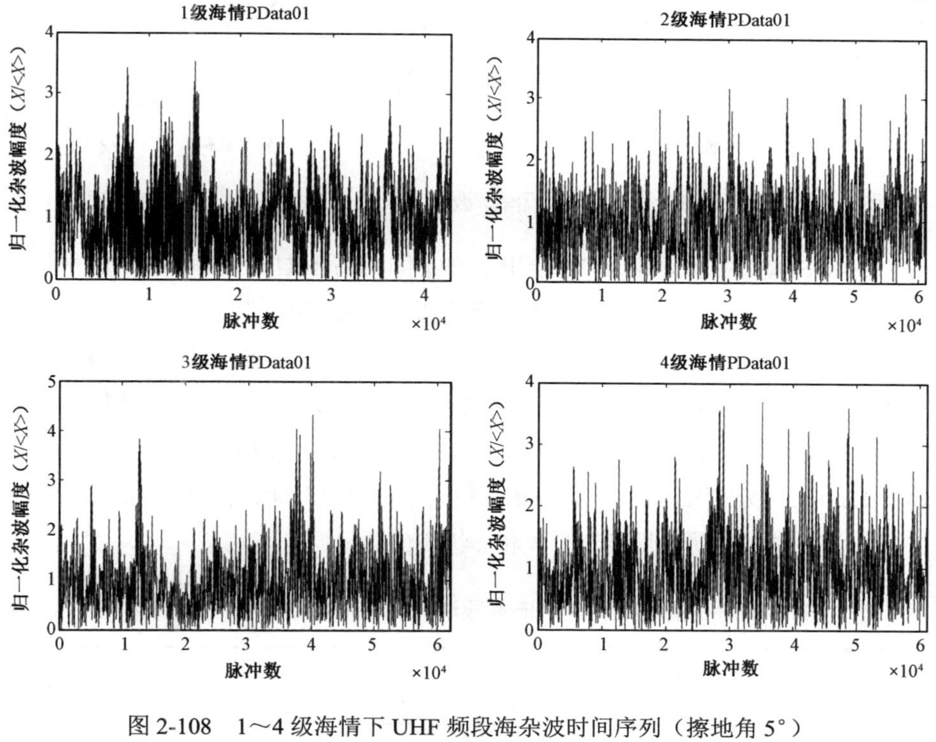

图 2-108　1～4 级海情下 UHF 频段海杂波时间序列（擦地角 5°）

图 2-109 为在不同海情下 UHF 频段海杂波幅度统计分布拟合结果，可以看出，实测海杂波的统计分布除了与 Lognormal 分布拟合较差，与其他几种分布的吻合情况相差不大。

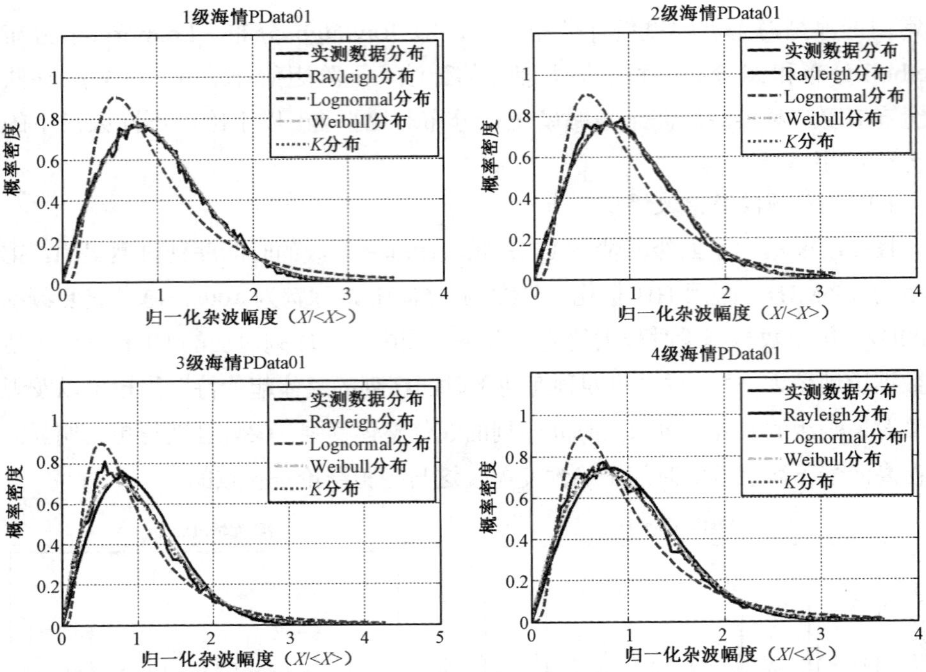

图 2-109　在不同海情下 UHF 频段海杂波幅度统计分布拟合结果（擦地角 5°）

利用 K-S 检验方法，表 2-22 给出了在不同海情下 UHF 频段海杂波最优幅度统计分布及参数，可以看出，1 级和 2 级海情下 UHF 频段海杂波数据服从的最优统计分布为 Weibull 分布，而 3 级和 4 级海情下则为 *K* 分布。另外，Weibull 分布的形状参数趋于 2，说明海杂波接近于 Rayleigh 分布；而 3 级和 4 级海情下 *K* 分布的形状参数为 4～10，尚未接近于 Rayleigh 分布（*K* 分布形状参数趋于无穷大时，等效于 Rayleigh 分布）。因此，从分布参数大小上可以判断，在 3 级和 4 级海情下 UHF 频段海杂波的起伏特性相对 1 级和 2 级海情更强。

表 2-22　在不同海情下 UHF 频段海杂波最优幅度统计分布及参数

海情等级	最优分布	尺度参数	形状参数
1 级海情	Weibull 分布	1.13	2.03
2 级海情	Weibull 分布	1.13	1.98
3 级海情	*K* 分布	3.06	4.14
4 级海情	*K* 分布	4.97	6.57

2）L 频段海杂波幅度分布

图 2-110 给出了三级海情下 L 频段典型海杂波数据的时序图和对应的幅度统

计分布拟合情况[36]。三组数据分别对应的浪高为 0.2m、0.8m、1.6m，对应海情等级分别为 2 级、3 级、4 级。雷达极化方式为 VV 极化，距离分辨率为 3m，擦地角为 1.8°～2.3°。

不同海情下 L 频段海杂波幅度分布特性如图 2-110 所示，随着海情升高，时序起伏有变大的趋势。实测数据幅度分布明显偏离 Rayleigh 分布，特别是在拖尾部分更符合 Weibull 分布或 *K* 分布，两种分布曲线非常接近，理论上 Weibull 分布和 *K* 分布在某些参数下会出现非常接近或相同的情况。

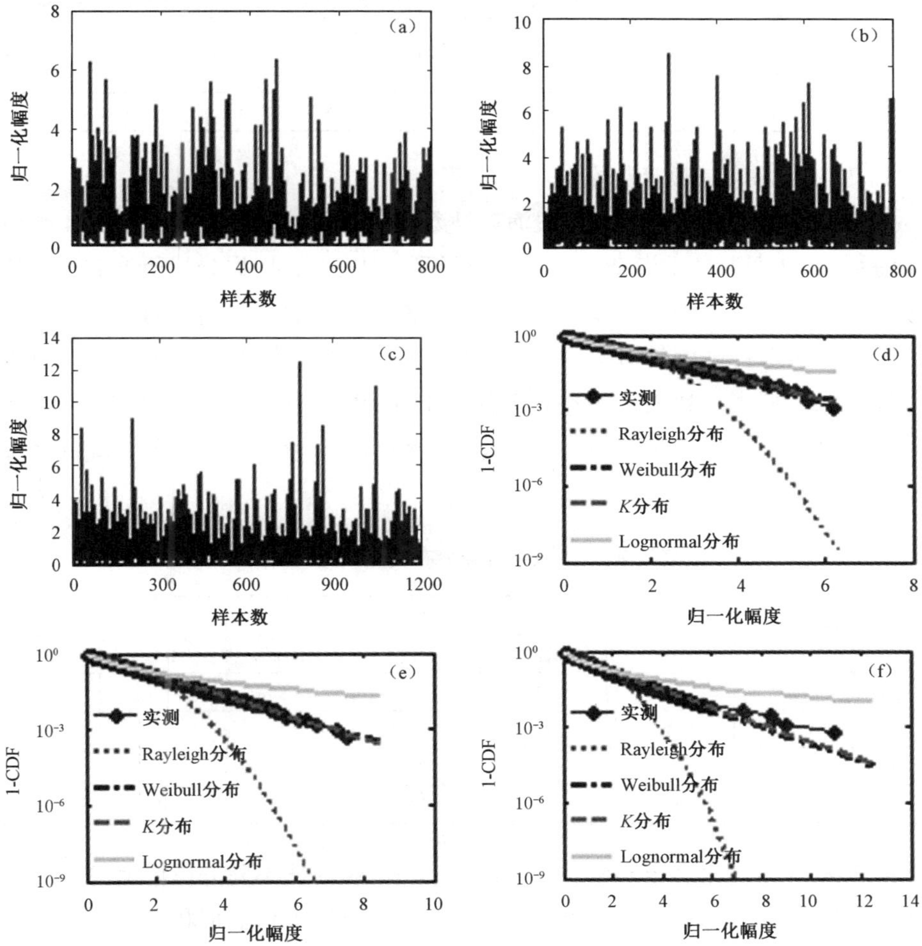

图 2-110　不同海情下 L 频段海杂波幅度分布特性

(a)～(c) 2～4 级海情时序图；(d)～(f) 2～4 级海情幅度分布拟合结果

表 2-23 进一步给出了不同海情下不同分布 L 频段海杂波幅度分布的形状参数及拟合结果。可以看出，两种分布矢方检验拟合优度相差较小，与实测数据拟合效果相当，且均呈现随着海情等级增加形状参数逐渐减小、卡方检验拟合优度增加、拟合效果略微变差的趋势。

表 2-23　不同海情下不同分布 L 频段海杂波幅度分布的形状参数及拟合结果

海情	Weibull 分布		*K* 分布	
	形状参数	卡方检验拟合优度	形状参数	卡方检验拟合优度
2 级	0.99	1.79	0.50	1.75
3 级	0.97	3.42	0.46	3.68
4 级	0.91	4.43	0.35	4.33

3）S 频段海杂波幅度分布

经过对南海和黄海多组 S 频段海杂波数据进行拟合优度分析，表 2-24 给出了两个海域 2～4 级海情下海杂波幅度分布类型占比情况。数据分析所选的擦地角范围为 0.4°～1.1°。从表中可以看出，两海域占比最大的分布类型为 *K* 分布，且南海比例大于黄海；随海情升高，南海 *K* 分布所占百分比减小，黄海 *K* 分布所占百分比增大，两者占比差距减小；两海域的 Weibull 分布占比相对 *K* 分布较小，都随海情升高而增多；两海域的 Rayleigh 分布和 Lognormal 分布所占百分比都很小。

表 2-24　海杂波幅度分布类型占比（%）

分布类型	2 级海情		3 级海情		4 级海情	
	南海	黄海	南海	黄海	南海	黄海
Rayleigh 分布	1	25	2	14	2	8
Lognormal 分布	4	28	3	17	4	9
Weibull 分布	6	11	25	20	33	23
K 分布	89	36	71	49	61	60

由于 *K* 分布占比最多，图 2.111 给出了 2～4 级海情不同分辨率情况下南海和黄海海杂波 *K* 分布形状参数的对比图。其中，每个擦地角的形状参数来自该擦地角附近多个距离门海杂波样本数据的形状参数中值。从图 2-111 中可以看出：

（1）在 2 级海情下，南海海杂波的 *K* 分布形状参数在多种分辨率情况下普遍大于黄海海杂波，说明在该海情下南海海杂波幅度分布的拖尾相对更短，杂波起伏更为平稳；

（2）在 3 级海情下，南海海杂波的 K 分布形状参数与黄海海杂波非常接近，未出现明显的大小差异，说明在该海情下两海域海杂波的幅度分布特性趋于一致；

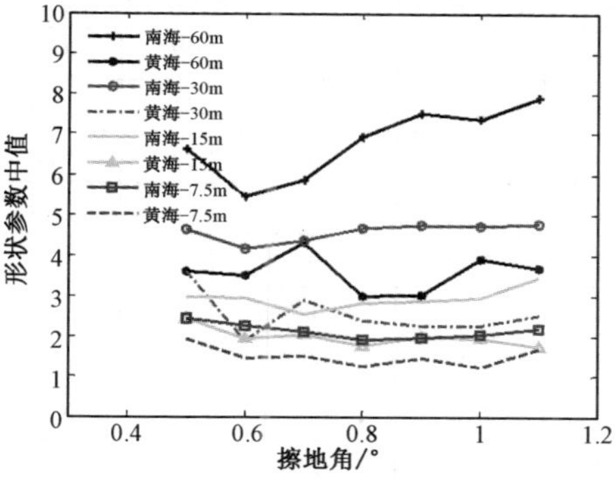

（a）2 级海情

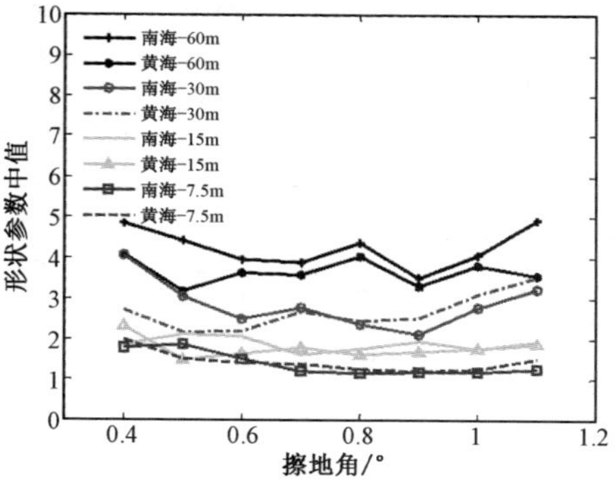

（b）3 级海情

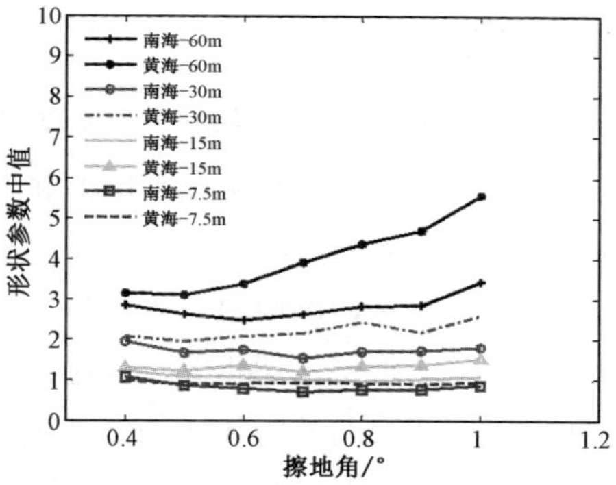

（c）4 级海情

图 2-111　南海和黄海海杂波的 K 分布形状参数对比

（3）在 4 级海情下，南海海杂波的 K 分布形状参数在多种分辨率情况下普遍小于黄海，说明在该较高海情下，南海海杂波幅度分布的拖尾相对更长，所体现出的不平稳性更强；

（4）随着雷达距离分辨率的提高（由 60m 变为 7.5m），两海域海杂波幅度分布的差异变得越来越小，说明在较高分辨率情况下，南海和黄海间不同海浪尺度的影响在海杂波的统计特性上可能表现不明显。

表 2-25 给出了 2～4 级海情时典型擦地角下南海和黄海海杂波的 K 分布形状参数值对比结果，该中值来自多个距离门数据的形状参数样本。

表 2-25　典型擦地角下南海和黄海海杂波 K 分布形状参数值

海情	擦地角（°）	分辨率（带宽）							
		60m（2.5MHz）		30m（5MHz）		15m（10MHz）		7.5m（20MHz）	
		南海	黄海	南海	黄海	南海	黄海	南海	黄海
2 级	0.5	6.61	3.60	4.63	3.61	2.97	2.43	2.44	1.95
	0.8	6.92	3.01	4.67	2.38	2.82	1.76	1.92	1.26
	1	7.37	3.90	4.72	2.27	2.95	1.92	2.05	1.23
3 级	0.5	4.42	3.19	3.06	2.16	2.11	1.49	1.85	1.50
	0.8	4.36	4.03	2.37	2.45	1.76	1.61	1.15	1.25
	1	4.07	3.82	2.77	3.10	1.75	1.76	1.19	1.27
4 级	0.5	2.63	3.10	1.66	1.95	1.07	1.24	0.87	0.89
	0.8	2.83	4.36	1.68	2.41	0.97	1.32	0.77	0.92
	1	3.42	5.56	1.79	2.59	1.08	1.51	0.87	0.94

2.11.5　海杂波的频谱特性

海面风力及重力、张力的作用通常导致海面散射体处于运动状态，而这种雷达与散射体之间的相对运动又会引起雷达相干脉冲间的相位变化，使海杂波谱产生多普勒频移，表现为多普勒谱。

除受到雷达参数（如频率、极化、擦地角、方位角）的影响外，海杂波的多普勒谱特性与海表面的运动和扰动状态密切相关，雷达与海面散射体之间的相对运动使电磁波产生多普勒频移，而海面散射体运动的随机性使多普勒谱具有一定的展宽。因此，海杂波多普勒谱的物理机理与海面的散射机理密不可分。

设某一雷达分辨单元内海浪相对雷达的运动速度 V 基本不变，则雷达海杂波的多普勒频移可以表示为

$$f_{\text{doppler}}=\frac{2V}{\lambda}\cos\xi \tag{2.151}$$

多普勒展宽可以表示为

$$\Delta f_{\text{doppler}}=\frac{2V}{\lambda}[\cos\theta_1-\cos\theta_2]\cos\xi \tag{2.152}$$

式中，λ 为电磁波波长，ξ 为海浪速度方向与雷达视向的夹角，θ_1、θ_2 分别为对应分辨单元前后两边缘的擦地角。

海杂波多普勒谱的特性直接与动态海面的多种散射机理相关，相应地表现为多普勒谱包含多种谱分量[37]。根据海杂波的产生机理，通常将海杂波多普勒谱看作由三种散射机制谱分量组成的复合结果。第一种分量是 Bragg 散射多普勒谱分量。海面 Bragg 散射指的是当海浪波长在入射电磁波方向的投影等于电磁波半波

长的整数倍时产生的谐振（相干）散射。当雷达频率较低时（如 HF、VHF），Bragg 散射主要来自海面的重力波结构；而当雷达频率较高时，Bragg 散射主要来自海面的张力波结构。对存在两种海浪尺度的复合海面模型而言，Bragg 散射回波的多普勒频移为

$$f_{\text{doppler}} = \frac{2}{\lambda_{\text{radar}}}(v_{\text{B}} + v_{\text{D}}) \tag{2.153}$$

式中，v_{B} 为 Bragg 谐振散射波速度；v_{D} 代表重力波的漂移和轨道速度，用于对张力波进行调制。在微波频段，Bragg 散射主要来自表面张力波，而张力波可沿雷达视向接近或远离运动，因此在海杂波多普勒谱中经常出现两个关于零频对称的 Bragg 谱峰。

海浪的破碎散射指的是强风驱使下的海浪破碎波对电磁波的准镜像反射，该散射现象在微波频段（高于 L 频段）、小擦地角下频繁发生，是海杂波中出现“海尖峰”的主要原因。这一破碎散射机制使海杂波多普勒谱中含有明显的破碎散射谱分量。

白浪散射指的是雷达波照射在海浪破碎后形成的泡沫浪花上的后向散射回波。体现在海杂波的多普勒谱上，白浪散射的多普勒谱频移取决于重力波的相速度，远大于 Bragg 散射的谱频移，而白浪散射来源于近随机的泡沫浪花的后向体散射，因此白浪散射的多普勒谱具有类似于噪声的宽多普勒谱特点。

海杂波多普勒谱的估计方法有多种，其中周期图法或者离散傅里叶变换（DFT）法是最基本的方法。假设雷达海杂波的脉冲时间序列为 $\{x(n),\ \ n=0,1,2,\cdots,N-1\}$，雷达的脉冲重复周期为 T_{r}，则海杂波脉冲序列对应的观测时间长度为 MT_{r}。利用周期图法估计海杂波时间序列 $x(n)$ 的谱密度为

$$S(f_{\text{d}}) = \frac{1}{\sqrt{N}}\sum_{n=0}^{N-1} x(n)\mathrm{e}^{-2\pi \mathrm{j} f_{\text{d}} n T_{\text{r}}},\quad f_{\text{d}} \in \left[-\frac{1}{2T_{\text{r}}}, \frac{1}{2T_{\text{r}}}\right] \tag{2.154}$$

式中，$\sqrt{N}$ 是为保证在时域和多普勒域信号能量相等的项。式（2.154）所示的模称作海杂波的多普勒幅度谱，模平方称作海杂波的功率谱。

1．海杂波多普勒谱模型

Lee 等[38]采用多组实测数据分析的方式研究了平均多普勒谱形状的特点和规律，提出了谱线形状分解为三种具有物理意义基函数的建模方法，每种基函数用于表征不同的散射机制。Walker 等[39]在 Lee 模型的基础上，利用造浪池海杂波数据深入分析了海浪从产生到破碎全过程的多普勒谱变化规律，建立了一种简化的三分量海杂波平均多普勒谱模型。该模型利用三个高斯函数分别表征 Bragg、白冠和破碎三种散射机制的谱分量，在大部分情况下可以成功对实测海杂波多普勒谱

形状进行建模。

对于 HH 极化，Walker 谱模型的形式为

$$S_{\mathrm{HH}}(f)=B_{\mathrm{H}}\exp\left(-\frac{(f-f_{\mathrm{B}})^2}{w_{\mathrm{B}}^2}\right)+W\exp\left(-\frac{(f-f_{\mathrm{P}})^2}{w_{\mathrm{W}}^2}\right)+S\exp\left(-\frac{(f-f_{\mathrm{P}})^2}{w_{\mathrm{S}}^2}\right) \quad (2.155)$$

对于 VV 极化，Walker 谱模型的形式为

$$S_{\mathrm{VV}}(f)=B_{\mathrm{V}}\exp\left(-\frac{(f-f_{\mathrm{B}})^2}{w_{\mathrm{B}}^2}\right)+W\exp\left(-\frac{(f-f_{\mathrm{P}})^2}{w_{\mathrm{W}}^2}\right) \quad (2.156)$$

式中，f 为频率，f_{B} 和 f_{P} 分别为对应 Bragg 谐振波速度和重力波相速度的多普勒频率，B、W 和 S 分别代表 Bragg、白冠和破碎散射分量的强度，w_{B}、w_{W} 和 w_{S} 分别代表 Bragg、白冠和破碎散射三种谱分量的多普勒展宽。

对于较短观测时间内（通常小于重力波周期，大于白冠和破碎散射的去相关时间）谱形状及其变化特性的建模问题，考虑到实际的短时谱结构通常是非高斯的，Ward 等[40]提出了采用复合 K 分布中的伽马函数对短时谱强度进行调制，利用两个高斯函数对谱形状进行描述的短时多普勒谱建模方法，该方法在后来的短时谱建模中得到了成功应用。Ward 模型的形式为

$$S(f)=x\frac{A\hat{S}(f,w_{\mathrm{B}},0)+x\hat{S}(f,w_{\mathrm{Breaking}},f_{\mathrm{d}})}{A+x} \quad (2.157)$$

式中，

$$\hat{S}(f,w,f_{\mathrm{d}})=\frac{1}{\sqrt{2\pi w^2}}\exp\left(-\frac{(f-f_{\mathrm{d}})^2}{2w^2}\right) \quad (2.158)$$

在式（2.157）的分子中，第一项对应于 Bargg 散射（谐振波散射）的多普勒谱分量，多普勒频移为零且多普勒展宽为 w_{B}；第二项对应于海浪破碎散射和白冠散射（非谐振波散射）的多普勒谱分量，具有多普勒频移 f_{d} 和多普勒展宽 w_{Breaking}；x 为随观测时间段变化且服从 Γ 分布的功率调制因子，A 为谱幅度。

上述 Walker 长时平均谱模型和 Ward 短时谱模型在实际建模中存在以下问题。

（1）Ward 模型认为 Bragg 散射具有零多普勒频移。然而，从散射机理考虑，由于海浪存在大尺度重力波运动，因此实际的 Bragg 散射是存在多普勒频移的，且当雷达波长较长，且趋于重力波波长时，多普勒频移更为明显。

（2）Ward 模型假定海杂波破碎散射和白冠散射机制共同产生一个高斯谱分量，具有相同的多普勒频移和展宽。然而，根据多普勒谱的物理机理可知，两种散射的产生机理和相关时间并不相同，谱分量具有不同的频移和展宽特性。

（3）Walker 模型中白冠散射和破碎散射共享相同的多普勒频移，这与实际情

况是不相符的。在实际的动态海面，海面白冠通常附着在重力波上以其相速度运动，而海面的破碎波（这里指未完全破碎之前的卷浪结构）通常在重力波相速度的基础上附加了一个由瞬时风和垂直重力加速度引起的附加速度。

鉴于以上问题，将三个谱分量的谱强度假设为受海杂波观测时间（谱估计时间）区间影响的随机变量，张金鹏等[41]提出了一种海杂波时变多普勒谱模型，即

$$\begin{aligned} S_{\mathrm{HH}}\left(f,t\middle|\Delta t\right)&=I_{\mathrm{Bh}}\left(t\middle|\Delta t\right)\cdot\Psi_{\mathrm{B}}\left(f\right)+I_{\mathrm{W}}\left(t\middle|\Delta t\right)\cdot\Psi_{\mathrm{W}}\left(f\right)+I_{\mathrm{S}}\left(t\middle|\Delta t\right)\cdot\Psi_{\mathrm{S}}\left(f\right)\\ S_{\mathrm{VV}}\left(f,t\middle|\Delta t\right)&=I_{\mathrm{Bv}}\left(t\middle|\Delta t\right)\cdot\Psi_{\mathrm{B}}\left(f\right)+I_{\mathrm{W}}\left(t\middle|\Delta t\right)\cdot\Psi_{\mathrm{W}}\left(f\right)\end{aligned} \tag{2.159}$$

式中，

$$\Psi_{\mathrm{B}}\left(f\right)=\exp\left(-\frac{\left(f-f_{\mathrm{B}}\right)^2}{{w_{\mathrm{B}}}^2}\right) \tag{2.160}$$

$$\Psi_{\mathrm{W}}\left(f\right)=\exp\left(-\frac{\left(f-f_{\mathrm{G}}\right)^2}{{w_{\mathrm{W}}}^2}\right) \tag{2.161}$$

$$\Psi_{\mathrm{S}}\left(f\right)=\exp\left(-\frac{\left[f-\left(f_{\mathrm{G}}\pm\Delta f_{\mathrm{s}}\right)\right]^2}{{w_{\mathrm{S}}}^2}\right) \tag{2.162}$$

式中，I_{B}、I_{W} 和 I_{S} 分别为当雷达观测时间为 Δt 情况下随时间动态变化的 Bragg、白冠和破碎散射谱分量的强度；Ψ_{B}、Ψ_{W} 和 Ψ_{S} 为三种散射谱分量的谱线形状基函数；f_{B} 和 f_{G} 分别为对应 Bragg 谐振波和重力波相速度的多普勒频率；Δf_{s} 表示由瞬时风和垂直重力加速度引起的在重力波相速度基础上的附加速度频移。当重力波相速度频移 f_{G} 为正时，Δf_{s} 前的符号取正；反之，取负。该符号在物理意义上表征附加速度是沿重力波相速度方向的。

值得注意的是，在该时变多普勒谱模型中，三个谱分量的强度之和 $I_{\mathrm{B}}+I_{\mathrm{W}}+I_{\mathrm{S}}$ 符合 K 分布中的调制分量 Γ 分布。在对式（2.159）～式（2.162）给出的时变多普勒谱进行参数优化时，需要附加约束条件

$$\mathrm{abs}\left(f_{\mathrm{G}}\right)>\mathrm{abs}\left(f_{\mathrm{B}}\right) \tag{2.163}$$

此条件可以保证白冠散射和破碎散射的多普勒频移（主要来自重力波相速度）大于 Bragg 散射的谱频移，这与海面散射机理是相符的。

图 2-112 给出了岸基 S 频段海杂波短时多普勒谱建模结果与实测谱的对比。短时谱每个观测时间区间对应的脉冲数为 100，时间长度约为 230ms。海杂波数据的测量条件为：2 级海情、顺浪向，擦地角为 5.5°。从图中可以看出，该组数据实测多普勒谱的形状随时间起伏变化，主要体现为负频移上的多普勒主峰与正频移上较弱的多普勒次峰，主峰的频移与展宽随时间变化较慢，而次峰随时间变化很快，该现象恰恰体现了实际海面速度分量的不断变化，表现出谱的短时动态特

性。时变谱模型能够实现对随时间动态变化的海杂波短时多普勒谱建模，建模结果基本上能够描述短时谱的时间非平稳性。时变谱模型的建模精度和稳定性优于Ward 模型。时变谱模型对于负频移上的多普勒主峰，以及正频移上的多普勒次峰刻画基本准确，而 Ward 模型的建模结果基本上体现不出多普勒次峰，造成多普勒谱中的谱分量丢失。

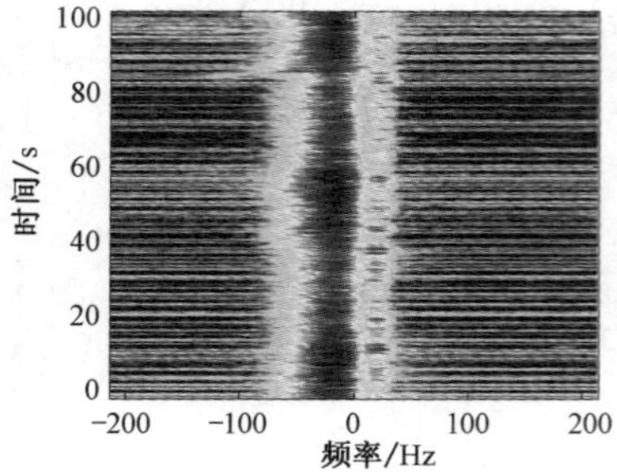

（a）实测谱

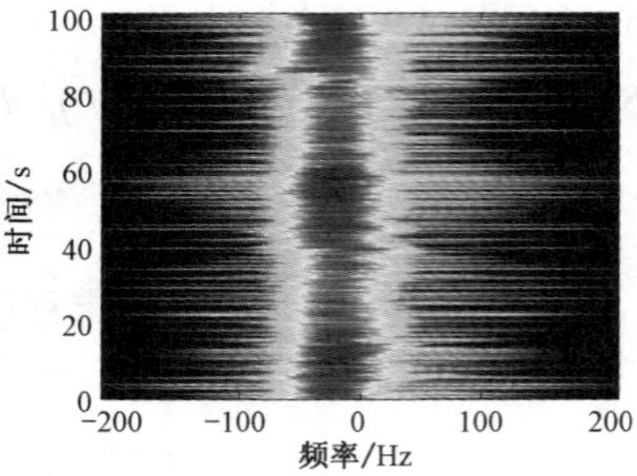

（b）Ward 模型

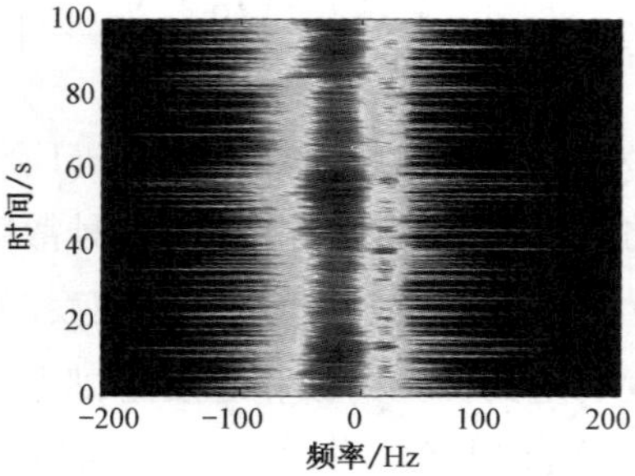

（c）时变谱模型

图 2-112　岸基 S 频段海杂波短时多普勒谱

图 2-113 给出了两种谱模型对岸基 UHF 频段海杂波平均多普勒谱的建模效果。实测平均谱估计所使用的杂波序列长度为 60000，对应的雷达观测时间为 1 分钟。从图中可以看出，在 3 级海情下，UHF 频段海杂波平均谱具有两个明显的谱峰，且在−50Hz 左右有一个较弱的类似谱峰的突起。时变谱模型和 Walker 模型都能够实现对前两个明显谱峰的准确描述，对于后一个较弱的谱突起结构，时变谱模型的建模结果体现了该细微结构，而 Walker 模型忽略了该结构。在 4 级海情下，UHF 频段海杂波平均谱表现出三个明显的谱峰，说明在较高海情下海浪的速度分量更为复杂。在该情况下，时变谱模型可以实现整个谱形状（三个谱峰）的准确建模，而 Walker 模型忽略了正频移上的谱峰，且对中心谱峰强度的描述也存在明显偏差。

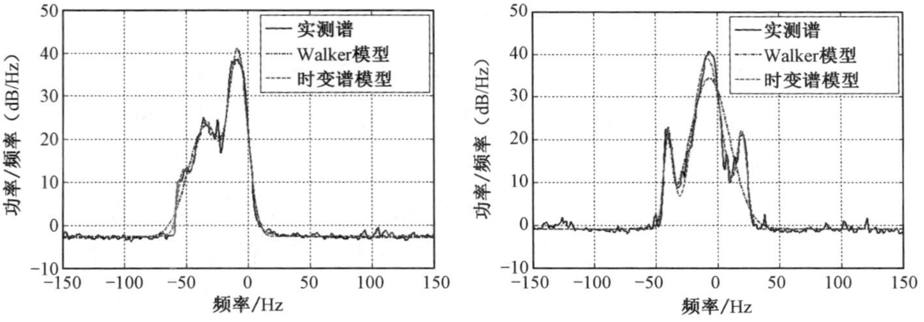

（a）3 级海情　　（b）4 级海情

图 2-113　岸基 UHF 频段海杂波平均多普勒谱

2. 实测海杂波多普勒谱特性

1）UHF 频段

图 2-114 给出了在不同海情下典型 UHF 频段海杂波的长时平均多普勒谱，从图中看出：

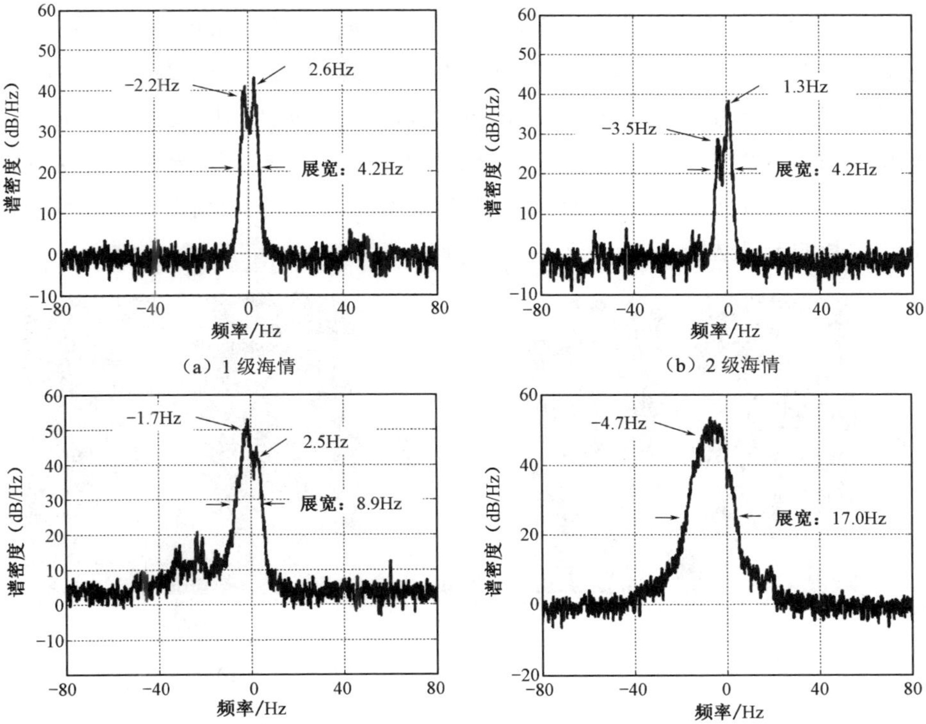

（a）1 级海情　　（b）2 级海情

（c）3 级海情　　（d）4 级海情

图 2-114　在不同海情下典型 UHF 频段海杂波的长时平均多普勒谱

（1）在低海情下多普勒谱双峰现象明显，说明 Bragg 散射为主要散射机制。

（2）随海情升高，Bragg 双峰现象变弱，在 4 级海情下，双峰现象基本消失。说明在高海情下，由于海面粗糙度的增加，Bragg 散射分量所占比重减小，破碎散射和白浪散射贡献逐渐增加。

（3）随海情增大，多普勒谱的展宽越来越大。这是由于在高海情下破碎散射和白浪散射增强，这两种散射机制是引起不同运动速度的海面散射体数量增多的原因。

（4）随海情增大，多普勒谱的频移越来越大，说明海情越高，海浪运动速度越大，这与实际情况是吻合的。例如，在 3 级海情下，频移为−2.3Hz，对应海浪速度为 0.76m/s，该速度与 3 级海情下海水的流速为 0.8m/s（参考浮标数据）基本一致。

2）L 频段

图 2-115 给出了灵山岛岸基 L 频段海杂波距离—多普勒谱图。为便于比较，雷达参数保持一致，全部为 VV 极化，距离分辨率为 6m，浪向全部为逆浪。从图中可以看出，在较低的 2 级海情下，L 频段海杂波多普勒谱隐约出现对称的双峰现象，但不如 UHF 频段显著，该现象说明由于 L 频段波长小于 UHF 频段，其与海浪的半波长差异更大，更难形成 Bragg 散射。随着海情的增大，由 Bragg 散射造成的双峰现象消失。对多普勒频移和展宽而言，随着海情的增大，谱频移和谱展宽皆增大，与海杂波形成机理吻合。表 2-26 给出了在不同海情下 L 频段海杂波多普勒谱参数的定量结果。

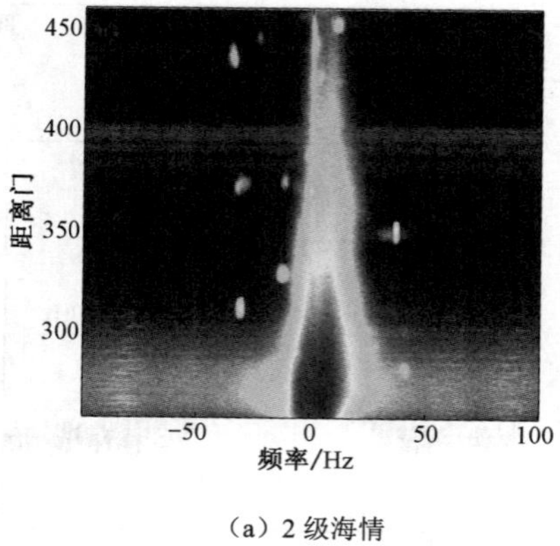

（a）2 级海情

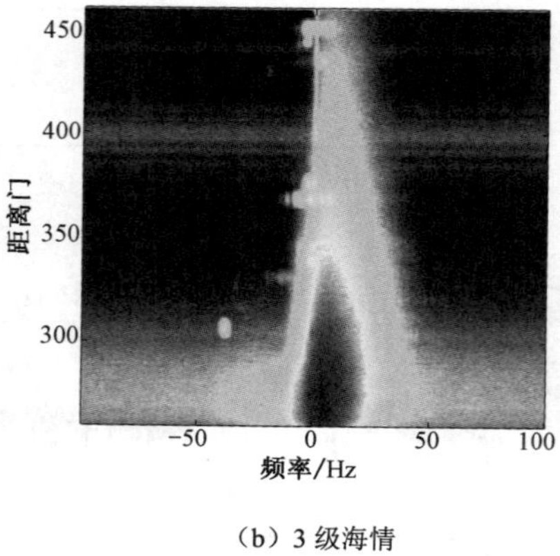

（b）3 级海情

图 2-115　灵山岛岸基 L 频段海杂波距离—多普勒谱图

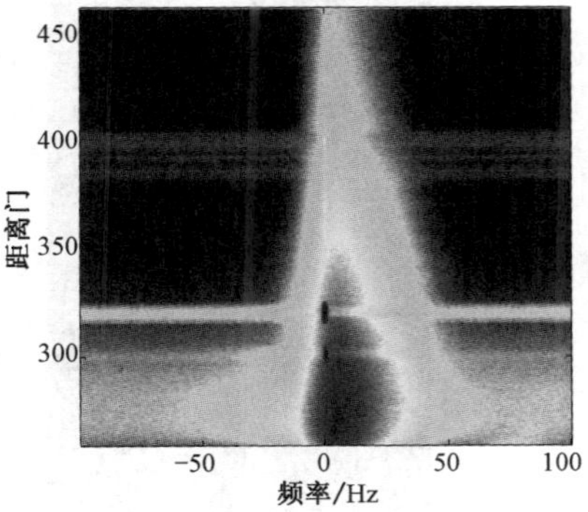

（c）4 级海情

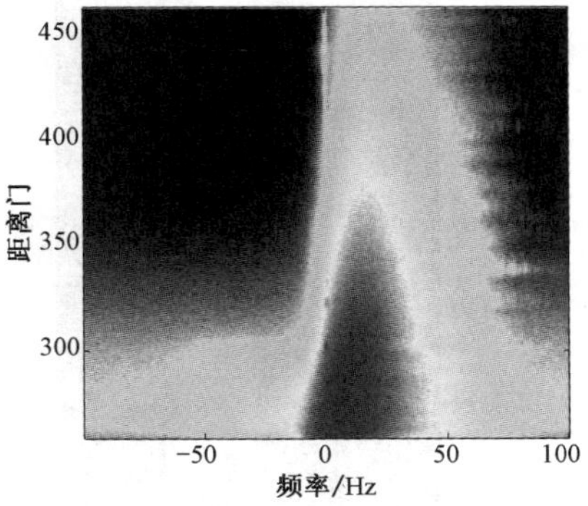

（d）5 级海情

图 2-115　灵山岛岸基 L 频段海杂波距离—多普勒谱图（续）

表 2-26　L 频段海杂波多普勒谱参数

海情	二级	三级	四级	五级
浪高/m	0.62	1.05	1.74	2.71
频移/Hz	3.8	5.2	6.2	9.0
谱宽/Hz	4.3	4.5	5.9	8.4

3）S 频段

图 2-116 给出了在 2～5 级海情、逆浪条件下，南海海域 S 频段海杂波典型数据的多普勒谱随距离的变化情况[42]。从图中可以看出，海杂波谱频移都为正，说明在 4 种海情下的浪向都为逆浪，与数据测试条件是一致的。比较不同海情的谱强度可以看出，随着海情的增大，海杂波多普勒谱强度明显增大，说明杂波能量增大。在同一组数据中，随着距离的增大，谱强度变弱。另外，从谱强度随距离的变化起伏程度可以看出，在谱峰右侧即正向频移一侧的多普勒频带上，谱强度的起伏程度更大，出现明显的毛刺现象，这是由于数据测试条件为逆浪造成的。

图 2-117 给出了图 2-116 中数据对应的第 180 距离门和第 235 距离门的南海海域不同海情下海杂波谱形状比较。从图中可以明显看出，谱展宽随海情升高显著增大，谱频移在 2 级和 3 级海情下基本一致，但在 4、5 级海情下明显增大，这与数据对应的实际浪高有一定的关系，2、3 级数据的浪高相对接近。另外，随着海情的升高，谱峰结构变得越来越复杂，有出现双峰的趋势。

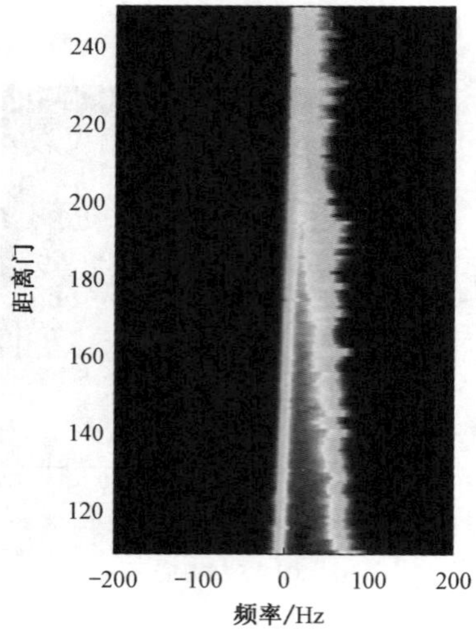

（a）2 级海情

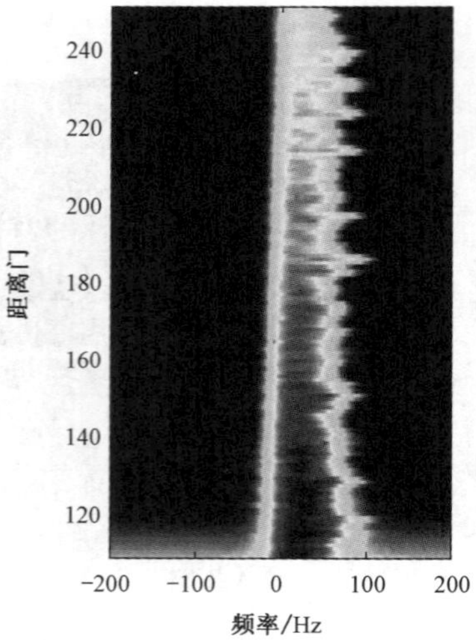

（b）3 级海情

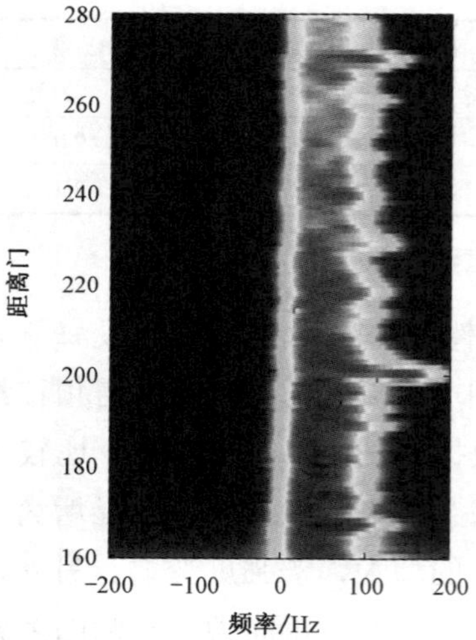

（c）4 级海情

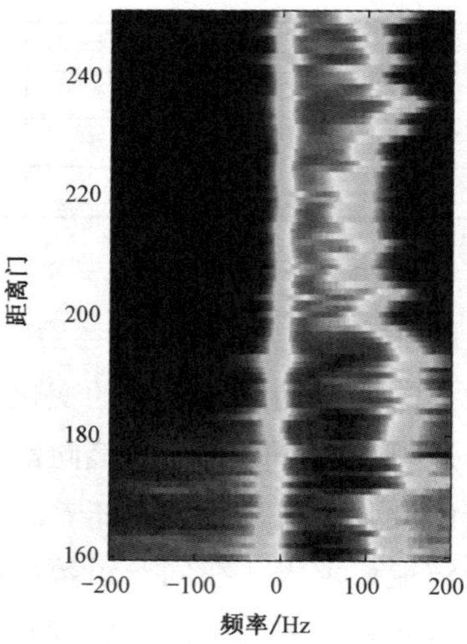

（d）5 级海情

图 2-116　南海海域不同海情下 S 频段海杂波典型数据的多普勒谱随距离的变化

海杂波多普勒谱参数的估计对雷达目标检测算法实施海杂波抑制具有重要意义。基于南海海杂波的多普勒谱形状数据，估计得到了不同海情和浪向下南海 S 频段海杂波多普勒频移和展宽数据，如表 2-27 所示。海杂波擦地角为 0.8°，表中数据为多组同条件参数样本的均值。从表 2-27 中可以得出：

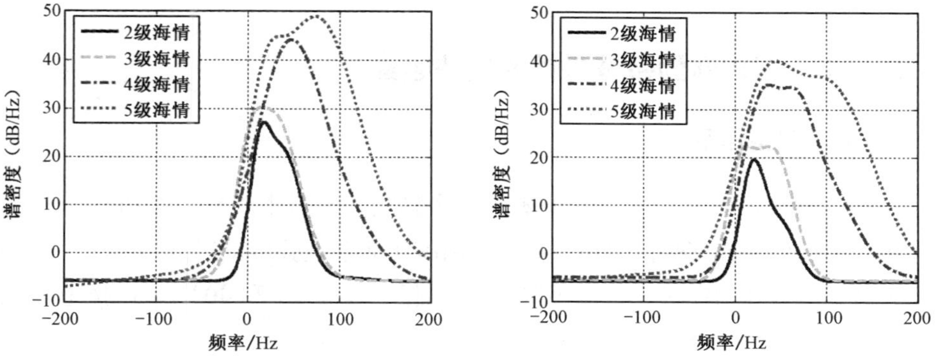

（a）第 180 距离门　　　　（b）第 235 距离门

图 2-117　南海海域不同海情下海杂波多普勒谱形状比较

（1）在多种测量条件下，多普勒频移和展宽随海情的变化趋势显著。海情越高，两个多普勒参数的绝对值越大，这种现象与高海情下海浪速度越快、海浪速度分量越复杂是一致的。

（2）浪向对多普勒谱频移和展宽具有显著的影响。谱展宽在逆浪情况下较大，在顺浪情况下较小，表明在逆浪情况下的海浪速度分量比在顺浪情况下的更大。

（3）雷达距离分辨率对南海海杂波多普勒频移和展宽的影响较小。然而，随着雷达分辨率的提高，频移和展宽数据样本的散布范围更大，即数据方差变大，这是由于在高雷达分辨率情况下，多普勒谱结构随着距离的起伏更为显著。

表 2-27　南海 S 频段海杂波多普勒频移和展宽数据

海情	浪向	频移（Hz）				展宽（Hz）			
		60m	30m	15m	7.5m	60m	30m	15m	7.5m
2	逆浪	20.9	22.4	22.2	23.0	11.5	12.0	12.6	13.4
	顺浪	−17.7	−17.0	−17.8	−17.6	7.5	7.4	8.0	8.9
3	逆浪	27.1	30.8	25.7	28.4	14.9	15.5	14.9	15.3
	顺浪	−21.9	−20.1	−21.3	−21.4	8.5	8.8	9.5	11.4
4	逆浪	42.2	40.4	39.4	39.3	18.2	17.9	17.5	17.4
	顺浪	−37.8	−36.8	−35.7	−33.9	13.0	12.7	13.1	13.6
5	逆浪	49.0	46.4	46.4	44.9	24.6	23.9	23.5	23.5
	顺浪	−46.5	−46.6	−47.4	−47.8	16.1	16.9	16.8	17.0

2.11.6 影响海面杂波特性的其他因素

1. 油污阻尼作用

海面上出现的油污能对海浪的破碎产生影响，并对小的重力波和毛细波起阻尼作用，从而使海面变得光滑或平坦，进而减小海杂波强度。据报道，在 VV 极化下海杂波强度较在 HH 极化下的下降更大，对于 13.3GHz 和 40°～75°擦地角，回波幅度可以减小 5～10dB。

2. 出现蒸发波导的影响

对工作于海上环境的雷达，大气波导现象可能影响它的电波正常传播，从而影响海杂波的分析与估算。海面上方经常出现蒸发波导，使得接近海面的雷达能够进行超视距的低空目标检测，视距之外的海面在特定条件下散射产生的杂波也会对目标信号进行干扰，需要进行适当的评估。

已有学者试图利用遥感海杂波特性反演海面蒸发波导的特征。

2.11.7 短波频段海杂波特性

对于工作在短波频段的地波超视距雷达和天波超视距雷达而言，海杂波特性对雷达目标检测具有重要影响。同时，利用海面回波与入射波参数和海洋水文参数的依赖关系，反演得到海面风浪场相关参数（如浪高、浪向、风速、风向、海流速度等），已发展成为无线电海洋学的重要学科方向。

1. 海面的布拉格散射[43,44]

短波超视距雷达探测海面实验得到的海浪回波多普勒频谱如图 2-118 所示，它主要由两个对称于 0 Hz 的尖峰构成，这两个尖峰对雷达载频频谱（0 Hz）的偏移以相同的规律随载频的平方根变化，而振幅不一定相同。

实际上，海面重力波满足如下色散关系（称为格林公式）：

$$v_{\mathrm{p}} = \sqrt{\frac{gL}{2\pi}} \tag{2.164}$$

式中，g 为重力加速度，v_{p} 为海浪相位传播速度，L 为海浪波长。当波长为 λ 的雷达波以角度 θ 投射到海面时，尽管与海面所有海浪都会发生相互作用，但只有波长 L 为雷达波长 λ 的一半（$L = \lambda / 2$），且传播方向恰好为指向或背离雷达的两个海浪波列的海浪才会对雷达电波产生最强烈的后向散射。来自相邻两波峰产生干涉的后向散射条件为 $L\cos\theta=\lambda/2$，这种“谐振”效应就称为 Bragg 散射或一阶散射，频谱中的尖峰称为 Bragg 峰或一阶峰。对应的海浪波列称为 Bragg 波列，其波数称为 Bragg 波数。在图 2-118 中，除了一阶峰，在它周围的一些展宽的连续谱也是海面回波，其振幅和形状也随海面状态和雷达频率而变化，这些回波称为二阶回波，它包含着整个风场的浪高谱信息。

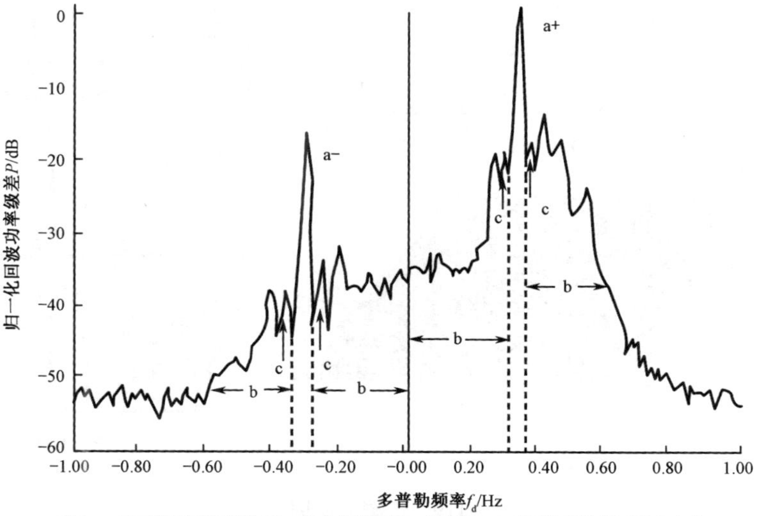

图中：a表示相对于海岸为正、负方向海浪的一阶回波；b表示长波浪朝雷达方向的连续谱（二阶）；c表示极长波涛（涌）朝雷达方向的谱峰

图 2-118　短波超视距雷达探测海面实验得到的海浪回波多普勒频谱

二阶回波包括以下 3 种机理产生的频谱。

（1）沿雷达波束方向传播的海洋波与 $L=N\lambda/2$ 的波长有关的高次谐波产生的 Bragg 谐振，对应频谱中 $f=\sqrt{2}f_{\mathrm{B}},\sqrt{3}f_{\mathrm{B}},\cdots,\sqrt{n}f_{\mathrm{B}}$ 等谱线。

（2）当海浪的传播方向与雷达波束方向不一致时，若两列海洋波的传播方向互相垂直，则雷达发射的高频电波与第一列海浪的作用在一定的入射角度下，无线电波由海浪“波阵面”产生“镜面”反射。该“镜面”反射产生的散射无线电波与第二列海浪再次作用产生的“镜面”反射，其反射回波沿雷达波束的方向传播被雷达接收机接收，形成连续的二阶谱。这一反射过程称为“角反射”过程。当两次“镜面”反射都满足布拉格谐振条件时，海浪回波谱将出现尖峰，其频率 $f=0$ 或 $f=\pm2^{3/4}f_{\mathrm{B}}$。

（3）当两排海浪与雷达波束方向传播不一致且又不正交时，所产生的“新”海浪在满足布拉格谐振条件时，对应频谱中的连续二阶谱线像随机噪声。

2．实测海面回波谱[45,46]

中国电波传播研究所利用天波超视距雷达实验开展了海浪杂波观测研究。图 2-119 为实测海面回波谱，实验中观测频率为 18.328MHz，脉冲宽度为 1ms，带宽为 10kHz。

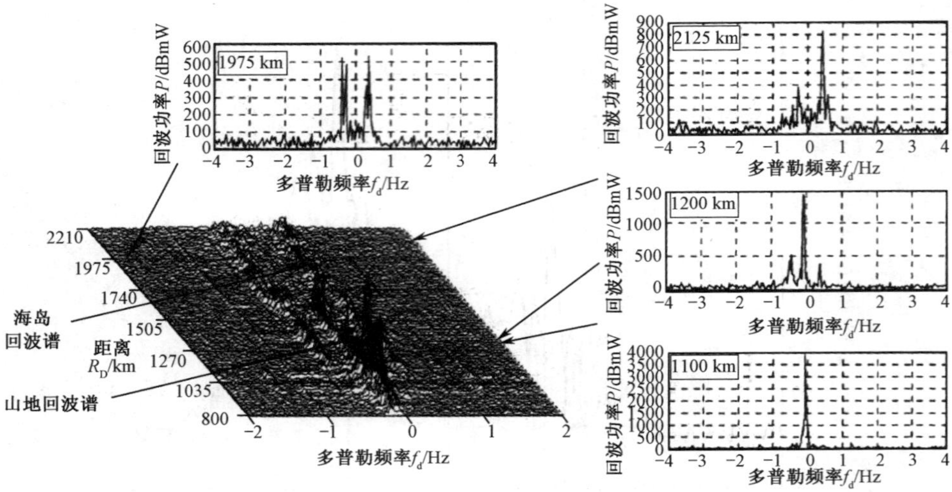

图 2-119　实测海面回波谱

从图 2-119 可以看出，2125km 处回波谱的一阶布拉格峰相对于理论布拉格频率（$f_B = 0.4366\text{Hz}$）有一个小的偏移量$\Delta = 0.1245\text{Hz}$。Δ与洋流速度有关，理论计算的洋流速度为 1m/s；由此处的一阶布拉格峰的幅度差可计算得到，海面风从与天波雷达波束成 107° 夹角的方向向雷达吹来。

1200km 处是陆海交界的回波谱，它既有海洋回波多普勒谱的特点，又有陆地回波多普勒谱的特点。

800～1100km 处是陆地回波谱。地面回波多普勒频谱峰在 0Hz 时大约有 0.2Hz 的小多普勒谱频移，谱峰展宽为 0.2Hz，具有明显的电离层 Es 层回波特征，据此可理论推断 Es 层垂直运动速度为 0.9m/s。

值得注意的是，1975km 处的回波谱受到了电离层严重污染。电离层对回波谱的影响包括相位路径的线性变化和非线性变化及多模传播，从而导致海面回波谱出现多普勒频移、多个布拉格峰和回波谱展宽。

图 2-120 是图 2-119 的局部放大图，可以清楚地看出 1400～1600km 处洋面上某海岛的强回波特征。

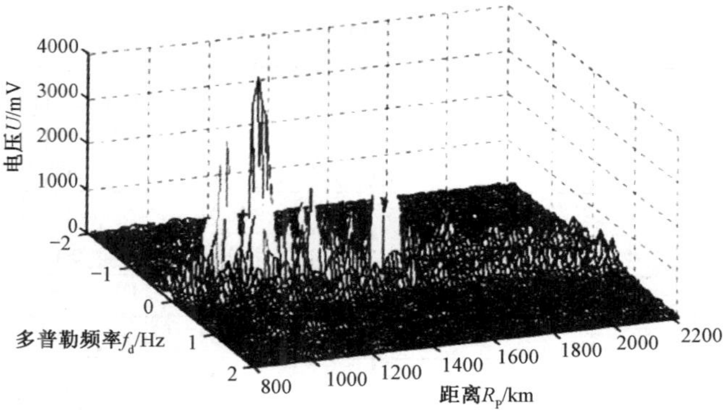

图 2-120　洋面上海岛的强回波谱

2.12　飞鸟昆虫和气象杂波

除了前面介绍的杂波对目标产生的干扰，有时还需要考虑飞鸟昆虫杂波和气象杂波的影响。下面分别介绍这两种杂波的特性。

2.12.1　飞鸟昆虫杂波

鸟类和昆虫可产生点杂波或分布杂波，对目标信号产生干扰。由于它们通常是运动的，采用多普勒滤波抑制可能并不有效，为了降低它们的影响，可以采用灵敏度时间控制的方法，同时需要掌握相应的杂波特征进行判断识别。

鸟类的散射截面积（RCS）虽然很小，但在近距离或成群鸟类飞行时，回波仍然会较强，例如，一般鸟的 RCS 约为−30dBm^2，大鸟如鹅和海鸥的 RCS 可达−20dBm^2，且鸟群的 RCS 正比于鸟的数量。鸟的杂波与鸟活动的规律如活动时间、迁徙和高度有很大的关系。鸟的后向散射回波存在很大的起伏，不能表示为雷达波长与鸟大小尺寸的简单关系，应该用统计量来描述，鸟散射截面积的起伏特性与鸟各部分的相对运动、飞行方向及鸟翼的振动频率有关。有资料认为，鸟飞行状态下散射截面积的概率密度函数呈对数正态分布，散射截面积均值与中值的比值是鸟相对于雷达波长的几何尺寸的函数。它可用来描述起伏大小和确定被观察鸟的尺寸。表 2-28 列出了几种鸟的散射截面积。

表 2-28　几种鸟的散射截面积

鸟的类型	频段	均值		中值	
		cm²	dBm²	cm²	dBm²
白头翁	X	16	–27.95	6.9	–31.61
	S	25	–26.02	12	–29.20
	UHF	0.57	–42.44	0.45	–43.46
麻雀	X	1.6	–37.95	0.8	–40.96
	S	14	–28.53	11	–29.58
	UHF	0.02	–56.98	0.02	–56.98
鸽子	X	15	–28.23	6.4	–31.93
	S	80	–20.96	32	–24.94
	UHF	11	–29.58	8	–30.96

昆虫的雷达散射截面积与鸟类相比更小，但在许多情况下仍可能干扰雷达对目标的检测。昆虫的长度大于雷达波长的 1/3 时才能产生明显的杂波，在低于 X 频段的情况下，其散射截面积近似与频率的四次方成正比。同鸟类一样，昆虫的杂波干扰与其活动习性也有密切的关系，如高度较低，有一定的适应温度和活动范围等。

2.12.2　气象杂波

气象雷达一般采用脉冲体制，雷达接收到的信号功率 P_r 可以表示为

$$P_r = \frac{P_t G^2 \lambda^2 (\Delta\theta)(\Delta\varphi) c\tau |K|^2 Z}{512(2\ln 2)\pi^2 r^2} \tag{2.165}$$

式中，P_t 是发射功率，G 是天线增益，$\Delta\theta$ 和 $\Delta\varphi$ 分别是方位和仰角波束宽度，c 是光速，τ 是雷达脉冲宽度，$2\ln 2$ 是 Gauss 波束订正因子。$|K|^2$ 的表达式为

$$|K|^2 = \left|\frac{m^2-1}{m^2+2}\right|^2$$

式中，m 是复折射指数。在厘米波频段，当温度在 0～20℃时水粒子的 $|K|^2 \approx 0.93$，冰粒子的 $|K|^2 \approx 0.20$。Z 是雷达反射率因子，它取决于粒子的分布，即

$$Z = \int_0^\infty N(D) D^6 \mathrm{d}D \tag{2.166}$$

式中，$N(D)$ 是粒子直径 D 的分布函数。式（2.166）的离散形式是

$$Z = \sum_{i=1}^{N} N(D_i) D_i^6 \tag{2.167}$$

在气象学中，粒子直径的单位通常为毫米，并且在 1m³ 体积范围内求和，因此 Z 以 $\mathrm{mm}^6/\mathrm{m}^3$ 为单位。

在使用式（2.165）时必须注意常数使用的单位。假如采用米-千克-秒单位制，由式（2.167）计算出 Z 的量纲是 $\mathrm{m}^6/\mathrm{m}^3$，而习惯上经常使用的单位是 $\mathrm{mm}^6/\mathrm{m}^3$，因此结果要乘以一个因子 10^{18}。因为 Z 经常有几个数量级的变化，所以一般用对数来度量，即

$$Z(\mathrm{dB}) = 10\lg Z$$

式（2.165）描述了水汽凝结物（雨、雪、冰雹等）对雷达的影响，影响的大小取决于雷达反射率因子 Z。这个方程不仅是计算雷达气象杂波干扰的方程，也是气象雷达的基本方程。从该式可以看出，Z 只与水汽凝结物本身的特性有关，而与雷达参数无关。在实际工程中，往往把最具特征的参数关联起来，构成工程实用模型。在气象学中，一般把雷达反射率因子 Z 和降雨率 R 关联起来，构成如下的指数模型，即

$$Z = aR^b \tag{2.168}$$

式中，a 和 b 均为常数。下面列出几种降水的 $Z-R$ 关系：

层云雨	$Z = 200R^{1.6}$
对流雨	$Z = 500R^{1.5}$
冰雹	$Z = 2000R^{1.29}$
雪	$Z = 2000R^{2}$

对于冰雪，R 是冰雪融化后的等效降水率。实际上，影响降水 $Z-R$ 的因素很多，如降水类型、季节（夏季、冬季）、地理位置（热带、大陆地区，海洋地区、中纬度地区）及云类型等，它们使 $Z-R$ 关系变得十分复杂。使用文献中的结果要特别小心，最好要进行试验检验。

参考文献

[1] 焦培南，张忠治. 雷达环境与电波传播特性[M]. 北京：电子工业出版社，2007.

[2] Rec. ITU-R P.527-3: Electrical Characteristics of the Surface of the Earth, 1992, 03.

[3] ROTHERAM, S. Ground Wave Propagation, Part 1: Theory for Short Distances[J]. IEE Proceedings F Communications, Radar and Signal Processing, 1981, 128(5): 275-284.

[4] ROTHERAM, S. Ground Wave Propagation, Part 2: Theory for Medium and Long Distances and Reference Propagation Curves[J]. IEEE Proceedings F Communications, Radar and Signal Processing, 1981, 128(5): 285-295.

[5] WEISSBERGER M, MEIDENBAUER R, RIGGINS H, et al. Radio Wave Propagation: A Handbook of Practical Techniques for Computing Basic Transmissiom Loss and Field Strength[J]. NASASTI/Recon Technical Report N, 1982.

[6] BARRICK D E. Theory of HF and VHF Propagation Across the Rough Sea Ⅱ: Application to HF and VHF Propagation above the Sea[J]. Radio Science, 1971, 6(5): 527-533.

[7] LONG M W. Radar Reflectivity of Land and Sea (Third Edition)[M]. BOSTON: Artech House, 2001.

[8] ULABY F M, DOBSON M C. Handbook of Radar Scattering Statistics for Terrain[M]. BOSTON: Artech House, 1989.

[9] FOCK V A. International Series of Monographs in Electromagnetic Wave. Electromagnetic Diffraction and Propagation Problems[M]. London: Pergamon Press, 1965.

[10] VOGLER L E. Calculation of Groundwave Attenuation in the Far Diffraction Region[J]. Radio Science Journal of Research NBS/USNC-URSI, 1964, 68D(7): 819-826.

[11] DOBSON M C, KOUYATE F, ULABY F T. A Reexamination of Soil Textural Effects on Microwave Emission and Backscattering[J]. IEEE Trans. Geosci Remote Sensing, 1984, 22(6): 530-535.

[12] Rec. ITU-R P.452-12: Prediction Procedure for the Evaluation of Microwave Interference between Stations on the Surface of the Earth at Frequencies above about 0.7GHz[R]. 2005.

[13] CCIR. Report 1008-1: Reflections from the Surface of the Earth[R]. 1990.

[14] 罗贤云，张忠治. 小麦水稻后向电磁散射建模研究σ^0与入射角的关系[J]. 电波科学学报，1994，9(2):20-29.

[15] 罗贤云，吉健康，张忠治. 雷达地杂波功率谱模型[J]. 电波科学学报，1992，7(4): 35-40.

[16] 温芳茹. 水稻、小麦后向散射特性的实验研究[J]. 电波科学学报，1994，9(1): 36-47.

[17] 汤明，尹志盈. 地物散射特性的实验研究[J]. 科学通报，1996，41(7): 662-664.

[18] 汤明. 裸地散射特性分析[J]. 电波科学学报，1994，9(4): 69-75.

[19] 尹雅磊，朱秀芹，尹志盈. 典型地形电磁散射特性实验研究[J]. 电波科学学

报，2011，26（增刊）: 101-104.

[20] 尹志盈，朱秀芹，张浙东，等. 雪覆盖草地电磁散射特性测试和分析[C]. 武汉：第十届全国电波传播学术讨论年会论文集，2009: 308-311.

[21] 赵鹏，张浙东，吴振森，等. 耕地地貌变化的散射特性研究对比[C]. 海口，第十六届全国电波传播学术讨论年会论文集，2020: 414-418.

[22] 温芳茹，罗贤云，孙芳，等. L 频段地杂波幅度统计分布[J]. 现代雷达，1997，19(3): 5-13.

[23] 李清亮，尹志盈，朱秀芹，等. 雷达地海杂波测量与建模[M]. 北京：国防工业出版社，2017.

[24] CURRIE N C, DYER F B, HAYES R D. Radar Land Clutter Measurements at Frequencies of 9.5, 16, 35, and 95GHz[J]. NASA STI/Recon Technical Report N, 1975, 76, 12262.

[25] BILLINGSLEY J B. Exponential Decay in Windblown Radar Ground Doppler Spectra Multifrequency Measurements and Model[J]. 1996.

[26] HASSELMANN K, BARNETT T P, BOUSW E, et al. Measurements of Wind-wave Growth and Swell Decay during the Joint North Sea Wave Projects (JONSWAP)[R]. Deutches Hydrographisches Institut, 1973.

[27] ELFOUHAILY T, CHAPRON B, KATSAROS K, et al. A Unified Directional Spectrum for Long and Short Wind-driven Waves[J]. Journal of Geophysical Research: Oceans, 1997, 102(C7): 15781-15796.

[28] 董吉田，吕常五，曹伟民，等. 海浪的观测分析与试验[M]. 青岛：中国海洋大学出版社，1993.

[29] ANTIPOV I. Simulation of Sea Clutter Returns[R]. Salisbury: Defence Science and Technology Organisation, 1998.

[30] ZHANG Y S, ZHANG J P, LI X, et, al. Modified GIT Model for Predicting Wind-speed Behaviour of Low-grazing-angle Radar Sea Clutter[J]. Chinese Physics B., 2014, 23(10): 108402.

[31] GREGERS-HANSEN V, MITAL R. An Improved Empirical Model for Radar Sea Clutter Reflectivity[J]. IEEE Transactions on Aerospace and Electronic System, 2012, 48(4): 3512-3524.

[32] ROSE G C, ANDREWS A. Revised Clutter/environment Model[R]. Technology Service Corporation, 1991.

[33] LI X, SHUI P L, XIA X Y, et al. Analysis of UHF-band Sea Clutter Reflectivity

at Low Grazing Angles in Offshore Waters of the Yellow Sea[J]. International Journal of Remote Sensing, 2020, 41(19):1-14.

[34] 黎鑫，夏晓云，张玉石，等. UHF 波段小擦地角海杂波幅度均值修正模型[J]. 系统工程与电子技术，2020，42(5): 1035-1040.

[35] DONG Y H. Clutter Spatial Distribution and New Approaches of Parameter Estimation for Weibull and *K*-distributions[R]. Defence Science and Technology Organisation, 2000.

[36] 张玉石，许心瑜，尹雅磊，等. L 频段小擦地角海杂波幅度统计特性研究[J]. 电子与信息学报，2014, 36(5): 1044-1048.

[37] DUNCAN J R, KELLER W C, WRIGHT J W. Fetch and Wind Speed Dependence of Doppler Spectra[J]. Radio Science, 2016, 9(10): 809-819.

[38] LEE P H, BARTER J D, BEACH K L, et al. Power Spectral Lineshapes of Microwave Radiation Backscattered from Sea Surfaces at Small Grazing Angles[J]. IEEE Proceedings-Radar Sonar and Navigation, 1995, 142(5): 252-258.

[39] WALKER D. Doppler Modeling of Radar Sea Clutter[J]. IEEE Proceedings-Radar Sonar and Navigation, 2001, 148(2): 73-80.

[40] WARD K D, WATTS S, TOUGH R J. Sea Clutter: Scattering, the *K* Distribution and Radar Performance[M]. 2nd Edition. London: The Institution of Engineering and Technology, 2013.

[41] 张金鹏，张玉石，李清亮，等. 基于不同散射机制特征的海杂波时变多普勒谱模型[J]. 物理学报，2018, 67(3): 034101.

[42] ZHANG J P, ZHANG Y S, XU X Y, et al. Estimation of the Sea Clutter Inherent Doppler Spectrum from Shipborne S-Band Radar Sea Echo[J]. Chinese Physics B, 2020, 29(6): 068402.

[43] BARRICK D E. First-order Theory and Analysis of MF/HF/VHF Scatter from the Sea[J]. IEEE Transactions on Antennas and Propagation, 1972, 20(1): 2-10.

[44] LIPA B J, BARRICK D E. Extraction of Sea State from HF Radar Sea Echo, Mathematical Theory and Modeling[J]. Radio Science, 1986, 21(1):81-100.

[45] JIAO P, FAN J, LIU W, et al. Some New Experimental Research of HF Backscatter Propagation in CRIRP[C]. Proceedings of 2004 Asia-Pacific Radio Science Conference, Qingdao, China, 2004.

[46] 焦培南，凡俊梅，吴海鹏，等. 高频天波返回散射回波谱实验研究[J]. 电波科学学报，2004，19(6): 643-648.

第 3 章
对流层及其电波传播特性

本章主要讨论对流层环境中的各种传播现象及其对雷达性能产生的影响。首先讨论对流层大气无线电气象参数及折射率时空变化；其次叙述大气波导形成和出现率、对流层顶与临近空间环境特性；再次给出对流层衰减的计算方法，包括大气气体吸收、降水衰减、云雾衰减、沙尘衰减、对流层波导传播衰减、对流层闪烁等，以及大气折射效应及其误差修正方法；最后对无线电气象参数测量技术进行简要概述。

3.1 对流层特性

对流层是大气层的最低层，处于从地面起到 12km 左右的高空范围，在地球两极的顶高为 9km 左右，随着纬度降低，顶高逐渐升高，赤道地区顶高可达 17km 左右。对流层是多种气体（氮、氧、氢、二氧化碳等）与水蒸气的混合体。对流层中大气密度随高度升高而下降。太阳投射到地面的热量通过大气的垂直对流作用使对流层变热。对流层内的温度、压力、水汽压一般都随高度增加而下降，但局部地区上空偶尔会出现温度随高度增加而上升的现象，即出现逆温层。

对流层的介电特性随时间和空间变化。因此，无线电波在对流层中传播和在自由空间传播是不一样的，传播路径会发生弯曲，传播速度不同于真空的光速，从而产生电波的大气折射效应。

对流层大气有明显的大尺度变化，同时叠加着大气的局部湍流运动。由于这种变化无规则，通常只能进行统计研究，且难于准确预测。

对流层内气体分子及水汽凝结物（云、雾、雨等）具有吸收和散射作用，会造成电波的衰减，衰减量与电波工作频率密切相关。在 20GHz 以下频率及其他大气窗口频率上，对流层为非色散介质，即其电特性与频率无关。当频率低于 22.23GHz 时，对流层的电导率$\sigma = 0$，即没有色散，且介电常数 ε 为实数。当频率为 22.23GHz 时，水汽吸收达到峰值，频率为 50～60GHz 和 18GHz 的氧气吸收达到峰值。这时σ皆不为零，介电常数为复数，且与频率有关，这时它为色散介质。

对流层和电离层之间为平流层，又称同温层。其实同温层中的大气温度并不相同，这只是因为以前观测条件有限，未能测出其变化梯度。平流层处于对流层顶到 60km 左右的高空。在 20～50km 范围内臭氧（O_3）较多，能有效吸收太阳紫外线，该区域温度达 60～70℃，但也存在逆温区。平流层内的大气以水平方向运动为主，故称平流层。由于该区域空气稀薄且不含水汽，故对电波的折射影响不大。目前，大多数对流层折射研究一般包括平流层。

低层大气对雷达电波传播的影响程度可用介质磁导率μ和介电常数ε来表征，

并以折射指数 $n=\sqrt{\dfrac{\mu\varepsilon}{\mu_0\varepsilon_0}}=\sqrt{\mu_r\varepsilon_r}$ 来表示。大气折射指数 n 接近 1。其地面值约为 1.00026～1.00046，在 9km 处的值则为 1.000105 左右。为了研究和使用方便，又引入折射率 N 这一物理量，即

$$N=(n-1)\times10^6 \tag{3.1}$$

雷达电波的折射效应与大气结构参数及物理参数是密切相关的。大量测试表明，垂直方向的大气变化比水平方向要大 1～3 个量级，因此，在研究雷达电波大气折射效应时，通常忽略大气的水平方向变化，并视大气为球面分层，从而折射指数可简化为仅随离地面高度 h 而变化的量，即 $n=n(h)$ 。

3.2　大气无线电气象参数与折射率

对流层大气的状态主要取决于压力 P、温度 T 和湿度 e_w 等气象参数[1]，而大气折射率 N 的变化可用气象参数 P、T 和 e_w 来表征。

我国是一个幅员辽阔、地形和气候复杂的国家。从南沙群岛的曾母暗沙到黑龙江省的漠河，即从近赤道的热带气候区跨过 50 多度纬度进入寒带气候区。从东部沿海到青藏高原，即从海面到世界屋脊。加上复杂多变的地形地貌，以及太平洋季风和西伯利亚寒流，我国广大地域四季分明，信风频繁且强劲。气候影响着无线电波传播特性，于是我国有复杂的无线电气候，影响无线电波传播的气象参数被称为无线电气象参数。

由电波传播理论和分子物理学可以导出对流层的电极化率为

$$\chi_e=\varepsilon_r-1=\frac{AP}{T}+\frac{Be_w}{T^2} \tag{3.2}$$

式中，P 为所有气体的总压力（单位为 hPa；这里 1hPa=1mbar）；e_w 为水汽压（单位为 hPa）；T 为大气热力学温度（单位为 K）；常数 A=155.2×10^{-6}，B=7.465×10^{-1}（频率在 0～30GHz 范围内误差为 0.5%）；大气磁导率 $\mu=1$ ，于是有

$$\chi_e=\varepsilon_r-1=n^2-1=(n-1)(n+1)\approx2(n-1) \tag{3.3}$$

由式（3.2）和式（3.3）得折射率为

$$\begin{aligned}N=(n-1)\times10^6&=\frac{77.6}{T}\left(P+\frac{4810e_w}{T}\right)\\&=77.6\frac{P}{T}+3.73\times10^5\frac{e_w}{T^2}\end{aligned} \tag{3.4}$$

式中，右端第一项称为折射率的干项；第二项包含水汽压，称为折射率的湿项。

3.2.1 大气折射率的变化[2~5]

1. 大气折射率的水平变化

在小区域范围内，可以认为折射率 N 是水平均匀的，但在较大范围内则有明显的差异。折射率 N 的水平变化主要与地球表面折射率 N_0 有关。不同地点的海拔高度不同，经计算可得海平面折射率 N_{sea} 与 N_0 有如下关系：

$$N_{sea} = N_0 \exp(Bh_0) \tag{3.5}$$

式中，h_0 为地面的海拔高度（单位为 km）；B 为统计常数，我国统计的常数 B 的值如表 3-1 所示。

表 3-1 常数 B 的统计值

时 间	1 月	4 月	7 月	10 月	年平均
B 的统计值	0.1350	0.1503	0.1607	0.1432	0.1472

图 3-1 和图 3-2 分别给出了地面折射率 N_0 和海平面折射率 N_{sea} 的年平均等值线。研究大气折射问题一般使用地面折射率 N_0。

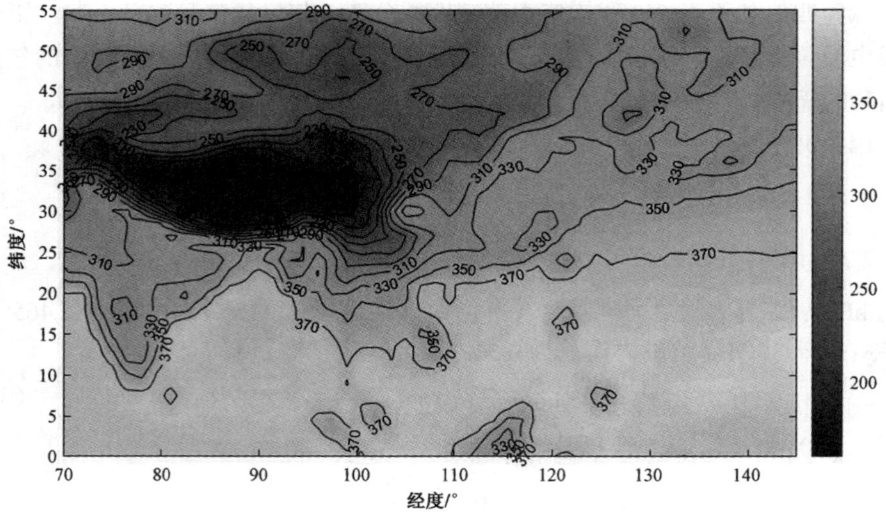

图 3-1 我国地面折射率 N_0 年平均值等值线图

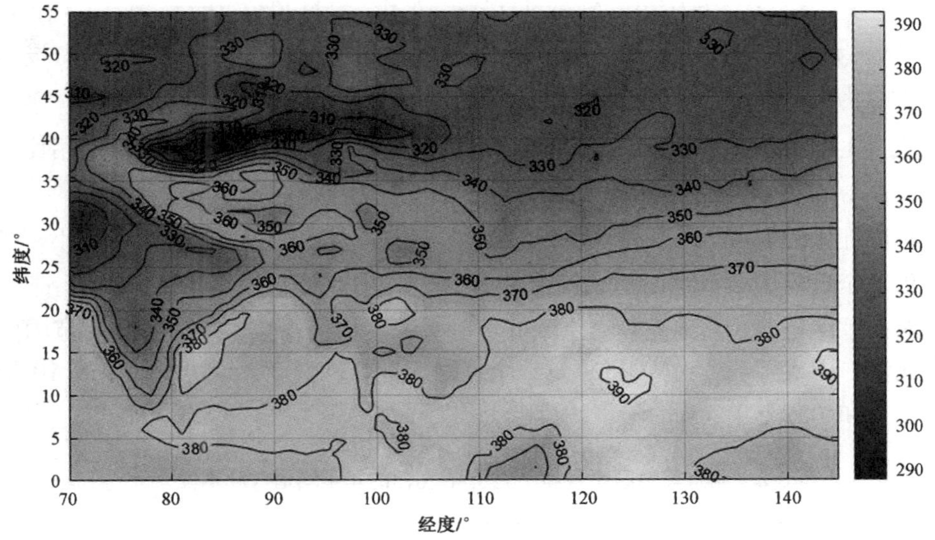

图 3-2　我国海面折射率 N_{sea} 年平均值等值线图

从图中可知，我国地面折射率 N_0 的变化与我国复杂的地形有关，显示出以下几个特点。

（1）N_0 从东到西呈现递减趋势，东南沿海地面折射率 N_0 最高，年平均值为 360N 单位左右。这是由于该地区受东南暖湿气流的影响，全年湿度较大。

（2）西藏高原地势高，全年降雨少，因此地面折射率 N_0 最低，年平均值为 200N 单位左右。

（3）受横断山脉及长江上游几条支流的影响，云、贵、川交界的地区海拔迅速升高，地面折射率 N_0 的变化最为激烈，N_0 等值线较稠密。

（4）N_0 最小值出现在塔里木盆地，此处 N_0 为 200N 单位以下。整个广大西北地区大部分为沙漠，地势平缓、气候干燥，N_0 为 270N 单位左右。

（5）海平面折射率 N_{sea} 的变化较有规律，从东到西和从南到北都呈递减趋势，从西沙到漠河的变化为 60N 单位。

（6）复杂的地形地貌导致全国海平面折射率 N_{sea} 和地面折射率有较大的差异。

2．大气折射率的高度变化

在通常情况下，折射率 N 随高度升高而减小。从多年统计资料得出，平均折射率 N 随高度的变化成负指数函数关系，即高度 h 处的折射率为

$$N(h) = N_0 \exp[-C_a(h-h_0)] \quad \text{（N 单位）} \tag{3.6}$$

式中，N_0 为地面折射率（N 单位）；h 为海拔高度（单位为 km）；h_0 为地面海拔高度（单位为 km）；C_a 为指数衰减系数（单位为 1/km）。

式（3.6）在表述年平均值时，误差在几个 N 单位内，但与瞬时值相比，式（3.6）的误差就较大，如特别的气象日（若出现超折射）差异就更大。

不同地区的低层大气折射率 N 差异较大，但随高度增加其差异逐步减小，在 9km 处，全世界大多数地区的大气折射率均可取 10^5N 单位左右。

对于雷达电波，离地面较低空域的折射率影响是主要的。离地面 1km 范围内的变化值，即 $\Delta N_1 = N_0 - N(1\text{km})$ 是一个重要的参数。表 3-2 给出了北京等 10 个地区 1 月和 7 月上午 ΔN_1 的年平均值。

表 3-2　北京等地区 1 月和 7 月上午 ΔN_1 的年平均值（N 单位）

地　区	1 月	7 月
北　京	37	54
上　海	41	70
乌鲁木齐	26	57
广　州	38	58
兰　州	28	37
昆　明	34	44
武　汉	46	62
成　都	32	39
拉　萨	21	31
呼和浩特	32	31

从表 3-2 可以看出，夏季的 ΔN_1 明显大于冬季，夏季温度较高地区（上海、武汉等地）的 ΔN_1 偏大，冬季拉萨的 ΔN_1 最小。我国 ΔN_1 的各年平均值为 39.4 N 单位/km。Bean B. R.[6]曾给出过 ΔN_1 与 N_0 的关系，即

$$\Delta N_1 = -7.22\mathrm{e}^{0.005577 N_0} \quad \text{（N 单位/km）} \tag{3.7}$$

除大量数据统计外，从地面到 1km 高度内的 $N(h)$ 也可用下面的线性模型来表示：

$$N(h) = N_0 - \Delta N_1(h-h_0), \qquad h_0 \leqslant h \leqslant h_0 + 1\text{km} \tag{3.8}$$

而 1km 以上高空的折射率 $N(h)$ 可用负指数衰减规律较好地表述。

3．大气折射率的季节变化

虽然平均折射率 N 的年变化一般仅为 2～3N 单位，但一年之中 N 随季节的变化是明显的。大量的数据统计表明：

（1）全国的 N 值在冬季达到全年最小值。

（2）全国的 N 值在夏季达到全年最大值。除温度升高的原因外，空气湿润水汽压升高的影响远超过温度的影响。

（3）对于我国大多数地区，由于春季温度回升，雨季未到的空气较干燥，因此全年 4 月的折射率接近最小值。但沿海或梅雨到来地区由于湿度大，折射率有所升高。

表 3-3 给出了北京等 10 个地区在不同季节（1 月、4 月、7 月、10 月）的平均地面折射率 N_0 值。

表 3-3　北京等 10 个地区在不同季节的平均地面折射率 N_0 值（N 单位）

地　区	1 月	4 月	7 月	10 月	年平均
北　京	301	301	361	311	320
上　海	316	333	383	342	340
乌鲁木齐	292	281	290	285	285
广　州	323	362	380	353	353
兰　州	253	246	272	265	278
昆　明	259	270	299	280	279
武　汉	314	334	383	337	342
成　都	303	320	351	320	320
拉　萨	192	194	220	202	202
呼和浩特	277	260	290	272	272

由表 3-3 可见，由于湿度的全年变化较大，东南沿海和长江中游的折射率变化较大；乌鲁木齐虽然全年温度变化较大，但全年降雨较小，湿度变化小，因此该地区折射率全年平均值仍很小。

4．大气折射率的日变化

试验数据统计表明，大气折射率 N 的日变化非常明显，且有明显的周期性。日出前，气温最低，湿度较大；日出后，太阳对空气加热，温度升高，14 时湿度达到全天最小值。因此，折射率 N 在凌晨前后最大，在 14 时前后最小。表 3-4 给出了北京地区不同季节（1 月、4 月、7 月、10 月）每天 1 时、7 时、13 时、19 时地面折射率 N_0 的统计值。

表 3-4　北京地区不同季节（1 月、4 月、7 月、10 月）每天 1 时、7 时、13 时、19 时地面折射率 N_0 的统计值（N 单位）

月　份	01: 00	07: 00	13: 00	19: 00
1 月	308	313	300	307
4 月	308	312	291	300
7 月	369	367	357	362
10 月	325	322	310	321

大部分地区 N 值的日变化一般在 10～20N 单位以内，但当天气异常时 N 的值将大于此值。

5. 全球大气折射率的水平分布特征[5,7]

利用全球 3218 个地海面观测站 10 年（2005—2014 年）的气象观测数据计算并给出海平面折射率、表面折射率湿项等参数的统计特征。

1）海平面折射率

图 3-3 给出了全球海平面折射率中值分布图。由图可知，全球海平面折射率中值高值区在低纬度地区，取值为 340～400 N 单位；但有几个沙漠地带为低值区，主要位于非洲沙漠、阿拉伯半岛沙漠、澳大利亚沙漠；中高纬度地区为低值区，取值为 300～340 N 单位。

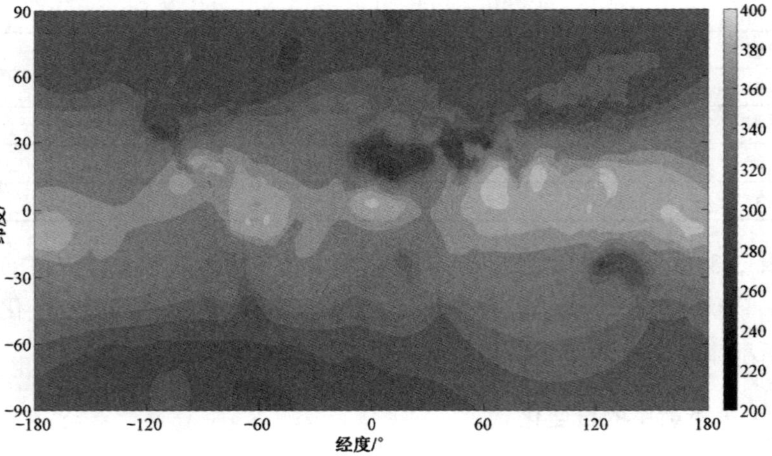

注：彩插页有对应彩色图像。

图 3-3　全球海平面折射率中值分布图

2）表面折射率湿项

预测航空和卫星业务在 125MHz～15.5GHz 频率范围的基本传输损耗（ITU-R

P.528-4）等传播模型会用到表面折射率湿项。表面折射率湿项是指地海面大气折射率湿项，图 3-4 给出了全球表面折射率湿项中值分布图。由图可知，全球表面折射率湿项中值高值区同样在低纬度地区，范围为 90～145N 单位，但低纬度地区的非洲沙漠、阿拉伯半岛沙漠、澳大利亚沙漠等为低值区（30～40N 单位）；中高纬度地区为低值区，范围为 5～90 N 单位。

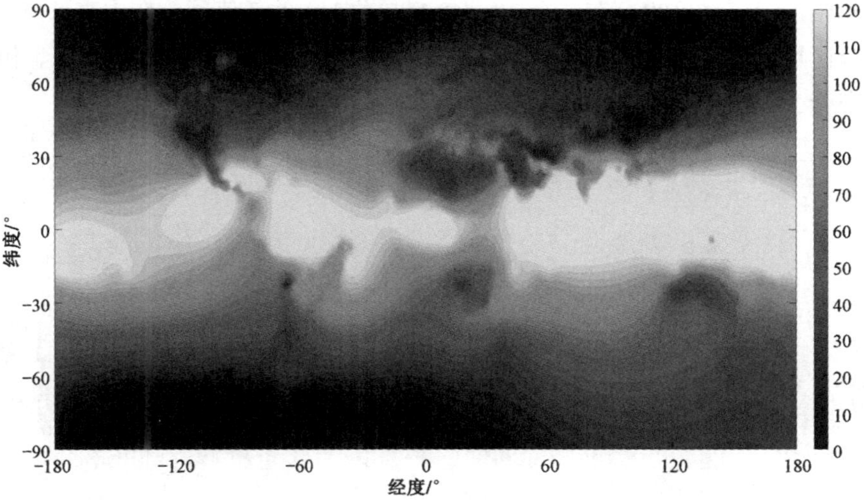

注：彩插页有对应彩色图像。

图 3-4　全球表面折射率湿项中值分布图

6．全球大气折射率的垂直梯度分布特征[5,7]

大气中的电波传播受控于折射率，特别是大气低层折射率垂直梯度及其累积概率分布。大气低层折射率垂直梯度对于预测路径余隙和一些传播效应，如大气波导引起的超视距传播、表面反射、视距多径衰落等非常重要。在工程应用中，100m、65m 高度处大气折射率梯度主要是研究视距传播需要考虑的环境影响因素；1km 高度处大气折射率梯度主要是研究地面与飞行器、地面与卫星传播链路及超视距传播需要考虑的环境影响因素。

因此，全球折射率梯度的累积概率分布，对全球各个地区传播的预测、通信链路设计及各种无线电系统的设计都是必须要考虑的大气环境因素。利用全球 892 个探空观测站 10 年（2005—2014 年）的气象数据计算并给出这些参数的统计特征。

1）1km 折射率梯度中值

距离地海面下垫面 1km 的大气折射率梯度定义为

$$\Delta N_{1\text{km}} = N_{\text{S}} - N_{1\text{km}}$$

式中，N_s为表面折射率，N_{1km}为距离地海面 1km 高度处的大气折射率。图 3-5 给出了 1km 折射率梯度中值分布图。由图可知，在低纬度地区，大部分区域的ΔN_{1km}中值绝对值为 50～60 N 单位/km，在低纬度地区北美洲西海岸沿海存在一个 70～80 N 单位/km 的高值区，在西非西海岸沿海存在另一个 80～90 N 单位/km 的高值区，在西非、南非、北非陆地存在一个 10～30 N 单位/km 的低值区，在澳大利亚中部热带沙漠气候区也存在一个 30～40 N 单位/km 的低值区；在中高纬度地区，大部分区域ΔN_{1km}中值绝对值为 35～45 N 单位/km，在亚洲的青藏高原、伊朗高原存在一个 10～30 N 单位/km 的低值区。

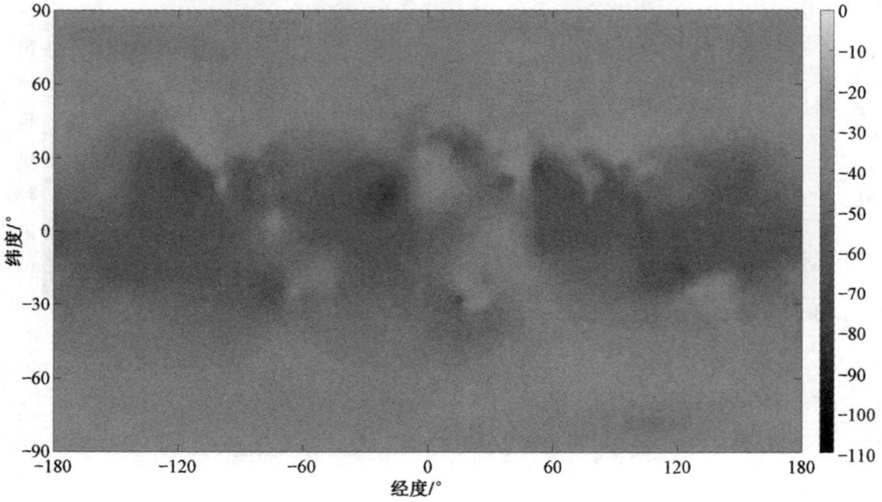

注：彩插页有对应彩色图像。

图 3-5　全球 1km 折射率梯度中值分布图

2）100m 折射率梯度小于−100N 单位/km 的时间百分比

距离地海面下垫面 100m 的大气折射率梯度定义为

$$\Delta N_{100m} = \left(N_S - N_{100m}\right)/0.1$$

式中，N_S为表面折射率，N_{100m}为距离地海面 100m 高度处的大气折射率。图 3-6 给出了 100m 折射率梯度小于−100N 单位/km 的时间百分比（β）分布图。由图可知，β高值区主要分布在以暖洋流为主的海洋区域，β最高值为 91.5%。陆地上存在两个高值区，分别分布在南美洲的热带雨林气候区、非洲南部的热带草原气候区，β最高值也在 75%以上。东南亚也存在 3 个高值区，分别位于马来半岛北部及与其相对的由克拉底海峡相隔的泰国与缅甸南部地区、菲律宾群岛南部、马来群岛中的苏拉威西岛及其沿海海域，β为 75%～85%。

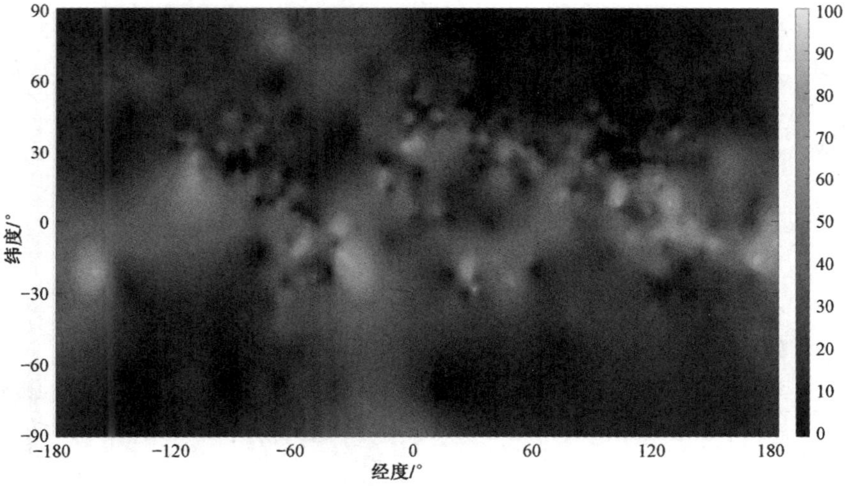

注：彩插页有对应彩色图像。

图 3-6　全球 100m 折射率梯度小于−100N 单位/km 的时间百分比分布图

3）65m 折射率梯度

距离地海面下垫面 65m 的大气折射率梯度定义为

$$\Delta N_{65\mathrm{m}} = N_{\mathrm{S}} - N_{65\mathrm{m}}$$

式中，N_{S} 为表面折射率，$N_{65\mathrm{m}}$ 为距离地海面 65m 高度处的大气折射率。图 3-7 给出了全球 65m 折射率梯度中值分布图。由图可知，$\Delta N_{65\mathrm{m}}$ 中值绝对值的高值区主要分布在以暖洋流为主的海洋区域，该区域中大部分海域$\Delta N_{65\mathrm{m}}$ 中值绝对值为 75～175N 单位/km，最高值约为 250N 单位/km。陆地上有两个高值区，分别位于北非北部的阿特拉斯山脉、马来半岛北部及与其相对的由克拉底海峡相隔的泰国与缅甸南部地区，最高值约为 300N 单位/km。其他区域的折射率梯度中值为 0～75 N 单位/km，个别地区的$\Delta N_{65\mathrm{m}}$ 中值出现了 0～50 N 单位/km 的正梯度值。

3.2.2　对流层大气折射率模型[2～4]

在计算对流层对雷达电波传播的折射影响时，必须有对流层大气折射指数模型。雷达技术的发展及空基雷达站的出现，对大气折射修正的精度要求不断提高，因此大气折射指数模型也在不断发展完善。

这里介绍的大气折射指数模型有实测模型，也有具有代表性的统计模型。这些模型可使折射修正公式中的积分项变为封闭形式，从而大大简化计算，节省折射修正计算时间。

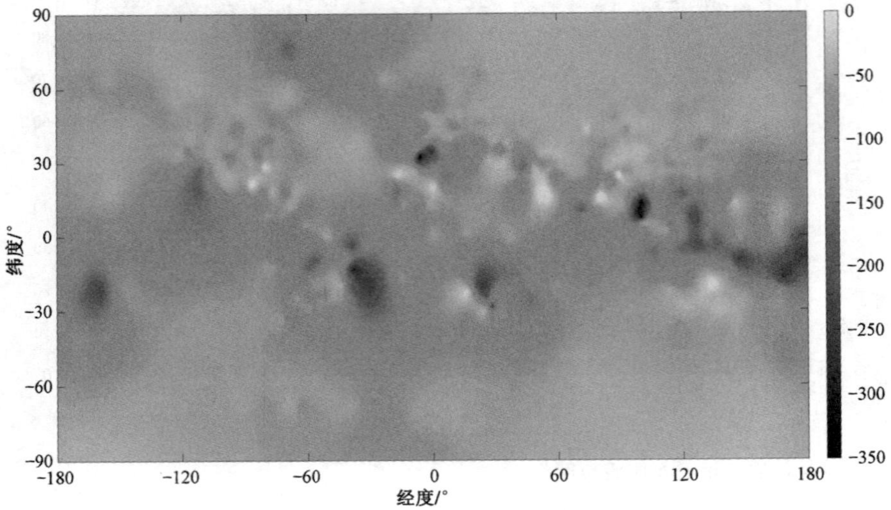

注：彩插页有对应彩色图像。

图 3-7　全球 65m 折射率梯度中值分布图

1. 实测大气折射指数剖面

使用无线电探空仪可以直接获得对流层的各种物理参数。用气球式飞艇可以把探空仪带到 30 多 km 的高空，因此在气球上升过程中，可以不断地把空中各点的温度、湿度和压力通过无线电发送到地面接收站，这些数据通过式（3.4）可以计算出折射率的剖面。

应当指出，式（3.4）的湿度 e_{w} 是绝对湿度（以 hPa 为单位），而探空仪测到的湿度一般是相对湿度（RH）或露点湿度 t_{a}，故在利用式（3.4）时需要将 RH 或 t_{a} 进行换算，即

$$e_{\mathrm{w}} = E \cdot \mathrm{RH}/100 \tag{3.9}$$

$$E = a\exp\left(\frac{bt}{c+t}\right) \tag{3.10}$$

或

$$e_{\mathrm{w}} = a\exp\left(\frac{bt_{\mathrm{a}}}{c+t_{\mathrm{a}}}\right) \tag{3.11}$$

式中，t 为摄氏温度（℃）；常数 a、b、c 由表 3-5 给出。

表 3-5　湿度换算常数表

常数	（t、t_a ≥20℃）	t、t_a <20℃
a	6.1121	6.1115
b	17.502	22.452
c	240.97	272.55

式（3.4）中的温度 T 是热力学温度，它与摄氏温度的关系为 $T = 273 + t$ 。由式（3.4）可算出空间各点的折射率 N_i ，然后用压高公式可算出 N_i 所对应的高度 h_i ，即

$$h_i = h_{i-1} + 67.4\overline{T_{r,i}}\lg\frac{P_{i-1}}{P_i} \tag{3.12}$$

式中，$\overline{T_{r,i}}$ 为第 i 层的平均虚温：

$$\overline{T_{r,i}} = \frac{1}{2}(T_{r,i} + T_{r,i-1}) \tag{3.13}$$

$$T_{r,i} = T_i(1 + 0.378\frac{e_{w,i}}{P_i}) \tag{3.14}$$

综上结果，可将实测大气折射率剖面列成 (h_i, N_i) 表格。

2．线性模型

早期人们认为大气折射率随高度 h 呈现线性变化，即

$$N(h) = N_0 + \Delta N \cdot h \tag{3.15}$$

式中，N_0 为地面折射率；ΔN 为折射率梯度（单位为 N 单位/km）；h 为从地面算起的高度。

大量统计数据表明，在近地面 0.1km 范围内线性模型与实际数据吻合较好；超出这个范围，其准确性将下降。这个模型可推导出最原始的大气折射修正方法——等效地球半径法。在标准大气条件下，$\Delta N = 40$N 单位/km，等效地球半径取真实地球半径的 4/3，并将射线视为直线。这种模型多用于点对点的低空接力通信，但高精度雷达电波折射修正已很少采用。

表 3-6 给出了北京等几个地区近地面 0.1km 的梯度 $\Delta N_{0.1}$ 和近地面 1km 的梯度 ΔN_1 的 4 个月及全年平均值。

表 3-6　北京等地区 $\Delta N_{0.1}$ 和 ΔN_1 值（N 单位/km）

地区	1 月		4 月		7 月		10 月		年平均	
	$\Delta N_{0.1}$	ΔN_1	$\Delta N_{0.1}$	ΔN_1	$\Delta N_{0.1}$	ΔN_1	$\Delta N_{0.1}$	ΔN_1	$\Delta N_{0.1}$	ΔN_1
北京	52	35.5	72	36	62	50.5	44	40.5	60	41
上海	50	42	62	47	52	62	41	52	51	51
广州	51	37	60	47	52	56	44	45	52	47

续表

地区	1月		4月		7月		10月		年平均	
	$\Delta N_{0.1}$	ΔN_1	$\Delta N_{0.1}$	ΔN_1	$\Delta N_{0.1}$	ΔN_1	$\Delta N_{0.1}$	ΔN_1	$\Delta N_{0.1}$	ΔN_1
武汉	54	46	67	46	62	61	42	48	56	50
成都	47	36	61	45	51	55	41	45	50	46
昆明	35	33	45	34	37	40	29	37	36	36
兰州	51	33	60	33	50	39.5	40	25	49	33
拉萨	26	21	32	21	27	31	28	25	28	22
乌鲁木齐	37	36	41	32	39	38.5	44	34.5	39	35
呼和浩特	38	33	48	28	39	37	42	33	40	34

3．指数模型

通过对多地区长期、大量实测数据进行统计分析，人们就平均大气折射率可用负指数模型，即式（3.6）来近似达成了共识。

年平均或月平均大气折射率用指数模型近似的误差很小，其标准差一般小于5N单位，但与实测数据的差异较大。式（3.6）的C_a可用多种统计方法得到，一般采用最小二乘法：

$$C_a = \frac{1}{m}\sum_{i-1}^{m}\frac{\ln N_0 - \ln N_i}{h_i - h_0} \tag{3.16}$$

式中，N_0为地面折射率，h_i为高空各层的海拔高度，N_i为高度h_i处的大气折射率。表3-7给出北京等10个地区在1月、4月、7月、10月衰减系数C_a的值及年平均值。

表3-7 北京等地区折射率衰减系数C_a值（单位为1/km）

地区	1月	4月	7月	10月	年平均
北京	0.121	0.135	0.140	0.160	0.145
上海	0.135	0.152	0.161	0.171	0.155
广州	0.125	0.140	0.137	0.161	0.143
武汉	0.135	0.149	0.155	0.172	0.157
成都	0.140	0.150	0.150	0.165	0.155
昆明	0.135	0.137	0.146	0.157	0.145
兰州	0.124	0.125	0.138	0.147	0.135
拉萨	0.118	0.121	0.130	0.150	0.131
乌鲁木齐	0.135	0.125	0.137	0.135	0.129
呼和浩特	0.126	0.113	0.125	0.140	0.127

图3-8给出了我国C_a值的年平均等值线。我国C_a年平均值为0.1404/km，而全球范围的年平均值为0.134/km。

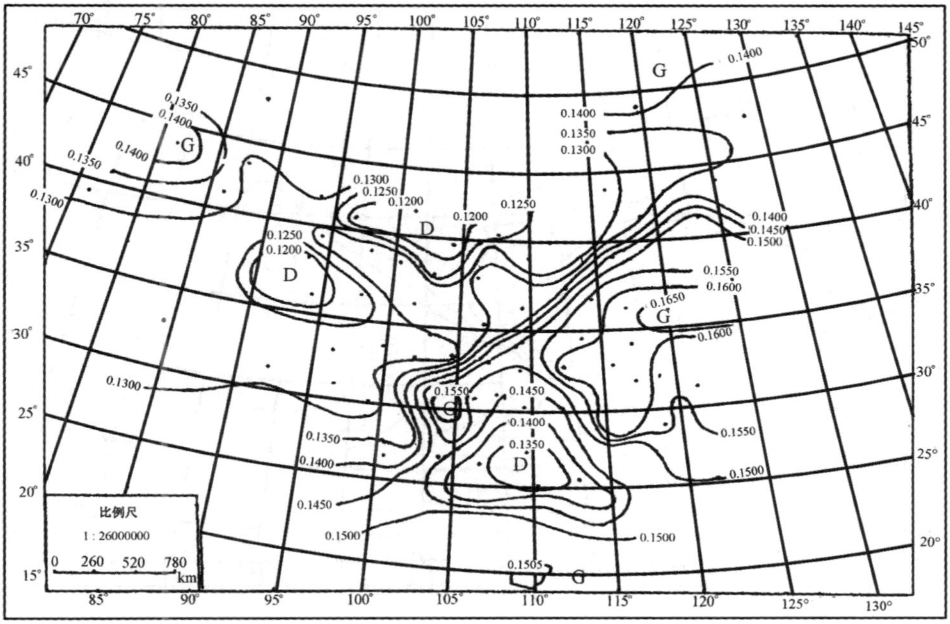

图 3-8　我国 C_a 值的年平均等值线图（G 为高值区，D 为低值区）

4．分段模型

为了更精确地描述地面至 60km 整个低层大气，通常采用分段模型，即海拔高度 h 处的折射率 $N(h)$（N 单位）为

$$N(h)=\begin{cases} N_0-\Delta N_1(h-h_0), & h_0\leqslant h\leqslant h_0+1\text{km} \\ N_1\exp[-(C_{a1}(h-h_0-1)], & h_0+1\text{km}<h\leqslant 9\text{km} \\ N_9\exp[-C_{a9}(h-9)], & 9\text{km}\leqslant h\leqslant 60\text{km} \end{cases} \tag{3.17}$$

式中，N_1 为海拔 1km 内的折射率（N 单位）；ΔN_1 为近地面 1km 内的折射率梯度（见表 3-6）。图 3-9 为我国近地面 1km 大气折射率梯度 ΔN_1 年平均值的等值线图，C_{a1} 为地面上空 1～9km 的指数衰减系数（1/km）。表 3-8 给出了北京等 10 个地区在 1 月、4 月、7 月、10 月及全年平均的 C_{a1} 值。图 3-10 为我国地面上空 1km 至海拔 9km 大气模式中指数衰减系数 C_{a1} 值的年平均等值线图。

N_9 为海拔 9 km 高处的折射率（N 单位），该值较稳定，无论何时何地均可取为 105N 单位；C_{a9} 为海拔 9～60km 的指数衰减系数，其年平均值为 0.1432 / km，在 1 月、4 月、7 月和 10 月分别取 0.1470 / km、0.1432 / km、0.14 / km 和 0.1428 / km。

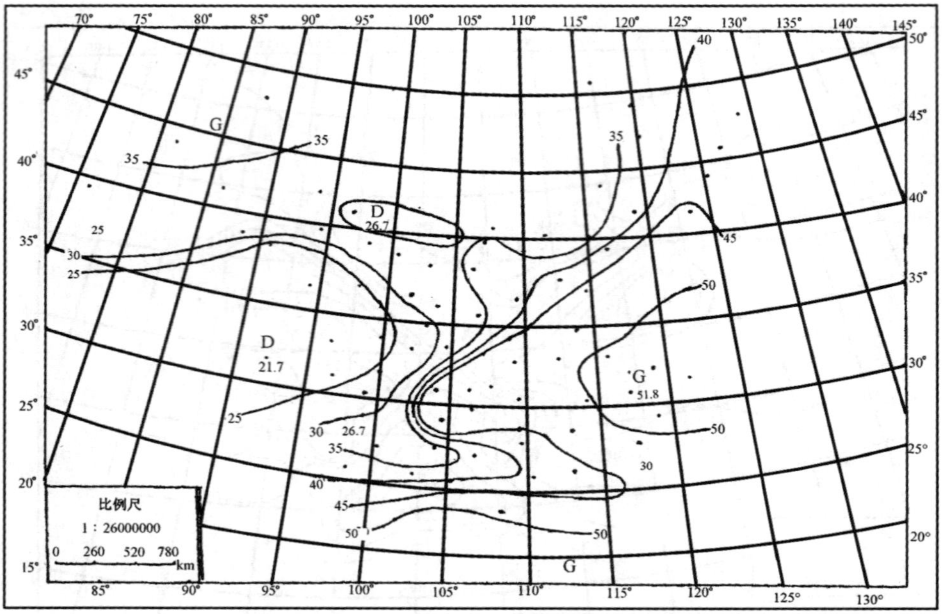

图 3-9　我国近地面 1km 大气折射率梯度 ΔN_1（N 单位/km）年平均等值线图（G 为高值区，D 为低值区）

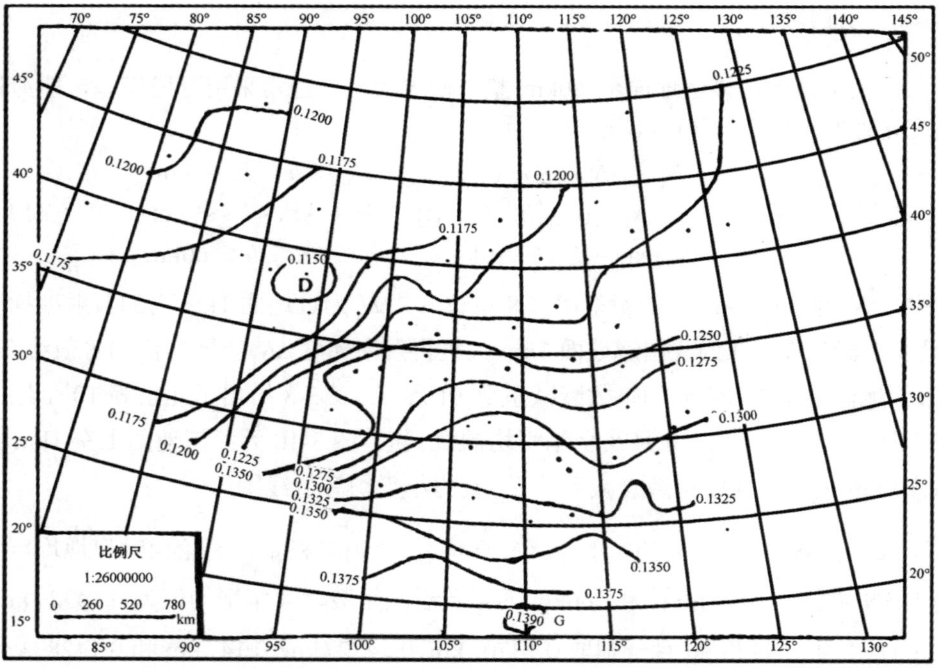

图 3-10　我国地面上空 1km 至海拔 9km 大气模式中指数衰减系数 C_{a1}（1/km）的年平均等值线图（G 为高值区，D 为低值区）

表 3-8　北京等地区 C_{a1} 值（单位为 1/km）

地区	1 月	4 月	7 月	10 月	年平均
北京	0.119	0.116	0.136	0.121	0.123
上海	0.122	0.126	0.141	0.129	0.129
广州	0.127	0.136	0.143	0.135	0.136
武汉	0.122	0.128	0.141	0.129	0.129
成都	0.123	0.127	0.140	0.131	0.129
昆明	0.125	0.128	0.143	0.136	0.134
兰州	0.120	0.120	0.134	0.125	0.125
拉萨	0.112	0.114	0.137	0.121	0.122
乌鲁木齐	0.120	0.112	0.121	0.118	0.119
呼和浩特	0.120	0.115	0.128	0.119	0.121

5．双指数模型

由式（3.4）可知，大气折射率可分为干项 N_d 和湿项 N_w。统计分析表明，这两项随高度升高而按指数衰减，但湿项衰减比干项衰减快得多，于是可以用两个指数来表示，即式（3.4）可写为

$$N(h) = N_{do} \exp\left(-\frac{h}{H_d}\right) + N_{wo} \exp\left(-\frac{h}{H_w}\right) \tag{3.18}$$

式中，N_{do} 和 N_{wo} 分别为干、湿两项的折射率地面值；H_d 和 H_w 分别为干、湿两项的特征高度，特征高度定义为干、湿两项分别衰减到地面值的$1/e$时的高度。

对我国 20 个地区年平均折射指数剖面进行统计可得：H_d 的年平均值为 10km，而冬季为 8～13km，夏季为 9～13km；H_w 的年平均值为 3.6km，而冬季为 2～6km，夏季为 2～7km。表 3-9 给出了北京等 10 地区 1 月和 7 月在 7 时和 9 时的 H_d 和 H_w 月平均值。

表 3-9　北京地区 H_d 和 H_w 的月平均值（单位为 km）

地区	1 月 07: 00		7 月 07: 00		1 月 19: 00		7 月 19: 00	
	H_d	H_w	H_d	H_w	H_d	H_w	H_d	H_w
北京	8.06	2.86	9.58	2.69	8.74	2.73	9.69	2.78
上海	8.77	2.45	9.64	2.59	8.85	2.27	6.67	2.61
广州	9.25	2.60	9.78	2.66	9.28	2.54	9.75	2.68
武汉	8.84	2.88	9.68	2.84	8.91	2.84	9.79	2.81
成都	9.10	3.13	9.56	3.21	9.18	3.04	9.97	3.13
昆明	10.84	3.93	11.37	4.73	11.08	3.94	11.52	4.51
兰州	9.11	3.75	6.47	3.92	9.20	2.95	9.78	3.07
拉萨	12.03	5.62	12.56	6.52	12.04	5.72	12.60	6.53
乌鲁木齐	9.21	3.97	10.25	3.56	9.26	3.45	10.45	3.56
呼和浩特	8.56	4.03	9.87	3.03	8.64	3.56	9.97	2.96

计算表明，双指数模型比指数模型能更好地描述大气的真实状况。当射线仰角大于 1° 时，双指数模型能较精确地计算出大气折射误差。

6. 双四次方折射指数模型

Hopfield[8]曾提出一个干、湿两项的四次方函数。统计表明，这种模型与世界各地平均折射率剖面符合较好。该模型为

$$\begin{cases} N = N_{\mathrm{d}} + N_{\mathrm{w}} \\ \text{当 } h \leqslant H \text{时}, \quad N_i(h) = \dfrac{N_{io}}{(H_i - h_0)}(H_i - h)^4, \quad i = \mathrm{d,w} \\ \text{当 } h > H \text{时}, \quad N_i = 0, \quad i = \mathrm{d,w} \end{cases} \tag{3.19}$$

式中，下标 d、w 分别代表干、湿分量；H_{d} 和 H_{w} 分别为折射率干、湿二分量衰减为 0 的高度（这个高度又称等效高度）；h_0 为地面高度。H_{d} 是纬度的函数，即

$$H_{\mathrm{d}}(\varphi) = H_{\mathrm{d}}(0) + A_{\mathrm{d}} \cdot \sin^2\varphi \tag{3.20}$$

式中，φ 为所在地的纬度；$H_{\mathrm{d}}(0)$ 为赤道上的等效高度；A_{d} 为 $H_{\mathrm{d}}(0)$ 的变化幅度。

H_{w} 随地点、季节、时间变化，值为 12 km 左右，表 3-10 给出 $H_{\mathrm{d}}(0)$、A_{d} 和 H_{w} 的相应值。

表 3-10　$H_{\mathrm{d}}(0)$、H_{w} 和 A_{d} 的值（单位为 km）

H_{w}	$H_{\mathrm{d}}(0)$	A_{d}
10	43.858	−5.986
12	43.130	−5.206
14	42.402	−4.426

3.2.3　降雨率分布

降雨率长期累积分布是雨衰减预报所需的重要数据，其累积分布可用 Gamma 分布来描述。根据 0.01%时间概率被超过的降雨率 $R_{0.01}$ 计算其他时间概率被超过的降雨率的 Gamma 分布由 Moupfouma[9]给出，其计算公式为

$$P(R \geqslant R_i) = a\frac{\exp(-uR_i)}{R_i^b} \tag{3.21}$$

$$a = 10^{-4} R_{0.01}^b \exp\left(uR_{0.01}\right) \tag{3.22a}$$

$$b = 8.22 R_{0.01}^{-0.584} \tag{3.22b}$$

式（3.21）中 $P(R \geqslant R_i)$ 为降雨率 R 大于或等于 R_i 的概率，u 值由表 3-11 给出。Moupfouma 模式是一个半经验模式。高降雨率时用 Gamma 分布，低降雨率时用对数正态分布。

表 3-11　参数 u 的取值

地域	温带气候区					热带气候区
	欧洲		北美		亚洲	
沿海、靠近水域、山区	中部	北部	加拿大	美国	日本	0.042
	0.030	0.045	0.032	0.032	0.045	
一般丘陵地域	0.025	0.025	0.025	0.025	0.045	0.025
荒漠			0.015	0.015		

图 3-11 给出了全球 0.01%时间被超过的降雨率数字地图。从图中可以看出，大降雨率地区主要集中在低纬度地区，随纬度增加降雨率逐渐减小。

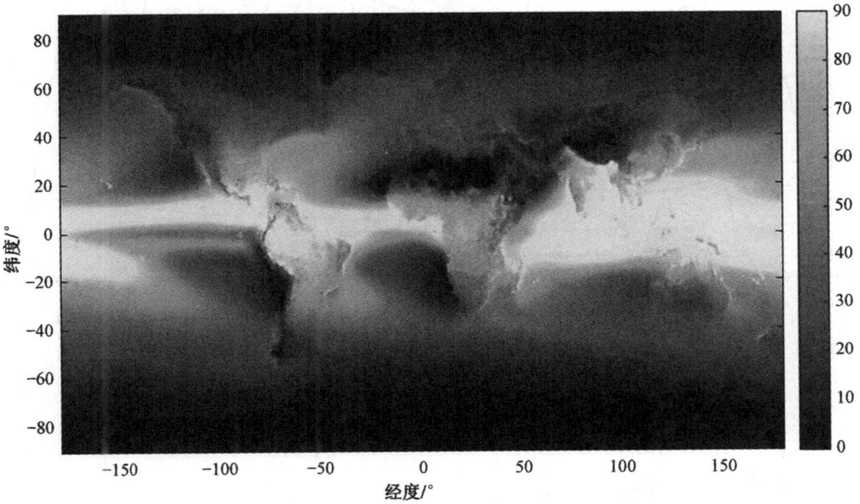

注：彩插页有对应彩色图像。

图 3-11　全球 0.01%时间被超过的降雨率数字地图

1．我国降雨分布

我国地域宽广、气候复杂，降雨率分布同样具有特点。中国电波传播研究所的黄捷等[10]在 20 世纪 80 年代对我国 65 个气象站 1970—1979 年共 10 年的降雨数据进行了统计，得到了更适合我国实际情况的降雨累积分布参数值，即

$$u = 0.0025 \tag{3.23}$$

$$b = 2.494R_{0.01}^{-0.218} \tag{3.24}$$

仇盛柏[11]则利用 65 个气象站的降雨数据统计得到了 0.01%时间概率的降雨率，然后利用线性差值获得我国 0.01%时间被超过的降雨率等值线分布图，如图 3-12 所示。由图可知，我国降雨率从东南到西北方向逐渐降低。

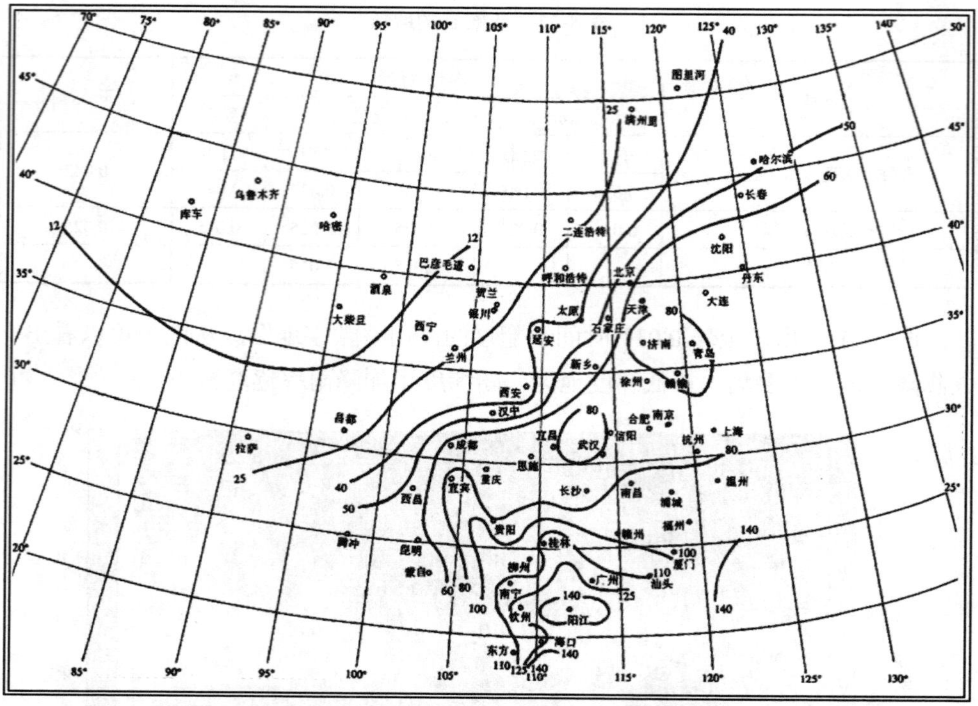

图 3-12　我国 0.01%时间被超过的降雨率等值线分布图

2．不同积分时间降雨率的转换

ITU-R 建议要求的降雨率统计时间精度（通常所说的积分时间）不超过 1 分钟，因而 1 分钟积分时间降雨率累积是预测雨衰减所需要的基础数据。但已有降雨率统计数据很多是基于气象台站积分时间为 5 分钟、10 分钟或更长积分时间的降雨率数据统计得到的，为此人们设法在典型地区利用快速响应的分钟雨量计进行分钟雨量测量，然后与 10 分钟、5 分钟降雨率数据进行对比分析，在它们之间建立转换公式。利用我国典型气候区的实测降雨率实验数据，结合巴西、韩国的实验数据，ITU-R P.837[12]给出了适合不同地区的统一的转换公式和适合全球不同积分时间的转换参数（见表 3-12）：

$$R_1(p) = a[R_\tau(p)]^b \qquad \text{mm/b} \tag{3.25}$$

表 3-12　不同积分时间的 a 和 b 的值

τ（分钟）	a	b
5	0.986	1.038
10	0.919	1.088
20	0.680	1.189
30	0.564	1.288

3．降雨率最坏月

由于降雨存在较大的年变化和月变化，而雨衰减预测给出的是年平均累积分布，这有可能造成在强降雨集中的月份雨衰减远高于年平均雨衰减，从而引起系统的可通率难以满足指标要求，因此，这就需要提供最坏月分布和年平均分布之间的转换方法。

ITU-R P.581-2 给出了最坏月概念[13]，其定义如下：

（1）在每年的最坏月中，超过预定门限的时间百分数被称为“每年最坏月超过门限的时间百分数”；

（2）适用于“任意月”相关性能标准的统计是，每年最坏月超过门限的时间百分数的长期统计平均；

（3）最坏月即超过预定门限时间最长的那个月，必须是日历（公历）中的自然月份，对于不同的门限，最坏月可能不在同一月。

从以上定义可以看出，最坏月并不指某一特定月，其与设定门限有关。ITU-R P.841 给出了降雨率最坏月的转换方法[14]：

$$p_{\rm w} = Qp \tag{3.26}$$

式中，$p_{\rm w}$ 为最坏月中降雨率超过某一门限的时间概率，p 是超过相同降雨率门限的年平均降雨时间概率。Q 是 p 的函数，即

$$Q=\begin{cases}12, & p<\left(\frac{Q_1}{12}\right)^{\frac{1}{\beta}}\% \\ Q_1 p^{-\beta}, & \left(\frac{Q_1}{12}\right)^{\frac{1}{\beta}}\%<p<3\% \\ Q_1 3^{-\beta}, & 3\%<p<30\% \\ Q_1 3^{-\beta}\left(\dfrac{p}{30}\right)^{\frac{\lg(Q_1 3^{-\beta})}{\lg 0.3}}, & 30\%<p\end{cases} \tag{3.27}$$

ITU-R P.841 给出了转换参数 $Q_1 = 2.85$，$\beta = 0.13$，此时有

$$p(\%) = 0.30 p_{\rm w}(\%)^{1.15} \quad 1.9\times10^{-4} < p_{\rm w}(\%) < 7.8 \tag{3.28}$$

图 3-13 为转换参数 Q 与年平均概率 p 之间的关系，图中虚线为理论上限值。

考虑到全球各地差异，ITU-R P.841 将世界气候区分成两个大区，并给出了相应的转换参数，如表 3-13 所示。此时，对于经常下雨的热带、亚热带和温带地区，p 和 p_w 之间的关系为

$$p(\%) = 0.30\,p_w(\%)^{1.18}，\quad 7.7\times10^{-4} < p_w(\%) < 7.17 \tag{3.29}$$

对于干燥的温带、极地和沙漠地区，p 和 p_w 之间的关系为

$$p(\%) = 0.19\,p_w(\%)^{1.12}，\quad 1.5\times10^{-3} < p_w(\%) < 11.91 \tag{3.30}$$

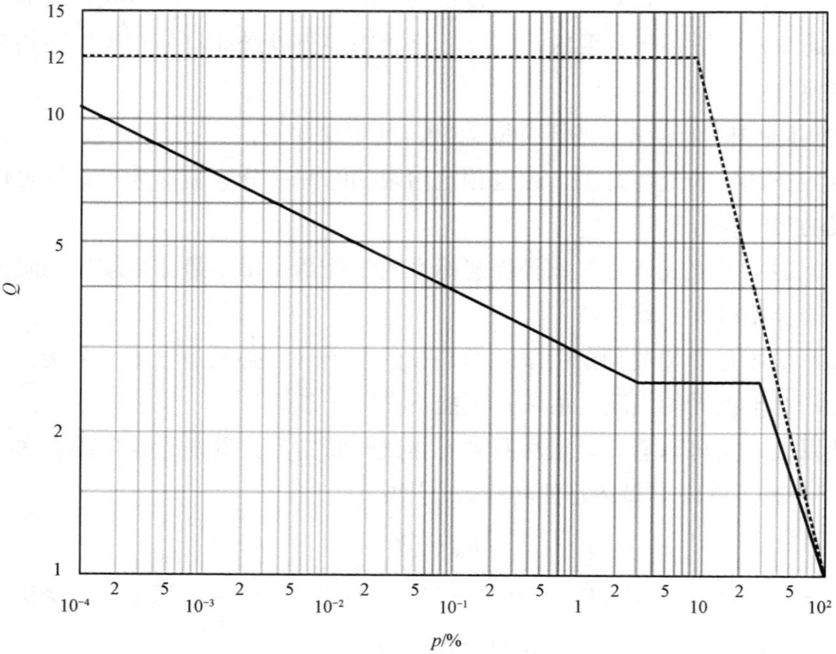

图 3-13　全球 Q 与 p 之间的关系

表 3-13　全球降雨率最坏月分区参数

气候区	Q	β
热带、亚热带和温带常湿区	2.82	0.15
温带、极区和戈壁区	4.48	0.11

图 3-14 给出了全球两大分区参数 Q 与年平均概率 p 之间的关系，图中虚线代表温带、寒带和干旱地区，实线代表经常下雨的热带、亚热带和温带地区。

进一步地，将我国分为南方、北方和戈壁三大区，得到相应的转换参数，如表 3-14 所示。

表 3-14　我国降雨率的最坏月分区及其参数

分区	Q	β
南方区	3.12	0.15
北方区	4.12	0.13
戈壁区	5.40	

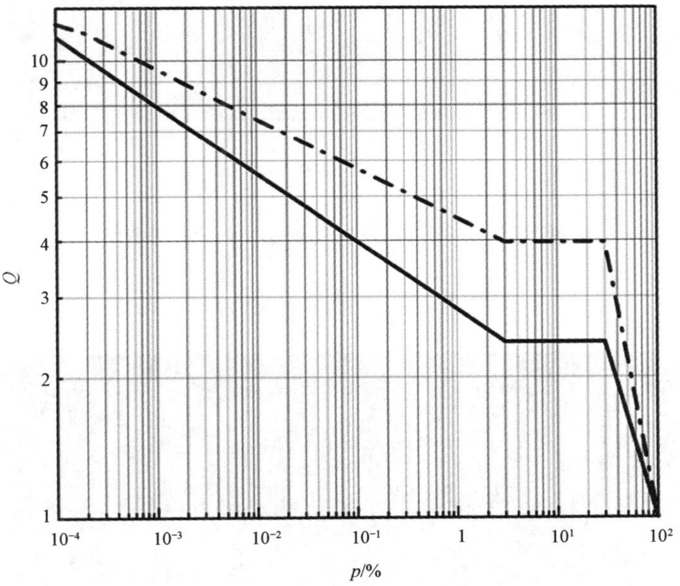

图 3-14　全球两大分区的 Q 与 p 之间的关系

3.2.4　水蒸气含量分布

根据欧洲中期天气预报中心（ECMWF）15 年的再分析数据集（ERA15）中的水汽密度数据，两个典型月份（2 月和 8 月）的平均水汽密度等值线分别如图 3-15 和图 3-16 所示。图 3-17 和图 3-18 给出了全球积分水蒸气含量的统计分布。

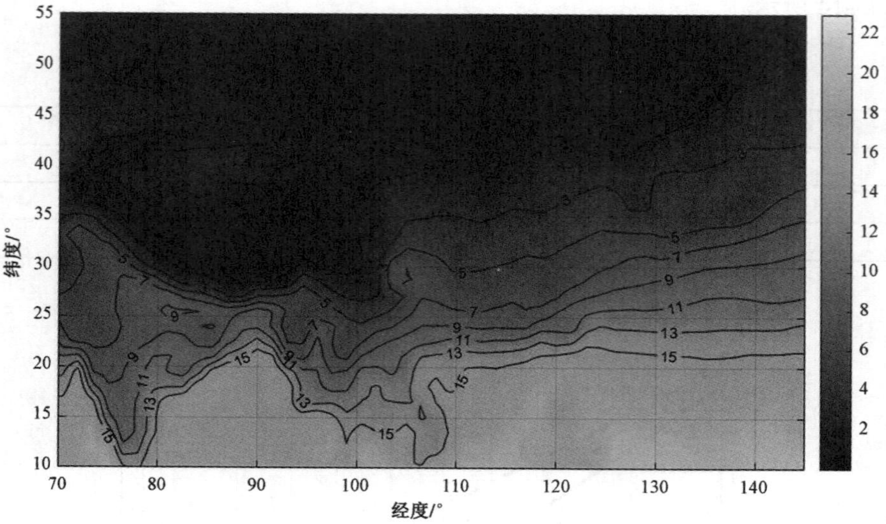

图 3-15　2 月的平均水汽密度（g/m³）等值线

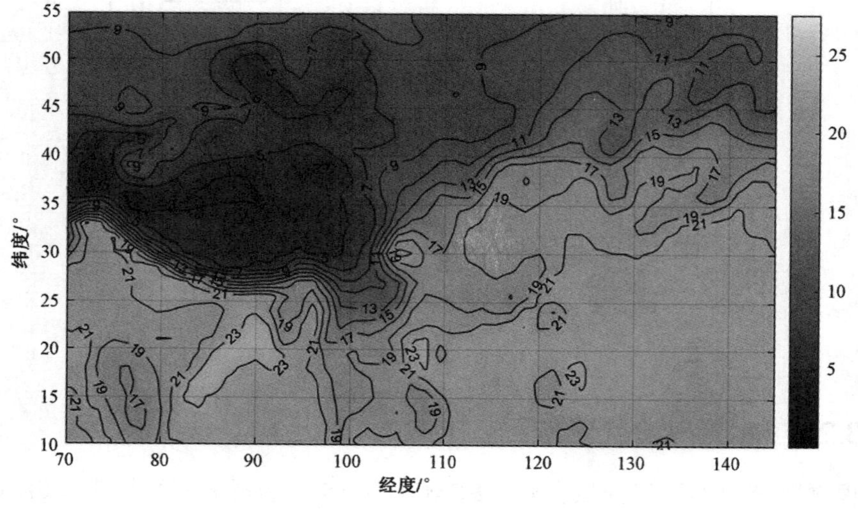

图 3-16　8 月的平均水汽密度（g/m³）等值线

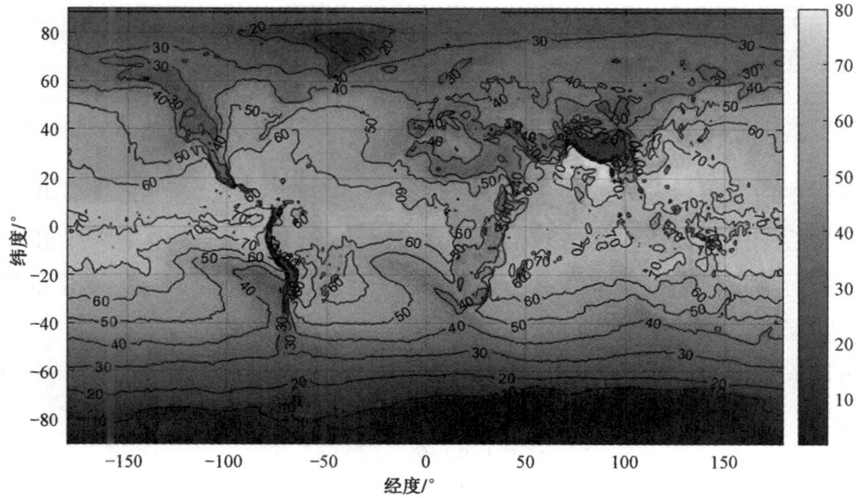

图 3-17　0.1%时间被超过的积分水蒸气含量分布

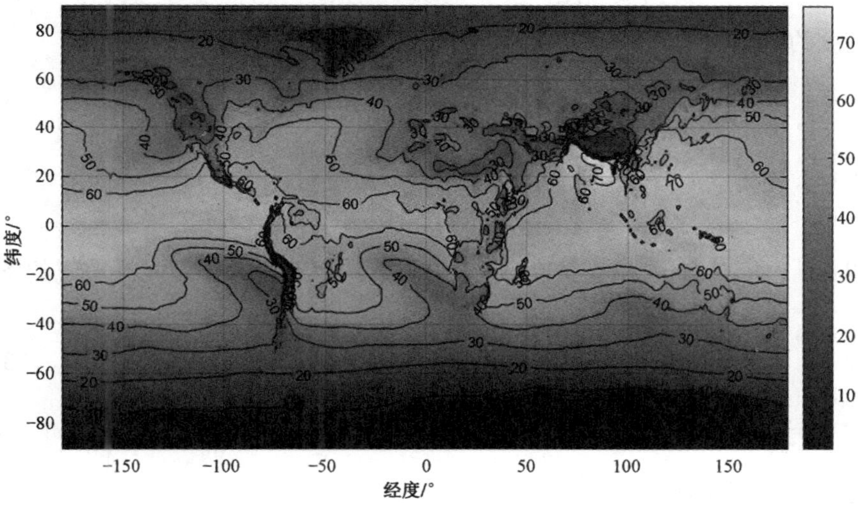

图 3-18　1%时间被超过的积分水蒸气含量分布

3.3 大气波导

本节介绍对流层中的大气波导。首先，介绍波导的形成原因和存在条件，以及 3 种波导及其结构特征。其次，给出中国大气波导出现率及特征量和全球大气波导出现率及特征量。再次，阐述大气波导传播条件和传播计算方法。最后，介绍大气波导的预测方法。

3.3.1 大气波导的形成原因

在某些情况下，需要关心大气的瞬时结构。这时，大气折射率沿高度的分布可以分为若干区段。每个区段折射率梯度与相邻区段可能有较大区别。如果某个区段的折射率梯度远远偏离正常值，则称这一区段为层结。大气折射率梯度负得很厉害的层结，为超折射层或波导层。

所谓大气波导，是指在低层大气中能使无线电波在某一高度上出现全反射的大气层结。这时在球面分层大气中，Snell 定律已不成立，即

$$\frac{n_0 r_0 \cos\theta_0}{nr} \geqslant 1 \tag{3.31}$$

式中，n_0、r_0和θ_0分别是射线出发点处的大气折射指数、到地心的距离（地球半径 a 与该点海拔高度 h_e之和）和射线仰角。事实上，式（3.31）就是波导出现的条件。假设大气折射指数 n 是高度 h 的线性函数，$n = n_0 + gh$，其中 $g = \mathrm{d}n/\mathrm{d}h$ 为 n 沿高度的梯度。考虑到

$$\frac{nr}{n_0 r_0} = \left(1 + \frac{g}{n_0} h\right)\left(1 + \frac{h}{r_0}\right) \approx 1 + gh/n_0 + h/r_0 \tag{3.32}$$

式（3.31）变为

$$g \leqslant h_0\left[\cos\theta_0 - (1 + h/r_0)\right]/h \tag{3.33}$$

因为$\theta_0 \approx 0$，所以 $\cos\theta_0 \approx 1$。又有 $n_0 \approx 1$，$r_0 \approx a \approx 6370\mathrm{km}$，于是波导出现的条件可写为

$$\frac{\mathrm{d}n}{\mathrm{d}h} \leqslant -0.157 \times 10^{-3}/\mathrm{km} \tag{3.34}$$

因为 $1/r_0 = 0.157 \times 10^{-3}/\mathrm{km}$，或注意到$n = 1 + N \times 10^{-6}$，即$\frac{\mathrm{d}n}{\mathrm{d}h} = 10^{-6}\frac{\mathrm{d}N}{\mathrm{d}h}$，则当波导传播条件以折射率梯度表示时，可写为

$$\frac{\mathrm{d}N}{\mathrm{d}h} \leqslant -157\text{N 单位}/\mathrm{km} \tag{3.35}$$

现在引进“修正折射率”（又称修正折射率模数或指数）M，有

$$M = \left[(n-1) + \frac{h}{a}\right] \times 10^6 = N + \frac{h}{a} \times 10^6 \tag{3.36}$$

$$\frac{\mathrm{d}M}{\mathrm{d}h} = \frac{\mathrm{d}N}{\mathrm{d}h} + 157 \tag{3.37}$$

它的单位称 M 单位。于是当波导传播相应的大气条件以 M 指数梯度表示时可写为

$$\frac{\mathrm{d}M}{\mathrm{d}h} \leqslant 0 \tag{3.38}$$

根据式（3.4），对折射率梯度的研究表明，大气波导的出现通常和温度梯度为正，且与大于一定值的大气条件相关，这种温度随高度升高而增加的反常现象称为逆温。相应的层结称为逆温层。

由标准大气数据计算得到，当温度垂直梯度 $\frac{\mathrm{d}T}{\mathrm{d}h} \geqslant 8.5℃/100\mathrm{m}$，即温度逆增每 100 m 必须大于 8.5℃时，才可能出现大气波导；如果对一般 $\frac{\mathrm{d}T}{\mathrm{d}h} = -6.5\mathrm{K/km}$ 的正常值，其他参数相同，湿度垂直梯度 $\frac{\mathrm{d}e}{\mathrm{d}h} \leqslant -2.9\ \mathrm{mbar}/100\mathrm{m}$，即在正常温度梯度下，湿度梯度每 100m 小于−2.9mbar 时会形成大气波导。显然，湿度沿高度递减比在通常情况下要强烈得多。总之，温度逆增和湿度随高度的剧烈递减都会形成大气波导。与形成大气波导相对应的大气过程大约分为五类：空气对（平）流、下沉逆温、辐射冷却、水汽蒸发和锋面过程。

1．空气对（平）流

空气对流的第一种情况是干热空气流向湿冷空气的表面，第二种情况是来自水面（海和大的湖泊）的湿冷空气吹向干热的陆地，这些情况均能导致逆温和湿降。

2．下沉逆温

在反气旋天气，高空干冷而较稀薄的空气下沉后，受到周围空气的压缩而被加热，使某一高度范围的空气干热，形成温度逆增和湿度迅速下降的层结，这种波导多数距离地面具有一定高度，称为悬空波导。相反，接近地面的波导称为表面波导或贴地波导。

3．辐射冷却

在沙漠的干旱陆地，由于太阳照射，日、夜间的热交换变化，入夜后地面的热辐射使地表及其附近空气温度骤降，逆温而形成波导。

4．水汽蒸发

内陆地面或海面的水汽蒸发，向附近空气输送大量水汽，使地（海）面附近形成的湿度很快递降的大气波导层结。这种波导多发生在海上，贴近海面。

5. 锋面过程

在锋面过程中，暖空气较轻并上升到冷空气之上，从而形成逆温，可能产生大气波导。

3.3.2 大气波导结构和特征

如上所述，有三种类型的大气波导，即悬空波导、有基础层的贴地波导和贴地波导，对流层波导的结构和特征如图 3-19 所示。对于海面上出现的贴地波导，又称蒸发波导。

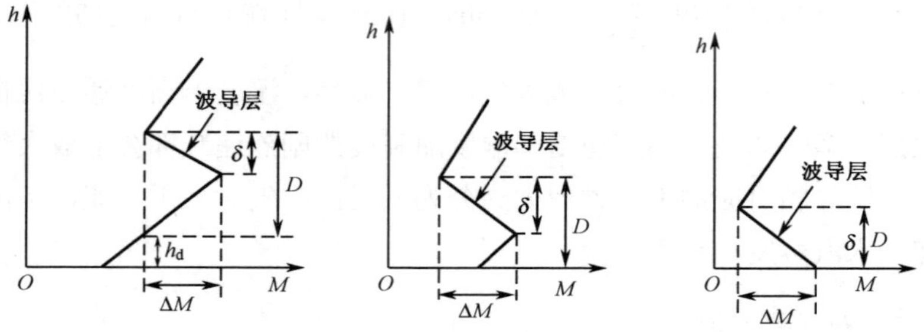

（a）悬空波导（$h_d>0$）　（b）有基础层的贴地波导（$h_d=0$）　（c）贴地波导（$h_d=0$）

图 3-19　对流层波导的结构和特征

图 3-19 中，M 为修正折射率（$M=N+h\times10^6 a$），其中，N 为折射率，a 为地球平均半径，h 为离地高度，δ 为波导层厚度，D 为波导厚度，h_d 为波导高度，ΔM 为波导强度。最具特征的是波导层，其中，折射模数梯度 $dM/dh<0$ 或折射率梯度 $dN/dh<-157$ N/km。

3.3.3 中国大气波导出现率及特征量

1. 陆上对流层波导[15]

中国陆上对流层波导依据 h_d（波导高度）是否大于 0，有贴地波导和悬空波导之分。根据中国 100 多个气象站 3 年的历史气象资料和近 30 个典型探空站 5 年的气象数据，统计得到了中国陆上大气波导的出现概率及波导特征量。中国陆上对流层波导具有以下特点。

1）频发区和无波导区

在中国大陆区域，有年出现率大于 5%的对流层波导频发区和年出现率小于 1%的无波导区之分。中国有 4 个波导频发区，它们是以香港为代表的南部沿海地区、以台湾省为代表的东南部沿海地区（年出现率≈30%）、以上海为代表的东部沿海地区（年出现率≈7%）、以哈密为代表的西北地区（年出现率≈21%）。在波导频发区，夏季波导出现率高，秋天次之，冬季最少。我国有 4 个无波导区，它们是青藏高原、四川盆地和云贵高原、天山以北地区、黄土高原和内蒙古高原及东北平原。另外，以郑州为代表的黄河中下游地区和以武汉为代表的长江中下游地区波导有较高出现率；处于长江、黄河之间的大别山区及长江以南的南岭山区是无波导区。

就悬空波导和贴地波导的出现情况看，一般来说，西北地区贴地波导的出现概率远高于悬空波导的出现概率，贴地波导占该地区波导总数的 90%以上。东南地区则悬空波导居多，占该地区波导总数的 60%～80%。这和各地的地理位置和气候特点是相关的。应该说明，尽管冬季我国波导出现较少，但出现的波导绝大多数都是悬空波导，这可能是因为我国冬季日照较弱，大多数的波导是由空气平流及下沉形成的高度较高的悬空波导。

2）季节和昼夜变化

在不同的季节波导的出现情况是不同的。总体来看，夏季是我国波导出现最频繁、分布最广的季节。夏季我国内陆大部分地区波导出现次数都比较多，只有青藏高原、黄土高原、内蒙古高原、云贵高原、天山以北地区及其他山区（如武夷山区）波导出现较少（出现率在 1.0%以下）；西北地区哈密的波导出现率高达 21%，而东部沿海达到 7%以上。秋季次之，是波导出现较多的季节。秋季内陆的波导分布情况与夏季相比变化不大，只是波导在西北地区的出现有所减少，在东部沿海、东南沿海及南部沿海和南海的波导有所增多。冬季是波导活动最弱的季节，除了东南沿海、南部沿海、南海及西北的库车地区外，在我国大部分地区波导都是很罕见的。春季波导活动也较弱，这时，除南海地区反常外，其他地区的波导活动较弱。此外应指出：我国各地波导出现的季节分布是不同的。南海地区以春、秋、冬三季较多，最多的是春季，最少的是夏季；东部沿海在夏、秋季较多；西北地区春、夏、秋三季波导出现比较频繁。

我国不同地区的波导出现概率是随月份变化的。西北地区波导集中出现于 6～10 月；东部沿海除以上几个月份外，4、5 月波导出现的也较多；南部沿海波导出现最多的是 1～5 月。

我国波导出现概率的昼夜变化，基本上是东南地区波导的出现傍晚大于早上，西北地区则早上大于晚上。

另外，在波导出现频率高的各站，连续两天以上都有波导出现的情况比较多，有的连续六七天出现波导。值得注意的是，一次探空中可能有多层波导出现，这在波导出现率很高的东南沿海地区是很常见的，在东南沿海地区经常出现 4 层以上的波导层。

图 3-20 和图 3-21 分别给出了我国对流层贴地波导和离地 3 km 悬空波导的出现概率，图中圆圈中的数字为出现时间百分数。

3）特征量

（1）波导顶高

波导顶高的平均值一般为 140～2102m。西北地区的波导顶高一般在 800m 以下，且几乎 90%的波导顶高都在 300m 以内，中心区的哈密地区波导顶高在 300m 以下的占 95%以上，800m 以下的占 99%；其他地方波导顶高高于 2000m 的不多，如库车波导顶高在 300m 以下的占 73%，在 2000m 以上的占 10%。其他内陆地区的波导顶高差别较大，郑州地区波导顶高 90%为 100～2000m，武汉地区波导顶高在 0～300m 的就占了 47%以上；沿海各站波导顶高大部分在 0～2000m，占 70%，但从北到南有差别，渤海和黄海沿岸 80%以上的波导顶高集中在 1500m 以下，东海和南海沿岸波导顶高在 1500m 以上也有较多的分布，一般占 35%以上；海岛上的情况很不一致，因为它们所处的地理环境和气候环境差别较大，香港处于南海北缘紧靠大陆，其波导顶高 80%以上都在 1000m 以上，西沙处于南海腹地，70%以上的波导顶高为 500～2000m，台湾省除地处台湾海峡的马公有一半多的波导顶高为 300～1500m 外，其他地方 70%～80%以上的波导顶高为 1000m 以上。

（2）波导强度

各站的平均强度为 7～30M 单位，大部分为 0～20M 单位，占 60%～93%不等，除个别站外都超过了 70%，不同地区的波导强度分布及其平均值如表 3-15 所示。表中给出了具有较高出现概率地区的情况，及不同地区强度为 0M 单位、0～2M 单位……30～40M 单位、40 M 单位以上的波导占该地区波导总数的百分比和平均值。

（3）波导平均高度

波导平均高度为 100～190m，且由内地到沿海逐渐增大。西北地区 80%～90%的波导平均高度都是 0m，即这里大部分都是贴地波导。东南沿海及其他地区贴地波导一般只占百分之十几，60%～80%的波导平均高度都在 300m 以上。图 3-22 为我国陆上波导平均高度的分布，图中圆圈中的数字以米为单位。

表 3-15 不同地区的波导强度分布及其平均值

地名	波导强度（M 单位）									
	0	0～2	2～5	5～10	10～15	15～20	20～30	30～40	>40	平均
库车	3.7	31.5	22.2	13.0	3.7	5.6	3.7	7.4	9.3	12.0
库尔勒	0.0	20.0	23.3	28.3	6.7	8.3	1.7	3.3	8.3	12.4
喀什	0.0	26.5	23.5	26.5	8.8	2.9	5.9	0.0	5.9	9.3
若羌	0.0	21.6	27.0	24.3	13.5	0.0	5.4	0.0	8.1	9.1
和田	1.5	30.3	25.8	13.6	13.6	9.1	1.5	0.0	4.5	7.0
哈密	0.0	17.8	13.2	18.4	14.9	14.9	12.1	4.6	4.0	12.3
酒泉	1.5	23.1	26.2	18.5	10.8	7.7	6.2	0.0	6.2	9.1
银川	3.3	6.7	26.7	23.3	16.7	3.3	3.3	6.7	10.0	12.1
沈阳	2.9	17.1	28.6	28.6	2.9	2.9	0.0	2.9	14.3	13.1
大连	0.0	28.3	20.8	15.1	9.4	5.7	1.9	3.8	15.1	10.9
济南	0.0	32.0	20.0	16.0	4.0	8.0	4.0	0.0	16.0	11.4
青岛	0.0	16.1	10.7	23.2	21.4	12.5	7.1	3.6	5.4	13.1
郑州	0.0	27.5	31.4	15.7	3.9	0.0	7.8	2.0	11.8	13.4
武汉	0.0	19.6	21.7	28.3	10.9	8.7	0.0	2.2	8.7	10.3
射阳	1.0	23.5	22.4	22.4	14.3	2.0	7.1	0.0	7.1	10.8
南京	1.3	15.2	24.1	29.1	13.9	7.6	2.5	0.0	6.3	8.6
上海	0.0	25.9	21.3	19.4	11.1	11.1	4.6	2.8	3.7	8.7
福州	0.0	48.0	4.0	12.0	12.0	0.0	8.0	0.0	16.0	11.1
厦门	0.0	24.1	31.0	27.6	3.4	6.9	3.4	0.0	3.4	7.7
广州	0.0	18.8	18.8	21.9	12.5	3.1	12.5	0.0	12.5	16.1
汕头	0.0	33.3	13.3	23.3	10.0	0.0	0.0	6.7	13.3	12.3
北海	2.3	22.7	43.2	13.6	9.1	0.0	2.3	0.0	6.8	8.3
阳江	3.1	31.3	15.6	15.6	15.6	3.1	3.1	3.1	9.4	11.9
海口	2.1	29.8	19.1	21.3	12.8	6.4	0.0	2.1	6.4	7.7
三亚	0.0	18.4	20.4	28.6	14.3	6.1	4.1	4.1	4.1	11.0
西沙	0.0	20.9	31.3	16.4	14.9	4.5	3.0	0.0	9.0	8.6
香港	1.5	21.1	21.1	28.4	10.8	6.9	4.4	1.0	4.9	7.8
大陈岛	0.0	30.4	25.0	8.9	7.1	5.4	7.1	3.6	12.5	12.0
台北	0.4	22.4	25.2	20.9	12.2	7.1	6.7	2.4	2.8	8.2
马公	0.0	10.7	12.4	22.5	16.6	8.3	12.4	6.5	10.7	16.0
花莲	0.3	29.2	21.3	21.6	10.3	4.3	8.0	3.0	2.0	7.9
东港	2.0	16.3	10.2	6.1	8.2	10.2	12.2	6.1	28.6	26.9

（4）波导厚度

悬空波导的波导厚度绝大多数为 100～300m，中值为 250m；贴地波导的波导厚度为 20～200m，中值为 100 m。悬空波导底部的高度，除南方沿海，一般都小于 1000m，中值为 300m。南方沿海和海上，底部高于 1000m 的悬空波导常有出现，中值为 800m。图 3-23 为我国陆上波导平均厚度的分布，图中圆圈中的数字以米为单位。

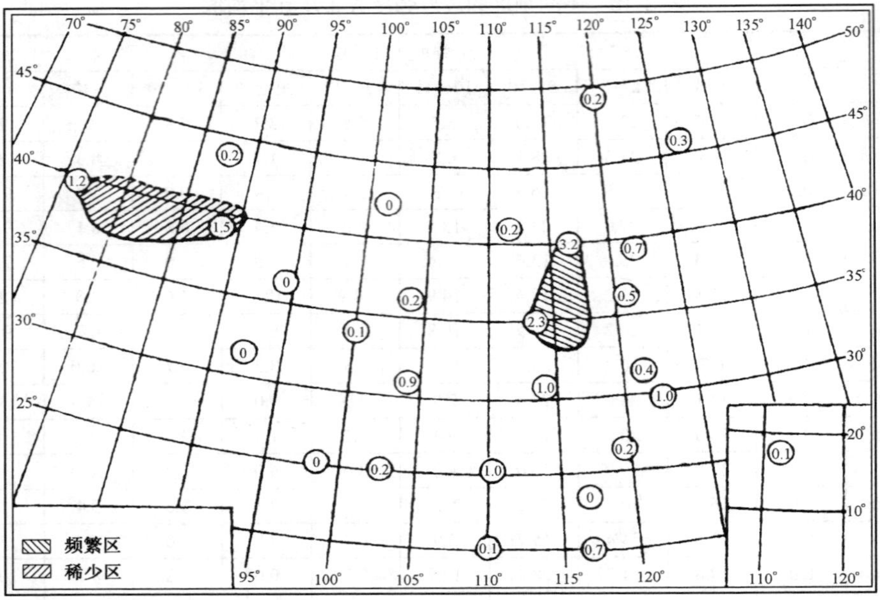

图 3-20　中国贴地波导出现概率

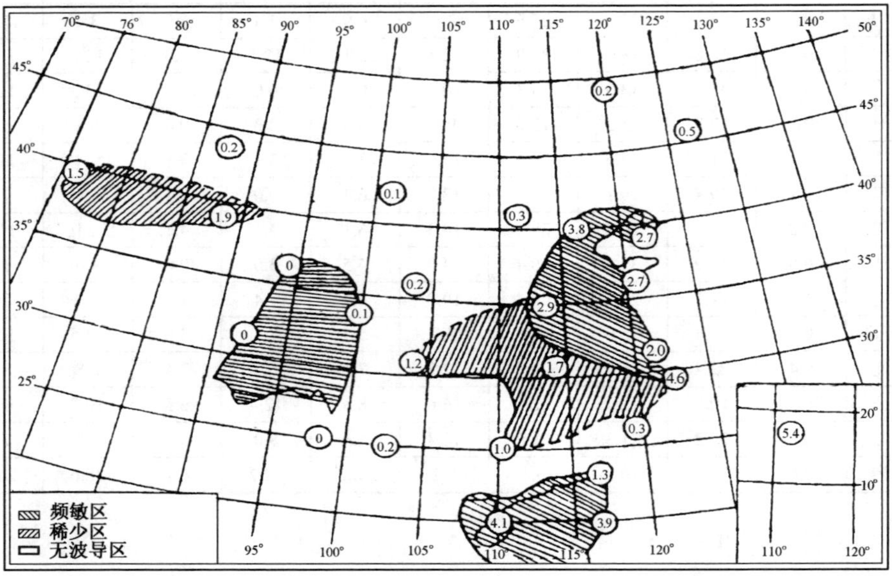

图 3-21　中国离地 3km 内悬空波导的出现概率

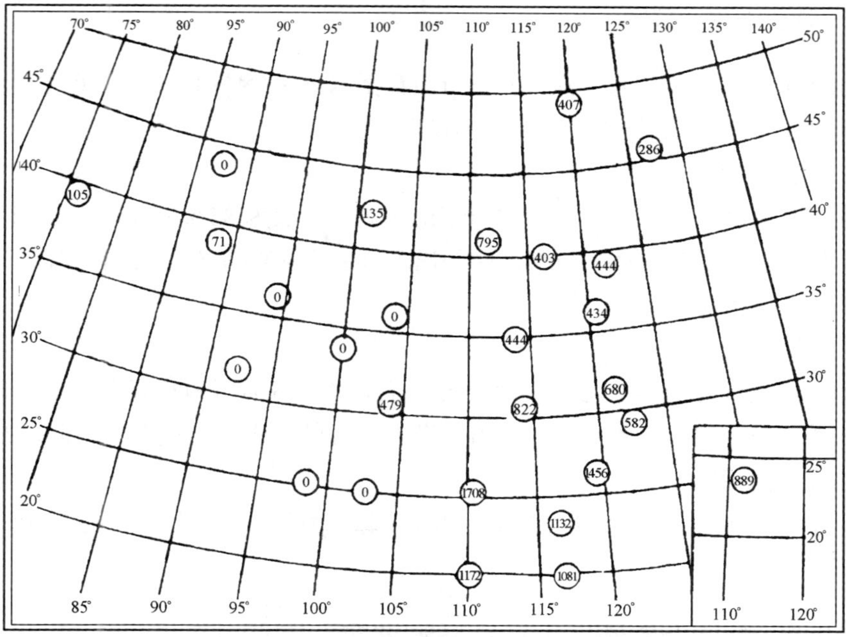

图 3-22　陆上波导平均高度（m）的分布

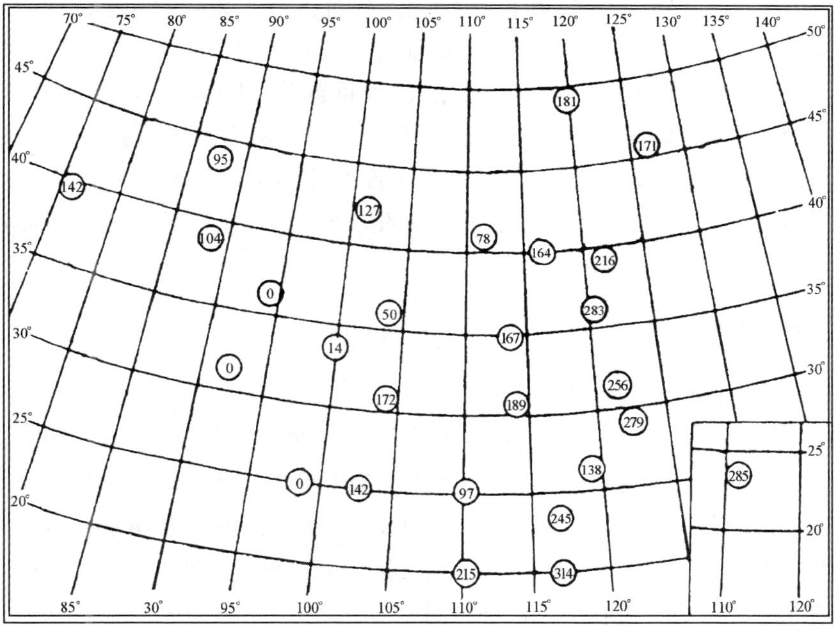

图 3-23　陆上波导平均厚度（m）的分布

2. 海上蒸发波导[16]

我国东海和南海各海区蒸发波导所用数据取自 0°N～30°N、100°E～130°E 海洋区域 1990—1992 年 3 年的海洋测量数据。

1）出现概率

我国东海和南海各海区蒸发波导年出现概率一般为 85%左右。早上和晚上出现概率较高，通常为 85%～90%，中午出现概率为 80%左右。月出现概率一般为 85%左右，而且季节变化不明显。

2）特征量

海上蒸发波导的年平均高度为 15m 左右，并且各海区内年际变化不明显。一般在秋季有较高的年平均高度。各海区蒸发波导的年平均高度有所不同，基本上随着纬度增高而降低。

由于我国海上蒸发波导出现概率高，因此微波雷达的海上超视距探测有实用价值。

3.3.4 全球大气波导出现率及特征量[7, 17~22]

利用全球 892 个探空观测站 10 年（2005—2014 年）的气象数据及 10 年（2007—2016 年）的欧洲全球数值预报，再分析格点气象数据（ERA-Interim），计算得出全球对流层波导发生概率及特征量的统计特性。注意，在计算时把波导强度小于 2M 单位及波导顶高高于 3km 的数据剔除，因为在微波频段，湿度垂直梯度对大气折射率垂直梯度的贡献大于温度垂直梯度对大气折射率的贡献，而 3km 以上大气中水汽含量不到 30%，其没有足够强度的大气波导，几乎不会对传播产生影响，尤其是对地面传播链路的影响可忽略。因此，一般只研究 3km 以下的大气波导。

1. 悬空波导

1）出现概率的年平均变化

图 3-24 给出了全球悬空波导出现概率年平均分布。从图中可知，悬空波导主要出现在低纬洋面上，平均每年在全球有 5 个高发区，分别是：①南美洲西海岸海域，②北美洲西海岸海域，③西非西海岸海域，④中非和南非西海岸海域，⑤地中海、红海、波斯湾及阿拉伯海。这些区域悬空波导出现概率都在 70%以上。此外，在 60°S 有一个带状的无波导区域。

2）出现概率的季节变化

图 3-25 给出了全球悬空波导出现概率季节分布。从图中可知，悬空波导高发

区主要在南、北半球低纬海洋上，在中纬度海洋上（如美洲和亚洲的东海岸）夏季也会有悬空波导出现，在非洲沙漠地带、热带雨林地带悬空波导出现概率也超过 50%。全球几个典型的悬空波导高发区季节变化特征如下。

高发区 1：南北美洲、非洲西海岸海域。这几个大陆的西海岸海域都被太平洋和大西洋的副热带高压覆盖（常年存在），因此，悬空波导常年存在，且比其他区域出现概率高。虽然是高发区，但也有季节变化，主要与副热带高压位置随季节的移动和海温季节变化有关，北半球美国加利福尼亚州和西非西海岸海域春、夏季出现概率高于秋、冬季，南半球南美洲和中非西海岸海域冬、春季出现概率高于夏、秋季。

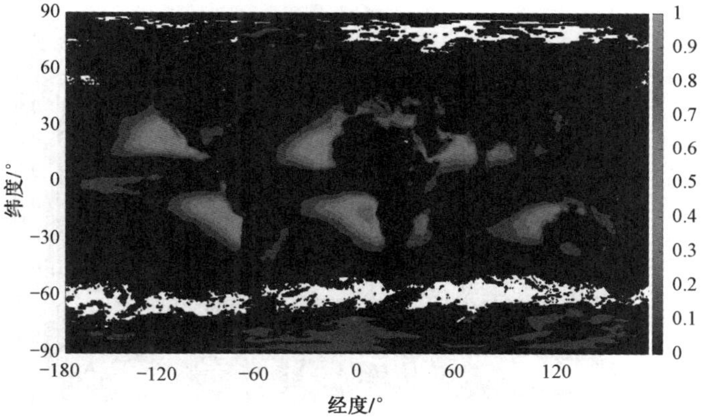

图 3-24　全球悬空波导出现概率年平均分布图

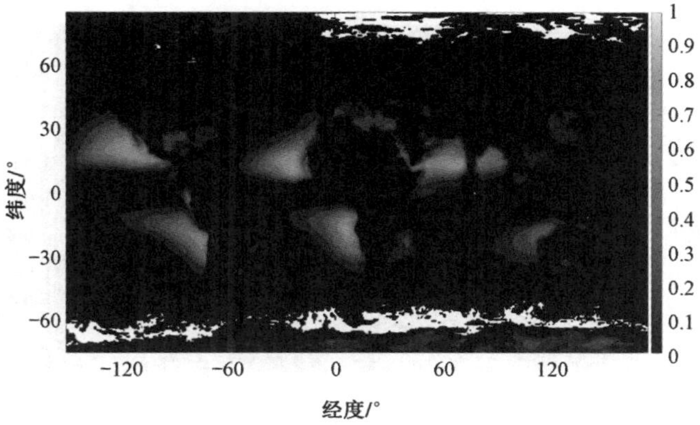

（a）春季

图 3-25　全球悬空波导出现概率季节分布图

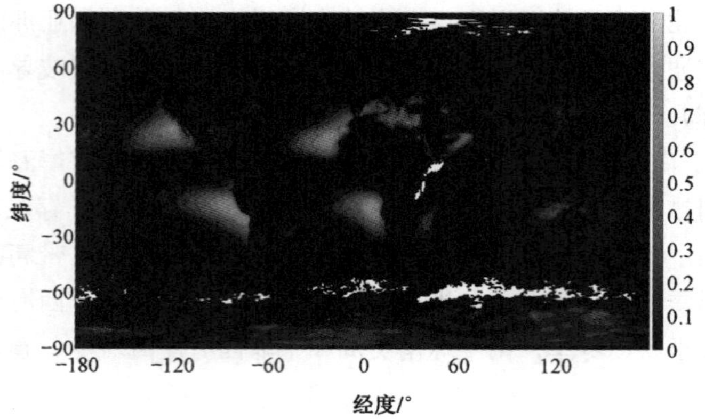

（b）夏季

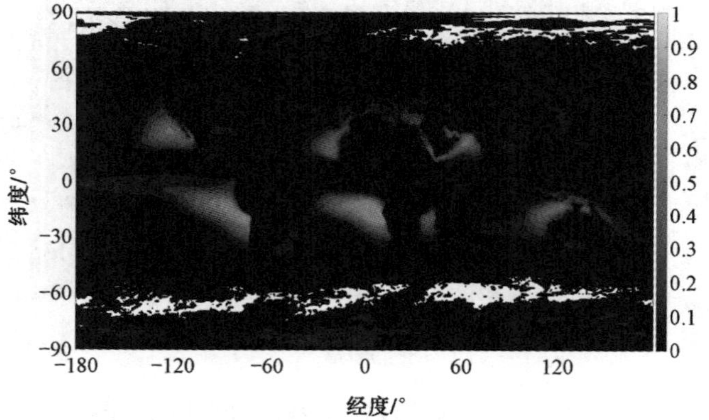

（c）秋季

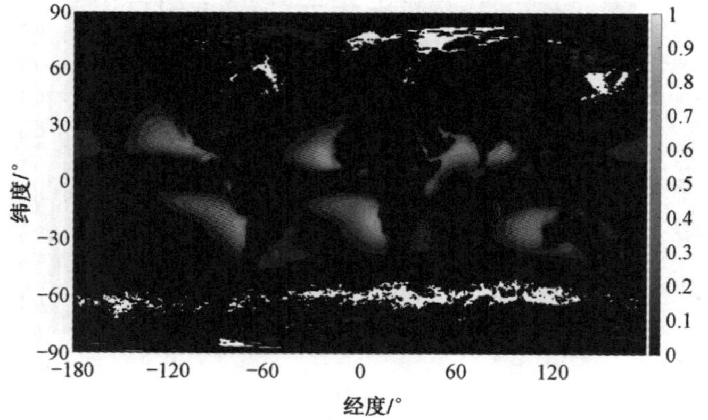

（d）冬季

图 3-25　全球悬空波导出现概率季节分布图（续）

高发区 2：地中海、红海、波斯湾及阿拉伯海。主要由于暖洋流作用，海温较高，且受北非和阿拉伯热带沙漠气候的影响，在季风季节，干热的沙漠空气吹到暖的海面上，形成悬空波导，因此高发区 2 悬空波导出现概率季节变化明显。其中，地中海高发季在夏季，红海在春、夏、秋季，波斯湾和阿拉伯海在春季。

高发区 3：澳大利亚西北沿岸海域。受澳大利亚高压西北部东南季风的影响，并且有明显的海陆差异，该海域悬空波导高发季在春、夏季。

3）出现概率的日变化

悬空波导出现概率有典型的日变化特征，图 3-26 给出了全球悬空波导出现概率日变化分布。从图中可知，沙漠、冻原地区白天中午没有悬空波导，因为这些陆地存在明显的昼夜周期，只有夜晚的辐射冷却形成逆温才能出现悬空波导。因此，无波导区一日内的分布特点如下。

- 世界时 06 时［见图 3-26（b)]，在中国西北部沙漠地区和青藏高原、蒙古国东部、俄罗斯东部哈巴罗夫斯克冻原部分地区及澳大利亚热带沙漠、热带草原区域没有波导。
- 世界时 12 时［见图 3-26（c)]，无波导区向西移动，无波导区主要位于非洲的沙漠和草原地带及西欧的部分大陆。
- 世界时 18 时［见图 3-26（d)]，无波导区继续西移，主要位于南北美洲的部分陆地。

在格陵兰岛、西伯利亚和南极洲悬空波导出现概率没有明显的日变化，这些地区悬空波导主要出现在极夜期间。同时，海上悬空波导出现概率也无明显的日变化。

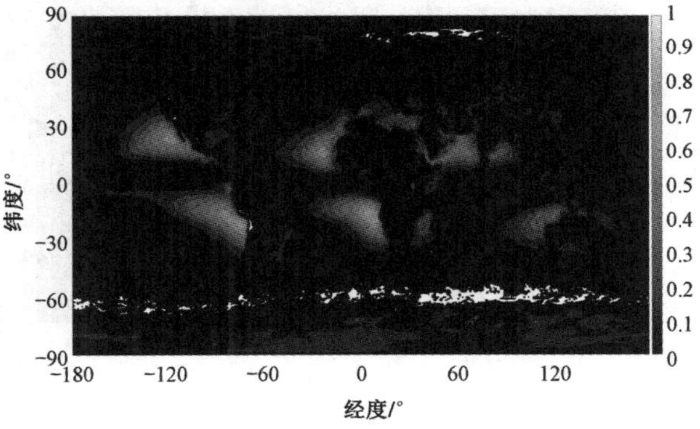

（a）00UTC

图 3-26　全球悬空波导出现概率日变化分布图

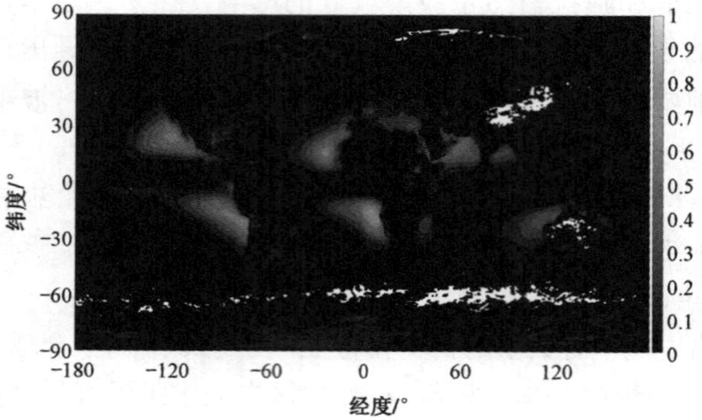

（b）06UTC

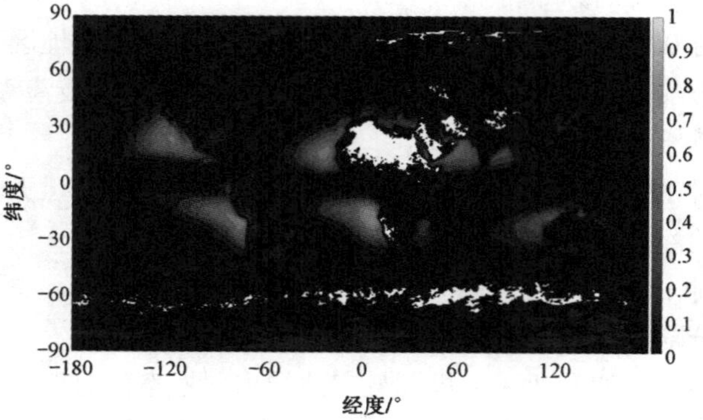

（c）12UTC

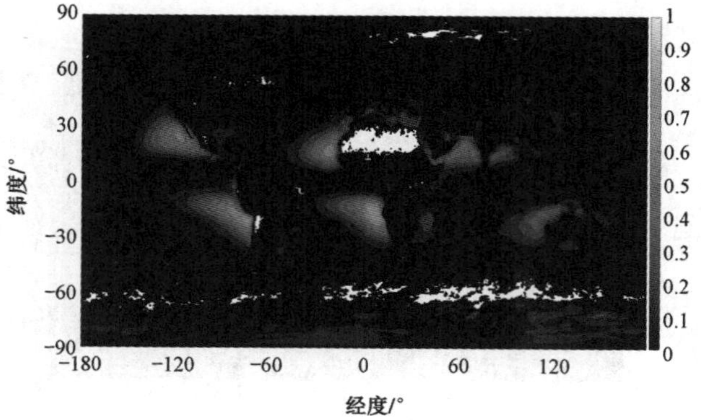

（d）18UTC

图 3-26　全球悬空波导出现概率日变化分布图（续）

4）波导厚度

图 3-27 给出了全球悬空波导厚度季节分布。从图中可知，全球悬空波导厚度为 1～400m，且低纬度海上悬空波导厚度较厚，主要为 250～400m，这与洋面边界层顶的逆温高度（200～400m）一致；陆地和中高纬海上悬空波导厚度较低，主要为 1～200m。

悬空波导厚度的季节变化相对较小。北半球波导高发区内悬空波导厚度在春季最大，为 400～600m。南半球悬空波导高发区中，澳大利亚西北部沿海海域夏季悬空波导厚度最大，为 400～450m。

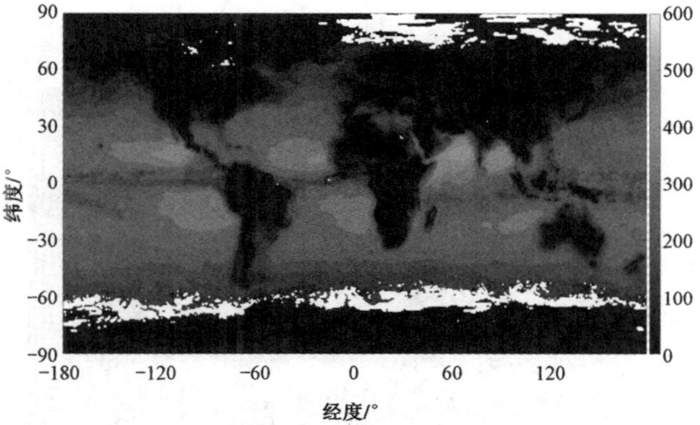

（a）春季

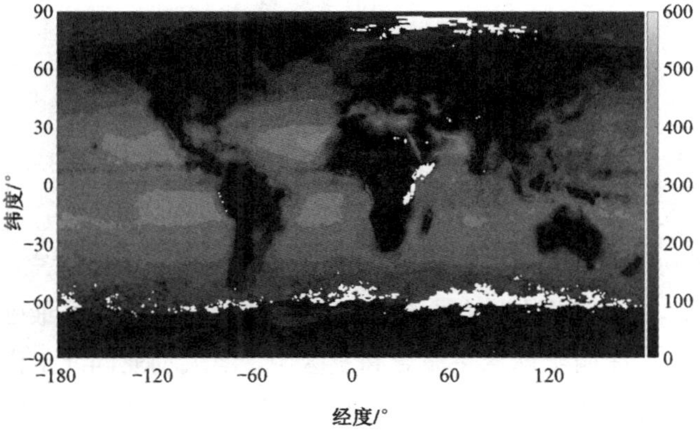

（b）夏季

图 3-27　全球悬空波导厚度季节分布图

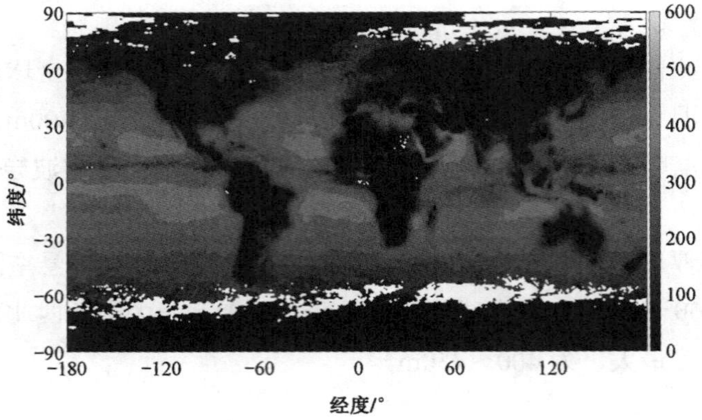

（c）秋季

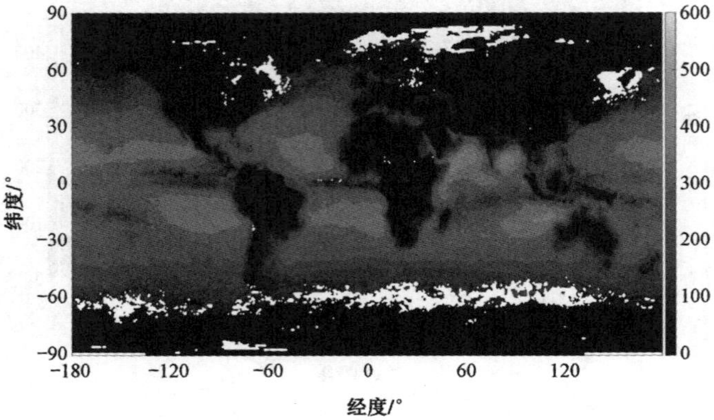

（d）冬季

图 3-27　全球悬空波导厚度季节分布图（续）

5）波导强度

悬空波导强度也有明显的季节变化，图 3-28 给出了全球悬空波导强度季节分布。从图中可知，北半球悬空波导高发区悬空波导强度在春季最强，且最大强度超过了 20M 单位。在南半球悬空波导高发区中，澳大利亚西北部沿海海域悬空波导强度在夏季最强，美洲和非洲西海岸沿海海域悬空波导强度在春季最强。南极洲 6～8 月的极夜期间悬空波导强度较其他时间强。在其他没有典型季节变化的区域，悬空波导强度为 2～10M 单位。

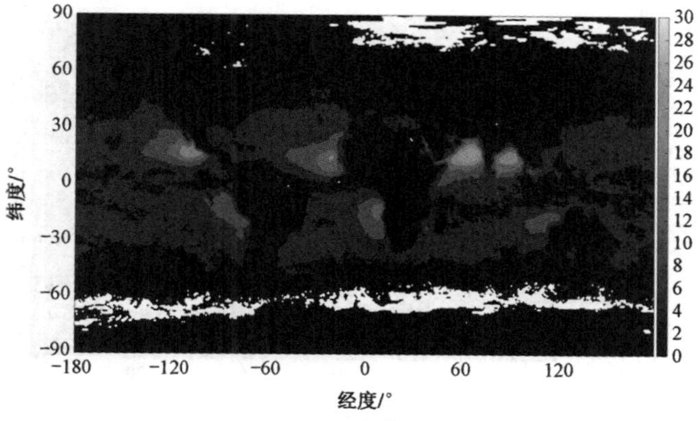

（a）春季

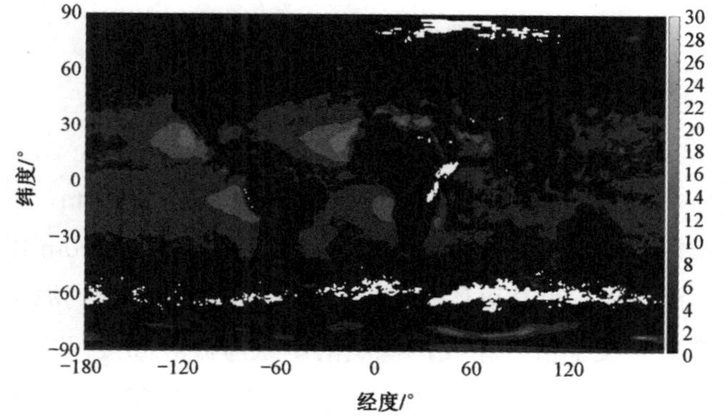

（b）夏季

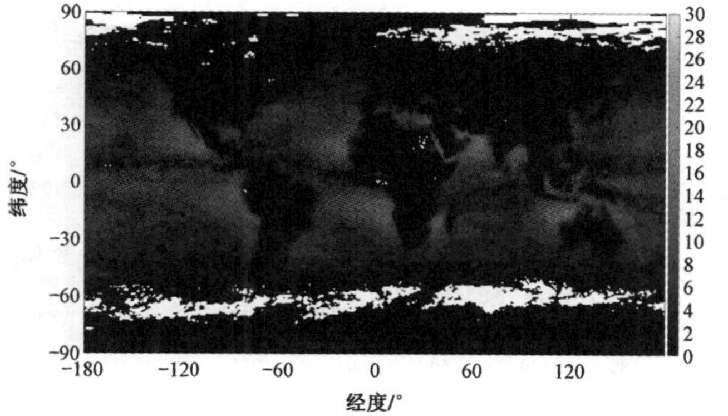

（c）秋季

图 3-28　全球悬空波导强度季节分布图

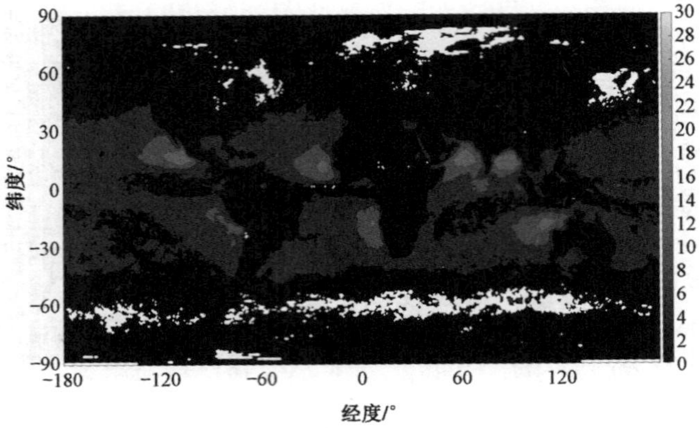

（d）冬季

图 3-28 全球悬空波导强度季节分布图（续）

6）波导高度

图 3-29 给出了全球悬空波导高度季节分布。从图中可知，全球海上悬空波导高度比陆地上高，陆地上在 300m 以下，海洋上为 400～1600m，其中，低纬度海域大部分区域悬空波导高度为 1100m 以上，但近海海域为 700m 以下，并且随着离岸距离的增加而增大，最高可达 1600m。这与图 3-25 显示的海上波导出现概率随离岸距离的增加而减小恰好相反，说明沿岸近海波导高发区内波导强度强，但高度低（400～700m），而离岸较远的海上为弱波导，但高度较高（1200～1600m）。总体来说，海上向西和向赤道方向，波导高度逐渐增加，这与信风积云天气有关。

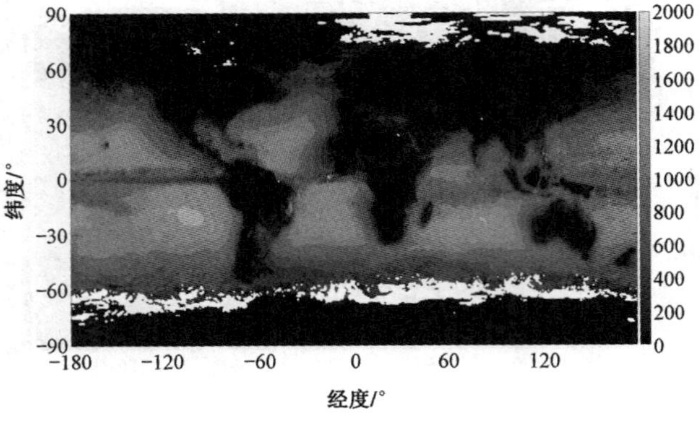

（a）春季

图 3-29 全球悬空波导高度季节分布图

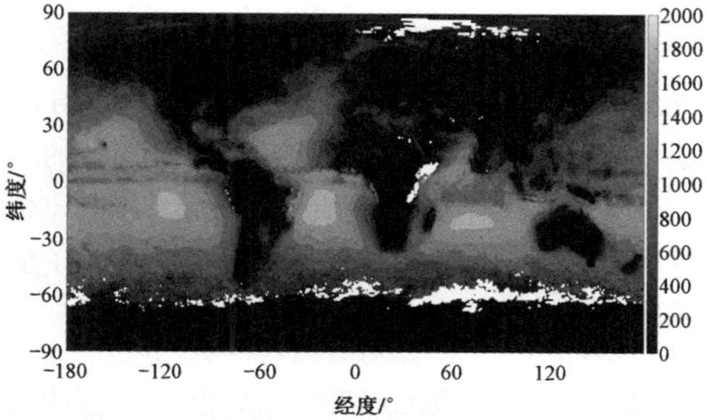

（b）夏季

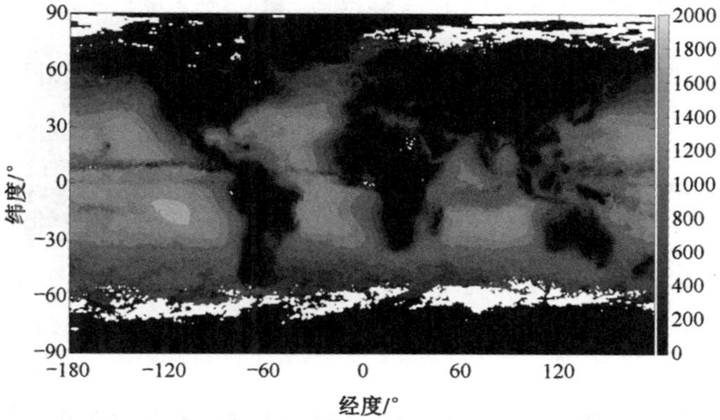

（c）秋季

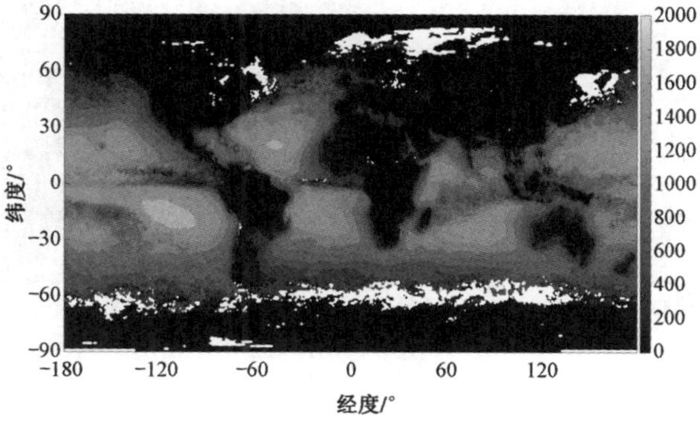

（d）冬季

图 3-29　全球悬空波导高度季节分布图（续）

2．表面波导

有基础层的贴地波导和无基础的贴地波导统称为表面波导，由于低层数据分辨率较高，海上的表面波导包括了一些蒸发波导。表面波导的下边界是地海面，不像悬空波导的下边界被抬升到空中，因此，受下垫面影响，全球表面波导比悬空波导出现的区域不均性更突出。图 3-30～图 3-32 分别给出了全球表面波导的出现概率、厚度和强度季节分布。

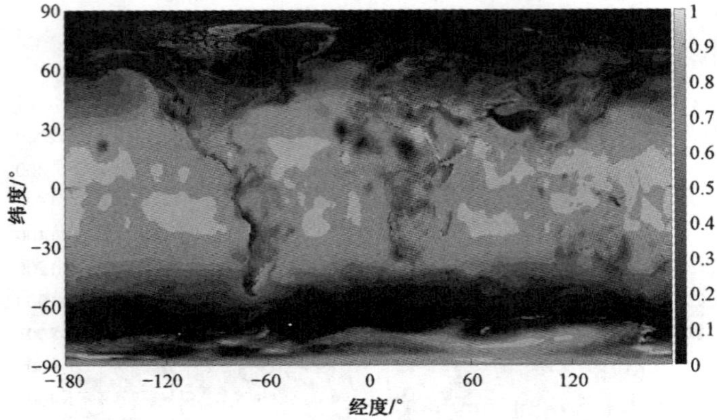

（a）春季

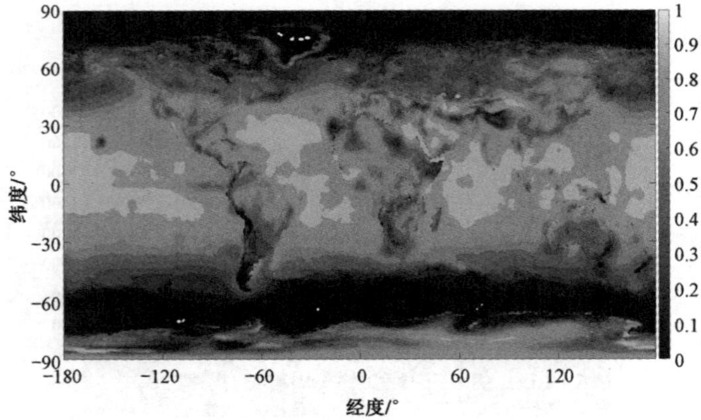

（b）夏季

图 3-30　全球表面波导出现概率季节分布图

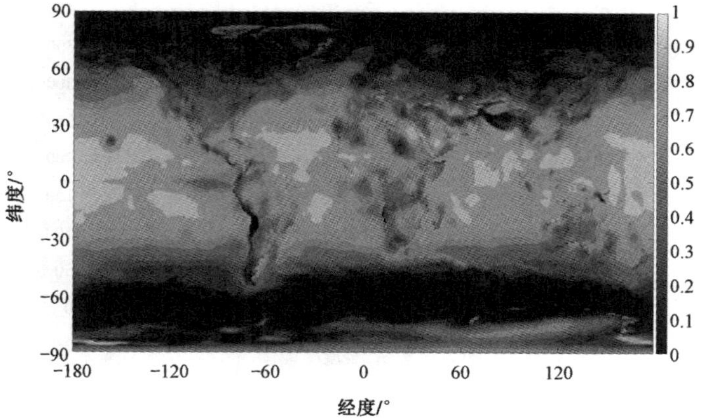

（c）秋季

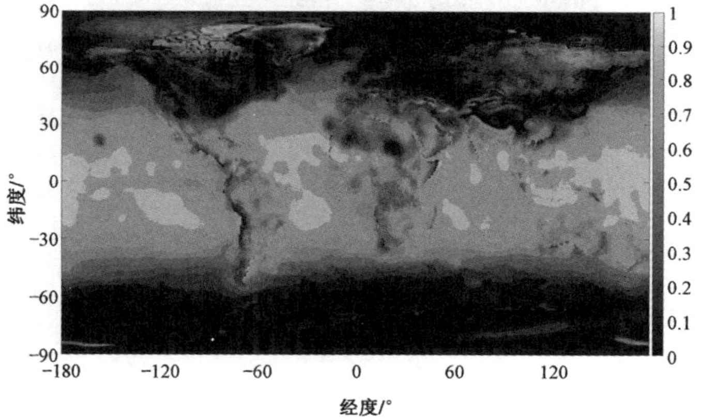

（d）冬季

图 3-30　全球表面波导出现概率季节分布图（续）

低纬度海上表面波导出现概率都很高，大部分为 70%，且在夏季表面波导出现概率最高，厚度为 10～40m，强度范围为 2～10M 单位。但在加利福尼亚半岛沿海海域、西非沿海海域、南非沿海海域、地中海、红海、波斯湾、亚丁湾和里海有厚度高于 100m 的表面波导出现，在西非沿海海域最高厚度为 370m，在红海和波斯湾强度高达 50M 单位。

中南半岛除缅甸外，在春节、夏季、秋季表面波导出现概率高，约 80%，厚度为 10～40m，强度为 5～15M 单位。

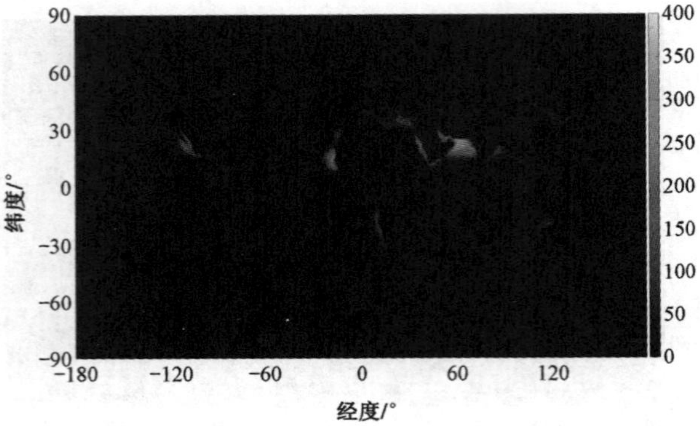

（a）春季

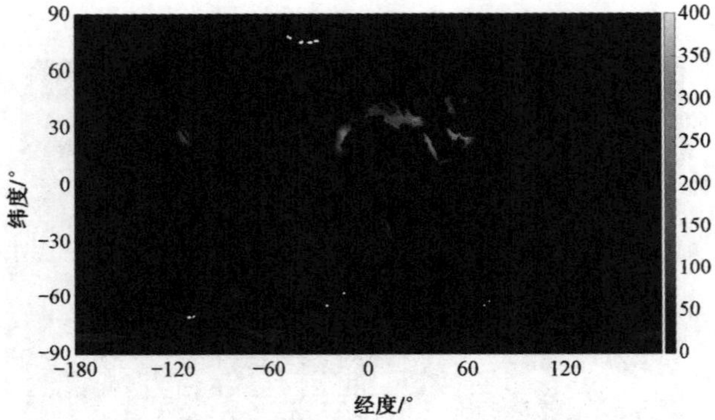

（b）夏季

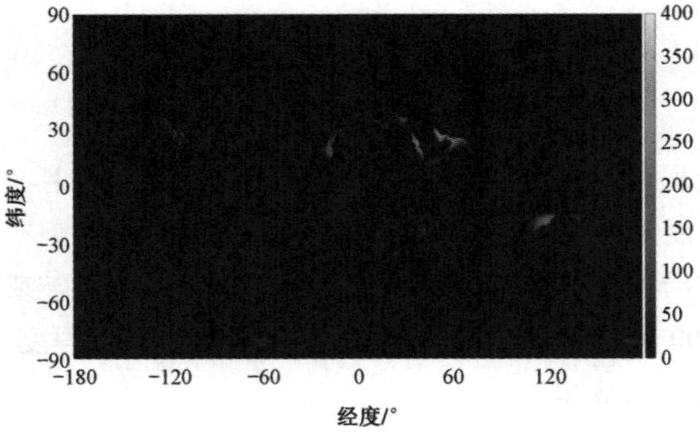

（c）秋季

图 3-31　全球表面波导厚度季节分布图

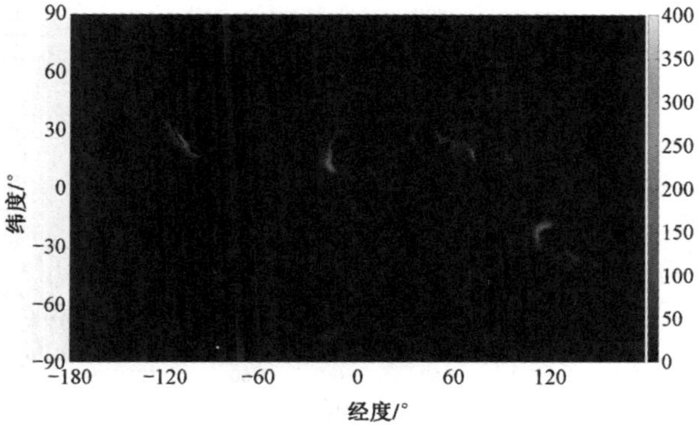

（d）冬季

图 3-31　全球表面波导厚度季节分布图（续）

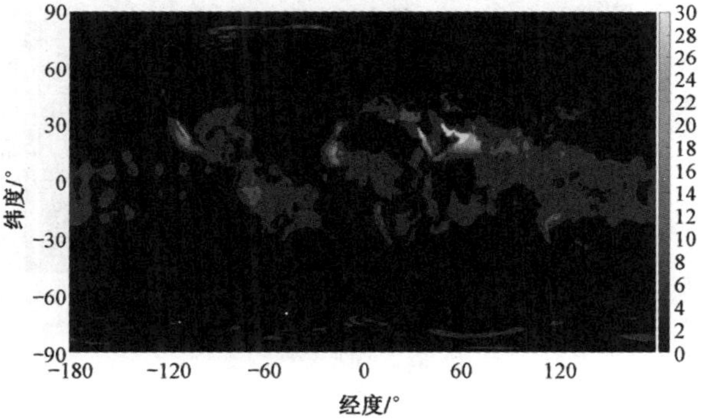

（a）春季

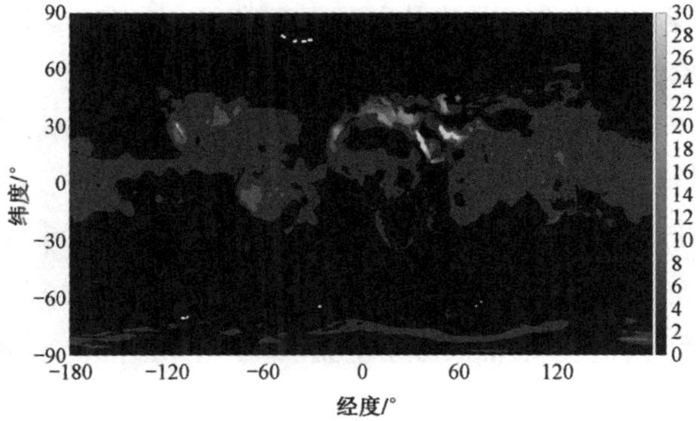

（b）夏季

图 3-32　全球表面波导强度季节分布图

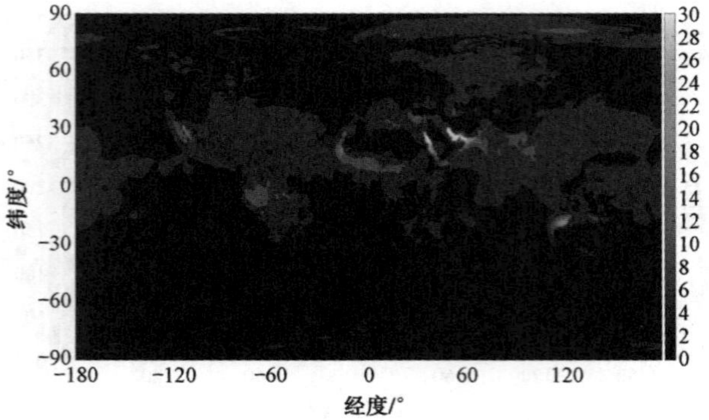

（c）秋季

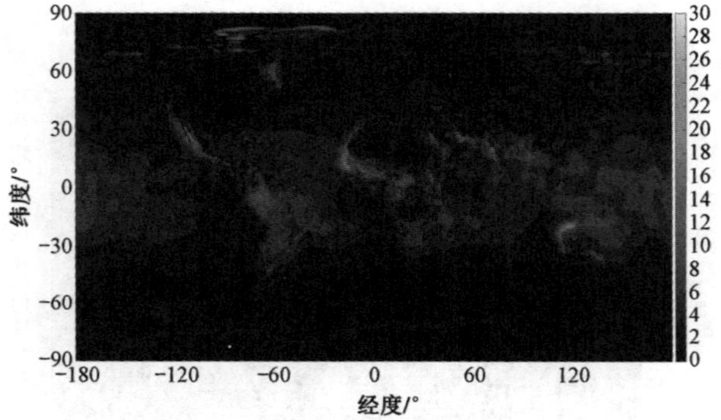

（d）冬季

图 3-32　全球表面波导强度季节分布图（续）

印度半岛在春季、秋季表面波导出现概率较高，约 75%，厚度为 10～40m，强度为 5～15M 单位。

北美洲夏季表面波导出现概率高，约 40%，部分地区在 60%，厚度为 10～40m，强度为 1～10M 单位。冬季表面波导出现概率最低。

南美洲、非洲、澳大利亚表面波导出现概率没有明显的季节变化，表面波导平均出现概率约在 35%，厚度为 10～40m，强度为 1～10M 单位。

中高纬西伯利亚在夏季表面波导出现概率高，平均约 40%，厚度为 10～40m，强度为 5～10M 单位。

在北极，格陵兰岛北部、加拿大北极岛屿、西伯利亚极地部分在 12 月、1 月、2 月极夜期间表面波导出现概率较高。其中，北极格陵兰岛北部、加拿大北极岛屿表面波导出现概率高于 85%，厚度为 10～70m，强度为 5～10M 单位。

南极在极夜期间表面波导出现概率明显较其他季节高，平均在 30%，部分区域高达 70%，厚度为 70～100m，强度为 10～15M 单位。

60° S 以南洋面也有一个明显的带状无波导区域。

3.3.5　大气波导传播条件

1. 大气波导传播基本条件

理论和试验的综合研究结果表明，要形成大气波导传播必须满足三个基本条件。

1）形成大气波导层

形成大气波导层的条件已在 3.3.1 节讨论。

2）入射角必须小于某一临界角

电磁波的入射角必须小于某一临界角 θ_c（有的作者用捕获角或穿透角 θ_p 表示），对于贴海蒸发波导而言，有

$$\theta_c = \sqrt{2\times10^{-6}\left|\Delta M'\right|} \tag{3.39}$$

式中，$\Delta M'$是雷达发射天线高度至波导层顶之间的修正折射率之差。如果天线高度为 0，这时$\Delta M' = \Delta M$，因此

$$\theta_c = \sqrt{2\times10^{-6}\left|\Delta M\right|} \tag{3.40}$$

式中，ΔM 为波导强度，它等于波导层中 M 的最大值和最小值之差。

θ_c（或 θ_p）和折射率梯度、波导层高度（对贴海波导而言，波导层高度等于波导层厚度）三者之间的关系为

$$\frac{\Delta n}{\Delta h} = -n_t\left[\frac{1}{r_t} + \frac{\theta_c^2}{2\left(h_d - h_t\right)}\right] \tag{3.41}$$

式中，n 为折射指数，$r_t = a + h_t$，a 为地球平均半径，h_t 为天线高度，h_d 为波导层高度，下标 t、d 是分别对应于电波发射高度处和波导层顶处的变量。考虑到在波导层中$\Delta M = \Delta N + \Delta h/a\times10^6$，$h_t \ll a$，$n_t \approx 1.0$，当出现大气波导传播时，对贴地波导来说，当$\theta_p = \theta_c = 0°$ 时，根据式（3.41）有$-\Delta n/\Delta h \approx 1/a = 157\times10^{-6}$/km，即$-\Delta n/\Delta h =$ 157N/km。对于实际天线高度而言，从式（3.41）可以看出，天线在波导层内距波导顶越近，临界入射角越小。对于波导层很薄的海上蒸发波导来说，这点应该特别注意。

3）波长必须小于某一临界波长

电磁波的波长必须小于某一临界波长（或雷达工作频率高于某一临界频率）。在线性分段的折射率环境中，对于垂直极化波，临界波长为

$$\lambda_c = 0.75n_s\left(\frac{N_s - N_d}{n_s h_d} - 0.157\right)^{1/2} h_d^{3/2} \tag{3.42}$$

或临界频率为

$$f_c = 400h_d^{-3/2} / n_s\left(\frac{N_s - N_d}{n_s h_d} - 0.157\right)^{1/2} \tag{3.43}$$

式中，h_d为波导层高度（m），n_s、N_s、N_d分别为地面折射指数、地面折射率和波导层顶部的折射率。临界频率随折射率梯度增大而减小，随波导厚度的减小而增大，这就意味着薄的波导层，其临界频率较高。

上述讨论表明：架设高度较低的岸基或舰载微波雷达在低仰角探测情况下，容易实现大气波导传播，而悬空波导比低空贴地波导更难被有效利用。

表 3-16 列出了根据 1990—1992 年 3 年探空数据计算得出的我国东南沿海几个典型地区贴海波导的临界入射角和临界频率值[23]。由表 3-16 可知，贴海波导实现波导传播的临界入射角最小为 0°，最大不超过 0.8°，平均值不超过 0.3°，临界频率的量级由数 MHz 到数十 GHz，平均值为数十 MHz 到数 GHz。由此可见，贴近海面的大气波导对无线电波传播的影响范围是很广的。就临界入射角而言，其最大值接近 0.8°，说明岸上和舰上的雷达和通信系统的低仰角工作状态都会受到影响。而从临界频率来看，它影响了从数 MHz 到数十 GHz 范围内各个频段的电磁波。这些数据说明，在雷达监测及通信等各种无线电系统的设计及使用中，大气波导的影响是不可忽略的。

表 3-16　我国东南沿海九个典型地区贴海波导的临界角及临界频率

站　名	临界入射角（°）			临界频率（GHz）		
	最小值	最大值	平均值	最小值	最大值	平均值
青　岛	0.103	0.336	0.214	0.026	0.088	0.060
上　海	0.044	0.364	0.139	0.035	2.191	0.893
大陈岛	0.044	0.621	0.257	0.023	3.388	1.024
台　北	0.000	0.375	0.162	0.075	22.013	1.652
香　港	0.081	0.456	0.237	0.039	0.476	0.173
海　口	0.036	0.760	0.224	0.004	5.353	1.310
西　沙	0.081	0.295	0.181	0.018	0.574	0.204

2．大气波导传播特征参数

大气波导传播特征参数包括：满足大气波导传播条件的临界入射角和临界频率；波导层的水平延伸范围；波导的持续时间；波导高度；海面蒸发波导的出现

概率；无线电波在海面蒸发波导中传播的衰减因子随距离、高度和频率的变化关系；产生海面蒸发波导的气象水文条件（包括海水温度、海面气温、空气湿度、气压、风速、海上大气折射指数随高度的变化梯度 $\mathrm{d}n/\mathrm{d}h$ 等）；波导环境下电波能量的空间分布。

大气波导传播特征参数在大量观测数据和预测理论的研究基础上是可以预测的。

3.3.6　大气波导传播计算方法

1．射线描迹技术

从 VHF 到毫米波无线电波都受到地球对流层大气的影响，所有这些复杂的电磁现象完全由 Maxwell 方程直接求解是不可能的，必须进行某种近似。多年来，人们主要应用几何光学射线理论来研究对流层的折射问题，利用几何绕射理论研究地面对电波传播的绕射问题。

根据无耗球对称渐变介质中的传播理论及对流层各向同性介质的无源空间中 Maxwell 方程的几何光学极限理论，可以得到射线的程函方程

$$\nabla \psi \cdot \nabla \psi = n^2 \tag{3.44}$$

如果 n 的空间分布已知，它就是程函 ψ 的微分方程。在给定初始条件后可得 ψ 的定解。其中 $\nabla \psi$ 的指向即射线方向。令 s 是一根射线上从起点算起的长度，根据空间曲线的基本性质，$\boldsymbol{r}$ 处射线的正切向单位向量为 $\boldsymbol{r}'$，于是程函方程又可写作

$$\nabla \psi = n\boldsymbol{r}' \tag{3.45}$$

从而最终得到射线的微分方程为

$$\frac{\mathrm{d}n}{\mathrm{d}s}\boldsymbol{r}' + n\boldsymbol{r}'' = \nabla n \tag{3.46}$$

根据程函方程式（3.45），从一个定点开始逐点求出射线前进的方向，就可以画出一条射线，这个过程就是描迹。在渐变介质中，描迹就是求解射线的微分方程。

对流层传播中通常将对流层大气看成是球形分层的，这样就可以建立以地心为原点的球对称坐标系。在这种情形下折射指数 n 只沿以地心为原点、矢径为 $\boldsymbol{r}$ 的方向改变，由此可得到射线方程

$$\nabla n = \hat{r}\frac{\mathrm{d}n}{\mathrm{d}r} \tag{3.47}$$

其中，矢径 $\boldsymbol{r}$ 满足 $|\boldsymbol{r}| \geqslant r_\mathrm{e}$（$r_\mathrm{e}$ 为地球半径）。以 $\boldsymbol{r}$ 与射线的微分方程相交叉乘，可以得到 Bouguer 公式

$$nd = 常数 \tag{3.48}$$

式中，设在曲线上某点处，$\boldsymbol{r}$ 与 $\boldsymbol{r}'$ 的夹角是 β，如图 3-33 所示。距离 $d=r\sin\beta$ 是原点到 $\boldsymbol{r}$ 点的切线距离。若 α 为 β 的余角，则该式就是球面分层介质中的 Snell 定律的表达式。

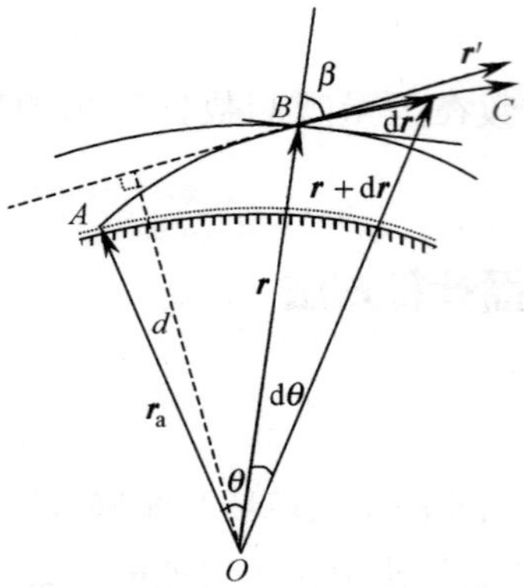

图 3-33 球对称渐变介质中射线的切线方向 $\boldsymbol{r}'$ 和矢径 $\boldsymbol{r}$ 的关系

为求大气中射线的方程，令曲线在一个 $\phi=\phi_\mathrm{a}$ 的平面内，根据微分关系 $\mathrm{d}\boldsymbol{r}=\hat{r}\mathrm{d}r+\hat{\theta}r\mathrm{d}\theta$ 得到

$$\sin\beta=\frac{r\mathrm{d}\theta}{\sqrt{(\mathrm{d}r)^2+(r\mathrm{d}\theta)^2}} \tag{3.49}$$

则射线上各点满足

$$\mathrm{d}\theta=\pm\frac{K\mathrm{d}r}{r\sqrt{n^2r^2-K^2}} \tag{3.50}$$

式中，$K=nr\sin\beta$，$\pm$ 取决于射线与垂直轴 h 轴的夹角是小于还是大于 $\pi/2$，或者说射线与水平轴 x 轴的夹角是小于还是大于 0，逆时针方向为正。设射线起始点为 $\boldsymbol{r}_\mathrm{a}(r_\mathrm{a},0,\varphi_\mathrm{a})$，考虑到射线沿水平方向的距离为

$$\mathrm{d}x=r\mathrm{d}\theta \tag{3.51}$$

又由于在起始点

$$K=n_\mathrm{a}r_\mathrm{a}\gamma_\mathrm{a} \tag{3.52}$$

式中，γ_a 是射线起始点的方向余弦。因此有

$$\mathrm{d}x=\pm\frac{n(h_\mathrm{a})r_\mathrm{a}\gamma_\mathrm{a}\mathrm{d}r}{\sqrt{n^2r^2-[n(h_\mathrm{a})r_\mathrm{a}\gamma_\mathrm{a}]^2}} \tag{3.53}$$

通过积分，可得

$$x-x_\mathrm{a}=\pm\int_{r_\mathrm{a}}^{r}\frac{\mathrm{d}r}{\sqrt{\left(\dfrac{n(r)r}{r_\mathrm{a}n_\mathrm{a}\gamma_\mathrm{a}}\right)^2-1}} \tag{3.54}$$

由式（3.54）可知，只要知道折射率分布就可以逐点得到电波射线的位置，这就是所谓的射线描迹。

2．抛物方程方法

抛物方程（PE）方法是 20 世纪 40 年代由 Leontovich 和 Fock[24]在研究无线电波围绕地球绕射的影响时提出的。此后，许多科学家参与并发展了抛物方程方法应用于无线电波传播的理论工作，特别是用 PE 方法研究对流层对电波传播的影响。

Ko 等[25]引进了 PE 方法来计算在各种传播环境情况下的电磁场强度。很快这项技术被许多研究人员应用并发展出了 Fourier 裂步法（Fourier Split-step Method）和有限差分理论[26~29]，开始的时候主要研究平面地面上的电波传播，很快就发展到研究起伏地面对电波传播的影响。为了计算速度及精度，研究人员开发出不同近似模型和 PE 方法结合的复合模型，抛物方程理论在地（海）面上电波传播的研究上得到了广泛的应用。

受计算量和计算速度的影响，有限差分法主要应用于计算目标的散射问题，而 Fourier 裂步法主要应用于研究大的高度和距离范围内电波的场强分布问题。在这里主要介绍 Fourier 裂步法。

1）抛物方程的推导

设场与时间的关系为$\exp(-\mathrm{j}\omega t)$，在折射指数为 n 的均匀介质中，场满足

$$\frac{\partial^2\phi}{\partial x^2}+\frac{\partial^2\phi}{\partial z^2}+k^2n^2\phi=0 \tag{3.55}$$

式中，ϕ在水平极化情况下正比于E_y，在垂直极化情况下正比于H_y，k 为真空中的波数；一般情况下 n 不为常数，且随 x 和 z 变化。式（3.55）在 n 变化很慢的情况下是一种很好的近似。

将

$$u(x,z)=\mathrm{e}^{-\mathrm{j}kx}\phi(x,z)$$

代入式（3.55），可得

$$\frac{\partial^2u}{\partial x^2}+2\mathrm{j}k\frac{\partial u}{\partial x}+\frac{\partial^2u}{\partial z^2}+k^2(n^2-1)u=0 \tag{3.56}$$

把式（3.56）进行因式分解，有

$$\left\{\frac{\partial}{\partial x}+\mathrm{j}k(1-Q)\right\}\left\{\frac{\partial}{\partial x}+\mathrm{j}k(1+Q)\right\}u=0 \tag{3.57}$$

Q定义为

$$Q=\sqrt{\frac{1}{k^2}\frac{\partial^2}{\partial z^2}+n^2(x,z)} \tag{3.58}$$

式（3.56）分解为式（3.57），只有在 n 不随 x 变化时才成立，因此在应用式（3.57）时一定要注意误差不能太大。式（3.57）可以进一步表示为

$$\frac{\partial u}{\partial x}=-\mathrm{j}k(1-Q)u \tag{3.59}$$

$$\frac{\partial u}{\partial x}=-\mathrm{j}k(1+Q)u \tag{3.60}$$

式（3.59）和式（3.60）分别对应于前向散射场和后向散射场。

由式（3.59）可以得出

$$u(x+\Delta x,z)=\mathrm{e}^{\mathrm{j}k\Delta x(Q-1)}u(x,z) \tag{3.61}$$

从式（3.61）可以看出，前向散射场可以由它前一个距离上的场得出。由于存在伪微分算子 Q，因此式（3.59）在复杂边界条件下无法得到解析解，需要通过近似或数值方法求解。

把 Q 进行 Taylor 级数展开，取一阶近似有

$$\begin{aligned}Q&=\sqrt{1+(Q-1)}=1+\frac{Q-1}{2}-\frac{(Q-1)^2}{8}+\sum_{n=3}^{\infty}(-1)^{n-1}\frac{(2n-3)!!}{2n!!}(Q-1)^n\\&\approx 1+\frac{Q-1}{2}=1+\frac{1}{2}(n^2-1)+\frac{1}{2}\frac{\partial^2}{k^2\partial z^2}\end{aligned} \tag{3.62}$$

将式（3.62）代入式（3.59），可得

$$\frac{\partial^2 u(x,z)}{\partial z^2}+2\mathrm{j}k\frac{\partial u(x,z)}{\partial x}+k^2 q u(x,z)=0 \tag{3.63}$$

其中，$q=n^2-1+\dfrac{z}{a_\mathrm{e}}$，引入地球曲率的影响；$a_\mathrm{e}$ 为地球半径；式（3.63）为标准的抛物方程（SPE）。

若 Q 按 Feit-Feck 近似方法展开，令 $A=n^2-1$，$B=\dfrac{1}{k^2}\dfrac{\partial^2}{\partial z^2}$，则

$$Q\approx\sqrt{1+A}+\sqrt{1+B}-1=\sqrt{1+\frac{1}{k^2}\frac{\partial^2}{\partial z^2}}+n-1 \tag{3.64}$$

将式（3.64）代入式（3.59），可得

$$\frac{\partial u(x,z)}{\partial x}-\mathrm{j}k\left(\sqrt{1+\frac{1}{k^2}\frac{\partial^2}{\partial z^2}}-1\right)u(x,z)-\mathrm{j}kqu(x,z)=0 \tag{3.65}$$

式（3.65）为 Feit-Feck 近似下的抛物方程（FPE）。

令

$$u(x,z)=\mathrm{e}^{-\mathrm{j}kx}\phi(x,z)=\mathrm{e}^{-\mathrm{j}kx}\exp(\mathrm{j}kx\cos\alpha+\mathrm{j}kz\sin\alpha)$$

代表电波以仰角α向前传播，则

$$\frac{1}{k^2}\frac{\partial^2 u}{\partial z^2} = -\sin^2\alpha \tag{3.66}$$

将 Taylor 展开记作Q_{T}，将 Feit-Feck 近似记作Q_{F}，则可以得到上述两种近似下的相对误差分别为

$$e_{\mathrm{T}} = \frac{\left|Q_{\mathrm{T}}^2 - Q^2\right|}{Q^2} = \frac{(n^2-1)\left[(n^2-1)-2\sin^2\alpha\right]}{4(n^2-\sin^2\alpha)} \tag{3.67}$$

$$e_{\mathrm{F}} = \frac{\left|Q_{\mathrm{F}}^2 - Q^2\right|}{Q^2} = \frac{2(n-1)(1-\cos\alpha)}{n^2-\sin^2\alpha} \tag{3.68}$$

取$n=1+|\Delta n|$，Δn为折射指数的变化量，通常$|\Delta n|\leqslant 10^{-3}$，近似有

$$n^2-1=(n+1)(n-1)\approx 2|\Delta n|$$

则式（3.67）和式（3.68）进一步近似为

$$e_{\mathrm{T}} \approx \frac{|\Delta n|\sin^2\alpha}{2|\Delta n|+\cos^2\alpha} \tag{3.69}$$

$$e_{\mathrm{F}} \approx \frac{2|\Delta n|(1-\cos\alpha)}{2|\Delta n|+\cos^2\alpha} \tag{3.70}$$

可以看出，e_{T}随α的增大而增大，而e_{F}随α的增大而减小。实际计算表明，在误差允许范围内，Taylor 展开只适用于小角度（α一般不超过 15°），因此又称式（3.63）为窄角近似抛物方程（NAPE）。Feit-Feck 近似可适用于更大角度（α最大可达 60°），式（3.65）又称宽角近似抛物方程（WAPE）。

2）抛物方程的求解

定义 Fourier 变换对，即

$$U(x,p)=F[u(x,z)]=\int_{-\infty}^{\infty}u(x,z)\,\mathrm{e}^{-\mathrm{j}pz}\mathrm{d}z \tag{3.71}$$

$$u(x,z)=F^{-1}[U(x,p)]=\frac{1}{2\pi}\int_{-\infty}^{\infty}u(x,p)\;\mathrm{e}^{\mathrm{j}pz}\mathrm{d}p \tag{3.72}$$

式中，p为变换域变量，通常称为垂直波数或空间频率，定义为$p=k\sin\eta$，η为电波到水平方向的角度，$-p_{\max}<p<p_{\max}$，$p_{\max}$与所需计算的最大仰角有关。对式（3.63）进行 Fourier 变换，得到

$$U(x+\Delta x,p)=\exp\left(-\mathrm{j}k\frac{q}{2}\Delta x\right)\exp\left(-\mathrm{j}\Delta x\frac{p^2}{2k}\right)U(x_0,p) \tag{3.73}$$

对式（3.73）进行 Fourier 逆变换，得到

$$u(x+\Delta x,\ z)=\exp\left(-\mathrm{j}\frac{k}{2}q\Delta x\right)F^{-1}\left\{\exp\left(-\mathrm{j}\frac{p^2\Delta x}{2k}\right)F\left[u(x_0,z)\right]\right\}\tag{3.74}$$

式中，$q=n^2-1+\dfrac{z}{a_\mathrm{e}}$，$F$ 和 F^{-1} 为 Fourier 变换和 Fourier 逆变换，Δx 为水平方向的步长，$u(x_0,z)$ 为初始场分布。同理，对式（3.65）采用 Fourier 裂步法进行求解，可得到

$$u(x+\Delta x,z)=\exp\left(\mathrm{j}kq\Delta x\right)F^{-1}\left\{\exp\left(\mathrm{j}\Delta x\sqrt{k^2-p^2}-k\right)F\left[u(x_0,z)\right]\right\}\tag{3.75}$$

值得注意的是，在式（3.74）和式（3.75）的计算中 q 可以随 x 和 z 变化，反映大气折射率对电波传播的影响。当 q 为常数时，式（3.75）是式（3.63）的精确解，对应于无界、均匀媒质的电波传播情况。在实际应用中，当 q 随 z 甚至随 x 变化时，式（3.74）是式（3.63）的近似解，与精确解存在误差。为使误差限定在可控范围，式（3.74）中的步长将受到限制，即收敛条件

$$\Delta x \ll 2\times10^4 q\tag{3.76}$$

$$\Delta x \ll 250k\left|\frac{u}{\partial u/\partial z}\right|q\tag{3.77}$$

随着 Δx 的减小，解是收敛的，通常取几百个波长即可满足收敛条件。

为使式（3.74）或式（3.75）在实际中可计算，必须对计算区域进行处理，即上边界采用吸收边界进行截断，而下边界利用边界条件来处理。

当下边界为完全导电平面时，其边界条件为：水平极化时满足 Dirichlet 边界条件 $u(x,z)\big|_{z=0}=0$，垂直极化时满足 Neumann 边界条件 $\dfrac{\partial u(x,z)}{\partial z}\bigg|_{z=0}=0$。由镜像原理可知，$u(x,z)$ 是奇函数（水平极化）或偶函数（垂直极化）就满足边界条件，由此式（3.74）和式（3.75）中的 Fourier 变换可简化为单边正弦变换或余弦变换，即

$$F_\mathrm{S}\left[u_\mathrm{e}(x,z)\right]=\int_0^\infty u_\mathrm{e}(x,z)\sin(pz)\mathrm{d}z\tag{3.78}$$

$$F_\mathrm{C}\left[u_\mathrm{o}(x,z)\right]=\int_0^\infty u_\mathrm{o}(x,z)\cos(pz)\mathrm{d}z\tag{3.79}$$

式中，下标 e、o 分别表示场是偶函数、奇函数，此时只需用上半空间的场值即可求解。式（3.78）和式（3.79）可以通过高效的快速 Fourier 变换（FFT）算法来实现。

当边界为有限导电平面时，其边界条件可用阻抗边界条件表示为

$$\frac{\partial u(x,z)}{\partial z}\bigg|_{z=0}+\varLambda u(x,z)\big|_{z=0}=0\tag{3.80}$$

式中，$\varLambda$ 为下边界表面阻抗，有

$$\Lambda = \mathrm{j}k\sin\eta\left(\frac{1-\Gamma}{1+\Gamma}\right)$$

式中，Γ 是 Fresnel 反射系数。Λ 由式（2.30）和式（2.31）得到。

对于水平极化，$\Lambda = \mathrm{j}k\sqrt{\varepsilon_r - \cos^2\eta}$　　（3.81a）

对于垂直极化，$\Lambda = \mathrm{j}k\dfrac{\sqrt{\varepsilon_r - \cos^2\eta}}{\varepsilon_r}$　　（3.81b）

式（3.80）可通过混合 Fourier 变换实现。定义混合 Fourier 变换为

$$U(x,p) = \int_0^\infty u(x,z)[\Lambda\sin(pz) - p\cos(pz)] \tag{3.82}$$

对应的逆变换为

$$u(x,z) = \frac{2}{\pi}\int_0^\infty U(x,p)\frac{\Lambda\sin(pz) - p\cos(pz)}{\Lambda^2 + p^2}\mathrm{d}p + K(x)\mathrm{e}^{-\Lambda z} \tag{3.83}$$

式中

$$K(x) = \begin{cases} 0, & \mathrm{Re}(\Lambda) \leqslant 0 \\ 2\Lambda\int_0^\infty u(x,z)\mathrm{e}^{-\Lambda z}\mathrm{d}z, & \mathrm{Re}(\Lambda) > 0 \end{cases} \tag{3.84}$$

注意到，包含 $K(x)$ 的因子只在 $\mathrm{Re}(\Lambda)$ 为正时出现，表示电波在传播中随高度和距离呈指数衰减特性。在使用上面定义的混合 Fourier 变换求解抛物方程式（3.63）时，保证了 $u(x,z)$ 满足式（3.80）的阻抗边界条件。

对式（3.80）引入一个辅助函数，就可以只采用正弦变换。定义辅助函数为

$$w(x,z) = \frac{\partial u(x,z)}{\partial z} + \Lambda u(x,z) \tag{3.85}$$

在下边界处，有

$$w(x,z)\big|_{z=0} = 0$$

对 $w(x,z)$ 进行正弦变换可得

$$U(x,p) = F_{\mathrm{S}}[w(x,z)] = \int_0^\infty \left[\frac{\partial u(x,z)}{\partial z} + \Lambda u(x,z)\right]\sin(pz)\mathrm{d}z \tag{3.86}$$

对式（3.86）分部积分，得到

$$U(x,p) = \int_0^\infty u(x,z)[\Lambda\sin(pz) - p\cos(pz)]\mathrm{d}z \tag{3.87}$$

该式是 $w(x,z)$ 的正弦变换，也是 $u(x,z)$ 的混合 Fourier 变换。

对 $U(x,p)$ 进行逆正弦变换，可得

$$w(x,z) = \frac{2}{\pi}\int_0^\infty U(x,p)\sin(pz)\mathrm{d}p \tag{3.88}$$

由于 $w(x,z)$ 满足与 $u(x,z)$ 形式相同的抛物方程，且在 $z=0$ 的边界处值为零，因此，计算 $w(x,z)$ 的抛物方程解可采用正弦变换。这样，计算 $u(x,z)$ 可采用两种

方法：一种是采用$u(x,z)$混合 Fourier 变换求解，需要进行正弦变换和余弦变换；另一种是采用$w(x,z)$的正弦变换求解，然后根据$w(x,z)$计算得到$u(x,z)$，只需要进行正弦变换。

抛物方程数值计算中正弦变换、余弦变换（包含它们的逆变换）比较耗时，因此，相对于第一种方法，第二种方法具有计算效率高的优点。

对于上边界，需要采用吸收边界进行截断。吸收边界设置的目的是使电波到达上边界时被完全吸收，而不会产生虚假反射。一个简单的方法是，在 z 方向加入一个 Turkey 函数，其表达式为

$$\mathrm{Tu}(z)=\begin{cases}1, & 0\leqslant z\leqslant\dfrac{3}{4}z_{\max}\\[2ex] \dfrac{1}{2}+\dfrac{1}{2}\cos\left[\dfrac{4\pi}{z_{\max}}\left(z-\dfrac{3}{4}z_{\max}\right)\right], & \dfrac{3}{4}z_{\max}\leqslant z\leqslant z_{\max}\end{cases} \tag{3.89}$$

式中，$z_{\max}$表示计算域的最大高度。从$\dfrac{3}{4}z_{\max}$开始，场幅按照$\mathrm{Tu}(z)$限制的规则逐渐衰减，当到达最大高度时，场强衰减至零，即达到吸收的效果。

3）*不规则表面抛物方程的解*

上面讨论了下边界为平整表面时抛物方程的求解。在实际应用中，下边界往往为非平整表面，此时可采用以下方法求解。

（1）分段线性表面的情况。

对于分段线性表面进行变量代换，令$\xi=x$，$\zeta=z-h(x_1)-\alpha(x-x_1)$，其中，$\alpha$是$x_1<x<x_2$上的斜率。定义新的变量

$$v(\xi,\zeta)=\exp(\mathrm{j}k\alpha\zeta)u(x,z) \tag{3.90}$$

经过简单的计算可得

$$\frac{\partial^2 v}{\partial\zeta^2}+2\mathrm{j}k\frac{\partial v}{\partial\zeta}+k^2(n^2-1)v=0 \tag{3.91}$$

式（3.91）即变为标准的抛物方程。

（2）光滑连续表面的情况。

如果光滑连续表面可用函数$S(x)$表示，并且$S(x)$有二阶导数，进行变量代换，令$\xi=x$，$\zeta=z-S(x)$，于是有

$$v(\xi,\zeta)=\exp(\mathrm{j}\theta(\xi,\zeta))u(x,z) \tag{3.92}$$

可得

$$\frac{\partial^2 v}{\partial\zeta^2}+2\mathrm{j}k\frac{\partial v}{\partial\zeta}+k^2(m^2-1)v=0 \tag{3.93}$$

式中，$m^2(\xi,\zeta)=n^2(\xi,h(\xi)+\zeta)-2\zeta h''(\xi)$。式（3.93）即变为标准的抛物方程。

3.3.7　大气波导预报

随着大气数值预报模式的不断改进和完善，以及计算机技术的不断发展，大气数值预报的时效性、分辨率及准确率不断提高。目前，大气数值模式已成为预报大气折射指数及大气波导三维空间结构的有效手段，其预报的电波环境作为电波传播模型的输入参数，可实现电波传播特性的提前预报。

近年来，关于大气波导的数值预报技术主要集中于两个方面，一是基于中尺度天气研究与预报（Weather Research and Forecasting，WRF）模式的大气波导预报技术，二是采用 WRF 与观测数据同化的大气波导预报技术。

1．基于 WRF 模式的大气波导预报技术

WRF 是美国国家大气研究中心（National Center for Atmospheric Research，NCAR）和美国国家环境预报中心（National Centers for Environmental Prediction，NCEP）等多家单位联合开发的基于业务预报和天气研究需要的新一代中尺度天气预报模式。WRF 模式是基于大气运动的非线性偏微分方程组，按照大气的运动规律，通过有限差分法把该偏微分方程组变为离散的差分方程组，并考虑各种物理过程产生的动量、热量、水汽源汇项，对差分方程组进行时间积分，求解得到离散网格点上大气温度、压强、风场、降水等要素的预报值。

利用 WRF 模式进行大气波导预报，应特别注意以下问题。

1）模式的垂直分辨率设置

大气波导主要出现在对流层低层的大气边界层内，波导高度主要集中在 3000m 以下，大气波导的垂直厚度从十几米到几百米，为了使模式能够充分捕捉到大气波导及其精细结构，需要对模式顶高度和垂直分辨率进行重构设置。通常，把模式顶高度设置到 500hPa，模式分层增加到 86 层，模式的垂直分辨率可设置为：100m 以下为几米到十几米；100～3000m 为几十米；3000m 以上约为几百米。

2）模式的水平分辨率设置

提高模式的水平分辨率是提高预报质量的一个重要途径。但提高模式的水平分辨率会导致计算量的迅速增加。为解决大气波导预报效果与计算量的矛盾，可采用嵌套网格技术，即对于考虑边界条件下的大区域采取较粗网格，而对于关心的小区域采取细网格。大气波导的水平范围一般在几千米到几百千米，粗细网格的水平分辨率可分别设置为十几千米和几千米量级。

3）模式的物理过程参数化方案选择[30]

数值预报模式的物理过程决定着大气动力过程的动量、热量和水汽的源和汇，对大气动力过程有非常重要的影响，在数值计算求解过程中，其作为源汇项与动力过程耦合。WRF 模式中包含了丰富的物理过程，每种物理过程又有多种参数化方案选项可供选择。针对大气波导数值预报，物理过程参数化方案的选择直接影响模式预报结果的准确度。对于积云参数化方案，粗网格采用 Grell-3 参数化方案，细网格分辨率小于 5 km，模式能完全识别对流涡，因此细网格不再开启积云对流参数化方案；边界层选择 ACM2 参数化方案；在显式降水微物理过程的参数化方案方面，可采用 WSM6 类简单冰参数化方案。各种短波辐射参数化方案的不同，也同样会直接影响数值模式预报结果精度，选择 Goddard 短波辐射参数化方案得到的气温、水汽混合比、大气折射率剖面与探空实测数据较为吻合。

2．WRF 与观测数据同化的大气波导预报技术[31]

数据同化是把不同时刻、不同地区、不同性质的气象数据（包括常规、非常规观测数据及预报数据等），通过统计与动力关系（包括预报模式）使之在动力与热力上协调起来，以求得质量场和流场基本平衡的初始场，进一步通过数值预报模式改进预报结果的方法与技术。

大气波导预报利用三维变分循环同化方法，把不间断接收的实时观测数据（常规观测数据、卫星数据）与初始场数据［美国国家环境预报中心全球预报模式（GFS）的预报数据］融合成一个有机整体，为数值预报提供一个更好的初始场，以修正大气波导的预报结果。

图 3-34 为 WRF 与观测数据同化的大气波导预报技术总体框图。

GSI（Gridpoint Statistical Interpolation）同化系统是美国业务运行的新一代全球/区域数值预报模式的分系统，主要采用三维变分同化方法[32]，通过迭代求解一个目标函数的极小值，获得分析时刻大气状态的最优估计。

1）与常规观测数据的同化

同化的常规观测数据主要包括地海面自动气象站和浮标站点观测数据、无线电探空观测数据和飞机船舶观测数据等，以 2017 年 7 月 20 日 12 UTC 为例，图 3-35 给出了同化的常规观测数据分布情况。

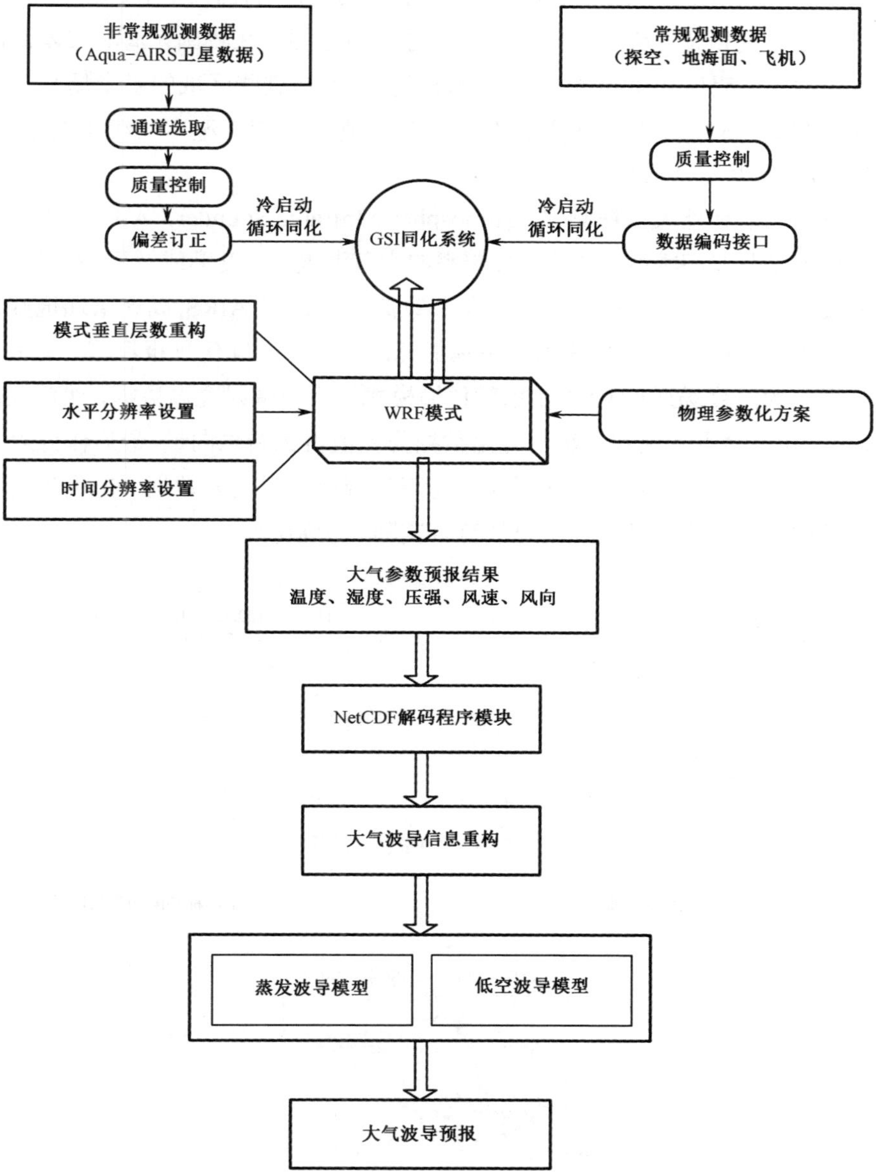

图 3-34　WRF 与观测数据同化的大气波导预报技术总体框图

图 3-36 为利用常规观测数据同化得到的在东海岛—吉兆湾传播链路上的 21 个点修正折射率剖面预报结果，可以看出，在 4km 和 12km 处存在 10m 以下的大气波导，紧接着一段距离没有大气波导，而在 80km 处又出现了波导结构。这说明利用数值同化预报方法可以预报传播链路上大气波导的精细结构和不均匀性。

图 3-37 为东南沿海及其邻近区域同化前后的结果对比，包括波导类型、波导顶高、波导厚度和波导强度。同化后的波导分布范围，在我国东海和日本海附近有显著增加，说明模式初始场（GFS 全球预报场）在这些区域的温度场和湿度场与实际观测差异较大，通过数据同化有效地提高了温度、湿度廓线精度。

2）与卫星数据的同化

星载高光谱红外大气探测仪（Atmospheric Infrared Sounder，AIRS）因其高光谱分辨率可以获取高精度、高垂直分辨率的大气温度、湿度廓线及云参数等信息，这些参数是电波环境预报中的关键气象参数信息。选取 AIRS 高光谱通道数据可以开展直接同化预报，图 3-38 为卫星辐射亮温数据直接同化预报流程。首先，把 GFS 数据中的温度场通过 CRTM 辐射传输模式转换成辐射亮温数据，然后插值到观测站点，并与站点卫星观测辐射亮温数据作差值得到新息向量，最后作为对 GFS 初始场的约束条件之一输入同化系统，与卫星观测辐射亮温数据一起实现对初始场的最优调整，为预报模式提供更加符合实际的初始场。

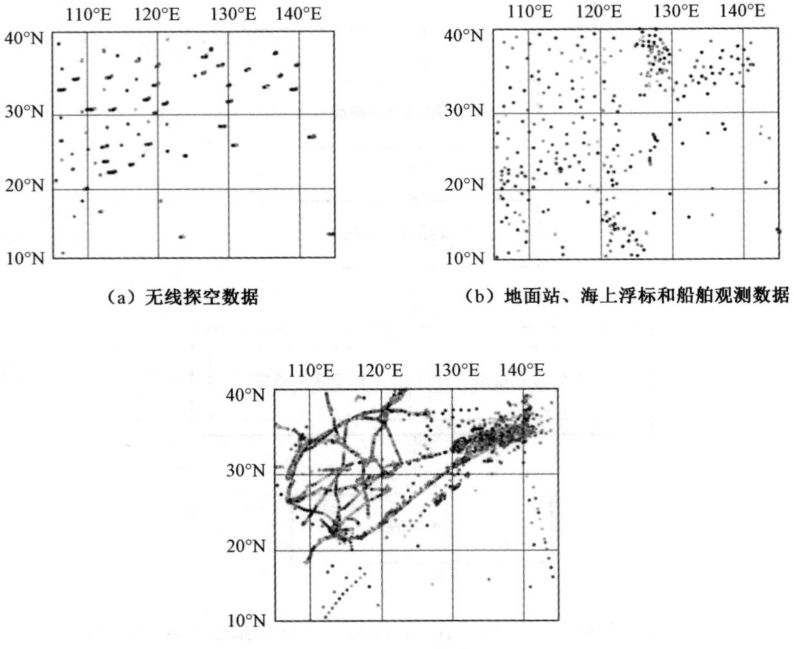

（a）无线探空数据

（b）地面站、海上浮标和船舶观测数据

（c）飞机观测数据

图 3-35　同化的常规观测数据分布（2017 年 7 月 20 日 12 UTC）

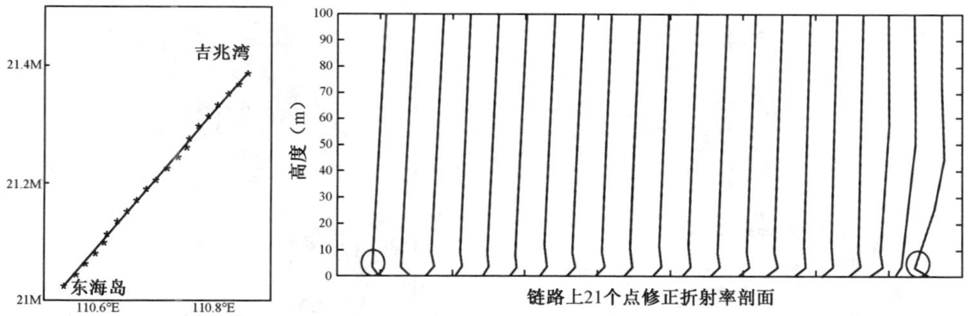

图 3-36　传播链路上不均匀大气波导结构的预报结果

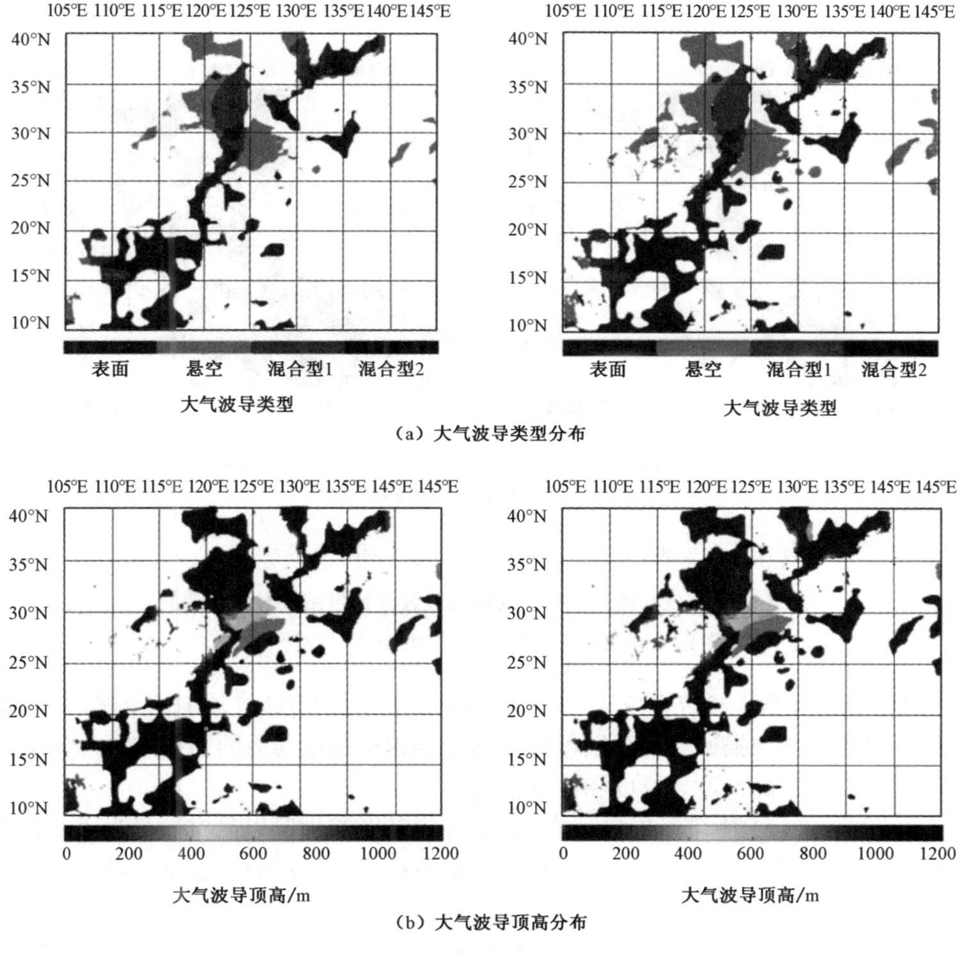

注：彩插页有对应彩色图像。

图 3-37　常规观测资料同化前后大气波导预报结果对比

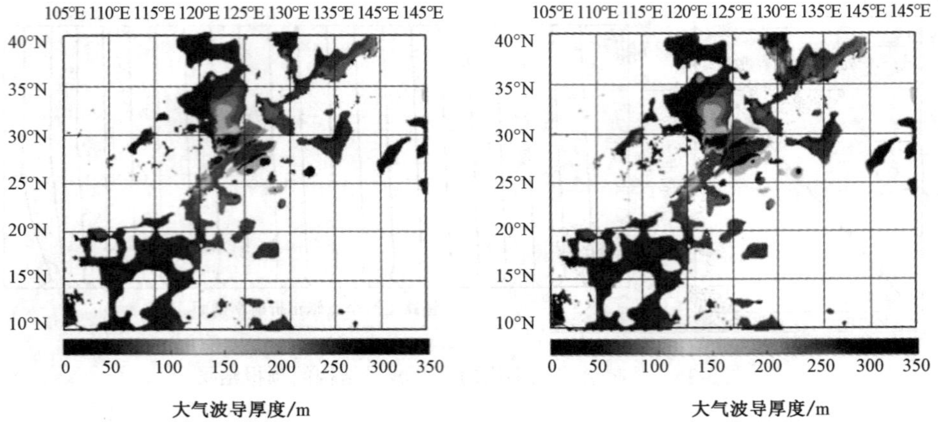

（c）大气波导厚度分布

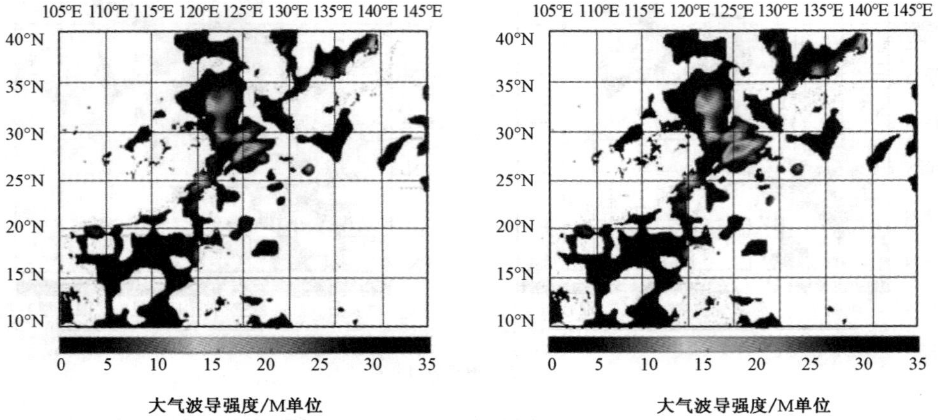

（d）大气波导强度分布

注：彩插页有对应彩色图像。

图 3-37　常规观测资料同化前后大气波导预报结果对比（续）

（左图为未同化观测数据；右图为同化常规观测数据）

图 3-39 为利用 2017 年 7 月 20—28 日 06UTC、18UTC 过顶中国上空的 AIRS 数据开展的同化预报试验，分别得到了同化 AIRS 数据前后的预报结果，包括波导类型、波导顶高、波导厚度和波导强度。

从图 3-39（a）中可以看出，渤海湾、东海和黄海地区以悬空波导为主，黄海以南基本为表面波导，两者交界区域，即东海存在大范围的混合型波导。卫星数据同化后，在冲绳附近、日本的西南海域及日本海波导覆盖范围明显增加。

同化前后波导顶高并没有变化［见图 3-39（b）］，同化后新增波导覆盖范围的对应顶高与周边保持整体一致。东海范围内的波导顶高随着离海岸线距离越远而越高，从近海的 200m，逐渐增加到 1km 以上。另外，同化后日本冲绳区域的波导将之前离散的分布连成一片，显然更符合实际情况。波导厚度［见图 3-39（c）］与波导顶高存在显著相关，波导顶高越高，对应波导厚度也越厚，从近海的 100m 逐步增加到 300m 以上。同化卫星数据后，波导强度［见图 3-39（d）］有一定增加，但是波导强度的高值区域及空间变化与波导顶高和波导厚度之间并没有较高相关性，而是与温度、湿度的垂直逆变梯度大小直接相关。总体上，基于高分辨率区域模式和卫星观测数据同化，可实现对海上大气波导特征和范围的精细预报。

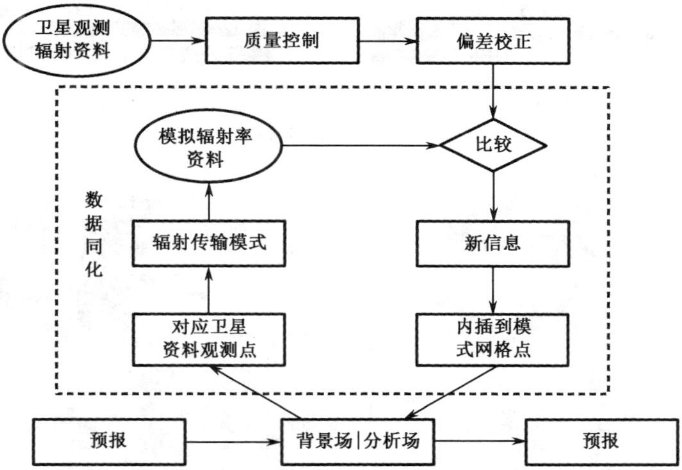

图 3-38　卫星辐射数据同化流程

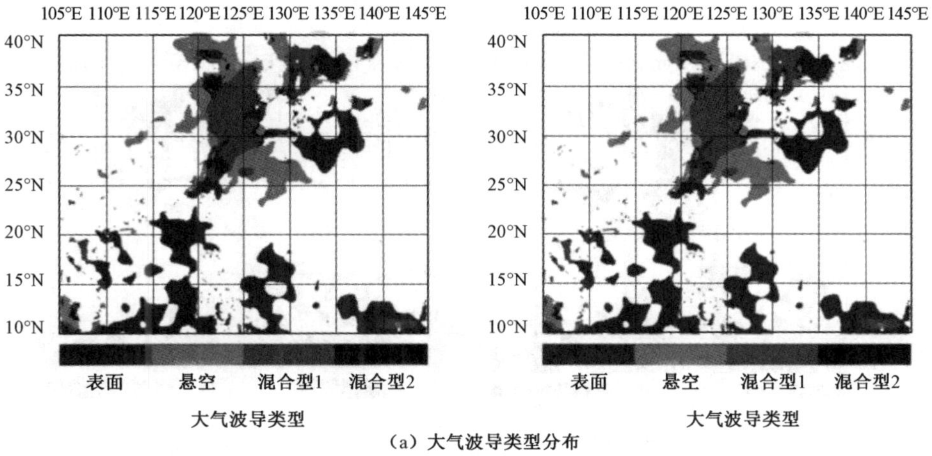

（a）大气波导类型分布

注：彩插页有对应彩色图像。

图 3-39　卫星资料同化前后大气波导预报结果对比

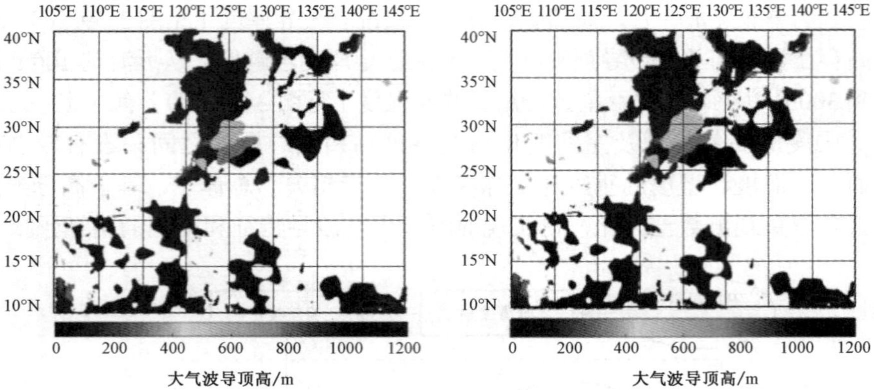

（b）大气波导顶高分布

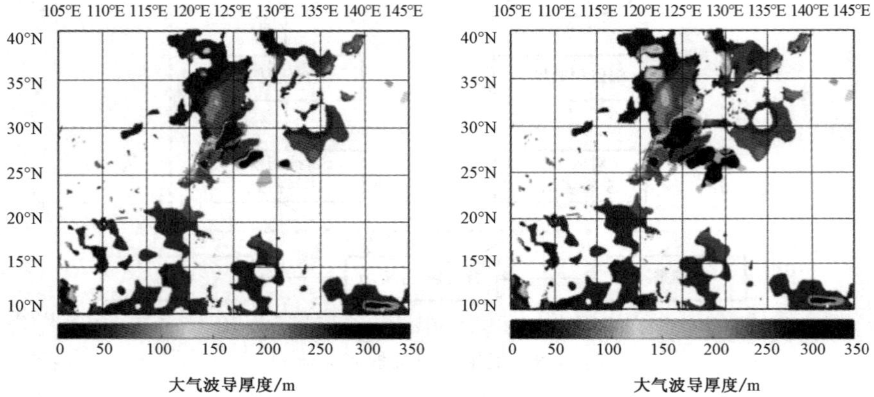

（c）大气波导厚度分布

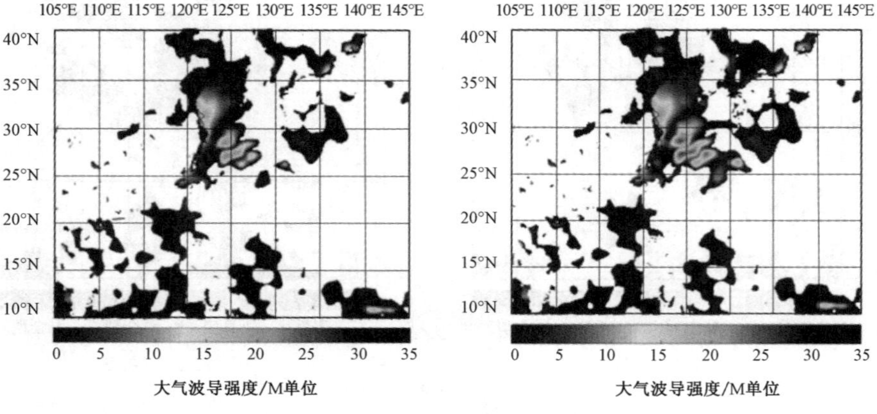

（d）大气波导强度分布

注：彩插页有对应彩色图像。

图 3-39　卫星资料同化前后大气波导预报结果对比（续）

（左图为未同化卫星数据；右图为同化 AIRS 辐射数据）

3.4　对流层顶与临近空间

通常把由对流层顶至 120km 的高空大气区域称作临近空间。临近空间是超高音速飞行器、浮空无线电平台（如预警探测、中继通信等）等装备的重要活动空间。临近空间又可细分为平流层、中间层和低热层（或低电离层），下面对各层特性进行简述。

3.4.1　平流层特性[33]

平流层是指对流层顶到 50km 左右的区域，该区域大气的垂直对流不强，多为平流运动，而平流运动的尺度很大。平流层中水汽含量很小，因此大气透明度很高。该层 20km 以下，温度最初随高度缓慢递增（由此也有人称其为同温层）；到 25km 以上，温度才增加较快。在平流层顶，温度升高 230～240K。

除温度外，风场是表征平流层环境的另一个重要参数，是诸如平流层平台雷达等装备十分关心的环境因素。

本小节对宜昌、厦门、青岛和北京 4 个地区探空站 10 年风速测量数据进行分析。每天零点和正午 12 点各测得一组，每组平均约有 28 个高度点数据，最大有效测量高度约 27km，相邻测量点的最大高度间隔约为 3km。最后得到这些地区的月平均风速、月平均风速年变化、月平均风速极限曲线及风速的方差分布，并对这些地区平流层下部风速场特征进行描述。

1．月平均风速

对月平均风速的分析，分别按春、夏、秋、冬 4 个季节进行。

1）冬季月平均风速

冬季，我国绝大部分地区盛行西风，且风速在对流层顶部以上随高度升高而减小。图 3-40 为 1 月平均风速随高度的剖面分布图。从图中可以看出，4 个观测站的风速都在 12km 高度处达到最大。宜昌站 12km 高度处的月平均风速达到 60m/s，原因是该站在急流轴附近。在 20km 附近到 24km 附近的高度处，风速随纬度的降低而减小。

2）春季月平均风速

图 3-41 给出了 4 个观测站春季（4 月）月平均风速随高度的剖面分布，与冬季有类似的变化特征，但在 12km 高度上的最大风速要较冬季小。宜昌站在 12km 高度处的最大风速达 46m/s。各站在 20～25km 高度处的风速最小。

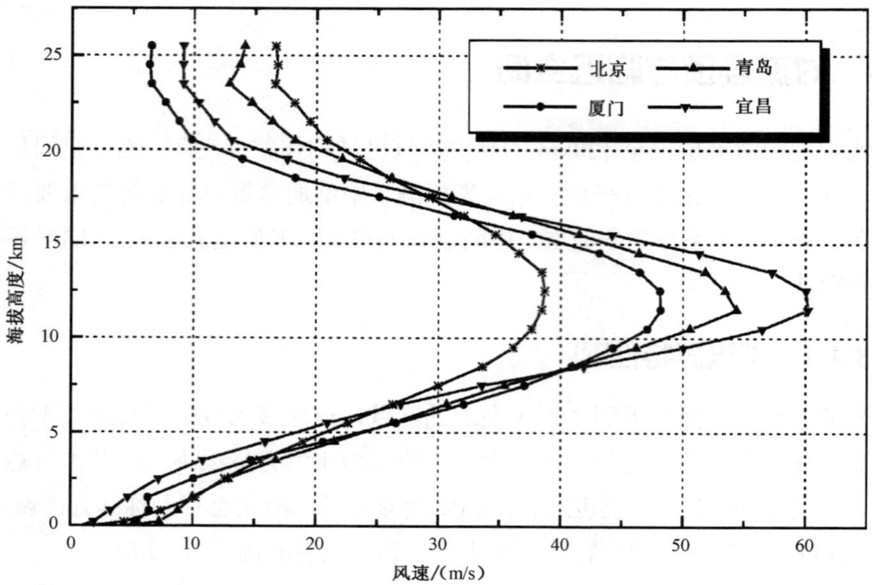

图 3-40　1 月平均风速随高度的分布

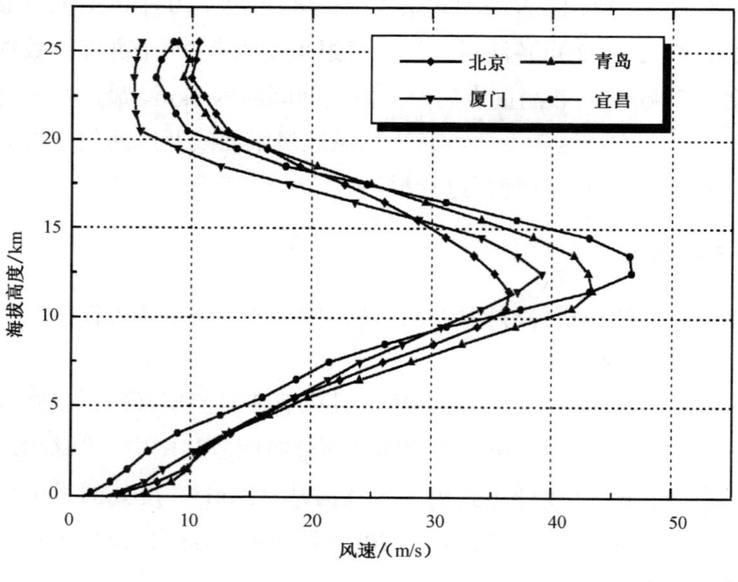

图 3-41　春季（4 月）月平均风速随高度的分布

3）夏季月平均风速

图 3-42 给出了 4 个观测站夏季（7 月）月平均风速随高度的剖面分布。除厦门站外，其他 3 个观测站在 12km 高度的急流层处，风速达到最大值。最大风速

约为 29m/s（出现在北京站），在此高度上，宜昌站的风速约为 17m/s，且风速最小值出现在 17km 高度附近，其量值约为 11m/s。

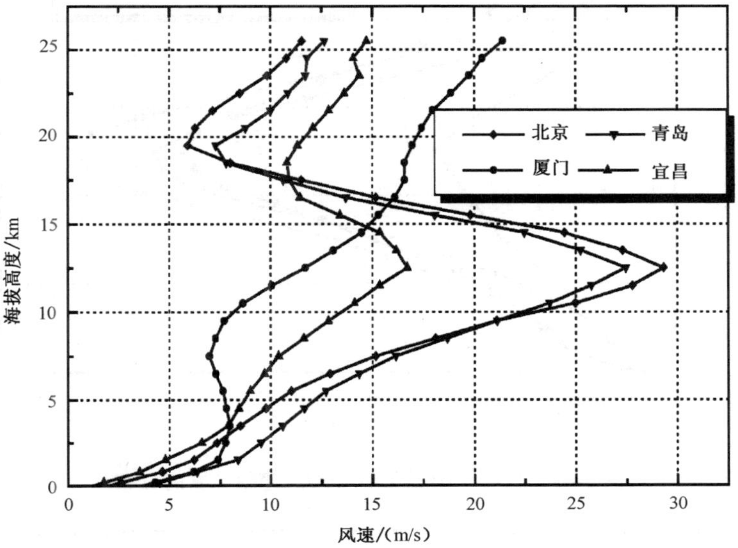

图 3-42　夏季（7 月）月平均风速随高度的分布

4）秋季月平均风速

图 3-43 给出了 4 个观测站秋季（10 月）月平均风速随高度的剖面分布。从图中可以看出，各观测站仍然在 12km 高度处达到最大风速，最大风速约为 42m/s（发生在青岛站），在该高度上宜昌站的平均风速约为 39m/s，在 20km 高度处，各站观测到的风速达到最小，在此高度上宜昌站的风速约为 8m/s，且随高度的降低月平均风速迅速增加，在 17km 高度上风速达 15m/s。

2. 月平均风速年变化

图 3-44 给出了宜昌站各高度点上月平均风速的年变化。从图中可以看出，与各高度点上的平均风速年变化相比，平流层内 20km 高度附近具有最小的月平均风速，最大平均风速不超过 18m/s，其最小值发生在 4 月、11 月，约为 6m/s；从各高度点的月平均风速的年变化来看，各高度点的月平均风速在 6～9 月达到最小，月平均风速最大值不超过 17m/s。在各高度点上，最大月平均风速出现在 12 月或 1 月。

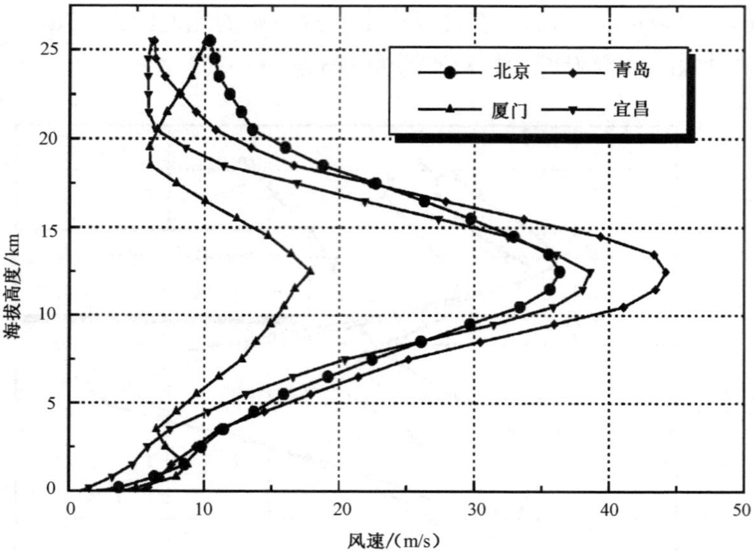

图 3-43　秋季（10 月）月平均风速随高度的分布

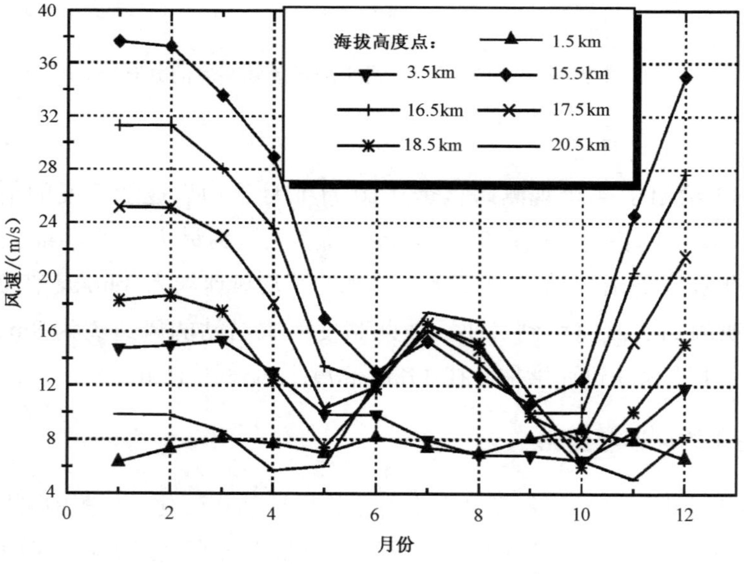

图 3-44　宜昌站月平均风速的年变化

3．月平均风速的极限曲线

图 3-45～图 3-48 给出了宜昌站各季度（4 个典型月份）在风险百分比为 1%、2%、5%和 10%时月平均风速随高度的剖面分布。

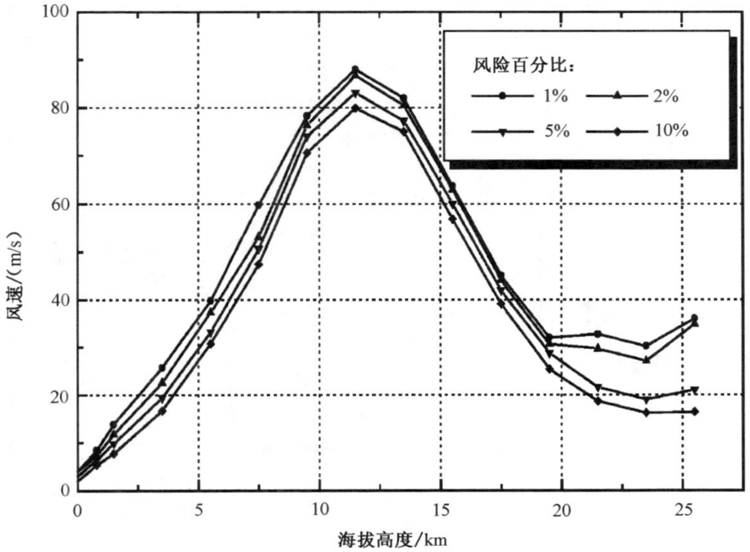

图 3-45　宜昌站 1 月平均风速在不同风险百分比下的分布

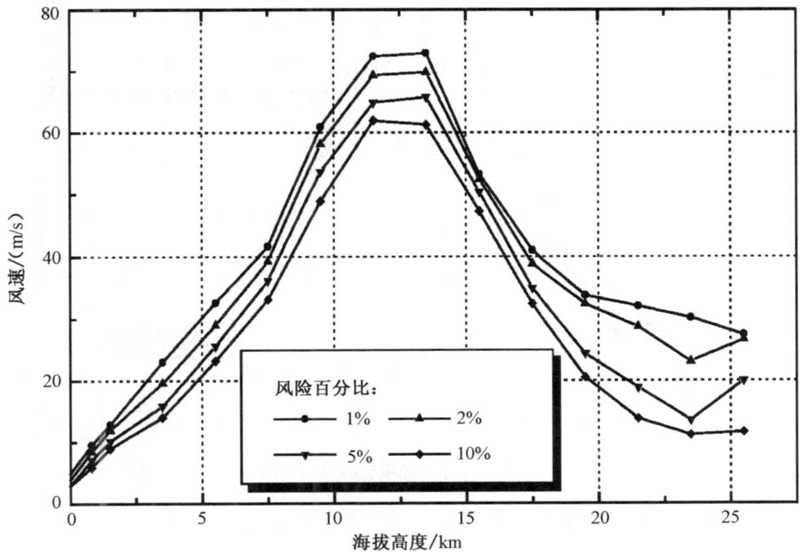

图 3-46　宜昌站 4 月平均风速在不同风险百分比下的分布

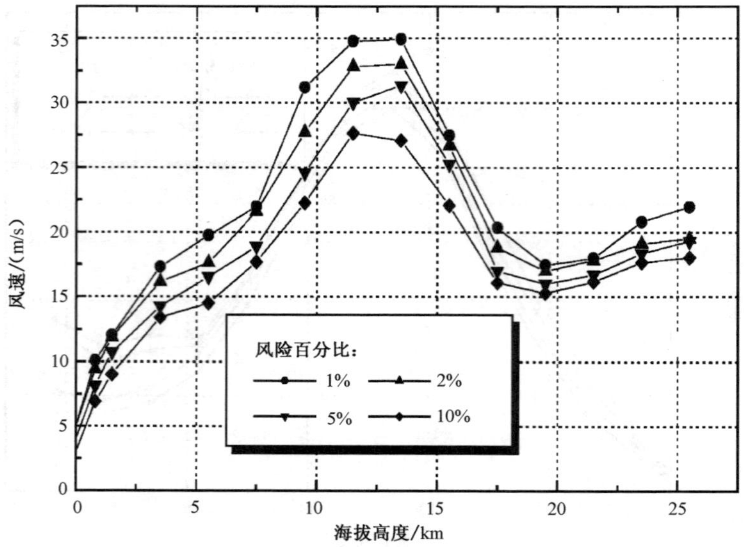

图 3-47　宜昌站 7 月平均风速在不同风险百分比下的分布

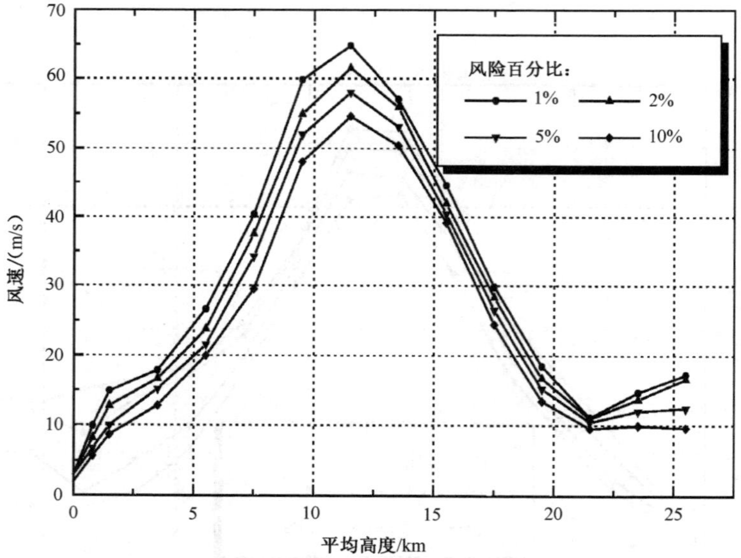

图 3-48　宜昌站 10 月平均风速在不同风险百分比下的分布

4. 探空测风的方差分布

为对风速场的随机散布特性有初步的认识，以宜昌站为例，对该地区 7 月的平均风速方差进行了分析，结果如图 3-49 所示。从图中可以看出，方差随高度的分布曲线与平均风速—高度剖面分布类似，最大方差出现在平均风速最大的高度处。

较大方差起伏的主要原因除了测量手段引起的误差，风速场的随机时变特性也是一个重要因素。

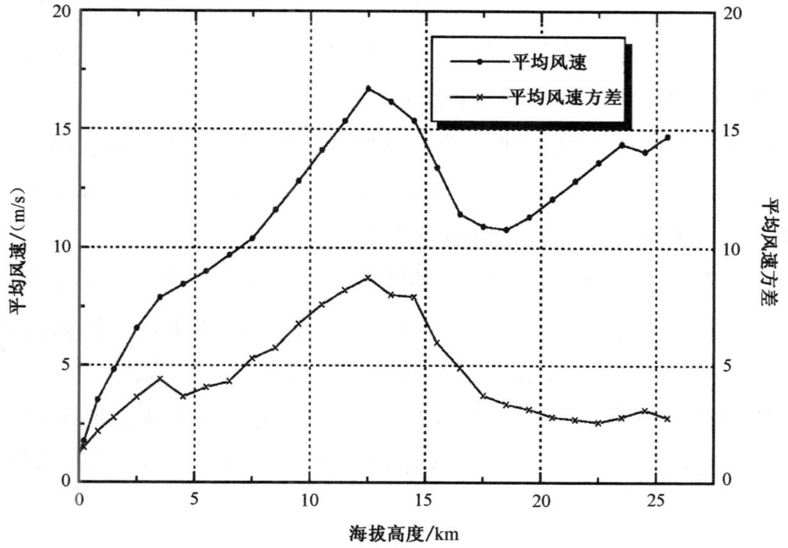

图 3-49 宜昌地区 7 月平均风速与相应方差分布

5. 平流层风速场的一般特性

以宜昌站为例，可以推论得到我国内陆地区平流层风速场的一般特性。

（1）宜昌站各高度点上的月平均风速与全年其他季节相比，在夏季（6～9 月）处于低谷。17km 高度附近，最小风速发生在 6 月或 9 月，其平均风速不超过 14m/s。

（2）宜昌站 7 月平均风速在 12km 的急流层高度附近的最大值约为 17m/s，在 17km 高度附近约为 11m/s。

（3）宜昌站 7 月平均风速在 18km 高度附近、99%的时间概率下小于 20m/s。

（4）风速场有较大的随机起伏特性，尤其是在 12km 高度附近的急流层区域。以宜昌站为例，当夏季平均风速较小时，其最大方差起伏达 8m/s。现有的探空测风数据在分析风速场的统计特性时是可用的，但在反映风速场的时间与空间的小尺度起伏上有明显的不足。若用雷达测风设备，则一次的测试精度在低空可达 0.5m/s，而在高空误差达数米每秒。

3.4.2 中间层与低热层特性

中间层是指平流层之上、热层之下的大气层，其范围从平流层顶（约 50km）

至 85km 左右。中间层的温度随高度的增加而降低。从平流层顶往上，温度下降很快，在 85km 附近下降到极小值（约 190K），该点被称为中间层顶。中间层主要是氧（O_2分子）、氮（N_2分子）。除臭氧（O_3分子）外，该区域的大气化学成分基本恒定不变。臭氧能吸收太阳紫外辐射，然后向平流层释放热量，使大气层保持热平衡。臭氧对地球生态环境起保护作用。

低热层是从中间层顶到 120km 左右的区域。从中间层顶开始，温度又单调上升，开始变化很快，随后随高度上升缓慢变化。此外，来自行星际空间的流星体颗粒在低热层大气中由于摩擦燃烧而产生流星余迹。

在 100km 以下，大气湍流使大气各种成分完全混合，平均分子量随高度上升变化不大，因此也被称为均质层（湍流层）。在 100km 以上，一些新的因素开始出现。白天波长小于 1750Å 的太阳辐射将氧分子解离产生氧原子，而夜间的三体复合很慢以致氧保持原子态。与均质层不同，大气组成变化使平均分子量变化，扩散分离变得重要，平均分子量随高度变化，标高不再是常数，因此也被称为异质层。

受太阳辐射、流星燃烧等影响，低热层大气中存在电子、离子和中性分子，已呈电离层状态（特别在白天），其等离子体特性将在第 4 章详述。

1．流星余迹

流星余迹是中间层与低热层环境中的一个重要物理现象，它是由来自行星际空间的流星体颗粒进入地球大气层、与大气摩擦燃烧而导致大气电离产生的等离子体余迹。描述流星余迹的主要参数包括电子密度、扩散系数、有效半径等。受大气双极扩散、湍流、风剪切、化学复合反应等影响，流星余迹形成后会逐渐扩散消逝。

流星余迹对电磁波的散射与流星余迹的电子密度紧密相关。当流星余迹的线电子密度小于 10^{13}/m 时，称之为欠密流星，此时可以忽略二次散射，电磁波的能量全部进入流星余迹，散射来自单个电子的相干叠加；当流星余迹的线电子密度达到 10^{15}/m 时，称之为过密流星，此时电子间的二次散射比较重要。欠密流星与过密流星的物理过程与散射机制各不相同。

利用流星余迹对电磁波的散射来探测流星余迹区域大气风速、流星分布等参数的无线电设备被称为流星雷达。在实际中，流星余迹对电磁波的散射非常复杂，流星雷达一般假设满足理想状态的欠密流星散射，此时流星余迹的直径远小于雷达波长，且忽略流星余迹在形成阶段的扩散效应。图 3-50 为昆明电波观测站流星雷达（工作频率为 37.5MHz，峰值功率为 20kW）观测的流星数与扩散系数分布，从扩散系数可进一步推导出大气温度、密度等参数，可见流星数在约 88km 达到最大且关于 88km 对称分布，在 85～95km 流星数较大。另外，在流星数较大的区域，该雷达观测的扩散系数与卫星观测趋于一致。

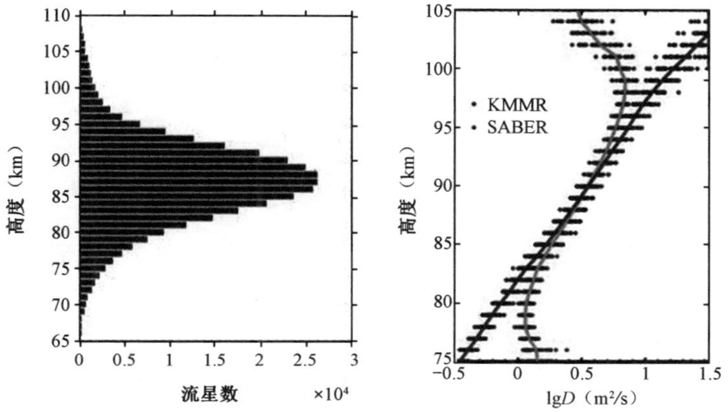

图 3-50　昆明电波观测站流星雷达观测的流星数与扩散系数分布

2. 中间层与低热层风场

中间层与低热层风场对临近空间飞行器的运行具有重要影响，目前主要的探测手段是流星雷达。图 3-51 为昆明电波观测站流星雷达不同月份测量的月平均经向风（以北向为正）与纬向风（以东向为正）随高度的分布。由图 3-51 可见，昆明地区月平均水平风速为−30～30m/s，风向随季节变化显著且存在过渡高度。3 月，82km 为转折点，82km 以下纬向风为西风且经向风为北风，82km 以上纬向风为东风且经向风为南风；6 月，纬向风以东风为主，经向风在 86km 以下以南风为主，在 102km 以上为北风；9 月，纬向风以东风为主，经向风以南风为主；12 月，纬向风以东风为主，经向风在 86km 以下以北风为主、在 86km 以上以南风为主。

中间层与低热层大气风场的主要数值预报模式是 WACCM（The Whole Atmosphere Community Climate Model），该模式由美国国家大气研究中心（NCAR）开发，它结合了高层大气、中间层大气与对流层模式，利用 CESM（Community Earth System Model）作为其数值框架，可实现从地球表面到约 500km（取决于太阳和地磁活动）高度范围的大气风场、化学过程、热力学和动力学过程等的模拟，目前最新版本为 WACCM-X2.0[34]。

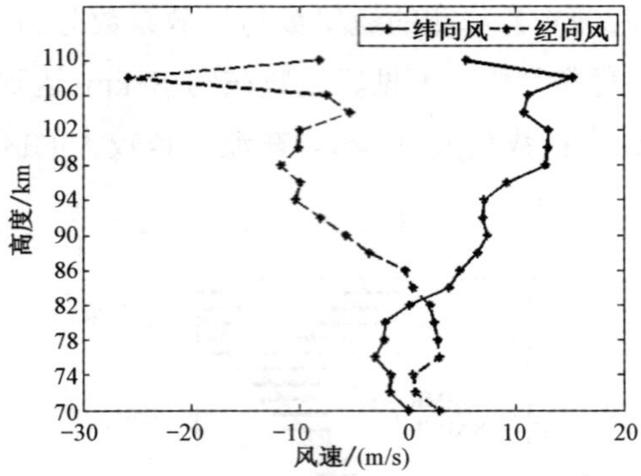

（a）3 月

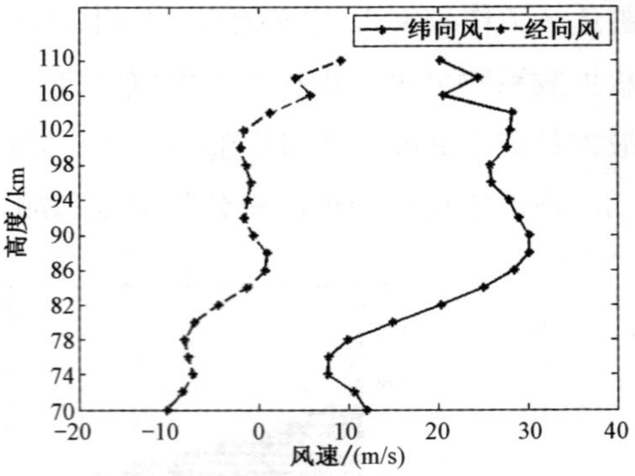

（b）6 月

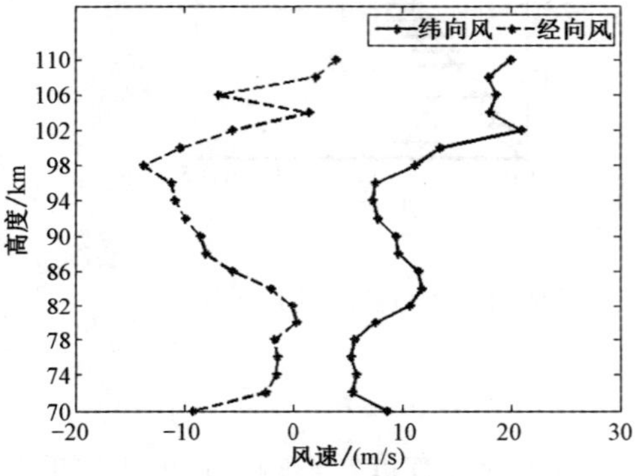

（c）9 月

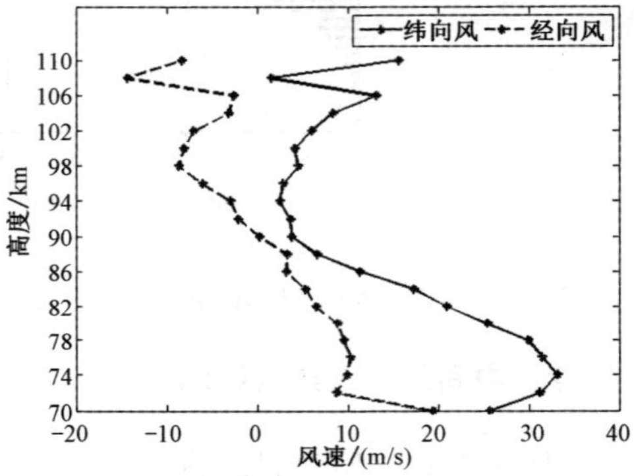

（d）12 月

图 3-51　不同月份昆明电波观测站流星雷达探测的经向风和纬向风随高度的分布

图 3-52 和图 3-53 为 WACCM-X2.0 模拟 120° E 子午链的月平均经向风和纬向风随纬度和高度的分布。经向风、纬向风在全球尺度的分布与纬度、季节等有较大的关系。经向风 12 月在北半球 80km 以下中低纬度为弱南风，中高纬度为强北风，最大北风风速为 32m/s，在南半球 20～120km 内均表现为以北风为主，最大风速为 115km 高度的 32m/s。3 月经向风在全球的变化与 12 月类似，最大风速为 28m/s。6 月经向风除了在 23° S～70° N 范围内和 65～80km 高度内以南风为主，在其他高度和纬度上均以北风为主。9 月经向风在全球范围内均以北风为主。全球尺度内纬向风变化特征在 6 月和 12 月呈现出明显的纬度和高度差异，6 月 80km 以下北半球纬向风以西风为主，最大平均风速为−64m/s，南半球以东风为主，最大平均风速为 64m/s，12 月 80km 以下北半球则以东风为主，最大平均风速为 56m/s，南半球以西风为主，最大平均风速为−64m/s。在 80km 以上，纬向风在 6 月和 12 月均以东风为主，但 6 月北半球平均风速大于南半球，12 月南半球

平均风速大于北半球。3 月和 9 月的纬向风在所有高度和纬度均以东风为主，只是 80km 以下 3 月的北半球风速大于南半球，9 月的南半球风速大于北半球。

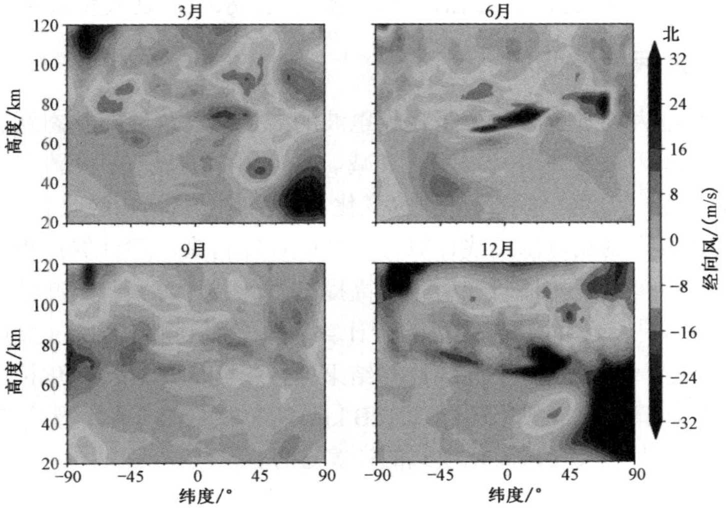

注：彩插页有对应彩色图像。

图 3-52　不同月份 WACCM-X 模拟的（120°E）经向风随纬度和高度的分布

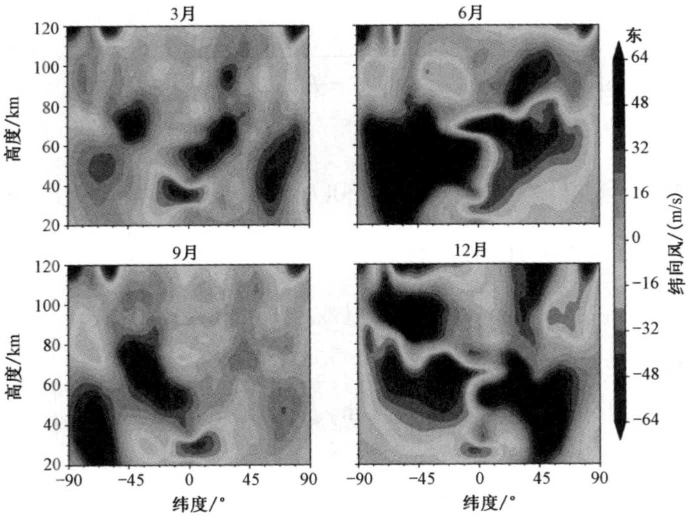

注：彩插页有对应彩色图像。

图 3-53　不同月份 WACCM-X 模拟的（120°E）纬向风随纬度和高度的分布

月平均经向风和纬向风在不同经度上随纬度和高度的全球分布规律与上述结果基本一致。

3.5 对流层电波传播衰减

对流层电波传播衰减主要包括大气气体吸收、水凝物衰减和云雾、沙尘衰减。

3.5.1 大气气体吸收

当电波经过大气时，气体分子吸收电波的能量从一种能级状态跃迁到另一种能级状态，引起无线电波信号强度的衰减。对流层中的氧气和水汽是无线电波的主要吸收体，其导致的大气衰减随频率变化，并伴有大量谐振吸收。

大气气体吸收衰减可由逐线计算方法精确计算得到，但计算过程复杂，不便于工程应用，中国电波传播研究所张明高提出了一种计算大气衰减的简化模式，并被 ITU-R 采纳[34]。该简化模式可用于计算从海平面到海拔 10km 高度范围内的大气衰减率，这一方法是基于逐线计算结果拟合得到的，这一简化模式具有很好的计算精度，计算误差一般不超过 0.1dB/km，在 60GHz 氧气吸收带内最大为 0.7dB/km。以下为大气衰减简化模式的计算过程。

1. 大气衰减率计算

对于干空气，大气衰减率 γ_{o}（dB/km）计算公式如下。

当 $f \leqslant 54$ GHz 时，有

$$\gamma_{\mathrm{o}} = \left[\frac{7.2 r_t^{2.8}}{f^2 + 0.34 r_p^2 r_t^{1.6}} + \frac{0.62 \xi_3}{(54 - f)^{1.16 \xi_1} + 0.83 \xi_2} \right] f^2 r_p^2 \times 10^{-3} \tag{3.94a}$$

当 54GHz＜ f ≤60GHz 时，有

$$\gamma_{\mathrm{o}} = \exp\left[\frac{\ln \gamma_{54}}{24}(f-58)(f-60) - \frac{\ln \gamma_{58}}{8}(f-54)(f-60) + \frac{\ln \gamma_{60}}{12}(f-54)(f-58) \right] \tag{3.94b}$$

当 60GHz＜ f ≤62GHz 时，有

$$\gamma_{\mathrm{o}} = \gamma_{60} + (\gamma_{62} - \gamma_{60}) \frac{f-60}{2} \tag{3.94c}$$

当 62GHz＜ f ≤66GHz 时，有

$$\gamma_{\mathrm{o}} = \exp\left[\frac{\ln \gamma_{62}}{8}(f-64)(f-66) - \frac{\ln \gamma_{64}}{4}(f-62)(f-66) + \frac{\ln \gamma_{66}}{8}(f-62)(f-64) \right] \tag{3.94d}$$

当 66GHz＜ f ≤120GHz 时，有

$$\gamma_{\mathrm{o}} = \left\{ 3.02 \times 10^{-4} r_t^{3.5} + \frac{0.283 r_t^{3.8}}{(f-118.75)^2 + 2.91 r_p^2 r_t^{1.6}} + \frac{0.502 \xi_6 [1 - 0.0163 \xi_7 (f-66)]}{(f-66)^{1.4346 \xi_4} + 1.15 \xi_5} \right\} f^2 r_p^2 \times 10^{-3} \tag{3.94e}$$

当 120GHz＜ f ≤350GHz 时，有

$$\gamma_{\mathrm{o}}=\left[\frac{3.02\times10^{-4}}{1+1.9\times10^{-5}f^{1.5}}+\frac{0.283r_t^{0.3}}{(f-118.75)^2+2.91r_p^2r_t^{1.6}}\right]f^2r_p^2r_t^{3.5}\times10^{-3}+\delta \quad (3.94\mathrm{f})$$

式中，

$$\xi_1=\varphi(r_p,r_t,0.0717,-1.8132,0.0156,-1.6515)$$

$$\xi_2=\varphi(r_p,r_t,0.5146,-4.6368,-0.1921,-5.7416)$$

$$\xi_3=\varphi(r_p,r_t,0.3414,-6.5851,0.2130,-8.5854)$$

$$\xi_4=\varphi(r_p,r_t,0.0112,0.0092,-0.1033,-0.0009)$$

$$\xi_5=\varphi(r_p,r_t,0.2705,-2.7192,-0.3016,-4.1033)$$

$$\xi_6=\varphi(r_p,r_t,0.2445,-5.9191,0.0422,-8.0719)$$

$$\gamma_{54}=2.192\varphi(r_p,r_t,1.8286,-1.9487,0.4051,-2.8509)$$

$$\gamma_{58}=12.59\varphi(r_p,r_t,1.0045,3.5610,0.1588,1.2834)$$

$$\gamma_{60}=15\varphi(r_p,r_t,0.9003,4.1335,0.0427,1.6088)$$

$$\gamma_{62}=14.28\varphi(r_p,r_t,0.9886,3.4176,0.1827,1.3429)$$

$$\gamma_{64}=6.819\varphi(r_p,r_t,1.4320,0.6258,0.3177,-0.5914)$$

$$\gamma_{66}=1.908\varphi(r_p,r_t,2.0717,-4.1404,0.4910,-4.8718)$$

$$\delta=-0.00306\varphi(r_p,r_t,3.211,-14.94,1.583,-16.37)$$

$$\varphi(r_p,r_t,a,b,c,d)=r_p^a r_t^b\exp\left[c(1-r_p)+d(1-r_t)\right]$$

式中，f 为频率（GHz），$r_p=p/1013$，$r_t=288/(273+t)$，p 为压力（hPa），t 为温度（℃）。

水汽衰减率 γ_{w}（dB/km）的计算公式为

$$\begin{aligned}\gamma_{\mathrm{w}}=\Bigg\{&\frac{3.98\eta_1\exp[2.23(1-r_t)]}{(f-22.235)^2+9.42\eta_1^2}g(f,22)+\frac{11.96\eta_1\exp[0.7(1-r_t)]}{(f-183.31)^2+11.14\eta_1^2}+\\&\frac{0.081\eta_1\exp[6.44(1-r_t)]}{(f-321.226)^2+6.29\eta_1^2}+\frac{3.66\eta_1\exp[1.6(1-r_t)]}{(f-325.153)^2+9.22\eta_1^2}+\\&\frac{25.37\eta_1\exp[1.09(1-r_t)]}{(f-380)^2}+\frac{17.4\eta_1\exp[1.46(1-r_t)]}{(f-448)^2}+\\&\frac{844.6\eta_1\exp[0.17(1-r_t)]}{(f-557)^2}g(f,557)+\frac{290\eta_1\exp[0.41(1-r_t)]}{(f-752)^2}g(f,752)+\\&\frac{8.3328\times10^4\eta_2\exp[0.99(1-r_t)]}{(f-1780)^2}g(f,1780)\Bigg\}f^2r_t^{2.5}\rho\times10^{-4}\end{aligned} \quad (3.95)$$

式中，

$$\eta_1 = 0.955 r_p r_t^{0.68} + 0.006\rho$$

$$\eta_2 = 0.735 r_p r_t^{0.5} + 0.0353 r_t^4 \rho$$

$$g(f, f_i) = 1 - \left(\frac{f - f_i}{f + f_i}\right)^2$$

其中，ρ为水汽密度（g/m³）。

图 3-54 给出了在标准大气（海平面气压为 1013hPa，温度为 15℃，水汽密度为 7.5g/m³）下海平面大气的衰减率和干空气的衰减率。可以看出，在 350GHz 以下频段，氧气在大约 60GHz 附近具有一系列的吸收谱线，形成氧气吸收带，并在 118.74GHz 有孤立的吸收线；水汽吸收线位于 22.3GHz、183.3GHz 和 323.8GHz。

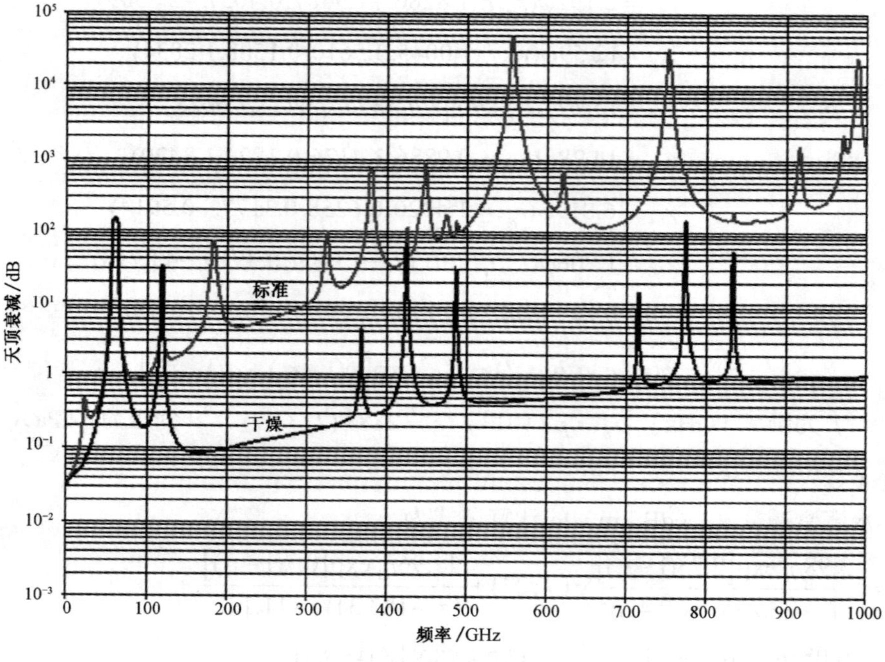

图 3-54　在标准大气下海平面大气的衰减率和干空气的衰减率

图 3-55 给出的是不同海拔高度上 60GHz 氧气吸收带附近的大气衰减率。大气压力具有压力展宽效应，即大气吸收的谱线宽度随气压的增加而展宽。在图 3-55 中，50～70GHz 内存在数十条氧气吸收谱线。在近地面时，吸收谱线的宽度大于吸收谱线的间隔，吸收谱线宽度相互重叠，形成连续的氧气吸收带。在高空时，吸收谱线的宽度小于吸收谱线的间隔，在低空连续的氧气吸收带变为许多独立的吸收谱线。

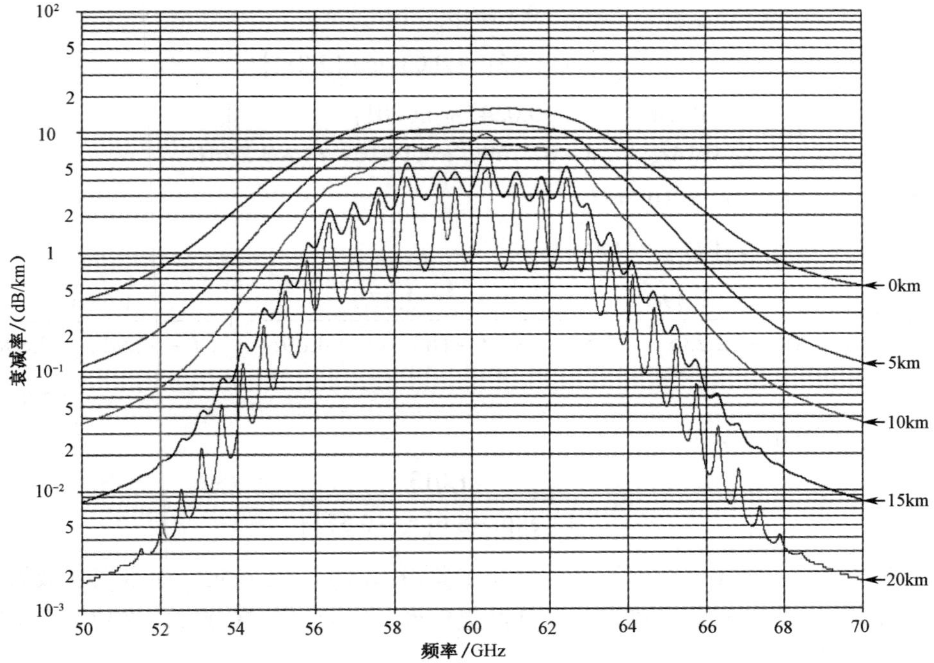

图 3-55　氧气吸收带附近的大气衰减率

2. 倾斜路径大气衰减

大气吸收衰减可以利用水汽等效高度和氧气等效高度近似计算。等效高度是基于大气指数模型得到的，当雷达仰角大于 5° 时，可忽略大气折射造成电波射线弯曲的影响，此时，大气吸收衰减可由天顶方向大气衰减计算得到，即

$$A = \frac{A_o + A_w}{\sin\theta} \tag{3.96}$$

式中，$A_o = h_o\gamma_o$ 为天顶氧气衰减，$A_w = h_w\gamma_w$ 为天顶水汽衰减，θ 为仰角（°），γ_o 为大气中氧气衰减率（dB/km），γ_w 为大气中水汽衰减率（dB/km），h_o 为氧气等效高度（km），h_w 为水汽等效高度（km）。

氧气等效高度计算公式为

$$h_o = \frac{6.1}{1+0.17r_p^{-1.1}}\left(1+t_1+t_2+t_3\right) \tag{3.97}$$

式中，

$$t_1 = \frac{4.64}{1+0.066r_p^{-2.3}}\exp\left[-\left(\frac{f-59.7}{2.87+12.4\exp\left(-7.9r_p\right)}\right)^2\right]$$

$$t_2 = \frac{0.14\exp\left(2.12r_p\right)}{\left(f-118.75\right)^2+0.031\exp\left(2.2r_p\right)}$$

$$t_3 = \frac{0.0114}{1+0.14r_p^{-2.6}} f \frac{-0.0247+0.0001f+1.61\times10^{-6}f^2}{1-0.0169f+4.1\times10^{-5}f^2+3.2\times10^{-7}f^3}$$

当 $f<70\,\text{GHz}$ 时，$h_o \leqslant 10.7r_p^{0.3}$。

水汽等效高度计算公式为

$$h_w = 1.66\left(1+\frac{1.39\sigma_w}{\left(f-22.235\right)^2+2.56\sigma_w}+\frac{3.37\sigma_w}{\left(f-183.31\right)^2+4.69\sigma_w}+\frac{1.58\sigma_w}{\left(f-325.1\right)^2+2.89\sigma_w}\right)$$

（3.98）

当 $f \leqslant 350\,\text{GHz}$ 时，有

$$\sigma_w = \frac{1.013}{1+\exp\left[-8.6\left(r_p-0.57\right)\right]}$$

干空气相对稳定，大气衰减的变化主要由水汽的变化决定，而水汽衰减的累积分布 $A_w(p)$ 可通过水汽密度的统计结果得到，因此，大气衰减的累积分布可通过水汽衰减的累积分布确定，即

$$A(p) = \frac{A_o + A_w(p)}{\sin\theta} \tag{3.99}$$

已知天顶方向的水汽柱积分含量 V_t 时，可计算 P 时间概率的天顶水汽吸收衰减，即

$$A_w(P) = \frac{0.0173V_t(P)\gamma_w(f,P_{ref},\rho_{v,ref},t_{ref})}{\gamma_w(f_{ref},P_{ref},\rho_{v,ref},t_{ref})}$$

式中，f 为频率（GHz），$f_{ref}=20.6\text{GHz}$，$P_{ref}=780\text{hPa}$，且有

$$\rho_{v,ref} = \frac{V_t(P)}{4} \quad (\text{g/m}^3)$$

$$t_{ref} = 14\ln\left(\frac{0.22V_t(P)}{4}\right)+3 \quad (℃)$$

式中，$V_t(P)$ 表示在所需时间概率的水汽柱积分含量（单位为 kg/m² 或 mm），可以从当地气象探空数据统计得到；$\gamma_w(f,p,\rho,t)$为频率、压力、水汽密度和温度相关的水汽衰减率。

3.5.2 水凝物衰减

水凝物（包括雨、云、雪和雾等）作为最常见的大气环境，其对电波的衰减、去极化等效应对 10GHz 以上频段的雷达系统性能具有重要影响。水凝物传播特性

是一个复杂的随机过程，其不仅与传播条件有关，还与气象条件、地理位置和气候区域有关。水凝物传播效应既具有一定的统计规律，又随气候区域和地域的不同而有显著的差异，对水凝物传播效应的预测不能简单套用已有的预测模式，必须针对不同区域的降雨和云雾特性进行深入的分析和研究，从而保证不同频段雷达系统在恶劣气象条件下可靠地工作。

水凝物对电波传播的影响主要是由水凝物中液态水对电波的吸收和散射造成的。以降雨为例，当入射波投射到雨滴上时，一部分入射的能量被雨滴吸收，转化为热能，另一部分能量被雨滴散射。这两者都使前向传播信号发生衰减。雨滴的吸收对电波能量影响常以吸收截面表征，而雨滴引起向各个方向的散射对电波能量的影响常以散射截面表征，雨滴对前向传播信号能量的影响以消光截面表征。消光截面为吸收截面与散射截面之和。单位体积内雨滴的消光截面总和确定了雨衰减率：

$$\gamma_{\mathrm{R}} = 4.343\int \sigma_{\mathrm{ext}}(D)N(D)\mathrm{d}D \tag{3.100}$$

式中，γ_{R} 为雨衰减率（dB），$\sigma_{\mathrm{ext}}(D)$ 是直径为 D 的雨滴消光截面，$N(D)$ 为单位体积内直径为 D 的雨滴数密度或雨滴尺寸分布密度。

消光截面与雨滴的复介电常数、尺寸和形状等有关。对于球形雨滴，消光截面按 Mie 散射理论计算；对于非球形雨滴，消光截面按点匹配等方法计算。

1. 雨衰减率

雨衰减率除与频率和降雨强度（降雨率）有关外，还与极化及雨滴形状、尺寸分布有关，可通过雨滴的消光截面和雨滴尺寸分布计算得到。为便于工程应用，许多学者对不同雨滴尺寸分布的衰减率与降雨率进行了广泛的理论研究，结果表明，在负指数雨滴尺寸分布下，雨衰减率和降雨率之间存在很好的指数关系，即

$$\gamma_{\mathrm{R}} = kR^{\alpha} \tag{3.101}$$

式中，γ_{R} 为雨衰减率，k 和 α 为与波极化特征有关的回归系数。基于解析 L-P 雨滴尺寸分布和椭球型雨滴散射特性，ITU-R P.838 给出了 k 与 α 的计算方法[36]：

$$\lg k = \sum_{j=1}^{4} a_j \exp\left[-\left(\frac{\lg f - b_j}{c_j}\right)^2\right] + m_k \lg f + c_k$$

$$\alpha = \sum_{j=1}^{5} a_j \exp\left[-\left(\frac{\lg f - b_j}{c_j}\right)^2\right] + m_\alpha \lg f + c_\alpha$$

式中，f 为频率（GHz），k 为水平极化系数 k_{H} 和垂直极化系数 k_{V}，其系数值分别

如表 3-17 和表 3-18 所示；α 为水平极化系数 α_H 和垂直极化系数 α_V，其系数值分别如表 3-19 和表 3-20 所示。

表 3-17 参数 k_H 的系数值

j	a_j	b_j	c_j	m_k	c_k
1	−5.33980	−0.10008	1.13098	−0.18961	0.71147
2	−0.35351	1.26970	0.45400		
3	−0.23789	0.86036	0.15354		
4	−0.94158	0.64552	0.16817		

表 3-18 参数 k_V 的系数值

j	a_j	b_j	c_j	m_k	c_k
1	−3.80595	0.56934	0.81061	−0.16398	0.63297
2	−3.44965	−0.22911	0.51059		
3	−0.39902	0.73042	0.11899		
4	0.50167	1.07319	0.27195		

表 3-19 参数 α_H 的系数值

j	a_j	b_j	C_j	m_α	c_α
1	−0.14318	1.82442	−0.55187	0.67849	−1.95537
2	0.29591	0.77564	0.19822		
3	0.32177	0.63773	0.13164		
4	−5.37610	−0.96230	1.47828		
5	16.1721	−3.29980	3.43990		

表 3-20 参数 α_V 的系数值

j	a_j	b_j	C_j	m_α	c_α
1	−0.07771	2.33840	−0.76284	−0.053739	0.83433
2	0.56727	0.95545	0.54039		
3	−0.20238	1.14520	0.26809		
4	−48.2991	0.791669	0.116226		
5	48.5833	0.791459	0.116479		

对于任意传播路径的线极化波和圆极化波，其系数 k 与 α 可由水平极化系数和垂直极化系数求得：

$$k=[k_H+k_V+(k_H-k_V)\cos^2\theta\cos 2\tau]/2$$

$$\alpha=[k_H\alpha_H+k_V\alpha_V+(k_H\alpha_H-k_V\alpha_V)\cos^2\theta\cos 2\tau]/2k$$

式中，θ 为路径仰角，τ 为相对于水平的极化倾角（对于圆极化波 τ =45°）。

2．链路雨衰减

ITU 建议的雨衰减预测方法在国际上得到普遍应用，该方法既考虑了降雨在水平路径上的不均匀性，又考虑了降雨在垂直路径的不均匀性。其首先预报0.01%时间被超过的雨衰减，其他时间概率雨衰减由 0.01%时间被超过的雨衰减通过转换公式得到。地空链路电波传播路径如图 3-56 所示，地空链路雨衰减预报需要输入的参数包括：当地平均每年 0.01%时间被超过的降雨率 $R_{0.01}$（mm/h，1 分钟积分时间），地面站海拔高度 h_s（km），仰角θ（°），地面站纬度φ（°），频率 f（GHz），等效地球半径 R_e（在标准大气条件下为 8500km）和极化倾角τ（°）。具体预测步骤如下。

① 计算雨顶高度。由 ITU-R P.839 获得地面接收点的年平均零度（0℃）层海拔高 h_0。

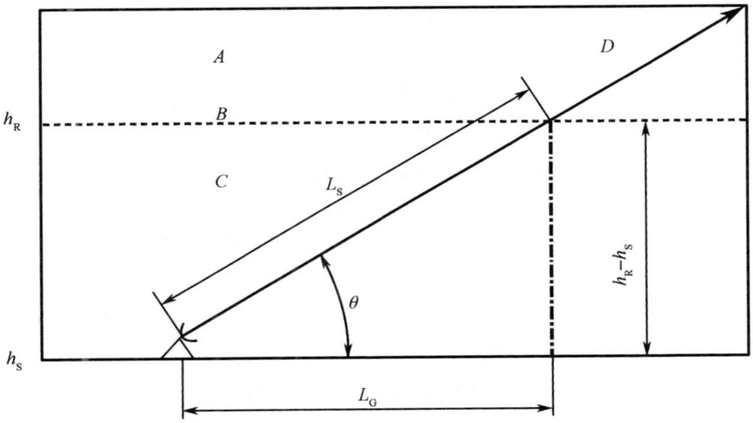

图 3-56　地空传播路径示意图

（A 区：冰冻水凝物区；B：雨顶高度；C 区：降雨区；D：地空路径）

ITU-R 最新的雨顶高度计算方法中将−2℃等温层高度作为雨顶高度 h_R（km），这考虑了融化层的效应：

$$h_R = h_0 + 0.36$$

② 计算穿越雨区的斜路径长度 L_s（km）。

当 $\theta \geqslant 5^\circ$ 时，有

$$L_s = \frac{h_R - h_s}{\sin\theta}$$

当 $\theta < 5^\circ$ 时，有

$$L_s=\frac{2(h_R-h_s)}{\sqrt{\sin^2\theta+\frac{2(h_R-h_s)}{R_e}}+\sin\theta}$$

如果雨顶高度 h_R 小于或等于地表海拔高度 h_s，那么任何时间概率的雨衰减都将等于零，因而不必进行后续计算。

③ 计算斜路径的水平投影 L_G（km）：

$$L_G=L_s\cos\theta$$

④ 得到当地 0.01%时间被超过的降雨率 $R_{0.01}$（1 分钟积分时间），如果没有当地的降雨实测数据，则可以基于经纬度信息从 ITU-R P.837 建议中得到一个估值，如图 3-11 所示。若 $R_{0.01}$ 为零，则任何时间百分比的预测雨衰减都为零，不需要进行后续计算。

⑤ 计算 0.01%时间被超过降雨率的衰减率 γ_R（dB/km）：

$$\gamma_R=k(R_{0.01})^{\alpha}$$

⑥ 计算 0.01%时间概率的水平缩短因子 $r_{0.01}$：

$$r_{0.01}=\frac{1}{1+0.78\sqrt{\frac{L_G\gamma_R}{f}}-0.38(1-e^{-2L_G})}$$

⑦ 计算 0.01%时间概率的垂直调整因子 $\upsilon_{0.01}$（°）：

$$\upsilon_{0.01}=\frac{1}{1+\sqrt{\sin\theta}\left(31\left(1-e^{-(\theta/(1+\chi))}\right)\frac{\sqrt{L_R\gamma_R}}{f^2}-0.45\right)}$$

式中，

$$\chi=\begin{cases}36-|\varphi|, & \varphi<36^\circ\\ 0, & \text{其他}\end{cases}$$

$$L_R=\begin{cases}\dfrac{L_G r_{0.01}}{\cos\theta}, & \zeta>\theta\\[2ex] \dfrac{(h_R-h_s)}{\sin\theta}, & \text{其他}\end{cases}$$

$$\zeta=\arctan\left(\frac{h_R-h_s}{L_G r_{0.01}}\right)\quad(^\circ)$$

⑧ 计算有效路径长度 L_E（km）：

$$L_E=L_R\upsilon_{0.01}$$

⑨ 计算每年 0.01%时间概率不超过的雨衰减 $A_{0.01}$（dB）：

$$A_{0.01}=L_{\mathrm{E}}\gamma_{\mathrm{R}}$$

⑩ 预测时间概率为 0.001%～5%的雨衰减 A_P（dB）：

$$A_P(\mathrm{dB})=A_{0.01}\left(\frac{p}{0.01}\right)^{-(0.655+0.033\ln p-0.045\ln A_{0.01}-\beta(1-p)\sin\theta)}$$

式中，

$$\beta=\begin{cases}0, & p\geqslant 1\%\text{或}|\varphi|\geqslant 36^\circ\\ -0.005(|\varphi|-36), & p<1\%,|\varphi|\geqslant 36^\circ\text{且}\theta\geqslant 25^\circ\\ -0.005(|\varphi|-36)+1.8-4.25\sin\theta, & \text{其他}\end{cases}$$

ITU-R 雨衰减预测方法得到的是年平均雨衰减累积分布，但由于存在降雨率和雨顶高度的年际变化，雨衰减也会存在较大的年际变化。由于 ITU-R 模式主要依据当时已累积的雨衰减数据，而这些雨衰减数据主要来自北美洲和欧洲的测量结果，缺少低纬度地区的测量数据，其在低纬度地区的适用性尚需要进一步检验。同时，ITU-R 雨衰减预测结果随仰角存在奇异性变化，图 3-57 给出某一地点 30GHz 雨衰减随仰角的变化，即随着仰角的升高，穿越雨区的传播路径缩短，但预测雨衰减反而增大，这一预测结果合理性尚未得到实验数据的支持。

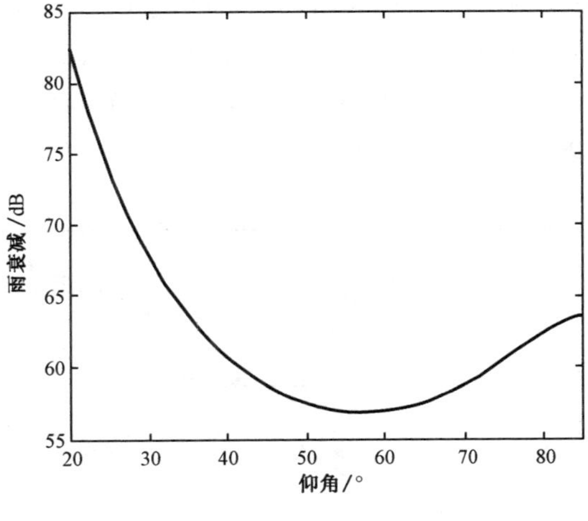

图 3-57　雨衰减随仰角的变化

3.5.3　云雾、沙尘衰减

1．云雾衰减

由于云雾滴的尺度远小于雷达系统的工作波长，可以利用 Rayleigh 近似计算云雾滴的消光截面。在 Rayleigh 近似下，云雾的吸收截面远大于散射截面，其消

光系数近似等于吸收系数，其值为单位体积所有云雾滴粒子吸收截面之和，因此云雾的衰减率可表示为

$$A = 4.343 \times 10^3 \sum_{i=1}^{N} Q_a(r_i) \tag{3.102}$$

式中，N 为单位体积的粒子数，$Q_a(r_i)$ 为半径为 r_i 的粒子的吸收截面。进一步推导可得

$$A = 4.343 \times 10^3 \frac{8\pi^2}{3\lambda} \varepsilon_r \left| \frac{3}{\varepsilon + 2} \right|^2 \sum_{i=1}^{N} r_i^3 \tag{3.103}$$

由于含水量等于单位体积的云雾滴的总体积乘以水的密度（10^6g/m^3），可得

$$A = K_1 W \quad (\text{dB/km}) \tag{3.104}$$

式中，

$$K_1 = \frac{0.819 f}{\varepsilon''(1+\eta^2)} \quad (\text{dB/km/g/m}^3)$$

$$\eta = \frac{2+\varepsilon'}{\varepsilon''}$$

式中，f 为频率（GHz），K_1 为云雾衰减系数，ε' 和 ε'' 为水的复介电常数的实部和虚部，由双 Debye 公式求出。可以看出，在 Rayleigh 近似下，云雾的衰减与滴谱分布无关，仅与含水量有关。此外，水的复介电常数是温度的函数，温度对云雾衰减有很大的影响，图 3-58 给出了−8～20℃时，5～200GHz 云雾衰减率与频率间的关系。对于云衰减，取云的温度为 0℃。

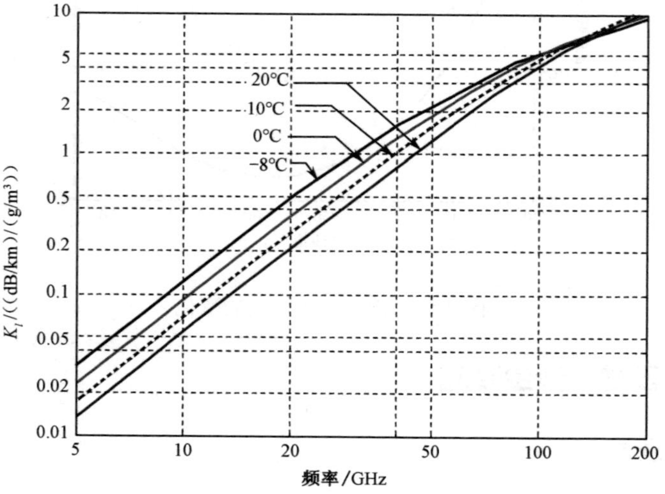

图 3-58　不同温度下云雾衰减率与频率的关系

由于水的复介电常数是频率和温度的复杂函数，直接利用式（3.104）计算云雾衰减不便于工程应用，在 Rayleigh 近似条件下，赵振维等[37]给出了一种经验公式，即

$$K_1 = \begin{cases} 6.0826\times10^{-4} f^{1.8963} \zeta^{(7.8087-0.01565-3.073\times10^{-4} f^2)}, & f \leqslant 150\,\text{GHz} \\ 0.07536 f^{0.935} \zeta^{(-0.7281-0.0018 f-1.542\times10^{-6} f^2)}, & 150\,\text{GHz} < f \leqslant 1000\,\text{GHz} \end{cases}$$

式中，f 为频率（GHz），$\zeta = 300/T$。该经验公式在−8～20℃、10～1000 GHz 频率范围内的计算误差小于 9%。

雷达系统设计需要考虑传播路径上不同时间概率（p）超过的云衰减，此时需要知道所考虑地点在不同时间概率下云的积分含水量 $L(p)$（底面积为 1m^2 圆柱内沉积液态水的总质量，kg/m^2），如无法获得所考虑地点的云积分含水量数据，则可利用 ITU-R P.840[38]给出的全球云中液态水含量分布的数字地图，通过插值得到，并通过式（3.105）预测不同时间概率所超过的云衰减：

$$A(p) = \frac{L(p)K_1}{\sin\theta} \tag{3.105}$$

式中，p 为时间概率，θ 为路径仰角（$5° \leqslant \theta \leqslant 90°$）。

雾衰减的预测方法与云衰减相同，但一般使用能见度 V（km）来描述雾的强度，此时雾的含水量 W（g/m^3）和能见度 V（km）的关系可用以下经验公式表示。

平流雾：　$W = (18.35V)^{-1.43} = 0.0156V^{-1.43}$

辐射雾：　$W = (42.0V)^{-1.54} = 0.00316V^{-1.54}$

如果电波通过雾区的长度为 L_f，则由雾产生的衰减为

$$A = K_1 L_f W \quad (\text{dB}) \tag{3.106}$$

2. 沙尘衰减

沙尘对无线电的衰减机理与云雨引起的衰减机理类似，在微波频段，沙尘粒子的衰减特性可以用瑞利散射理论进行分析评估，对毫米波和更高频段可利用 Mie 散射理论对沙尘粒子的衰减特性进行研究。由于缺少沙尘暴气象特征和沙尘暴衰减特性的测量数据，目前尚不具备可靠预测沙尘暴衰减统计特性的能力，理论研究表明沙尘暴的衰减率与沙尘暴的能见度成反比，衰减率的大小在很大程度上与沙尘的含水量有关。例如，对于具有同样粒径分布、能见度为 100m 的干沙尘暴，在 14GHz 和 37GHz 的衰减率分别为 0.03dB/km 和 0.15dB/km，而对于含水量为 20%的潮湿沙尘粒子相应的衰减率约为 0.65dB/km 和 1.5dB/km。沙尘暴对无线电信号的影响目前还缺少系统的测量，但已有研究表明，对于 Ka 以下频段，在

大部分区域沙尘暴对无线电信号的影响较小，对 30GHz 以上的频段，高浓度、高含水量的沙尘暴可能会对无线电信号传播产生显著影响。

3.5.4 对流层波导传播损耗

要准确求解对流层波导传播衰减，必须求解波动方程的边值问题。这种求解方法难以实现，困难不在于数学的复杂性，而在于波导结构或气象问题。由于很难准确知道波导的诸多参数，如波导强度、波导厚度和波顶高度等，国际上通用的方法[3,39]是一种基于测试数据的经验性统计预测方法。

与在自由空间传播不同，在波导中传播时，传播空间在垂直方向受限，电波功率只能在水平方向扩散，因此损耗与传播距离 d 的关系不再是"与平方成反比"，而是"与一次方成反比"。基于此，对流层波导传播相对于自由空间电波传播的衰减 A_{do} 为

$$A_{\text{do}} = -10\lg d + A_{\text{c}} + A_{\text{g}} \tag{3.107}$$

式中，A_{g} 为大气吸收衰减，A_{c} 为电波出入波导的耦合损耗、波导和地面的不规则性所引起的泄漏损耗等。A_{c} 为

$$A_{\text{c}} = 10 + 20\lg(d_{\text{LO}} + d_{\text{LT}}) - 10\lg d + A_{\text{SO}} + A_{\text{ST}} + A_{\text{cO}} + A_{\text{cT}} + r_{\text{d}}\theta$$

式中，d_{LO}、d_{LT} 为传播路径两端的视线距离；A_{SO}、A_{ST} 为传播路径两端的障碍绕射损耗；当地球表面光滑时，$A_{\text{SO}} = A_{\text{ST}} = 0$；$A_{\text{cO}}$、$A_{\text{cT}}$ 为传播路径两端海面波导耦合修正；θ 为按正常折射条件确定的超视线角距离；r_{d} 为角距离衰减率。

根据大量测试数据统计，得到 p %时间不超过的传播衰减 $A_{\text{d}}(p)$ 与 A_{do} 有下列关系：

$$A_{\text{d}}(p) = (A_{\text{do}} - 12) + \left(1.2 + \frac{d}{250}\right)\lg\frac{p}{\beta} + 12\left(\frac{p}{\beta}\right)^{\Gamma}$$

$$\Gamma = 0.17\exp\left[0.027\beta + 0.15(4 + \lg\beta)^{1.4}\right] \tag{3.108}$$

式中，β 为与大气折射率梯度小于−100M 单位/km 的时间百分数、地理纬度等有关的参数。工程上假定地球表面光滑，于是，对流层波导传播 p%时间超过的衰减为

$$A_{\text{a}}(p) = A_{\text{f}} + A_{\text{gt}} + A_{\text{V}}(p) \tag{3.109}$$

式中，A_{f} 为天线与对流层波导结构间的固定耦合衰减；A_{gt} 为大气气体吸收水平路径衰减；$A_{\text{V}}(p)$ 为对流层波导中与时间百分数、角距离有关的衰减。它们的表达式如下：

$$A_{\text{f}} = 10 + 20\lg(d_{\text{LO}} + d_{\text{LT}}) - 20\lg d + A_{\text{cO}} + A_{\text{cT}}$$

式中，

$$d_{\mathrm{LO}}=\sqrt{0.002a_{\mathrm{e}}h_{\mathrm{Os}}}$$

$$d_{\mathrm{LT}}=\sqrt{0.002a_{\mathrm{e}}h_{\mathrm{Ts}}}$$

$$A_{\mathrm{cO}}=\begin{cases}-3\exp(-0.25d_{\mathrm{cO}}^2)\{1+\tanh[0.07(50-h_{\mathrm{O}})]\}, & L_{\mathrm{r}}\geqslant 0.75,\ d_{\mathrm{cO}}\leqslant \min(d_{\mathrm{LO}},3)\\ 0, & \text{其他}\end{cases}$$

$$A_{\mathrm{cT}}=\begin{cases}-3\exp(-0.25d_{\mathrm{cT}}^2)\{1+\tanh[0.07(50-h_{\mathrm{T}})]\}, & L_{\mathrm{r}}\geqslant 0.75,\ d_{\mathrm{cT}}\leqslant \min(d_{\mathrm{LT}},3)\\ 0, & \text{其他}\end{cases}$$

式中，a_{e} 为中等折射条件下的等效地球半径；h_{Os}、h_{Ts} 分别为雷达天线和目标的离地高度（m）；d 为雷达天线至目标的地面距离（km）；d_{cO}、d_{cT} 分别为雷达天线和目标到海岸的距离（km）；h_{O}、h_{T} 分别为雷达天线和目标的海拔高度（m）；L_{r} 为海上路径长度和目标距离之比。

$$A_{\mathrm{gt}}=(\gamma_{\mathrm{o}}+\gamma_{\mathrm{w}})d$$

式中，γ_{o}、γ_{w} 分别为氧气和水汽的地面衰减率（dB/km），如图 3-54 所示。

$$A_{\mathrm{v}}(p)=\gamma_{\mathrm{d}}\theta+A(p)$$

式中，

$$\gamma_{\mathrm{d}}=5\times10^{-2}a_{\mathrm{e}}f^{\frac{1}{3}}$$

$$\theta=\frac{d-d_{\mathrm{LO}}-d_{\mathrm{LT}}}{a_{\mathrm{e}}}$$

$$A(p)=-12+\left(1.2+\frac{d}{250}\right)\lg\frac{p}{\beta}+12\left(\frac{p}{\beta}\right)^{\Gamma}$$

$$\beta=\beta_0\mu_2$$

$$\beta_0=7\mu_1(0.18F_{\mathrm{lat}}F_{\mathrm{lon}}\beta)^{1.5}$$

$$\mu_1=\tau+(1-\tau)\exp\left(-\frac{d_{\mathrm{tm}}}{15}\right)$$

$$\tau=0.1+0.22\exp\left(-\frac{d_{\mathrm{lm}}}{20}\right)$$

$$F_{\mathrm{lat}}=\begin{cases}1, & |\varphi|\leqslant 53^\circ\\ 10^{0.057(|\varphi|-53)}, & 53^\circ<|\varphi|<60^\circ\\ 2.5, & |\varphi|\geqslant 60^\circ\end{cases}$$

$$F_{\mathrm{lon}}=10^{\frac{4}{15}\cos(2\psi-60)}$$

$$\mu_2=\left[\frac{500d^2}{a_{\mathrm{e}}(\sqrt{h_{\mathrm{Os}}}+\sqrt{h_{\mathrm{Ts}}})^2}\right]^{\alpha},\qquad \mu_2\leqslant 1$$

$$\alpha = -0.6 - \frac{4}{3} \times 10^{-3} d(1-\mathrm{e}^{-s})$$

$$s = 6.7 \times 10^{-3} \left[d(1-L_\mathrm{r}) \right]^{1.6}$$

$$\Gamma = 0.17 \exp\left[0.027\beta + 0.15(4+\lg\beta)^{1.4} \right]$$

式中，f 为电波频率（GHz）；d_{tm} 为陆地（含内陆和海岸）最大连续路径长度；d_{lm} 为内陆最大连续路径长度；φ为地理纬度；ψ为地理经度；β为雷达站所在地区低层大气折射率梯度小于−100/km 的时间百分数（%），由图 3-59 可查得我国海南岛地区该值为 10%。

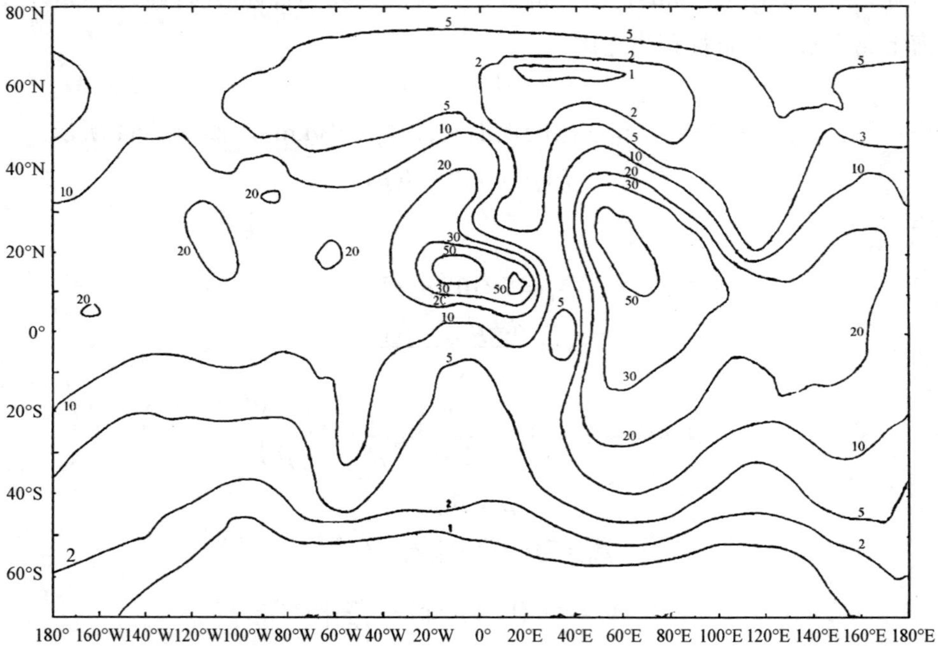

图 3-59　全球折射率梯度小于−100/km 年度时间百分数（%）的等值线

3.6　对流层闪烁

电波传播路径上存在的小尺度折射指数不规则体导致电波幅度和相位的快速起伏变化，即对流层闪烁效应。当雷达仰角小于 5°、工作频率大于 10GHz 时，对流层闪烁有时会造成系统性能严重恶化。研究表明，对流层闪烁的幅度与大气折射指数变化的幅度和结构有关，随着工作频率的增大和穿越对流层路径长度的延长而增加，并与天线波束宽度成正比。大量试验数据表明，在中纬度地区，由于气象环境具有显著的季节变化，因此对流层闪烁也具有明显的季节变化特征。

国际电信联盟给出了仰角大于 5°时，预测对流层闪烁衰落累积分布的一般方法[40]。该方法基于每月和长期的平均温度 t（℃）及相对湿度 H，反映了站点的特定气候条件。因为 t 和 H 的平均值随着季节而变化，闪烁衰减深度分布也呈现出季节性的变化，也可以通过使用该方法中 t 和 H 的季节平均值来进行预测。

闪烁衰落预测方法所需要的输入参数包括：月或长期统计的站点平均地面温度 t（℃），月或长期统计的站点平均相对湿度 H（%），频率 f（GHz；适用范围为 4～20GHz），路径仰角 θ（°），地面站天线的物理直径 D（m），天线效率 η（如果天线效率未知，可保守地取 $\eta = 0.5$）。具体计算步骤如下。

（1）计算饱和水汽压 $e_{\rm w}$(hPa)：

由式（3.10）和表 3-5 计算得到 $e_{\rm w}$。

（2）计算折射指数湿项 $N_{\rm wet}$：

$$N_{\rm wet} = 3.732 \times 10^5 \frac{e}{T^2}$$

式中，e 为水汽压，$e = \dfrac{He_{\rm w}}{100}$，$T$ 为热力学温度（K）。

（3）计算信号幅度的标准差 $\sigma_{\rm ref}$（dB）：

$$\sigma_{\rm ref} = 3.6 \times 10^{-3} + N_{\rm wet} \times 10^{-4}$$

（4）计算有效路径长度 L（m）：

$$L = \frac{2h_{\rm L}}{\sqrt{\sin^2\theta + 2.35 \times 10^{-4}} + \sin\theta}$$

式中，$h_{\rm L}$ 为湍流层高度，通常取 $h_{\rm L}$=1000m。

（5）由天线的直径和天线效率，确定天线的有效直径 $D_{\rm eff}$（m）：

$$D_{\rm eff} = \sqrt{\eta} D$$

（6）计算天线平均因子 $g(x)$：

$$g(x) = \sqrt{3.86(x^2+1)^{11/12} \cdot \sin\left(\frac{11}{6}\arctan\frac{1}{x}\right) - 7.08x^{5/6}}$$

式中，

$$x = 1.22 D_{\rm eff}^2 (f/L)$$

如果平方根内的计算值为一个负数（当 $x>7.0$ 时），可认为任何概率的闪烁衰落均为 0，因此不必再进行下一步骤的计算。

（7）计算信号的标准差 σ：

$$\sigma = \sigma_{\rm ref} f^{7/12} \frac{g(x)}{(\sin\theta)^{1.2}} (0.1)$$

（8）计算时间概率因子 $a(p)$ 。

时间概率 p 在 $0.01\% < p \leqslant 50\%$ 时为

$$a(p) = -0.061(\lg p)^3 + 0.072(\lg p)^2 - 1.71\lg p + 3.0$$

（9）计算 p%时间超过的闪烁衰落深度 $A_S(p)$ 。

$$A_S(p) = a(p) \cdot \sigma$$

3.7 大气折射误差修正

大气折射使无线电波偏离直线传播而弯曲，导致雷达测得的目标视在参量相对目标相应的真实参量产生偏差，因此必须对雷达测得的目标视在参量进行修正。本节首先给出大气折射的概念，然后给出各目标视在参量误差修正的计算方法。

3.7.1 大气折射基本概念

1. 大气折射

真空的折射指数 $n=1$，无线电波乃至光波都以 3×10^8 m/s 的速度直线传播，并且多普勒频率正比于客体（目标）对观察点的径向速度。但是，实际中大气折射指数 n 不等于 1，若它对真空的折射指数仅偏离不到 1‰，对无线电波的传播将产生很大影响。

折射是地球大气层折射指数 n 在空间（主要随高度）变化，造成无线电波在大气层传播的速度在空间发生变化而产生的效应。由于折射，传播射线变得弯曲，传播速度小于光速，多普勒频移不再正比于客体（目标）的径向速度，雷达测得的目标参量都不是目标的真实仰角、距离、高度与距离变化率（或真实多普勒频移），而是目标的视在仰角、距离、高度与距离变化率（或视在多普勒频移）。

2. 几何光学条件

介质中距离在波长 λ_c 范围内时折射指数 n 的变化可忽略，则有

$$\frac{1}{n}\left|\mathrm{d}n / \mathrm{d}l\right| \lambda_c \ll 1$$

由介质中波长 λ_c 与真空中波长 λ 的关系 $\lambda_c = \lambda / n$ ，可得

$$\frac{1}{n^2}\left|\mathrm{d}n / \mathrm{d}l\right| \lambda \ll 1$$

这就是几何光学条件。显然在 $n=0$ 的介质中该式不成立，几何光学也将不适用。

3. Snell 定律与曲率半径

Snell 定律是研究球面分层大气折射最基本的公式，它表示为

$$nr\cos\theta = n_0 r_0 \cos\theta_0 = 常数$$

式中，θ_0 和 θ 分别为射线初始仰角和射线仰角，n_0 和 n 分别为地面折射指数和空中折射指数，r_0 和 r 分别为测量站到地心的距离和目标到地心的距离。

射线曲率 e_0 定义为曲线上某点的切线指向角对弧长的变化率。用曲率半径 ρ 衡量射线的弯曲程度。射线曲率与曲率半径互为倒数，即 $\rho = 1/e_0$。考虑折射指数 n，则 $\rho = 1/e_0 = -n/\left[\cos\theta(\mathrm{d}n/\mathrm{d}h)\right]$。考虑 $n \approx 1$，$\theta \approx \theta_0$，则

$$\rho = 1/e_0 = -1/\left[\cos\theta_0(\mathrm{d}n/\mathrm{d}h)\right]$$

可见，折射指数垂直梯度 $\mathrm{d}n/\mathrm{d}h$ 越大，射线曲率半径就越小，射线弯曲程度就越大。当仰角 $\theta_0 = 90°$ 时，射线垂直向上，射线曲率半径变为无穷大，射线不弯曲；当仰角 $\theta_0 = 0°$ 时，射线曲率半径为 $\rho = -1/(\mathrm{d}n/\mathrm{d}h)$。当 $\mathrm{d}n/\mathrm{d}h = -1/a = -1.57\times10^{-4}(1/\mathrm{km})$ 时，$\rho = a$，这时射线变为平行于地球表面的曲线，该 $\mathrm{d}n/\mathrm{d}h$ 被称为大气折射指数的临界梯度。

4. 等效地球半径

弯曲射线在高度 h 处的曲率半径为

$$\rho = -\frac{n}{\dfrac{\mathrm{d}n}{\mathrm{d}h}\cos\theta} = \frac{n\times10^6}{\dfrac{\mathrm{d}N}{\mathrm{d}h}\cos\theta}$$

式中，n、$\dfrac{\mathrm{d}n}{\mathrm{d}h}$、$\dfrac{\mathrm{d}N}{\mathrm{d}h}$、$\theta$ 分别为射线上高度 h 处的折射指数、折射指数垂直梯度、折射率垂直梯度、本地仰角。

为了计算方便，使弯曲射线变为直射线且保持高度与地面距离不变，需要将实际地球变为等效地球。等效地球半径为

$$a_{\mathrm{e}} = ka$$

式中，a 为地球平均半径，通常取 6370km；k 为等效地球半径系数，有

$$k = \frac{1}{1-\dfrac{a}{\rho}} = \frac{1}{1+\dfrac{a}{n}\dfrac{\mathrm{d}n}{\mathrm{d}h}\cos\theta} = \frac{1}{1+\dfrac{a}{n}\dfrac{\mathrm{d}N}{\mathrm{d}h}\times10^{-6}\cos\theta}$$

而 $n \approx 1$，当射线近似水平时，得到

$$\rho \approx -\frac{1}{\dfrac{\mathrm{d}n}{\mathrm{d}h}} = -\frac{10^{-6}}{\dfrac{\mathrm{d}N}{\mathrm{d}h}}$$

$$k \approx \frac{1}{1+a\dfrac{\mathrm{d}n}{\mathrm{d}h}} = \frac{1}{1+a\dfrac{\mathrm{d}N}{\mathrm{d}h}\times 10^{-6}} \tag{3.110}$$

当 N 为线性模式时，k 为常数；但当 N 为指数模式时，k 随高度 h 变化。因此，等效地球半径的概念严格来说只能用于近地面对流层。对于线性模式，由式（3.110）得到 k 与 $\frac{\mathrm{d}n}{\mathrm{d}h}$、$\frac{\mathrm{d}N}{\mathrm{d}h}$ 的关系，如表 3-21 或图 3-60 所示。当取值 $\frac{\mathrm{d}n}{\mathrm{d}h} = -\frac{1}{4a} \approx -4\times10^{-5}/\mathrm{km}$ 或 $\frac{\mathrm{d}N}{\mathrm{d}h} = -\frac{10^6}{4a} \approx -40/\mathrm{km}$ 时，则分别称其为标准折射指数垂直梯度或标准折射率垂直梯度，这时，$k = \frac{4}{3}$，$a_{\mathrm{e}} \approx 8500\mathrm{km}$；$k < 0$ 意味着等效地球向上弯曲；$k = \pm\infty$ 表示等效地球为平面。当精度要求不高时，通常都利用等效地球半径考虑折射影响。

表 3-21　k 与 $\mathrm{d}n/\mathrm{d}h$ 、$\mathrm{d}N/\mathrm{d}h$ 的关系

$\mathrm{d}n/\mathrm{d}h$	$-2/a$	$-1/a$	$-1/2a$	$-1/4a$	0	$1/4a$	$1/2a$	$1/a$	$2/a$
$\mathrm{d}N/\mathrm{d}h$	$-2\times10^6/a$	$-10^6/a$	$-10^6/2a$	$-10^6/4a$	0	$10^6/4a$	$10^6/2a$	$10^6/a$	$2\times10^6/a$
k	−1	±∞	2	4/3	1	4/5	2/3	1/2	1/3

参考文献[41]对在线性大气折射中“真实地球”使用“等效地球”和“等效平地面”的等效性和局限性进行了很好的论述。在实际应用中要注意其等效性和局限性。

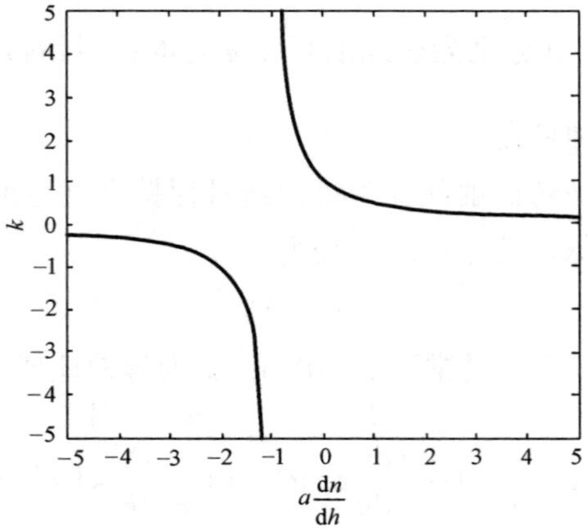

图 3-60　k 与 $\frac{\mathrm{d}n}{\mathrm{d}h}$ 的关系

5．大气层折射的各种形式

大气折射指数的梯度决定了射线的弯曲程度。按射线曲率半径和地球半径比值的大小对折射进行分类，大气折射分类如图 3-61 所示。

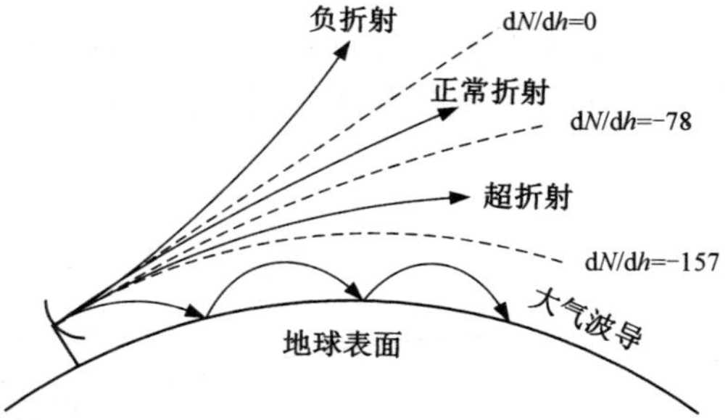

图 3-61　大气折射分类

当 $dN/dh \leqslant -157$ N/km 时，射线弯向地面，再经地面反射，可传播到很远的地方，称为大气波导；在正常折射情况下，射线略微向下弯曲，dN/dh 大于−78N/km 且小于 0，当 $dN/dh = -39$ N/km 时，称为标准折射；在正常折射和大气波导之间，称为超折射，射线向下弯曲程度较大，dN/dh 大于−157N/km 且小于−78N/km；当 $dN/dh = 0$ 时，$\rho_r = \infty$，射线不弯曲，是直线；当 $dN/dh>0$ 时，射线向上凹，称为负折射。

在空气混合很均匀的阴天，对流层中经常呈现标准折射；阴雨天则常出现次折射（折射程度弱于标准折射）；当干燥大气温度梯度小于−34.4℃/km，以及等温大气（$T=288$K）中湿度梯度大于 7.1hPa/km 时，可能发生负折射；在一般湿度情况和大气存在逆温层（温度随高度增加）下，可能出现过折射（折射程度强于标准折射）；在下沉、平流或地面增温和辐射冷却天气过程影响下，低对流层会出现层结趋势，若这时 $dN/dh \leqslant -157$ N/km 就会出现超折射（大气波导）。

6．大气折射几何关系

为讨论大气折射误差及修正问题，这里给出大气折射几何关系，如图 3-62 所示。图中符号的意义如下：r_0 为观测站的地球半径，$r_0 = a + h_0$，a 为地球平均半径，h_0 为观测站海拔高度；T_m 为目标所在位置；R_0 为观测站到目标所在位置 T_m 的真实距离；R_g 为观测站到目标所在位置 T_m 的空间射线轨迹；R_e 为观测站到目标所在位置 T_m 的视在距离，是无线电设备测得的目标距离，它等于电波在空间的单程传播

时间 t 与光速 c 之积；a_0 为目标真实仰角；φ 为观测站到目标的地心张角；D 为射线水平距离；h_T 为目标真实地面高度；h_e 为目标视在高度；ε_y 为仰角误差，是地面观测站处的实测视在仰角与真实仰角之差；τ 为射线弯曲角，是发射站与目标两处射线切线之夹角；α_T 为目标处射线真实仰角；θ_T 为目标处视在仰角；ε_T 为目标处仰角误差；$\boldsymbol{v}$ 为目标速度向量；$\dot{R}_0$ 为 $\boldsymbol{v}$ 在 R_0 上的投影，即真实距离变化率；$\dot{R}_g$ 为 $\boldsymbol{v}$ 在 R_g 上的投影；$\dot{R}_e$ 为目标视在距离的变化率；h 为射线上某点的面高度；θ_h 为在 h 处射线的仰角。

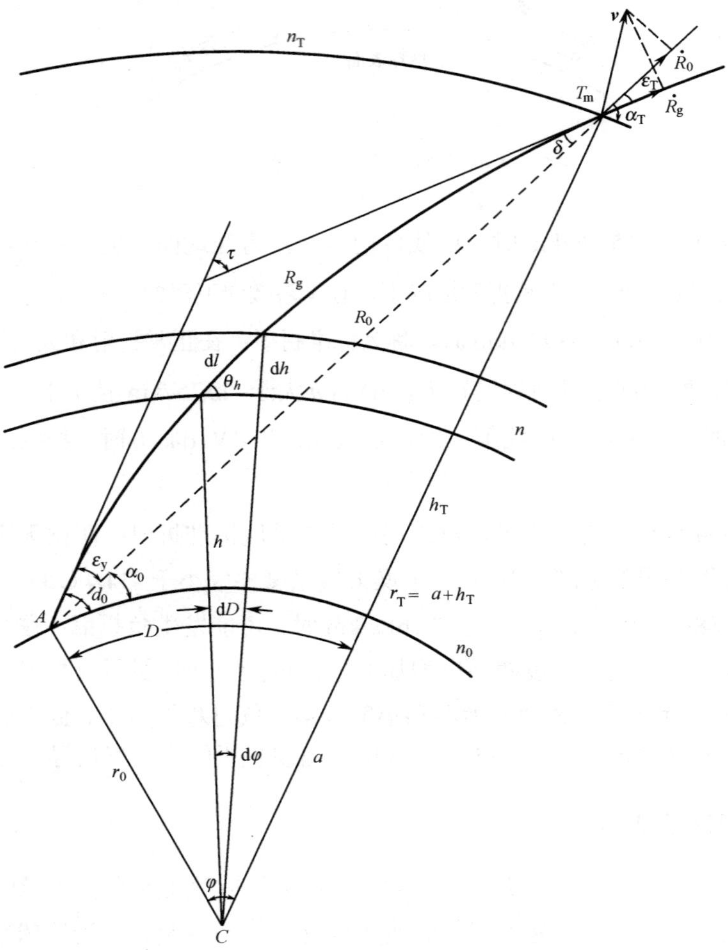

图 3-62　大气折射的几何关系

3.7.2　大气折射误差及修正

1．概述

雷达所测得的目标视在参量与目标相应的真实参量之差为该参量的折射误差。折射误差修正是指根据探测或统计得到的大气折射指数剖面或折射率剖面，由雷达测得的目标视在参量（仰角、距离、高度与距离变化率或多普勒频移）算出目标的真实参量[2~4,6,42,43]。

《雷达电波折射与衰减手册》[3]用射线描迹法、线性分层法和等效地球半径法 3 种方法进行高度、仰角和距离折射的修正。射线描迹法是一种严格的方法，线性分层法是一种较准确的近似方法，等效地球半径法是一种简单的近似方法。除等效地球半径法限于目标在低层大气内（目标海拔高度低于 60km）外，其他方法都考虑到目标在低层大气内和目标在电离层内（目标海拔高度高于 60km）两种情况。此外，《雷达电波折射与衰减手册》还给出了俯视目标折射修正，高仰角且目标很远时仰角折射误差公式、高仰角时距离折射误差公式、距离误差与仰角误差的关系。对于通过 3 个站测量多普勒频移得到距离变化率，从而确定目标运动速度的情况，给出了多普勒频移与距离变化率的折射误差公式，以及确定目标真空速度的公式；而针对高精度外弹道测量的连续干涉仪系统，给出了距离与距离差及其变化率的折射误差修正公式；对于不满足将大气层视为球面分层条件的情况，给出了任意大气折射误差修正公式。下面介绍用射线描迹法进行折射修正的方法。

2．高度折射误差修正

根据图 3-63，雷达天线至 60km 高度的视在距离为

$$R_{\mathrm{at}}=\int_{h_0}^{h_{\mathrm{t}}}\frac{n^2(a+h)}{\sqrt{n^2(a+h)^2-n_0^2(a+h_0)^2\cos^2\theta_0}}\mathrm{d}h \tag{3.111}$$

式中，h_{t} 为低层大气与电离层的分界海拔高度（60km）；a 为地球平均半径；h_0 为雷达天线海拔高度；n_0 为 h_0 处的折射指数；θ_0 为目标的视在仰角；h 为电波射线上某点的海拔高度；n 为 h 处的折射指数。

目标的视在距离为 R_{a}，当 $R_{\mathrm{a}}\leqslant R_{\mathrm{at}}$ 时，目标在低层大气内，由

$$R_{\mathrm{a}}=\int_{h_0}^{h_{\mathrm{T}}}\frac{n^2(a+h)}{\sqrt{n^2(a+h)^2-n_0^2(a+h_0)^2\cos^2\theta_0}}\mathrm{d}h \tag{3.112}$$

确定目标的真实海拔高度 h_{T}；当 $R_{\mathrm{a}} > R_{\mathrm{at}}$ 时，目标在电离层内，由

$$R_{\mathrm{a}} = \int_{h_0}^{h_{\mathrm{t}}} \frac{n^2(a+h)}{\sqrt{n^2(a+h)^2 - n_0^2(a+h_0)^2\cos^2\theta_0}}\mathrm{d}h + \int_{h_{\mathrm{t}}}^{h_{\mathrm{T}}} \frac{(a+h)}{\sqrt{n^2(a+h)^2 - n_0^2(a+h_0)^2\cos^2\theta_0}}\mathrm{d}h \tag{3.113}$$

确定 h_{T}。

由式（3.112）或式（3.113）确定 h_{T} 后，可得高度折射误差

$$\Delta h = h_{\mathrm{a}} - h_{\mathrm{T}} \tag{3.114}$$

式中，h_{a} 为目标的视在高度，由目标的视在仰角与视在距离通过几何关系算得。

3．仰角折射误差修正

如图 3-64 所示，目标的真实仰角为

$$\alpha_0 = \arctan\left(\cot\varphi - \frac{a+h_0}{a+h_{\mathrm{T}}}\csc\varphi\right) \tag{3.115}$$

式中，φ 为地心张角（rad），

$$\varphi = n_0(a+h_0)\cos\theta_0 \int_{h_0}^{h_{\mathrm{T}}} \frac{\mathrm{d}h}{(a+h)\sqrt{n^2(a+h)^2 - n_0^2(a+h_0)^2\cos^2\theta_0}} \tag{3.116}$$

由式（3.115）可得仰角折射误差（rad）为

$$\varepsilon_0 = \theta_0 - \alpha_0 \tag{3.117}$$

当目标的视在仰角 $\theta_0 \geqslant 5°$ 且目标很远时，忽略电离层对折射的影响，仰角折射误差可按式（3.118）计算：

$$\varepsilon = N_{\mathrm{s}} \times 10^{-6}\cot\theta_0 \tag{3.118}$$

4．距离折射误差修正

如图 3-64 所示，目标的真实距离为

$$R_0 = \frac{(a+h_{\mathrm{T}})\sin\varphi}{\cos\alpha_0} \tag{3.119}$$

式中，h_{T}、α_0、φ 分别由式（3.112）或式（3.113）、式（3.115）、式（3.116）算得。由式（3.119）可得距离折射误差

$$\Delta R = R_{\mathrm{a}} - R_0 \tag{3.120}$$

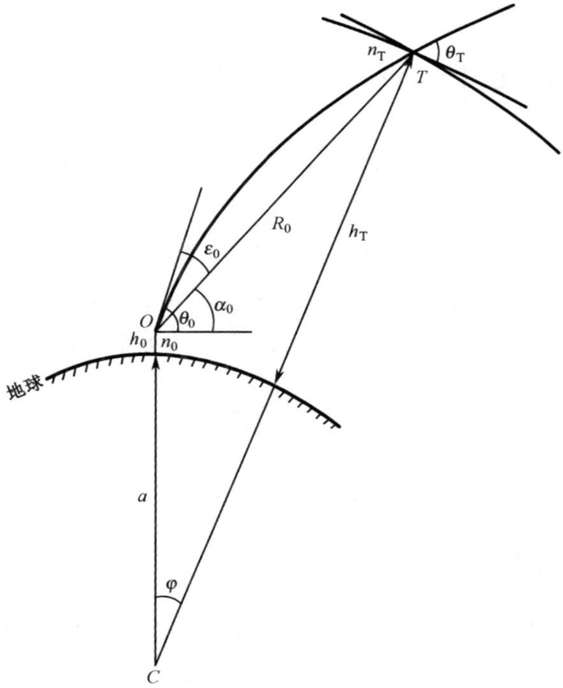

图 3-63　折射的几何图形

对于高仰角（$\theta_0 > 3°$），在求距离误差时可以忽略路径弯曲引起的误差，只考虑电波传播速度减小引起的误差，因此，当目标在低层大气内时，距离误差为

$$\Delta R \approx 10^{-6}\int_{R_g} N\mathrm{d}R_g = 10^{-6}\int_{h_0}^{h_T} N\csc\theta\mathrm{d}h \tag{3.121}$$

当目标在电离层时，对于已调波测距，距离误差为

$$\begin{aligned}\Delta R &\approx 10^{-6}\int_{R_{g1}} N\mathrm{d}R_g + \frac{40.364\times10^{-12}}{f^2}\int_{R_{g2}} N\mathrm{d}R_g \\ &= 10^{-6}\int_{h_0}^{h_t} N\csc\theta\mathrm{d}h + \frac{40.364\times10^{-12}}{f^2}\int_{h_t}^{h_T} N_e\csc\theta\mathrm{d}h\end{aligned} \tag{3.122}$$

式中，h_t 为低层大气与电离层的分界海拔高度（60km）；N 为沿射线低层大气折射率；N_e 为沿射线电离层电子浓度（1/m^3）；$R_g = R_{g1} + R_{g2}$ 为射线路径；R_{g1} 为低层大气内射线路径；R_{g2} 为电离层内射线路径；θ 为高度 h 处的射线本地仰角；h_0 为雷达天线海拔高度；h_T 为目标的真实海拔高度；f 为载波频率。

对于差频时延法测距的距离误差为

$$\begin{aligned}\Delta R &\approx 10^{-6}\int_{R_{g1}} N\mathrm{d}R_g + \frac{40.364\times10^{-12}}{f_1 f_2}\int_{R_{g2}} N_e \mathrm{d}R_g \\ &= 10^{-6}\int_{h_0}^{h_t} N\csc\theta \mathrm{d}h + \frac{40.364\times10^{-12}}{f_1 f_2}\int_{h_t}^{h_T} N_e \csc\theta \mathrm{d}h\end{aligned} \tag{3.123}$$

式中，f_1、f_2为进行差频的两个连续波频率，$f_1 \neq f_2$。

对于低层大气折射率为指数模式且电离层对折射的影响可忽略的情况，在高仰角且目标很远时，距离误差ΔR与仰角误差ε_0的关系为

$$\Delta R \approx \frac{\varepsilon_0}{c_e \cos\theta_0} \tag{3.124}$$

式中，c_e为指数衰减率；θ_0为目标的视在仰角。

5. 大气折射误修正计算案例

北京地区为折射影响的中等地区，有一定代表性。现以北京地区为例，说明大气折射误差的大小和变化规律。北京地区对流层年平均采用分段模式，由式（3.17）可知，地面海拔高度$h_0 = 0.033\,\text{km}$，当$0.033\,\text{km} \leqslant h \leqslant 0.33+1\,\text{km}$时，$N(h) = 320-41(h-0.033)$；当$1.033\,\text{km} \leqslant h \leqslant 9\,\text{km}$时，$N(h) = 279\exp[-0.1225(h-0.033)]$；当$9\,\text{km} \leqslant h \leqslant 60\,\text{km}$时，$N(h) = 105\exp[-0.1434(h-9)]$；而当$h \geqslant 60\,\text{km}$时为电离层，这里采用中等电子浓度平均剖面，见第4章4.3.2节中的表4-3。

图3-64和图3-65给出了目标高度$h_T = 20\text{km}$时大气折射引起的距离误差和仰角误差与目标真实海拔高度的关系；图3-66～图3-71给出了目标高度$h_T = 1000\text{km}$时不同频率（450MHz、1500GHz、5000GHz）的距离折射误差和仰角误差与目标真实海拔高度的关系；图3-72和图3-73给出了目标高度$h_T = 1000\text{km}$时大气折射引起的距离误差和仰角误差与工作频率的关系。可以得出如下结论。

（1）折射误差随观测仰角的增大而迅速下降。当目标高度为20km、仰角为0°时，大气折射引起的距离折射误差为100m，仰角误差为7.1mrad；当仰角为10°时距离误差为13m，仰角误差为1.1mrad；当仰角为90°时距离误差仅为2.3m，仰角误差为0。

（2）距离折射误差随目标的高度增加而迅速增大。当目标高度大于200km时，仰角误差的变化渐趋缓慢，逐渐达到稳定。

（3）电离层折射影响随工作频率的升高而迅速减小。提高工作频率是减小电离层折射误差的有效方法之一。

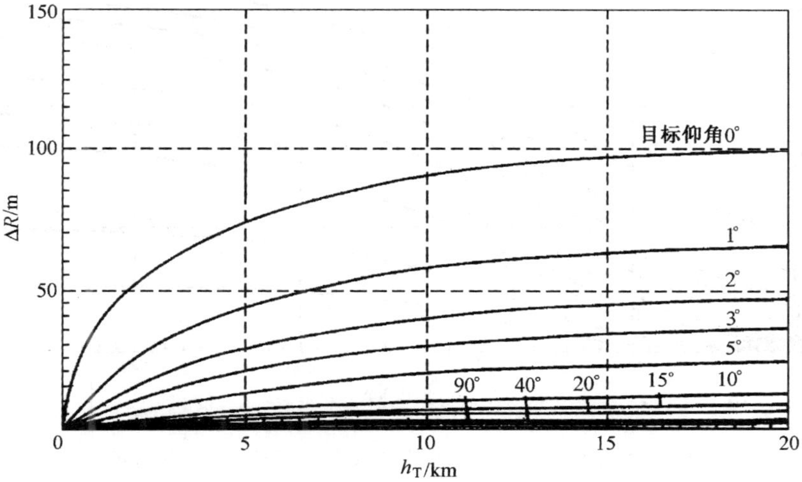

图 3-64　大气折射引起的距离误差ΔR 与目标真实海拔高度的关系

（北京，最大高度 $h_T = 20$km，对流层为年平均剖面）

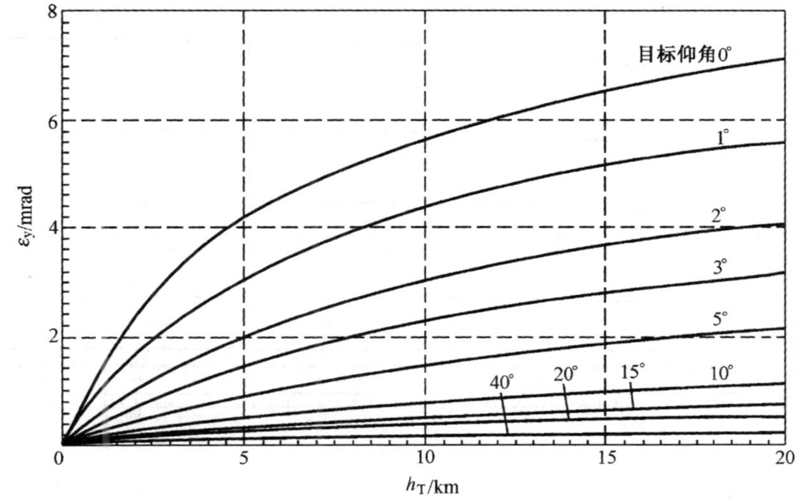

图 3-65　大气折射引起的仰角误差 ε_y 与目标真实海拔高度的关系

（北京，最大高度 $h_T = 20$km，对流层为年平均剖面）

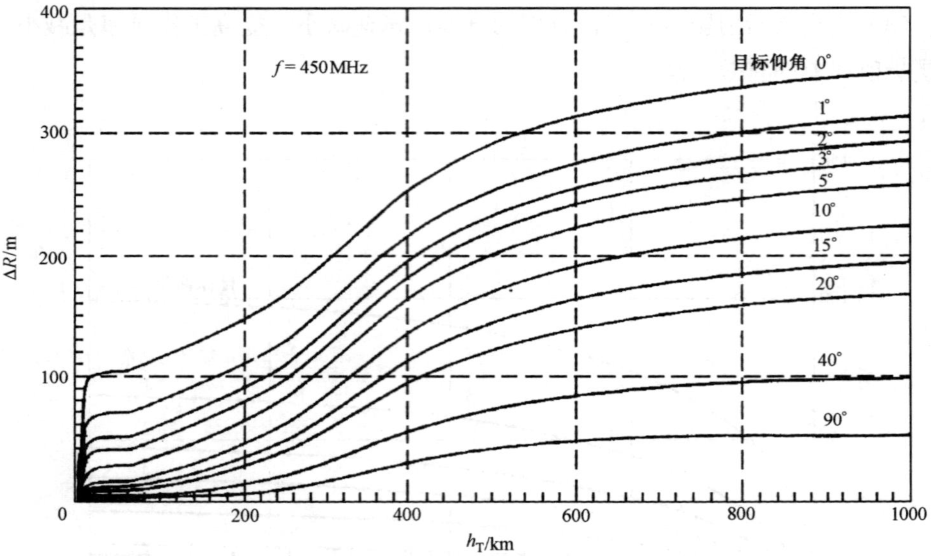

图 3-66　大气折射引起的距离误差ΔR 与目标真实海拔高度的关系

（北京，最大高度 h_T = 1000km，对流层为年平均剖面，电离层为中等浓度平均剖面）

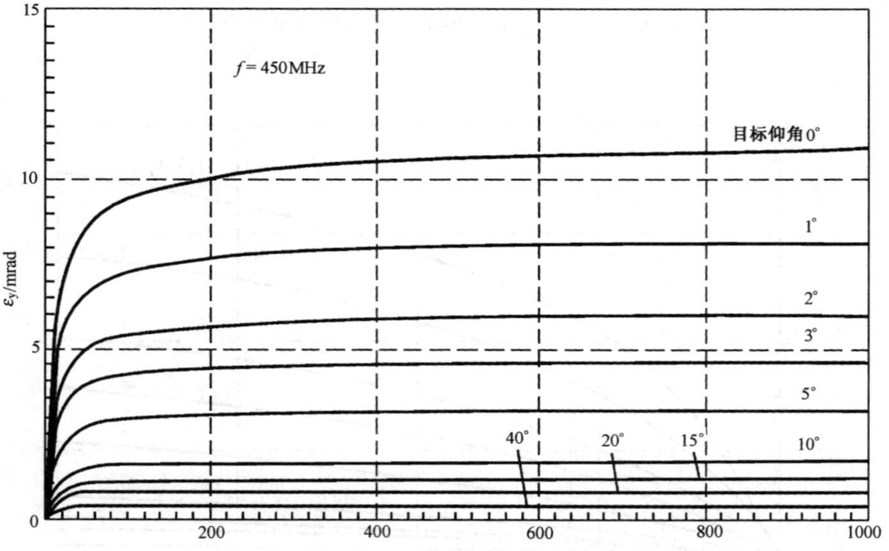

图 3-67　大气折射引起的仰角误差 ε_y 与目标真实海拔高度的关系

（北京，最大高度 h_T = 1000km，对流层为年平均剖面，电离层为中等浓度平均剖面）

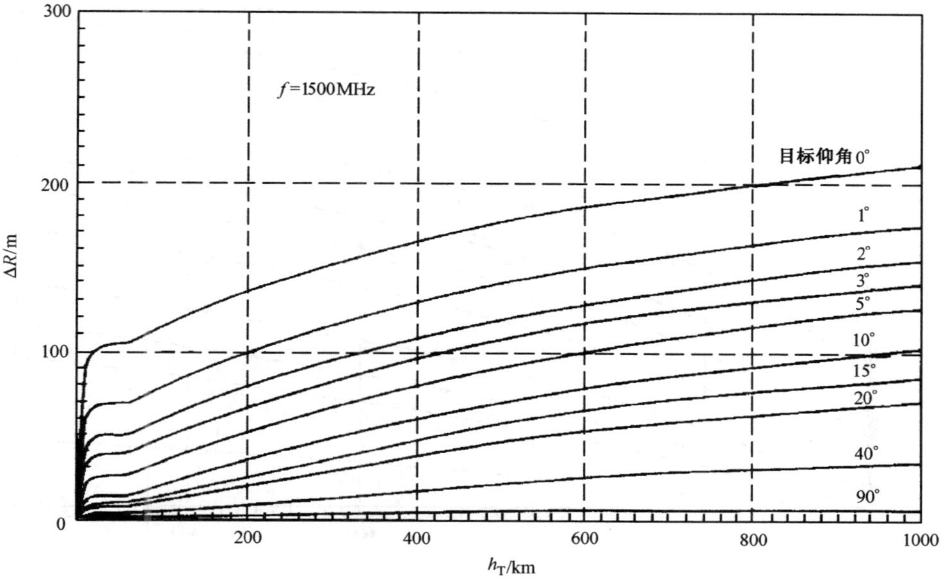

图 3-68　大气折射引起的距离误差ΔR与目标真实海拔高度的关系

（北京，最大高度 h_T = 1000km，对流层为年平均剖面，电离层为中等浓度平均剖面）

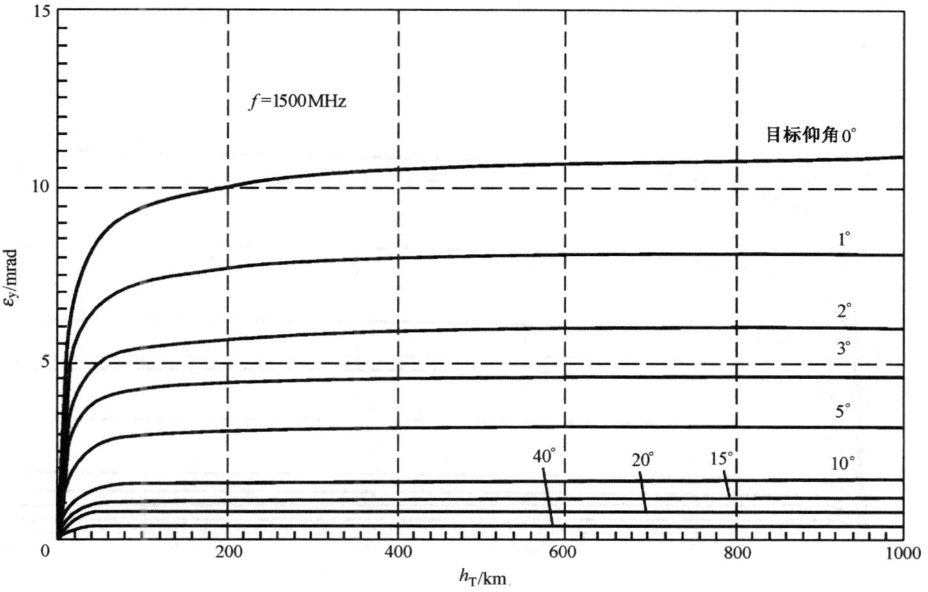

图 3-69　大气折射引起的仰角误差 ε_y 与目标真实海拔高度的关系

（北京，最大高度 h_T = 1000km，对流层为年平均剖面，电离层为中等浓度平均剖面）

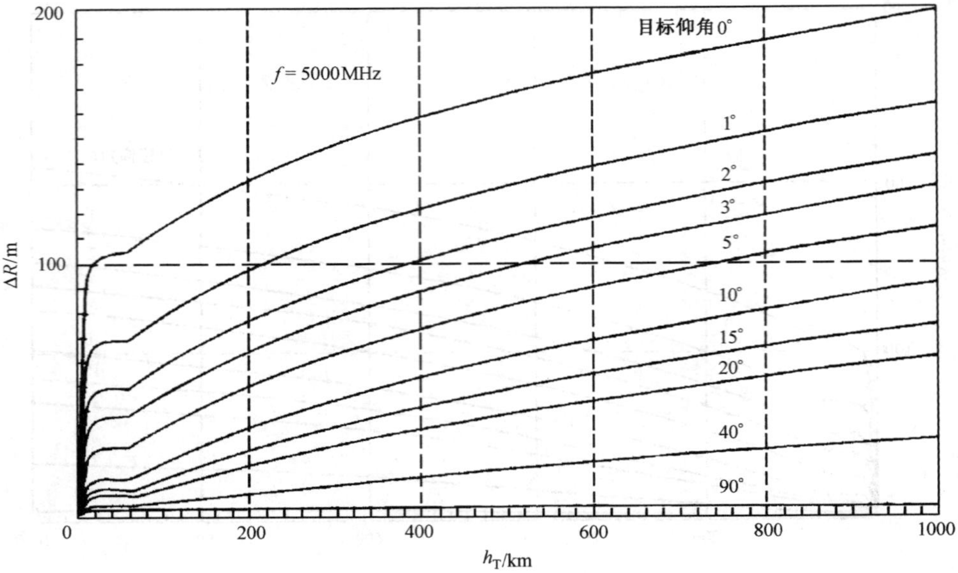

图 3-70　大气折射引起的距离误差ΔR 与目标真实海拔高度的关系

（北京，最大高度 h_T = 1000km，对流层为年平均剖面，电离层为中等浓度平均剖面）

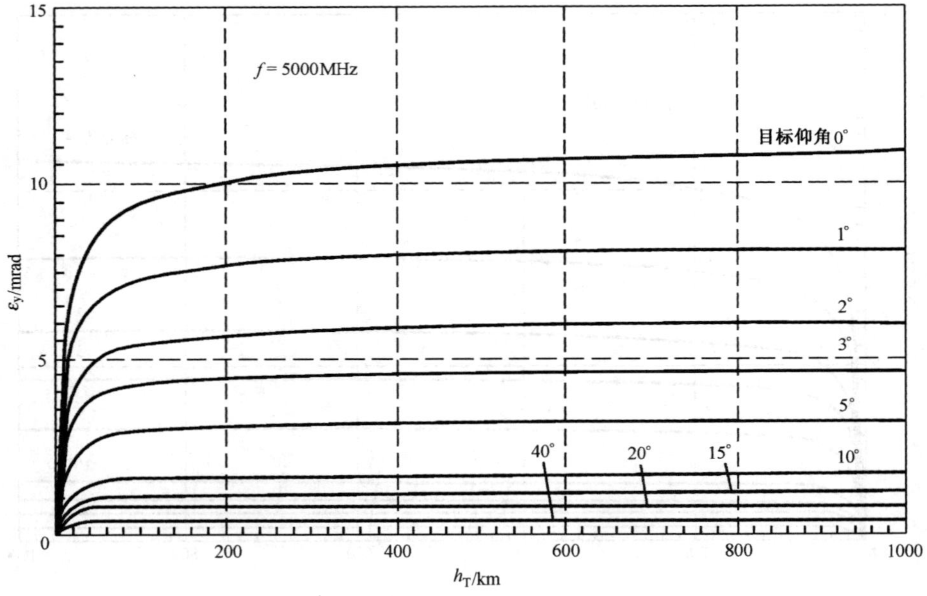

图 3-71　大气折射引起的仰角误差 ε_y 与目标真实海拔高度的关系

（北京，最大高度 h_T = 1000km，对流层为年平均剖面，电离层为中等浓度平均剖面）

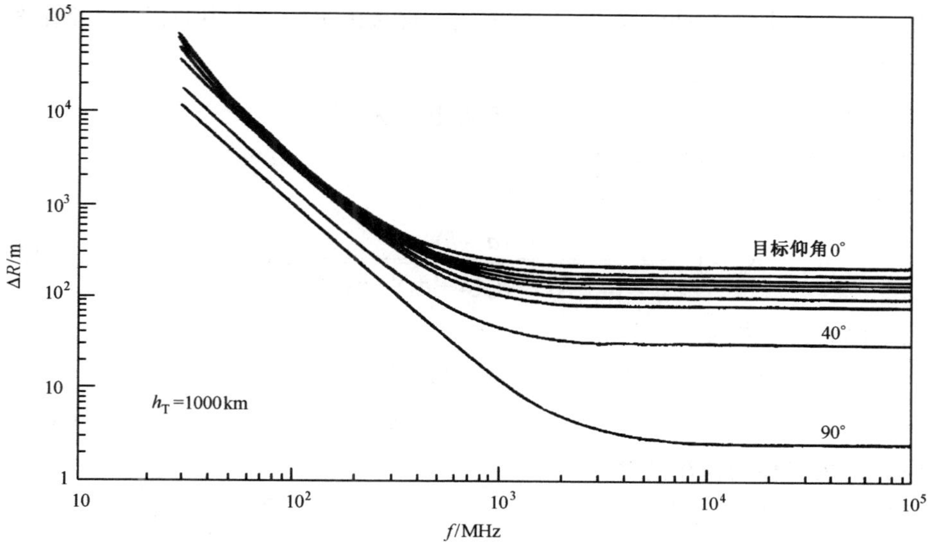

图 3-72　大气折射引起的距离误差ΔR 与工作频率的关系

（北京，最大高度 h_T= 1000km，对流层为年平均剖面，电离层为中等浓度平均剖面）

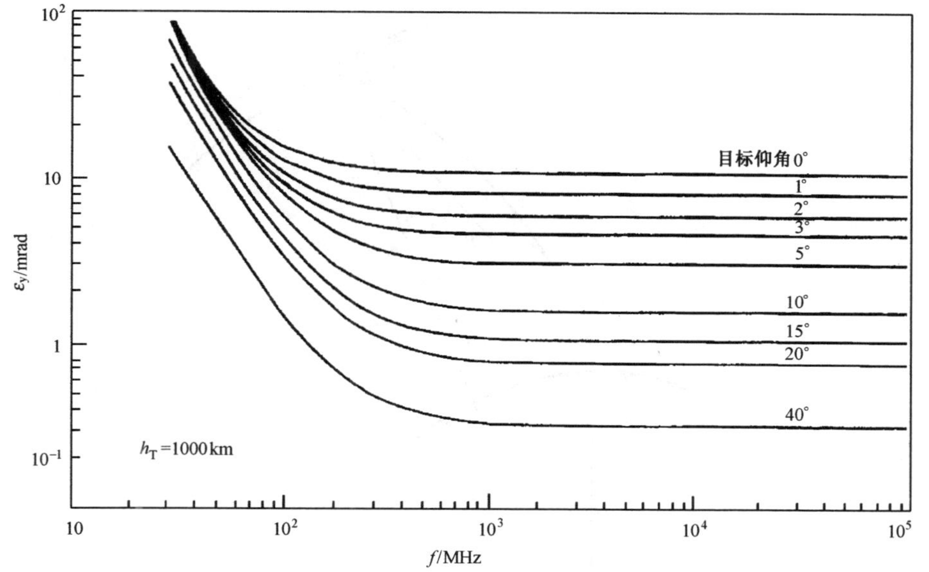

图 3-73　大气折射引起的仰角误差 ε_y 与工作频率的关系

（北京，最大高度 h_T= 1000km，对流层为年平均剖面，电离层为中等浓度平均剖面）

6．俯视目标折射误差修正

雷达俯视目标时，天线海拔高度 h_0 高于目标的真实海拔高度 h_T，目标的真实

俯角 α_0 大于目标的视在俯角 θ_0，因此前述仰视目标时各公式中的积分上下限和某些三角函数前的正负号需要改变。

空中平台一般在低层大气内，不考虑电离层的影响。

1）高度折射误差修正

目标的视在距离为 R_a，根据图 3-75，由

$$R_a = \int_{h_T}^{h_0} \frac{n^2(a+h)}{\sqrt{n^2(a+h)^2 - n_0^2(a+h_0)^2\cos^2\theta_0}}\mathrm{d}h \tag{3.125}$$

确定目标的真实海拔高度 h_T。

由式（3.125）确定 h_T 后可得高度折射误差为

$$\Delta h = h_a - h_T \tag{3.126}$$

式中，h_a 为目标的视在高度。

2）俯角折射误差修正

俯视目标折射的几何图形如图 3-74 所示，目标的真实俯角为

$$\alpha_0 = \arctan\left(\frac{a+h_0}{a+h_T}\csc\varphi - \cot\varphi\right) \tag{3.127}$$

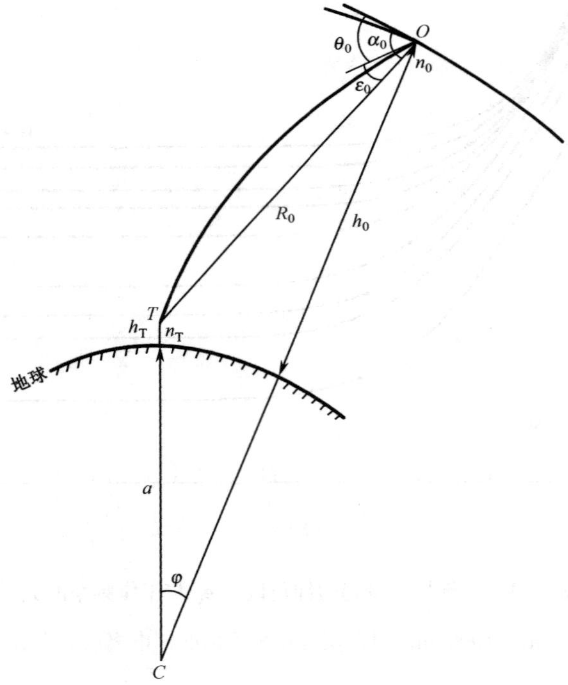

图 3-74　俯视目标折射的几何图形

式中，φ 为地心张角（rad），

$$\varphi = n_0(a+h_0)\cos\theta_0 \int_{h_T}^{h_0} \frac{\mathrm{d}h}{(a+h)\sqrt{n^2(a+h)^2 - n_0^2(a+h_0)^2\cos^2\theta_0}} \tag{3.128}$$

由式（3.128），可得俯角折射误差

$$\varepsilon_0 = \alpha_0 - \theta_0 \tag{3.129}$$

3）距离折射误差修正

如图 3-75 所示，目标的真实距离为

$$R_0 = \frac{(a+h_T)\sin\varphi}{\cos\alpha_0} \tag{3.130}$$

式中，h_T、α_0、φ 分别由式（3.125）、式（3.127）、式（3.128）算得。由式（3.130）可得距离折射误差为

$$\Delta R = R_a - R_0 \tag{3.131}$$

7．多普勒频移折射误差修正

通过 3 个地区地面站测量多普勒频移得到的距离变化率，可确定目标运动速度。i 站折射的几何关系如图 3-75 所示。用行向量表示的 3 个地面站的真实多普勒频移为（见图 3-75）

$$\boldsymbol{F}_d = \begin{pmatrix} f_{d1} & f_{d2} & f_{d3} \end{pmatrix} = \frac{1}{n_T}\boldsymbol{F}_{da}\boldsymbol{D}^{-1}\boldsymbol{F} \tag{3.132}$$

式中，n_T 为目标点的折射指数；$\boldsymbol{F}_{da}$ 为用行向量表示的三个地面站测得的多普勒频 $f_{dai}(i=1,2,3)$。用信标工作时，$f_{dai} = f_{ri} - f$，f 为信标发射频率，f_{ri} 为 i 站雷达接收频率；用应答器工作时，$f_{dai} = f_{ri} - kf_i$，f_i 为地面雷达发射频率，k 为应答器变频系数。$\boldsymbol{D}^{-1}$ 为由 3 个站射线在目标切点线的方向余弦组成的三阶矩阵 $\boldsymbol{D}$ 的逆矩阵，有

$$\boldsymbol{F}_{da} = \begin{pmatrix} f_{da1} & f_{da2} & f_{da3} \end{pmatrix} \tag{3.133}$$

$$\boldsymbol{D} = \begin{pmatrix} \boldsymbol{H}_{a1}^T & \boldsymbol{H}_{a2}^T & \boldsymbol{H}_{a3}^T \end{pmatrix} \tag{3.134}$$

式中，$\boldsymbol{H}_{ai}^T$ 为 $\boldsymbol{H}_{ai}$ 的转置矩阵，而 i 站射线在目标点切线的方向余弦组成的行向量为

$$\boldsymbol{H}_{ai} = \frac{1}{\cos\alpha_{Ti}}\left(\cos\theta_{Ti}\boldsymbol{H}_{ti} - \sin\varepsilon_{Ti}\boldsymbol{H}_T\right) \tag{3.135}$$

式中，

$$\boldsymbol{H}_{ti} = \frac{1}{R_i}\begin{pmatrix} x_T - x_i & y_T - y_i & z_T - z_i \end{pmatrix}$$

$$R_i = \sqrt{(\boldsymbol{L}-\boldsymbol{M}_i)(\boldsymbol{L}-\boldsymbol{M}_i)^T}$$

$$\boldsymbol{L} = \begin{pmatrix} x_T & y_T & z_T \end{pmatrix}$$

$$\boldsymbol{M}_i = \begin{pmatrix} x_i & y_i & z_i \end{pmatrix} \quad (i=1,2,3)$$

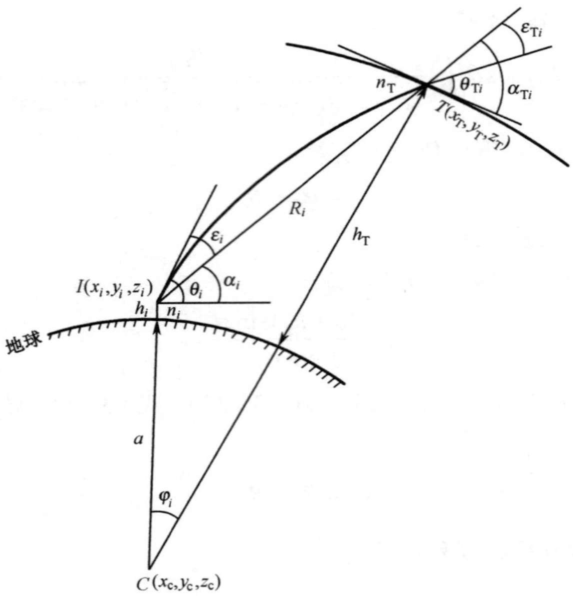

图 3-75　*i* 站折射的几何关系

$$\boldsymbol{H}_T = \frac{1}{r_T}(x_{rT} - x_c \quad y_T - y_c \quad z_T - z_c)$$

$$r_T = \sqrt{(\boldsymbol{L} - \boldsymbol{N})(\boldsymbol{l} - \boldsymbol{N})^T}$$

而地心 C 的坐标为 $\boldsymbol{N} = (x_c \ y_c \ z_c)$ 。

$$\alpha_{Ti} = \alpha_i + \varphi_i$$

$$\theta_{Ti} = \arccos\frac{n_i(a+h_i)\cos\theta_i}{n_T(a+h_T)}$$

$$\varepsilon_{Ti} = \alpha_{Ti} - \varphi_{Ti}$$

式中，h_i 、n_i 、θ_i 分别为 i 站的雷达天线海拔高度、h_i 高度处的折射指数、视在仰角；h_T 为目标的真实高度。$\boldsymbol{F}$ 为由 3 个站和目标点连线的方向余弦组成的三阶矩阵，即

$$\boldsymbol{F} = \left(\boldsymbol{H}_{t1}^T \quad \boldsymbol{H}_{t2}^T \quad \boldsymbol{H}_{t3}^T\right) \tag{3.136}$$

式中，$\boldsymbol{H}_{ti}^T$ 为 $\boldsymbol{H}_{ti}$ 的转置矩阵。用行向量表示的 3 个站的多普勒频移折射误差为

$$\begin{aligned}\Delta\boldsymbol{F}_d &= \left(f_{da1} - f_{d1} \quad f_{da2} - f_{d2} \quad f_{da3} - f_{d3}\right) \\ &= \boldsymbol{F}_{da} - \boldsymbol{F}_d = \boldsymbol{F}_{da}\left(\boldsymbol{E} - \frac{1}{n_T}\boldsymbol{D}^{-1}\boldsymbol{F}\right)\end{aligned} \tag{3.137}$$

式中，$\boldsymbol{E}$ 为三阶单位矩阵。用行向量表示的 3 个站的真实距离变化率为

$$\boldsymbol{T}=\begin{pmatrix}\dot{R}_1 & \dot{R}_2 & \dot{R}_3\end{pmatrix}=\frac{1}{n_{\mathrm{T}}}\boldsymbol{T}_{\mathrm{a}}\boldsymbol{D}^{-1}\boldsymbol{F} \tag{3.138}$$

式中，$\boldsymbol{T}_{\mathrm{a}}=\begin{pmatrix}\dot{R}_1 & \dot{R}_2 & \dot{R}_3\end{pmatrix}$为用行向量表示的 3 个站的视在距离变化率。用行向量表示的 3 个站的距离变化率折射误差为

$$\begin{aligned}\Delta\boldsymbol{T}&=\begin{pmatrix}\dot{R}_{\mathrm{a}1}-\dot{R}_1 & \dot{R}_{\mathrm{a}2}-\dot{R}_2 & \dot{R}_{\mathrm{a}3}-\dot{R}_3\end{pmatrix}\\&=\boldsymbol{T}_{\mathrm{a}}-\boldsymbol{T}=\boldsymbol{T}_{\mathrm{a}}\left(\boldsymbol{E}-\frac{1}{n_{\mathrm{T}}}\boldsymbol{D}^{-1}\boldsymbol{F}\right)\end{aligned} \tag{3.139}$$

目标的真实速度也可直接得到，即

$$\boldsymbol{V}=\begin{pmatrix}\dot{x}_{\mathrm{T}} & \dot{y}_{\mathrm{T}} & \dot{z}_{\mathrm{T}}\end{pmatrix}=-\frac{c}{n_{\mathrm{T}}f}\boldsymbol{F}_{\mathrm{da}}\boldsymbol{D}^{-1}=\frac{1}{n_{\mathrm{T}}}\boldsymbol{T}_{\mathrm{a}}\boldsymbol{D}^{-1} \tag{3.140}$$

式中，c 为无线电波在真空中的传播速度；当用信标工作时，f 为信标发射频率；当用应答器工作时，$f=2kf_{\mathrm{t}}$（f_{t} 为地面雷达发射频率，k 为应答器变频系数）。

8．距离和与距离差及其变化率的折射误差修正

连续波干涉仪的几何关系如图 3-76 所示，其中，$(x_{\mathrm{c}},y_{\mathrm{c}},z_{\mathrm{c}})$为地心 C 的坐标，(x_0,y_0,z_0)为发射站 0 的坐标，(x_1,y_1,z_1)为接收主站 1 的坐标，(x_2,y_2,z_2)为接收副站 2 的坐标，(x_3,y_3,z_3)为接收副站 3 的坐标。测得的视在距离和为 $\boldsymbol{S}_{\mathrm{a}}(0\to T\to 1)$、视在距离差为 $\boldsymbol{P}_{\mathrm{a}}$（$T\to 1$与$T\to 2$之差）和 $\boldsymbol{Q}_{\mathrm{a}}$（$T\to 1$与$T\to 3$之差）、相应的视在距离和变化率为$\dot{S}_{\mathrm{a}}$、视在距离差变化率为$\dot{P}_{\mathrm{a}}$和$\dot{Q}_{\mathrm{a}}$。折射指数随高度分布为$n=n(h)$。可用下述方法确定真实距离和 $\boldsymbol{S}$ 及真实距离差 $\boldsymbol{P}$、$\boldsymbol{Q}$。

1）距离和与距离差的折射误差修正

由$\boldsymbol{S}_{\mathrm{a}}$、$\boldsymbol{P}_{\mathrm{a}}$、$\boldsymbol{Q}_{\mathrm{a}}$经 j 次迭代，得到的 $\boldsymbol{S}$、$\boldsymbol{P}$、$\boldsymbol{Q}$ 满足

$$\begin{cases}R_0^{(j)}+R_1^{(j)}=\boldsymbol{S}^{(j)}\\R_1^{(j)}-R_2^{(j)}=\boldsymbol{P}^{(j)}\\R_1^{(j)}-R_3^{(j)}=\boldsymbol{Q}^{(j)}\end{cases} \tag{3.141}$$

式中，$R_i^{(j)}=\sqrt{(\boldsymbol{L}^{(j)}-\boldsymbol{M}_i)(\boldsymbol{L}^{(j)}-\boldsymbol{M}_i)^{\mathrm{T}}}$，$\boldsymbol{M}_i=(x_i\quad y_i\quad \mathrm{z}_i)$（$i=0,1,2,3$）。令$\boldsymbol{S}^{(1)}=\boldsymbol{S}_{\mathrm{a}}$，$\boldsymbol{P}^{(1)}=\boldsymbol{P}_{\mathrm{a}}$，$\boldsymbol{Q}^{(1)}=\boldsymbol{Q}_{\mathrm{a}}$，于是可求得用行向量表示的目标点 T 的坐标：

$$\boldsymbol{L}^{(j)}=\begin{pmatrix}x_{\mathrm{T}}^{(j)} & y_{\mathrm{T}}^{(j)} & x_{\mathrm{T}}^{(j)}\end{pmatrix} \tag{3.142}$$

目标的真实高度为

$$h_{\mathrm{T}}^{(j)}=\sqrt{(\boldsymbol{L}^{(j)}-\boldsymbol{N})(\boldsymbol{L}^{(j)}-\boldsymbol{N})^{\mathrm{T}}}-a \tag{3.143}$$

式中，a 为地球半径。

目标的真实仰角为

$$\alpha_i^{(j)}=\arcsin(\boldsymbol{H}_{\mathrm{t}i}^{(j)}\boldsymbol{H}_{\mathrm{c}i}^{\mathrm{T}}) \tag{3.144}$$

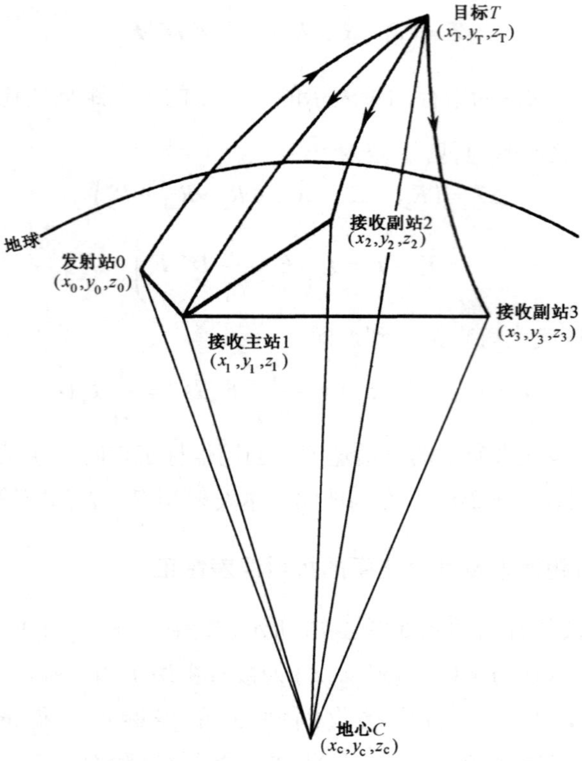

图 3-76　连续波干涉仪几何关系

其中，

$$\boldsymbol{H}_{ti}^{(j)}=\frac{1}{R_i^{(j)}}\left(x_T^{(j)}-x_i \quad y_T^{(j)}-y_i \quad z_T^{(j)}-z_i\right)$$

$$\boldsymbol{H}_{ci}=\frac{1}{r_{ci}}\left(x_i-x_{ci} \quad y_i-y_c \quad z_i-z_c\right)$$

地心张角为

$$\varphi_i^{(j)}=\arccos(\boldsymbol{H}_{ti}^{(j)}\boldsymbol{H}_{ci}^{T}) \tag{3.145}$$

其中，

$$\boldsymbol{H}_{ti}^{(j)}=\frac{1}{r_{ci}}\left(x_T^{(j)}-x_c \quad y_T^{(j)}-y_c \quad z_T^{(j)}-z_c\right)$$

$$r_{ci}=\sqrt{(\boldsymbol{L}^{(j)}-\boldsymbol{N})(\boldsymbol{L}^{(j)}-\boldsymbol{N})^{T}}$$

根据

$$\varphi_i^{(j)}=n_i(a+h_i)\cos\theta_i^{(j)}\int_{h_i}^{h_T^{(j)}}\frac{\mathrm{d}h}{(a+h)\sqrt{n^2(a+h)^2-n_i^2(a+h_i)^2\cos^2\theta_i^{(j)}}} \tag{3.146}$$

可求得目标的视在仰角$\theta_i^{(j)}$。用逐次逼近法求$\theta_i^{(j)}$时，$\alpha_i^{(j)}$可作为初始值。式中，

h_i、n_i、$\theta_i^{(j)}$ 分别为 i 站（i=0，1，2，3）的雷达天线海拔高度、h_i 处折射指数、视在仰角。

这时，目标的真实距离为

$$R_i^{(j)} = \frac{(a+h_{\mathrm{T}}^{(j)})\sin\varphi_i^{(j)}}{\cos\alpha_i^{(j)}} \tag{3.147}$$

视在距离为

$$R_{\mathrm{ai}}^{(j)} = \begin{cases} \displaystyle\int_{h_1}^{h_{\mathrm{T}}^{(j)}} \frac{n^2(a+h)}{\sqrt{n\ (a+h)^2 - n_i^2(a+h_i)^2\cos\theta_i^{(j)}}}\mathrm{d}h, & h_{\mathrm{T}}^{(j)} \leqslant h_{\mathrm{t}} \\ \displaystyle\int_{h_i}^{h_{\mathrm{t}}} \frac{n^2(a+h)}{\sqrt{n^2(a+h)^2 - n_i^2(a+h_i)^2\cos^2\theta_i^{(j)}}}\mathrm{d}h + & \\ \displaystyle\int_{h_{\mathrm{t}}}^{h_{\mathrm{T}}^{(j)}} \frac{(a+h)}{\sqrt{n^2(a+h)^2 - n_i^2(a+h_i)^2\cos^2\theta_i^{(j)}}}\mathrm{d}h, & h_{\mathrm{T}}^{(j)} > h_{\mathrm{t}} \end{cases} \tag{3.148}$$

式中，h_{t} 为低层大气与电离层的分界海拔高度（60km）。

连续波干涉仪一般都是采用差频时延法精确距离，因此电离层的折射指数按第 4 章中的式（4.49）计算。由式（3.147）、式（3.148）可得 i 站的距离折射误差为

$$\Delta R_i^{(j)} = R_{\mathrm{ai}}^{(j)} - R_i^{(j)} \qquad (i = 0,1,2,3) \tag{3.149}$$

第 $j+1$ 次迭代时，真实距离和与真实距离差分别取

$$\begin{cases} \boldsymbol{S}^{(j+1)} = \boldsymbol{S}^{(j)} - \Delta R_0^{(j)} - \Delta R_1^{(j)} \\ \boldsymbol{P}^{(j+1)} = \boldsymbol{P}^{(j)} - \Delta R_1^{(j)} + \Delta R_2^{(j)} \\ \boldsymbol{Q}^{(j+1)} = \boldsymbol{Q}^{(j)} - \Delta R_1^{(j)} + \Delta R_3^{(j)} \end{cases} \tag{3.150}$$

n 次迭代后，当 $\left|\boldsymbol{S}^{(n)} - \boldsymbol{S}^{(n-1)}\right| < 10^{-\alpha}$、$\left|\boldsymbol{P}^{(n)} - \boldsymbol{P}^{(n-1)}\right| < 10^{-\beta}$ 与 $\left|\boldsymbol{Q}^{(n)} - \boldsymbol{Q}^{(n-1)}\right| < 10^{-\beta}$ 时（α、β 的取决于对折射误差修正精度要求，无具体要求时一般可取 $\alpha = \beta$=6），即终止迭代，则得真实距离和与真实距离差为

$$\boldsymbol{S} = \boldsymbol{S}^{(n)},\quad \boldsymbol{P} = \boldsymbol{P}^{(n)},\quad \boldsymbol{Q} = \boldsymbol{Q}^{(n)} \tag{3.151}$$

因而，距离和与距离差的折射误差分别为

$$\Delta\boldsymbol{S} = \boldsymbol{S}_{\mathrm{a}} - \boldsymbol{S},\quad \Delta\boldsymbol{P} = \boldsymbol{P}_{\mathrm{a}} - \boldsymbol{P},\quad \Delta\boldsymbol{Q} = \boldsymbol{Q}_{\mathrm{a}} - \boldsymbol{Q} \tag{3.152}$$

2）距离和与距离差的变化率折射误差修正

根据图 3-77，用行向量表示的 3 个接收站的真实距离和与距离差的变化率为

$$\boldsymbol{G} = \begin{pmatrix}\dot{\boldsymbol{S}} & \dot{\boldsymbol{P}} & \dot{\boldsymbol{Q}}\end{pmatrix} = \frac{1}{n_{\mathrm{T}}}\boldsymbol{G}_{\mathrm{a}}\boldsymbol{A}^{-1}\boldsymbol{B} \tag{3.153}$$

式中，n_{T} 为目标点的折射指数；$\boldsymbol{G}_{\mathrm{a}}$ 为用行向量表示的 3 个接收站测得的视在距离和与视在距离差的变化率；$\boldsymbol{A}^{-1}$ 为由 4 个站射线在目标点切线方向余弦的和与差组成的三阶矩阵 $\boldsymbol{A}$ 的逆。而

$$\boldsymbol{G}_{\mathrm{a}}=\left(\dot{\boldsymbol{S}}_{\mathrm{a}} \quad \dot{\boldsymbol{P}}_{\mathrm{a}} \quad \dot{\boldsymbol{Q}}_{\mathrm{a}}\right) \qquad \boldsymbol{A}=\left(\boldsymbol{H}_{\mathrm{a}0}^{\mathrm{T}}+\boldsymbol{H}_{\mathrm{a}1}^{\mathrm{T}} \quad \boldsymbol{H}_{\mathrm{a}1}^{\mathrm{T}}-\boldsymbol{H}_{\mathrm{a}2}^{\mathrm{T}} \quad \boldsymbol{H}_{\mathrm{a}1}^{\mathrm{T}}-\boldsymbol{H}_{\mathrm{a}3}^{\mathrm{T}}\right)$$

式中，$\boldsymbol{H}_{\mathrm{a}i}^{\mathrm{T}}$ 为 $\boldsymbol{H}_{\mathrm{a}i}$ 的转置矩阵，$\boldsymbol{H}_{\mathrm{a}i}$ 按式（3.135）计算。$\boldsymbol{B}$ 为由 4 个站和目标点连线方向余弦的和与差组成的三阶矩阵，即

$$\boldsymbol{B}=\left(\boldsymbol{H}_{\mathrm{t}0}^{\mathrm{T}}+\boldsymbol{H}_{\mathrm{t}1}^{\mathrm{T}} \quad \boldsymbol{H}_{\mathrm{t}1}^{\mathrm{T}}-\boldsymbol{H}_{\mathrm{t}2}^{\mathrm{T}} \quad \boldsymbol{H}_{\mathrm{t}1}^{\mathrm{T}}-\boldsymbol{H}_{\mathrm{t}3}^{\mathrm{T}}\right)$$

式中，$\boldsymbol{H}_{\mathrm{t}i}^{\mathrm{T}}$ 为 $\boldsymbol{H}_{\mathrm{t}i}$ 的转置矩阵，$\boldsymbol{H}_{\mathrm{t}i}$ 按式（3.135）的注释计算。

用行向量表示的 3 个接收站的距离和与距离差变化率折射误差为

$$\begin{aligned}\Delta\boldsymbol{G}&=\left(\dot{\boldsymbol{S}}_{\mathrm{a}}-\dot{\boldsymbol{S}} \quad \dot{\boldsymbol{P}}_{\mathrm{a}}-\dot{\boldsymbol{P}} \quad \dot{\boldsymbol{Q}}_{\mathrm{a}}-\dot{\boldsymbol{Q}}\right)\\&=\boldsymbol{G}_{\mathrm{a}}-\boldsymbol{G}=\boldsymbol{G}_{\mathrm{a}}\left(\boldsymbol{E}-\frac{1}{n_{\mathrm{T}}}\boldsymbol{A}^{-1}\boldsymbol{B}\right)\end{aligned} \tag{3.154}$$

式中，$\boldsymbol{E}$ 为三阶单位矩阵。

目标的真实速度也可直接计算得到，即

$$\boldsymbol{V}=\left(\dot{x}_{\mathrm{T}} \quad \dot{y}_{\mathrm{T}} \quad \dot{z}_{\mathrm{T}}\right)=\frac{1}{n_{\mathrm{T}}}\boldsymbol{G}_{\mathrm{a}}\boldsymbol{A}^{-1} \tag{3.155}$$

9．任意大气折射误差修正

各向同性介质中波的法向向量为

$$\boldsymbol{P}=n\frac{\boldsymbol{V}}{|\boldsymbol{V}|}=P_x\boldsymbol{i}+P_y\boldsymbol{j}+P_z\boldsymbol{k} \tag{3.156}$$

式中，n 为空间折射指数 $n(x,y,z)$，常通过多点测量地面折射指数、用气球施放探空仪测量不同高度处折射指数、用线性内插方法构造空间折射指数；$\boldsymbol{V}$ 为射线上任意点 (x,y,z) 调制信号或差频信号的传播速度，

$$\boldsymbol{V}=\dot{x}\boldsymbol{i}+\dot{y}\boldsymbol{j}+\dot{z}\boldsymbol{k} \tag{3.157}$$

式中，$\dot{x}=\mathrm{d}x/\mathrm{d}t$，$\dot{y}=\mathrm{d}y/\mathrm{d}t$，$\dot{z}=\mathrm{d}z/\mathrm{d}t$；$t$ 为时间。

在低层大气中，射线规范方程为

$$\begin{cases}\dot{x}=\dfrac{c}{n^2}P_x, \quad \dot{y}=\dfrac{c}{n^2}P_y, \quad \dot{z}=\dfrac{c}{n^2}P_z\\ \dot{P}_x=\dfrac{c}{n}\dfrac{\partial n}{\partial x}, \quad \dot{P}_y=\dfrac{c}{n}\dfrac{\partial n}{\partial y}, \quad \dot{P}_z=\dfrac{c}{n}\dfrac{\partial n}{\partial z}\end{cases} \tag{3.158}$$

式中，c 为无线电波在真空中的传播速度，

$$\dot{P}_x=\mathrm{d}P_x/\mathrm{d}t, \quad \dot{P}_y=\mathrm{d}P_y/\mathrm{d}t, \quad \dot{P}_z=\mathrm{d}P_z/\mathrm{d}t$$

在电离层中，射线规范方程为

$$\begin{cases}\dot{x}=cP_x, \quad \dot{y}=cP_y, \quad \dot{z}=cP_z\\ \dot{P}_x=nc\dfrac{\partial n}{\partial x}, \quad \dot{P}_y=nc\dfrac{\partial n}{\partial y}, \quad \dot{P}_z=nc\dfrac{\partial n}{\partial z}\end{cases} \tag{3.159}$$

根据

$$\sqrt{x_{(\mathrm{t})}^2 + y_{(\mathrm{t})}^2 + (z_{(\mathrm{t})} + h_0 + a)^2} - a = h_{\mathrm{t}} \tag{3.160}$$

可确定射线低层大气与电离层的分界点$(x_{(\mathrm{t})}, y_{(\mathrm{t})}, z_{(\mathrm{t})})$。式中，$a$ 为地球平均半径；h_{t} 为低层大气与电离层的分界海拔高度（60km）；$x_{(\mathrm{t})} = x(t_{\mathrm{t}})$，$y_{(\mathrm{t})} = y(t_{\mathrm{t}})$，$x_{(\mathrm{t})} = x(t_{\mathrm{t}})$，$t_{\mathrm{t}}$ 为信号从雷达天线沿射线传播到高度 h_{t} 的时间。因此，雷达天线至高度 h_{t} 的视在距离 $R_{\mathrm{at}} = ct_{\mathrm{t}}$。目标的视在距离为 R_{a}，当 $R_{\mathrm{a}} \leqslant R_{\mathrm{at}}$ 时，目标在低层大气内；当 $R_{\mathrm{a}} > R_{\mathrm{at}}$ 时，目标在电离层内。

1）定位折射误差修正

任意大气折射的几何图如图 3-77 所示。取图 3-77 的坐标系，以雷达天线海拔高度 h_0 为原点，目标的视在方位角 η_{a} 为 y 轴方向（从 y 轴起算，向 x 轴为正），视在仰角 θ_0 在 yOz 平面内，因此在 h_0 处的起始条件为

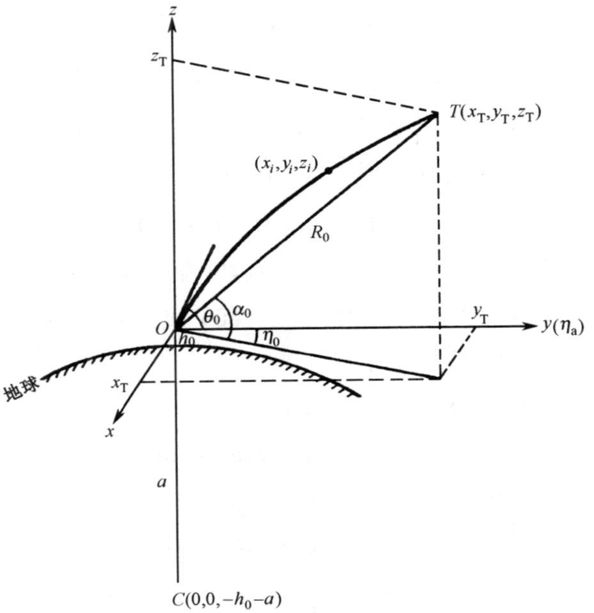

图 3-77　任意大气折射的几何图

$$\begin{cases} x(t)\big|_{t=0} = y(t)\big|_{t=0} = z(t)\big|_{t=0} = 0 \\ P_{x(0)} = P_x(x,y,z)\big|_{x=y=z=0} = 0 \\ P_{y(0)} = P_y(x,y,z)\big|_{x=y=z=0} = n_0 \cos\theta_0 \\ P_{z(0)} = P_z(x,y,z)\big|_{x=y=z=0} = n_0 \sin\theta_0 \end{cases} \tag{3.161}$$

式中，n_0 为 h_0 处的折射指数。在时刻 $t_k = k\Delta t$（$t_k \leqslant t_t$），由式（3.158）有

$$\begin{cases} \boldsymbol{W}_{(k)} = \boldsymbol{W}_{(k-1)} + \dot{\boldsymbol{W}}_{(k-1)}\Delta t \\ \dot{\boldsymbol{W}}_{(k-1)} = \dfrac{c}{n_{(k-1)}^2}\boldsymbol{P}_{(k-1)} \\ \boldsymbol{P}_{(k-1)} = \boldsymbol{P}_{(k-2)} + \dot{\boldsymbol{P}}_{(k-2)}\Delta t \\ \dot{\boldsymbol{P}}_{(k-2)} = \dfrac{c}{n_{(k-2)}}\left(\dfrac{\partial n_{(k-2)}}{\partial x} \quad \dfrac{\partial n_{(k-2)}}{\partial y} \quad \dfrac{\partial n_{(k-2)}}{\partial z}\right) \end{cases} \tag{3.162}$$

其中，$\boldsymbol{W}_{(k)} = \left(x_{(x)} \quad y_{(k)} \quad z_{(k)}\right)$，$x_{(k)} = x(t_k)$，$z_{(k)} = z(t_k)$，$\dot{x}_{(k-1)} = \dot{x}(t_{k-1})$，$\dot{y}_{(k-1)} = \dot{y}(t_{k-1})$，$\dot{z}_{(k-1)} = \dot{z}(t_{k-1})$，$\boldsymbol{P}_{(k-1)} = \left(\boldsymbol{P}_{x(k-1)} \quad \boldsymbol{P}_{y(k-1)} \quad \boldsymbol{P}_{z(k-1)}\right)$，

$$\boldsymbol{P}_{x(k-1)} = \boldsymbol{P}_x\left[x(t_{k-1}) \quad y(t_{k-1}) \quad z(t_{k-1})\right],$$

$$\boldsymbol{P}_{y(k-1)} = \boldsymbol{P}_y\left[x(t_{k-1}) \quad y(t_{k-1}) \quad z(t_{k-1})\right],$$

$$\boldsymbol{P}_{z(k-1)} = \boldsymbol{P}_z\left[x(t_{k-1}) \quad y(t_{k-1}) \quad z(t_{k-1})\right],$$

$$\dot{\boldsymbol{P}}_{(k-2)} = \left(\dot{\boldsymbol{P}}_{x(k-2)} \quad \dot{\boldsymbol{P}}_{y(k-2)} \quad \dot{\boldsymbol{P}}_{z(k-2)}\right),$$

$$\dot{\boldsymbol{P}}_{x(k-2)} = \dot{\boldsymbol{P}}_x\left[x(t_{k-2}) \quad y(t_{k-2}) \quad z(t_{k-2})\right],$$

$$\dot{\boldsymbol{P}}_{y(k-2)} = \dot{\boldsymbol{P}}_y\left[x(t_{k-2}) \quad y(t_{k-2}) \quad z(t_{k-2})\right],$$

$$\dot{\boldsymbol{P}}_{z(k-2)} = \dot{\boldsymbol{P}}_z\left[x(t_{k-2}) \quad y(t_{k-2}) \quad z(t_{k-2})\right],$$

$$n_{(k-1)} = n\left(x(t_{k-1}), y(t_{k-1}), z(t_{k-1})\right)$$

$\boldsymbol{W}_{(0)} = \left(0 \quad 0 \quad 0\right)$，$\boldsymbol{P}_{(0)} = \left(0 \quad n_0\cos\theta_0 \quad n_0\sin\theta_0\right)$，$\Delta t$ 为时间增量。

用逐次逼近法由式（3.162）求使式（3.160）成立的 t_{t}，按 $R_{\mathrm{at}} = ct_{\mathrm{t}}$ 式计算 R_{at}。当 $R_{\mathrm{a}} \leqslant R_{\mathrm{at}}$ 时，目标在低层大气内。

在式（3.162）中，当 $k = m_1$ 时，满足

$$cm_1\Delta t < R_{\mathrm{a}} < c(m_1+1)\Delta t \tag{3.163}$$

由此可得目标点 T 的坐标与波的法向向量分别为

$$\boldsymbol{W}_{\mathrm{T}} = \left(x_{\mathrm{T}} \quad y_{\mathrm{T}} \quad z_{\mathrm{T}}\right) = \boldsymbol{W}_{(m_1)} + \dot{\boldsymbol{W}}_{(m_1)}\Delta t_{\mathrm{a}1} \tag{3.164}$$

$$\boldsymbol{P}_{\mathrm{T}} = \left(P_{\mathrm{T}x} \quad P_{\mathrm{T}y} \quad P_{\mathrm{T}z}\right) = \boldsymbol{P}_{(m_1)} + \dot{\boldsymbol{P}}_{(m_1)}\Delta t_{\mathrm{a}1} \tag{3.165}$$

式中，下标 m_1 表示在时刻 $t_{m_1} = m_1\Delta t$，

$$\Delta t_{\mathrm{a}1} = \frac{R_{\mathrm{a}} - cm_1\Delta t}{c} \tag{3.166}$$

当 $R_{\mathrm{a}} > R_{\mathrm{at}}$ 时，目标在电离层内，在射线上低层大气与电离层分界点 (x_t, y_t, z_t) 处 $\boldsymbol{W}_{(t)}$、$\boldsymbol{P}_{(t)}$ 连续，在时刻 $t_k = t_t + k\Delta t$（$t_k \geqslant t_t$），由式（3.162）得

$$\begin{cases} \boldsymbol{W}_{(k)} = \boldsymbol{W}_{(k-1)} + \dot{\boldsymbol{W}}_{(k-1)}\Delta t \\ \dot{\boldsymbol{W}}_{(k-1)} = c\boldsymbol{P}_{(k-1)} \\ \boldsymbol{P}_{(k-1)} = \boldsymbol{P}_{(k-2)} + \dot{\boldsymbol{P}}_{(k-2)}\Delta t \\ \dot{\boldsymbol{P}}_{(k-2)} = n_{(k-2)}c\left(\dfrac{\partial n_{(k-2)}}{\partial x} \quad \dfrac{\partial n_{(k-2)}}{\partial y} \quad \dfrac{\partial n_{(k-2)}}{\partial z}\right) \end{cases} \tag{3.167}$$

式（3.167）中，当 $k = m_2$ 时，满足

$$ct_{\mathrm{t}} + cm_{21}\Delta t < R_{\mathrm{a}} < ct_{\mathrm{t}} + c(m_2 + 1)\Delta t \tag{3.168}$$

并可得目标点 T 的坐标与波的法向向量为

$$\boldsymbol{W}_{\mathrm{T}} = \begin{pmatrix} x_{\mathrm{T}} & y_{\mathrm{T}} & z_{\mathrm{T}} \end{pmatrix} = \boldsymbol{W}_{(m_2)} + \dot{\boldsymbol{W}}_{(m_2)}\Delta t_{\mathrm{a}2} \tag{3.169}$$

$$\boldsymbol{P}_{\mathrm{T}} = \begin{pmatrix} P_{\mathrm{T}x} & P_{\mathrm{T}y} & P_{\mathrm{T}z} \end{pmatrix} = \boldsymbol{P}_{(m_2)} + \dot{\boldsymbol{P}}_{(m_2)}\Delta t_{\mathrm{a}2} \tag{3.170}$$

式中，下标 m_2 表示在时刻 $t_{m_2} = t_{\mathrm{t}} + m_2\Delta t$ ，

$$\Delta t_{\mathrm{a}2} = \frac{R_{\mathrm{a}} - c(t_{\mathrm{t}} + m_2\Delta t)}{c} \tag{3.171}$$

得到 $(x_{\mathrm{T}}, y_{\mathrm{T}}, z_{\mathrm{T}})$ 后，可得真实方位角

$$\eta_0 = \arctan\frac{x_{\mathrm{T}}}{y_{\mathrm{T}}} \tag{3.172a}$$

方位角误差

$$\Delta\eta = \eta_{\mathrm{a}} - \eta_0 \tag{3.172b}$$

真实仰角

$$\alpha_0 = \arcsin\frac{z_{\mathrm{T}}}{\sqrt{x_{\mathrm{T}}^2 + y_{\mathrm{T}}^2 + z_{\mathrm{T}}^2}} \tag{3.173a}$$

仰角误差

$$\varepsilon_0 = \theta_0 - \alpha_0 \tag{3.173b}$$

真实距离

$$R_0 = \sqrt{x_{\mathrm{T}}^2 + y_{\mathrm{T}}^2 + z_{\mathrm{T}}^2} \tag{3.174a}$$

距离误差

$$\Delta R = R_{\mathrm{a}} - R_0 \tag{3.174b}$$

真实高度

$$h_{\mathrm{T}} = \sqrt{x_{\mathrm{T}}^2 + y_{\mathrm{T}}^2 + (z_{\mathrm{T}} + h_0 + a)^a} - a \tag{3.175a}$$

高度误差

$$\Delta h = h_{\mathrm{a}} - h_{\mathrm{T}} \tag{3.175b}$$

式中，h_{a} 为目标的视在高度。

2）测速折射误差修正

根据图 3-77，通过 3 个地面站测量多普勒频移得到的距离变化率而确定目标运动速度的情况，可用行向量表示 3 个地面站的真实多普勒频移为

$$\boldsymbol{F}_{\mathrm{d}}=\left(f_{\mathrm{d1}}\quad f_{\mathrm{d2}}\quad f_{\mathrm{d3}}\right)=\frac{1}{n_{\mathrm{T}}}\boldsymbol{F}_{\mathrm{da}}\boldsymbol{D}^{-1}\boldsymbol{F} \tag{3.176}$$

式中，n_{T} 为目标点的折射指数；$\boldsymbol{F}_{\mathrm{da}}$ 为用行向量表示的 3 个地面站测得的视在多普勒频移 $f_{\mathrm{da}i}(i=1,2,3)$。当用信标工作时，$f_{\mathrm{da}i}=f_{\mathrm{r}i}-f$，$f$ 为信标发射频率，$f_{\mathrm{r}i}$ 为 i 站雷达接收频率；当用应答器工作时，$f_{\mathrm{da}i}=f_{\mathrm{r}i}-kf_i$ 为地面雷达发射频率，k 为应答器变频系数；$\boldsymbol{D}^{-1}$ 为由 3 个地面站射线在目标点切线的方向余弦组成的三阶矩阵 $\boldsymbol{D}$ 的逆，有

$$\boldsymbol{F}_{\mathrm{da}}=\left(f_{\mathrm{d1}}\quad f_{\mathrm{d2}}\quad f_{\mathrm{d3}}\right) \tag{3.177}$$

$$\boldsymbol{D}=\left(\boldsymbol{H}_{\mathrm{a1}}^{\mathrm{T}}\quad \boldsymbol{H}_{\mathrm{a2}}^{\mathrm{T}}\quad \boldsymbol{H}_{\mathrm{a3}}^{\mathrm{T}}\right) \tag{3.178}$$

式中，$\boldsymbol{H}_{\mathrm{a}i}^{\mathrm{T}}$ 为 $\boldsymbol{H}_{\mathrm{a}i}$ 的转置矩阵，而

$$\boldsymbol{H}_{\mathrm{a}i}=\frac{1}{n_{\mathrm{T}}}\left(P_{\mathrm{T}xi}\quad P_{\mathrm{T}yi}\quad P_{\mathrm{T}zi}\right)\quad (i=1,2,3) \tag{3.179}$$

为 i 站射线在目标点 T 波的法向向量 $\boldsymbol{P}_{\mathrm{T}i}$ 的 3 个分量组成的行向量，可由式（3.165）或式（3.170）求得。$\boldsymbol{F}$ 为由 3 个站和目标点连线的方向余弦组成的三阶矩阵，

$$\boldsymbol{F}=\left(\boldsymbol{H}_{\mathrm{t1}}^{\mathrm{T}}\quad \boldsymbol{H}_{\mathrm{t2}}^{\mathrm{T}}\quad \boldsymbol{H}_{\mathrm{t3}}^{\mathrm{T}}\right) \tag{3.180}$$

式中，$\boldsymbol{H}_{\mathrm{t}i}^{\mathrm{T}}$ 为 $\boldsymbol{H}_{\mathrm{t}i}$ 的转置矩阵，即

$$\boldsymbol{H}_{\mathrm{t}i}=\frac{1}{R_1}\left(x_{\mathrm{T}}-x_i\quad y_{\mathrm{T}}-y_{\mathrm{t}}\quad z_{\mathrm{T}}-z_i\right) \tag{3.181}$$

$$R_i=\sqrt{(\boldsymbol{L}-\boldsymbol{M}_i)(\boldsymbol{L}-\boldsymbol{M}_i)^{\mathrm{T}}}$$

$$\boldsymbol{L}=\left(x_{\mathrm{T}}\quad y_{\mathrm{T}}\quad z_{\mathrm{T}}\right)$$

$$\boldsymbol{M}_i=\left(x_i\quad y_i\quad z_i\right)\qquad (i=1,2,3)$$

用行向量的 3 个站的多普勒频移折射误差为

$$\begin{aligned}\Delta\boldsymbol{F}_{\mathrm{d}}&=\left(f_{\mathrm{da1}}-f_{\mathrm{d1}}\quad f_{\mathrm{da2}}-f_{\mathrm{d2}}\quad f_{\mathrm{da3}}-f_{\mathrm{d3}}\right)\\&=\boldsymbol{F}_{\mathrm{da}}-\boldsymbol{F}_{\mathrm{d}}=\boldsymbol{F}_{\mathrm{da}}\left(\boldsymbol{E}-\frac{1}{n_{\mathrm{T}}}\boldsymbol{D}^{-1}\boldsymbol{F}\right)\end{aligned} \tag{3.182}$$

式中，$\boldsymbol{E}$ 为三阶单位矩阵。

用行向量表示的三个站的真实距离变化率为

$$\boldsymbol{T}=\left(\dot{R}_1\quad \dot{R}_2\quad \dot{R}_3\right)=\frac{1}{n_{\mathrm{T}}}\boldsymbol{T}_{\mathrm{a}}\boldsymbol{D}^{-1}\boldsymbol{F} \tag{3.183}$$

式中，$\boldsymbol{T}_{\mathrm{a}}=\left(\dot{R}_{\mathrm{a1}}\quad \dot{R}_{\mathrm{a2}}\quad \dot{R}_{\mathrm{a3}}\right)$，它为用行向量表示的 3 个站的视在距离变化率。

用行向量表示的 3 个站的距离变化率折射误差为

$$\begin{aligned}\Delta \boldsymbol{T} &= \left(\dot{R}_{\mathrm{a}1}-\dot{R}_1 \quad \dot{R}_{\mathrm{a}2}-\dot{R}_2 \quad \dot{R}_{\mathrm{a}3}-\dot{R}_3\right) \\ &= \boldsymbol{T}_{\mathrm{a}}-\boldsymbol{T}=\boldsymbol{T}_{\mathrm{a}}\left(\boldsymbol{E}-\frac{1}{n_{\mathrm{T}}}\boldsymbol{D}^{-1}\boldsymbol{F}\right)\end{aligned} \tag{3.184}$$

目标的真实速度也可直接计算得到，即

$$\boldsymbol{V}=\left(\dot{x}_{\mathrm{T}} \quad \dot{y}_{\mathrm{T}} \quad \dot{z}_{\mathrm{T}}\right)=-\frac{c}{n_{\mathrm{T}} f}\boldsymbol{F}_{\mathrm{da}}\boldsymbol{D}^{-1}=\frac{1}{n_{\mathrm{T}}}\boldsymbol{T}_{\mathrm{a}}\boldsymbol{D}^{-1} \tag{3.185}$$

式中，c 为无线电波在真空中的传播速度；当用信标工作时，f 为信标发射频率；当用应答器工作时，$f=2kf_{\mathrm{t}}$（f_{t} 为地面雷达发射频率，k 为应答器变频系数）。

3.8　无线电气象参数测量技术

无线电气象参数主要包括温度、湿度、气压、折射指数、折射指数梯度、折射指数湿项、降雨率、雨顶高度、云含水量、地面水汽密度和水汽的积分含量等，根据折射指数梯度可以得到大气波导高度、大气波导强度等大气波导参数。无线电气象参数通常利用气象观测数据转换得到，利用大气折射率剖面，通过气象探空测量的温度、湿度和气压转换得到，且大气的温度、湿度和气压本身也是重要的无线电气象参数。对流层传播受大气折射、吸收、散射等效应的影响，与无线电气象参数密切相关。电波传播参数与无线电气象参数之间的关系也为气象环境探测和遥感奠定了技术基础。下面简要介绍无线电气象参数的两种测量方式，接触式测量和遥感探测，后者更适合配合雷达使用。

3.8.1　无线电气象参数的接触式测量

1．地面测量

地面测量的无线电气象参数包括温度、湿度、气压、降雨率等，一般比较容易实施。根据地面气象测量得到温度、湿度和气压，利用转换公式能够得到地面的折射率，再根据 3.2 节介绍的指数模型、分段模型或双指数模型等，就可以得到整个对流层的大气折射率剖面。该方式适用于对大气折射误差修正精度要求不高的情况。

2．气象探空测量

气象探空测量主要有气球无线电探空、系留探测、火箭探空、下投式探空等，利用这些手段，根据转换公式可以得到无线电气象参数，包括折射指数、折射指数梯度、大气波导参数、水汽含量等，主要涉及气压、温度和湿度等几个气象要素的传感器或者直接测量空气折射率的微波仪器。这种测量结果往往可以得到局部较为可信和详细的无线电气象环境信息。其缺点是测量条件的要求相对于使用而言，可能是苛刻的。测量结果滞后时间较长，且其水平距离扩展上的代表性有待进一步研究。

3．无人机测量

随着无人机技术的迅速发展，以无人机为载体的气象探测技术得到了较大的发展。无人机无线电气象探测与气象探空手段的主要区别在于测试平台，机上测量设备一般仍选用通常的温度、湿度、气压、风速、风向等传感器。气象传感器一般较轻，对于专门用于无线电气象参数测量的无人机，可选用小型机或微型机。合理设置无人机飞行航线，也可以实现大气波导参数的测量。无人机测量具有机动灵活、可达特殊区域、可重复使用、经济方便等特点，因此得到高度重视，已用于民用特殊气象环境监测、军事气象环境侦察，具有独特的作用和优势。例如，在海上运用无人机气象探测，得到不同距离的大气折射率剖面，并分析大气波导空间分布特征的方法已在国外得到实际应用。

4．微波折射率仪

微波折射率仪是直接测量大气折射率的专用设备。微波折射率仪采用微波高Q谐振腔作为大气折射率采样感应器件，它具有响应速度快、时间常数小、测量精度高的优点。微波谐振腔的谐振频率 f_{res} 为

$$f_{\mathrm{res}}=\frac{c}{2\pi\sqrt{\mu\varepsilon}} \tag{3.186}$$

式中，c 为与谐振腔几何尺寸有关的常数，μ 为谐振腔中空气介质的导磁率，ε 为谐振腔中空气介质的介电常数。

可以导出微波高 Q 谐振腔中所充空气介质的折射率 N 与其谐振频率之间的关系，即

$$N=\frac{\Delta f_{\mathrm{res}}}{f_{\mathrm{res}}\times10^{6}} \tag{3.187}$$

式中，Δf_{res} 是谐振腔中充入待测空气时的谐振频率与谐振腔内抽成真空时的谐振频率之差。

由式（3.187）可见，折射率 N 的测量已转化为谐振腔相对谐振频率变化的测量。选择具有低温度系数的高Q谐振腔，可以保证振荡器有足够的频率稳定性，使微波折射率仪具有很高的测量精度和分辨率。

5. 海上蒸发波导测量

海上蒸发波导可以根据海面气象数据，包括大气温度、湿度、气压、风速，以及海水表面温度，采用相似理论预测海上蒸发波导的参数和剖面。目前，常用的海上蒸发波导模型有 PJ（Paulus-Jesk）模型、MGB（Musson-Gauthier-Bruth）模型、BYC（Babin-Young-Carton）模型、NPS（Naval Postgraduate School）模型，以及国内的伪折射率模型等。海上蒸发波导模型均以大气边界层相似理论为基础，但在应用相似理论的方法上存在差异，适用条件和计算结果有所不同。国内外均形成了实用化的海上蒸发波导监测设备。

3.8.2　无线电气象参数的遥感探测

1. 地基微波辐射计

微波辐射计是基于大气微波被动遥感技术的气象观测设备，可实现大气温度、湿度廓线的监测，可为雷达系统提供折射误差修正参数。微波辐射计根据大气对于不同频率微波频段辐射吸收的差异，选择对温度和湿度敏感的大气窗口进行测量。微波辐射计在典型的微波 V 频段（51～59 GHz）大气氧气窗口和微波 K 频段（22～31GHz）大气水汽窗口内选择合适的探测频率，通过对大气微波辐射亮温的测量，反演获得对流层大气温度、湿度廓线，大气积分水汽含量等信息。

图 3-78 为中国电波传播研究所利用地基微波辐射计测量得到的无线电气象参数的时间—高度二维分布图。

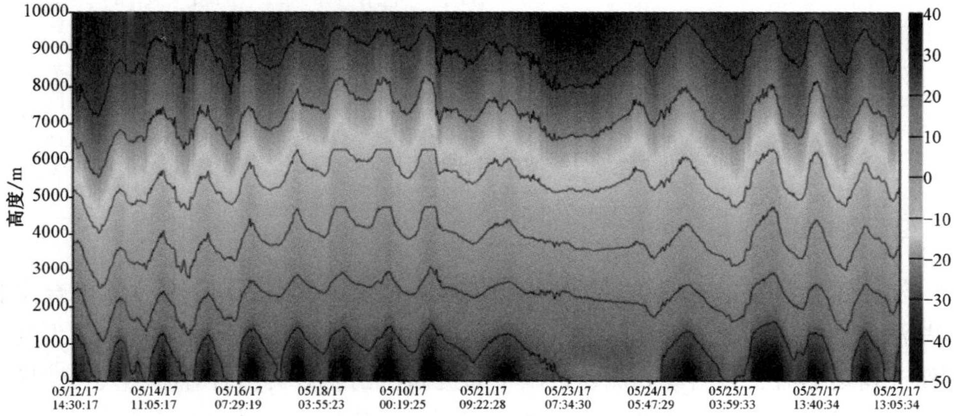

（a）温度的时间—高度二维分布

注：彩插页有对应彩色图像。

图 3-78　微波辐射计测量结果

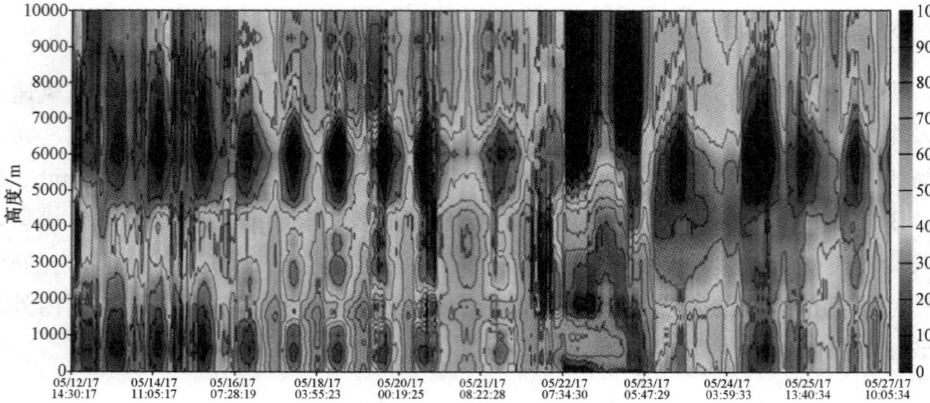

（b）相对湿度的时间—高度二维分布

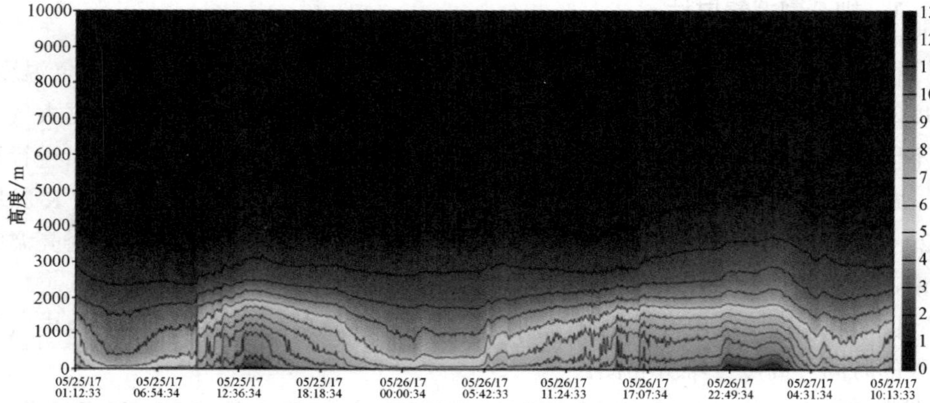

（c）水汽密度的时间—高度二维分布

注：彩插页有对应彩色图像。

图 3-78　微波辐射计测量结果（续）

2．激光雷达

激光雷达可以基于振动拉曼原理和纯转动拉曼原理，分别测量水汽混合比廓线与温度廓线，因此具备测量大气折射率剖面的能力。随着技术的进步，大气探测激光雷达的时空分辨率和测量范围不断提高，已能够实现对对流层大气波导的探测。美国宾夕法尼亚州立大学自 1978 年至今，研制了一系列拉曼激光雷达，其垂直分辨率可达到 3m，时间分辨率为 5min 或更小，探测高度为 0～3km，温度误差不大于 1 K，水汽混合比误差不大于 5%，大气折射率误差小于 1 N 单位，探测精度与无线电探空仪相当。图 3-79 为第五代大气剖面探测激光雷达（Lidar Atmospheric Profile Sensor，LAPS）于 1996 年 9 月 11 日在墨西哥湾佛罗里达沿海地区观测的结果[44]，从图中可以看出近地面的逆温和水汽含量快速减小的特征，显示存在明显的蒸发波导现象。

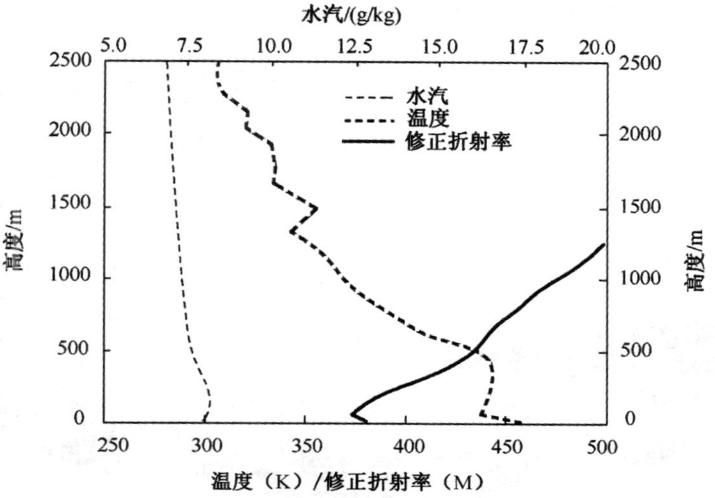

图 3-79　LAPS 系统探测的大气参量

3．雷达杂波反演大气折射率

20 世纪 90 年代，美国和英国的科研人员提出了从接收到的雷达杂波中反演大气折射率的 RFC（Refractivity From Clutter）技术[45]，该技术可以用来实现海上大气波导的遥感探测。RFC 技术实质上是一种将实测雷达海杂波数据与模拟海杂波数据进行对比拟合的过程，该过程往往采用一定的优化算法进行控制，最终两组数据之间误差最小时所对应的大气折射率剖面参数即反演结果，通过该参数（一个或多个）利用相应的折射率剖面模型即可构建实际的（反演的）对流层大气折射率空间结构。当折射率剖面模型为参数化的大气波导模型时，构建出的空间结构即对流层大气波导结构。图 3-80 给出了雷达海杂波与对流层大气修正折射率的关系。

与探空、激光雷达等方法相比，RFC 技术具有以下优点：①雷达海杂波数据可以在雷达正常工作时获得，该技术的实施只需要增加少量设备，甚至无须增加设备，简便易行；②RFC 技术可以获得雷达探测区域不同方位、距离上的大气折射率剖面；③RFC 技术可以实现较高的时间分辨率。

需要注意的是，RFC 技术也具有一些局限性：①远距离的雷达海杂波往往比较微弱，因此要求雷达具备较强的探测能力，即较大的发射功率和较大的天线增益等；②陷获在悬空波导内的电磁波不与海面发生接触，因此，RFC 技术无法反演这种类型的大气波导；③RFC 技术普遍利用大气波导的抛物方程模型作为正向传播模型，反复调用该模型进行大量计算，而抛物方程计算速度有限，因此往往需要在反演速度和参数空间范围上进行平衡。

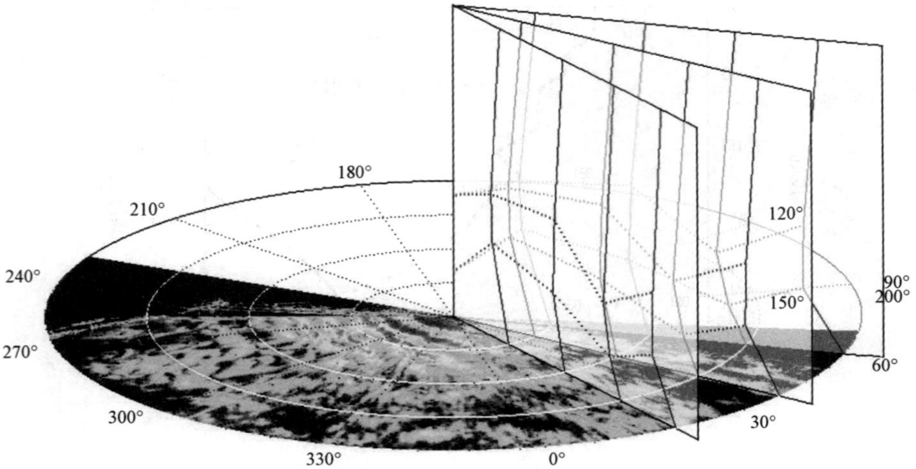

图 3-80　雷达海杂波与对流层大气修正折射率的关系示意图

4．地基 GNSS 监测反演大气波导

地基 GNSS 监测反演大气波导是一种大气波导监测新技术。由于大气折射效应，朝向开阔地海面的地基 GNSS 接收机，能够接收到仰角低于零度的卫星信号，即地基 GNSS 掩星信号。该信号变化与大气波导等大气折射环境密切相关，因此，可以采取一定的方法从地基 GNSS 掩星信号中反演出大气波导信息。

从地基 GNSS 掩星信号反演大气波导信息的流程与采用 RFC 技术相似。首先需要基于抛物方程和射线描迹法等，建立地基 GNSS 掩星信号的传播模型，作为正演模型；其次，在正演模型基础上，通过实际测量 GNSS 信号功率数据和正向模拟结果之间比较寻优的技术来解决大气波导反演问题，即通过不断选择变化的环境参数得到对应的 GNSS 信号功率曲线，选择其中和观测数据吻合最好的大气波导参数作为反演结果，在选择环境参数时利用人工智能优化算法实现全局最优解的搜索；根据建立的正演模型和反演模型，以及 GNSS 信号接收处理技术，进行软/硬件实现，形成大气波导监测设备。

地基 GNSS 掩星反演大气波导技术具有设备造价低、全自动、全天候、无源被动等优点。工作在 L 频段的 GNSS 信号对蒸发波导不敏感，因此该技术适用于监测除蒸发波导外的其他类型大气波导。

5. 雷达测雨

通过雷达测量估算地面降雨率是几十年来雷达气象学研究的重要课题，也是研究降雨对 10 GHz 以上频段无线电波传播特性影响的重要手段。利用雷达测雨时，其接收到的回波强度取决于所测降雨散射体的散射特性，以及雷达发射功率、波束宽度、路径介质状况、目标与雷达的距离等，各物理量之间的定量关系由雷达气象方程决定。

雷达在测雨时，假设在每个脉冲体积单元内的降雨为均匀降雨，那么雷达所接收来自一个脉冲体积单元均匀降雨的雷达回波功率由修正 Probert-Jones 雷达方程给出[46]：

$$P_{\mathrm{r}}=\frac{c}{1024\pi^2(\ln 2)r^2}P_{\mathrm{t}}\tau\lambda^2G^2\theta\varphi L_{\mathrm{t}}L_{\mathrm{r}}f(B)\mathrm{e}^{-0.2\int_0^r(A_{\mathrm{g}}+A_{\mathrm{p}}+A_{\mathrm{c}})\mathrm{d}r} \tag{3.188}$$

式中，c 为光速（3×10^8m/s）；P_{t} 为雷达发射功率；τ 为发射脉冲宽度；λ 为雷达工作波长；G 为雷达天线增益；θ 和 φ 为雷达天线方向图的主平面波束宽度（rad）；L_{t} 为发射机损耗因子（≤1.0），即发射机功率测量点到增益测量点之间的损耗；L_{r} 为接收机损耗因子（≤1.0），即接收机校准点到增益测量点之间的损耗；r 为散射体积单元到发射点的距离；A_{g}、A_{p} 和 A_{c} 分别为大气、沉降物和云的衰减系数（dB/km）；$f(B)$ 为接收机频率响应损耗因子（B 为接收机带宽）；η 为降雨的雷达反射率（$\mathrm{m}^2/\mathrm{m}^3$），其计算公式为

$$\eta=\int_0^{D_{\max}}\sigma(\lambda,D)N(D)\mathrm{d}D \tag{3.189}$$

式中，$\sigma(\lambda,D)$ 为雨滴的后向散射截面（m^2），D 为等体积球的等效直径（mm），$D_{\max}$ 为降雨的最大雨滴直径。在假设雨滴为球形时，$\sigma(\lambda,D)$ 可由 Mie 散射理论计算求得，$N(D)\mathrm{d}D$ 为单位体积内由雨滴尺寸分布确定的直径为 $D\sim D+\mathrm{d}D$ 的雨滴数。

雷达反射因子（Z）和雷达反射率 η 之间的关系式为[47]

$$\eta=\frac{\pi^5}{\lambda^4}|K_0|^2Z \tag{3.190}$$

式中，

$$|K_0|^2=\left|\frac{m^2-1}{m^2+2}\right| \tag{3.191}$$

式中，m 为水的复折射指数。由式（3.189）和式（3.190）得

$$Z=\frac{\lambda^4}{\pi^5|K_0|^2}\int_0^{D_{\max}}\sigma\ (\lambda,D)N(D)\mathrm{d}D \tag{3.192}$$

由于气象雷达一般工作在C频段和S频段，其工作波长比雨滴直径大得多，此时雨滴的散射截面计算可用Rayleigh近似。对大多数降雨而言雨滴直径通常小于5mm，因此对S频段（10 cm）雷达而言，Rayleigh近似是很好的近似，即使对于C频段雷达，利用Rayleigh近似来计算雷达反射因子也是适用的。

对于球形雨滴，在Rayleigh近似下，雨滴的后向散射截面积$\sigma(\lambda,D)$为

$$\sigma(\lambda,D)=\frac{\pi^5 D^6}{\lambda^4}|K_0|^2 \tag{3.193}$$

此时雷达反射因子Z可表示为

$$Z=\int_0^{D_{\max}} N(D)D^6 \mathrm{d}D \tag{3.194}$$

对于椭球形雨滴，水平极化和垂直极化雷达反射因子Z_{H}和Z_{V}为

$$Z_{\mathrm{H,V}}=\frac{\lambda^4}{\pi^5|K_0|^2}\int_0^{D_{\max}} \sigma_{\mathrm{H,V}}(\lambda,D)N(D)\mathrm{d}D \tag{3.195}$$

在Rayleigh近似下，$\sigma_{\mathrm{H,V}}(\lambda,D)$可表示为[47]

$$\sigma_{\mathrm{H,V}}(\lambda,D)=\frac{k^4}{4\pi}\left|\frac{m^2-1}{1+L_{\mathrm{H,V}}(m^2-1)}\right|^2 V^2 \tag{3.196}$$

式中，V为雨滴体积，$k=2\pi/\lambda$为自由空间波数，$L_{\mathrm{H,V}}$为椭球雨滴的极化因子：

$$L_{\mathrm{V}}=\frac{1+f^2}{f^2}\left(1-\frac{1}{f}\arctan f\right) \tag{3.197}$$

$$f^2=\left(\frac{b}{a}\right)^2-1 \tag{3.198}$$

$$L_{\mathrm{H}}=\frac{1}{2}(1-L_{\mathrm{V}}) \tag{3.199}$$

式中，a为椭球雨滴的短轴，b为椭球雨滴的长轴，a和b之间的关系为

$$\frac{a}{b}=1-\frac{0.41}{4.5}\left(\frac{D}{2}\right) \tag{3.200}$$

整理得

$$Z_{\mathrm{H}}=\frac{1}{9}\int_0^{D_{\max}}\left|\frac{m^2+2}{1+L_{\mathrm{H}}(m^2-1)}\right|^2 N(D)D^6\mathrm{d}D \tag{3.201}$$

$$Z_{\mathrm{V}}=\frac{1}{9}\int_0^{D_{\max}}\left|\frac{m^2+2}{1+L_{\mathrm{V}}(m^2-1)}\right|^2 N(D)D^6\mathrm{d}D \tag{3.202}$$

雷达差分反射率定义为

$$Z_{\mathrm{DR}}=10\lg(Z_{\mathrm{H}}/Z_{\mathrm{V}}) \tag{3.203}$$

降雨率R（mm/h）为

$$R = 6\pi \times 10^{-4} \int_0^{D_{\max}} D^3 V_t(D) N(D) \mathrm{d}D \tag{3.204}$$

式中，$V_t(D)$（m/s）为直径为 D 的雨滴末速度。

6．双频雷达反演雾滴谱的方法

云雾对短雷达波长的衰减相对于对长雷达波长的衰减大得多，因此 Atlas 提出了利用两个不同波长雷达同时反演云含水量的方法[49]。这一方法被用于云含水量的遥感。美国 Martner 等给出了 Ka 频段和 X 频段雷达反演云含水量的关系[50]：

$$W = 0.438 \frac{\partial (Z_X(r) - Z_K(r))}{\partial r} + 0.025 \tag{3.205}$$

式中，W 为液态水含量（g/m^3），$Z_X(r)$和 $Z_K(r)$分别为距离 r 处 X 频段和 Ka 频段实测的雷达反射因子，最后一项为两个频段大气衰减的差值修正项。如果只遥感探测云的含水量，则不需要对雷达进行绝对校准，因为式（3.205）只与两者相对差值随距离的变化率有关。雾的特征与云相似，因此这一方法同样可以用于雾滴谱特征的遥感。

参考文献

[1] CCIR. Report 563-4: Radio Meteorological Data[R]. 1990.

[2] 黄捷. 电波大气折射误差修正[M]. 北京：国防工业出版社，1999.

[3] 江长荫，张明高，焦培南，等. 雷达电波传播折射与衰减手册：GJB/Z 87-97[S]. 1999.

[4] 张武良，吴希德. 对流层电波折射修正大气模式：GJB1655-93[S]. 1993.

[5] Rec. ITU-R P.453-14. The Radio Refractive Index: Its Formula and Refractivity Data[R]. 2019.

[6] BEAN B R, DUTTON E J. Radio Meteorology[M]. Newyork: Dover Publication, 1968.

[7] HAO X J, LI Q L, GUO L X, et al. Digital Maps of Atmospheric Refractivity and Atmospheric Ducts Based on Meteorological Observation Dataset. IEEE Transactions on Antennas and Propagation, 2022, 4(70): 2873-2883.

[8] HOPFIELD H S. A Two-quartic Refractivity Profile of the Troposphere for Correcting Satellite Data[J]. JHU/APL Report TG-1024, 1968.

[9] MOUPFOUMA P. Model of Rainfall Distribution for Radio System Design[J]. Proc. IEE Part H, 1985, 132(1): 39-43.

[10] 黄捷，胡大璋，仇盛柏. 中国地区预报雨衰减的雨强分布模式[C]. 第四届全

国电波传播学术会议论文集. 武汉，1991：243-246.

[11] 仇盛柏. 我国分钟降雨率分布[J]. 通信学报，1996，17(3)：79-83.

[12] Rec. ITU-R P.837-7. Characteristics of Precipitation for Propagation Modelling[R]. 2017.

[13] Rec. ITU-R P.581-2. The Concept of "Worst Month"[R]. 1990.

[14] Rec. ITU-R P.841-6. Conversion of Annual Statistics to Worst-month Statistics[R]. 2019.

[15] 刘成国，黄际英，江长荫，等. 我国对流层波导环境特性研究[J]. 西安电子科技大学学报，2002，29(1)：119-122.

[16] 刘成国. 蒸发波导环境特性和传播及其应用研究[D]. 西安：西安电子科技大学，2003.

[17] Rec. ITU-R P.452-16. Prediction Procedure for The Evaluation of Interference between Stations on the Surface of the Earth at Frequencies above about 0.1 GHz[R]. 2015.

[18] Rec. ITU-R P.528-4. A Propagation Prediction Method for Aeronautical Mobile and Radio Navigation Services Using the VHF, UHF and SHF Bands[R]. 2018.

[19] Rec. ITU-R P.530-17. Propagation Data and Prediction Methods Required for the Design of Terrestrial Line-of-sight Systems[R]. 2017.

[20] Rec. ITU-R P.617-5. Propagation Prediction Techniques and Data Required for the Design of Trans-horizon Radio-relay Systems[R]. 2019.

[21] Rec. ITU-R P.834-9. Effects of Tropospheric Refraction on Radiowave Propagation[R]. 2017.

[22] Rec. ITU-R P.1407-7. Multipath Propagation and Parameterization of its Characteristics[R]. 2019.

[23] 刘成国，潘中伟. 中国低空大气波导的极限频率和穿透角[J]. 通信学报，1998, 19(10)：90-95.

[24] LEONTOVICH M A, Fock V A. Solution of Propagation of Electromagnetic Waves along the Earth's Surface by the Method on Parabolic Equations[J]. J. Phys. USSR, 1946, 10: 13-23.

[25] KO H W, SARI J W, SKURA J P. Anomalous Wave Propagation through Atmosphere Ducts[J]. Johns Hopkins APL Technical Digest, 1983, 4(1): 12-26.

[26] CRAIG K H. Propagation Modeling in the Troposphere: Parabolic Equation

Method[J]. Electronics Letters, 1988, 24: 1136-1139.

[27] CRAIG K H, LEVY M F. Parabolic Equation Modeling of the Effects of Multipath and Ducting on Radar Systems[J]. IEEE Proceedings F, 1991, 138: 153-162.

[28] KUTTLER J R, DOCKERY G D. Theoretical Description of Parabolic Approximation/ Flourier Split-step Method of Representing Electromagnetic Wave Propagation in the Troposphere[J]. Radio Science, 1991, 26(2): 381-393.

[29] BARRIOS A E. A Terrain Parabolic Equation Method for Propagation in the Troposphere[J]. IEEE Transactions on Antennas and Propagation, 1994, 42(1): 90-98.

[30] 沈桐立. 数值天气预报[M]. 北京：气象出版社，2014.

[31] HAO X, LIU Y A, ZHANG Y, et al. Application of Satellite Data Assimilation in Monitoring the Atmospheric Duct[J]. SPIE, 2019, 24: 2706.

[32] 邹晓蕾. 资料同化理论和应用[M]. 北京：气象出版社，2015.

[33] 焦培南，张忠治. 雷达环境与电波传播特性[M]. 北京：电子工业出版社，2007.

[34] LIU H L, BARDEEN C G, FOSTER B T, et al. Development and Validation of the Whole Atmosphere Community Climate Model with Thermosphere and Ionosphere Extension (WACCM-X2.0)[J]. Journal of Advances in Modeling Earth Systems, 2018, 10(2): 381-402.

[35] Rec. ITU-R P.676-12. Attenuation by Atmospheric Gases and Related Effects[R]. 2019.

[36] Rec. ITU-R P.838-3. Specific Attenuation Model for Rain for Use in Prediction Methods[R]. 2005.

[37] 赵振维，吴振森，沈广德，等. 一种计算云雾毫米波衰减的经验模式[J]. 电波科学学报，2000，15(3)：300-303.

[38] Rec. ITU-R P.840-3. Attenuation due to Clouds and Fog[R]. 1999.

[39] CCIR Report 721-3. Attenuation and Scattering by Precip[R]. 1990.

[40] Rec. ITU-R P.618-13. Propagation Data and Prediction Methods Required for the Design of Earth-space Telecommunication Systems[R]. 2015.

[41] 谢益溪. 电波传播：超短波・微波・毫米波[M]. 北京：电子工业出版社，1990.

[42] 江长荫. 低仰角无线电定位测速的大气层电波传播误差这[J]. 电波与天线，1982(1).

[43] 黄捷. 无线电测速定位的对流层电波传播误差修正[J]. 电波与天线，

1993(3)：10-28.

[44] COLLIER P J. R F Refraction on Atmospheric Paths from Raman Lidar[D]. Pennsylvania State University, 2004.

[45] KROLIK J L, TABRIKIAN J. Tropospheric Refractivity Estimation Using Radar Clutter from the Sea Surface[C]. Proceedings of the 1997 Battlespace Atmospherics Conference, SPAWAR Syst. Command Tech. Rep. 1998, 2989: 635-642.

[46] GOLDHIRSH J. Rain Measurements from Space Using a Modified Seasat-type Radar Altimeter[J]. IEEE Transaction on Antennas and Propagation, 1982, 30(12), 726-733.

[47] CCIR Report 882-2. Scattering by Precipitation[R]. 1990, 246-250.

[48] ISHIMARU A. Wave Propagation and Scattering in Random Media[M]. New York: Academic Press, 1978.

[49] ATLAS D. The Estimation of Cloud Parameters by Radar[J]. Journal of the Atmospheric Sciences, 1954, 11(4), 309-317.

[50] MARTNER B E, KROPFLI R A, ASH L E, et al. Progress Report on Analysis of Differential Attenuation Radar Data Obtained during WISP-91[R]. NOAA Technical Memorandum ERL ETL-215, Colorado: NOAA Environmental Technology Laboratary, 1993.

第 4 章

电离层及其电波传播特性

本章主要讨论电离层环境引起的各种传播现象及其对雷达性能的影响。第一部分是电离层概述、电离层环境参数估算、常用电离层电子密度剖面模型，以及电离层的不均匀性与不规则变化。第二部分给出电离层传播特性，主要包括电离层反射与折射、法拉第旋转效应、色散效应、多普勒效应和电离层传播时延。第三部分介绍电离层闪烁和电离层返回散射传播。第四部分介绍电离层的传播衰减，包括短波天波雷达的路径传播衰减和穿过电离层的雷达电波传播衰减。

4.1　电离层概述

本节对电离层进行简要概述，主要介绍电离层的电离辐射源、电离层的形成、各层的特征，以及电离层特性的几种测量方法。

4.1.1　电离层结构

电离层是地球高层大气电离的部分[1~6]。它是由于太阳高能电磁辐射，宇宙射线和沉降粒子作用于地球高层大气，使大气分子发生电离，产生大量的自由电子、离子和中性分子，而构成能量很低的准中性等离子体区域。有人认为此区域下边界离地面约 50 km，上边界为等离子体层顶。这里温度为 180～2000 K，其中带电粒子（电子和离子）运动受到地磁场的制约。处于 60～1000 km 高度的区域对电磁波传播影响最大，此区域的电离介质又称磁离子介质，在这种介质中，有足够多的自由电子显著地影响通过此区域无线电波的传播方向、速度、相位、振幅及偏振。国际无线电工程师协会简洁地给出了电离层的定义：它是地球大气中一个部分电离的区域，高度范围为 60～1000 km，其中含有足够多的自由电子，显著地影响无线电波的传播。

电离层按电子浓度的高度变化又分为 D 层、E 层、F 层，电离层各层的物理和化学变化与太阳辐射、粒子散射、磁层扰动、电磁场变化及高层大气运动密切相关。

对地基雷达和天基雷达，电离层都是重要的工作环境。雷达电波在电离层区域产生折射或反射等一系列传播效应，严重影响雷达性能；同时，电离层也为短波频段无线电波提供了较好的传播介质，实现超视距和超远程传播，从而可研制新体制雷达—短波天波电离层返回散射超视距雷达。但电离层对作为雷达天基载体的航天器，特别是低轨道航天器，又会产生轨道姿态的离子阻力效应、充电效应和空间高压系统的电流泄漏效应等，危及航天器的安全，影响雷达工作。

电离层位于大气的上部，大致的区域与位置如表 4-1 和图 4-1 所示。

一般电离层按电离的极值区高度可分为多层，常规状态的各层主要状态参数如表 4-1 所示。不同层的基本特性如下。

表 4-1 电离层大致的区域与位置

区域	近似高度/km	层	最大电离高度/km	电子浓度/cm^{-3}	附注
D 层	60～90	D 层	75～80	10^3～10^4	夜间消失
E 层	90～140	E 层	100～120	2×10^5	浓度和出现时间均不稳定
		Es 层		不稳定	
F 层	>140	F_1 层	160～200	3×10^5	夏季白天多出现
		F_2 层	250～450	10^6～2×10^6	

1. D 层

D 层是电离层中的最低层，离地高度范围为 60～90 km。电离过程主要受光化学反应控制。该层的电子浓度不大，夏季最强，冬季某些天浓度呈异常增加，浓度与太阳活动性正相关。中性分子比例极大，因此电离层对电波的吸收主要发生在此区域。D 层夜间消失。

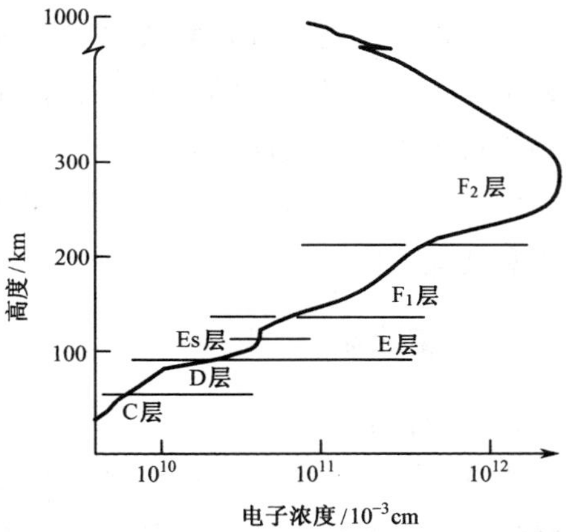

图 4-1 电离层电子浓度分层结构

2. E 层

E 层的高度为 90～140 km，电子浓度大于 D 层，中性分子比例较大。电离过程主要受光化学反应和发电机效应控制。电子浓度随太阳天顶角的变化而变化，大体上服从余弦定律，存在昼夜和季节性的周期变化。但夏季最强，电子浓度与太阳活动性正相关。E 层常有突发的 Es 层，它是较大的电离不均匀体构成的，电子浓度一般比 E 层高。

3. F 层

F 层是电离层中经常存在且电子浓度最大的层，其高度在 140 km 以上。夏季白天 F 层分为两层，下层是 F_1 层，上层是 F_2 层。F_1 层高度为 140～210 km，主要受光化学反应电离，电子浓度夏季最强，太阳活动性低年较明显。F_2 层主要受电离扩散和地球磁场的控制，电子浓度最大可达 $5\times10^6\ cm^{-3}$，夏季其高度为 300～450 km，冬季其高度为 250～350 km。电子浓度与太阳活动性正相关。冬季电子浓度异常增加，要比夏季高 20%以上。磁赤道区的电子浓度呈“双驼峰现象”，称“赤道异常”。夜间中纬度区有电子浓度凹槽。F 层的高度常有突发的电离层不均匀体构成扩展 F 层（Spread F）。F 层是反射短波频段电波的重要区域。

4. 上电离层

F_2 层电子浓度最大值所在高度以上至数千千米的区域被统称为上电离层（也称顶部电离层），而该高度以下被称为下电离层（也称底部电离层）。从 F_2 层峰值高度向上电子浓度缓慢递减，1000 km 高度处电子浓度约为 $10^4 cm^{-3}$，2000～3000 km 处则为 10^2～$10^3 cm^{-3}$，该区电子浓度随季节和昼夜的变化尤为明显。

4.1.2 电离层的电离源

地球电离层的形成及复杂的变化与地球的大气结构、大气成分及地球磁场有密切关系，但是其电离的原因还要从日地关系、太阳的电离辐射和太阳或其他星体高能粒子入侵大气层说起[4]。

太阳可以近似看作一个温度为 6000 K 的“黑体”。按活动性，太阳可分宁静太阳和活动太阳。

1. 宁静太阳

1）电离辐射

电离层的电离辐射源主要来自太阳。有贡献的太阳电离辐射很多，氢 α(6563Å)、拉曼α(1216Å)、氦 I 等主要射线是上层大气的重要电离辐射源，而拉曼α又是 D 层的主要电离辐射源；宁静的 E 层形成则以 X 射线（10～100Å）、拉曼β（1025.7Å）、CIII（977Å）和拉曼连续波（910～980Å）为主，而 F 层的电离与拉曼连续波和包括氦III（304Å）等射线在内的 200～350Å 频段的辐射有关（其中 $1Å=10^{-10}$ m）。

2）太阳风

太阳风是太阳的粒子辐射和磁能量高温使日冕连续膨胀所产生的稀薄热等离子体大尺度逃逸到行星际空间而形成的，其总功率约为 6×10^{18} W。它与地磁场作用而形成地球磁层。

3）电波发射（射电）

除了粒子和光辐射，太阳在大气中的等离子振荡和磁旋振荡也会产生某些无线电频率的电波发射，这就是无线电射电。通常太阳射电频率为 100 MHz～10 GHz，对电离层形成有重要影响的是波长为 10.7 cm 的射电，辐射流量通常为 60×10^{-22}～250×10^{-22} W/m² · Hz · s。

2. 活动太阳（太阳活动性）

太阳并不是一个十分稳定和宁静的光球，而是一个有一定周期性的活动光球，周期主要有 27 天和 11 年两种。太阳活动分为渐变型与爆发型两类。渐变型活动主要是光斑、谱斑、宁静日珥、日冕凝聚区、冕洞及黑子群等；爆发型活动则有耀斑、爆发日珥、日冕、日冕瞬变及日冕物质抛射等。强爆发型活动的频繁出现是太阳活动高年的标志。

1）黑子

黑子是太阳光球表面上十分重要的一种可见光学现象。黑子之所以“黑”，是因为相对于 6000K 的光球，黑子的温度只有 3000K。黑子的寿命长短变化很大，短则几天，长则可以存在 4～5 个太阳旋转周期（太阳转一周约为 27 天）。

黑子的“活动性”是有变化的，为了测定它的活动性，通常采用黑子数 R 来衡量。Wolf 定义的黑子数为

$$R = k(10g + S)$$

式中，g 为黑子的群数，S 为独立黑子的观测数目，而 k 考虑了观测设备和观测特性的修正量。从上式可见，“群”具有很大的权重，说明它对活动性的估计有重大意义。

人们对黑子的观测有 300 多年的连续历史，观测资料表明，黑子数有日、月和年的变化，图 4-2 给出了 1740—1985 年太阳黑子数的变化，它呈现十分明显的周期性。太阳黑子周期平均大约为 11 年；它的变化范围是 8.5～14 年，最大可能范围是 7.3～17 年。黑子数年变化最小是 0～10，最大是 50～190。

黑子数除有 11 年的周期外，还有一个与太阳旋转有关的 27 天周期。电离层的规律性变化与太阳黑子活动紧密相关。

2）耀斑

耀斑是太阳上在接近黑子区域的色球层至日冕区发生的一种强烈爆发现象，目前多数研究者认为双极或多极的强磁场黑子区域的磁能是耀斑的主要潜在能量。大耀斑可在两小时内释放能量 4×10^{25} J，相当于几十亿颗巨型氢弹的爆炸，其能量密度高达 100 J/m^3。耀斑分 5 等，共 15 级，耀斑的爆发有 3 种形态。

- 光耀斑：色球层区的 H_α (λ=6563Å) 谱线突然增亮，延续 3min～2h。
- X 射线耀斑：色球层区的 X 射线突然增强，延续时间 3min～1h。功率密度分 4 级：B 级，$<10^{-6}$ W/m^2；C 级，10^{-6}～10^{-5} W/m^2；M 级，10^{-5}～10^{-4} W/m^2；X 级，$\geqslant10^{-4}$ W/m^2。它影响向日面地球电离层的 D 层、E 层。几乎所有 X 射线耀斑都会引起电离层不同程度的突然骚扰（SID）。

- 质子事件：色球层至日冕区发生的延续 15min 以上，且保持质子流量≥10 p.f.u 的高能粒子辐射称为质子事件（1p.f.u=1 质子/$cm^2 \cdot S \cdot Sr$），它在 1～6h 后可到达地球极盖区的 D 层，引起极盖吸收（PCA）。

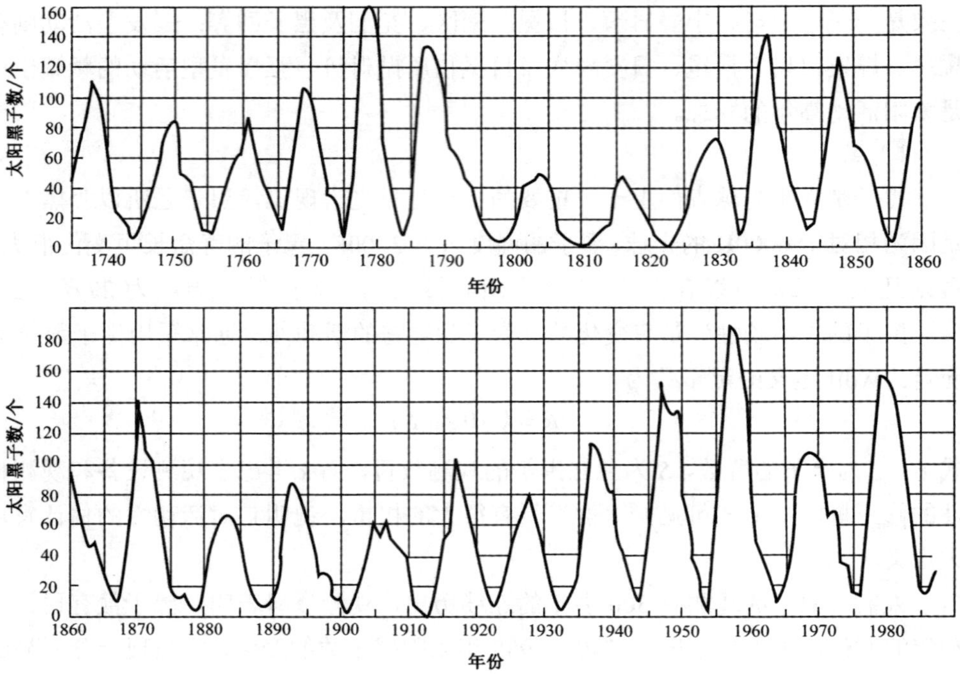

图 4-2　1740—1985 年太阳黑子数的变化

3）太阳风暴（粒子辐射暴）

太阳风暴包括以下两种。

- 冕洞区共转等离子体扰动：在冕洞区产生的重现性很强的太阳风，风速 400～600km/s。它可能引起循环的磁暴和电离层暴。
- 日珥及日珥质子抛射区瞬变的等离子体扰动：这种扰动的粒子辐射密度为 10^7～10^8m^{-3}，能谱最大为 1 keV 量级，总能量达 10^{32} erg，速度为 1000～2000 km/s，磁场为 10～20 γ。平均约 40h（20～80h）后到达地球，可能引起急始型磁暴和电离层暴。

4）射电暴（电波发射暴）

太阳无线电波射电暴是伴随耀斑爆发时的等离子体振荡、回旋加速、电子与气体粒子的随机碰撞等机制产生的强烈射电辐射，它的频谱很宽，可以维持几分钟至几小时，甚至几天。射电暴可分为 5 种类型，I 型射电暴是一种在频率范围

80～300 MHz 内带宽为 5～30 MHz、随时间向较低或较高频率漂移的电波射电暴，持续时间为 0.2 秒到 1 分钟。Ⅱ型射电暴和Ⅲ型射电暴是一种随时间向较低频率漂移的射电暴，是由射电发射源经过日冕区向外运动而发射的，可维持几十分钟。Ⅱ型射电暴的频率从 3000 MHz 慢扫至 10 MHz，Ⅲ型射电暴的频率从 500 MHz 快扫到 0.5 MHz。Ⅳ型射电暴是日冕区以米波为主的射电暴，是耀斑喷射的等离子体云以 100～1000 km/s 的速度在日冕区运动所产生的，可维持一小时到几天。Ⅴ型射电暴是日冕区继Ⅲ型射电暴之后发生的以 10 m 波长为主的电波辐射，维持时间为几分钟。

射电暴发生时，电离层会发生扰动，短波无线电系统将不能正常工作，频率高于 VHF 频段的雷达在指向太阳方向工作时也会受到射电暴的严重干扰。

4.1.3　电离层的主要特征参数

1．电离层的形成[1~6]

电离层如此复杂的结构及时空变化是如何形成的呢？地球高层大气中存在大量分子和原子，它们大多是中性状态。在太阳辐射和高能粒子流的作用下，部分气体分子和少量的原子会发生电离，从而使 60～1000 km 的高层大气形成由电子、正离子、中性分子及原子组成的等离子体。如前文所述，高层大气电离源主要有两种：一种是太阳辐射，另一种是来自太阳或其他星体的高能粒子。它们被地球磁场所俘获，沿磁力线方向朝地球大气层盘旋进入，并与中性气体分子碰撞，发生碰撞电离，产生自由电子和正离子。在电离的同时，运动中的电子和正离子碰撞又会重新结合成中性分子，因此，大气实际上处于不断“电离”和“复合”的动态平衡状态中。

我们注意到，电子浓度的最大值既不在大气的最低层，又不在最高层，而在某个合适的高度上。在顶层大气中，气体分子密度很小，产生的电子浓度也很小。穿入大气的紫外辐射会很快被大气吸收，从而到达大气底层的辐射强度甚微，加之大气底层分子密度很大，即使发生少许分子电离也会很快复合，这样 60 km 以下的大气中基本不存在带电粒子。从这一高度向上，因为大气不同高度的成分、密度、温度等不同，“电离”和“复合”所达到的动态平衡状态，从总体来看电子浓度越来越大，到某一高度时达到极大值，然后又随高度的上升而减小。

不同高度空域，气体成分不同，它们所需的逸出功率亦不同，能使各种气体成分发生电离的太阳辐射谱线或频段也各不相同。大气温度随高度分布还存在几个极值，加之大气运动、大气电流和电场，以及地球磁场等因素，电离层随高度的浓度分布是不均匀的，即整个电离层呈现分层的结构。关于这方面深入的理论，读者可阅读相关专著[1,4,5,6]。

电离层的形成主要是太阳辐射和地球大气的相互作用，因此电离层的状态必然随昼夜、季节，以及太阳活动产生周期性和非周期性变化、规律和随机变化。

2．电离层的主要特征参数

与雷达电波传播密切相关的电离层特征参数主要是临界频率、电子浓度、电子含量、平板厚度等。

1）临界频率

无线电波垂直向电离层投射时，从电离层各层反射回来的电波各有其最高频率，分别称为各层的临界频率（也称截止频率）。高于临界频率的电波都不能返回地面。

电离层为各向异性介质，投射的线极化波分裂为左旋和右旋两种圆极化波，分别称为寻常波（O 波）和非寻常波（X 波）。因此，临界频率有 O 波临界频率和 X 波临界频率之分。

无线电波斜投向电离层时，存在一个大于垂直投射临界频率的临界值，称为最高可用频率（用 MUF 表示）。只有当使用的电波频率低于 MUF 时，电波才能返回地面。显然，MUF 与电波的投射角有关，仰角越小，MUF 越大，传播距离也越远。

2）电子浓度

电子浓度是指单位体积内所含的自由电子个数，通常以 cm^{-3} 为单位。电子浓度一般随时间和空间而变，随真实高度的分布称为“电子浓度剖面”。它一般有 3 种形态：夜间单层（F 层）剖面；中纬度地区夏季白天正午前后取三层（E 层、F_1 层、F_2 层）剖面；其他时间取两层（E 层、F 层）剖面。描述剖面的主要特征参数是电离层下边层高度 h_{eo}；各层最大电子浓度所在高度 h_{emE}、h_{emF1}、h_{emF2}；各层最大电子浓度 N_{emE}、N_{emF1}、N_{emF2}；各层半厚度 Y_{emE}、Y_{emF1}、Y_{emF2}。各层半厚度是电子浓度分布可视为抛物线分布的等效厚度的一半。

3）电子含量

电子含量定义为单位面积柱体内所含电子数，又称“积分电子含量”或“柱电子含量”，即

$$N_T = \int_{h_{eo}}^{h_t} N_e \mathrm{d}h$$

式中，N_e 为电子浓度，h 为高度，h_{eo} 为电离层下边界高度，h_T 为柱体的上顶高度。若 h_T 为 2000 km 或等离子体的层顶高度，则 N_T 称为“电离层电子总含量”，常

用 TEC（Total Electron Content）表示，其值一般为 10^{16}～10^{17}cm^{-2}。为应用方便起见，常将 TEC 分成 3 部分：电离层峰值以下的电子含量称为底部电子含量或下电离层电子含量（BEC），它占 TEC 的 20%～40%；从电离层峰值以上到达 2000 km 处的电子含量称为上电离层电子含量（UEC），它占 TEC 的 50%～70%；2000 km 至等离子体层顶则为等离子体电子含量（PEC），它约占 TEC 的 10%。

将电离层各层等效为按电子浓度峰值均匀分布的平板层，层厚度称为“平板厚度”，其值等于该层的电子含量与电子浓度峰值之比。例如，下电离层平板厚度 $b = \mathrm{BEC}/N_{\mathrm{emF2}}$，整个电离层的平板厚度 $B = \mathrm{TEC}/N_{\mathrm{emF2}}$。

3. 电离层临界频率的变化特性

电离层临界频率是描述电离层特性的一个重要参数，最大电子浓度（N_{m}）与电离层临界频率（f_0）的平方成正比，即 $N_{\mathrm{m}} = 1.24\times10^4 f_0^2$，其中，$N_{\mathrm{m}}$ 的单位为 1cm^{-3}，f_0 的单位为 MHz。

无论是从实用角度来看，还是从科研角度来看，电离层诸参数中最重要的是临界频率（f_0F_2、f_0F_1、f_0E、f_0E_{S}），一般有如下规律。

f_0E 和 f_0F_1 的季节变化与太阳天顶角χ变化是同相的，而 f_0F_2 则有复杂变化，如冬季异常；F_1 层在冬季有时不出现，因此 f_0F_1 有时测不到；所有层的临界频率随黑子（11 年）有同步增减变化，D 层一般很难测出其临界频率。

1）E 层

实验统计表明，E 层临界频率 f_0E 的一级近似可表示为

$$f_0E = 0.9[(180 + 1.44R)\cos\chi]^{0.25}\ \text{（MHz）}$$

式中，R 为 12 个月的流动太阳黑子数，χ为太阳天顶角。

图 4-3 给出了 f_0E 典型月份（3 月、7 月）日变化随纬度的分布。

2）F_1 层

F_1 层只有白天出现，且夏天多于冬天；在黑子高年夏天或有电离层暴时，即当 f_0F_2 较低的时候，它显得尤为突出。图 4-4 给出了中纬度某地 1954 年 f_0F_1 的日变化和季节的关系。实验统计表明，F_1 层临界频率 f_0F_1 的一级近似可表示为

$$f_0F_1 = (4.3 + 0.01R)\cos^{0.2}\chi\ \text{（MHz）}$$

3）F_2 层

F_2 层是电离层中最重要的一层，它的临界频率不像 E 层和 F_1 层那样随太阳天顶角χ 有规律地日变化和季节变化。图 4-5 是 1979 年 3 月 06UTC 全球 f_0F_2 的分布。f_0F_2 没有简单的实验统计经验表示式。

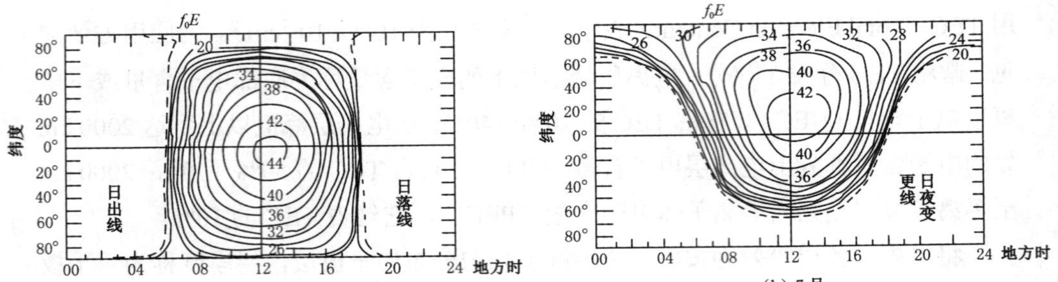

(a) 3月　　(b) 7月

图 4-3　f_0E 随地方时和纬度的分布

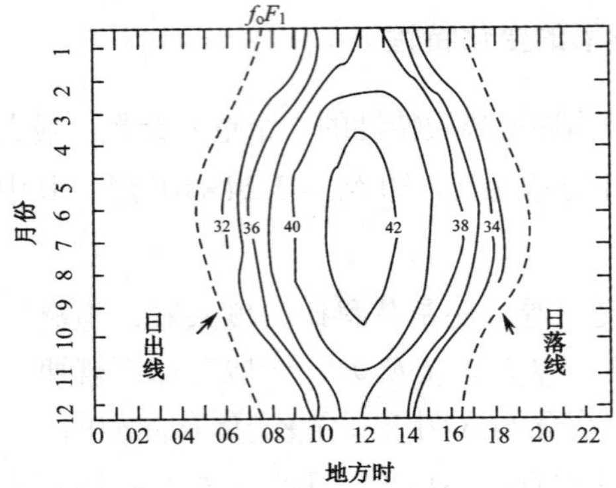

图 4-4　f_0F_1 的日变化和季节的关系

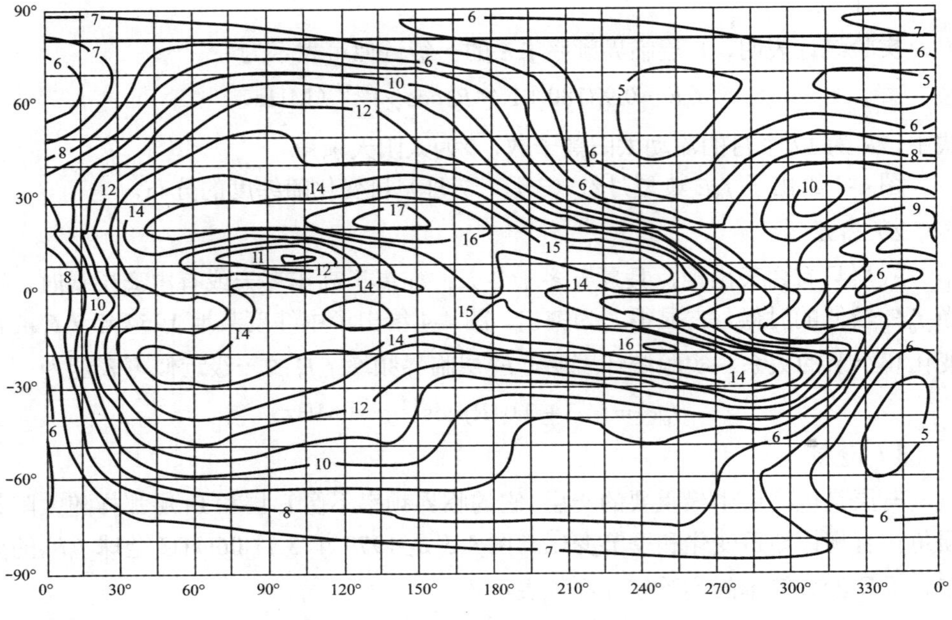

图 4-5　1979 年 3 月 06UTC 全球 f_0F_2 的分布

4．电离层电子浓度剖面的变化特性

从图 4-6 可以看到实测的垂直频高图与用 POLAN 方法[7]换算得到的电子浓度剖面之间的关系。电离层电子浓度剖面具有规律的变化。

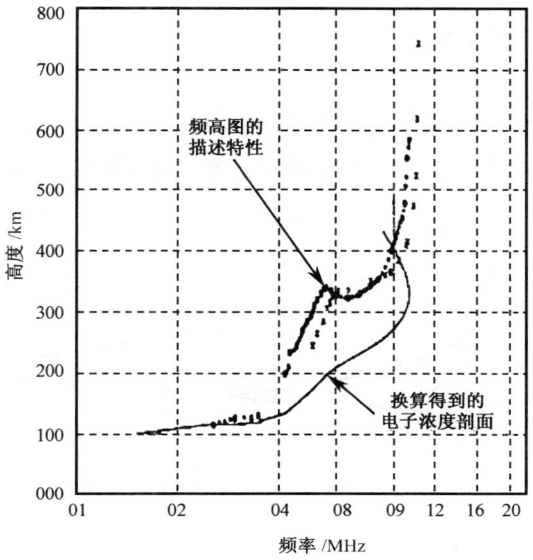

图 4-6　中纬度日间 $N(h)$剖面换算

1）日变化

日间可见 E 层、F_1层、F_2层，峰值在 300 km 附近，夜间 F_1层消失，有 E 层和 F 层，D 层电子浓度很小，白天在 80 km 处为 $10^3/cm^3$，夜间只有 $10^2/cm^3$。

E 层在日出时迅速出现，在日落时迅速消失。所有高度处的电子浓度白天均比夜间大。在低纬度地区，F 层最大电子浓度高度 h_mF_2 在本地时间 19:00 可达一个最高值，然后下降，但到了午夜，它的高度比中午要低 100 km；在中纬度地区，自日出后 h_mF_2 升高，而夜间比中午要高 50～100 km。在高纬度地区，特别是很高的纬度地区，随着不同的季节，电离层可能处于长时间的日照或黑夜之中，于是有一个很缓慢的日变化，它是太阳天顶角微小变化所致；在极点上，日变化很难察觉，因为太阳天顶角在那里的日变化是常数，其他因素也起一定的作用，如粒子沉降。

2）季变化

夏天夜间的 F 层高度比冬天高，而这种趋势在低纬度地区更明显。夜间 F 层在较高的高度上变厚。一般来说，夜间最大电子浓度和电子总含量夏天大于冬天。

白天最有特色的是冬天的电离层电子浓度远大于夏天（见图 4-7），这就是常

说的“冬季异常”，而且高纬度地区更比低纬度地区明显，但这属于电离层的正常结构。这种效应与中性大气密度的变化有关，它反过来又影响电子—离子损失速率。夏天，中纬度 F 层分为 F_1 层和 F_2 层，这时 F_2 层的电子浓度峰值相对冬天比较小，但它所在的位置相对较高；F_1 层实际上并非十分清晰，且在 200～220 km 高度附近有一个稍为弯曲的拐弯。

3）太阳周期变化

图 4-7 显示了白天电离层电子浓度剖面随太阳黑子数的变化。可以看出，这些变化最引人注意的特点是电子浓度随黑子数增加而明显增大。

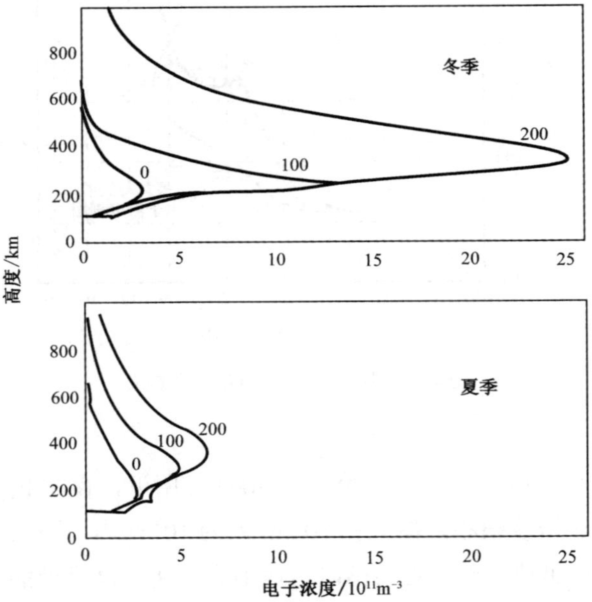

图 4-7　白天电离层电子浓度剖面随太阳黑子数的变化

4）纬度变化

图 4-8 给出了世界时 18UTC 西经 75° 附近等离子频率的等值线随纬度的分布。

- 低纬度（0°～25°）电离层。地磁赤道附近的电子浓度较邻近地磁纬度低，而地磁纬度±30° 区域的电子浓度在午后和傍晚有两个明显极大值，这种现象称为“赤道异常”，又称“双驼峰现象”，但属于低纬度地区电离层的正常结构。它是 1933 年分别由英国阿别尔顿和中国梁百先独立发现的。这对跨赤道传播十分重要。

在赤道，磁场近似与地球表面平行。受这种特殊结构的影响，存在一种被称为赤道区电激流的片状浓密涌流，它在大约 100 km 的高度（E 层），纬度上呈现一定宽度的带状，并沿地磁赤道流动。这种涌流在白天朝东流动，流向 E 层中电离密度较高的地方；夜间向西流动，但因夜间电离密度太低而几乎探测不到。与这些电离层涌流相关的电场驱动着低纬度 F 层的等离子体对流，这种对流在白天是向上且朝西的。这种向上的运动为更高的高度带来了新鲜电离的等离子体，而在更高高度上，它们重组得更缓慢。这些升高的等离子体在重力的作用下，沿磁力线向南北较高的纬度（±20°）流动，形成所谓“喷泉效应”。这就是“赤道异常”产生的原因。F 层在地磁赤道附近的厚度比其他地方厚很多。

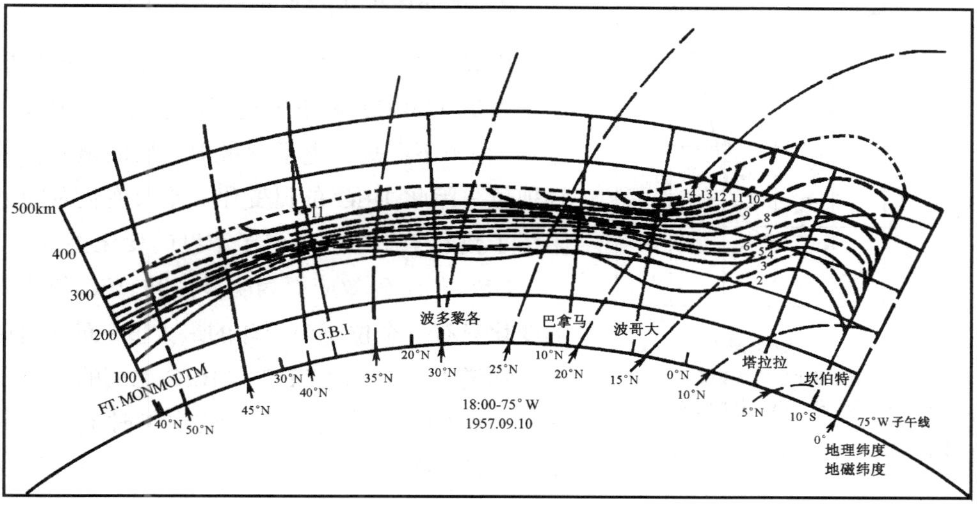

图 4-8　等离子频率随纬度分布

- 中纬度（25°～50°）电离层最具“典型”意义。F_2 层日间电子浓度达到最大，而夜间降低为日间的 1/10。夜间 F 层电子浓度主要靠大气风方式和 1000 km 高度以上带电 H^+ 占主体的等离子体沉降来维持，日间 F 层电子浓度峰值高度通常低于夜间。

中纬度电离层的 E 层、F_1 层和 F_2 层，电子浓度如果用临界频率表示，则它与采用太阳黑子数量度的太阳活动成线性关系。

- 高纬度（>50°）电离层通常受到高能极光粒子沉降、太阳风及外部空间粒子到达地球并与磁场相互作用产生的强电场的影响。高纬度地区可分为 3 个区域：极冠区、极光椭圆、亚极光区或中纬度 F 层槽。

极冠区是指地磁纬度大于 64° 的地球极盖地区。在冬季，这个区域的大部分时间在连续黑暗中，电离层的电子浓度主要靠太阳风驱动对流，地磁活跃时太阳风使太阳产生的等离子体转移；地磁平静时太阳风使能量较小的粒子沉降而产生等离子体。

极光椭圆是指可见极光经常环绕在磁极的带状区，也是粒子沉降和电涌流的活跃区。它的电离层的特征是极光 E 层，即沿极光椭圆的 E 层电离带。

在夜间，极光椭圆朝赤道方向的 5°～10° 内区域称亚极光区，该区 F 层电子浓度显著下降而电子温度显著增加，有尖锐边界、明显的水平梯度，这种窄纬度现象称为“中纬度槽”。槽的位置可能有大的南北半球和经度变化，这也属于电离层正常结构。

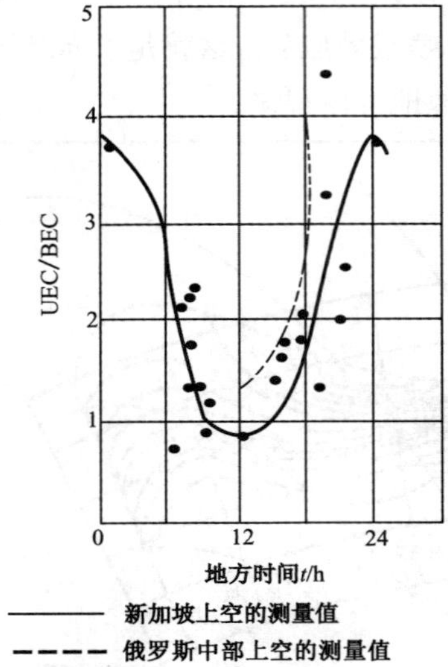

图 4-9 （UEC/BEC）的日变化

5. 电离层电子总含量的变化特性

电离层电子总含量（TEC）主要是上电离层电子含量（UEC）和下电离层电子含量（BEC）之和。由于下电离层电子含量中 F 层的电子占主导地位，因此 BEC 的日变化、季节变化及随太阳黑子数的变化与 F 层电子浓度的变化类似。

UEC 的地磁效应更为明显，但 UEC 随纬度的变化只有一个位于南半球的最大值，而且相对于磁赤道不对称。但 UEC 与 BEC 比值的昼夜变化是对称的，并在地方时间的中午时刻达到最小，如图 4-9 所示。

4.1.4 电离层的测量方法

电离层的测量方法很多，但最主要、最常用的有以下几种。

1. 脉冲垂直探测法

目前广泛使用的电离层探测技术是脉冲垂直探测法，所用设备是电离层垂直探测仪（或称电离层测高仪）。此法已用了半个世纪，以这种设备为主全球已建立了数百个电离层观测台站，形成了电离层常规观测网。我国境内已有 40 余个这样的观测站，重庆站从 1943 年就开始积累电离层数据。

脉冲垂直探测法是用一部连续扫频（1～30MHz）雷达，垂直向上发射电波，记录电离层反射频率及其折回时间 τ 的方法。

脉冲垂直探测法的原理是，当垂直入射电波信号频率 f 等于某高度电子浓度 N_e 对应的等离子频率 f_N 时，电波就会从该高度反射折回地面。此条件相当于

$$N_e = \frac{\pi m}{e^2} f^2 = \frac{\pi m}{e^2} f_N^2 \tag{4.1}$$

将相应物理常数代入后，得

$$N_e = 1.24 \times 10^4 f^2 \tag{4.2}$$

式中，f 为探测信号频率，也是折回信号频率（MHz）；N_e 为电子浓度（1cm^{-3}）。

被折回的频率为 f 的脉冲信号往返时间为τ，则反射高度可由电波脉冲往返时间τ乘以自由空间光速 c 的一半得到。垂直探测电离图如图 4-10 所示。该图又称垂直探测电离图，亦称频高图。实际上，因为脉冲在介质中以小于光速的群速度传播，所以 h'不是反射点的真实高度，故称“虚高”。反射点的虚高总大于真实高度。为了得到电子浓度随高度的分布，还要根据电离层传播理论，将虚高转换为真实高度，这一过程被称为“频高换算”。科研人员现已研究出多种转换方法及其通用软件。

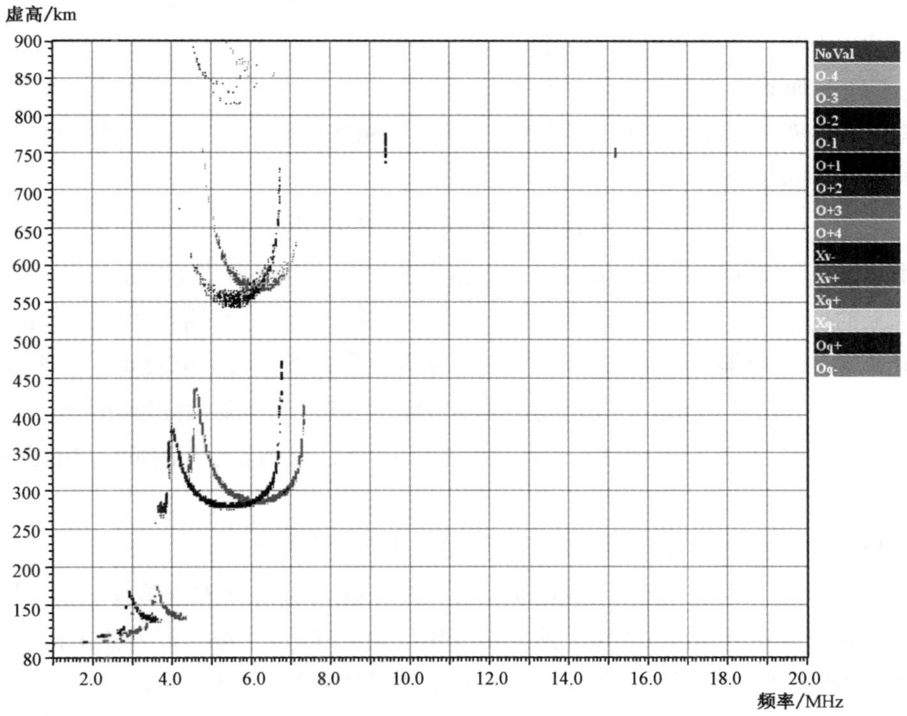

图 4-10　垂直探测电离图

当电波频率大于 F_2 层临界频率 f_0F_2 时，电波将穿过 F_2 层而不折回地面，这种方法只适用于下电离层的剖面探测，但下电离层毕竟是整个电离层的主体，因此脉冲垂直探测法仍是一种很有价值的电离层探测方法。

这种方法的探测设备小型化后可搭载于人造卫星，利用垂直探测的原理从上向下探测，以得到 F_2 层峰值以上电离层剖面。这种方法又称电离层顶部探测法，用该方法已得到大量有关电离层剖面分布和大尺度不均匀结构的宝贵资料。

脉冲垂直探测法除了能给出观测站上空的电子浓度分布轮廓，还可以得到电离层的许多基本参数，如各层的临界频率 f_0E 、f_0E_s 和 f_0F ，以及底高 $h'E$ 、$h'E_s$ 和 $h'F$ 等。

2. 地基 GNSS 电离层 TEC 测量

地基 GNSS（全球导航卫星系统）电离层 TEC 测量是目前应用最为广泛的电离层探测方法之一。自 20 世纪 90 年代以来，随着全球导航卫星系统的逐步完善，利用地基密集的 GNSS 接收机监测电离层的时空变化成为现实。当前，GNSS 已用于电离层的不均匀体结构、地震前兆电离层异常、磁暴期间电离层响应、电离层全球尺度时空变化等监测与分析。

GNSS 原始观测量包括码伪距和载波相位两类。利用 GNSS 接收机 L1 和 L2 频率上的伪距测量来获得每个 GNSS 卫星沿可视路径的 TEC 估计（记作 TEC_p ），其基本方程可表示为

$$\text{TEC}_\text{p} = A\left[(P_2 - P_1) - (B_\text{R} - B_\text{S}) + D_\text{p} + E_\text{p}\right] \tag{4.3}$$

式中，A 是与 GNSS 卫星频率 L1、L2 相关的常数（单位为 TECU/ns），P_1 是 L1 频率上的伪距，P_2 是 L2 频率上的伪距，B_R 是接收机差分码偏差（单位为 ns），B_S 是卫星差分码偏差（单位为 ns），D_p 是伪距多径误差（单位为 ns），E_p 是伪距测量噪声（单位为 ns）。使用伪距测量 TEC 关键在于准确确定硬件差分（频率间）码偏差 B_R 和 B_S，且使用伪距计算的电离层 TEC 受到多径和测量噪声的影响，误差较大。

基于载波相位观测的电离层 TEC（记作 TEC_L ）可表示为

$$\text{TEC}_\text{L} = B\left[(L_1 - (f_1/f_2)L_2) - (N_1 - (f_1/f_2)N_2) + D_\text{L} + E_\text{L}\right] \tag{4.4}$$

式中，B 是与频率 L1、L2 相关的常数（单位为 TECU/L1 周），L_1 是 L1 频率上的载波相位（单位为周），L_2 是 L2 频率上的载波相位（单位为周），N_1 是 L_1 相位的整周模糊度，N_2 是 L_2 相位的整周模糊度，D_L 是相位多径误差，E_L 是相位测量噪声。使用载波相位测量 TEC 通常更精确，因为多径误差和测量噪声更小，并且通常可以忽略。但单独利用载波相位测量 TEC 的缺点在于整周模糊度 N_1 和 N_2 是未知的，因此只能用于获取 TEC 的相对变化。

为此，通常使用载波相位和伪距观测联合的方法来估计电离层 TEC，以提高其精度，即

$$\mathrm{TEC} = \mathrm{TEC_R} - A(B_\mathrm{R} + B_\mathrm{S}) \tag{4.5}$$

式中，GNSS 接收机差分码偏差 B_R 和卫星差分码偏差 B_S 一般通过球谐函数展开的方法计算得到。$\mathrm{TEC_R}$ 则由载波相位与伪距测量值的滤波组合确定，其计算方法为

$$\mathrm{TEC_R} = \mathrm{DCP} + \langle \mathrm{DCR} - \mathrm{DCP} \rangle_\mathrm{arc} \tag{4.6}$$

$$\mathrm{DCP} = B[L_1 - (f_1 / f_2)L_2] \tag{4.7}$$

$$\mathrm{DCR} = A[P_2 - P_1] \tag{4.8}$$

式中，$\langle \cdot \rangle_\mathrm{arc}$ 表示在 GNSS 接收机与卫星间连续观测的 60 秒弧段上所取的平均值。

图 4-11 为 2018 年 1 月 1 日 0400UTC 近 200 个 GNSS 接收机计算得到的穿刺点处垂直电离层 TEC 分布。

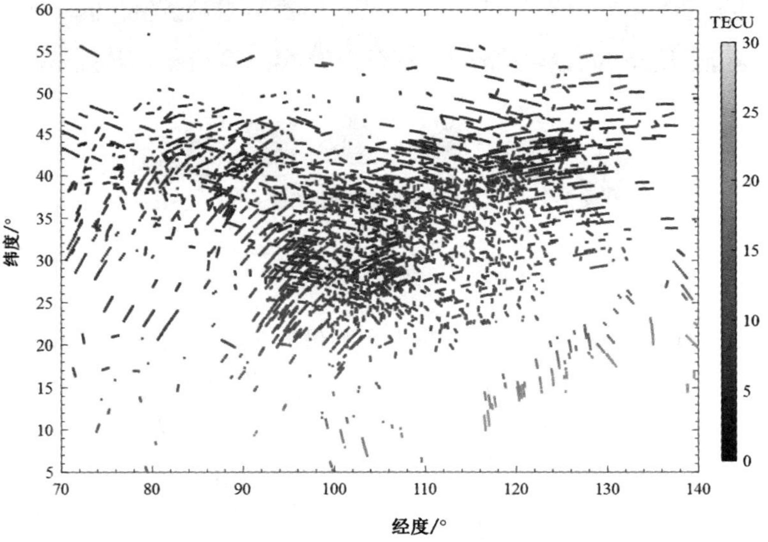

图 4-11　地基 GNSS 台站测量的电离层 TEC 分布

3．低轨卫星信标电离层测量

低轨卫星信标电离层测量利用低轨卫星搭载双频或三频信标机，发射两个或三个不同载波频率的无线电信号，采用差分多普勒频移测量技术，在地面接收卫星信标信号，可实现电离层 TEC 及电子浓度剖面测量。

美国、俄罗斯等国家相继发射了 OSCAR、RADCAL、DMSP F15、COSMOS 等卫星，这些卫星上均搭载了电离层测量信标机。我国于 2018 年 2 月成功发射了张衡 1 号 01 星，该卫星搭载了电离层测量三频信标机，分别发射载波频率为 VHF（150MHz）、UHF（400MHz）和 L（1067MHz）的相位相干信号，通过卫星与地

面接收机之间的相对移动实现电离层的立体扫描，获得了大范围、高精度的电离层（TEC）及电子密度测量[8]。三频信标测量示意如图 4-12 所示。

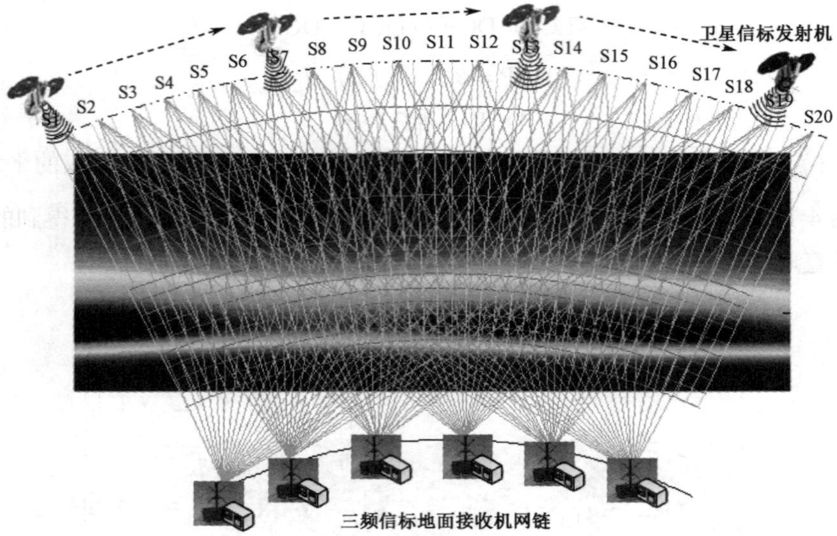

图 4-12　三频信标测量示意

对于三频信标接收机而言，任意频率上测量的多普勒频移可表示为

$$\begin{aligned}\Delta f &= \frac{f}{c}\frac{\mathrm{d}}{\mathrm{d}t}\int_t^r n\mathrm{d}s = \frac{f}{c}\frac{\mathrm{d}}{\mathrm{d}t}\int_t^r\left(1-\frac{40.31N_\mathrm{e}}{f^2}\right)\mathrm{d}s \\ &= \underbrace{\frac{f}{c}\frac{\mathrm{d}}{\mathrm{d}t}\int_t^r \mathrm{d}s}_{\text{卫星运动引起的频移}} - \underbrace{\frac{40.31}{cf}\frac{\mathrm{d}}{\mathrm{d}t}\int_t^r N_\mathrm{e}\mathrm{d}s}_{\text{电离层引起的频移}}\end{aligned} \tag{4.9}$$

式中，f 表示信标信号频率，c 为光速，n 表示大气折射指数，N_e 表示信号传播路径上的电子密度。

从式（4.9）可以看出，差分多普勒频移由两部分组成：卫星—接收机相对运动引起的频移，电离层引起的频移。为了提取电离层信息，需要采用差分技术将由电离层引起的频移提取出来，这也是卫星信标发射机最少需要发射两个频率的原因，采用倍频差分，有

$$\begin{aligned}\varphi(t) &= 2\pi\left(\frac{\Delta f_1}{m_1}-\frac{\Delta f_2}{m_2}\right) \\ &= \frac{2\pi\times 40.31}{cf_0}\cdot\frac{m_2^2-m_1^2}{m_2^2m_1^2}\frac{\mathrm{d}}{\mathrm{d}t}\int N_\mathrm{e}\mathrm{d}s\end{aligned} \tag{4.10}$$

式中，$\varphi(t)$ 为差分多普勒频移，Δf_1 和 Δf_2 分别表示第一个、第二个载波频率测得

的多普勒频移，f_0 为基准频率，m_1 和 m_2 分别为载波频率的倍频系数，即 $f_1 = m_1 f_0$，$f_2 = m_2 f_0$。

进一步，对式（4.10）两边同时进行积分运算，可得到

$$\frac{40.31}{cf_0} \cdot \frac{m_2^2 - m_1^2}{m_2^2 m_1^2} \int N_{\mathrm{e}} \mathrm{d}s = \frac{1}{2\pi} (\varPhi_{\mathrm{D}}(t) + \varPhi_0) \tag{4.11}$$

式中，$\varPhi_{\mathrm{D}}(t)$ 表示差分多普勒相位；$\varPhi_0$ 表示未知相位积分常数，对于单个接收机获取的同一轨数据而言，$\varPhi_0$ 是唯一的。此时，电离层绝对 TEC 可以按照以下方式计算得到：

$$\begin{aligned} \mathrm{TEC_a} &= \int N_{\mathrm{e}} \mathrm{d}s \\ &= C_{\mathrm{D}} (\varPhi_{\mathrm{D}}(t) + \varPhi_0) \end{aligned} \tag{4.12}$$

式中，$C_{\mathrm{D}} = cf_0 m_2^2 m_1^2 / (2\pi \times 40.31 \times (m_2^2 - m_1^2))$。一般我们习惯将 $C_{\mathrm{D}} \varPhi_{\mathrm{D}}(t)$ 当作相对 TEC，由式（4.12）可知，要想由三频信标观测值计算得到电离层绝对 TEC，首先需要估计出未知相位积分常数 $\varPhi_0$，常用的方法是多站法（Multi-Station Method）。

三频信标探测所获得的电子总含量 TEC 是沿信号传播路径上电子密度的积分，即

$$\mathrm{TEC} = \int N_{\mathrm{e}} \mathrm{d}s \tag{4.13}$$

将反演区域离散成 M 个网格，每个网格内的电离层电子密度为一定值。假设第 j 个网格的电子密度为 x_j（$j = 1,2,\cdots,M$），则第 i 条观测路径上的 TEC 可以表示为

$$T_i = \sum_{j=1}^{M} a_{ij} x_j \tag{4.14}$$

a_{ij} 为第 i 条路径在第 j 个网格内的投影参数。若有 P 条路径，则反演电子密度 x_j 的问题便转换为求解下列方程：

$$\boldsymbol{AX} = \boldsymbol{T} \tag{4.15}$$

式中，向量 $\boldsymbol{T}$ 为 P 条观测路径上的 TEC 数据；$\boldsymbol{A}$ 为系数矩阵，元素 a_{ij} 与网格的划分和信号射线的几何位置有关，对确定的路径为已知量；$\boldsymbol{X}$ 为要求的电离层电子密度。

采用电离层层析成像算法，如线性代数重建法、奇异值分解法、模式参数拟合算法、卡尔曼滤波算法等，即可求解式（4.15），反演得到电子密度剖面[9]。

4．非相干散射测量法

非相干散射测量法是利用地基雷达接收高空大气中等离子体热起伏的微弱散射信号来遥测其物理参数的方法。等离子体热起伏引起的散射信号是非相干的，

因此叫作非相干散射测量法。

等离子体热起伏非相干散射回波的功率谱与等离子体的速度分布函数成正比，因此非相干散射雷达测量的是严格意义上的等离子体速度分布函数。由分布函数可以推出算密度、温度、速度等物理量。基于非相干散射测量法的非相干散射雷达能直接或间接测量电子密度、电子温度、离子温度、离子成分、离子—中性碰撞频率、等离子体速度、沿磁力线的电流密度、电离层不规则体后向散射截面积、电离层不规则体回波相关时间等 20 多个空间物理参数，空间探测范围可超过 1000 km，是电离层物理研究探测能力最强的地面设备。

对于单基地非相干散射雷达，接收后向散射信号，其雷达方程可表示为[10]

$$P_{\mathrm{r}} = \frac{A_{\mathrm{r}} P_{\mathrm{t}} N_{\mathrm{e}} \mathrm{d}R\sigma}{4\pi R^2} \tag{4.16}$$

式中，P_{r}为雷达天线接收的散射信号功率；A_{r}为天线有效面积；N_{e}为探测距离R处的电子密度；σ为单电子有效散射截面积，与电子密度、电子温度、离子温度等参数有关，可近似表示为

$$\sigma \approx \sigma_{\mathrm{e}} \left[\frac{1}{\left(1+a^2+\dfrac{T_{\mathrm{e}}}{T_i}\right)(1+a^2)} + \frac{a^2}{1+a^2} \right] \tag{4.17}$$

式中，σ_{e}为单电子自由散射截面积，可表示为$\sigma_{\mathrm{e}} = 4\pi r_{\mathrm{e}}^2$，$r_{\mathrm{e}}$为电子半径；$a = k\lambda_{\mathrm{DE}}$与德拜长度$\lambda_{\mathrm{DE}}$、玻尔兹曼常数$k$有关。德拜长度与电离层等离子体温度、密度和介电常数等参数有关。在 2000 km 以下的电离层中，德拜长度通常为几厘米甚至更短，对于 500 MHz 的非相干散射雷达，可认为$a \ll 1$，于是式（4.17）可进一步简化。

非相干散射信号非常微弱，因此非相干散射雷达具有大功率发射、高增益天线和低噪声接收等技术特点，技术复杂、建设与运行费用高，全世界仅建设了约 10 套。中国电波传播研究所在昆明电波观测站利用一部远程警戒雷达，于 2012 年年初改造成为我国首套非相干散射雷达。该雷达工作频率为 500 MHz，发射峰值功率为 2 MW，抛物面天线口径为 29 m。图 4-13 为昆明非相干散射雷达探测的电离层回波功率谱[11]，可见低电离层（120 km 及以下）功率谱为单峰，散射信号能量相对较弱；随着高度增加双峰结构逐渐明显，散射信号能量逐渐增强；在更高的高度，散射信号能量变弱。图 4-14 为该雷达白天探测的电离层电子密度、电子温度、离子温度与等离子体速度随高度的分布与日变化[12]，可见电子密度最大值出现在地方时 13:00～15:00，最大峰值高度为 260～320 km；电子温度最大值出现在 180～220 km 之间，最小值出现在 300～350 km 之间，而离子温度在 200 km 达到局部较大值，随后缓慢变化或上升，总体上看电子温度比离子温度高 600～800 K；等离子体速度约为±50 m/s。图 4-15 为该雷达连续数十小时探测的电离层

电子密度数据[13]，可见电子密度存在显著的逐日变化。

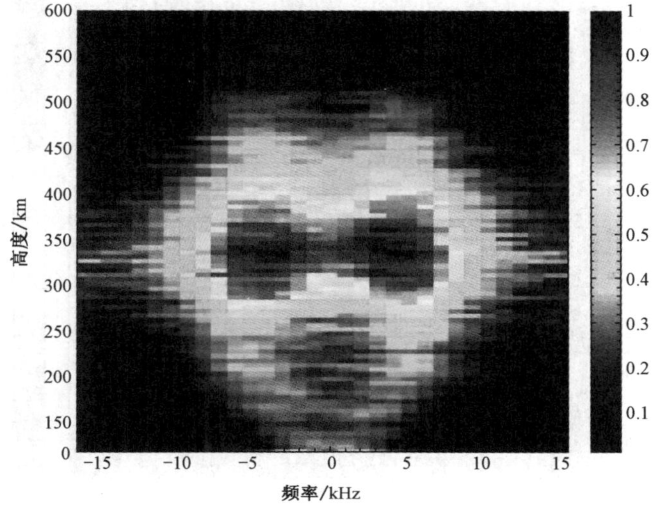

注：彩插页有对应彩色图像。

图 4-13　昆明非相干散射雷达探测的电离层回波功率谱

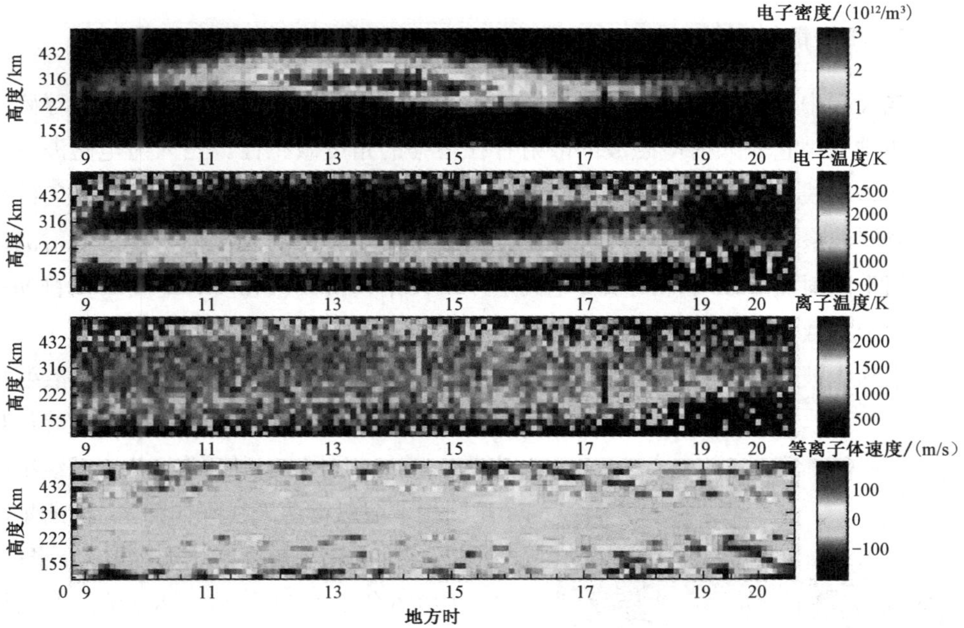

注：彩插页有对应彩色图像。

图 4-14　昆明非相干散射雷达探测的电离层参数随高度的分布与日变化

（从上到下依次为电子密度、电子温度、离子温度和等离子体速度）

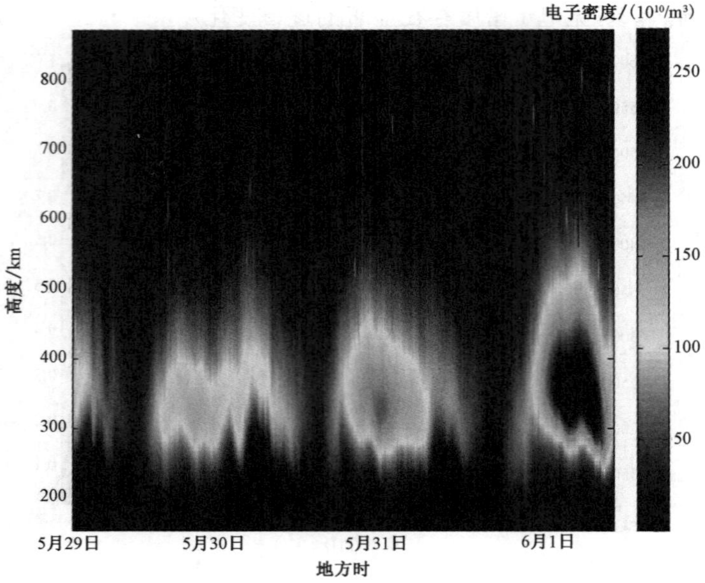

注：彩插页有对应彩色图像。

图 4-15　昆明非相干散射雷达探测的电离层电子密度连续变化

5. 相干散射测量

电离层中存在不同尺度的电子密度不均匀结构，这种结构主要沿着地球磁力线方向排列，它对入射电磁波的散射存在很强的角度敏感性。当入射电磁波方向与地球磁力线垂直，且波长与电离层不均匀结构尺度相当时，电离层不均匀结构的散射回波最强，利用这种原理探测电离层不均匀结构的方法称为相干散射测量法。相干散射测量法可探测获得电离层不均匀结构的回波强度、速度、多普勒谱宽等多个参数，是目前探测电离层不均匀体的重要方法。

中国电波传播研究所昆明电波观测站于 2016 年年初建成了一套相干散射雷达，它的工作频率为 45.9 MHz，发射峰值功率为 24 kW，采用 24 副五单元八木天线组阵（昆明相干散射雷达天线阵如图 4-16 所示，图中圆球为非相干散射雷达天线罩），图 4-17 为 2016 年 3 月 25 日该雷达观测的 E 层场向不均匀体（FAI）回波结果[14]，从上到下依次为信噪比、多普勒速度和多普勒谱宽的时变图，从该图可以快速分辨出不均匀体对应

图 4-16　昆明相干散射雷达天线阵

的时空位置及多普勒谱等信息，为电离层不均匀体研究提供了重要数据支撑。

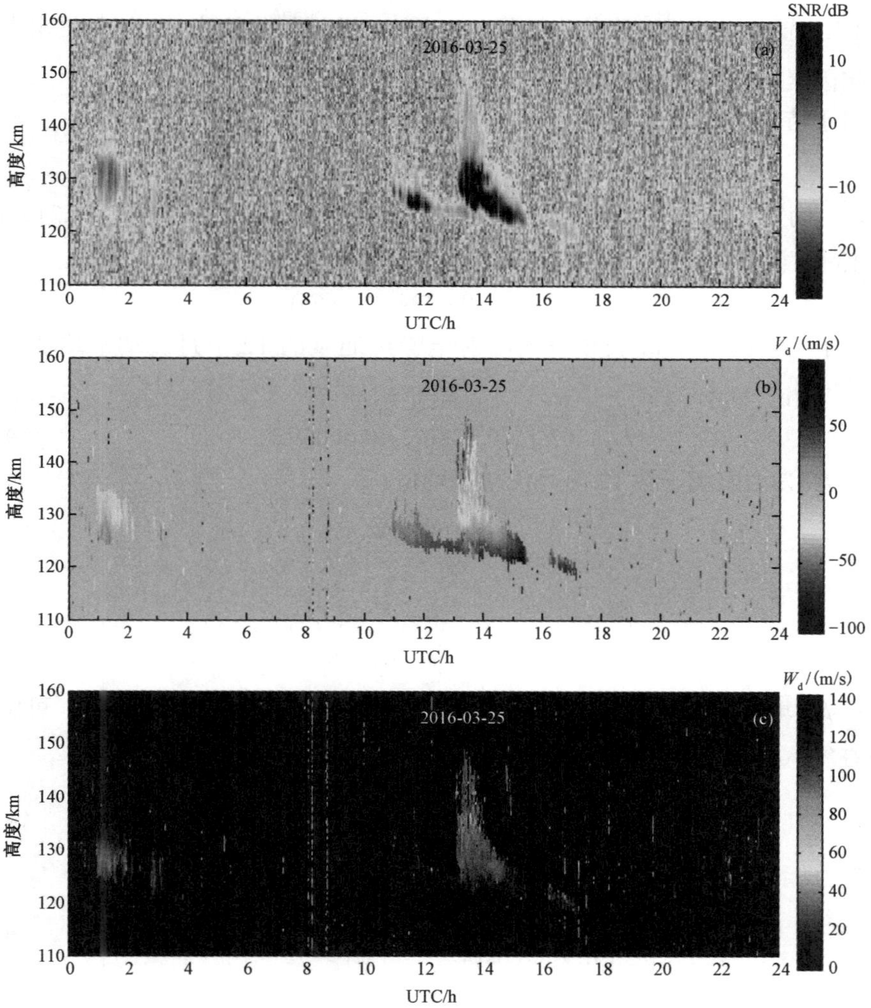

注：彩插页有对应彩色图像。

图 4-17　昆明相干散射雷达观测的电离层不均匀体回波
（从上到下依次为信噪比、速度和谱宽）

4.2　电离层特征参数估算

根据电离层常年观测资料，我国及世界上许多国家相继建立了电离层特征参数估算模型（或经验模型），并提交国际电信联盟（ITU）形成了多个 ITU-R 建议书[3,15~20]。本节主要介绍临界频率、最大电子浓度等参数的估算，整个电子浓度剖面模型则在 4.3 节介绍。

4.2.1 E 层参数估算[3]

4.1.3 节中给出了 E 层的临界频率 f_0E 的一阶近似估算公式。这里给出考虑更多影响因素、估算精度更高的经验模型。

对于特定的时间和地点，f_0E 可表示为

$$f_0E=(ABCD)^{0.25} \tag{4.18}$$

式中，A 为太阳活动因子，按式（4.19）计算；B 为季节因子，按式（4.21）计算；C 为主纬度因子，按式（4.24）计算；D 为时变因子，按式（4.25）计算。

$$A=1+0.0094(\varPsi_{12}-66) \tag{4.19}$$

式中，$\varPsi_{12}$ 为 10.7cm 波长频段太阳射电噪声通量的 12 个月流动平均值，单位为 $10^{-22}\text{W}/(\text{m}^2\cdot\text{Hz})$。

$$\varPsi_{12}=63.7+0.728R_{12}+0.00089R_{12}^2 \tag{4.20}$$

式中，R_{12} 为太阳黑子数 12 个月流动平均值。

$$B=\cos^m N \tag{4.21}$$

式中，

$$N=\begin{cases}\phi-\vartheta, & |\phi-\vartheta|<80^\circ\\ 80^\circ, & |\phi-\vartheta|\geqslant 80^\circ\end{cases} \tag{4.22}$$

式中，ϕ 为地球纬度，在北半球为正；ϑ 为太阳视赤纬，北视赤纬为正，可由天文年历查得；则

$$m=\begin{cases}-1.93+1.92\cos\phi, & |\phi|<32^\circ\\ 0.11-0.49\cos\phi, & |\phi|\geqslant 32^\circ\end{cases} \tag{4.23}$$

$$C=\begin{cases}23+116\cos\phi, & |\phi|<32^\circ\\ 92+35\cos\phi, & |\phi|\geqslant 32^\circ\end{cases} \tag{4.24}$$

$$D=\begin{cases}\cos^p \chi, & \chi\leqslant 73^\circ\\ \cos^p(\chi-\delta\chi), & 73^\circ<\chi<90^\circ\\ \max[(0.072)^p\exp(-1.4h),(0.072)^p\exp(25.2-0.28\chi)], & \chi\geqslant 90^\circ\text{（夜间）}\\ (0.072)^p\exp(25.2-0.28\chi), & \text{在极区冬季太阳不升起的日子}\end{cases} \tag{4.25}$$

式中，

$$p=\begin{cases}1.31, & |\phi|\leqslant 12^\circ\\ 1.20, & |\phi|>12^\circ\end{cases} \tag{4.26}$$

$$\delta\chi=6.27\times10^{-13}(\chi-50)^3 \tag{4.27}$$

χ 为太阳天顶角，根据月份、地球纬度与地方时可由式（4.28）计算；h 为日落（$\chi=90°$）后的小时数。

太阳天顶角 χ 是所在位置对地球考察点的天顶（0°）的角度，由式（4.28）计算：

$$\cos\chi = \sin X_n \sin S_x + \cos X_n \cos S_x \cos(S_y - Y_n) \tag{4.28}$$

式中，X_n 为考察点的地理纬度，Y_n 为考察点的地理经度，S_x 为太阳视赤纬月中值，S_y 为太阳直射点的经度，$S_y = 15t_y - 180$，t_y 为世界时。

f_0E 的最小值为

$$f_0E_{\min}^4 = 0.004(1 + 0.021R_{12})^2 \tag{4.29}$$

在夜间，用式（4.18）和式（4.29）算得 f_0E 的大值。

E 层最大电子浓度（m^{-3}）为

$$N_m E = 1.24\times10^{10}(f_0E)^2 \tag{4.30}$$

E 层最大电子浓度高度 $h_m E$ 取为 115km，半厚度 $y_m E$ 取为 20 km。

4.2.2　F_2 层参数估算[15]

对于特定的时间和地点，F_2 层的临界频率为

$$f_0F_2 = \sum_{k=0}^{9} B_k \sin^k \mu \tag{4.31}$$

而 F_2 层的 3000km 传输因子为

$$M(3000)F_2 = \sum_{k=0}^{9} D_k \sin^k \mu \tag{4.32}$$

式中，

$$B_k = G_1 a_{k,t,m} + G_2 b_{k,t,m} + G_3 c_{k,t,m},\quad t = 0,1,\cdots,23;\quad m = 1,2,\cdots,12 \tag{4.33a}$$

$$D_k = G_4 d_{k,t,m} + G_5 e_{k,t,m},\quad t = 0,1,\cdots,23;\quad m = 1,2,\cdots,12 \tag{4.33b}$$

$$G_1 = \frac{(I_c - 9)(I_c - 12)}{18} \tag{4.33c}$$

$$G_2 = \frac{(I_c - 6)(I_c - 12)}{9} \tag{4.33d}$$

$$G_3 = \frac{(I_c - 6)(I_c - 9)}{18} \tag{4.33e}$$

$$G_4 = \frac{I_c - 6}{6} \tag{4.33f}$$

$$G_5 = \frac{12 - I_c}{6} \tag{4.33g}$$

$$\mu = \arctan\left(\frac{\pi I}{180\sqrt{\cos\phi}}\right) \tag{4.33h}$$

I_c 为相对于太阳活动性的电离层预测指数；$a_{k,t,m}$、$b_{k,t,m}$、$c_{k,t,m}$、$d_{k,t,m}$、$e_{k,t,m}$ 为由资料统计得到的经验系数；k 为地球变化的回归方程幂指数；t 为地方时；m 为月份；μ 为修正磁倾角，北半球为正；I 为磁倾角，赤道以北为正，根据经纬度可由图 4-18 查得。

F_2 层最大电子浓度（m^{-3}）为

$$N_m F_2 = 1.24\times 10^{10}(f_0 F_2)^2 \tag{4.34}$$

F_2 层最大电子浓度高度为

$$h_m F_2 = \frac{1490}{M(3000)F_2 + \Delta M} - 176 \tag{4.35}$$

式中，

$$\Delta M = \frac{0.18}{X - 1.4} + \frac{0.096(R_{12} - 25)}{150},\quad X = \frac{f_0 F_2}{f_0 E} \tag{4.36}$$

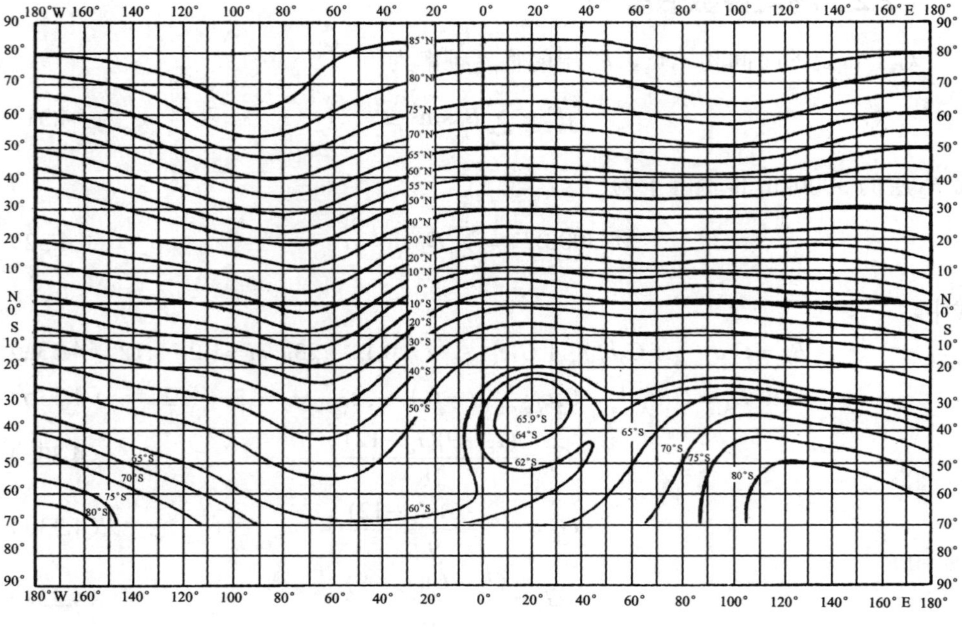

图 4-18　世界地磁角变化

4.3　电离层电子浓度剖面模型

本节首先给出几种常用的电离层电子浓度剖面模型及其应用，然后给出中国典型电离层的数据。

4.3.1　模型种类

电离层电子浓度剖面的数学表示称为电离层模型。电离层模型可分为理论模型和经验模型两大类。理论模型主要由电离层形成机制和电离层物理电子特性推导而得，经验模型则由大量电离层探测数据经统计分析而得。总体来说，电离层结构和形态具有较高复杂性，很难用一种严格的数学表达式精确地描述它的空间分布。下面是几种典型的局部电离层模型，它们可以近似地描述电离层不同层的电子浓度分布[1,4~6]。

1．卡普曼模型

1931 年，卡普曼首次提出了较成功的电离层形成理论。根据太阳辐射是电离层形成的主要因素，以及电离层电离和复合两种相反作用处于动态平衡的基本机理，在一定简化条件下，他推导出电子浓度剖面的表达式为

$$N_{\mathrm{e}}=N_{\mathrm{em0}}\exp\frac{1}{2}\left\{1-\frac{h-h_{\mathrm{eo}}}{H}-\sec\chi\cdot\exp\left(-\frac{h-h_{\mathrm{eo}}}{H}\right)\right\} \tag{4.37}$$

式中，N_{em0} 为当太阳天顶角 $\chi=0$ 时的最大电子浓度，$N_{\mathrm{em0}}=(q_{\mathrm{em0}}/a_{\mathrm{n}})^{\frac{1}{2}}$，$a_{\mathrm{n}}$ 为复合系数，q_{em0} 为 $\chi=0$ 时的电子最大生成率，h_{eo} 为电子浓度最大值高度，H 为大气标高。

卡普曼模型的一个重要性质是，任何时刻，电子浓度最大值 N_{em} 都正比于天顶角余弦的平方根，即 $N_{\mathrm{em}}=N_{\mathrm{em0}}\cos^{\frac{1}{2}}\chi$。一般来说，E 层和 F_1 层的特征较接近卡普曼模型，而 F_2 层的变化很复杂，与卡普曼模型的偏差较大。

2．抛物模型

用抛物曲线来近似层内电子浓度随高度的变化，称为抛物模型，其表达式为

$$N_{\mathrm{e}}=\begin{cases}N_{\mathrm{em}}\left[1-\left(\dfrac{h-h_{\mathrm{em}}}{y_{\mathrm{em}}}\right)^2\right], & |h-h_{\mathrm{m}}|\leqslant y_{\mathrm{em}}\\ 0, & |h-h_{\mathrm{em}}|>y_{\mathrm{em}}\end{cases} \tag{4.38}$$

抛物模型的电子浓度分布与实际分布相当接近，特别是在最大值附近，其数学表达式又比较简单，故常被使用。有时为了更易求得解析解，也常用准抛物曲线来近似层内电子浓度随高度的变化，称为准抛物模型，其表达式为

$$N_e=\begin{cases}N_{em}\left[1-\left(\dfrac{r-r_{em}}{y_{em}}\dfrac{r_0}{r}\right)^2\right], & |h-h_{em}|\leqslant y_{em}\\ 0, & |h-h_{em}|>y_{em}\end{cases} \tag{4.39}$$

式中，r 是从地心计算起的径向距离，r_0 是从地心到层底的径向距离，r_{em} 是到电子浓度最大值 N_{em} 处的径向距离，$y_{em}=r_{em}-r_0$ 称为半厚度。

3. 线性模型

假定电离层被划分为许多薄层，每层电子浓度随高度分布可认为是线性的，从而有

$$N_e=N_{ei}+\frac{N_{ei+1}-N_{ei}}{h_{i+1}-h_i}(h-h_i), \qquad h_i\leqslant h\leqslant h_{i+1} \tag{4.40}$$

式中，N_{ei}、N_{ei+1} 分别为高度 h_i、h_{i+1} 上的电子浓度。这种模型为线性分层模型。

4. 指数模型

假定电子浓度随高度的分布呈指数规律，称为指数模型，即

$$N_e=N_{eo}\exp(k_h Z) \tag{4.41}$$

式中，$Z=(h-h_{eo})/H$，N_{eo} 为高度 h_{eo} 处的电子浓度，k_h 为衰减因子，H 为标高。

5. 国际参考电离层（模型）[21]

电离层状态随时间、空间地球物理条件会发生很大变化，因此至今还没有一种公认的、比较理想的电离层预报模式，想用一个数学表达式来描述整个电离层是很困难的。一般对电离层剖面进行分段描述，例如，在峰值附近用抛物模型，在上电离层用指数模型，在起始高度附近用线性模型，等等。

国际无线电科学联合会（URSI）根据地面观测站得到的大量资料和多年电离层模型研究成果，建立了全球电离层模型并编制了计算机程序。国际参考电离层（模型）（IRI）是 URSI 推荐的一个通用电离层模型，如图 4-19 所示。整个剖面模型分为 6 部分，即顶部、F_2 层、F_1 层、中间层、E 层峰谷区与 D 层，其区域分界由电子浓度剖面特征点（如 F 层、F_1 层和 E 层最大电子浓度对应的高度等）确定。图中，HZ 为中间区的上边界，HST 为 F_1 层电子浓度剖面往下推到与 E 层最大电子浓度相等时所对应的高度，HEF 为 E 层峰谷区的上边界，HBR 为 E 层峰谷区宽，HABR 为 E 层谷底到 E 层最大电子浓度对应高度的距离，HDX 为 D 层和 E 层底部的特定高度，HA 为电离层的起始高度，HMF_2、HMF_1、HME、HMD 分别为 F_2 层、F_1 层、E 层和 D 层的最大电子浓度对应的高度，NME、NMF_2 分别是 E

层、F_2 层的最大电子浓度。这是一个分段描述的统计预报模式，它反映了规则电离层的平均状态。只要输入经纬度、太阳黑子数、月份及地方时，就可以利用计算机计算出 60～1000 km 高度范围内的电子浓度、电子温度、离子温度及某些离子的相对百分比浓度。IRI 以一定精度普适于全球，在科学研究上是十分有用的，但由于模型过于复杂细致，在一般工程上不太采用。

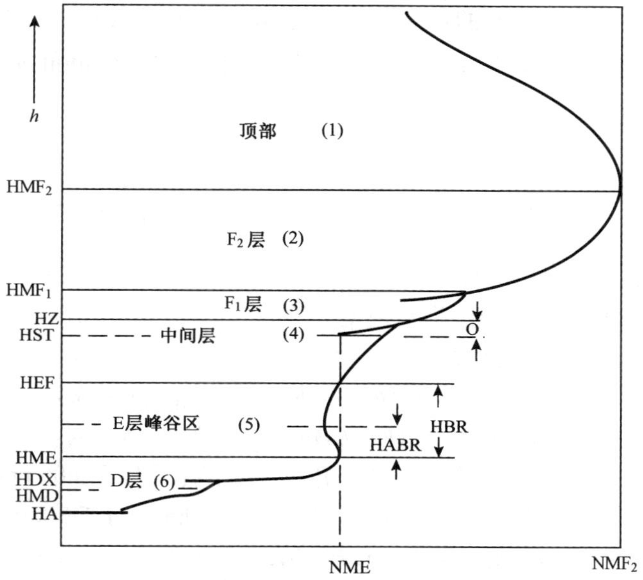

图 4-19　国际参考电离层（模型）

6. 中国参考电离层（模型）[20]

中国根据国内电离层垂直探测站网获得的长期大量资料分析，对国际参考电离层（IRI）某些部分进行了修改，建立了“中国参考电离层（模型）（CRI）”，与 IRI 相比改进内容如下。

（1）采用“亚洲大洋洲地区电离层预报”方法（参见 4.2.2 节或参考文献［15］）中给出的 f_0F_2 和 $M(3000)F_2$ 数据；

（2）统计了中国 F_1 层出现的时间，认为在中国所有季节均要考虑 F_1 层的存在；

（3）E 层的最大电子浓度高度 h_mE 取为 115 km。

经此改进，我国运用国际参考电离层（IRI）的预报精度有了很大提高。中华人民共和国国防科学技术工业委员会已把《中国参考电离层》作为军用标准（GJB 1925-94）于 1994 年 9 月颁布实施[20]。1995 年，在新德里召开的 URSI 大会国际参考电离层工作组会议上，CRI 被认为可以作为 IRI 应用于亚洲、大洋洲地区的优选方案。

7. Bent 模型[22]

Bent 模型覆盖高度范围为 150～3000 km。它首先利用预报的 f_0F_2 算出 F_2 峰值电子浓度 N_{em}，即 $N_{em}=1.24\times10^4(f_0F_2)^2$（$cm^{-3}$），相应的峰值高度 h_{emF_2} 用 $M(3000)F_2$ 预报值确定，即

$$h_mF_2=1346.92-526.4[M(3000)F_2]+59.825[M(3000)F_2]^2 \quad (km) \tag{4.42}$$

式中，$M(3000)F_2$ 是 3000 km 的传播因子，它由电波从 F_2 层反射传播 3000 km 距离的最高可用频率（MUF）与 F_2 层临界频率 f_0F_2 的比值求得，即 $M(3000)F_2=\text{MUF}/f_0F_2$，它是大于 1 的因子。

下电离层剖面取二次抛物模型，即

$$N_e=N_{em}[1-\frac{(h_{em}-h)^2}{y_m^2}]^2, \qquad (h_{em}-y_m)\leqslant h_{em} \tag{4.43}$$

式中，h_{em} 为 F_2 层峰值高度 h_mF_2。

上电离层剖面取以下分段指数模型：

$$\begin{aligned}
N_e&=N_{eo}\exp[(-k_1(h-h_{eo})], & h_{eo}&\leqslant h\leqslant h_{e1}\\
N_e&=N_{eo}\exp[-k_2(h-h_{e1})], & h_{e1}&\leqslant h\leqslant h_{e2}\\
N_e&=N_{eo}\exp[-k_3(h-h_{e2})], & h_{e2}&\leqslant h\leqslant h_{e3}\\
N_e&=N_{eo}\exp[-k_4(h-h_{e3})], & h_{e3}&\leqslant h\leqslant 2000\ \text{km}\\
N_e&=N_{eo}\exp[-k_5(h-2000)], & 2000\ \text{km}&\leqslant h\leqslant 3000\ \text{km}
\end{aligned} \tag{4.44}$$

式中，$h_{eo}=h_{em}+d$，$d=h_{eo}-h_{em}$，$h_{e1}=(1012-h_{eo})/3$，$h_{e2}=h_{e1}+(1012-h_{eo})/3$，$h_{e3}=h_{e2}+(1012-h_{eo})/3$，衰减常数 $k_1\sim k_5$ 从上电离层探测资料统计得出，它随季节、纬度、高度、太阳（波长为 10.7cm）射电流量和峰值频率 f_0F_2 变化。

上电离层与下电离层交接区域采用抛物线拟合，则

$$N_e=N_{em}\left[1-\frac{(h-h_{em})^2}{Y_t^2}\right], \qquad h_{em}\leqslant h\leqslant h_{eo} \tag{4.45}$$

式中，当 $f_0F_2\leqslant10.5$ MHz 时，$Y_t=Y_m$；当 $f_0F_2>10.5$ MHz 时，$Y_t=Y_m(1+0.133333(f_0F_2-10.5)]$，$Y_t$ 和 Y_m 分别表示上电离层抛物层和下电离层抛物层的半厚度。Y_m 由下电离层资料统计而得，它随季节和临界频率 f_0F_2 变化。上电离层数据往往缺乏，可以从下电离层用分层模型外推。当有下电离层剖面时，N_{em}、h_{em} 及下电离层电子含量 BEC 即可确定，于是

$$Y_m=\frac{15}{8}\frac{\text{BEC}}{N_{em}}\times10^{-3} \quad (km) \tag{4.46}$$

这里 BEC 的单位是 m^{-3}。

Bent 模型设计的主要宗旨是使电子总含量计算尽可能精确。法拉第旋转测量数据表明，Bent 模型计算的电子含量可精确到 70%～90%，因此常用于电离层折射修正。

8．工程实用电离层剖面模型

工程实用电离层剖面模型如图 4-20 所示，由 4 个部分构成：在 E 层最大电子浓度 h_mE 以下为抛物 E 层，用最大电子浓度 N_mE 、最大电子浓度高度 h_mE 与半厚度 y_mE 描述；在 F_2 层最大电子浓度 h_mF_2 以下为抛物型 F_2 层，用最大电子浓度 N_mF_2 、最大电子浓度高度 h_mF_2 与半厚度 y_mF_2 描述；F_1 层电离层状态完全由 E 层和 F_2 层电离层参数确定，在 h_mF 和 h_j 间电子浓度随高度线性增加。这 3 部分组成的下电离层实际上符合 Bredly 模型。在 F_2 层最大电子浓度高度 h_mF_2 以上是指数模型的上电离层。相应剖面模型的数学表达式为

$$
N_e(h)=\begin{cases}
N_mE\left[1-\left(\dfrac{h_mE-h}{y_mE}\right)^2\right], & h_mE-y_mE\leqslant h\leqslant h_mE \\
\dfrac{N_j-N_mE}{h_j-h_mE}h+\dfrac{(N_mE)h_j-N_j(h_mE)}{h_j-h_mE}, & h_mE<h\leqslant h_j \\
N_mF_2\left[1-\left(\dfrac{h_mF_2-h}{y_mF_2}\right)^2\right], & h_j<h\leqslant h_mF_2 \\
N_mF_2\exp\left[\dfrac{1}{2}\left(1-\dfrac{h-h_mF_2}{H}-\mathrm{e}^{-\frac{h-h_mF_2}{H}}\right)\right], & h_mF_2<h\leqslant 1000\ \text{km}
\end{cases} \tag{4.47}
$$

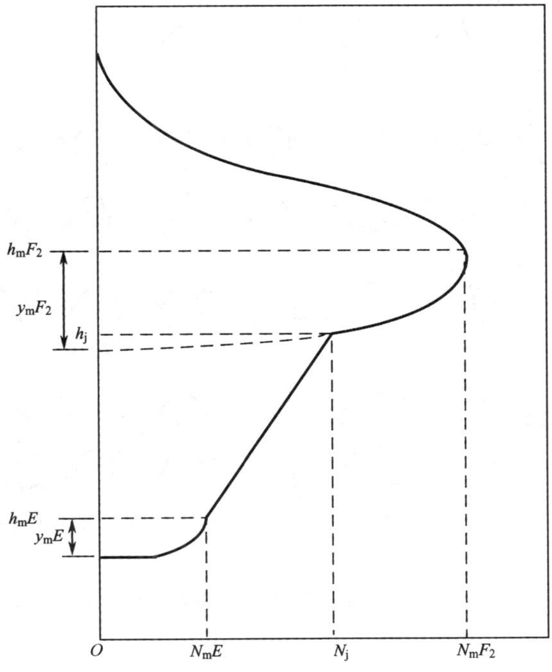

图 4-20　工程实用电离层剖面模型

式中，$h_{\mathrm{m}}E$ 为 115 km，$y_{\mathrm{m}}E$ 为 20 km，$N_{\mathrm{m}}E$ 、$N_{\mathrm{m}}F$ 、$h_{\mathrm{m}}F_2$ 分别由式（4.30）、式（4.34）、式（4.35）计算，并且有

$$N_{\mathrm{j}} = 1.24\times10^{10} f_{\mathrm{j}}^2$$

$$h_{\mathrm{j}} = h_{\mathrm{m}}F_2 - y_{\mathrm{m}}F_2\sqrt{1-\left(\frac{f_{\mathrm{j}}}{f_0F_2}\right)^2}$$

$$f_{\mathrm{j}} = 1.7 f_0E$$

当 $f_{\mathrm{j}} > f_0F_2$ 时，取 $f_{\mathrm{j}} = f_0F_2$ 。任意高度 h 的标高 $H=0.85(1+(h/a))^2T/M$，其中，T 为温度，M 为分子数，a 为地球半径。

4.3.2 中国典型电离层数据

1. 电离层参数变化

图 4-21 给出了我国 8 个电离层观测站典型年 3 月的电离层参数临界频率 f_0F_2 和虚高 h'月中值的日变化曲线。图中，1961 年、1964 年、1965 年、1972 年、1975 年和 1979 年 3 月的太阳黑子数分别为 73 个、15 个、105 个、72 个、23 个和 124 个。由图可以看出，我国境内电离层参数随纬度和太阳黑子数的变化[2]。

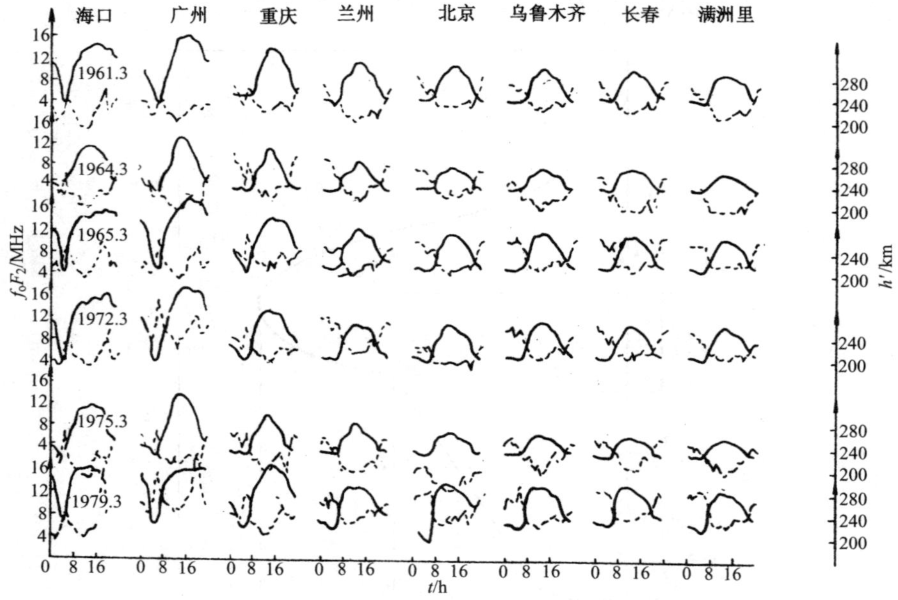

图 4-21　中国电离层站 3 月 f_0F_2（实线）和 h'（点线）月中值的日变化

2. 电子浓度剖面数据

为了方便计算，表 4-2、表 4-3、表 4-4 给出了我国电离层最大、中等、最小电子浓度的剖面数据。此外，在军用标准《雷达电波传播折射与衰减手册》（GJB/Z 87—97）[23]可查得不同地理纬度、太阳黑子数、月份电子浓度的剖面数据。

表 4-2　我国电离层最大电子浓度剖面（$N_e \times 10^{12}$ m^{-3}）

h/km	N_e	h/km	N_e	h/km	N_e
60	0.000000	380	2.652517	700	0.203621
70	0.000599	390	2.529728	710	0.192782
80	0.001484	400	2.390053	720	0.184908
90	0.030102	410	2.239113	730	0.176889
100	0.164796	420	2.082122	740	0.169632
110	0.170059	430	1.923625	750	0.163057
120	0.181936	440	1.767410	760	0.157088
130	0.212004	450	1.616434	770	0.151663
140	0.242072	460	1.472894	780	0.146725
150	0.272139	470	1.338272	790	0.142225
160	0.302207	480	1.213455	800	0.138119
170	0.332275	490	1.098822	810	0.134367
180	0.362343	500	0.994365	820	0.130935
190	0.401517	510	0.899809	830	0.127794
200	0.412626	520	0.814660	840	0.124913
210	0.556664	530	0.738313	850	0.122271
220	0.755487	540	0.670072	860	0.119844
230	0.985519	550	0.609236	870	0.117613
240	1.238984	560	0.555096	880	0.115561
250	1.505147	570	0.506972	890	0.113670
260	1.771522	580	0.464225	900	0.111930
270	2.025389	590	0.426260	910	0.110325
280	2.255298	600	0.392539	920	0.108844
290	2.452322	610	0.362574	930	0.107476
300	2.610860	620	0.335921	940	0.106212
310	2.728929	630	0.312195	950	0.105044
320	2.807983	640	0.291049	960	0.103965
330	2.852380	650	0.272178	970	0.102966
340	2.868656	660	0.255312	980	0.102042
350	2.863734	670	0.240219	990	0.101185
360	2.824643	680	0.226691	1000	0.100392
370	2.752654	690	0.214544		

表 4-3　我国电离层中等电子浓度剖面（N_e×10^{12} m^{-3}）

h/km	N_e	h/km	N_e	h/km	N_e
60	0.000000	380	1.696189	700	0.140629
70	0.000462	390	1.573034	710	0.135270
80	0.001145	400	1.449908	720	0.130413
90	0.023794	410	1.329552	730	0.126005
100	0.145004	420	1.214063	740	0.121998
110	0.151757	430	1.104931	750	0.118353
120	0.162885	440	1.003129	760	0.115030
130	0.192558	450	0.909171	770	0.112000
140	0.222231	460	0.823226	780	0.109231
150	0.251904	470	0.745139	790	0.106700
160	0.281576	480	0.674740	800	0.104384
170	0.315919	490	0.611468	810	0.102262
180	0.355106	500	0.554848	820	0.100316
190	0.439611	510	0.504335	830	0.098531
200	0.613690	520	0.459366	840	0.096891
210	0.816483	530	0.419395	850	0.095383
220	1.039049	540	0.383896	860	0.093997
230	1.269333	550	0.352384	870	0.092720
240	1.493888	560	0.324411	880	0.091545
250	1.699858	570	0.299571	890	0.060462
260	1.876780	580	0.277499	900	0.089463
270	2.017842	590	0.257869	910	0.088542
280	2.120422	600	0.240394	920	0.087691
290	2.185942	610	0.224817	930	0.086906
300	2.219192	620	0.210913	940	0.086181
310	2.227934	630	0.198484	950	0.085510
320	2.216974	640	0.187357	960	0.084890
330	2.177915	650	0.177381	970	0.084318
340	2.114039	660	0.168421	980	0.083787
350	2.029414	670	0.160362	990	0.083297
360	1.928542	680	0.153101	1000	0.082844
370	1.816013	690	0.146548		

表 4-4　我国电离层最小电子浓度剖面（$N_e \times 10^{12}$ m^{-3}）

h/km	N_e	h/km	N_e	h/km	N_e
60	0.000000	380	0.702131	700	0.112603
70	0.000216	390	0.644689	710	0.110391
80	0.000534	400	0.591195	720	0.108375
90	0.011965	410	0.541848	730	0.106534
100	0.105495	420	0.496667	740	0.104852
110	0.117552	430	0.455558	750	0.103315
120	0.123656	440	0.418340	760	0.101908
130	0.133115	450	0.384775	770	0.100620
140	0.142575	460	0.354604	780	0.099441
150	0.152035	470	0.327540	790	0.098361
160	0.161494	480	0.303305	800	0.097369
170	0.232636	490	0.281629	810	0.096460
180	0.398831	500	0.262251	820	0.095627
190	0.619177	510	0.244932	830	0.094862
200	0.822276	520	0.229451	840	0.094158
210	0.983205	530	0.215605	850	0.093512
220	1.098703	540	0.203218	860	0.092919
230	1.177103	550	0.192124	870	0.092373
240	1.228586	560	0.182181	880	0.091871
250	1.260252	570	0.173257	890	0.091409
260	1.275231	580	0.165240	900	0.090986
270	1.276472	590	0.158031	910	0.090596
280	1.263460	600	0.151539	920	0.090236
290	1.235868	610	0.145686	930	0.089905
300	1.195804	620	0.140403	940	0.089600
310	1.145673	630	0.135628	950	0.089321
320	1.087998	640	0.131308	960	0.089062
330	1.025209	650	0.127394	970	0.088824
340	0.959544	660	0.123844	980	0.088606
350	0.892952	670	0.120622	990	0.088403
360	0.827059	680	0.117693	1000	0.088219
370	0.763138	690	0.115029		

图 4-22 给出了武汉地区 1968 年 4 个典型月份 4 个时间点的电子浓度剖面。可以看出，电子浓度随季节变化，夏季最低。日、夜电子浓度剖面有不同的结构，白天呈现 D 层、E 层、F_1 层、F_2 层，电子浓度剖面起始高度为 100 km。夜间只有 F 层，并且电子浓度剖面起始高度大于 200 km。

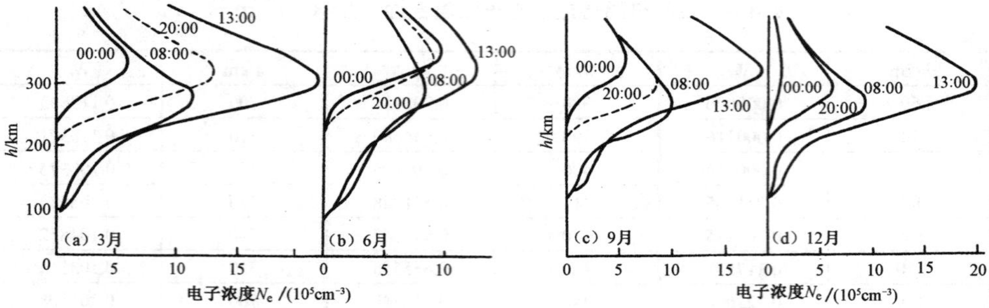

图 4-22　武汉地区 1968 年 4 个典型月份 4 个时间点的电子浓度剖面

4.4 电离层不均匀性与不规则变化

电离层不均匀性主要包括 Es 层、扩展 F 层和电离层行波式扰动，电离层不规则变化包括突然电离层骚扰、电离层暴、极盖吸收和极光吸收。下面分别介绍各不均匀体和不规则变化的产生原因、特征和对电波传播的影响。

4.4.1 Es 层

E 区的突发不均匀结构称为 Es 层（又称突发 E 层），它的厚度为 100～2000m，水平尺度为 200 m～100 km。强 Es 层会把天波雷达作用距离限制在 2000km 以内。

该层能反射的最大频率比 E 层大，有时比任何层都大。一般来说，Es 层是一个薄层，出现时间不定。有时 Es 层会呈现不透明状而遮住更高的层，意味着这时 Es 层很稠密厚实；有时 Es 层会呈现半透明状，上层的回波可通过它返回，意味着这时的 Es 层像一个“栅网”。

Es 层的高度范围一般为 90～120 km（见图 4-23），其形成原因有两种学说：一是由于流星产生的电离，一是大气切变风所致。

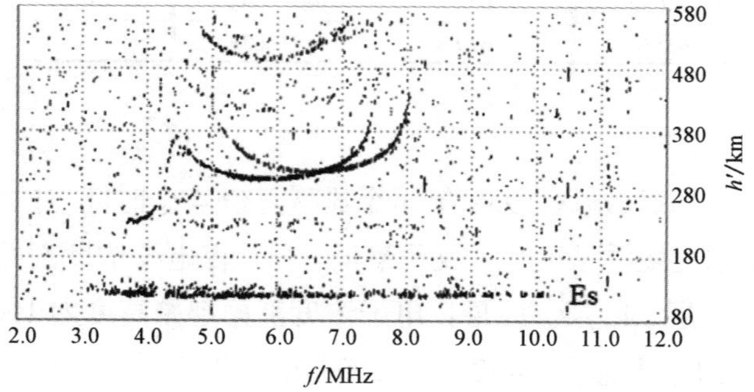

图 4-23　Es 层的频高图描迹

统计结果表明，赤道地区 Es 层白天常存在，且没有多大的季节变化；极区则 Es 层在夜间较多出现，季节变化不太明显；中纬地区 f_0E_S 比较低，有明显季节变化，一般夏天高于冬天，白天高于夜间。但应注意，中国是 Es 高发区，黑子低年的夏天中国常有 Es 层，并且 f_0E_S 很高。

4.4.2　扩展 F 层

扩展 F 层（Spread F）是 F 层的突发不均匀结构，它们经常在极光椭圆区和地磁赤道区的夜间存在。扩展 F 层的尺度为 100～400 km。它与在地磁赤道上沿磁力线水平延伸的，以及在高纬度上沿磁力线垂直延伸的小尺度不均匀体的存在有相关联系。类似的不均匀体，在中纬度地区出现概率大为减小。扩展 F 层回波在频高图上描迹显示为临界频率扩散或水平描迹扩散。电离层不均匀体对信号的散射，使从 F 层反射的回波脉冲比发射脉冲展宽 10 倍左右。扩展 F 层的扩散特性使由 F 层反射回的和穿过电离层的雷达电波信号发生严重衰落或闪烁，并获得附加的多普勒展宽。图 4-24 给出了 3 种典型扩展 F 层的频高图描迹（图中圆圈标注）。

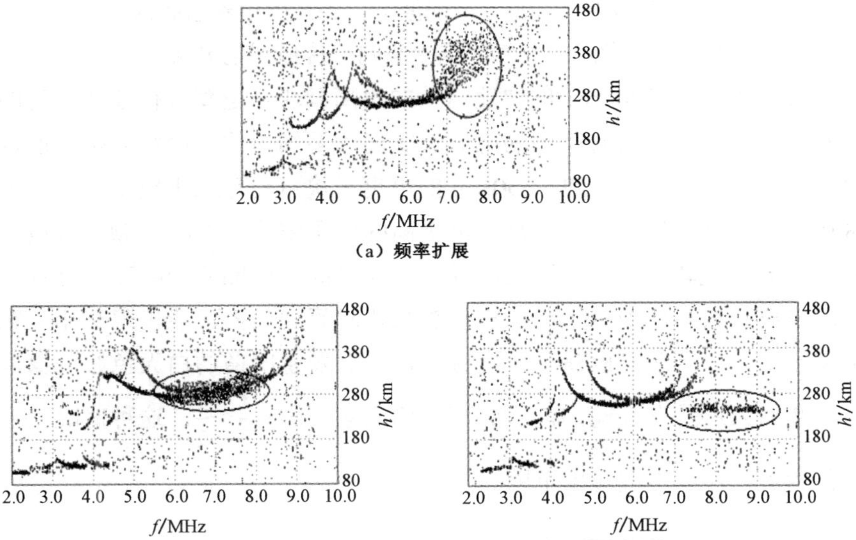

（a）频率扩展

（b）高度扩展

（c）马刺型扩展

图 4-24　3 种典型扩展 F 层的频高图描迹

4.4.3 电离层行波式扰动

电离层行波式扰动（TID）是 F 层的一种类似波浪运动的大尺度不均匀结构。它与太阳物理及地磁强度的数据无关，而与上层大气内的声重力波运动有关。虽然声重力波产生的原因和地点尚未查明，但人们至少可以把它们分成两种类型。

1. 大尺度电离层行波式扰动

大尺度电离层行波式扰动是具有较长周期（30 min 以上）的波动，表现特征为水平波长达上千千米，水平相位速度为 400～700 m/s，F 层电子浓度偏离正常值 20%～30%。多在高、中纬度可被观察到，且从高纬度地区向赤道方向移动。它们可能与极光和地磁激变引发的重力波扰动有关。

电离层行波式扰动使电子浓度等值面呈波状运动，从而导致无线电信号传播轨迹的相应变化，并获得附加的多普勒分量。此外，受电离层行波式扰动制约，无线电信号传播的多径干涉效应可能使接收信号严重衰落。

2. 小尺度电离层行波式扰动

小尺度电离层行波式扰动是具有较短周期（10～30 min）、水平尺度规模较小（50～300 km）、移动速度约为 200 m/s 的波动。小尺度电离层行波式扰动可能是雷雨型和强对流气象现象所激发的大气声重力波向上传播到电离层引起的。

水平尺度为 50～300 km 的快速运动的电离云块是电离层行波式扰动的特殊形式。它起源于电离层自身产生的电离层等离子不均匀体，而和太阳辐射及地磁强度变化无关。水平尺度为 50～150 km 的电离云块可能存在于电离层电子浓度最大值区域内，且具有比电子浓度最大值更高的电子浓度，影响高频无线电波的传播。它通过无线电轨迹时，会造成路径时延和最高可用频率的跃变。这种较小尺度运动的电离云块移动速度不高，在足够长的时间间隔内可能出现在相应无线电波传播路径上，有异常高的最高可用频率，或者发生所谓的白天色散现象，其特征是无论在白天还是在夜间，临界频率可下降为原来的 $\frac{1}{3}$～$\frac{1}{2}$。这种情况将大大压缩天波雷达可工作的电波频率范围。

4.4.4 突然电离层骚扰

太阳耀斑爆发会引起一系列地球物理效应，而伴随这些效应发生和滞后发生的电离层骚扰效应如图 4-25 所示。

太阳耀斑爆发时的α射线 8 min 到达地球，地球日照面电离层 D 层的电子浓度将突然激增，碰撞激增，电波被强烈吸收，致使短波雷达传输信道突然中断几分钟至几小时。由于这种电离层扰动发生非常突然，故称其为突然电离层骚扰（SID）。1935 年，Dellinger（约翰·霍华德·德林杰）首先把它同太阳活动联系起来加以解释，所以又称德林杰效应。它包括多种相关的效应。

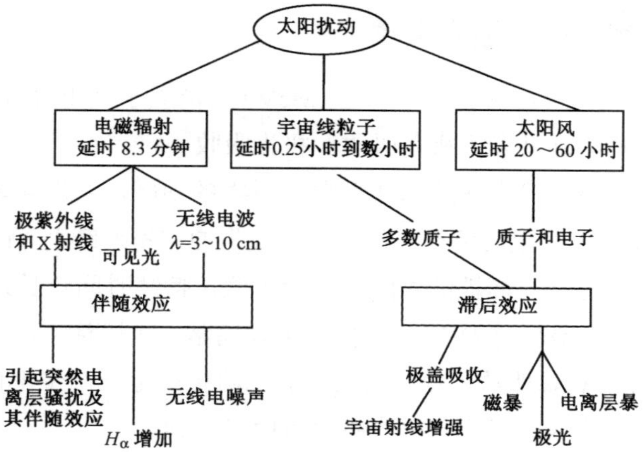

图 4-25　太阳扰动引起的地球物理效应

（1）突然短波消逝（SWF）：地球日照面电离层 D 层强烈地吸收 HF 频段电波，致使短波信道中断，于是发生突然短波消逝。

（2）突然相位异常（SPA）：经电离层反射的低频、甚低频信号相位发生突然变化。通常由于反射有效高度变低而使相位超前。

（3）突然频率偏移（SFD）：电子浓度激增，致使短波通过 D 层时频率突然偏移。

（4）突然宇宙噪声吸收（SCNA）：在接收高于 F 层临界频率的宇宙噪声时，宇宙噪声吸收强度突然减弱。

（5）突然闪电增/减（SEA/SDA）：观测由远处闪电产生的天电时，发现强度有突然增强或减弱的明显变化。

（6）电子总含量突增（SITEC）：D 层电子浓度突然激增，致使电子总含量突增。

突然电离层骚扰现象目前还不可预测，但可以对其发生过程进行监测。在发生 SID 时，HF 用户（包括天波超视距雷达）不能工作，必须等待 SID 消失。

4.4.5　电离层暴

太阳耀斑爆发时带电高能粒子 20～60 小时后到达地球，引起地球磁暴、极光、电离层骚扰（或电离层暴）。电离层扰动的持续时间较长，可达一天到几天。一般来说，电离层电子浓度和最高可用频率下降，可用频段变窄，有时可使短波雷达信道完全中断。目前人们已可以对电离层扰动的发生时间、影响等级和过程进行监测和预估。

4.4.6 极盖吸收与极光吸收

太阳耀斑爆发时的带电（大于 5～20 MeV）高能质子几十分钟至几十小时后，沿磁力线到达地球极区并发生极盖吸收和极光吸收。

极盖吸收（PCA）发生在地磁纬度大于 64° 的地区，其出现率相对较低。这种吸收是由于 D 层大气电离所产生的，它的发生通常不连续，有时事件之间也相互重叠。这种吸收总是与离散的太阳事件相关联，持续时间较长，通常为 3 天，但有时可短到 1 天，最长可为 10 天。极盖吸收通常在太阳活动峰值年份发生，一年发生 10～12 次。极盖吸收的明显特征是，在给定的电子产生率情况下，处于黑夜的几小时吸收下降很大。它与极光吸收有明显差异。

极光吸收（AA）是局域性的，常常发生在极光带（宽 6° ～15° ）内，高能质子使其低电离层电子浓度激增，电波被强烈吸收。它出现最频繁的年份是在太阳黑子极大年之后的 2～3 年。

4.5 电离层电波传播特性

电离层电波传播特性直接反映雷达电波在电离层传播所受的影响，主要包括反射与折射、法拉第旋转效应、色散和多普勒效应、电离层传播时延等。下面一一进行介绍，并给出计算方法。

4.5.1 电离层折射指数

1. 电离层折射指数公式

由于电离层是一种磁离子介质，其介电常数 ε 为一个张量，故电离层折射指数 n 是一个较复杂的物理参数。从 Maxwell 方程出发，根据磁离子介质理论及其结构关系式，E. V. Appleton 和 D. R. Hatree 导出了电离层折射指数公式：

$$n^2 = 1 - \frac{2X(1-X-iZ)}{2(1-iZ)(1-X-iZ) - Y_{\mathrm{T}}^2 \pm \sqrt{Y_{\mathrm{T}}^4 + 4Y_{\mathrm{L}}^2(1-X-iZ)^2}} \tag{4.48}$$

式中，$X = \dfrac{N_{\mathrm{e}}e^2}{\varepsilon_0 m\omega^2} = \dfrac{\omega_{\mathrm{N}}^2}{\omega^2}$；$Y = \dfrac{eB}{m\omega} = \dfrac{\omega_{\mathrm{H}}}{\omega}$；$Z = \dfrac{\nu}{\omega}$。其中，$N_{\mathrm{e}}$ 为电子浓度，e 为电

子电荷，m 为电子质量，ε_0 为介电常数，ω 为波角频率，ω_H 为角磁旋频率，$\omega_N = 2\pi f_N$，f_N 为等离子体固有振荡频率，称等离子体频率，ν 为碰撞系数，B 为磁场强度。式（4.48）中的分母根号前取加号时为寻常波，取减号时为非寻常波；$Y_T = Y\sin\theta$，$Y_L = Y\cos\theta$，θ 为磁场与波矢量的夹角。

式（4.48）就是磁离子理论中的色散公式，常称 Appleton-Hatree 公式。它很好地描述了电离层的介质特性。电离层是色散介质，公式表述了电离层折射指数与电波频率有关；电离层是有损耗介质，公式考虑了碰撞频率的影响；电离层介质是各向异性介质，公式表述了电离层折射指数与传播方向有关，而且电离层折射指数有两个满足 Maxwell 方程的平面波解，表明一个无线电波进入电离层介质后，可以有两种传播方式，即分裂成两个旋转方向相反的椭圆极化波，各以不同相速传播，即所谓的磁离子分裂现象。两个磁分裂极化波合成波的极化面在传播中发生旋转，这种效应称为法拉第旋转效应。与对流层折射指数（接近于 1）不同，电离层折射指数小于 1。

式（4.48）是十分复杂的。对穿过 E 层、F 层传播的高频电波，$Z = \nu/(2\pi f)$ 总是非常小的，随高度增加 Z 会越来越小。因此，在讨论 1MHz 以上信号传播时，一般可以忽略碰撞的影响，于是由式（4.48）可变为

$$n^2 = 1 - \frac{2X(1-X)}{2(1-X) - Y_T^2 \pm \sqrt{Y_T^4 + 4(1-X)^2 Y_L^2}} \tag{4.49}$$

式（4.49）仍然很复杂，在实际应用常进行适当简化，对 HF 频段无线电波的传播可得到相当简单的公式。

2. 电离层折射指数简化公式

1）不考虑地磁场影响

由于磁旋频率 f_H 约为 1 MHz，从而 $Y = f_H / f$ 的值很小，故

$$n^2 = 1 - X = 1 - f_N^2 / f^2$$

或

$$n = \sqrt{1 - \frac{80.6N_e}{f^2}} \tag{4.50}$$

式中，电子浓度 N_e 的单位为 m^{-3}；电波频率 f 的单位为 Hz，当用差频时延法精确测距时 f^2 变为两个差频（$f_1 f_2$）。这是一个最常用的电离层折射指数公式。

2）纵向传播（$Y_T = 0, Y_L = Y$）时

波矢量与磁场方向平行，故 n 有两个值，即

$$n^2 = 1 - \frac{X}{1 \pm Y} \tag{4.51}$$

3）横向传播（$Y_{\mathrm{T}}=Y, Y_{\mathrm{L}}=0$）时

波矢量与磁场方向垂直，故n有两个值，即

$$n^2 = 1 - X$$
$$n^2 = 1 - \frac{X(1-X)}{1-X-Y^2} \tag{4.52}$$

4）准纵向传播近似时

有时精度要求高的雷达系统，也要考虑地磁场的影响。此时，一般采用准纵近似。准纵近似条件为

$$\frac{Y_{\mathrm{T}}^4}{4Y_{\mathrm{L}}^2} \ll (1-X)^2 \tag{4.53}$$

现代雷达系统一般都工作在数百兆赫兹以上频率，均能满足该条件，在实际应用中一般取加号，即仅考虑寻常波的传播，于是折射指数可表示为

$$n^2 = 1 - \frac{X}{1+Y_{\mathrm{L}}} \tag{4.54}$$

4.5.2 电离层反射与折射

由 4.5.1 节讨论知道，电离层折射指数小于 1。当电波以入射角θ_0射向电离层时，因空气的折射率大（$n_0 \approx 1$），电波进入电离层后，其折射角将大于入射角。由于电离层中的电子浓度随高度而增大，因此折射角将越来越大。

可将电离层视作许多薄层，电离层折射传播示意图如图 4-26 所示，各层电子浓度由低向高逐渐增大，电波进入电离层后将连续以比入射角大的折射角向前传播，当达到某一高度时，折射角等于 90°，电波射线趋于平坦，产生全反射。此后，电波开始反向传播，逐渐折回地面。电波在电离层中传播是一个逐步折射的过程，但从总体效果可看作电波是从某一点反射。

在不考虑地磁场影响的情况下，由折射定律可得

$$n_0 \sin\varphi_0 = n_1 \sin\varphi_1 = n_2 \sin\varphi_2 = \cdots = n_n \sin\varphi_n$$

式中，n_0为空气的折射率，n_n（下标$n=1,2,\cdots,N$）为电离层第 n 层的折射率，φ_0为电波入射角，$\varphi_n(n=1,2,\cdots,N)$为电离层第 n 层的折射角。设第 n 层的电子浓度N_n恰好可产生全反射，即$\varphi_n = \pi/2$，$\sin\varphi_n = 1$，由此可得到电波在电离层中产生全反射的条件为

$$\sin\varphi_0 = n_n = \sqrt{1 - \frac{80.6N_n}{f^2}} \tag{4.55}$$

式（4.55）表明，电波能从电离层反射的频率、入射角和反射点电子浓度之间的关系。电波频率越高，相应的电离层折射率越接近 1，需要较大电子浓度的电离层才

能使电波反射回地面。因此，电离层存在一个使电波反射回地面的最高频率，称作最高可用频率（MUF）。凡是低于 MUF 的电波，都可从电离层反射回地面，电离层折射传播示意图如图 4-27 所示。

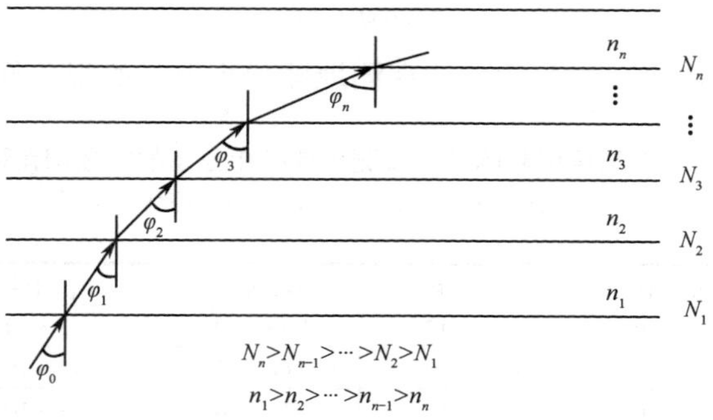

图 4-26　电离层折射传播示意图

电波能否反射还与入射角有关。入射角 φ_0 越大，进入电离层后折射角越大，电波越容易发生反射。入射角 φ_0 小，电波射线不易转平，要产生反射需要较低的入射波频率。入射角 φ_0 最小，即等于零时（电波垂直向上入射到电离层），能反射回来的最高可用频率是最低的，称为电离层的临界频率。

对于对空探测雷达而言，电离层折射导致雷达电波射线弯曲，电波射线折射弯曲和视在仰角示意图如图 4-28 所示，这时视在仰角误差 ξ 与测距误差 $\rho(=c\Delta\tau)$ 的关系为

$$\xi \approx \frac{(R+a\sin\theta)a\cos\theta}{h_{\mathrm{i}}(2a+h_{\mathrm{i}})+a^2\sin^2\theta}\frac{\rho}{R} \approx \frac{(R+a\sin\theta)\cos\theta}{2h_{\mathrm{i}}+a\sin^2\theta}\frac{\rho}{R} \tag{4.56}$$

式中，θ 是真实仰角，a 为地球半径，R 是卫星到地面接收机的真实距离，h_{i} 是电子密度剖面质心高度，一般为 300～450 km。

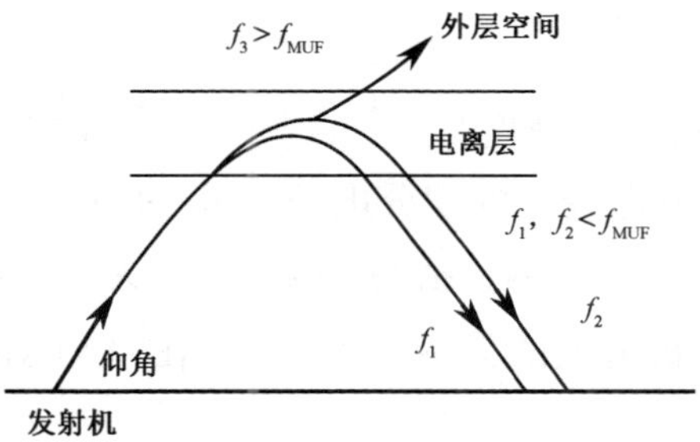

图 4-27　电离层反射传播示意图

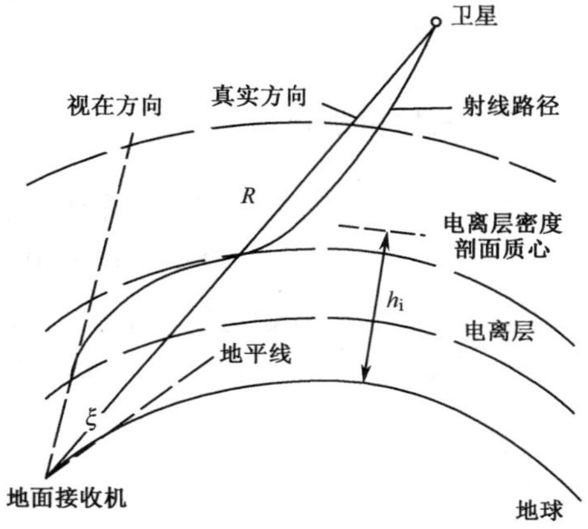

图 4-28　电波射线折射弯曲和视在仰角示意图

在低仰角情况，θ 很小，有

$$\xi = \rho\cos\theta/(2h_{\mathrm{i}}) \tag{4.57}$$

当 θ 很大，R 远小于 $a\sin\theta$ 时，有

$$\xi = \rho\cot\theta/R \tag{4.58}$$

表 4-5 列出了电离层引起的雷达观测地球静止卫星的视在仰角误差。

表 4-5 电离层引起的雷达观测地球静止卫星的视在仰角误差
（$h_{\mathrm{i}}=375\ \mathrm{km}$，$\mathrm{TEC}=10^{17}\ \mathrm{el/m^2}$）

仰角	100 MHz	200 MHz	500 MHz	1 GHz	3 GHz
5°	3.04×10^{-2}	7.17×10^{-3}	1.13×10^{-3}	2.83×10^{-4}	3.04×10^{-5}
10°	2.58×10^{-2}	6.09×10^{-3}	9.60×10^{-4}	2.40×10^{-4}	2.58×10^{-5}
15°	2.06×10^{-2}	4.85×10^{-3}	7.64×10^{-4}	1.91×10^{-4}	2.06×10^{-5}
20°	1.60×10^{-2}	3.76×10^{-3}	5.93×10^{-4}	1.48×10^{-4}	1.60×10^{-5}
30°	9.60×10^{-3}	2.27×10^{-3}	3.58×10^{-4}	8.94×10^{-5}	9.63×10^{-5}
40°	6.00×10^{-3}	1.42×10^{-3}	2.24×10^{-4}	5.61×10^{-5}	6.04×10^{-5}

4.5.3 电离层法拉第旋转

1. 法拉第旋转效应

法拉第旋转效应是在地磁存在的情况下，电波与电离层中电子相互作用的结果。线极化无线电波在电离层中传播时，首先分解为两个旋转方向相反的椭圆极化分量，频率越高，两个分量越接近圆极化。由于这两个分量在电离层中具有不同的传播速度，因此当它们在电离层中传播一段距离后重新合成一个线极化波时，波矢量方向相对于入射波的波矢量方向旋转了一个角度，这种现象叫作法拉第旋转效应。

2. 法拉第旋转角

VHF 以上频段的法拉第旋转角为

$$\Omega = 2.365\times10^{4} f^{-2}\bar{M}N_{\mathrm{T}} \quad （弧度） \tag{4.59}$$

式中，f 为无线电波频率（Hz），N_{T} 为传播路径上的积分电子含量（$\mathrm{el/m^2}$），$\bar{M}=\overline{B_0\cos\vartheta\sec\chi}$（平均），$B_0$ 为地磁感应强度，ϑ 为传播路径与磁场的夹角，χ 为传播路径与垂直方向的夹角。对于同步轨道上的信标，$\bar{M}$ 取 M 在 420 km 上的值。

图 4-29 给出了法拉第旋转与频率和电子总含量（TEC）之间的关系。

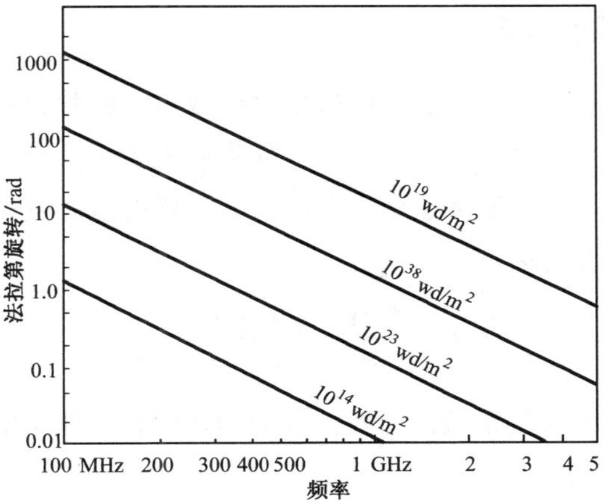

图 4-29　法拉第旋转与频率和 TEC 的关系

4.5.4　电离层色散

电离层是一种色散介质，因此当穿过电离层的信号具有较宽带宽时，传播时延（频率的函数）引入色散。带宽内的微分时延与频率的立方成反比。在 VHF 频段甚至 UHF 频段，宽带传输系统必须考虑色散效应。

图 4-30 是一个计算例子，积分电子含量为 $5\times10^{7}\,\mathrm{el/m^2}$，当脉冲信号的宽度为 1μs 时，若载频为 200MHz，色散导致的微分时延为 0.02μs，若载频提高到 600MHz，微分时延则只有 0.00074μs。

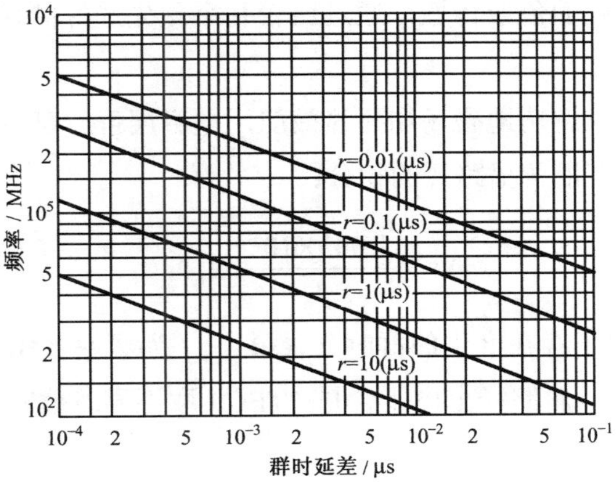

图 4-30　宽度为τ的脉冲穿过电离层的群时延差

4.5.5 多普勒效应

目标回波的频率相对于雷达工作频率增加或减小的效应称为多普勒效应。雷达电波通过电离层的多普勒效应中，多普勒频移来源于两个方面：一是雷达目标相对于接收机的运动，二是传播路径上电子总含量的时间变化率。雷达对低轨道目标探测时，多普勒频移为

$$\Delta f = \frac{f\mu_s v_e}{c} + \frac{40.3}{cf}\frac{\mathrm{d}N_T}{\mathrm{d}t} \tag{4.60}$$

式中，μ_s 为目标处的折射指数；v_e 为目标运动速度在视线上的分量（m/s）；f 为频率（Hz）；c 为光速（m/s）。

对静止目标，式（4.60）中第一项很小。总体来说，多普勒频移较小，是二阶小量。但是，对短波天波超视距雷达而言，多普勒频移为 0.2～2 Hz，存在电离层扰动时可达 6 Hz。

4.5.6 电离层传播时延

电离层传播路径上自由电子的存在导致无线电波传播的群速度小于真空中的光速，使传播时间较自由空间长，对雷达定位系统的精度影响较大。对于较高的精度要求（例如，5000km 的基线精度要求小于 1m 或多普勒测速精度要求小于 1mm/s），必须对传播时延进行修正。可以用预测法进行修正，也可以直接测量进行修正。利用电离层的色散特性，通过比较几个预先选好频率上的电离层效应可以实施修正。

按磁离子理论，忽略地磁场和碰撞效应，电离层群时延反比于工作频率的平方，正比于电子密度沿传播路径的积分：

$$\Delta\tau \propto \frac{1.343\times10^{-7}}{f^2}N_T \tag{4.61}$$

式中，$\Delta\tau$ 为自由电子存在产生的群时延（s），f 为频率（Hz）。

图 4-31 给出了沿斜路径上电子含量（TEC）取不同时值时，时延 $\Delta\tau$ 随频率 f 的变化。

对 1.6GHz 左右的信号，若 TEC 为 10^{16}～10^{19}el/m^2，则群时延为 0.5～500ns。图 4-32 给出了太阳活动高年白天时延超过 20ns 时间百分数的年平均值。

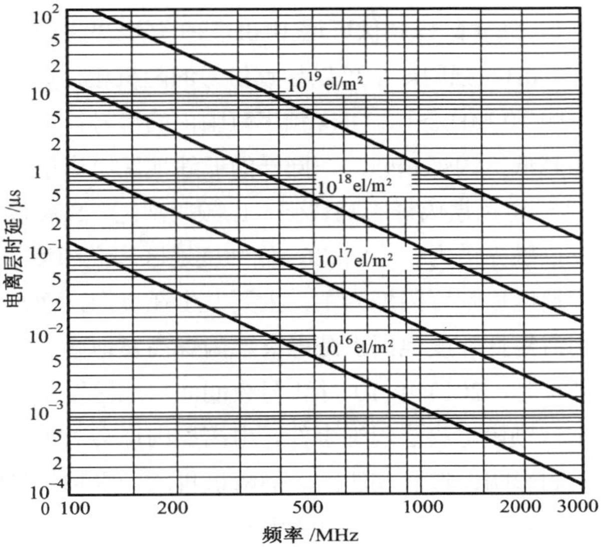

图 4-31　电离层时延随频率和 TEC 的变化

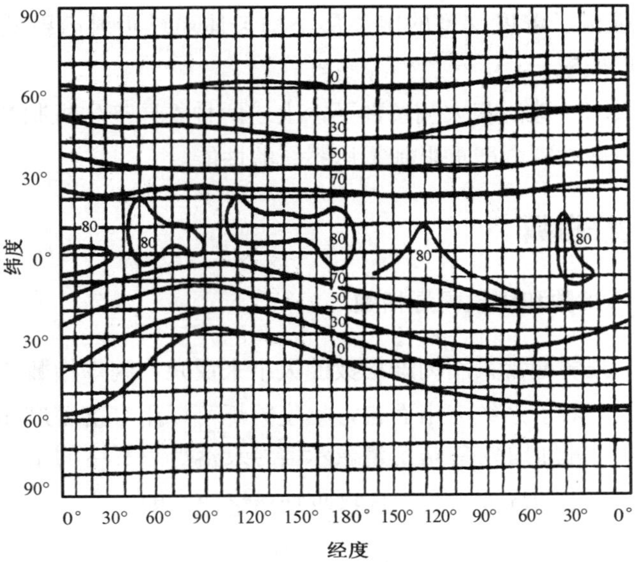

图 4-32　白天时延超过 20 ns 时间百分数的年平均值

4.6　电离层闪烁

电离层闪烁是无线电波穿过电离层电子浓度不均匀体产生的幅度、相位、极化和到达角的变化。电离层闪烁可引起信号强度的快速起伏变化，在中等强度电离层闪烁影响下，信号的峰-峰起伏可达 10 dB，在强电离层闪烁影响下，信号的峰-峰起伏可超过 20 dB，强闪烁还可以导致信号的随机相位起伏达到数个弧度。电离层闪烁可以影响 10 MHz～12 GHz 频率范围内的信号；其影响强弱与载波频率有关，信号频率越低，闪烁越强。在同样的低纬地区电离层不均匀体条件下，VHF、UHF 频段信号电离层闪烁影响较强，L 频段次之，S 频段稍弱。电离层闪烁发生区域集中在以磁赤道为中心的±20° 低纬度地区和高纬度极区，中纬度地区较少，其中低纬度地区以幅度闪烁为主，主要发生在夜间，而高纬度地区以相位闪烁为主，中国南海等低纬度地区也是电离层闪烁高发地区。电离层闪烁影响可持续几分钟甚至几小时，2013 年 10 月 4 号夜间海口地区发生过一次持续时间长达 299 分钟的 UHF 频段电离层闪烁事件。电离层闪烁会对雷达信号的幅度、相位、时延等产生不利影响，造成雷达回波的随机抖动，影响信号的相干性，降低目标定位精度，严重时可使雷达工作信道中断。

电离层闪烁由电离层不均匀体通过不同传播机制造成。

（1）尺度与传播路径 Fresnel 区尺度相近的电离层不均匀体通过衍射效应产生；

（2）存在强电子浓度梯度的电离层不均匀体通过折射散射效应产生聚焦现象，形成强闪烁效应。

在一定的太阳、地磁和大气条件下，上述两种不同产生机制都可能出现，所产生的电离层闪烁效应会严重限制雷达系统的性能。

4.6.1 闪烁指数

1. 幅度闪烁指数和相位闪烁指数

电离层闪烁强弱通常采用闪烁指数的大小来反映，闪烁指数有幅度闪烁指数和相位闪烁指数。对于系统应用而言，幅度闪烁可以用衰落深度和衰落周期两个参数来表征。幅度闪烁指数 S_4 是定量表示信号衰落严重程度的量，S_4 定义为一定时间间隔内接收功率的标准差与平均接收功率之比，即

$$S_4=\sqrt{\frac{\langle I^2\rangle-\langle I\rangle^2}{\langle I\rangle^2}} \tag{4.62}$$

式中，I 为信号强度，符号 $\langle\cdot\rangle$ 表示统计平均。S_4 随幅度闪烁的增强而增大，当 S_4 达到 1 时，称为闪烁达到饱和，在一定条件下，S_4 可以大于 1，此时闪烁出现聚焦。

在实际系统设计中常采用峰-峰起伏 P_{fluc}（dB）来表征闪烁信号的衰落深度，其定义为

$$P_{\text{fluc}}=I_{\max}-I_{\min} \tag{4.63}$$

式中，I_{max} 是所取时间段中第三大峰值信号强度，单位为 dB；I_{min} 是所取时间段中第三小峰值信号强度，单位为 dB。

S_4 与峰-峰起伏 P_{fluc}（dB）存在一个经验转化关系：

$$P_{fluc}=27.5S_4^{1.26} \tag{4.64}$$

该经验转换关系仅适用于 $S_4\leqslant 1$ 的情况。

电离层闪烁的衰落周期变化范围非常宽，从不到 1/10 秒到几分钟，它取决于电离层不均匀体相对于传播路径的运动，在强闪烁情况下它还取决于闪烁强度。千兆赫兹频率上的电离层闪烁信号的衰落周期为 1～10 s，并且闪烁指数 S_4 趋于 1 时可发生几十秒量级的长期衰落，这在 VHF、UHF 频段均有观测记录。

在相位闪烁测量中，一般采用信号载波相位的标准差 σ_ϕ 来表示。相位闪烁指数定义为

$$\sigma_\phi=\sqrt{\langle\phi^2\rangle-\langle\phi\rangle^2} \tag{4.65}$$

式中，ϕ 为信号载波相位，符号〈•〉表示统计平均。

2. 电离层闪烁指数 S_4 与频率、天顶角的关系

（1）若无直接测量结果，在工程应用中建议 S_4 与频率 f 的关系按 $S_4\propto f^{-1.5}$ 估算。

（2）S_4^2 与传播路径的天项角 i 之间的关系为

$$S_4^2\propto(\sec i)^n \tag{4.66}$$

式中，当 $i\leqslant 70°$ 时，$n=1$；当 $i>70°$ 时，$0.5\leqslant n\leqslant 1$。

这些结果适用于弱闪烁事件和中等强度闪烁事件。

4.6.2　闪烁信号强度的瞬时分布及功率谱特性

1. 闪烁信号强度的瞬时分布[24]

对于 $S_4\leqslant 0.6$ 的电离层闪烁事件而言，Nakagami-m 分布被认为足够充分描述闪烁信号强度的瞬时变化分布特性；对于 $S_4>0.6$ 的强电离层闪烁事件而言，Nakagami-m 分布的适用性逐渐降低。信号强度的概率密度函数为

$$P(I)=\frac{m^m}{\Gamma(m)}I^{m-1}\exp(-mI) \tag{4.67}$$

式中，Nakagami 系数 m 与闪烁指数 S_4 的关系为

$$m=1/S_4^2 \tag{4.68}$$

式（4.67）中，I 为归一化平均强度，与 Nakagami-m 分布函数对应的累积分布函

数为

$$P(I)=\int_0^I p(x)\mathrm{d}x=\frac{\Gamma(m,mI)}{\Gamma(m)} \tag{4.69}$$

式中，$\Gamma(m,mI)$ 和 $\Gamma(m)$ 分别为不完全伽马函数和伽马函数。由式（4.69）可计算在一个电离层闪烁事件中信号电平高于或低于给定门限值的时间百分数。信号强度低于平均值 X dB 的时间百分数为 $P(10^{-X/10})$，信号强度高于 Y dB 的时间百分数为 $1-P(10^{-Y/10})$。

Nakagami-m 累积分布如图 4-33 所示。

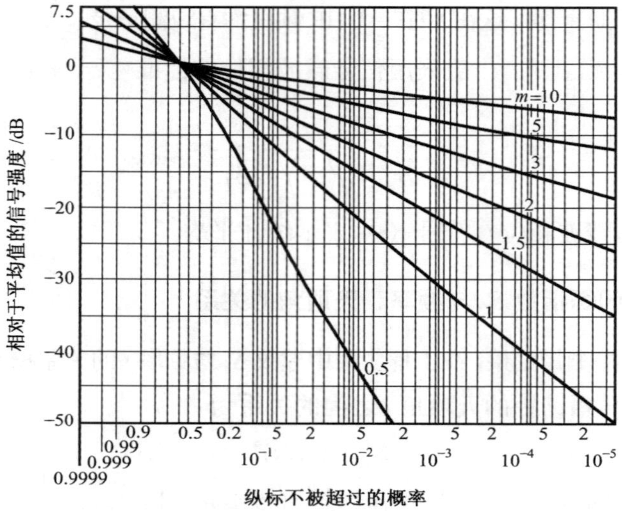

图 4-33　Nakagami-m 累积分布

2. 闪烁功率谱特性

通过分析电离层幅度闪烁信号的功率谱，可提取电离层不均匀体空间结构谱指数，进而了解电离层不均匀体结构特征对信号散射强度的贡献。大量的观测结果表明，电离层闪烁功率谱通常属于幂律型功率谱，其斜率变化为 $f^{-1}\sim f^{-6}$，1977 年 4 月 28—29 日在中国台北观测的 4GHz 信号功率谱密度如图 4-34 所示。系统应用时功率谱随频率变化常按 f^{-3} 计算。

4.6.3　闪烁全球形态分布及其变化特性

电离层闪烁按纬度可分为以下三类。

（1）赤道地区闪烁，它主要由赤道异常区中的等离子体泡所产生；

（2）中纬度地区闪烁，它与电离层扩展 F 层的出现相关；

（3）高纬度地区闪烁，可进一步分为极光区和极盖区闪烁，两者都与极光活动和地磁活动密切相关。

观测的 L 频段闪烁衰落深度的全球形态分布如图 4-35 所示。

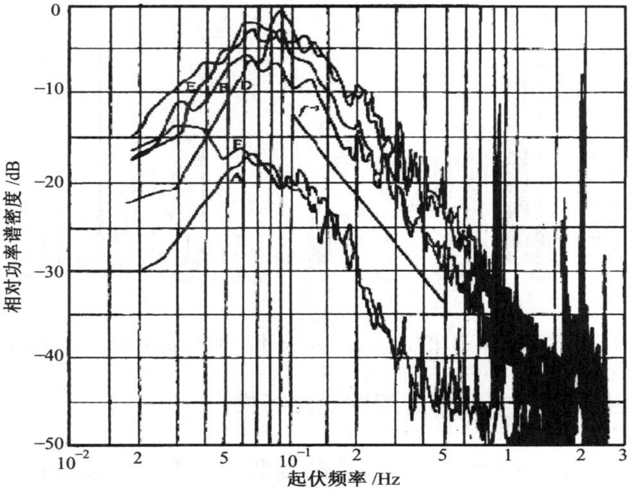

图 4-34　1977 年 4 月 28—29 日在中国台北观测的 4GHz 信号功率谱密度

（A：事件发生前 30 分钟；B：开始时；C：1 小时后；

D：2 小时后；E：3 小时后；F：4 小时后）

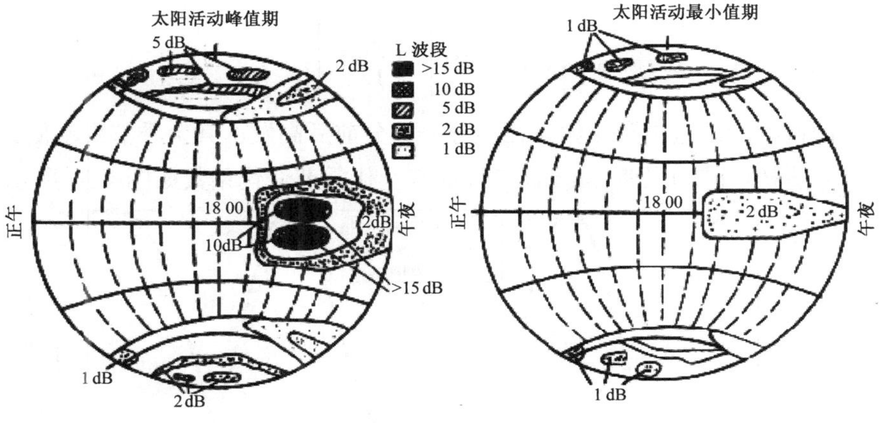

图 4-35　L 频段闪烁衰落深度的全球形态分布图

1．闪烁发生概率随太阳活动的变化特性

GNSS L 频段电离层闪烁月发生天数随太阳活动周期呈现周期性变化，太阳活动高年电离层闪烁发生概率高，太阳活动低年电离层闪烁发生概率低。大洋洲

地区 1999 年至 2016 年 GNSS 电离层闪烁月发生天数随太阳活动指数的变化规律如图 4-36 所示。

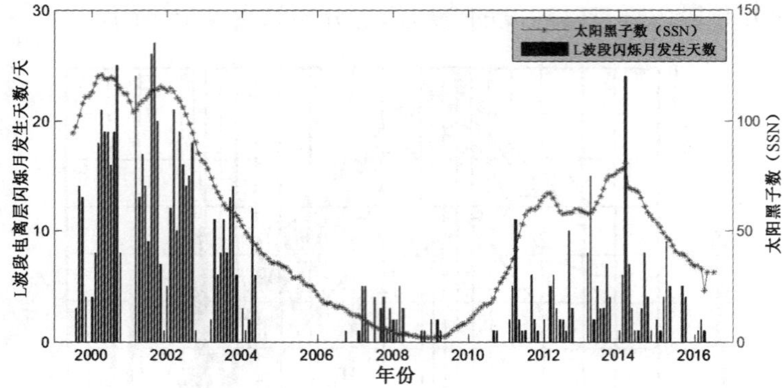

图 4-36　1999 年至 2016 年 GNSS 电离层闪烁月发生天数随太阳活动指数的变化规律

2．闪烁发生概率随季节和经度的变化特性[25]

电离层闪烁发生存在明显的季节和经度变化特性。电离层闪烁发生概率与晨昏线和地磁子午面之间夹角有关。当地磁子午面与晨昏线重合时，由此形成的磁赤道电离层条件最适合等离子体泡发生与发展演化。定义经过本地 350km 高度磁力线的磁赤道点的地磁子午面与晨昏线之间的夹角为季节变化控制参数 ϕ_{T}，则归一化季节变化系数与 ϕ_{T} 的函数关系为

$$f_{\mathrm{SEASON}}(\phi_{\mathrm{T}}) = \exp\left[-\left(\frac{\phi_{\mathrm{T}}}{13}\right)^2\right] \tag{4.70}$$

中国低纬度地区电离层闪烁在春分、秋分前后高发，其余季节则略低。中国香港、夸贾林环礁和巴西 Tangua 三地的归一化季节变化系数如图 4-37 所示。

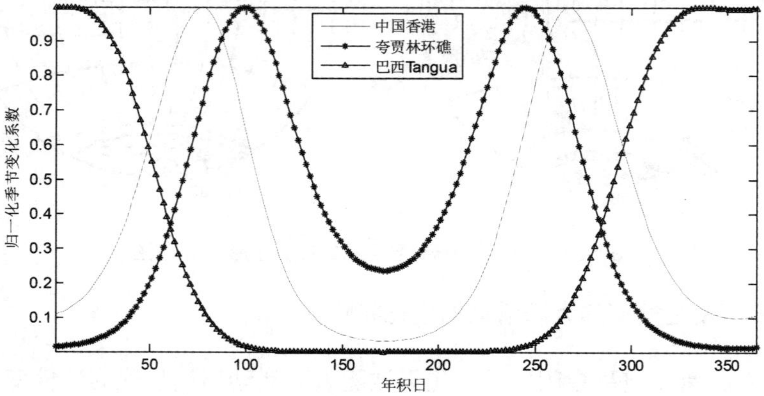

图 4-37　中国香港、夸贾林环礁和巴西 Tangua 三地的归一化季节变化系数

4.6.4　中国、东亚地区电离层闪烁衰落统计

1．闪烁的衰落深度[26]

雷达电波穿过电离层时，p%时间超过的电离层闪烁衰落深度的计算结果如图 4-38 所示。

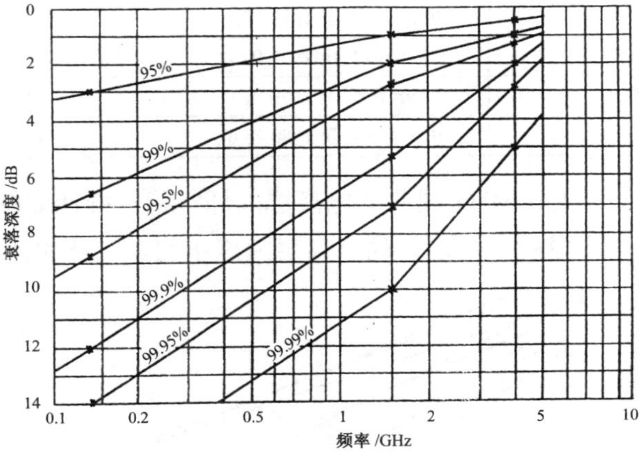

图 4-38　p%时间超过的电离层闪烁衰落深度

2．闪烁衰落统计特性

我国香港和台北观测的 4 GHz 电离层闪烁年积累统计如图 4-39 所示。

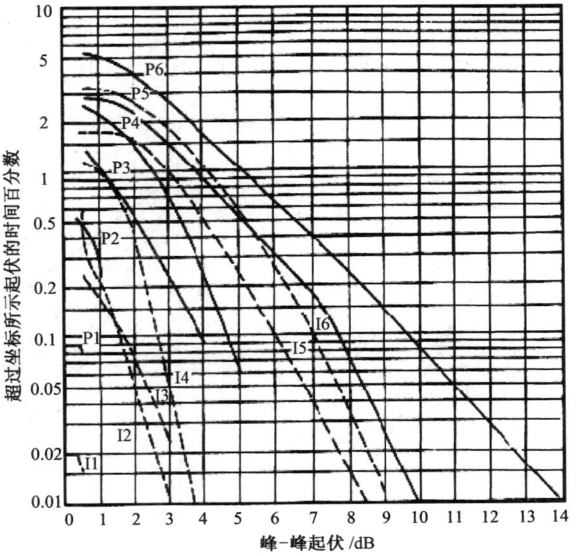

图 4-39　我国香港（曲线 I1、P1、I3～I6、P3～P6）和台北（曲线 P2 和 I2）观测的 4GHz 电离层闪烁年积累统计

图 4-39 中各曲线的观测区间和太阳黑子数范围如表 4-6 所示。

表 4-6　各曲线观测区间和太阳黑子数范围 1

曲线	观测区间	太阳黑子数范围
I1、P1	1975 年 3 月至 1976 年 3 月	10～15
I2、P2	1976 年 6 月至 1977 年 6 月	12～26
I3、P3	1977 年 3 月至 1978 年 3 月	20～70
I4、P4	1977 年 10 月至 1978 年 10 月	44～110
I5、P5	1978 年 11 月至 1979 年 11 月	110～160
I6、P6	1979 年 6 月至 1980 年 6 月	153～165

我国新乡地区用 136 MHz 观测的电离层闪烁年积累统计如图 4-40 所示。我国重庆和广州地区用 136 MHz 观测的电离层闪烁年积累统计如图 4-41 所示。

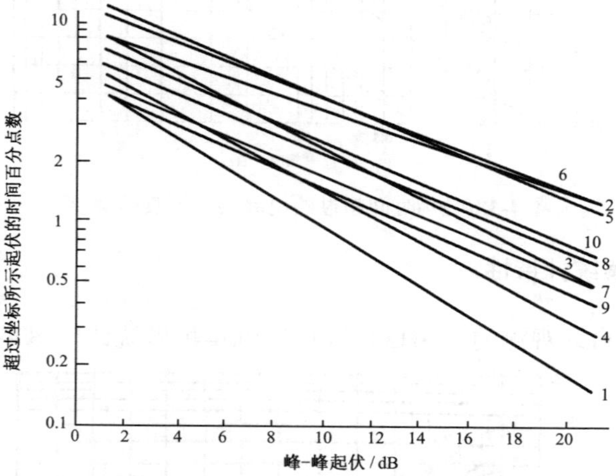

图 4-40　我国新乡地区用 136MHz 观测的电离层闪烁年积累统计

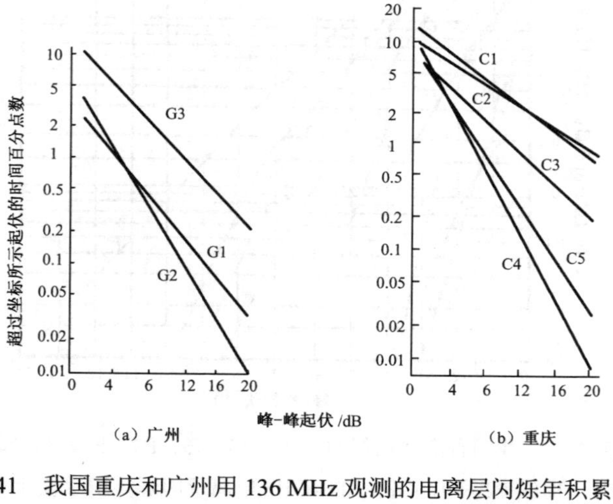

图 4-41　我国重庆和广州用 136 MHz 观测的电离层闪烁年积累统计

图 4-40 中各曲线的观测区间和太阳黑子数范围如表 4-7 所示。

表 4-7　各曲线观测区间和太阳黑子数范围 2

曲线	观测区间	太阳黑子数范围
1	1981 年 11 月至 1982 年 12 月	95～139
2	1983 年 1 月至 1983 年 12 月	64～93
3	1984 年 1 月至 1984 年 12 月	22～60
4	1984 年 7 月至 1985 年 6 月	18～44
5	1986 年 7 月至 1987 年 6 月	12～28
6	1987 年 1 月至 1987 年 12 月	18～51
7	1987 年 10 月至 1988 年 9 月	44～121
8	1988 年 1 月至 1988 年 9 月	58～21
9	1988 年 7 月至 1989 年 6 月	159～144
10	1990 年 1 月至 1990 年 12 月	141～153

图 4-41 中各曲线的观测区间和太阳黑子数范围如表 4-8 所示。

表 4-8　各曲线观测区间和太阳黑子数范围 3

曲线	观测区间	太阳黑子数范围
C1	1983 年 1 月至 1983 年 12 月	64～93
C2	1984 年 1 月至 1984 年 12 月	22～60
C3	1985 年 1 月至 1985 年 12 月	15～20
C4、G2	1986 年 1 月至 1986 年 12 月	12～16
C5、G3	1987 年 1 月至 1987 年 12 月	18～51
G1	1988 年 1 月至 1988 年 12 月	13～18

4.7　电离层返回散射传播

本节主要介绍短波天波超视距雷达的传播机理——电离层返回散射传播。首先给出返回散射传播的原理及应用，然后给出反映高频返回散射信道特性的频率-时延-幅度三维图，即返回散射电离图，接着给出电离层最小时延的计算方法，最后给出天波超视距雷达最小时延对地面距离的变换方法。

4.7.1　传播机理与应用

天波返回散射传播的过程是：无线电波斜向投射到电离层，被反射到远方地面，地面的起伏不平及电特性不均匀性使电波向四面八方散射，而有一部分电波将沿着原来的（或其他可能的）路径再次经电离层反射回到发射点，被那里的接收机接收。这一过程也可能出现两次以上地面散射和电离层返回散射。天波经地面散射时，电波可能偏离来时的大圆路径，发生非后向散射的“侧向”传播，经电离层反射到达偏离发射点的地面被接收，这样的传播过程被称为地侧后向散射传播。

1947年，苏联与美国几乎同时独立进行了试验，搞清了天波返回散射传播模式后向回波发生的原因，主要是地面不均匀性散射引起的。1951年以后，科学家的研究主要集中在如何把这种传播机制推向应用。天波返回散射的应用有以下几个方面。

1）短波无线电覆盖区的监视

利用天波返回散射可以确定短波传播跳距及不同地球物理因素影响下的跳距随时间的变化；监视和预报短波无线电电路的工作条件，如无线电覆盖区、最高可用频率等。

2）运动目标的检测

利用天波返回散射机制，已经成功研制高频天波超视距雷达。这种雷达已能成功检测地球曲率以下超远程的飞机、火箭和舰船目标。

3）海洋状态的监视

利用天波返回散射机制与布拉格散射理论发展了一种无线电海洋学探测技术。当前，天波雷达已能探测远海的海水表面海流速度，绘制海流图和海面风场。

4）电离层结构的监视

利用扫频天波返回散射回波图的前沿线，推算电离层结构。但前沿线本身不能提供足够信息，因此推算电离层结构只能在某些假定中进行，有待进一步研究。

4.7.2 返回散射扫频电离图

返回散射扫频电离图是指返回散射探测仪按照一定的频率列表（等间隔频率或非等间隔频率）进行电离层探测获取的三维电离图。高频返回散射特性的几乎全部信息，都将反映在实时测量的频率-时延-幅度三维天波返回散射扫频电离图中。它同电离层频高图一样，随年份、季节、昼夜时间有很大变化。这种电离图由电离层回波信号、同频干扰和背景噪声组成。其纵坐标是群时延（群距离），横坐标是频率，而幅度则用伪彩色标示。其中，同频干扰是其他高频用户对返回散射探测产生的射频干扰，平行于距离轴且呈垂线型，它在几乎所有探测距离门上都出现，其幅度随距离变化比较平缓。返回散射扫频电离图可以显示出，某一时刻在该天线指向的高频无线电传播信道上，什么频率的电波能覆盖多大的距离范围，其传播模式是什么，返回散射幅度有多大。由于返回散射幅度与入射到地面处的能量、入射角及地面后向散射系数有关，理论上可以估计照射远方地面的信号强度随地面的分布。三维天波返回散射扫频电离图的形态变化多端，非常复杂。下面给出几种常见的典型返回散射扫频电离图，相关图均由中国电波传播研究所提供。

1. 白天的扫频电离图

最典型的白天返回散射扫频电离图如图 4-42 所示。它有清晰的前沿和后沿，在群路径-频率平面上均有回波描迹，一般有准垂直探测描迹。

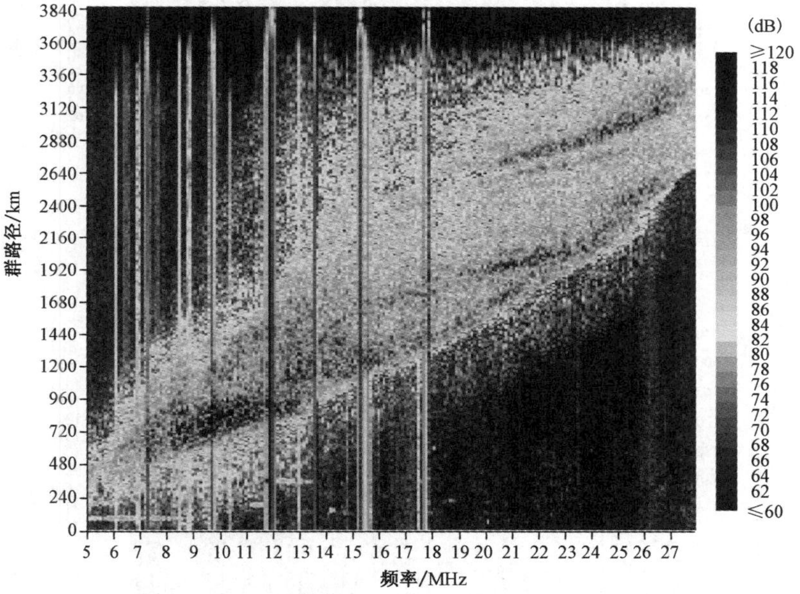

注：彩插页有对应彩色图像。

图 4-42　最典型的白天返回散射扫频电离图

2. 夜间的扫频电离图

夜间典型的扫频电离图如图 4-43 所示。由于夜间电子浓度降低，电波反射高度相对于白天会升高，因此夜间散射扫频电离图的前沿高于白天。

3. 波动型前沿的扫频电离图

F 层波动型前沿返回散射扫频电离图如图 4-44[25]所示。它显示了 F 层一跳前沿的描迹波动，意味着电离层沿波束方向有大的不均匀体，而在 2000 km 以远显示了两跳 F 层描迹。

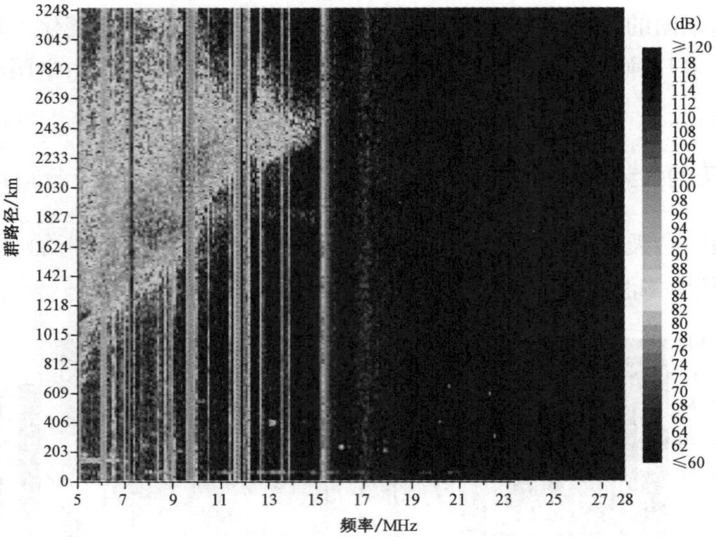

注：彩插页有对应彩色图像。

图 4-43　夜间返回散射扫频电离图

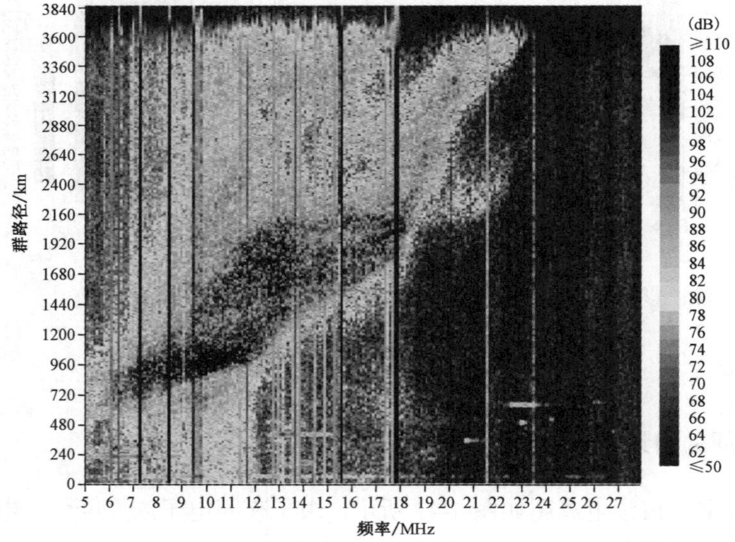

注：彩插页有对应彩色图像。

图 4-44　F 层波动型前沿返回散射扫频电离图

4．Es 层全遮蔽的扫频电离图

Es 层全遮蔽返回散射扫频电离图如图 4-45 所示。Es 层是具有高浓度密致型的平型 Es 层。它的存在完全遮蔽了 F 层的作用，使电波到达不了 F 层，因此无 F 层返回散射回波。

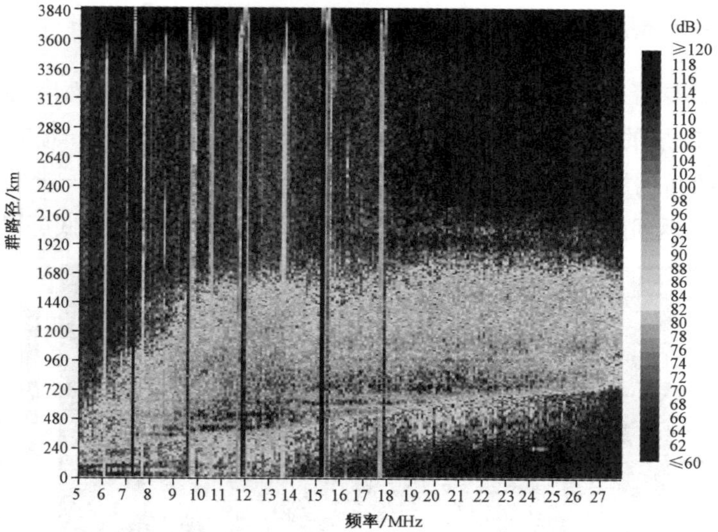

注：彩插页有对应彩色图像。

图 4-45　Es 层全遮蔽返回散射扫频电离图

5. Es 层半遮蔽的扫频电离图

Es 层半遮蔽返回散射扫频电离图如图 4-46[26]所示。Es 层是具有高浓度稀疏型的平型 Es 层，它的存在半遮蔽了 F 层的作用，可使部分电波到达 F 层，因此有较弱（相比无 Es 层存在时）而清晰的 F 层返回散射回波及其前沿线（最小时延线）。

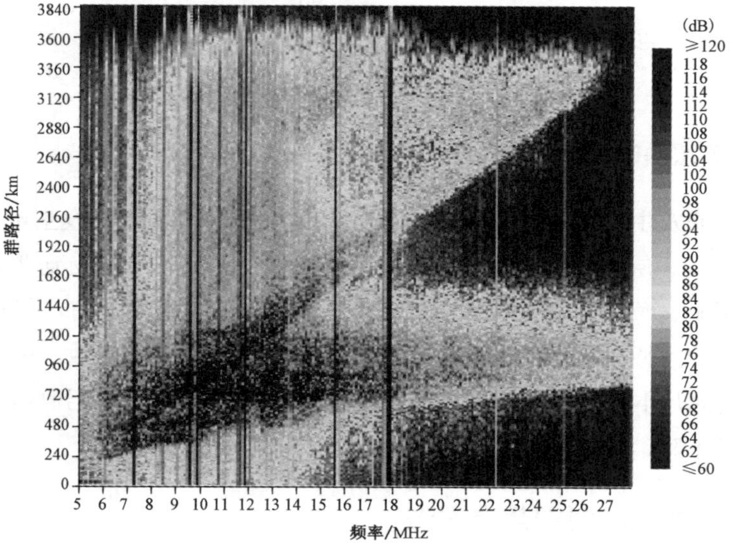

注：彩插页有对应彩色图像。

图 4-46　Es 层半遮蔽返回散射扫频电离图

6. 突然电离层骚扰时的扫频电离图

突然电离层骚扰时返回散射扫频电离图如图 4-47 所示。突然电离层骚扰直接引起电离层 D 层的电子密度快速、显著增加，导致对穿透 D 层传播的无线电波吸收增强，吸收可增加 7～45 dB，严重时信号完全中断，持续时间一般为十几分钟到两个多小时。返回散射扫频电离图反映出回波能量显著变弱，最低可用频率升高。

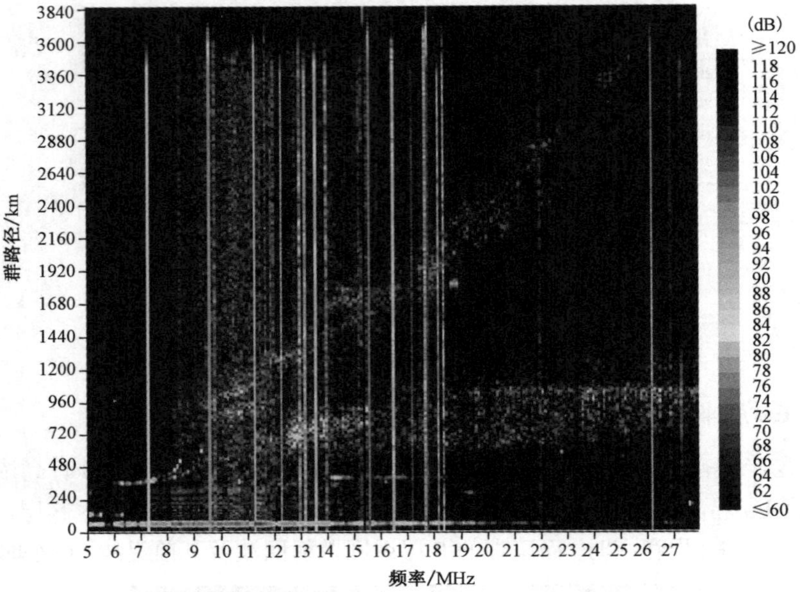

注：彩插页有对应彩色图像。

图 4-47　突然电离层骚扰时返回散射扫频电离图

7. 电离层暴时的扫频电离图

电离层暴发生期间的返回散射扫频电离图如图 4-48 所示。发生电离层暴时，电离层 E 层、F 层电子密度变化很大，依赖它们反射的信号会受到严重干扰。电离层暴有正暴、负暴和双相暴等多种形态。当电离层发生负暴时，能反射的最高频率下降，导致原来可用的高频信号穿透电离层，造成系统失效。电离层暴的持续时间一般为几小时至几天。图 4-48 是某一次电离层负暴发生后测得的，最高可用频率明显下降。

4.7.3 返回散射定频电离图

返回散射定频电离图是指返回散射探测仪以某一固定频率进行电离层探测获取的三维电离图。

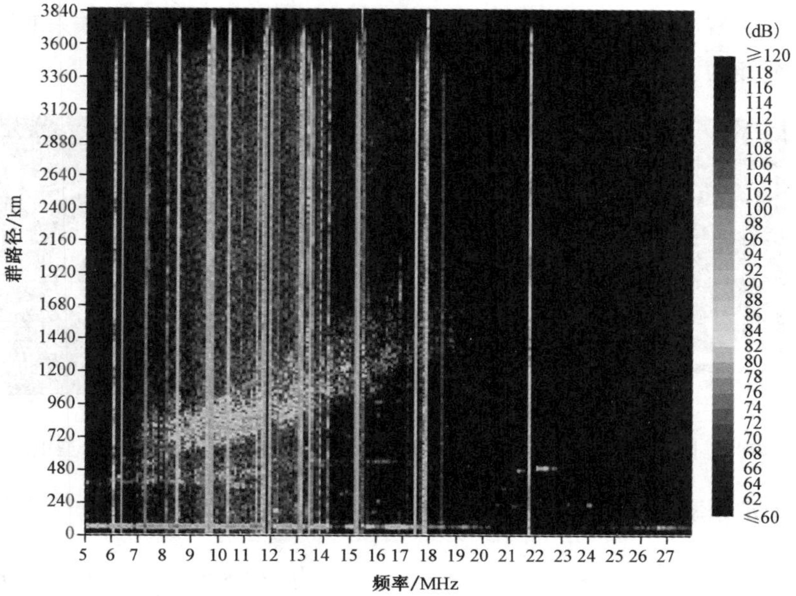

注：彩插页有对应彩色图像。

图 4-48　电离层暴时返回散射扫频电离图

1970 年，R. D. Hunsucker[27]曾出版过一本图集，收集了早期天波返回散射各类型的典型电离图，其中包括以下固定频率探测获取的电离图（图 4-50、图 4-51、图 4-52 均引自参考文献[27]）。

1．固定频率的 A 型电离图

固定频率的 A 型电离图如图 4-49 所示，给出了固定频率的无线电波在观测时刻返回散射能量幅度与群时延的关系，由它可以了解在照射区的能量分布。注意到，在 A 型电离图中，整个回波有很陡的前沿，这个“前沿”就是该频率的最小时延 P_{min}，在高信杂比情况下，可以精确地求出群时延的长度。回波前沿的陡峭是电离层球形聚焦和时间聚焦造成的。前者类似具有凹形反射镜聚光的现象，后者则是返回散射独有的特性，它类似于前向传播时电波在跳距边界上的角聚焦，即使入射角有明显变化时射线时延变化仍很小，因此大范围的功率密度就集中在很短的一段时间内。于是，当电波从这一段地面发生散射并沿原来路径返回时又重复了这种时间上的“压缩”现象，因此形成前沿陡峭。图 4-49 是由中国电波传播研究所提供的。

2．固定频率的 P 型电离图

固定频率的 P 型电离图如图 4-50 所示。这是用一个工作于 13.7 MHz 旋转八木天线在平面位置显示器（PPI）观测到的群时延（距离）和方位特性关系的返回散射电离图，它反映了该频率无线电波对发射站中心的360° 方位覆盖。

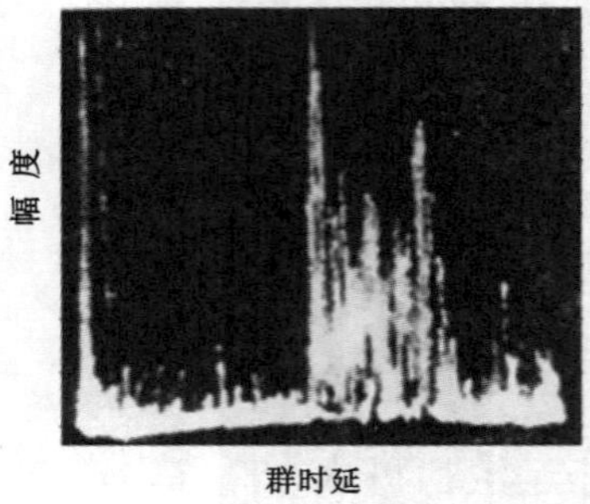

图 4-49　固定频率的 A 型电离图

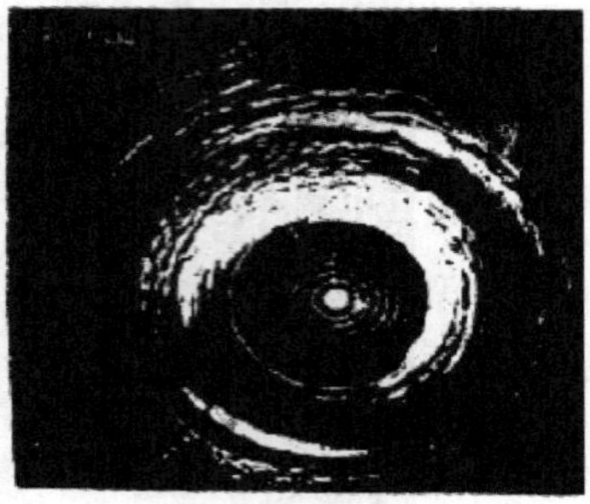

图 4-50　固定频率的 P 型电离图

3．固定频率的Φ型电离图

8 种常见Φ型电离图如图 4-51 所示。它是 Hunsucker 考察近 2 万张相似资料后得到的。它是 P 型电离图的一个非圆周式直角显示，纵坐标为群时延 P，横坐标为方位ϕ。括号里的数字表示该类出现的百分数。图 4-51 给出了 8 类常见的返回散射回波，第一种回波是假定电离层无扰动层状结构时预期出现的电离图，它在考察的 1.8 万张电离图中只占 6.5%，而其他回波被称为“补片”“斑点”“倾斜”“环状”等，可能由 Es 或行波扰动引起，虽然这些不均匀性的详细原因还不清楚，但每种变化都是电离层变化的一种表现。

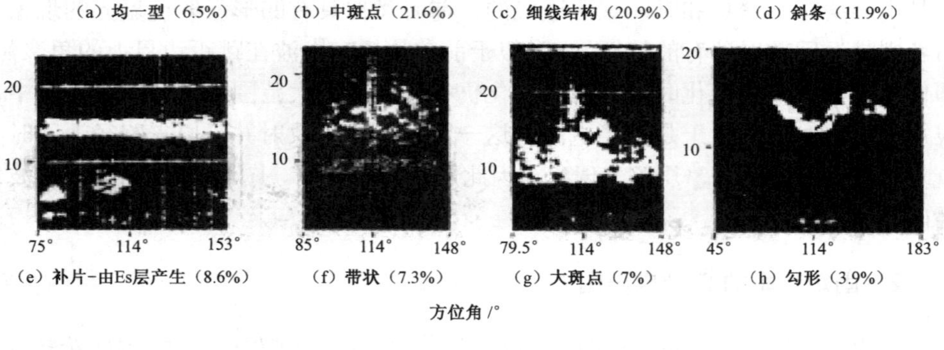

图 4-51　8 种常见Φ型电离图

4. 固定频率的 T 型电离图

固定频率的 T 型电离图如图 4-52 所示。其是用一个固定在一定方位上的八木天线观察 13.7 MHz 频率无线电波在夜间 4 小时连续变化的电离图，纵坐标是群时延，横坐标是时间，它反映了该频率的无线电波的覆盖区随时间的变化。

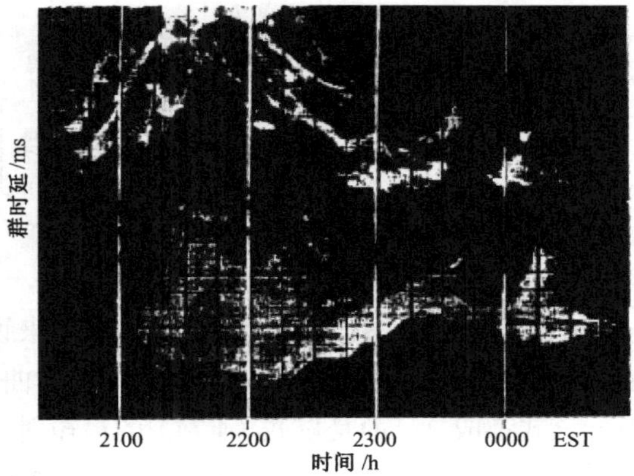

图 4-52　固定频率的 T 型电离图

4.7.4　最小时延线[28]

1. 平地面、抛物电离层情况

从最简单的平地面、抛物电离层出发描述其时延-频率特性。射线全路径的等效长度（群时延）P 和相应的地面距离 D 分别为

$$P=\frac{2h_0}{\sin\alpha}+xy_{\mathrm{m}}\ln\frac{1+x\sin\alpha}{1-x\sin\alpha} \tag{4.71}$$

$$D=2h_0 c\tan\alpha+xy_{\mathrm{m}}\cos\alpha\ln\left(\frac{1+x\sin\alpha}{1-x\sin\alpha}\right) \tag{4.72}$$

式中，α 是射线仰角，h_0 为层的底边界高度，y_{m} 为层的半厚度，f_0 为临界频率，f 为工作频率，$x=\frac{f}{f_0}$，可见 $D=P\cos\alpha$。从式（4.71）可见，当 $\alpha=\alpha_{P_{\min}}$ 时 P 有最小值，其值由方程式 $\frac{\mathrm{d}P}{\mathrm{d}\alpha}=0$ 确定，即

$$\frac{\mathrm{d}P}{\mathrm{d}\alpha}=-2\cos\alpha\left[\frac{h_0}{\sin^2\alpha}-\frac{y_{\mathrm{m}}}{\frac{1}{x^2}-\sin^2\alpha}\right]=0 \tag{4.73}$$

$\cos\alpha=0$ 是满足方程式（4.73）的一个解，此时 $\alpha=90°$，由式（4.71）得

$$P_{\min}(x)=2h_0+xy_{\mathrm{m}}\ln\frac{1-x}{1+x}$$

只要$x<1$，所得的解就能存在，并且对应于垂直探测时两次反射的一般情况。如果$\cos\alpha\neq 0$，则令式（4.73）括号内的式子等于零，可得

$$\sin\alpha_{P_{\min}}=\frac{1}{x}\sqrt{\frac{h_0}{h_0+y_{\mathrm{m}}}} \tag{4.74}$$

将表示射线最短路径的条件式（4.74）代入式（4.71）得

$$P_{\min}(x)=x\left[2h_0\sqrt{h_{\mathrm{m}}/h_0}+y_{\mathrm{m}}\ln\left[\frac{1+\sqrt{h_0/h_{\mathrm{m}}}}{1-\sqrt{h_0/h_{\mathrm{m}}}}\right]\right] \tag{4.75}$$

式中，$h_{\mathrm{m}}=h_0+y_{\mathrm{m}}$是最大电子浓度高度。

由式（4.75）可知，最小时延线$P_{\min}(x)$与频率线性相关，也就是说在平地面情况下，$P_{\min}(f)$是一条直线。对于球形地面和抛物电离层来说，随着x的增大，由于地面是球形的，距离的增长也加速，于是$P_{\min}(f)$变为曲线。从式（4.75）可知，不是对于任意x该式都成立，而是以式（4.74）的最短射线路径为条件限制，由此条件可得$x\geqslant\sqrt{h_0/h_{\mathrm{m}}}$。当$x<h_0/h_{\mathrm{m}}$时，$P_{\min}(f)$曲线变成一般垂直入射频高特性$h'(f)$的2倍。由此可知，最短时延曲线$P_{\min}(x)$完全依赖电离层的参数，最短时延曲线$P_{\min}(f)$是电离图确定最高可用频率或寂静区（跳距）边界位置的基础。

同样$\alpha=\alpha_{D_{\min}}$，D的表达式也有最小值。但因所得方程的超越性，$\alpha_{D_{\min}}$不可能有显函数形式。可以证明，最短地面距离$D_{\min}$（静区的边界或跳距）总是比对应于最短时延射线距离$D_{P_{\min}}$短一点。

2．球形地面和球面电离层情况

对平地面电离层模型来说，群时延P与地面距离D可由式（4.71）和式（4.72）给出，且它们之间的关系为

$$D\approx P\cos\alpha \tag{4.76}$$

它们可以通过仰角α联系起来。

但对球形地面和电离层模型来说就没有这样简单。假定折射指数$n(r)$仅是与地面距离r的函数，在忽略磁场和碰撞的情况下，可以由射线方程导出返回散射时延距离P与地面距离D的表达式：

$$P=2\int_0^s\frac{1}{n}\mathrm{d}s=2\int_{r_0}^{r_{\mathrm{t}}}\frac{r\mathrm{d}r}{\sqrt{r^2n^2-r_0^2\cos^2\alpha}} \tag{4.77}$$

$$D=2r_0\int_0^s\mathrm{d}\theta=2\int_{r_0}^{r_{\mathrm{t}}}\frac{r_0^2\cos\alpha\mathrm{d}r}{r\sqrt{r^2n^2-r_0^2\cos^2\alpha}} \tag{4.78}$$

式中，$r_0 = 6370$ km 为地球半径，α 为射线仰角，r 为地心算起的半径，s 为射线轨道，θ 为地心角，r 的脚标 t 为射线顶角的位置，而 n 为

$$n^2 = 1 - \frac{80.6N_e}{f^2} \tag{4.79}$$

式中，N_e 为电子密度，f 为工作频率。对准抛物电离层情况求解式（4.77）、式（4.78），有

$$P = 2\left\{r_0 \sin\gamma - r_0 \sin\alpha + \frac{1}{A}\left[-r_b \sin\gamma - \frac{B}{4\sqrt{A}}\ln\left(\frac{B^2 - 4AC}{(2Ar_b + B + 2r_b\sqrt{A}\sin\gamma)^2}\right)\right]\right\} \tag{4.80}$$

$$D = 2r_0\left\{(\gamma - \alpha) - \frac{r_0\cos\alpha}{2\sqrt{C}}\ln\left[\frac{B^2 - 4AC}{4C\left(\sin\gamma + \frac{1}{r_b}\sqrt{C} + \frac{1}{2\sqrt{C}}B\right)^2}\right]\right\} \tag{4.81}$$

式中，

$$A = 1 - \frac{1}{x^2} + [r_b/(xY_m)]^2, \qquad B = (-2r_m r_b^2)/(xY_m)^2,$$

$$C = -(r_m B/2 + r_b^2\cos^2\gamma), \qquad r_m = r_0 + h_0 + Y_m, \qquad r_b = r_0 + h_0 \tag{4.82}$$

$x = f/f_0$，$\gamma = 90^\circ - \varphi$，$\varphi$ 为入射角，f_0 为临界频率，h_0 为层的底高，Y_m 为层的半厚度，$h_m = h_0 + Y_m$ 为层的最大电子密度高度。

由式（4.80）和式（4.81）可知，P 和 D 之间没有显函数关系式，一般处理方法是利用模式化的电离层，用不同电子浓度剖面参数（f_0, Y_m, h_m）分别求解式（4.80）和式（4.81），对固定频率而言，P 和 D 的对应数值是通过仰角 α 联系起来的。图 4-53 和图 4-54 就是在电离层剖面参数 $h_m = 300$ km、$Y_m = 100$ km 情况下，不同 $x = f/f_0$ 的（$P - \alpha$）和（$D - \alpha$）曲线。例如，当 $x = f/f_0 = 2.0$ 时，在图 4-53 中 $P = 2000$ km 对应的 $\alpha = 10^\circ$，则图 4-54 中 $\alpha = 10^\circ$，$D = 1900$km。

要求最短时延距离 P_{min} 的地面距离 $D_{P_{min}}$，可将式（4.80）对 $\sin\gamma$ 求微分，得到最短时延距离方程，用迭代方法解出 γ，即

$$\cos\alpha = r_b\cos\gamma / r_0 \tag{4.83}$$

得到最小时延仰角 $\alpha_{P_{min}}$。将一组（与 f 有关的）α 和 γ 代入式（4.80）、式（4.81），可得到最短时延距离线 $P_{min}(f)$ 和它所对应的地面距离线 $D_{P_{min}}(f)$。

这种 P 对 D 的变换方法在应用中有很大的局限性，因为它要知道当时的电离层剖面参数，而往往这时的电离层参数正是我们想求解的。它很难用于换算实测返回散射电离图群时延距离对应的地面距离。

4.7.5 天波超视距雷达的坐标变换

天波超视距雷达探测到的是目标经电离层传播的群时延，但我们关心的是目标与雷达站的地面距离是多少，因此 P 换算到 D 是一个十分重要的问题。本节首先介绍由电离层返回散射探测得到的最短时延线对地面距离的转换算法，然后导出离散固定目标任意时延所对应的最短时延换算方法，最后将这种方法推广到确定运动目标回波描迹的情况。

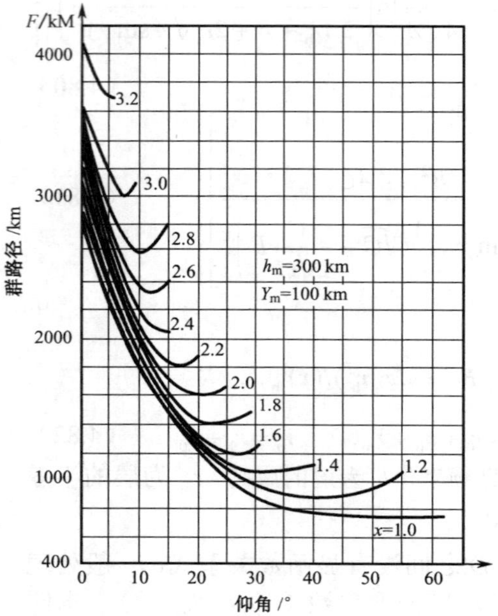

图 4-53　不同 x 的 $P-\alpha$ 曲线

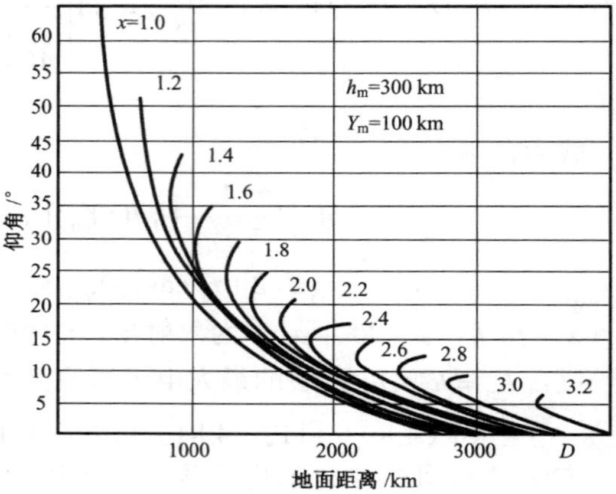

图 4-54　不同 x 的 $D-\alpha$ 曲线

1. 最短群时延对地面距离的变换[29]

最短群时延对地面距离的变换方法不依赖反射区中点电离层电子浓度分布的假设或实测，而仅利用高频返回散射探测站得到的电离图自身可度量的数据，如最短群时延距离 $P_{\min}$、最短群时延距离对应的工作频率 f 和最短群时延在工作频率 f 上的斜率 $\dfrac{\mathrm{d}P_{\min}}{\mathrm{d}f}$，即可实施这种变换。这种方法的关键是导出了利用返回散射电离图可度量的参数求最短群时延传播射线等效反射虚高 h' 的公式，即

$$(r_0+h')^2-r_0^2=\frac{P_{\min}}{2}\left\{\frac{kP_{\min}}{k+\dfrac{akP_{\min}}{1+a\left(P_{\min}-2h'\right)}-\dfrac{P_{\min}}{f}}-\frac{P_{\min}}{2}\right\} \tag{4.84}$$

式中，r_0 为地球半径，取值为 6370 km；$P_{\min}$（km）为对应工作频率 f 的最短群时延距离；$k=\dfrac{\mathrm{d}P_{\min}}{\mathrm{d}f}$（km/MHz）是返回散射电离图最短群时延在工作频率 f 上的斜率；a 为统计的经验常数，取值 4.7×10^{-5} / km；$P_{\min}$、f 和 $\dfrac{\mathrm{d}P_{\min}}{\mathrm{d}f}$ 可以从单站得到的返回散射电离图 $P_{\min}(f)$ 的曲线度量值计算得到；反射虚高 h' 可以从式（4.84）使用迭代方法解出一个合适的值。

$P_{\min}$ 所对应的地面距离 $D_{P_{\min}}$ 为

$$D_{P_{\min}}=2r_0\arccos\left[\left(r_0^2+r_1^2-\frac{1}{4}P_{\min}^2\right)\Big/(2r_0r_1)\right] \tag{4.85}$$

式中，$r_1=r_0+h'$。

这种方法与在准抛物电离层模型下求解射线方程的结果做过比较，在 $D_{P_{\min}}>$ 1000km 的区域，两者计算值之差小于 1%；用已知地面距离的同步扫频应答机的时延进行实验数据验证后，表明其误差在 3%以内。

2．任意群时延对地面距离的变换[30]

如果天波返回散射信号群时延对应的频率关系 $P(f)$ 已知，那么对于具体的目标，任意群时延距离 P 都可以找到对应的反射虚高 h'。于是 P 点对应的地面距离可由已知的表达式确定。

如果同时记录目标（离散源，如岛屿、山、城市等）多组群路径对应的频率关系 $P(f)$，为准确找到任意群时延对应的频率关系曲线 $P(f)$ 与最短群时延曲线 $P_{\min}(f)$ 的切点 P，可以按如下方法确定。实验资料统计表明，$P_{\min}(f)$ 可由二次多项式来近似，即

$$P_{\min}(f)=k_0+k_1f+k_2f^2 \tag{4.86}$$

当目标群时延对应的频率关系变化时，在接近最短群时延时，$P(f)$ 近似为抛物线，即

$$f-f_0=k(P-P_0)^2 \tag{4.87}$$

式中，k_0、k_1、k_2、k 是实时实验数据用回归方法确定的常数；抛物线的 3 个参数 f_0、k、P_0 通过在 3 个频率上对目标群时延距离 P 的测量求出。用这种方法确定的变换精度在地面距离大于 1000 km 时误差小于 4%。

这种方法可以用来确定雷达目标的地面距离，但是它要求具有特定的工作状态，即在略低于最高可用频率的 3 个频率上搜索目标。这在雷达观测目标时通常是可能实现的。

3．运动目标地面距离的转换方法[31]

天波超视距雷达的信号时延是电波经电离层折射与反射后照射到目标，再经原路径返回雷达站的时间，天波传播群时延距离是信号时延与光速乘积的一半，并非目标到雷达站的地面距离。由于电离层随时间不断变化，即使目标与雷达站间的地面距离固定不变，天波超视距雷达用不同的工作频率或在不同时间测得的雷达信号时延或天波传播群时延距离也是不同的。实际上，地面距离才是我们需要的，因此对天波超视距雷达来说，需要在确定的模式下进行目标的天波传播群时延距离 P 与地面距离 D 的转换（简称 PD 变换），而这种转换与电离层实时状态有关。

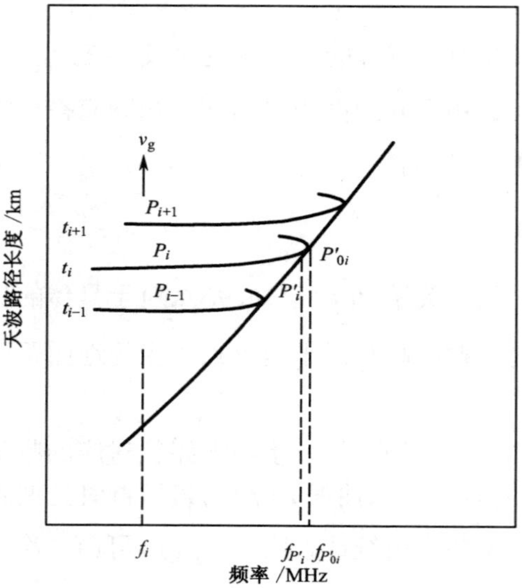

图 4-55　实测数据与计算数据关系

PD 变换的主要思路是，由电离层返回散射探测系统得到最短时延线；天波超视距雷达提供经过模式判别后能唯一确定其所处非模式模糊区的点迹数据：时延 P 、多普勒频率 f_d、工作频率 f 和时刻 t；对某次录取的点迹进行地面距离变换的步骤是先求出某一任意时延所对应的最短时延 P'，然后由 P' 推导出其对应的电离层反射虚高 h'，最后由求解所对应的地面距离 D。下面是一种在球面分层电离层 F 层模式下的 PD 变换算法，天波雷达实测数据与计算数据的关系如图 4-55 所示，具体步骤如下。

1）电离图预处理

电离图预处理确定试验描迹方程的常数，天波雷达实测高频返回散射电离图的最短时延线 $P_{\min}(f)$ 满足式（4.86）所示的方程，即

$$P_{\min}(f) = k_0 + k_1 f + k_2 f^2$$

式中，k_0、k_1、k_2 由实测电离图中用回归方法求出。

目标的雷达回波随频率变化的描迹方程在接近最短群时延线 $P_{\min}$ 时，满足抛物线方程式，记顶点坐标为 (f_0, P_0)，则

$$f - f_0 = k(P - P_0)^2$$

式中，f 为电离图的工作频率；k 为焦点参数，由实时试验数据用回归方法确定。

2）计算等效距离因子 S_i

假设目标源以径向速度 v_g 运动，并记时刻 t_i 对应的等效距离因子为 S_i。

通常，最短时延线很接近直线，至少可以将它分成好多段，将每段视为直线，式（4.78）最短时延线方程可写成

$$P_{\min} = k_0 + k_1 f \tag{4.88}$$

由不同时刻的 3 组雷达目标点迹测量数据：时刻 t、工作频率 f、目标群时延距离 P、多普勒频移 f_d，以及 k_0、k_1，采用回归法求得 t_i 时刻的 S_i，即

$$\left(f_i - \frac{S_i - k_0 + v_g T_{i-1}}{k_1}\right)(P_{i+1} - S_i - v_g T_i)^2 = \left(f_{i+1} - \frac{S_i - k_0 + v_g T_i}{k_1}\right)(P_i - S_i - v_g T_{i-1})^2$$

式中，v_g 为目标径向速度，$v_g = \frac{cf_d}{2f}$，c 为无线电波在真空中的传播速度；$T_{i-1} = t_i - t_{i-1}$，$T_i = t_{i+1} - t_i$；脚标 $i-1$、i、$i+1$ 分别对应于 t_{i-1}、t_i、t_{i+1} 时刻的量。

3）计算回波点迹描迹抛物线顶点

计算 t_i 时刻雷达回波点迹描迹抛物线顶点 (f_0, P_0)，即

$$f_{0i} = \frac{S_i - k_0 + v_g T_{i-1}}{k_1}$$

$$P_{0i} = S_i + v_g T_{i-1}$$

4）计算目标点迹最短时延坐标

计算 t_i 时刻目标点迹最短时延坐标 $f_{P'}$ 和 P' 即

$$P_i' = P_{0i} + \frac{1}{2kk_1}$$

$$f_{P_i'} = \frac{P_i' - k_0}{k_1}$$

5）计算射线电离层反射虚高

计算 t_i 时刻射线电离层反射虚高 h'：

$$(r_0 + h_i')^2 - {r_0}^2 = \frac{P_i'}{2}\left[\frac{k_1 P_i'}{k_1 + \frac{a k_1 P_i'}{1 + a(P_i' - 2h_i')} - \frac{P_i'}{f_{P_i'}}} - \frac{P_i'}{2}\right]$$

式中，r_0 为地球半径（取值为 6370 km）；a 为统计的经验常数，取值为 4.7×10^{-5} / km 。

6）计算目标地面距离

计算 t_i 时刻目标地面距离 D：

$$D_i = 2r_0 \arccos\left[\left(r_0^2 + r_i^2 - \frac{1}{4}P_i'^2\right)\Big/(2r_0 r_i)\right]$$

式中，r_i 为从地心算起电离层反射虚高，即 $r_i = r_0 + h_i'$。

循环处理第 2 步到第 6 步，逐点在非模式下模糊进行目标的 PD 转换，即可得到在由波束指向确定的方位上的目标径向地面距离。组合所有方位上的目标径向地面距离即可得到目标的地面航迹。

4.7.6 返回散射回波能量

返回散射回波的幅度计算是比较麻烦的，它比天波点对点通信场强计算复杂得多。因为即使发射一个简单的脉冲，但经过电离层后它将照射一个相当大的面积，而探测的返回散射回波能量是以大量可能的电离层路径与距离地面每个散射体相连的。更确切地说，返回散射回波能量是具有时空分布的。

对于一个发射功率为 P_t 的发射机，由雷达方程给出的从地面 ΔA 的返回散射能量为

$$P_r = \frac{\lambda^2 \sigma^0 \Delta A P_t}{(4\pi)^2 L d_T^2 d_R^2} G_T G_R \tag{4.89}$$

式中，d_T 和 d_R 是往返流管的等效距离。通过流管横截面积的变化，可以计算得出流管的等效距离。G_T 和 G_R 分别是发射天线和接收天线的增益，λ 是波长，L 是由于电离层吸收所引起的衰减，σ^0 是后向散射系数。下面分别给出有关参数的求解方法。

1. 地面后向散射系数

在研究返回散射传播（雷达方式）的场强对地面散射过程时，最关注的参数是地面散射系数 σ^0。但必须指出，与具有某种随机表面的数学模式相关的地面散射问题是最困难的问题之一。对于返回散射传播的目的来说，这个问题实际上尚未彻底解决，下列给出的仅是这个问题的初步试验结果。

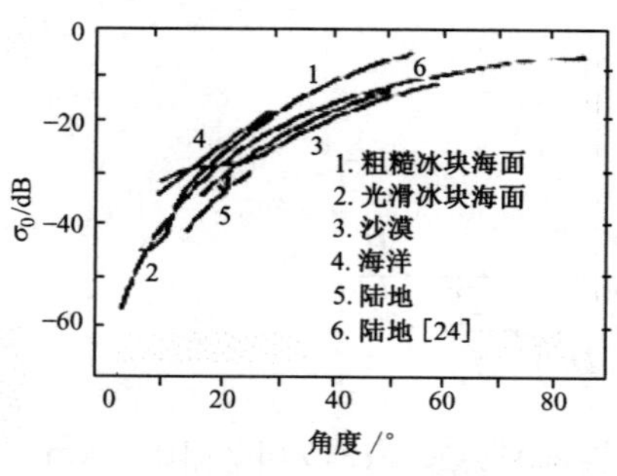

图 4-56　HF 频段地面散射系数与入射角的关系曲线

HF 频段地面散射系数与入射角的关系曲线如图 4-56 所示。显然这些测量结果针对的是比较平坦的大区域广延地面，其中包括了陆地、海洋、沙漠，以及有粗糙冰块或光滑

冰块的海面等。因而这些结果是大区域平均的散射系数。

焦培南等[32]利用一个小功率 HF 频段天波雷达，通过雷达方程进行了平均地面散射系数的测量，取得 200 多场关于 σ^0 的记录，统计分析了这些测量结果，并建立了一个地面散射模型：

$$\sigma^0(\alpha) = A\sin^n\alpha$$

式中，$A = 0.134$，$n = 4.31$，以 dB 表示有

$$\sigma^0(\alpha) = -8.77 + 43.1\lg(\sin\alpha)$$

式中，入射角α以度为单位。这个模型的模拟结果与前人测量结果比较，吻合得相当好。这些结果针对的是大面积比较平坦的地形。高山地区的散射系数要比平坦地形高 12～16dB，而部分被山区占据的混合地形的地面散射系数比通常的平坦地形高 6～8dB。全部被森林覆盖的平坦地形的地面散射系数比通常的平坦地形要低 10～20dB。

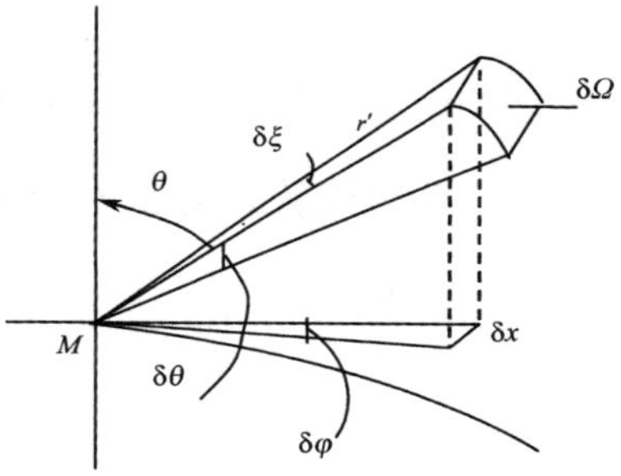

图 4-57　发射波束示意图

2. 照射的地面面积ΔA

假设位于地球表面 M 处的发射机发出一窄波束，该波束与 M 处法线方向夹角为θ，波束仰角宽度为$\delta\theta$，发射波束示意图如图 4-57 所示。波束张开的立体角为

$$\delta\Omega = \delta\xi \cdot \delta\theta \tag{4.90}$$

由图 4-57 中的几何关系可得

$$\delta\varphi = \frac{\delta x}{r'\sin\theta},\quad \delta\xi = \frac{\delta x}{r'} \tag{4.91}$$

因此有

$$\delta\xi = \delta\varphi\sin\theta \tag{4.92}$$

于是

$$\delta\Omega = \sin\theta\delta\theta \cdot \delta\varphi \tag{4.93}$$

在射线管与地面相交的点处（如图 4-58 所示），有

$$\delta x = r_0\sin\theta_c\delta\varphi,\quad \delta y = \frac{\partial D}{\partial\theta}\cos\theta\delta\theta \tag{4.94}$$

其中，地心角 θ_c 和地面的距离的关系如图 4-59 所示，于是

$$\delta A = \delta x\delta y = r_0\frac{\partial D}{\partial\theta}\cos\theta\sin\theta_c\delta\theta\delta\varphi \tag{4.95}$$

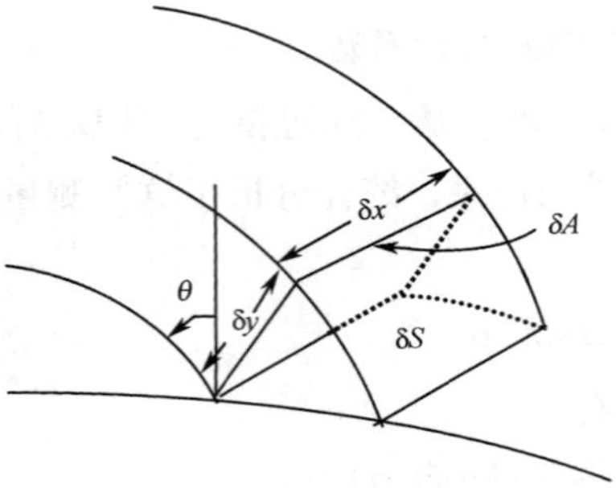

图 4-58　照射地面示意图

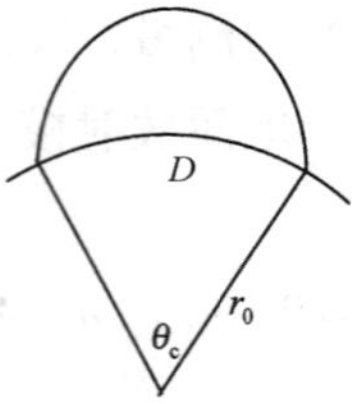

图 4-59　地心角 θ_c 和地面距离的关系

而

$$\Delta A = \delta S = \frac{\delta A}{\cos\theta} = r_0 \frac{\partial D}{\partial \theta} \sin\theta_c \delta\theta\delta\varphi \tag{4.96}$$

式（4.96）就是照射地面面积的表达式。

3．等效流管距离 d_T 和 d_R

根据图 4-59，有

$$\theta_c = \frac{D}{r_0} \tag{4.97}$$

将式（4.97）代入式（4.95），得

$$\delta A = r_0 \frac{\partial D}{\partial \theta} \cos\theta \sin\left(\frac{D}{r_0}\right) \delta\theta\delta\varphi \tag{4.98}$$

得到等效流管距离

$$d_T = \left(\frac{dA}{d\Omega}\right)^{\frac{1}{2}} = \left[\frac{r_0 \sin\left(\frac{D}{r_0}\right)\cos\theta}{\sin\theta}\frac{\partial D}{\partial \theta}\right]^{\frac{1}{2}} \tag{4.99}$$

这里近似认为往返的等效流管距离相等。

4．电波传播损耗

在短波传播中，能量的损耗主要来自 3 个方面：自由空间传播损耗、电离层吸收损耗、多跳地面反射损耗。短波传播损耗 L_S 可表示为

$$L_S = L_{b0} + L_a + L_g \tag{4.100}$$

式中，L_{b0} 为自由空间传播损耗（dB），L_a 为电离层吸收损耗（dB），L_g 为多跳地面反射损耗（dB）。若仅考虑一跳返回散射传播，则 L_g 不计入。这些参数的计

算见 4.8 节。

5．返回散射能量工程估算方法

上述方法用于工程计算是困难的，为了实际工程设计上的需要，作为一种近似计算，可以采用广延地面后向散射雷达方程来计算返回散射能量，它与通常熟知的雷达方程定义一样：

$$P_{\mathrm{r}}(\alpha)=\frac{P_{\mathrm{t}}G_{\mathrm{t}}}{4\pi R^2}\frac{\sigma}{4\pi R^2}\frac{G_{\mathrm{r}}c^2}{4\pi f^2}\frac{1}{L_{\mathrm{a}}}\frac{1}{L_{\mathrm{p}}} \tag{4.101}$$

式中，广延地面散射截面积为

$$\sigma=A\sigma^0\sin\theta=\frac{1}{2}c\delta_{\mathrm{t}}D\theta\sigma^0(\alpha)\tan\alpha \tag{4.102}$$

其中，σ^0 是地面散射系数，与入射角 α 有关；δ_{t} 为脉冲宽度；D 为地面距离；θ 为天线的方向角度；c 为光速；A 为照射地面的面积；f 为工作频率；L_{a} 为往返两次的电离层吸收损耗，与 α、f 有关；L_{p} 为系统总损耗；R 为天波路径长度，与电离层反射高度 h 有关；G_{t} 和 G_{r} 是发射天线和接收天线增益，与 α 和 f 有关。

利用式（4.101），对不同天波路径长度 R 和地面距离 D，以及不同入射角 α 逐点计算，可以求得幅度—时延 A 型电离图。值得注意的是，这个方程不适用于计算回波前沿的强度，因为这时要考虑电离层聚焦和跳距聚焦效应的贡献。

如同对返回散射强度有兴趣一样，人们对照射区场强也十分感兴趣，照射区场强的计算可以参照点对点通信的方法进行。对有的研究者来说，他们更感兴趣的是能否从返回散射强度导出相应的照射区的强度。

可以证明，当入射角与散射角相等时，一跳照射区的场强正比于返回散射信号的场强的平方根。

在考虑多跳的情况下，为了使返回散射站所观测到的第 n 次跳跃回波足以与观测一次跳跃的信号功率 P_{t} 相比拟，则需要计算增加的等效功率，如用 P_n 表示观测 n 次跳跃回波所需增加的功率，令 $H_n=\frac{P_n}{P_1}$，单位为 dB，于是有经验公式

$$H_n=17(n-1)A+0.64n_{\mathrm{dB}}-2(n-1)\rho_{\mathrm{dB}}\quad (\mathrm{dB}) \tag{4.103}$$

式中，n 为跳数，$n_{\mathrm{dB}}=20\lg n$；ρ 为地面反射损耗，$\rho_{\mathrm{dB}}=20\lg\rho$；$A$ 为电离层单向一跳的损耗。对一条 7000 km 长的电路，通常是 F 层二次或三次反射传输，取 $\rho=0.8$，白天 $A=1$，夜间 $A=0.2$，当 $n=3$ 时，为了观测到三次回波可与一次回波比拟，要求探测站白天功率增加 48 dB，晚上功率增加 20.8 dB。

4.8 电离层传播衰减

这里主要介绍两类衰减：天波雷达路径传播衰减，穿过电离层的电波传播衰减。本节分别给出两类衰减包含的所有效应，同时给出各种效应的计算方法。

4.8.1 天波雷达路径传播衰减[33]

电波在电离层中的传播衰减包括天波传播路径（群时延）P 的传播扩散损耗、电离层吸收 A_{ia}、E 层传播模式的电离层吸收修正项 A_{ec}、Es 层存在时的部分遮蔽衰减 A_q 与反射衰减 A_{er}、传播路径中心地磁纬度 $G_n \geqslant 42.5°$ 时的极区衰减和附加衰减 A_s。

1. 短波天波雷达路径

对于短波天波雷达，它的传播路径的扩散损耗不能用天线到目标的直线距离（或地面距离 d）来计算，而要用雷达天线到目标的群时延来计算。对于单跳电离层传播，短波天波雷达天线与目标间的天波路径长度（群时延）为

$$P = \frac{2a\sin\dfrac{d}{2a}}{\cos\left(\beta + \dfrac{d}{2a}\right)} \tag{4.104}$$

式中，a 为地球平均半径（km）；d 为雷达天线至目标的地面距离（km）；β 为射线初始仰角（rad）。

2. 电离层吸收

短波通过电离层要受到吸收衰减。一般电离层折射指数 $n \approx 1$ 处的吸收称为非偏移吸收，其他情况的吸收称为偏移吸收。实际上，非偏移吸收和偏移吸收是按垂直入射吸收测量数据分析得到的经验公式计算的。因此，电离层吸收为

$$A_{ia} = \frac{677.2 I \sec i_{100}}{(f + f_H)^{1.98} + 10.2} \tag{4.105}$$

式中，I 为吸收指数，

$$I = (1 + 0.0037 R_{12})[\cos(0.881\chi)]^{1.3} \tag{4.106}$$

式中，I 的最小值取 0.1；R_{12} 为太阳黑子数 12 个月流动平均值；χ 为太阳天顶角，根据月份、地理纬度与地方时可由式（4.28）计算；i_{100} 为射线入射角（垂直入射时为 0°），对于 F_2 层传播，取高度为 100 km 处的值，即

$$i_{100} = \arcsin(0.985\cos\beta) \tag{4.107}$$

式中，β 为射线初始仰角，f 为电波频率，f_H 为磁旋频率（MHz）。

为了计算方便，这里给出电离层吸收的手工计算图，图 4-60 为式（4.105）的电离层吸收的计算图，在计算时先在吸收指数 I 尺和仰角 β 尺上找出数值点连成一条直线，与参考线相交于一点，再在 $(f+f_H)$ 尺上找出数值点与此交点连线并进行延伸，与电离层吸收 A_{ia} 尺有一相交点，读出相交点数值，即得到一跳的电离层吸收值。图 4-61 为式（4.106）的吸收指数 I 计算图，在 x 尺和 R 尺上找到相应数值点连成一条直线，与 I 尺有一相交点，其数值即吸收指数。

对于 E 层传播模式，则要对上述电离层吸收加修正项。当 $f < E(d)\mathrm{MUF}$ 时，电离层吸收修正项（dB）为

$$A_{ec} = 1.359 + 8.617\ln\frac{f}{E(d)\mathrm{MUF}} \tag{4.108}$$

式中，f 为电波频率，$E(d)\mathrm{MUF}$ 为路径为 d 的 E 层传播模式的基本最高可用频率，有

$$E(d)\mathrm{MUF} = (f_0E)\sec i_{110} \tag{4.109}$$

f_0E 为 E 层的临界频率，i_{110} 为高度在 110 km 处的射线入射角（垂直入射时为 0°），可取为 i_{100} 的值。

若 $A_{ec} > 0$ dB，则 A_{ec} 为 0dB；若 $A_{ec} < -9$ dB，则 A_{ec} 为 −9dB。当 $f \geqslant E(d)\mathrm{MUF}$ 和采用 F_2 层传播模式时，A_{ec} 为 0dB。

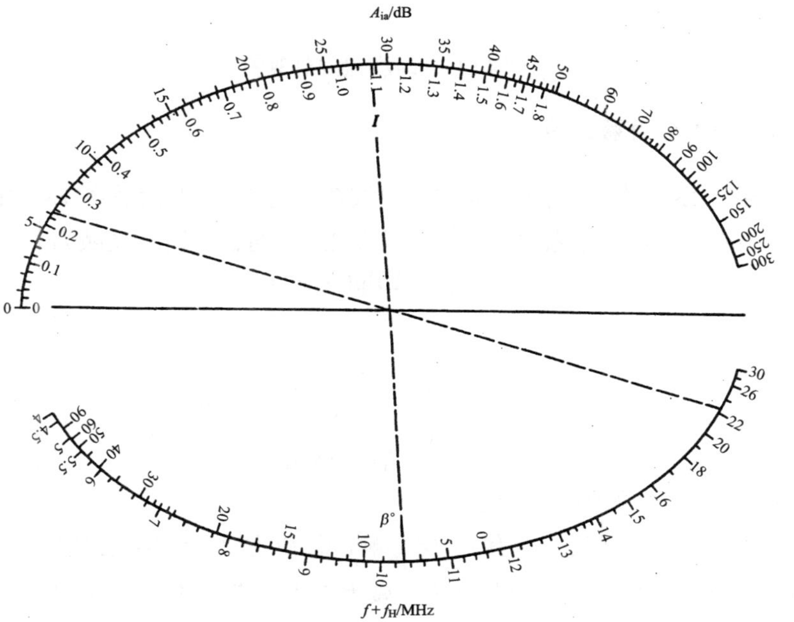

图 4-60　电离层吸收的计算图

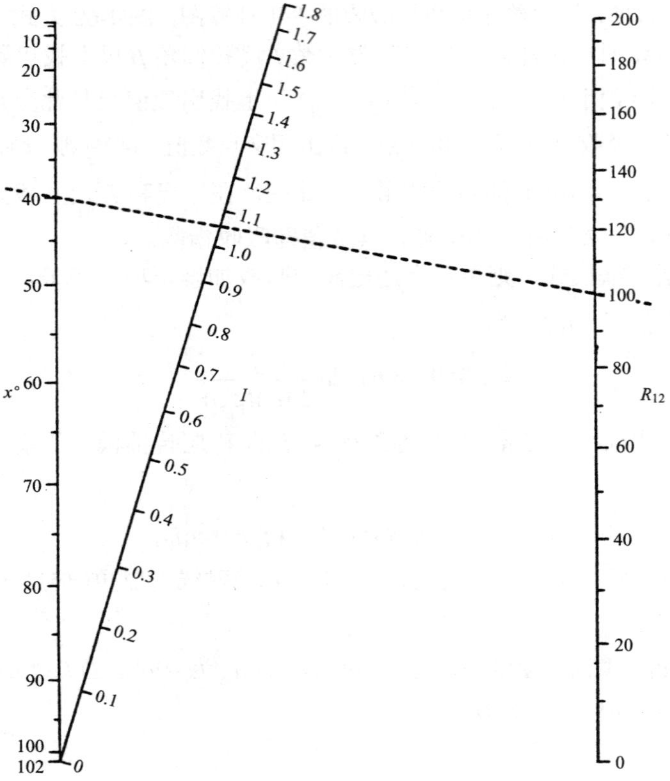

图 4-61　吸收指数 I 计算图

3. Es 层部分遮蔽衰减

对于存在 Es 层的 F 层传播模式，电波在穿越 Es 层时会受到 Es 层的遮蔽，因此电波功率受到部分遮蔽衰减，一次穿越 Es 层的部分遮蔽衰减为

$$A_q = -10\lg(1-R^2) \tag{4.110}$$

式中，

$$R = \frac{1}{1+10\left(\dfrac{f}{f_0 E_S \sec i_{110}}\right)^2} \tag{4.111}$$

式中，f_0E_S 为 Es 层的临界频率。

若雷达站或目标区仅一方有 Es 层影响，则 Es 层部分遮蔽衰减为 A_q；若两方均有 Es 层影响，则 Es 层总部分遮蔽衰减为 2 A_q；若用 E 层或 Es 层传播模式，则无须计入此项。

4．Es 层反射衰减

Es 层反射衰减为

$$A_{\mathrm{er}}=\left[\frac{40}{1+\dfrac{d}{130}+\left(\dfrac{d}{250}\right)^2}+0.2\left(\frac{d}{2600}\right)^2\right]\left(\frac{f}{f_0E_\mathrm{s}}\right)^2+\exp\left(\frac{d-1660}{280}\right) \quad (4.112)$$

式中，d 为雷达天线至目标的地面距离（km）；f 为电波频率（MHz）；f_0E_S 为传播路径中 Es 层临界频率。根据 Es 层的传播距离 d 与频率因子 $f/(f_0E_\mathrm{S})$，由图 4-62 可查得 Es 层反射衰减 A_{er}；当用 E 层或 F 层传播模式时，不需要计入此项。

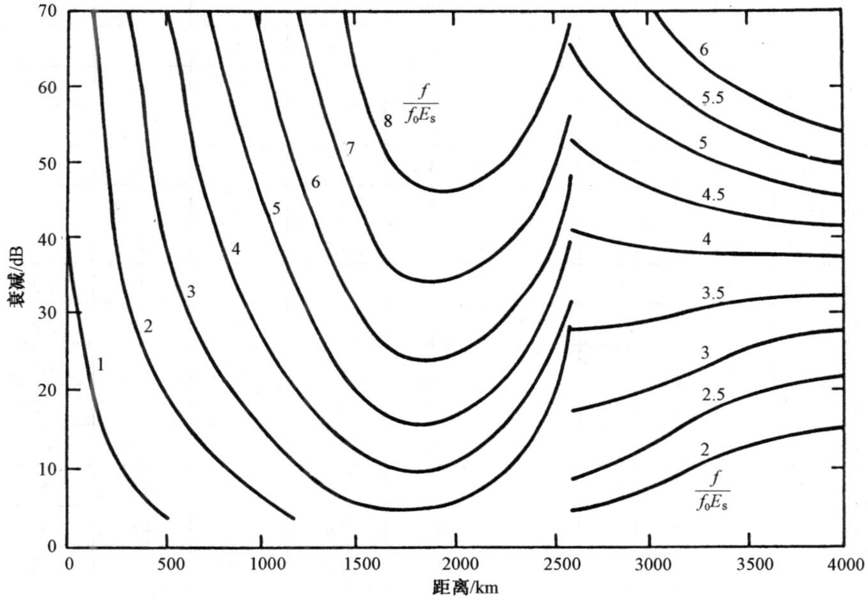

图 4-62 Es 层反射衰减 A_{er}

5．极区衰减

当传播路径中点的地磁纬度 $G_\mathrm{n} \geqslant 42.5°$ 时，还要考虑极区对天波传播的极区衰减 A_h。根据传播路径中点的地磁纬度 G_n（不分磁赤道南北）、地方时、季节与传播距离，由表 4-9（用于 $d \leqslant 2500$ km）或表 4-10（用于 $d>2500$ km）可查得极区衰减 A_h。

表 4-9　$d \leqslant 2500$ km 的极区衰减 A_h

G_n	中点地方时，t								
	$01 \leqslant t < 04$	$04 \leqslant t < 07$	$07 \leqslant t < 10$	$10 \leqslant t < 13$	$13 \leqslant t < 16$	$16 \leqslant t < 19$	$19 \leqslant t < 22$	$22 \leqslant t < 01$	
$77.5 \leqslant G_n$	2	6.6	6.2	1.5	0.5	1.4	1.5	1	冬季
$72.5 \leqslant G_n < 77.5$	3.4	8.3	8.6	0.9	0.5	2.5	3	3	
$67.5 \leqslant G_n < 72.5$	6.2	15.6	12.8	2.3	1.5	4.6	7	5	
$62.5 \leqslant G_n < 67.5$	7	16	14	3.6	2	6.8	9.8	6.6	
$57.5 \leqslant G_n < 62.5$	2	4.5	6.6	1.4	0.8	2.7	3	2	
$52.5 \leqslant G_n < 57.5$	1.3	1	3.2	0.3	0.4	1.8	2.3	0.9	
$47.5 \leqslant G_n < 52.5$	0.9	0.6	2.2	0.2	0.2	1.2	1.5	0.6	
$42.5 \leqslant G_n < 47.5$	0.4	0.3	1.1	0.1	0.1	0.6	0.7	0.3	
$77.5 \leqslant G_n$	1.4	2.5	7.4	3.8	1	2.4	2.4	3.3	分季
$72.5 \leqslant G_n < 77.5$	3.3	11	11.6	5.1	2.6	4	6	7	
$67.5 \leqslant G_n < 72.5$	6.5	12	21.4	8.5	4.8	6	10	13.7	
$62.5 \leqslant G_n < 67.5$	6.7	11.2	17	9	7.2	9	10.9	15	
$57.5 \leqslant G_n < 62.5$	2.4	4.4	7.5	5	2.6	4.8	5.5	6.1	
$52.5 \leqslant G_n < 57.5$	1.7	20	5	3	2.2	4	3	4	
$47.5 \leqslant G_n < 52.5$	1.1	1.3	3.3	2	1.4	2.6	2	2.6	
$42.5 \leqslant G_n < 47.5$	0.5	0.6	1.6	1	0.7	1.3	1	1.3	
$77.5 \leqslant G_n$	2.2	2.7	1.2	2.3	2.2	3.8	4.2	3.8	夏季
$72.5 \leqslant G_n < 77.5$	2.4	3	2.8	3	2.7	4.2	4.8	4.5	
$67.5 \leqslant G_n < 72.5$	4.9	4.2	6.2	4.5	3.8	5.4	7.7	7.2	
$62.5 \leqslant G_n < 67.5$	6.5	4.8	9	6	4.8	9.1	9.5	8.9	
$57.5 \leqslant G_n < 62.5$	3.2	2.7	4	3	3	6.5	6.7	5	
$52.5 \leqslant G_n < 57.5$	2.5	1.8	2.4	2.3	2.6	5	4.6	4	
$47.5 \leqslant G_n < 52.5$	1.6	1.2	1.6	1.5	1.7	3.3	3.1	2.6	
$42.5 \leqslant G_n < 47.5$	0.8	0.6	0.8	0.7	0.8	1.6	1.5	1.3	

6. 附加衰减

除以上所述的各种衰减外，实际上电离层天波传播衰减还要受到沿途传播条件（如极化耦合衰减、电离层不均匀性、聚焦与散焦等）的影响，因此还需要考虑附加衰减 A_s，一般 A_s 取 9.9 dB。

表 4-10　$d>2500\text{km}$ 的极区衰减 A_h

G_n	中点地方时，t								
	$01\leqslant t<04$	$04\leqslant t<07$	$07\leqslant t<10$	$10\leqslant t<13$	$13\leqslant t<16$	$16\leqslant t<19$	$19\leqslant t<22$	$22\leqslant t<01$	
$77.5\leqslant G_n$	2	6.6	6.2	1.5	0.5	1.4	1.5	1	冬季
$72.5\leqslant G_n<77.5$	3.4	8.3	8.6	0.9	0.5	2.5	3	3	
$67.5\leqslant G_n<72.5$	6.2	15.6	12.8	2.3	1.5	4.6	7	5	
$62.5\leqslant G_n<67.5$	7	16	14	3.6	2	6.8	9.8	6.6	
$57.5\leqslant G_n<62.5$	2	4.5	6.6	1.4	0.8	2.7	3	2	
$52.5\leqslant G_n<57.5$	1.3	1	3.2	0.3	0.4	1.8	2.3	0.9	
$47.5\leqslant G_n<52.5$	0.9	0.6	2.2	0.2	0.2	1.2	1.5	0.6	
$42.5\leqslant G_n<47.5$	0.4	0.3	1.1	0.1	0.1	0.6	0.7	0.3	
$77.5\leqslant G_n$	1.4	2.5	7.4	3.8	1	2.4	2.4	3.3	分季
$72.5\leqslant G_n<77.5$	3.3	11	11.6	5.1	2.6	4	6	7	
$67.5\leqslant G_n<72.5$	6.5	12	21.4	8.5	4.8	6	10	13.7	
$62.5\leqslant G_n<67.5$	6.7	11.2	17	9	7.2	9	10.9	15	
$57.5\leqslant G_n<62.5$	2.4	4.4	7.5	5	2.6	4.8	5.5	6.1	
$52.5\leqslant G_n<57.5$	1.7	20	5	3	2.2	4	3	4	
$47.5\leqslant G_n<52.5$	1.1	1.3	3.3	2	1.4	2.6	2	2.6	
$42.5\leqslant G_n<47.5$	0.5	0.6	1.6	1	0.7	1.3	1	1.3	
$77.5\leqslant G_n$	2.2	2.7	1.2	2.3	2.2	3.8	4.2	3.8	夏季
$72.5\leqslant G_n<77.5$	2.4	3	2.8	3	2.7	4.2	4.8	4.5	
$67.5\leqslant G_n<72.5$	4.9	4.2	6.2	4.5	3.8	5.4	7.7	7.2	
$62.5\leqslant G_n<67.5$	6.5	4.8	9	6	4.8	9.1	9.5	8.9	
$57.5\leqslant G_n<62.5$	3.2	2.7	4	3	3	6.5	6.7	5	
$52.5\leqslant G_n<57.5$	2.5	1.8	2.4	2.3	2.6	5	4.6	4	
$47.5\leqslant G_n<52.5$	1.6	1.2	1.6	1.5	1.7	3.3	3.1	2.6	
$42.5\leqslant G_n<47.5$	0.8	0.6	0.8	0.7	0.8	1.6	1.5	1.3	

4.8.2　穿过电离层的电波传播衰减

地球磁场和电离层中存在自由电子，因此穿过电离层的无线电信号（一般指20MHz 以上的频率）将受到电离层的影响。电子密度大尺度变化和小尺度变化的不均匀体都对信号产生影响，包括闪烁、吸收、到达方向的变化，以及传播时延、色散、频率改变和极化旋转等传播效应。

穿过电离层的电波传播衰减主要是电离层闪烁衰减和电离层吸收。

1．闪烁衰减

实用中闪烁衰减常考虑最坏年份、季节的统计结果。雷达电波穿过电离层 p% 时间超过的电离层闪烁衰减可在图 4-36 中查得。

2．电离层吸收

无直接测量结果时，30 MHz 以上的电离层吸收可按 $\sec i / f^2$ 估算，其中，i 是传播路径在电离层中的天顶角。赤道和中纬度地区 70 MHz 以上的无线电波的电离层吸收不明显。中纬度的测量结果表明，垂直入射一次穿过电离层对 30 MHz 的吸收一般情况为 0.2～0.5 dB。太阳耀斑爆发时，吸收将增大，但不大于 5 dB。增强的吸收发生在极盖区和极光区，出现时间是随机的，持续时间也不同，与目标的位置和路径仰角有关。极光吸收的持续时间量级为小时，而极盖吸收的持续时间量级为天。

极光吸收是极光区沉降的高能电子产生的 D 层和 E 层电子密度增加所致。观测表明，这种吸收发生在以可见极光出现率最大的纬度为中心的 10°～20° 内。它表现为一系列相对持续时间较短的不连续吸收，持续时间从数分钟到几小时，平均持续时间约为 30 分钟，夜间吸收表现为平滑的快速上升和缓慢下降。表 4-11 给出 127 MHz 频率上典型的极光吸收。

表 4-11　127 MHz 信号的极光吸收（dB）

时间百分数 p	仰　角	
	20°	5°
0.1	1.5	2.9
1	0.9	1.7
2	0.7	1.4
5	0.6	1.1
50	0.2	0.4

极盖吸收发生在地磁纬度大于 64° 的地区，出现率相对较低。极盖吸收通常在太阳活动峰值年份发生，一年发生 10～12 次。

参考文献

[1] Davies Keneth. Ionospheric Radio[M]. UK: Peter Peregrinus, 1990.
[2] 奚迪龙，王伟延. 我国电离层概貌[J]. 电波科学学报，1987，2（4）：37-47.
[3] CCIR. Atlas of Ionospheric Characteristics[M]. Geneva: CCIR, 1991.

[4] 熊皓. 无线电波传播[M]. 北京：电子工业出版社，2000.

[5] 熊年禄，唐存琛. 电离层物理概论[M]. 武汉：武汉大学出版社，1999.

[6] 叶公节，刘兆汉.电离层波理论[M]. 北京：科学出版社，1983.

[7] TITHERIDGE J E. Ionogram Analysis with the Generalized Program POLAN[J]. Report UAG-93. World Data Center A for Solar-Terrestrial Physics, 1985.

[8] 甄卫民, 冯健. 星载三频信标探测技术[C]. 第十三届全国日地空间物理学术讨论会论文集，2009.

[9] 闻德保. 基于 GNSS 的电离层层析算法及其应用[M]. 北京：测绘出版社，2013.

[10] 丁宗华，代连东，董明玉，等. 非相干散射雷达进展：从传统体制到 EISCAT 3D[J]. 地球物理学进展，2014，29（5）：2376-2381.

[11] 丁宗华，鱼浪，代连东，等. 曲靖非相干散射雷达功率剖面的初步观测与分析[J]. 地球物理学报，2014，57（11）：3564-3569.

[12] DING Z H, WU J, XU Z W, et al. The Qujing Incoherent Scatterradar: System Description and Preliminary Measurement[J]. Earth Planets and Space, 2018, 70, 1-13.

[13] 丁宗华，代连东、杨嵩，等. 曲靖非相干散射雷达功率谱初步观测与分析[J]. 地球物理学进展，2018，33（6）：2204-2210.

[14] 朱云舟. 昆明电离层 E 区场向不规则体特性研究[D]. 北京：中国电子科技集团公司电子科学研究院，2019.

[15] 孙宪儒. 亚大地区 F2 电离层预测方法[J]. 通信学报，1987，8（6）：37-45.

[16] REC. ITU-R P. 534-4: Method for Calculating Sporadic-e Field Strength[R]. 1999.

[17] REC. ITU-R P. 533-8: HF Propagation Prediction Method[R]. 2005.

[18] REC. ITU-R P. 1239: ITU-R Reference Ionospheric Characteristics[R]. 1997.

[19] REC. ITU-R P. 1240: ITU-R Methods of Basic MUF, Operational MUF and Ray-path Prediction[R]. 1997.

[20] 权坤海，戴开良，孙宪儒，等. 中国参考电离层：GJB 1925—94[S]. 1994.

[21] BILITZA D. International Reference Ionosphere 2000[J]. Radio Science, 2001, 36(2): 261-275.

[22] LIEWELLYN S K, BENT R B. Documentation and Description of the Bent Ionospheric Model[J]. SAMSO Technical, 1973: 73-252.

[23] 江长荫，张明高，焦培南，等. 雷达电波折射与衰减手册：GJB/Z87—97[S]. 1997.

[24] 何友文，张明高. An Investigation of Ionospheric Scintillation in China and its Neighbouring Area[J]. 电波科学学报，1993，8（2）：16-24.

[25] 冯静，齐东玉，李雪，等. 返回散射电离图传播模式的自动识别方法[J]. 电波科学学报，2014，29（1）：188-194.

[26] 冯静，李雪，齐东玉，等. 返回散射电离图的前沿提取方法[J]. 空间科学学报，2012，32（4）：524-531.

[27] HUNSUCKER R D. An atlas of Oblique-incidence High-frequency Backscatter Ionograms of the Mildlatitude Ionosphere[R]. ESSA Tech. Rep. ERL 162-ITS 104, U. S. Govt. Print Office, Washington, D.C., 1970.

[28] 焦培南，张忠治. 雷达环境与电波传播特性[M]. 北京：电子工业出版社，2007.

[29] 焦培南，朱其光. 高频返回散射传播最小时延的地面距离计算新方法[J]. 武汉大学学报，1985，85（4）：63-70.

[30] 焦培南，杜军虎. 高频返回散射电离图中的离散源回波的地面距离的确定[J]. 空间科学学报，1987，7（1）：59-64.

[31] 杜军虎，焦培南. 利用返回散射技术确定运动目标地面径向轨迹[J]. 空间科学学报，1987，7（3）：229-233.

[32] JIAO P. The Applied Investigation of HF Backscatter Propagation[C]. Proc.of ISRP'88, Beijing, 1988: 523-526.

[33] CCIR. Rcommendation 252-2: Second CCIR Computer-based Interim Method for Estimating Sky-wave Field Strength and Transmission Loss at Frequencies between 2 and 30 MHz[R]. 1992.

第5章
无线电噪声与干扰

雷达接收机输出有用信号的质量，并不决定于信号场强的绝对值，而取决于信号电平对噪声或干扰的比值，也就是信噪（干）比。因此，噪声和干扰对于雷达检测目标信号是一个门限因素。本章首先介绍全频段噪声电平的频率关系；然后分别给出大气气体和地球表面的辐射噪声、地球以外的噪声源亮温、人为无线电噪声、大气无线电噪声，以及无线电干扰随着频率、时间和空间位置变化预期电平的估算方法。本章选用了国际电信联盟（ITU）的 ITU-R P.372 推荐书[1]的噪声全球分布图数据，同时对于中国的实测数据进行了一定的补充。

5.1 无线电噪声与干扰

本节主要介绍噪声与干扰源分类及噪声强度的相关术语。

雷达噪声和干扰环境是十分复杂、多变的，有自然界的噪声源、人工的噪声源，还有电台的干扰及蓄意的干扰等。这些噪声和干扰是随着频率、时间和空间位置变化的。

5.1.1 无线电噪声

1. 雷达系统的内部噪声

雷达系统的内部噪声主要来自接收通道的天线、馈线，以及接收机的电子元器件。例如，电子的随机热运动，半导体器件中越结电流的起伏变化，具有高斯噪声性质。雷达接收机内部噪声功率主要取决于接收机的设计水平，采用电子元器件的性能及制造工艺的水平。目前，雷达接收机单位带宽的噪声功率电平已经可以达到−199 dB（W/Hz）。

2. 雷达系统的外部噪声

雷达系统的外部噪声主要来源于太阳等天体、宇宙背景、地球大气、地球表面的无线电辐射、雷电，以及各种工业、交通、输电、电气和电器设备。雷达系统的外部噪声一般表现为非高斯型，并具有准脉冲特性，且噪声电平随频率、时间和空间位置变化。外部噪声主要由自然界无线电噪声和人为无线电噪声两部分组成。

1）自然界噪声源

- 大气无线电噪声，由雷电及暴雨、风雪、沙暴、冰雹等自然现象引起的静电放电产生。
- 大气层气体背景辐射，通常用术语“亮温”来表述，它与大气平均水汽密度、表面温度和水汽标高有关。

- 地球表面辐射，包括地面、水面的辐射，也以“亮温”表示。
- 天体与银河系噪声，包括太阳、月球、行星等天体和星际物质的无线电辐射，以及银河系无线电辐射。

2）人为噪声源

- 电力线辐射干扰，主要包括间隙击穿和电晕放电的辐射干扰，噪声频率主要在 10 MHz 以下。
- 内燃机点火装置的辐射，主要是车辆、轮船、飞机点火系统的火花放电辐射。噪声干扰频谱很宽，从 MF 频段到 VHF 频段，20 MHz 以上时它大于宇宙噪声。
- 电气铁路干扰，主要由电气机车导电弓架跳离架空线时的电火花产生。
- 工业、医疗设备噪声泄漏。
- 各种电器和照明设备辐射。

5.1.2　无线电干扰

1．电台干扰

电台干扰是非有意的干扰，以窄带形式发射，由发射载频及边带产生。

（1）MF、HF、VHF 的调频、调幅、调相连续波，以及脉冲单边带体制的民用电台和军用电台的同频干扰。

（2）MF、HF、VHF 广播电台干扰，包括调频、调幅体制。

2．有意干扰

有意干扰包括有源干扰和无源干扰两种。有源干扰采用专门的干扰机，载体多为地面固定式，也有车载、舰载和机载的移动式。无源干扰主要是各种不同的无源反射（辐射）器、金属等产生的干扰。

5.1.3　噪声强度及其相关术语[1]

1．等效外部噪声系数 F_a

接收机的噪声因子 f 是接收终端大量噪声源的组合表现。为了使所有噪声因子和接收系统有一个统一的参照点，我们以一个等效的无损耗的接收天线作为输入。噪声因子定义为

$$f = f_a + (f_c - 1) + l_c(f_t - 1) + l_c l_t (f_r - 1) \qquad (5.1)$$

式中，f_a为外部噪声因子，定义为

$$f_a = p_n / p_0 = p_n / kt_0 b \tag{5.2}$$

于是，外部噪声系数F_a定义为

$$F_a = 10\lg f_a \quad (\text{dB})$$

式中，p_n为等效无损耗天线（接收机输入端）的有用噪声功率；$p_0 = kt_0 b$为接收系统的热噪声；k为玻尔兹曼常数，$k = 1.38 \times 10^{-23}\,\text{J/K}$；$t_0$为参考温度，$t_0 = 290\text{K}$；$b$为接收系统的接收带宽（Hz）；$l_c$为天线损耗；$l_t$为传输线损耗；$f_r$为接收机的噪声因子。

接收机噪声系数F_r定义为

$$F_r = 10\lg f_r \quad (\text{dB})$$

f_c为与天线回路损耗相关的噪声因子，可表示为

$$f_c = 1 + (l_c - 1)t_c / t_0 \tag{5.3}$$

f_t为与传输线损耗相关的噪声因子，可表示为

$$f_t = 1 + (l_t - 1)t_t / t_0 \tag{5.4}$$

式中，t_c为天线的实际温度（K）；t_0为附近地面的实际温度（K），t_t为传输线的实际温度（K）。

若$t_c = t_t = t_0$，则式（5.1）变为

$$f = f_a - 1 + f_c f_t f_r \tag{5.5}$$

式（5.2）可写为

$$P_n = F_a + B - 204 \quad (\text{dBW}) \tag{5.6}$$

式中，$P_n = 10\lg p_n$为有效功率（W），$B = 10\lg b$，而$10\lg(kt_0) = -204$。

f_a是无量纲的，在数量上反映了以p_0为参考的外部噪声功率谱密度的大小，即单位带宽内的外部噪声功率的大小。当用分贝（dB）表示时，F_a为等效外部噪声系数：

$$F_a = P_n - B + 204 \quad (\text{dB}) \tag{5.7}$$

2．等效噪声温度t_a

由f_a的定义，外部噪声功率亦可表示为热噪声形式，用温度t_a来定义，即

$$f_a = t_a / t_0 \tag{5.8}$$

式中，t_a是外部噪声的等效噪声温度。由式（5.2）有

$$P_n = kbt_a \tag{5.9}$$

将$t_0 = 290\text{K}$代入式（5.8），有$f_a = t_a / 290$，于是

$$t_a = 290 f_a \quad (\text{K}) \tag{5.10}$$

等效噪声温度常用于天体与宇宙噪声源的情况。

3．噪声场强 E_n

为了统一处理各地噪声的测量数据，采用了短（$h \ll \lambda$）垂直单极子天线。无损耗的短垂直单极子天线在理想导电地面上噪声场强的垂直分量均方根为

$$E_n = F_a + 20\lg f_{MHz} + B - 95.5 \ [dB(\mu V/m)] \quad (5.11)$$

式中，E_n 为接收带宽为 bHz 时的噪声场强；$B = 10\lg b$；f_{MHz} 为以 MHz 为单位的中心接收频率；如要求计算 1kHz 接收带宽的噪声场强，则

$$E_n = F_a + 20\lg f_{MHz} - 65.5 \ [dB(\mu V/m)] \quad (5.12)$$

若对应于自由空间半波振子的情况，则有

$$E_n = F_a + 20\lg f_{MHz} + B - 99.0 \ [dB(\mu V/m)]$$

4．噪声幅度的概率分布（APD）

闪电产生的大气无线电噪声的概率密度函数对于决定数字系统的性能是很重要的，通常不具有高斯特性，这种类型的噪声幅度概率分布（APD）可采用平均电压偏差 V_d 来描述。平均电压偏差 V_d 是噪声包络电压均方根和均值的比值。

5.2 0.1Hz～100GHz 范围的 F_a 预期值

本节讨论 0.1 Hz～100 GHz 范围的 F_a 预期值。这里，将这个频率范围分为 0.1 Hz～10 kHz、10 kHz～100 MHz 和 100 MHz～100 GHz 三个频段，分别用图幅给予说明（见图 5-1～图 5-3）。图中曲线结果，除了特别指明天线波束情况，大多数是用全方向性天线测量的。其中，图 5-2 的曲线是用无方向性天线测量的。对于有方向性的天线，在高频（HF）频段的研究表明，来自雷电的大气无线电噪声用窄波束天线测量可能有 10 dB（在平均 F_a 的上下 5 dB）变化，这与天线指向、频率和地理位置有关。

5.2.1 0.1 Hz～10 kHz 频段 F_a 预期值

一般雷达是不涉及这一频段的，为了完整性，这里也进行简单讨论。

图 5-1 给出了 0.1 Hz～10 kHz 范围 F_a 的最小期望值和最大期望值，其中，实线是 F_a 最小预期值，虚线是 F_a 最大预期值。它是基于计入全球地面和所有季节、昼夜时间的测量数据得到的。

在这个频段中，这些曲线只有很小的季节、日夜和地理变化，注意到在 100～1000 Hz 范围两曲线有较大的变化，这由地-电离层波导截止所致。

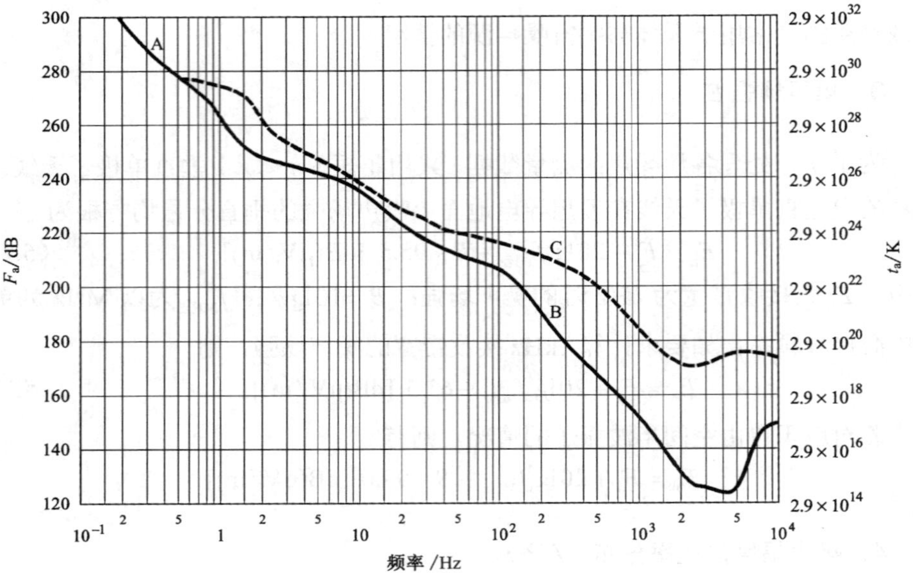

A：微脉冲；B：大气噪声最小期望值；C：大气层噪声最大期望值

图 5-1　0.1 Hz～10 kHz 范围的 F_a 最小期望值和最大期望值

5.2.2　10kHz～100MHz 频段 F_a 预期值

这一频段噪声电平对短波超视距雷达是十分重要的，后面（见 5.6 节）将详细给出它的预测计算方法。

在图 5-2 中，10 kHz～100 MHz 范围不同类型噪声的 F_a 最小预期值用实线表示。无线电噪声的最小预期值是指 99.5%时间超过的噪声值。这里的大气无线电噪声曲线包括了所有季节、昼夜时间和全球的情况。

5.2.3　100 MHz～100 GHz 频段 F_a 预期值

这一频段的无线电噪声电平对各种视距雷达都十分重要。图 5-3 给出了 100MHz～100GHz 范围不同类型噪声的 F_a 随频率的变化关系。全天空银河系噪声的平均值由图 5-2 和图 5-3 中的实线给出。测量表明，忽略电离层的遮挡效应，曲线上有±2 dB 的变化。如果用窄波束天线指向天极点，银河系噪声最小预期值会比如图 5-3 实线所示的银河系噪声低 3 dB；窄波束的最大预期值如图 5-3 中的虚线所示。

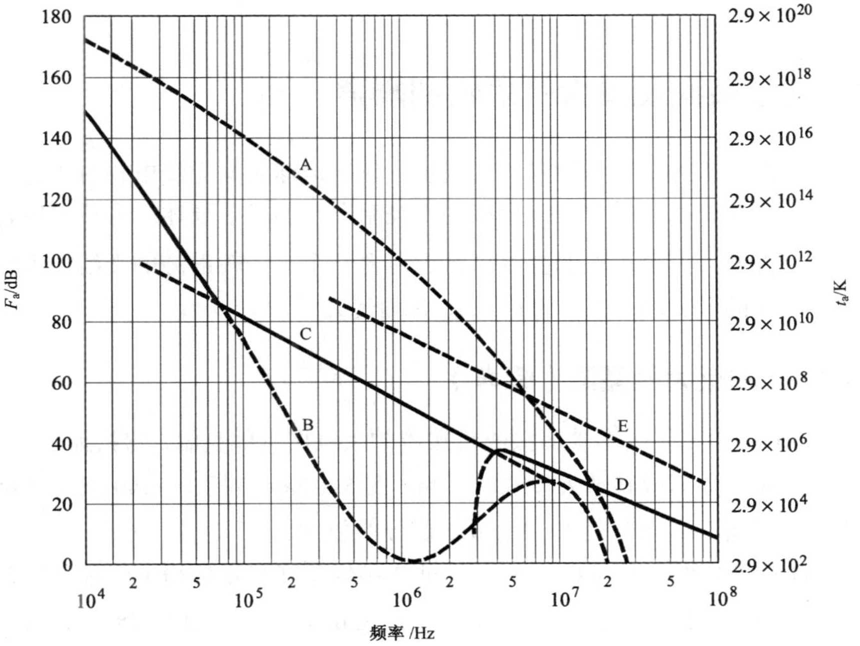

A：0.5%时间超过的大气无线电噪声；B：99.5%时间超过的大气无线电噪声；

C：宁静环境人为噪声；D：银河噪声；E：中等商业区人为噪声

图 5-2　10 kHz～100 MHz 范围不同类型噪声的 F_a 随频率的变化关系

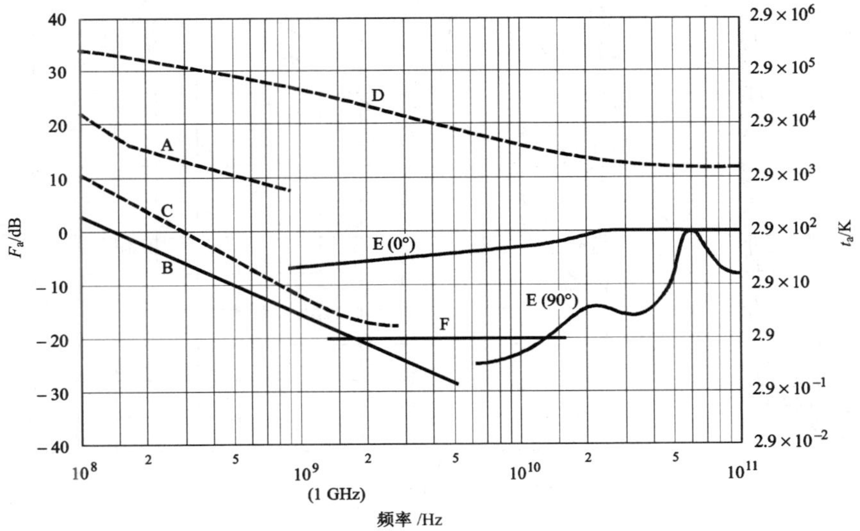

A：中等商业区的人为噪声估计值；B：银河系噪声；C：银河系噪声（用无限窄的波束天线对着银河中心）；D：宁静太阳；E：天空气和水汽背景噪声（用非常窄的波束测量，上面曲线的仰角是 0°，下面曲线的仰角是 90°）；F：2.7K 黑体的宇宙背景噪声

图 5-3　100 MHz～100 GHz 频段噪声电平预期值

5.3 地球表面及其大气层辐射噪声

源于太阳等天体、宇宙背景、大气层气体、地球表面无线电辐射源等不同类型的噪声功率电平，通常可用一个称为“亮温” t_b 的术语表述。天线温度 t_a 是包括天线方向图和天空及地面的亮温，对于包含一个单一辐射源的天线，天线温度和亮温是一样的（见图 5-3 中的 C、D、E 曲线）。

5.3.1 晴空大气亮温（噪声）

图 5-4（a）给出了一个地面接收机接收的大气层气体亮温，它扣除了 2.7 K 的银河系背景噪声分布或其他天体源的影响。图 5-4（a）包括 1～340 GHz 范围内的所有情况，而图 5-4（b）是 1～60 GHz 部分的放大。

图 5-4 中的曲线是用辐射转换公式对 7 种仰角在特定环境大气模型计算得到的。这个环境大气模型的表面水汽浓度为 7.5 g/m^3，表面温度为 288 K，水汽标高为 2 km。

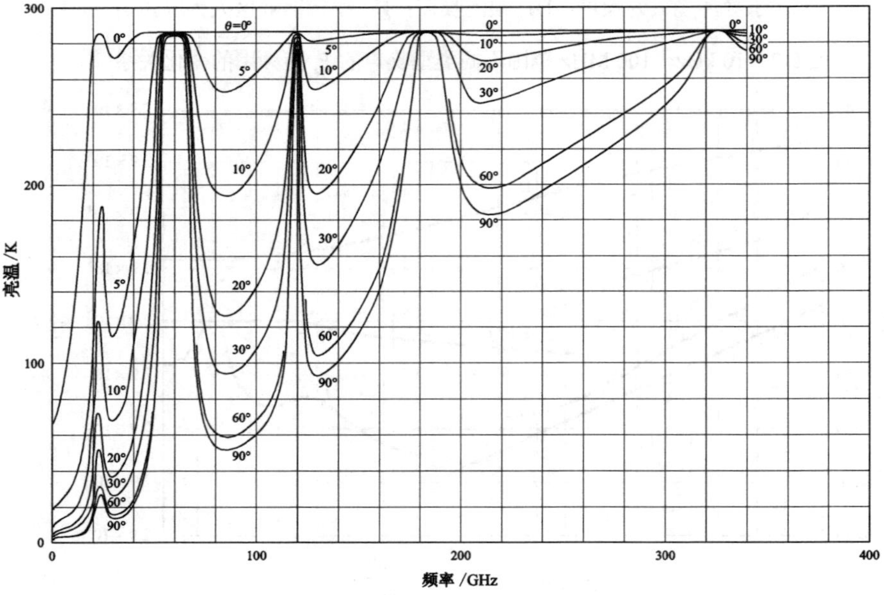

（a）

图 5-4　7.5g/m^3 水汽浓度的晴空大气亮温

图中表面温度为 15℃，压力为 1023hPa，θ 是仰角

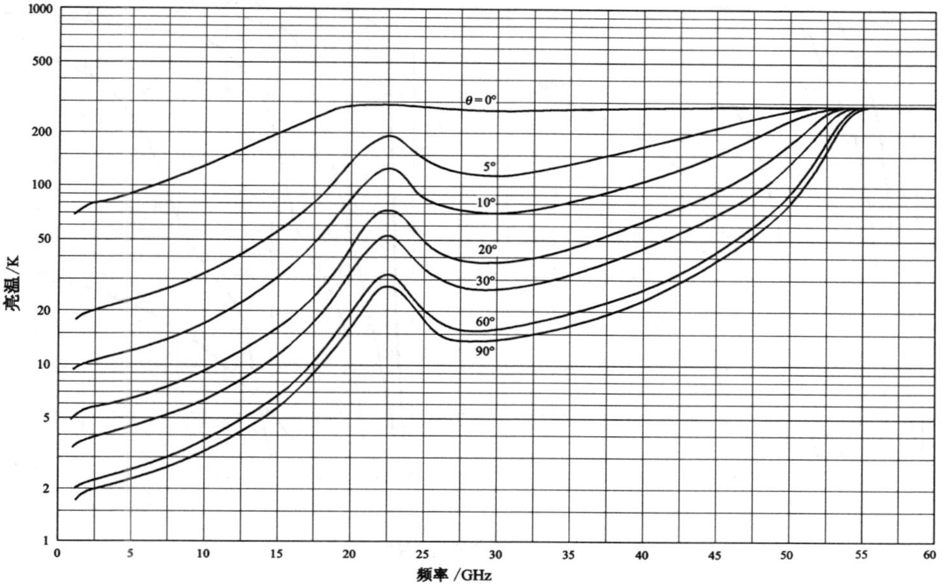

图 5-4　7.5g/m³ 水汽浓度的晴空大气亮温

图中表面温度为 15℃，压力为 1023hPa，θ 是仰角（续）

对于空基雷达，如果从空间飞行器上发射的信号衰减是已知的，那么对于 2～30 GHz 频段的亮温，可用以下公式直接得到一个很好的估计，即

$$t_{\mathrm{b}}=t_{\mathrm{e}}(1-\mathrm{e}^{-d})+2.7 \quad (\mathrm{K}) \tag{5.13}$$

式中，d 为视在深度，它等于已知的衰减（单位为 dB/4.343），t_{e} 为等效温度，这里取 $t_{\mathrm{e}}=275\mathrm{K}$ 。

式（5.13）对低于 30 GHz 的频率，精度约为 0.1 dB，而高于这个频率，散射分量将加入衰减项，亮温的估计会变得过高。式（5.13）含雨的衰减。

美国学者研究得到了含云影响的辐射转换公式。从 15 个站 15 年的数据库中，选择一个典型年的气象数据可以计算出天顶的亮温。图 5-5 给出了美国两个站（a）Yuma, Arizona（年降雨量为 5.5 cm）和（b）New York（年降雨量为 98.5 cm）5 个频率的天顶亮温。图中典型年温度等于或低于横坐标的亮温。

从图 5-5 中的曲线可以看出，90 GHz 的天顶噪声温度可能低于 44 GHz 的天顶噪声温度。这是因为非常低的天顶亮温意味着水汽浓度非常低（低于 3 g/m³），图中，当水汽浓度为 7.5 g/m³ 时，90 GHz 和 44G Hz 的亮温几乎是一样的。

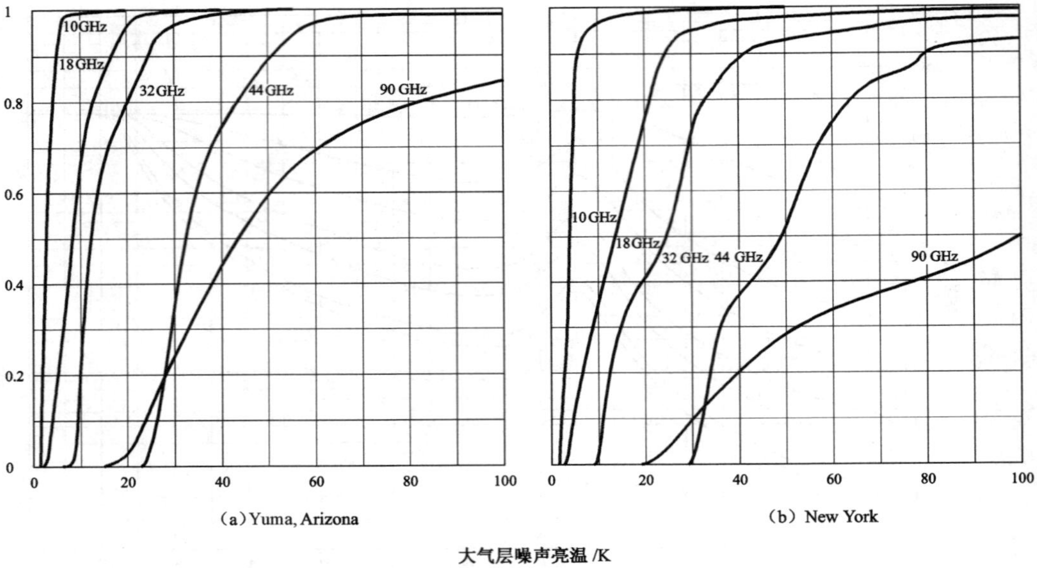

图 5-5　天空天顶亮温（噪声）的时间百分数

5.3.2　地球表面亮温

地球表面亮温包括地表辐射和大气对辐射的反射部分。辐射转换式（5.14）描述了这两种辐射。特定天顶角（Nadir Angle）对应的地球表面亮温可以用式（5.14）计算得到。这样的计算包括所有角度向下辐射的积分和计入大气层的衰减。它可以简单地表示为

$$T = \varepsilon T_{\text{surf}} + \rho\, T_{\text{atm}} \tag{5.14}$$

式中，ε 为地面等效辐射系数，ρ 为等效反射系数，T_{surf} 为地球表面的物理温度（K），T_{atm} 为晴空亮温的权平均。在 100 GHz 以内，特别是当低于 10 GHz 时，地面等效反射系数 ρ 一般比较高，而地面等效辐射系数 ε 比较低。

1．海面辐射和亮温

图 5-6（a）和图 5-6（b）分别给出了不同海面的辐射和亮温，其中，图 5-6（a）给出了两个入射角光滑水面辐射和亮温的垂直极化分量和水平极化分量。淡水和盐水的情况，在高于 5 GHz 时不能加以区分。图 5-6（b）将海面的 3 个频率天底亮温以海面物理温度的函数形式给出。

随着海面风速的增大，海面亮温将升高，这种现象为检测或遥感风暴提供了一种有用的工具。

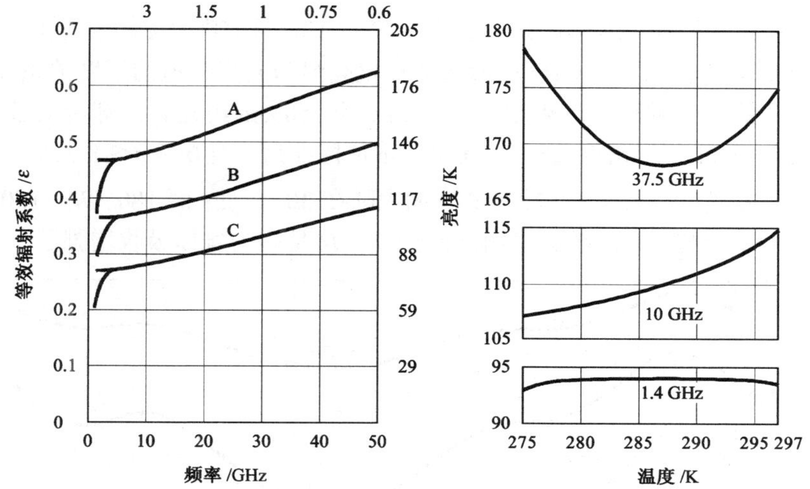

（a）光滑海面辐射（盐分值为3.5%）

A：垂直极化；B：45°和 0°入射角；
C：水平极化

（b）天底亮温与海面温度的关系
（盐分值为 36%）

图 5-6　海面辐射和亮温的变化

2．陆地辐射和亮温

陆地的介电常数低，陆地的辐射（亮温）高于水面亮温，图 5-7（a）给出了不同水汽浓度光滑陆地的亮温；图 5-7（b）给出了不同粗糙度陆地的亮温。这些曲线给出了垂直、水平和圆极化的情况。水汽浓度增加，亮温则降低；粗糙度增大，亮温则升高。

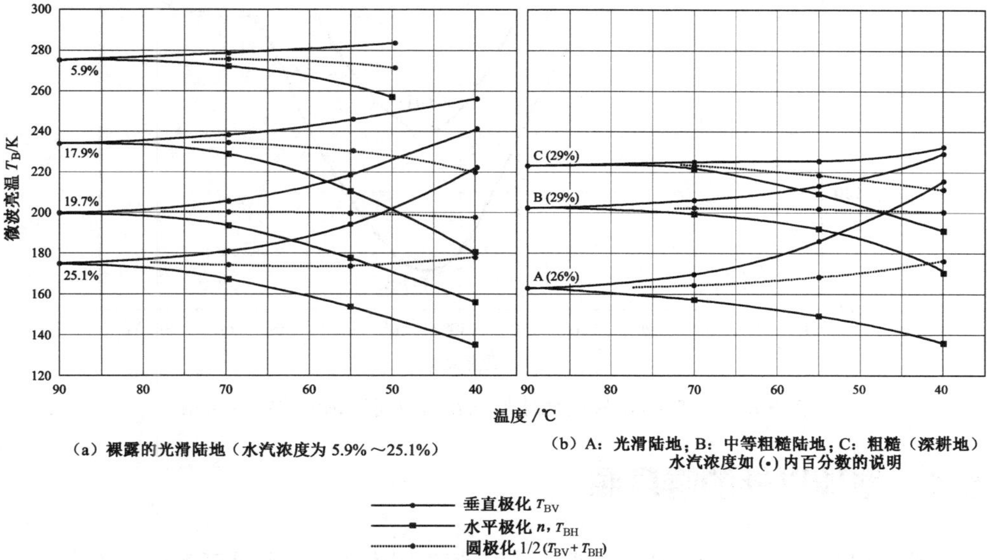

（a）裸露的光滑陆地（水汽浓度为 5.9%～25.1%）

（b）A：光滑陆地；B：中等粗糙陆地；C：粗糙（深耕地）
水汽浓度如 (•) 内百分数的说明

图 5-7　1.43 GHz 陆地亮温与仰角的关系

用波束覆盖地球（地球在其主瓣的 3 dB 内）的同步轨道上的空基雷达，计算得出地球加权亮温，1～51GHz 频段地球加权亮温与同步轨道的经度关系如图 5-8 所示。计算的大气模型水汽浓度为 2.5 g/m^3 和 50%云覆盖。地球覆盖波瓣图由 $G(\varphi)=-3(\varphi/8.715)^2$（dB）给出，其中，$\varphi$ 是标准角，且 $0\leqslant\varphi\leqslant8.715°$。

从这些曲线可以看出，比较热的非洲大陆在 30° E 处；而 180° W～150° W 处受冷的太平洋影响。亮温随频率增高而升高，这是因为气体吸收增强了。

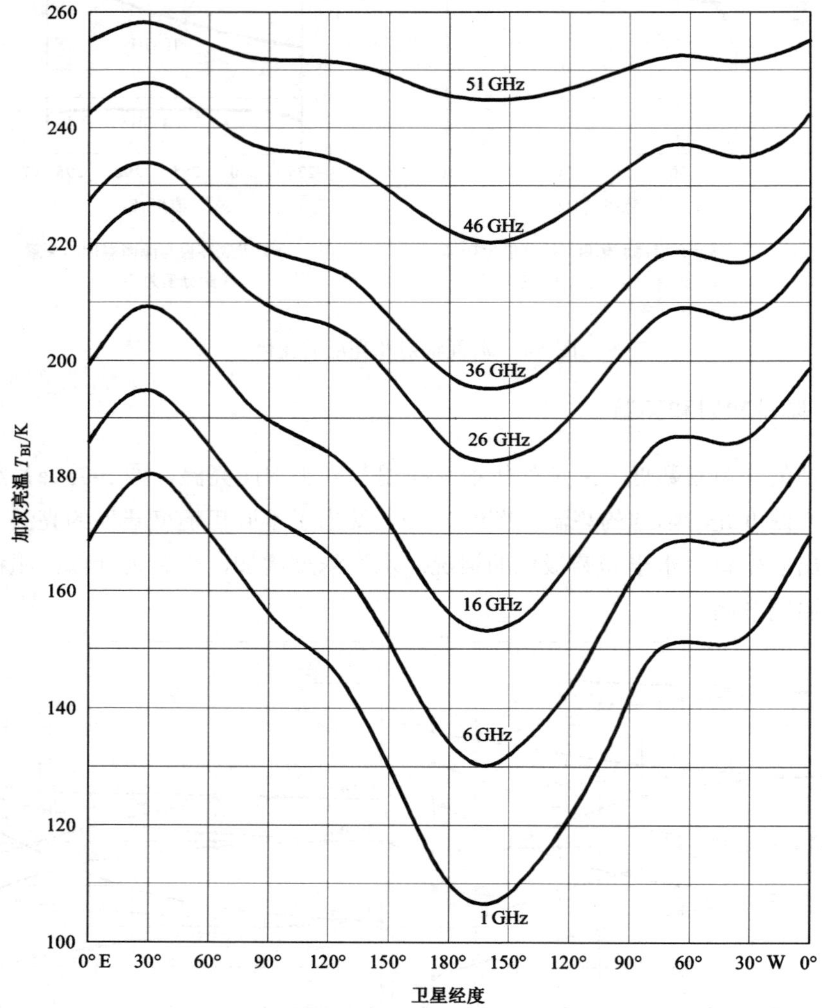

图 5-8　1～51GHz 频段地球加权亮温与同步轨道的经度关系

5.4　地球以外的噪声源

地球以外噪声源产生的噪声就是常说的宇宙噪声。宇宙噪声是指宇宙空间各种射电源的辐射到达地面所形成的噪声，这些射电源包括辐射电磁波的太阳、月球、行星等天体和星云等星际物质，它们在很宽的频带上都有强辐射。

一般规定，低于 2 GHz 频率的雷达必须考虑太阳和银河系星云的无线电辐射。

5.4.1 银河系噪声

忽略电离层遮挡效应，银河系噪声中值为

$$F_{am} = 52 - 23\lg f \quad (\text{dB}), \qquad 30\,\text{MHz} \leqslant f \leqslant 100\,\text{MHz} \tag{5.15}$$

式中，f 为频率（MHz）。

由于宇宙背景的贡献仅为 2.7 K，而银河系星云表现为稍有一点亮度增强的窄区域。因此，当频率在 2 GHz 以上时，仅需要考虑太阳和极少数非常强的非热源，如仙后座 A、天鹅座 A 和 X、蟹状星云等。频率为 100 MHz～100 GHz 时，通用的地球以外噪声源的亮温如图 5-9 所示。

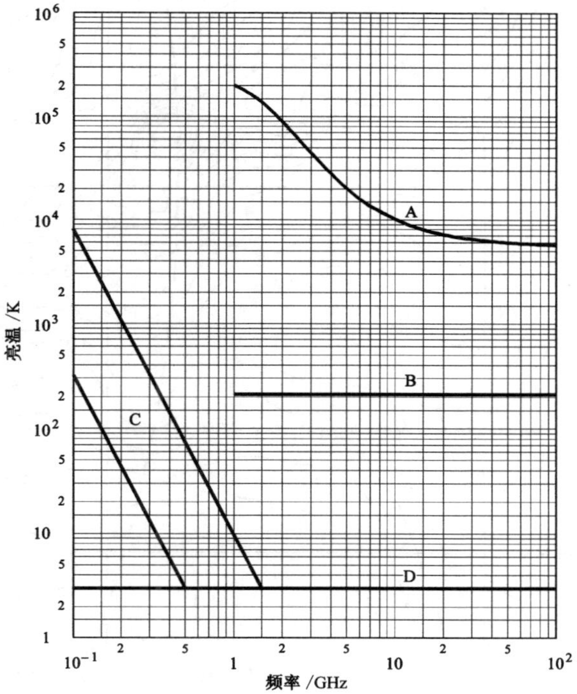

A：宁静太阳；B：月球；C：银河系噪声范围；D：宇宙背景

图 5-9　地球以外噪声源的亮温

图 5-10 是在以赤纬 δ（纬度）和赤经 α（其小时值从春分点沿赤道向东计）为坐标的天球赤道坐标系中给出的。图中的等值线是高于 2.7 K 的值，精度为 1 K。

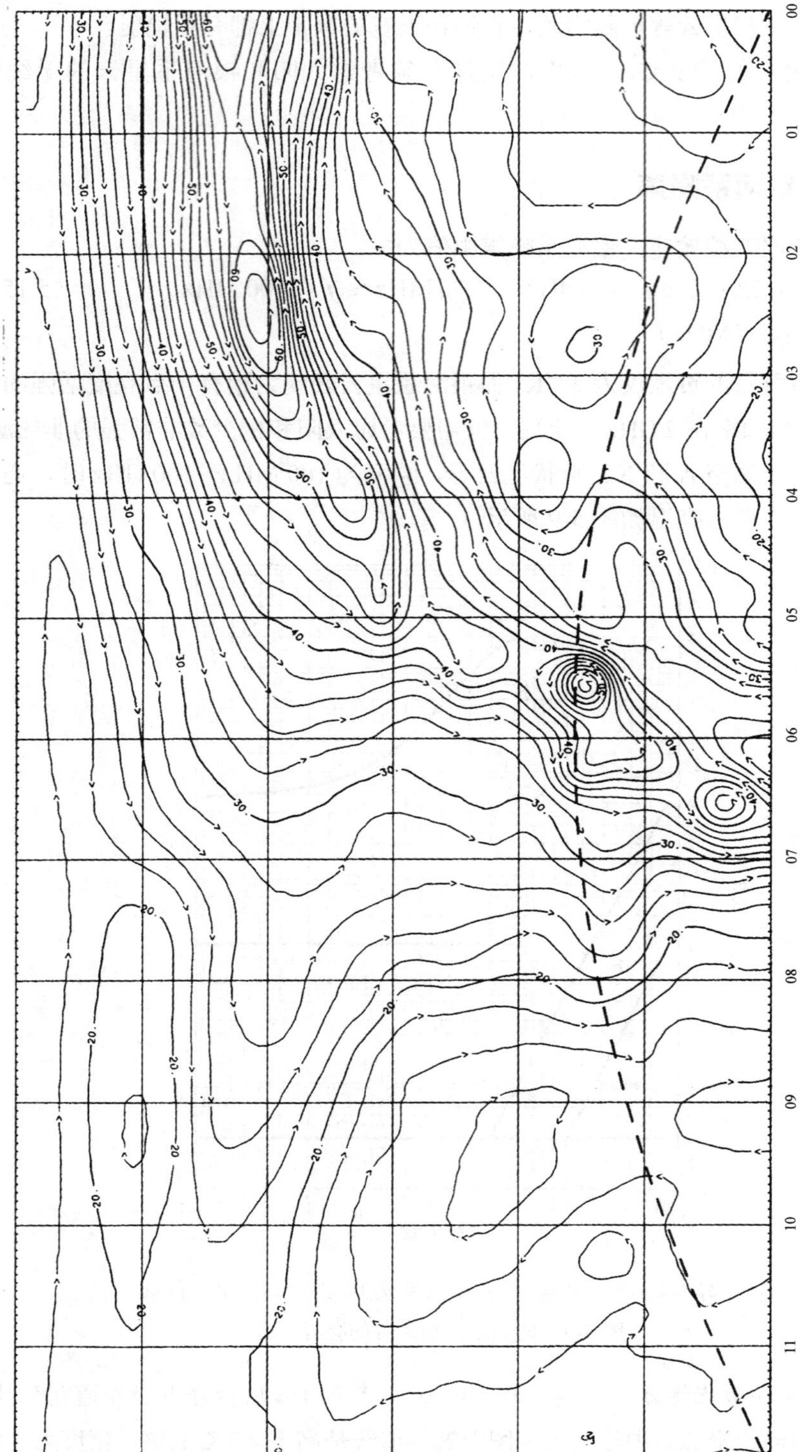

（a）赤经 0~12h，赤纬 0°~90°；点划线为黄道

图 5-10　408MHz 无线电天空温度

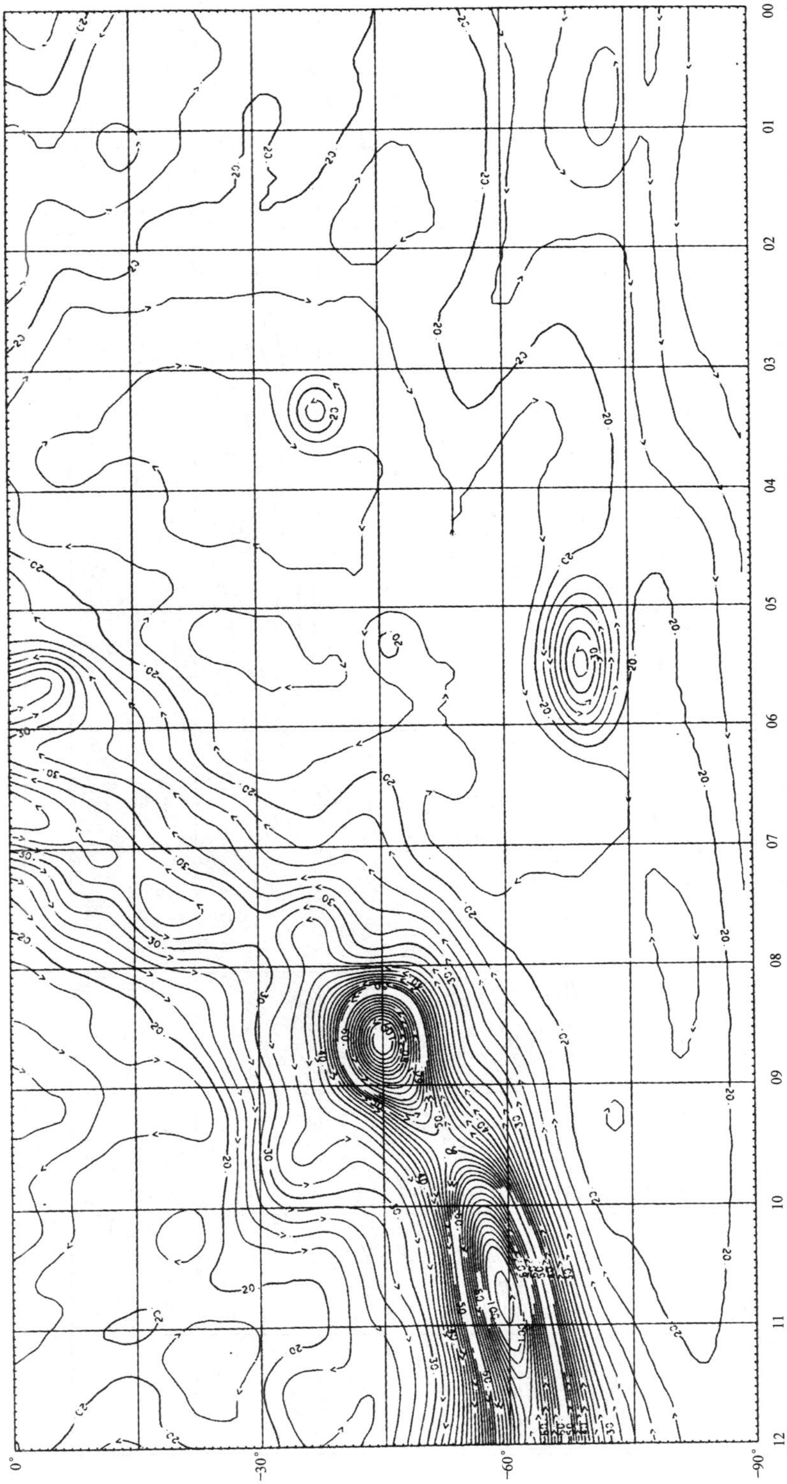

图 5-10　408MHz 无线电天空温度（续）

（b）赤经 0～12h，赤纬 0°～-90°

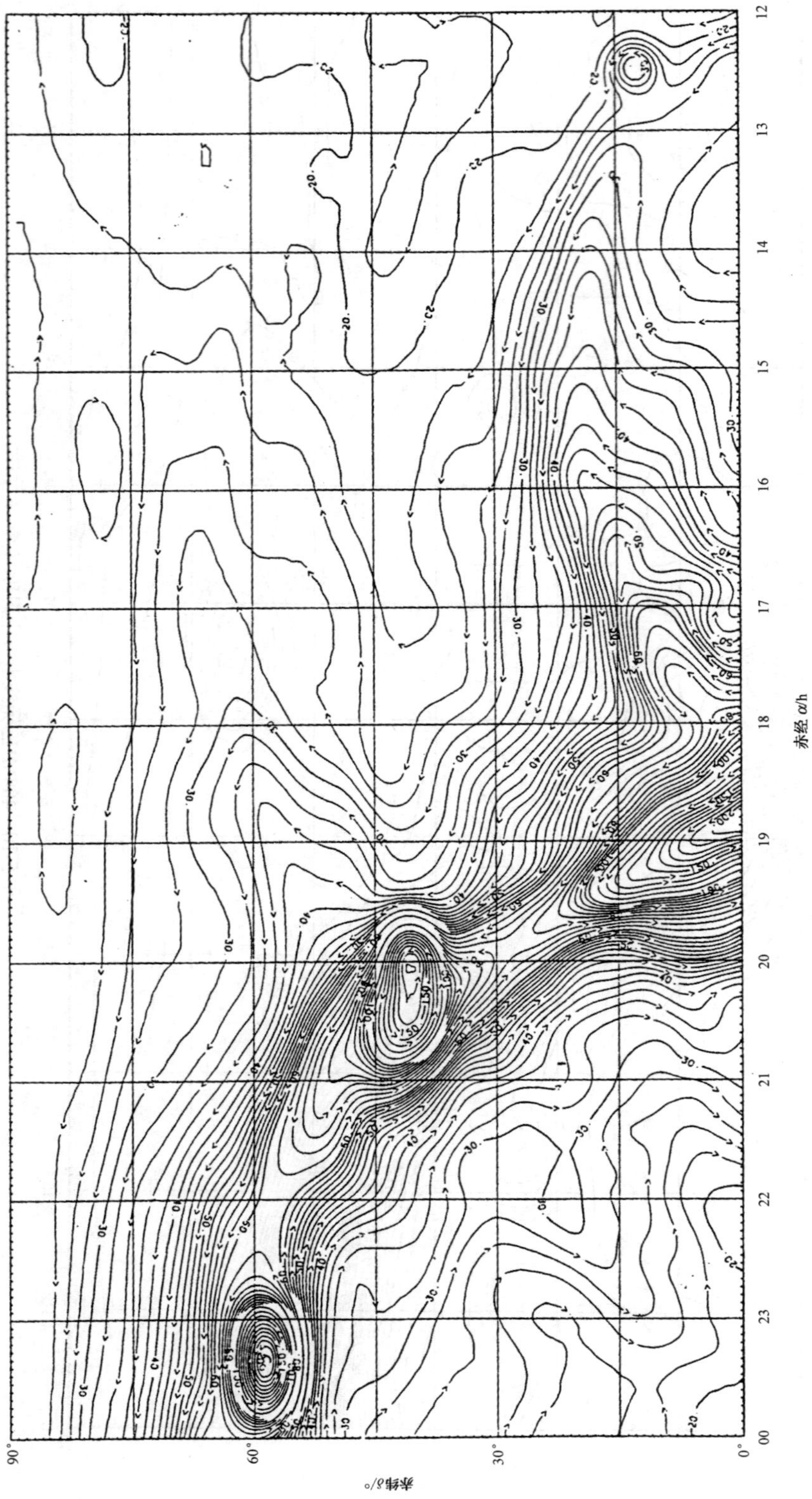

（c）赤经12~24h，赤纬0°~90°

图 5-10　408MHz 无线电天空温度（续）

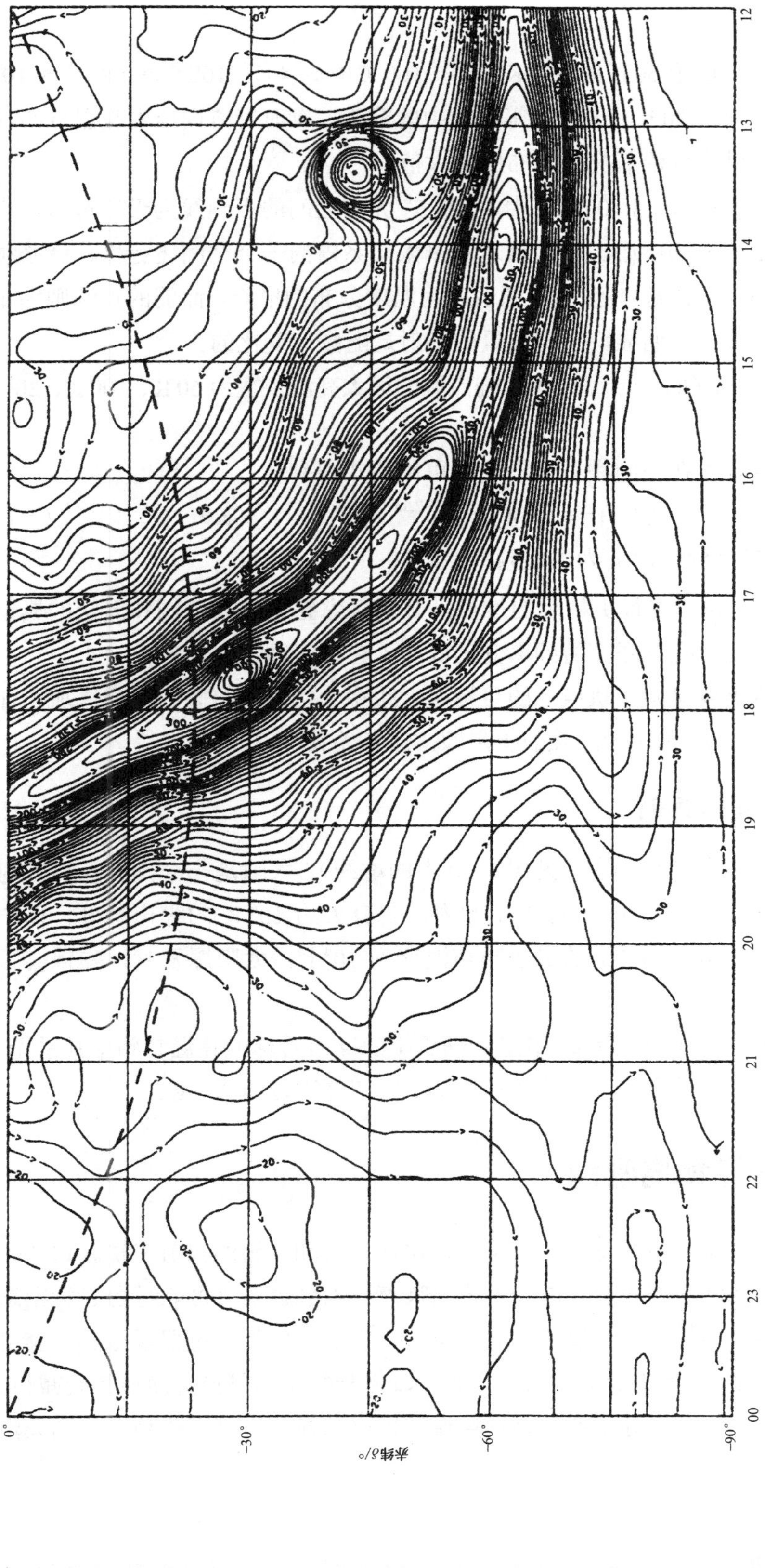

（d）赤经12～24h，赤纬0°～-90°，虚线为黄道

图 5-10　408MHz 无线电天空温度（续）

等值线的间隔：低于 60 K 时为 2 K；60～100 K 时为 4 K；100～200 K 时为 10 K；高于 200 K 时则为 20 K。无标字等值线中的箭头，顺时针方向沿着亮温分布的最小值，而逆时针方向沿着亮温分布的最大值。

在图 5-10（a）和 5.10（d）中，±23.5° 赤纬之间的点画线为天球黄道，它横过银河紧靠银河系的中心。如果雷达观测太阳系内的一个空间飞行器，就必须考虑银河系的噪声（亮温）。强的点源表现为温度分布的窄峰，而弱的点源则因角度分辨力的限制峰并不明显。宇宙背景的辐射是随频率变化的。

图 5-10（a）、（b）、（c）、（d）中强点源的最大亮温依次为 60 K、100 K、200 K、300 K。

宇宙背景辐射在不同频率 f_i 的亮温可用下式得到：

$$t_b(f_i) = t_b(f_0)(f_i / f_0)^{-2.75} + 2.7 \qquad (K) \qquad (5.16)$$

式中，f_0 为参考频率，f_i 为需求频率。

要用式（5.16）进行更精确的推算，必须考虑整个频率范围和天空的典型变化。对点源来说，亮温强度随频率变化取决于它的不同物理条件。

如果雷达需要对同步轨道上的目标进行跟踪，则天空有限的狭窄区域，如相应的天空赤纬±8.7° 范围为最强的噪声源，应备受关注。

5.4.2 天体辐射

太阳的轨道在黄道面上（见图 5-10 中的虚线）。太阳是一个具有各种辐射的强噪声源，在 50～200 MHz 频率范围内，它有大约 10^6 K 的噪声温度，而宁静时的太阳在频率为 10 GHz 的最小噪声温度为 10^4 K，太阳爆发时，噪声会显著增加。

月球位于黄道面±5° 赤纬范围内，高于 1 GHz 时月球的亮温与频率几乎无关；月球的亮温随时间是变化的，从新月的 140 K 变到满月的 280 K。

5.5 人为无线电噪声

人为无线电噪声主要是工业、电气、电器设备和设施的辐射干扰。这些干扰电平随频率、地区不同而异。人为无线电噪声进入接收系统可能经由 3 种渠道：直接辐射、导线传导、沿导线传输后再辐射。工业、电气、电器设备和设施直接辐射的噪声，由于不具有良好的辐射条件（如无天线），同时沿地面传播衰减很大，一般传播不远。导线传导主要是指噪声源经由电源线传导到接收系统，如果没有滤波装置，会传播得较远。沿导线传输后再辐射是指噪声源产生的噪声经传导或感应进入各种架空线路（含各种电力线和通信线路）或没有良好接地的金属结构，然后由架空线路和金属结构传输，并作为辐射体再辐射到空间。第三种渠道是最常见且最严重的人为无线电噪声传播方式。人为无线电噪声源可参见 5.1.1 节。

5.5.1 预期值

人为噪声是由多种噪声源产生的，因此不同地点和时间强度变化较大。由于资料不足，目前还无法导出人为无线电噪声电平与时间、地理位置的函数关系，而且随着工业、交通与居民生活水平的发展，人为噪声干扰的背景也将随时发生变化，况且不同国家与地区的环境区域本身就有较大差异。因此，必须针对特定地区开展测量和统计预测工作。这里给出的数据是国际无线电咨询委员会（CCIR）根据 1966—1971 年美国 103 个地区的观测实验数据统计预测的。环境区域是按工业区（包括主要公路、街道的工业区）、居民区（居民密度每万平方米不少于 5 户，无繁华街道和繁忙公路）、乡村（居民密度每两公顷不超过 1 户）、宁静乡村（精心挑选远离人为噪声源的理想接收区）划分的。短垂直无损耗单极子接收的人为噪声功率中值如图 5-11 所示，图中还给出了一条银河系噪声的曲线（见 5.4 节）。

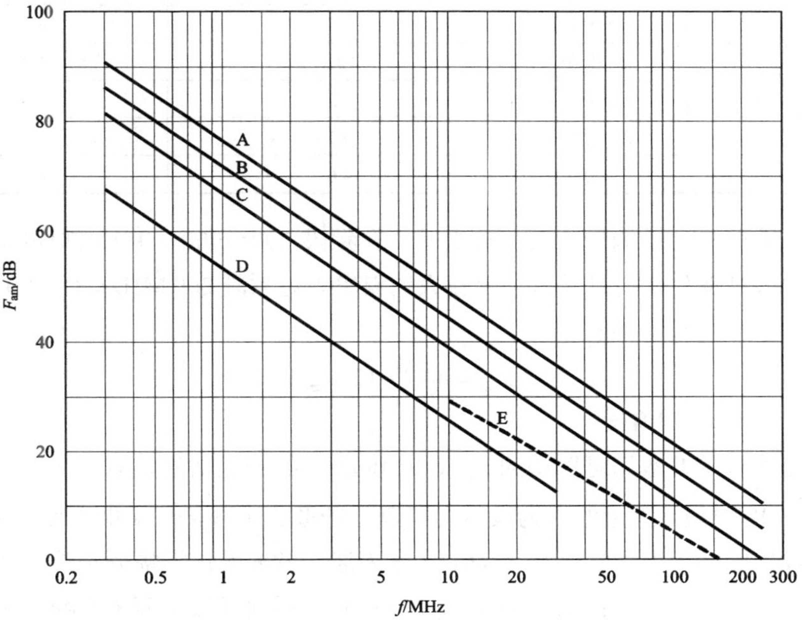

图 5-11 短垂直无损耗单极子接收的人为噪声功率中值

A：工业区；B：居民区；C：乡村；D：宁静乡村；E：银河系

所有噪声功率中值 F_{am} 对频率 f 的变化均为对数关系：

$$F_{am} = C - d\lg f \qquad (\mathrm{dB}) \tag{5.17}$$

式中，频率 f 以 MHz 为单位，C 和 d 的值如表 5-1 所示。

除了曲线 D、E，式（5.17）对所在环境区域的 0.3～250MHz 频率范围均有效。

表 5-1　常数 C 和 d 的值

环境区域	C	d
工业区	76.8	27.7
居民区	72.5	27.7
乡　村	67.2	27.7
宁静乡村	53.6	28.6
银河系	52.0	23.0

工业区、居民区、乡村上述频率噪声功率中值的上、下十分位值（超过 10% 和 90%时间）偏差 D_u 和 D_e 如表 5-2 所示。该表还提供了噪声功率随位置的变化值。其他百分值的偏差值可以假设在中值的每一边满足半对数正态分布而求得。

表 5-2　人为噪声的十分位值的偏差值

环境区域	十分位值	随时间的变化（dB）	随位置的变化（dB）
工业区	上十分位	11.0	8.4
	下十分位	6.7	8.4
居民区	上十分位	10.6	5.8
	下十分位	5.3	5.8
乡　村	上十分位	9.2	6.8
	下十分位	4.6	6.8

对工业区有用的测量数据分析表明，在频段 200～900 MHz 内噪声功率与频率对数呈线性变化，而且具有一个较大的斜率。对频段 200 MHz< f <900 MHz 内的噪声功率中值拟合可得

$$F_{am} = 44.3 - 12.3\lg f \tag{5.18}$$

式中，f 为频率（MHz）。

但是没有足够数据可以得到 F_a（D_u 和 D_e）的合理估计。

在 VHF 频段，大量的人为噪声由车辆、交通工具的点火脉冲所致，对于这种噪声可以用脉冲噪声振幅分布（NAD）来表述。脉冲噪声振幅分布是脉冲出现率的函数。图 5-12 给出了 150 MHz 频率时 3 个不同区域车辆密度噪声振幅分布（NAD）的例子。

其他频率的噪声振幅分布（NAD）可以用下式计算：

$$A = C + 10\lg V - 28\lg f \qquad [\mathrm{dB}(\mu\mathrm{V/MHz})] \tag{5.19}$$

式中，A 是对每秒 10 个噪声脉冲而言的 NAD；$C = 106\ \mathrm{dB}(\mu\mathrm{V/MHz})$；$V$ 是车辆密度（辆/km^2）；f 为频率（MHz）。

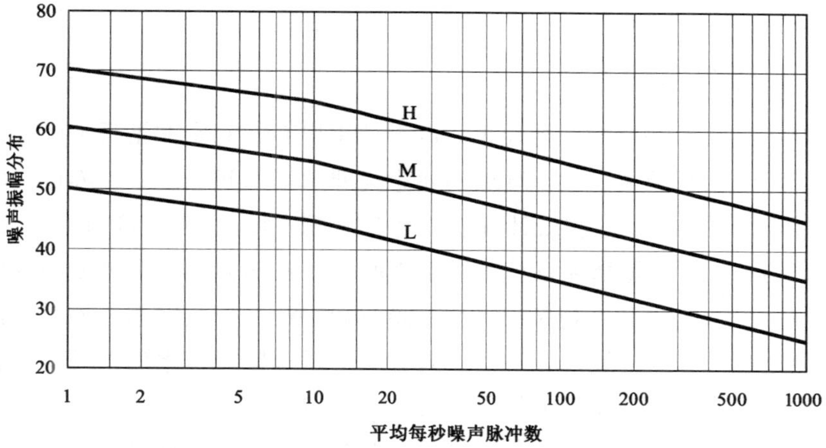

图 5-12　150MHz 时噪声的振幅分布

H：高噪声区，车辆密度 $V = 100$辆/km^2；M：中等噪声区，$V = 10$辆/km^2；

L：低噪声区，$V = 1$辆/km^2

5.5.2　场强与极化

人为无线电噪声的场强随着与干扰源距离的增加而减小。例如，对每个具体的工业高频设备，当距离为 R 时，其干扰场强 E（V/m）的经验公式为

$$E = 21(H_a / R^2)\sqrt{P} \tag{5.20}$$

式中，H_a 为接收天线有效高度（m）；P 为干扰源功率（W）。式（5.20）适用的条件是 $0.1\lambda < R < 5\lambda$。对于 $R < 0.1\lambda$，干扰场强与 R^3 成反比；对于 $R > 5\lambda$，干扰场强与 R 成反比。其中，λ 和 R 的单位均为 m。

人为噪声的极化形式与传播方式有关，对空间直接辐射传播，在接收相同距离、相同强度的人为噪声时，两种极化接收噪声电平大致相同。以表面波方式传播的人为噪声，主要是垂直极化的，因为水平极化分量沿地表面传播很快衰减而传播不远。因此，一般来说，工业噪声源多为垂直极化。

5.6　大气无线电噪声

大气无线电噪声（简称大气噪声）是大气中雷电、暴雨、风雪、沙暴、冰雹

等自然现象引起的闪电、静电放电产生的，但大气噪声的主要成分是雷电的闪电辐射噪声。地球上任一地点的大气噪声是世界性雷电与本地雷电辐射的叠加，远区雷电噪声通过电离层沿天波路径传到接收点，本地近区雷电可通过空间直接辐射传播或地面绕射方式传到接收点。本节给出大气噪声的计算方法及中国的实测数据。

5.6.1 雷电特性

雷电是自然界常见的一种现象。世界性雷电有较确定的地理分布，热带地区比较多，南北两极很少，印度尼西亚、美洲中南部和非洲靠近赤道区域为世界三大雷电活动中心。观测统计表明，无论任何时刻，世界上都有大约 2000 个雷暴区在活动，这些雷暴区每秒将发生 100 次左右的云地闪电或云间闪电的准脉冲噪声。一次闪电脉冲持续时间为 200～400 ms，一块雷电云的雷电活动有几个闪电过程，可以持续几分钟到十几分钟。云中电荷积累到电场足以导致空气击穿时就产生闪电放电。云地闪电开始是先导放电，先导放电是一串宽度为微秒量级的尖脉冲，放电电流仅几百安。当分级先导逐步前进到达地面时，云地间即形成电离通道立即产生返回击穿，回击电流可达 20～50 kA，从幅度上构成了雷电脉冲的主要部分，持续时间为 20～45 μs；但雷电电流最大值出现时间约为 7.5 μs。一次闪电通常有 3～4 次这样的回击，地面的击穿电流为回击电流的 1/10～1/3。

雷电电流是一个非周期性准脉冲波，若将回击电流对时间的变化理想化，可以近似用指数函数来描述：

$$I(t) = I_0(\mathrm{e}^{-at} - \mathrm{e}^{-bt}) \tag{5.21}$$

式中，I_0 为闪电电流波形的幅度，a、b 为由闪电波形决定的常数。

平原地区冲击电流波形的波长前沿 T_f 最大值约为 7.5 μs，波尾后沿 T_n 约为 65 μs。相应的 a、b 值约为 1.3×10^4、5×10^5。

闪电无线电辐射的频谱极宽，约高到 30 MHz 也能被观测到，但在 3～10 kHz 范围内最强。大气噪声有非平稳性，其幅度和时间是随机分布的，相对弱的远区雷电噪声接近高斯分布；相对较强的本地雷电符合准脉冲分布。

源于闪电的大气噪声对高频（HF）超视距雷达是主要的检测门限限制。研究指出，中纬度地区，典型闪电脉冲速率是 0.2～1 /s，而闪电脉冲的持续时间为 20～400 ms，对于典型的飞机检测，高频雷达的相干积累时间为 2～4 s 的情况来说，闪电噪声（干扰）对接收检测是致命的威胁。每个脉冲干扰的影响会在多普勒频谱上存储高幅度、宽带宽的噪声能量，从而限制了目标的检测。以一年中属于“重要时间”的工作小时估计，对小型飞机目标检测来说，闪电脉冲噪声使高频超视距雷达可用时间缩短了 25%，平均预期灵敏度下降了约 10 dB。

5.6.2　预期值

1．大气噪声全球分布图

国际无线电咨询委员会（CCIR）和国际电信联盟（ITU）组织专门机构在世界各国支持下建立了全球观测网，以对大气噪声进行观测研究。CCIR 以 322-3 报告书、ITU-R P.372-6 推荐书给出了一套大气噪声全球分布图。

这套图是用统一的标准仪器［参考天线是一个理想导电地面上的短垂直单极子，从 5.1.2 节的式（5.11）可以得到噪声场强］，在全球建立的 27 个站测量的大气噪声数据基础上，考虑长期气象、气候及雷电活动规律，在世界地图上绘制出大气噪声 F_a 的季时段中值 F_{am} 的等值线分布图。用这套分布图可以预测任何一个季节，本地时间（LT）6 个四小时时间段内的大气噪声季时段中值 F_{am} 的期望值。

图 5-13（a）～图 5-36（a）给出了每一季节本地时间（LT）每四小时时段 1 MHz 频率上，大于 kT_0b 的背景大气无线电噪声期望中值 F_{am} 的世界分布图。它给出的仅是 1MHz 频率上 F_{am} 的地理变化。

图 5-13（b）～图 5-36（b）给出了每一季节本地时间每四小时时段背景无线电大气噪声期望中值 F_{am} 随频率的变化关系。这是 1 MHz 的 F_{am} 对其他频率的 F_{am} 的转换曲线。

图 5-13（c）～图 5-36（c）给出了每一季节本地时间每四小时时段其他噪声变化特征参数随频率的变化关系。

表 5-3 给出了 CCIR 322-3 报告书与 ITU-R P.372-6 推荐书对季节、时间段的划分。

表 5-3　季节、时间段的划分

月份	季节		6 个四小时时间段
	北半球	南半球	
12 月、1 月、2 月	冬	夏	0～4 时，4～8 时 8～12 时，12～16 时 16～20 时，20～24 时
3 月、4 月、5 月	春	秋	
6 月、7 月、8 月	夏	冬	
9 月、10 月、11 月	秋	春	

（a）1MHz大于kT_0b的背景大气无线电噪声预期F_{am}/dB

图 5-13　大气无线电噪声世界分布图（春季，本地时间，0～4 时）

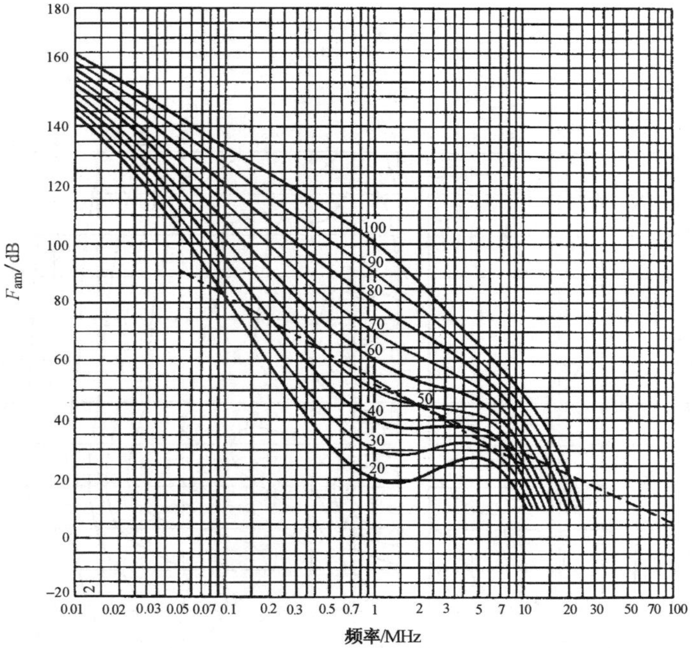

（b）大于kT_0b的背景大气无线电噪声期望中值F_{am}与频率的变化关系

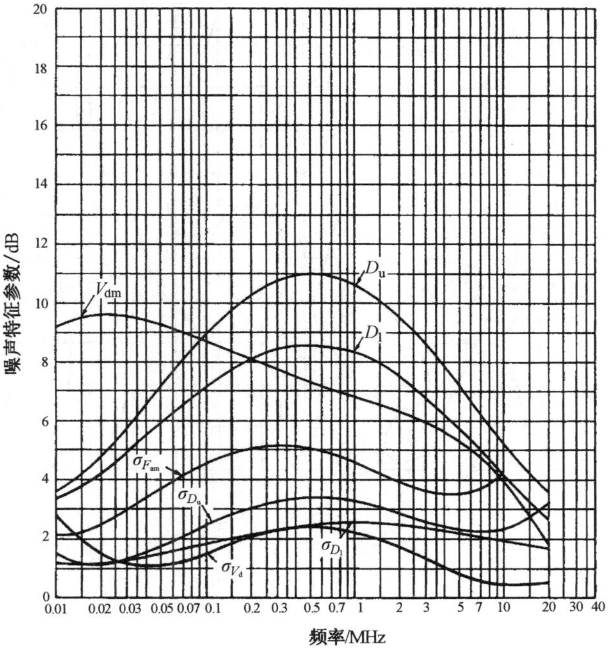

（c）噪声特征参数与频率的变化关系

图 5-13　大气无线电噪声世界分布图（春季，本地时间，0～4 时）（续）

（a）1MHz大于kT_0b的背景大气无线电噪声预期F_{am}/dB

图 5-14　大气无线电噪声世界分布图（春季，本地时间，4～8 时）

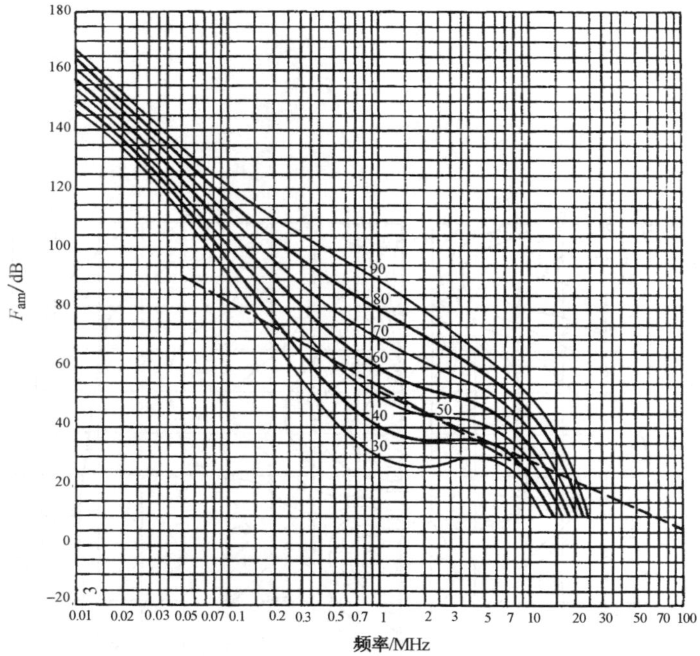

（b）大于kT_0b的背景大气无线电噪声期望中值F_{am}与频率的变化关系

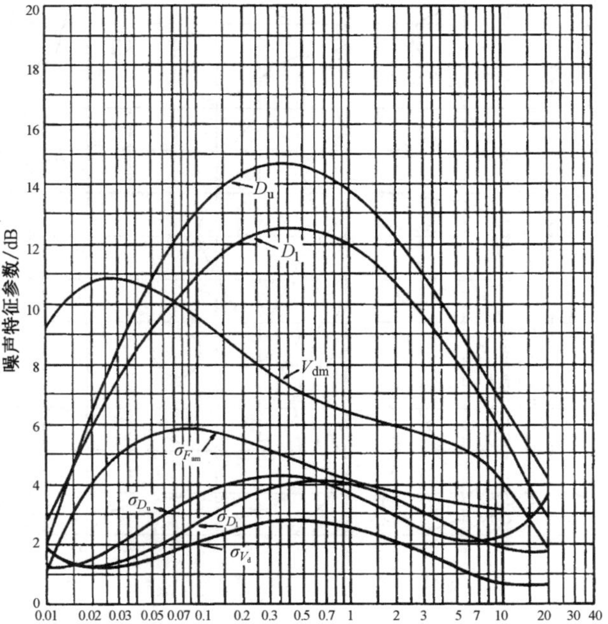

（c）噪声特征参数与频率的变化关系

图 5-14　大气无线电噪声世界分布图（春季，本地时间，4～8 时）（续）

（a）1MHz大于kT_0b的背景大气无线电噪声预期F_{am}/dB

图 5-15　大气无线电噪声世界分布图（春季，本地时间，8～12 时）

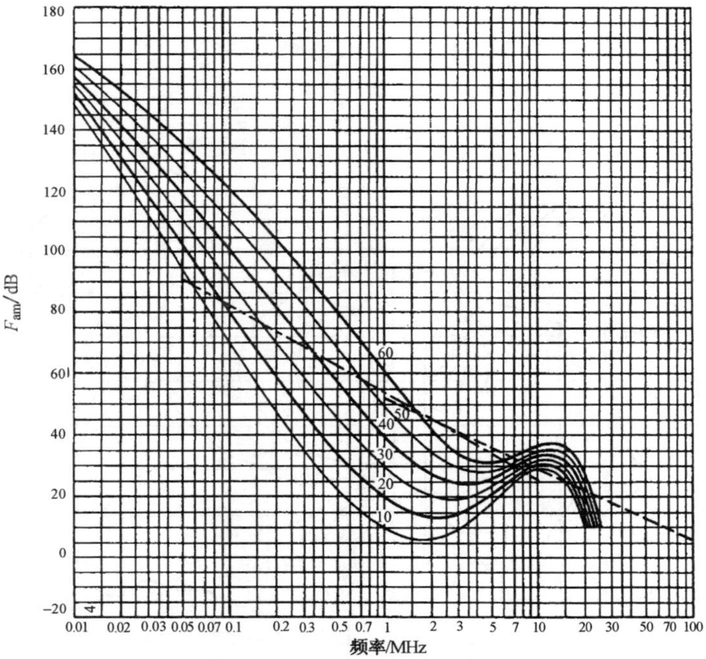

（b）大于kT_0b的背景大气无线电噪声期望中值F_{am}与频率的变化关系

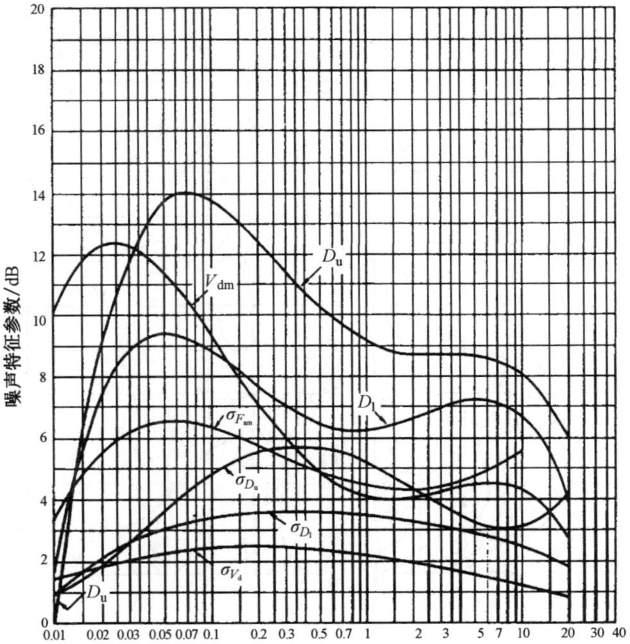

（c）噪声特征参数与频率的变化关系

图 5-15　大气无线电噪声世界分布图（春季，本地时间，8～12 时）（续）

（a）1MHz大于kT_0b的背景大气无线电噪声预期F_{am}/dB

图 5-16　大气无线电噪声世界分布图（春季，本地时间，12～16 时）

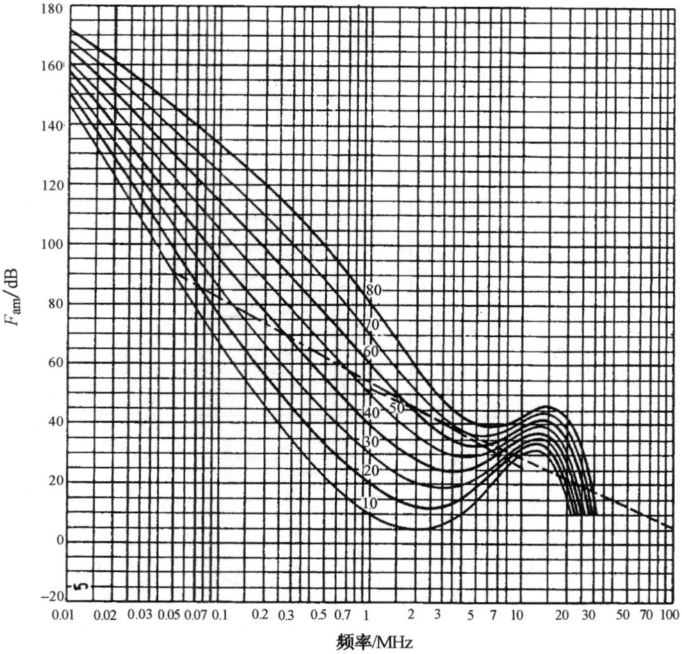

（b）大于kT_0b的背景大气无线电噪声期望中值F_{am}与频率的变化关系

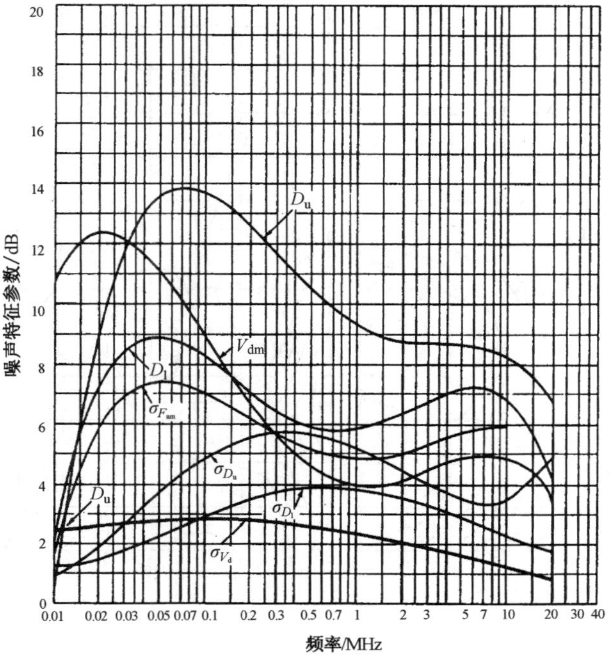

（c）噪声特征参数与频率的变化关系

图 5-16　大气无线电噪声世界分布图（春季，本地时间，12～16 时）（续）

（a）1MHz大于kT_0b的背景大气无线电噪声预期F_{am}/dB

图 5-17　大气无线电噪声世界分布图（春季，本地时间，16～20时）

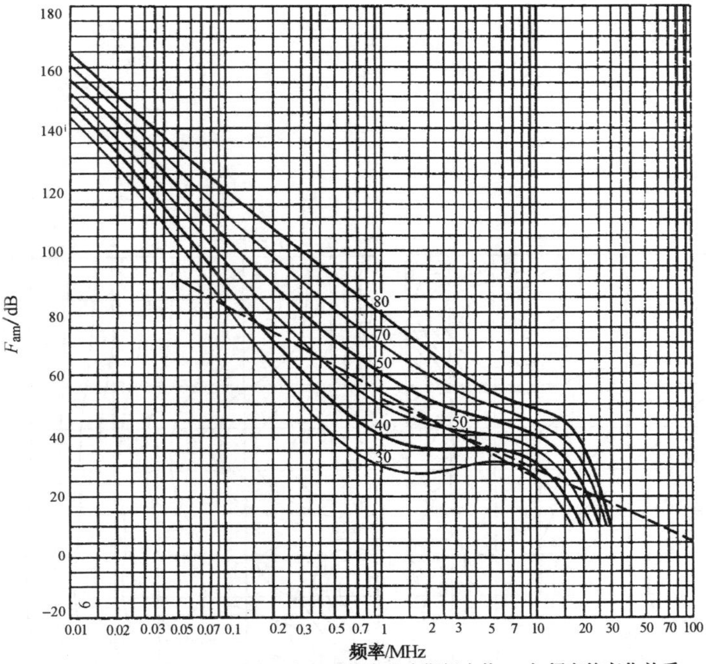

（b）大于kT_0b的背景大气无线电噪声期望中值F_{am}与频率的变化关系

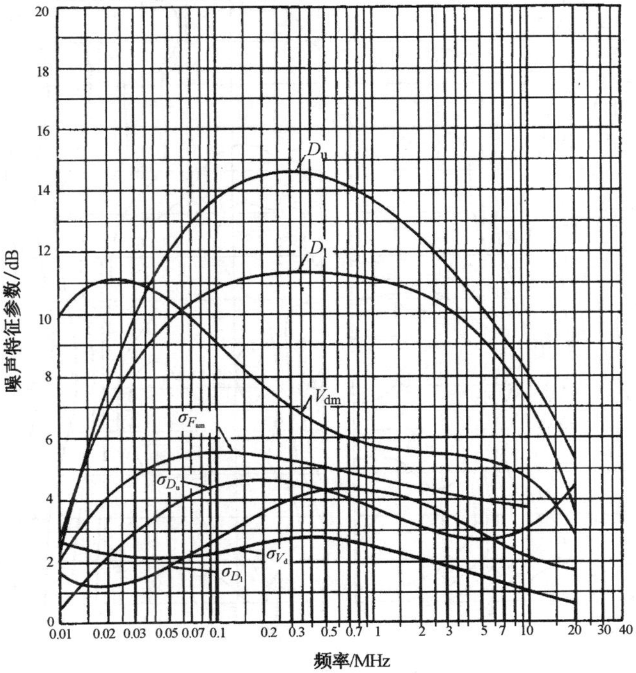

（c）噪声特征参数与频率的变化关系

图 5-17　大气无线电噪声世界分布图（春季，本地时间，16～20 时）（续）

（a）1MHz大于kT_0b的背景大气无线电噪声预期F_{am}/dB

图 5-18　大气无线电噪声世界分布图（春季，本地时间，20～24 时）

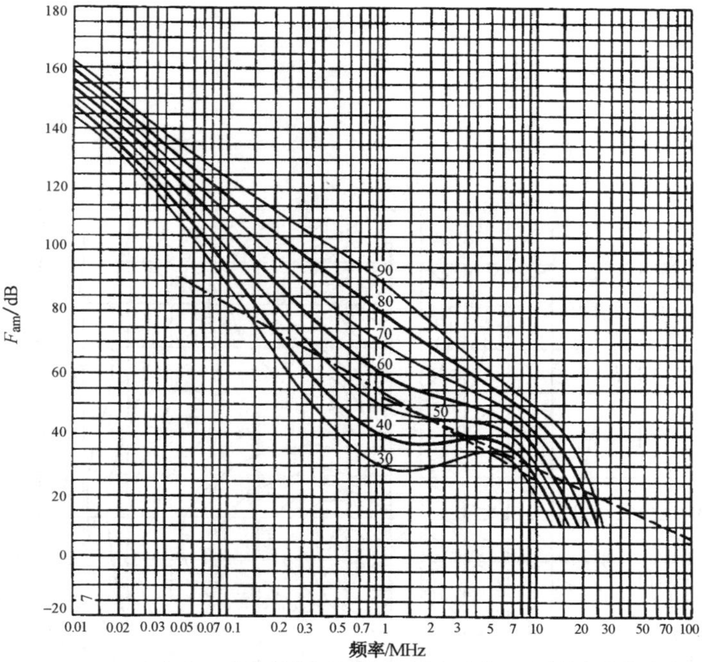

（b）大于kT_0b的背景大气无线电噪声期望中值F_{am}与频率的变化关系

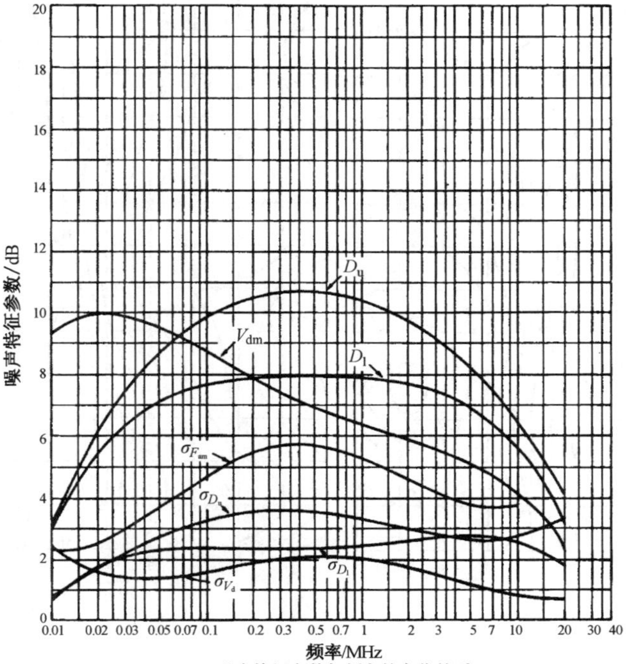

（c）噪声特征参数与频率的变化关系

图 5-18　大气无线电噪声世界分布图（春季，本地时间，20～24 时）（续）

（a）1MHz大于kT_0b的背景大气无线电噪声预期F_{am}/dB

图 5-19　大气无线电噪声世界分布图（夏季，本地时间，0～4 时）

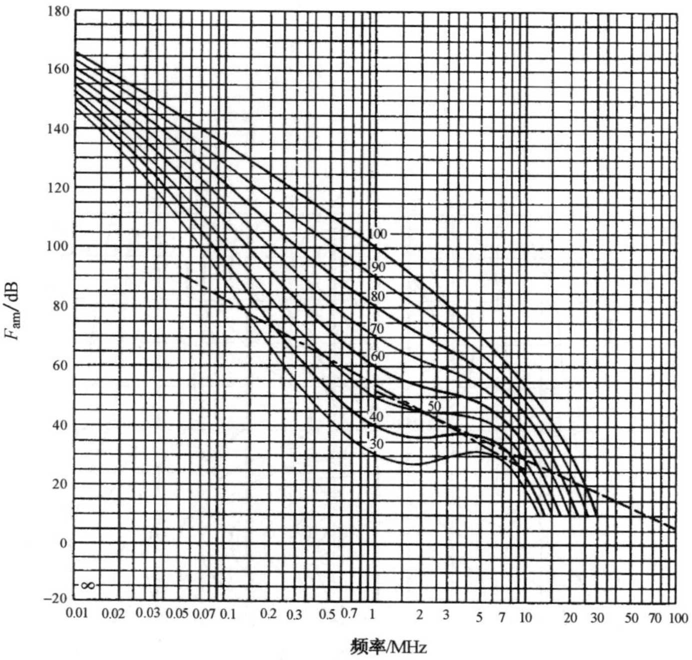

（b）大于kT_0b的背景大气无线电噪声期望中值F_{am}与频率的变化关系

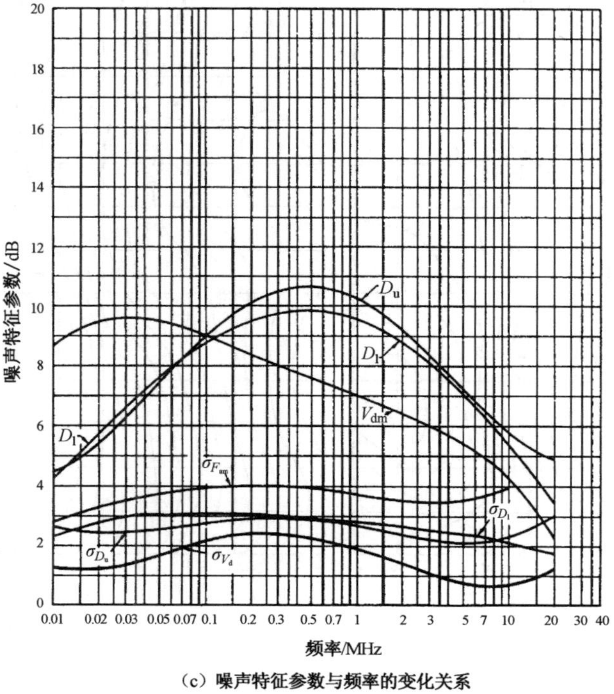

（c）噪声特征参数与频率的变化关系

图 5-19　大气无线电噪声世界分布图（夏季，本地时间，0～4 时）（续）

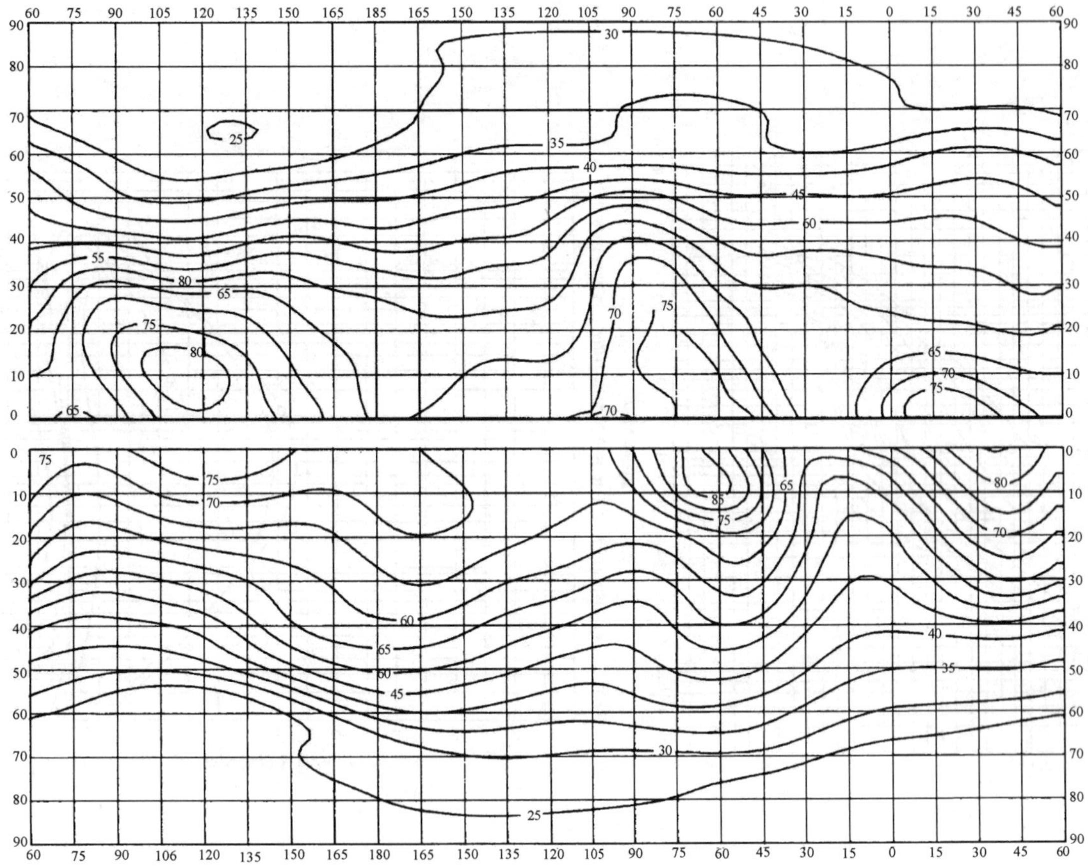

（a）1MHz大于kT_0b的背景大气无线电噪声预期F_{am}/dB

图 5-20　大气无线电噪声世界分布图（夏季，本地时间，4～8 时）

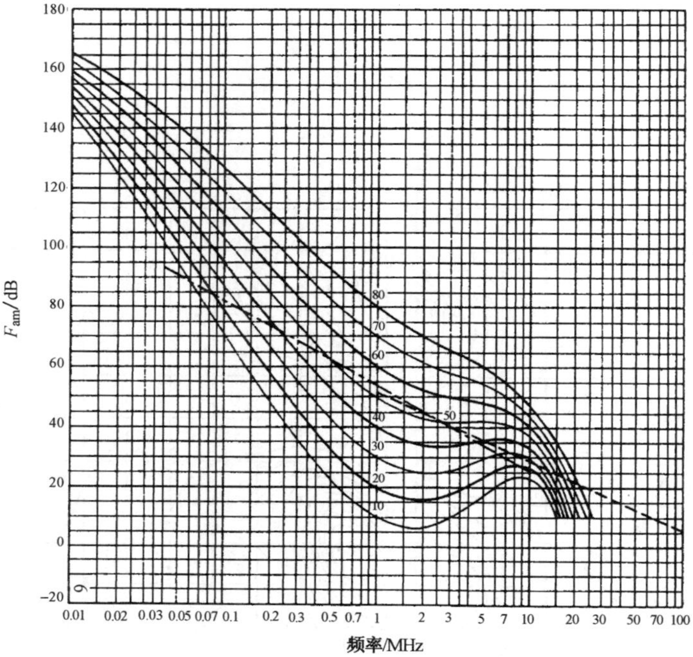

（b）大于kT_0b的背景大气无线电噪声期望中值F_{am}与频率的变化关系

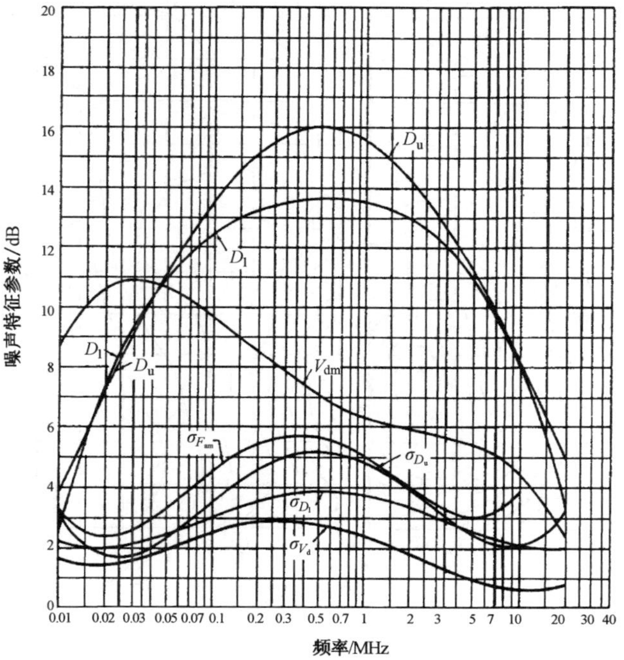

（c）噪声特征参数与频率的变化关系

图 5-20　大气无线电噪声世界分布图（夏季，本地时间，4～8 时）（续）

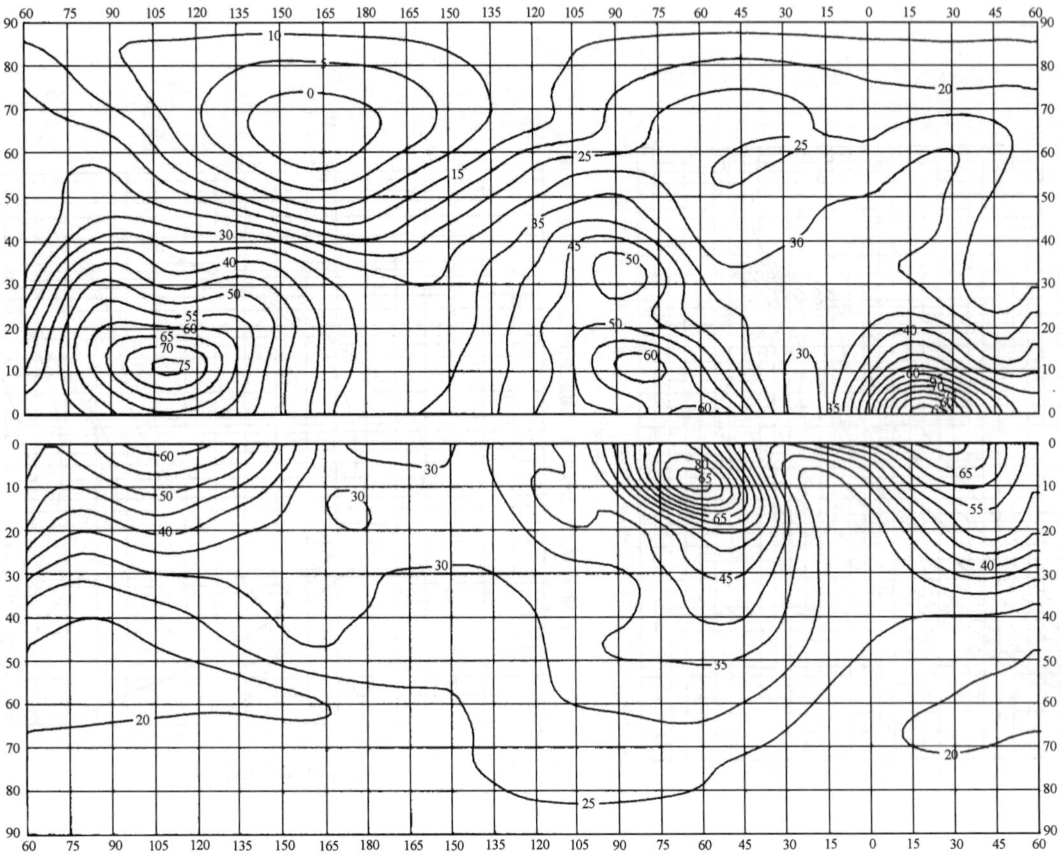

（a）1MHz大于kT_0b的背景大气无线电噪声预期F_{am}/dB

图 5-21　大气无线电噪声世界分布图（夏季，本地时间，8～12 时）

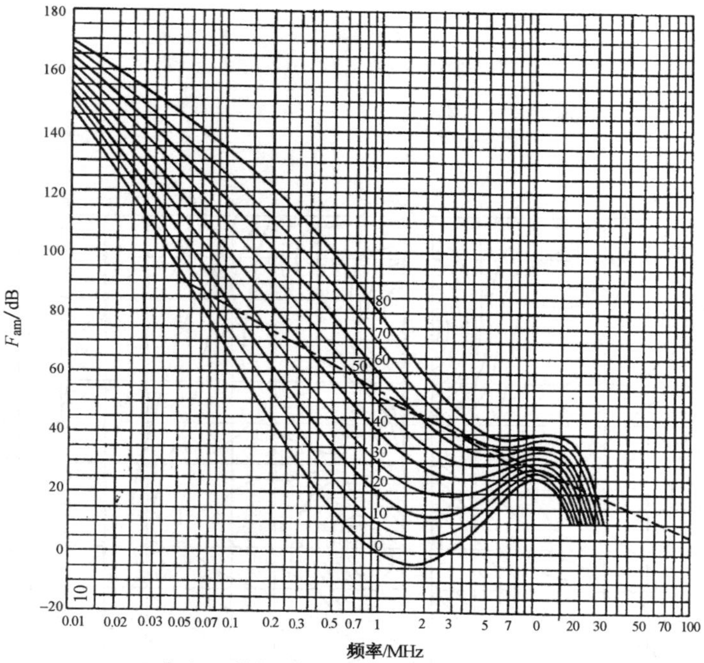

（b）大于kT_0b的背景大气无线电噪声期望中值F_{am}与频率的变化关系

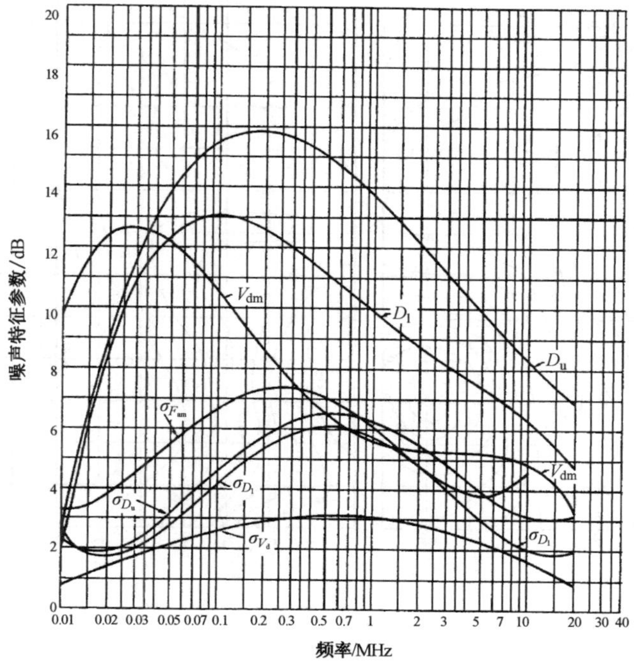

（c）噪声特征参数与频率的变化关系

图 5-21　大气无线电噪声世界分布图（夏季，本地时间，8～12 时）（续）

（a）1MHz大于kT_0b的背景大气无线电噪声预期F_{am}/dB

图 5-22　大气无线电噪声世界分布图（夏季，本地时间，12～16 时）

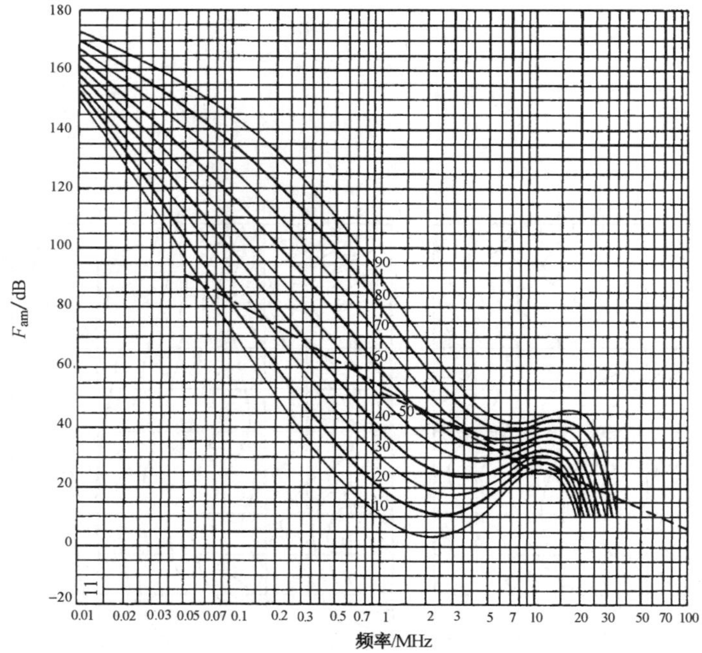

（b）大于 kT_0b 的背景大气无线电噪声期望中值 F_{am} 与频率的变化关系

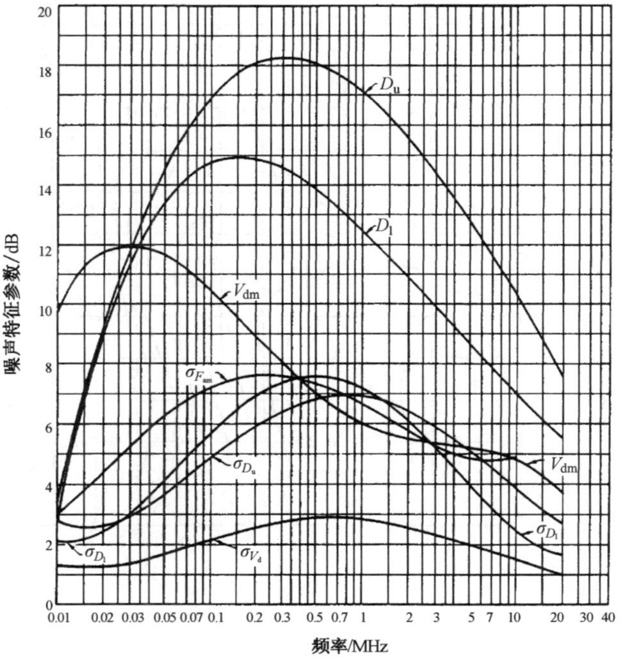

（c）噪声特征参数与频率的变化关系

图 5-22　大气无线电噪声世界分布图（夏季，本地时间，12～16 时）（续）

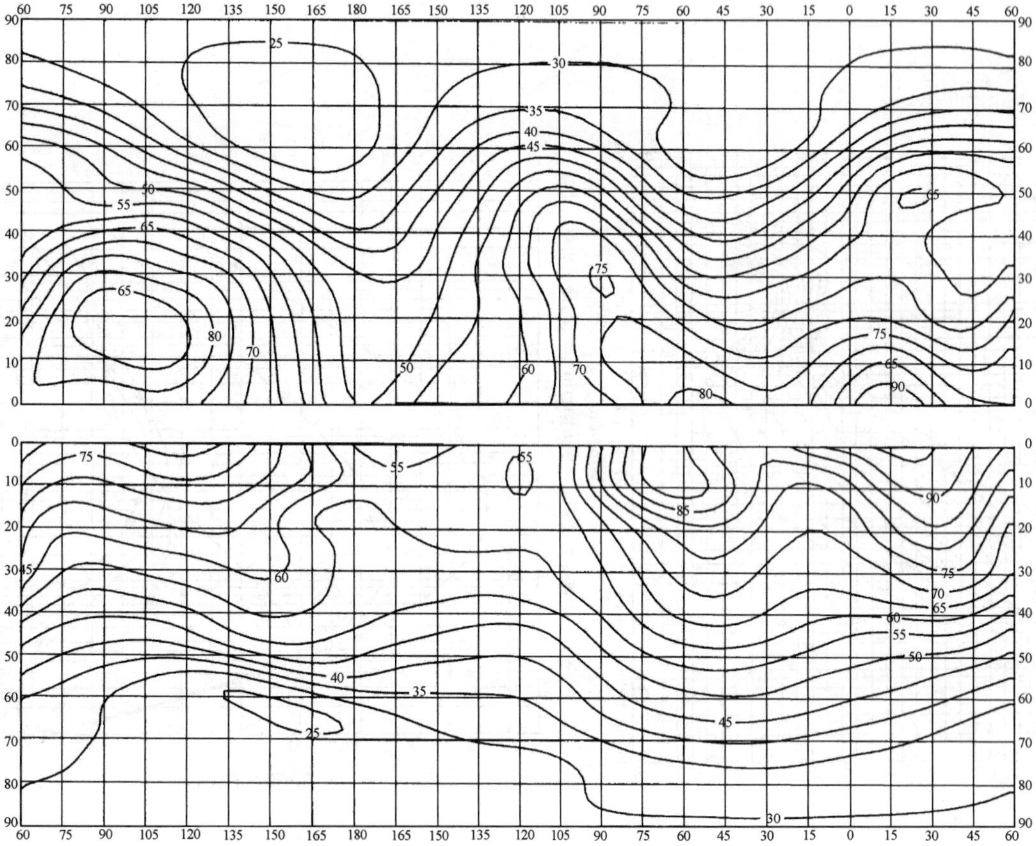

（a）1MHz大于kT_0b的背景大气无线电噪声预期F_{am}/dB

图 5-23　大气无线电噪声世界分布图（夏季，本地时间，16～20 时）

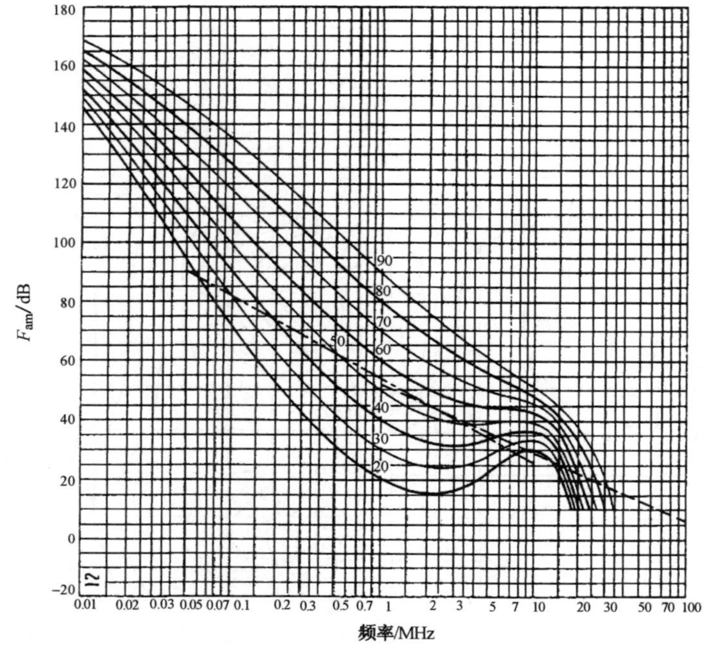

（b）大于kT_0b的背景大气无线电噪声期望中值F_{am}与频率的变化关系

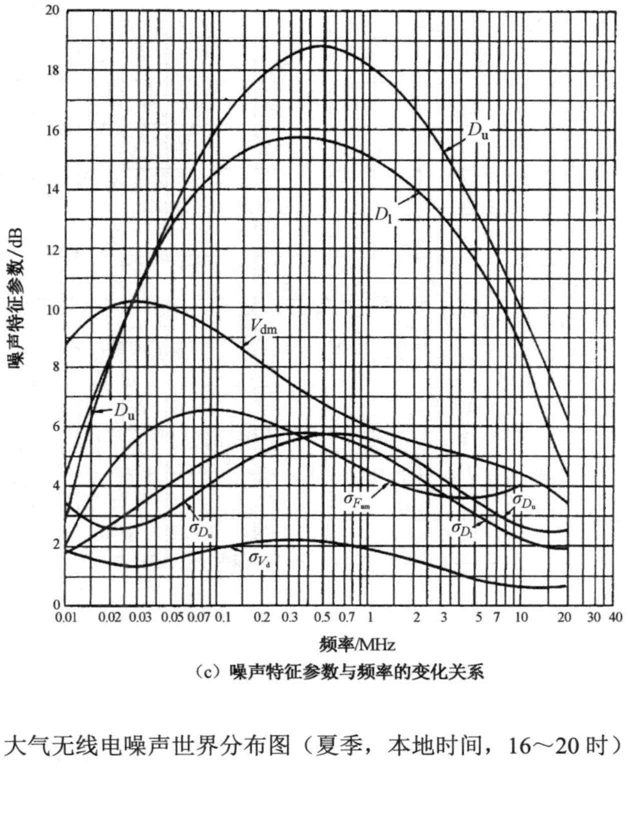

（c）噪声特征参数与频率的变化关系

图 5-23　大气无线电噪声世界分布图（夏季，本地时间，16～20 时）（续）

（a）1MHz大于kT_0b的背景大气无线电噪声预期F_{am}/dB

图 5-24 大气无线电噪声世界分布图（夏季，本地时间，20～24 时）

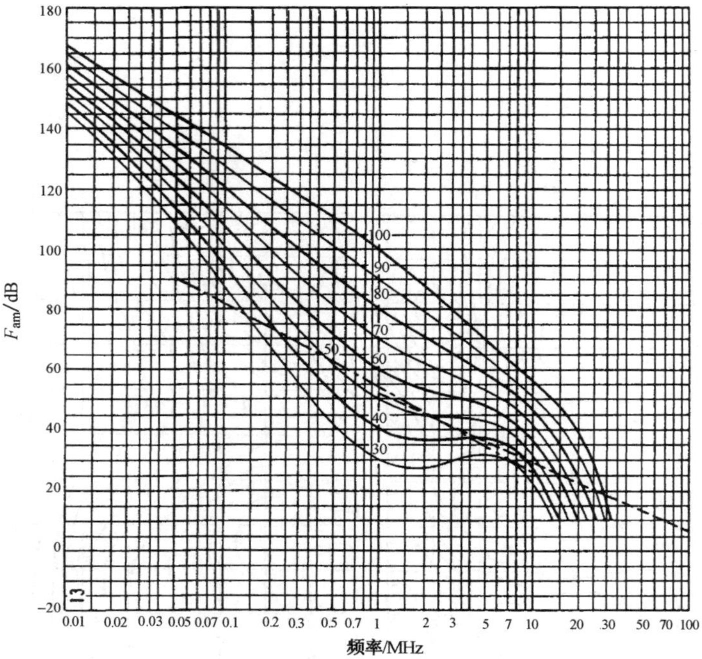

（b）大于kT_0b的背景大气无线电噪声期望中值F_{am}与频率的变化关系

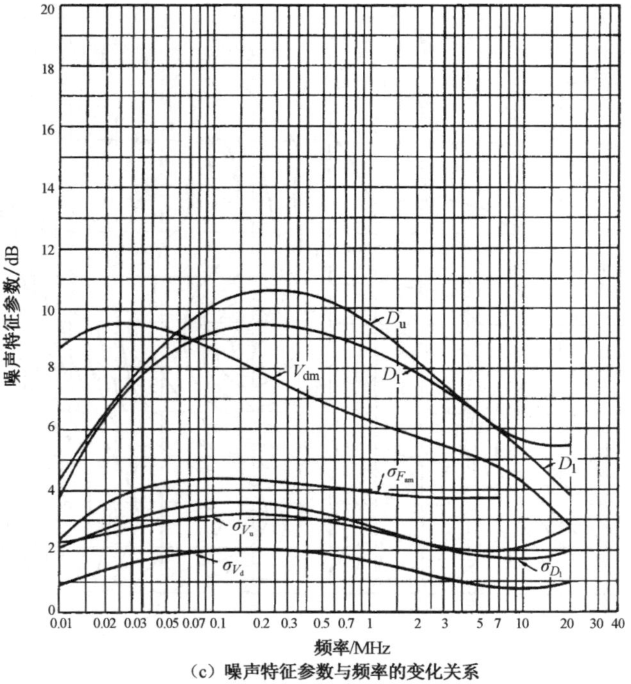

（c）噪声特征参数与频率的变化关系

图 5-24　大气无线电噪声世界分布图（夏季，本地时间，20～24 时）（续）

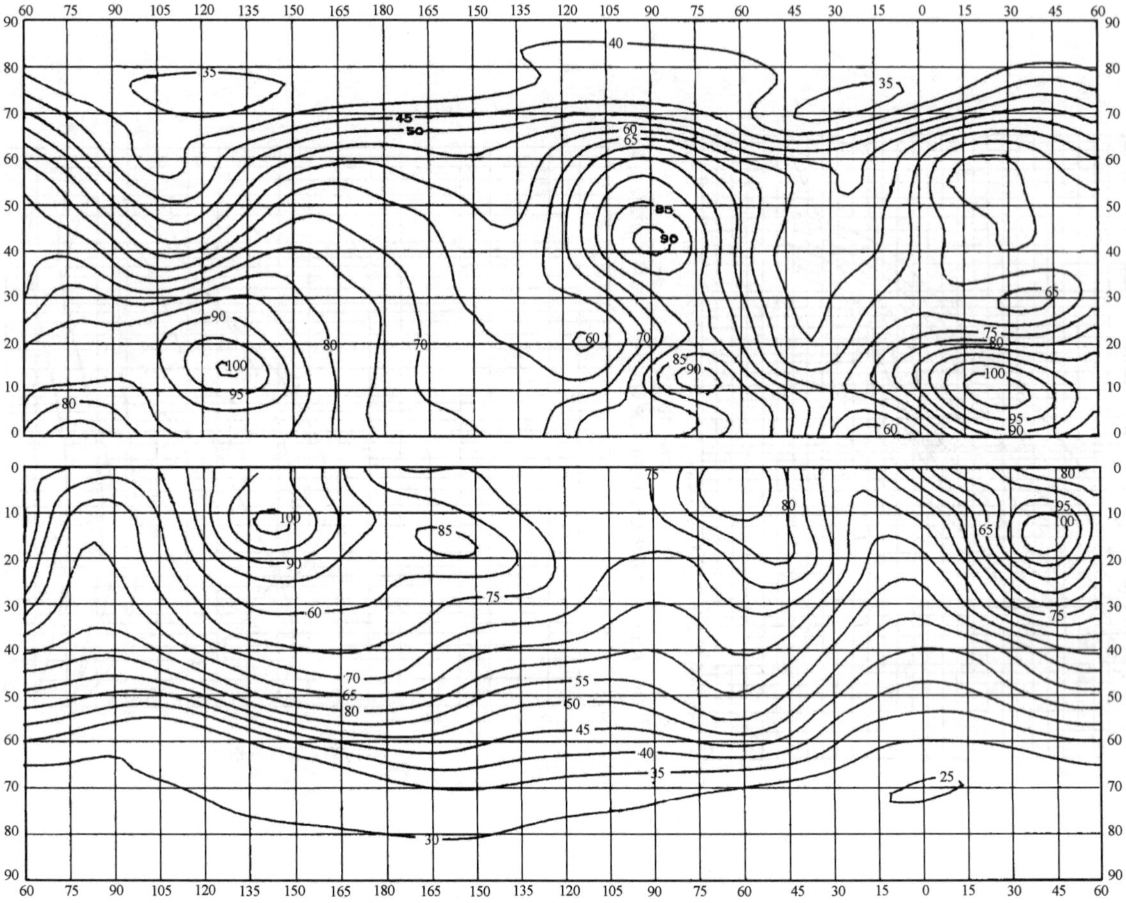

（a）1MHz大于kT_0b的背景大气无线电噪声预期F_{am}/dB

图 5-25　大气无线电噪声世界分布图（秋季，本地时间，0～4 时）

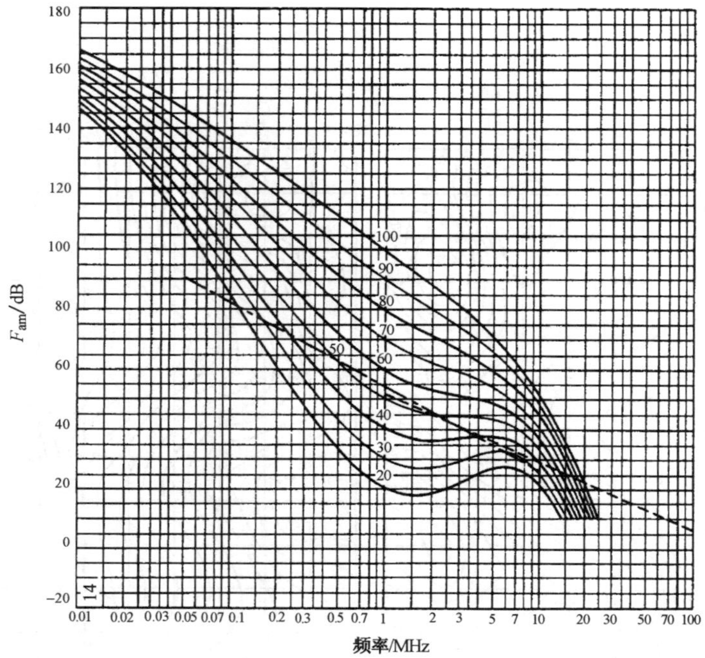

（b）大于kT_0b的背景大气无线电噪声期望中值F_{am}与频率的变化关系

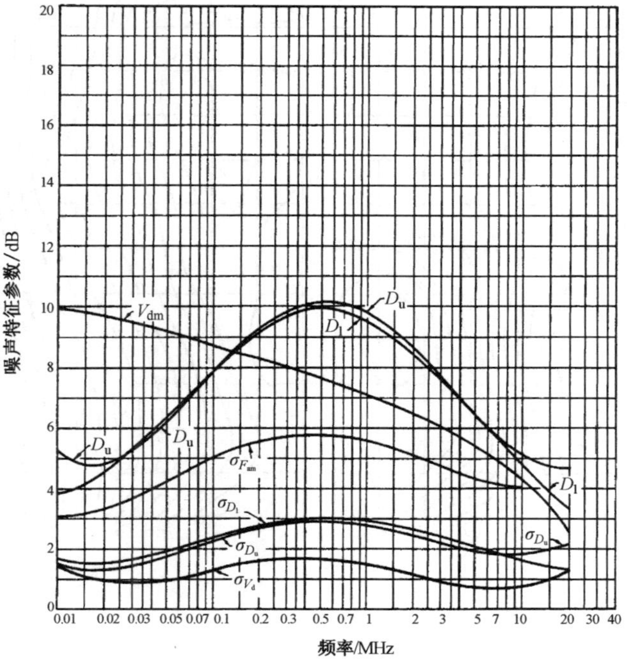

（c）噪声特征参数与频率的变化关系

图 5-25　大气无线电噪声世界分布图（秋季，本地时间，0～4 时）（续）

（a）1MHz大于kT_0b的背景大气无线电噪声预期F_{am}/dB

图 5-26　大气无线电噪声世界分布图（秋季，本地时间，4～8 时）

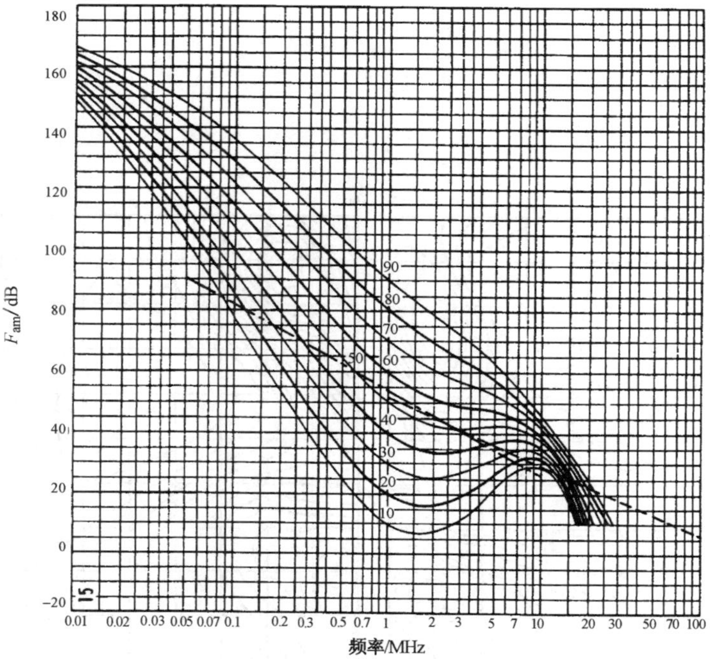

（b）大于kT_0b的背景大气无线电噪声期望中值F_{am}与频率的变化关系

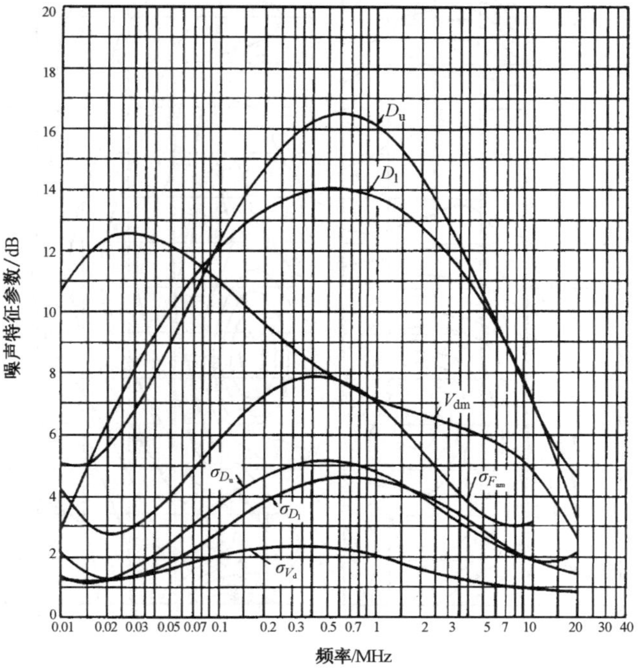

（c）噪声特征参数与频率的变化关系

图 5-26　大气无线电噪声世界分布图（秋季，本地时间，4～8 时）（续）

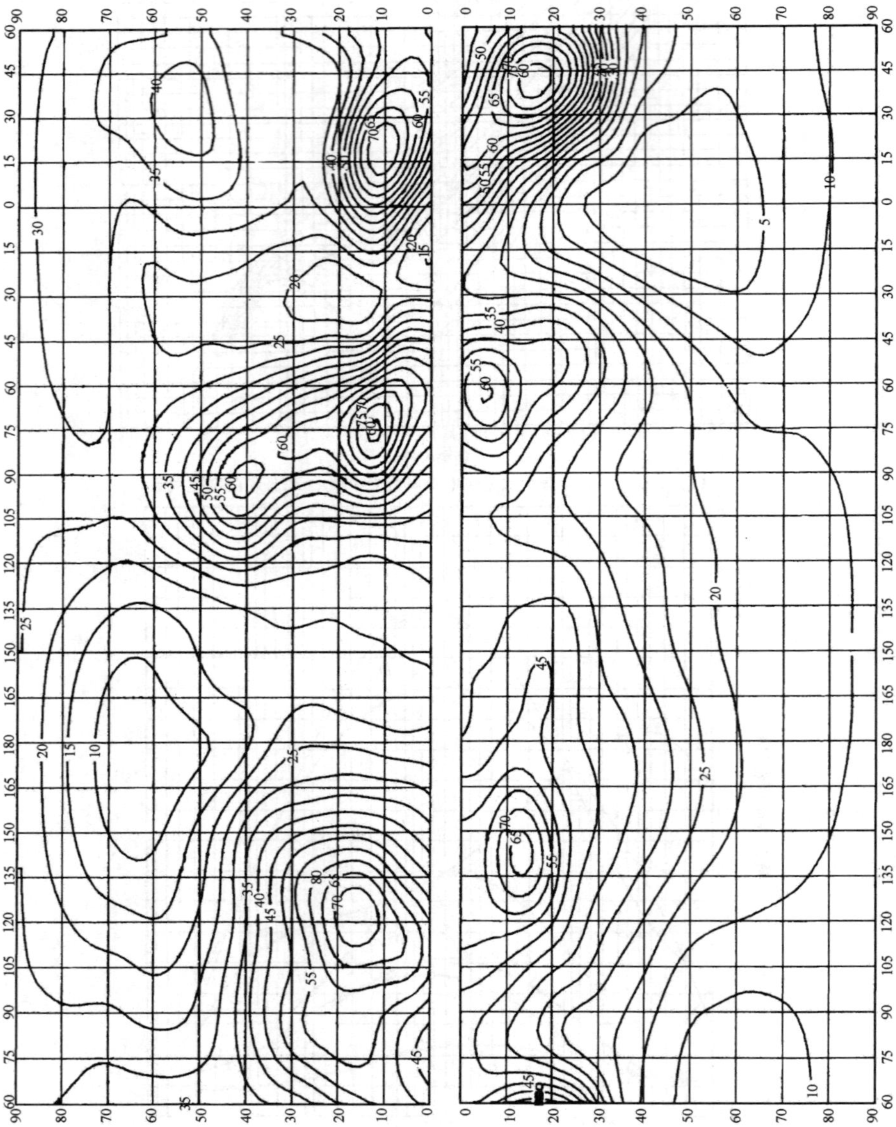

（a）1MHz大于kT_0b的背景大气无线电噪声预期F_{am}/dB

图 5-27 大气无线电噪声世界分布图（秋季，本地时间，8～12 时）

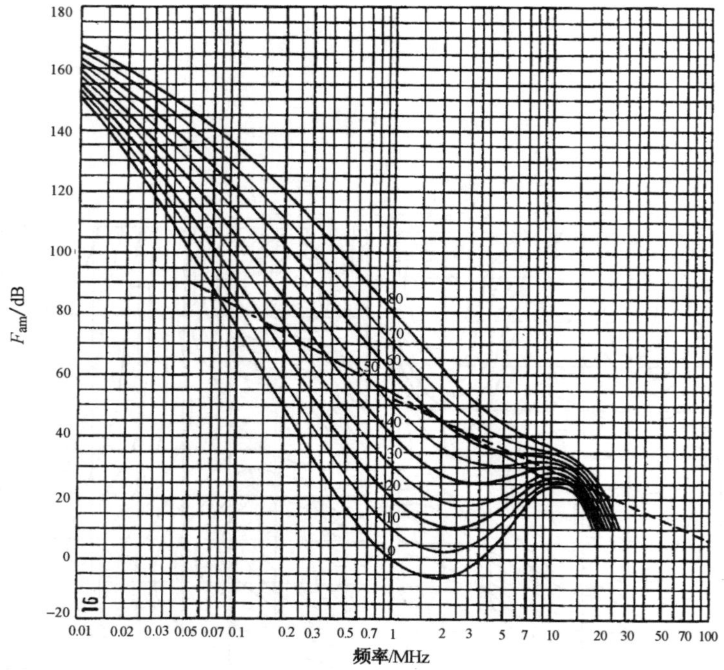

（b）大于kT_0b的背景大气无线电噪声期望中值F_{am}与频率的变化关系

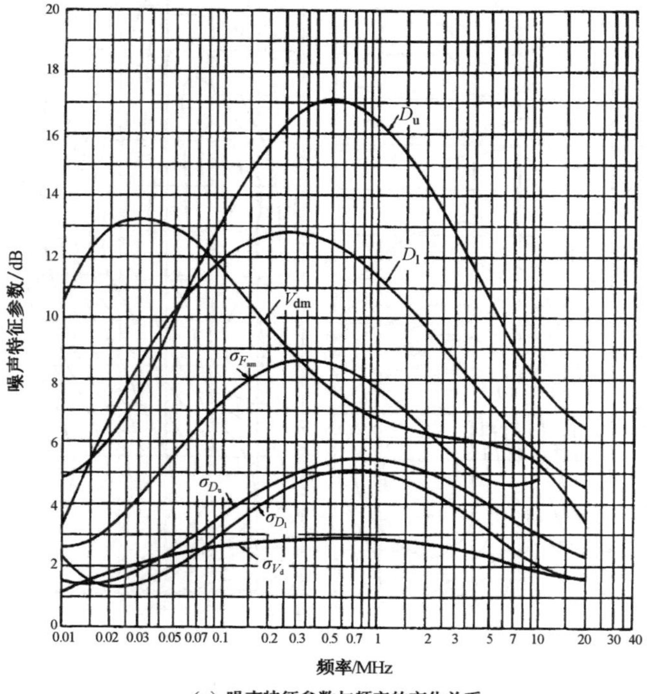

（c）噪声特征参数与频率的变化关系

图 5-27　大气无线电噪声世界分布图（秋季，本地时间，8～12 时）（续）

（a）1MHz大于kT_0b的背景大气无线电噪声预期F_{am}/dB

图 5-28　大气无线电噪声世界分布图（秋季，本地时间，12～16时）

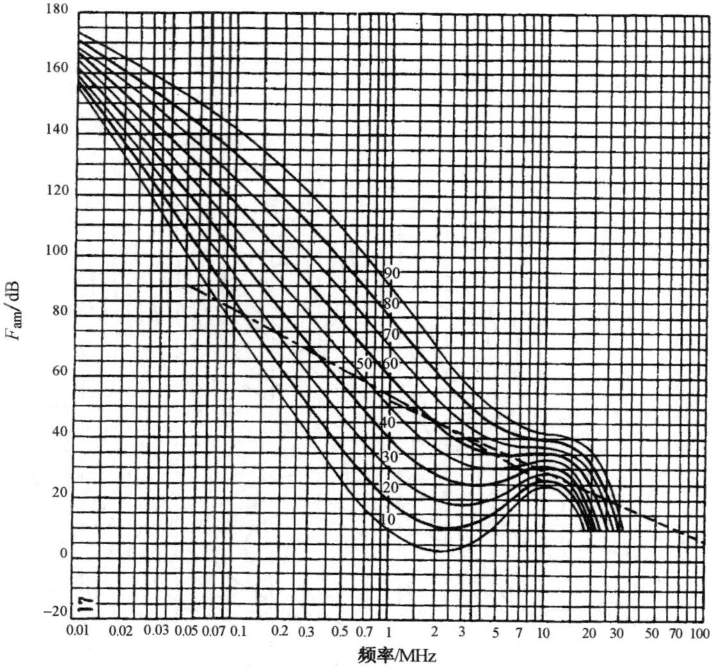

（b）大于kT_0b的背景大气无线电噪声期望中值F_{am}与频率的变化关系

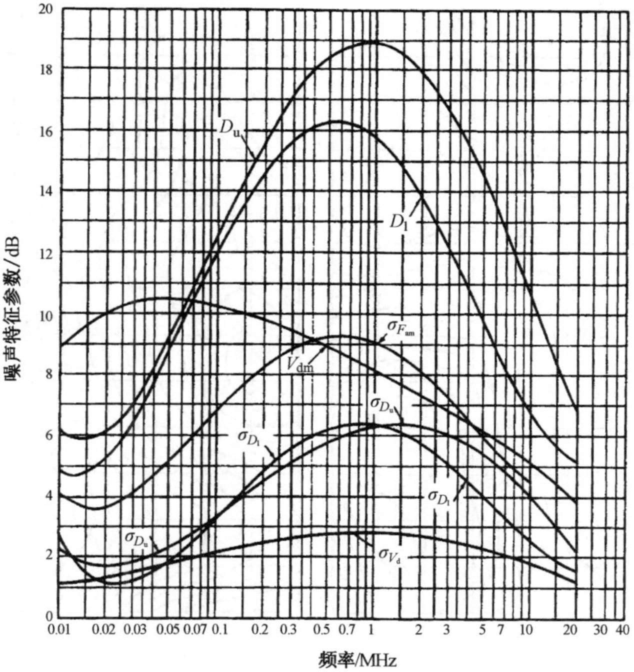

（c）噪声特征参数与频率的变化关系

图 5-28　大气无线电噪声世界分布图（秋季，本地时间，12～16 时）（续）

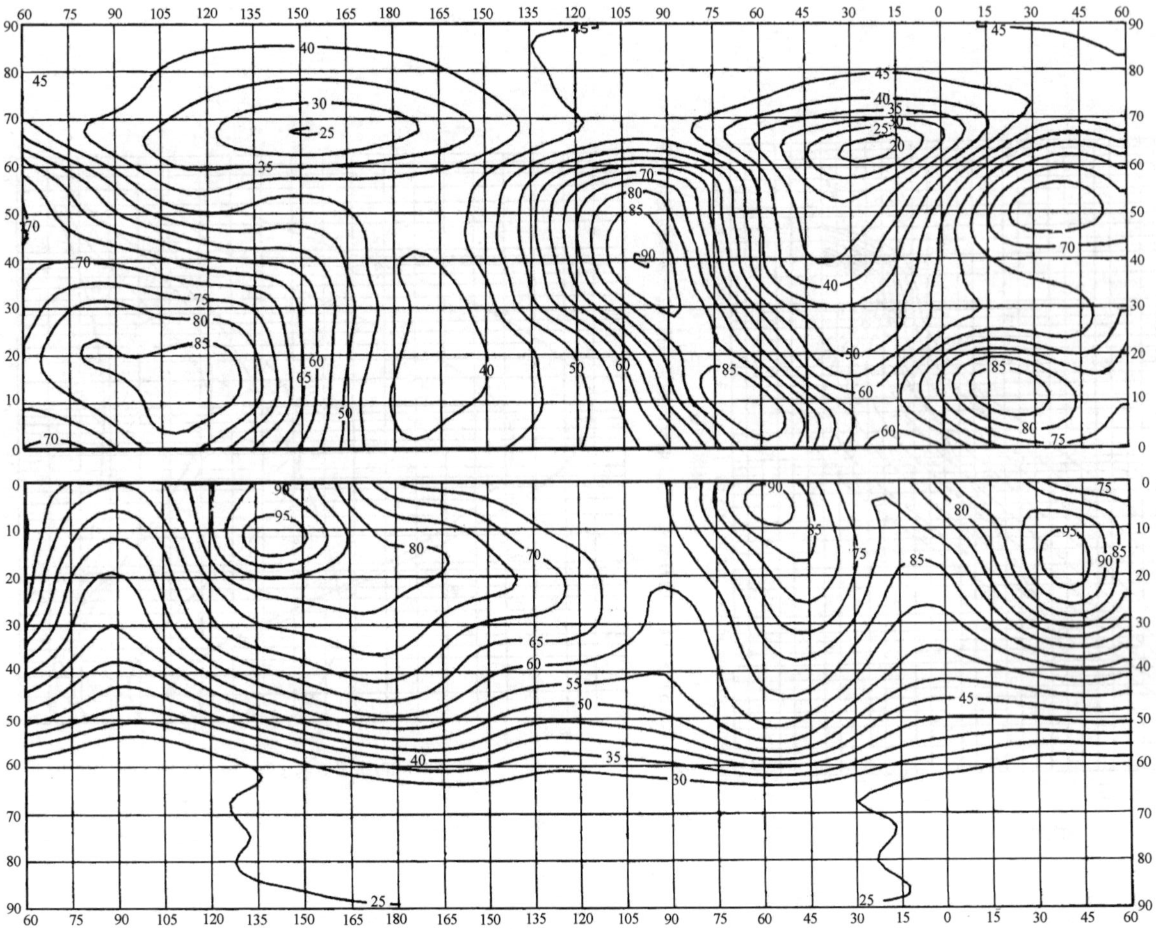

（a）1MHz大于kT_0b的背景大气无线电噪声预期F_{am}/dB

图 5-29　大气无线电噪声世界分布图（秋季，本地时间，16～20时）

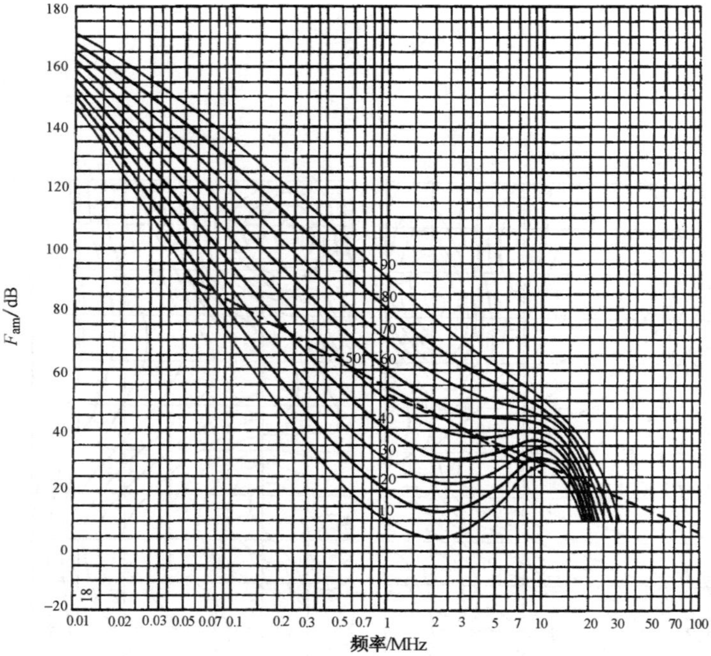

（b）大于kT_0b的背景大气无线电噪声期望中值F_{am}与频率的变化关系

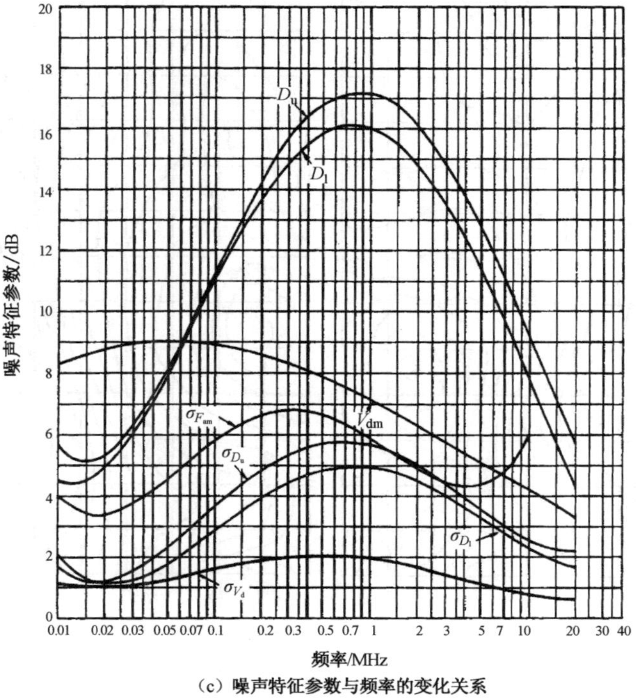

（c）噪声特征参数与频率的变化关系

图 5-29　大气无线电噪声世界分布图（秋季，本地时间，16～20 时）（续）

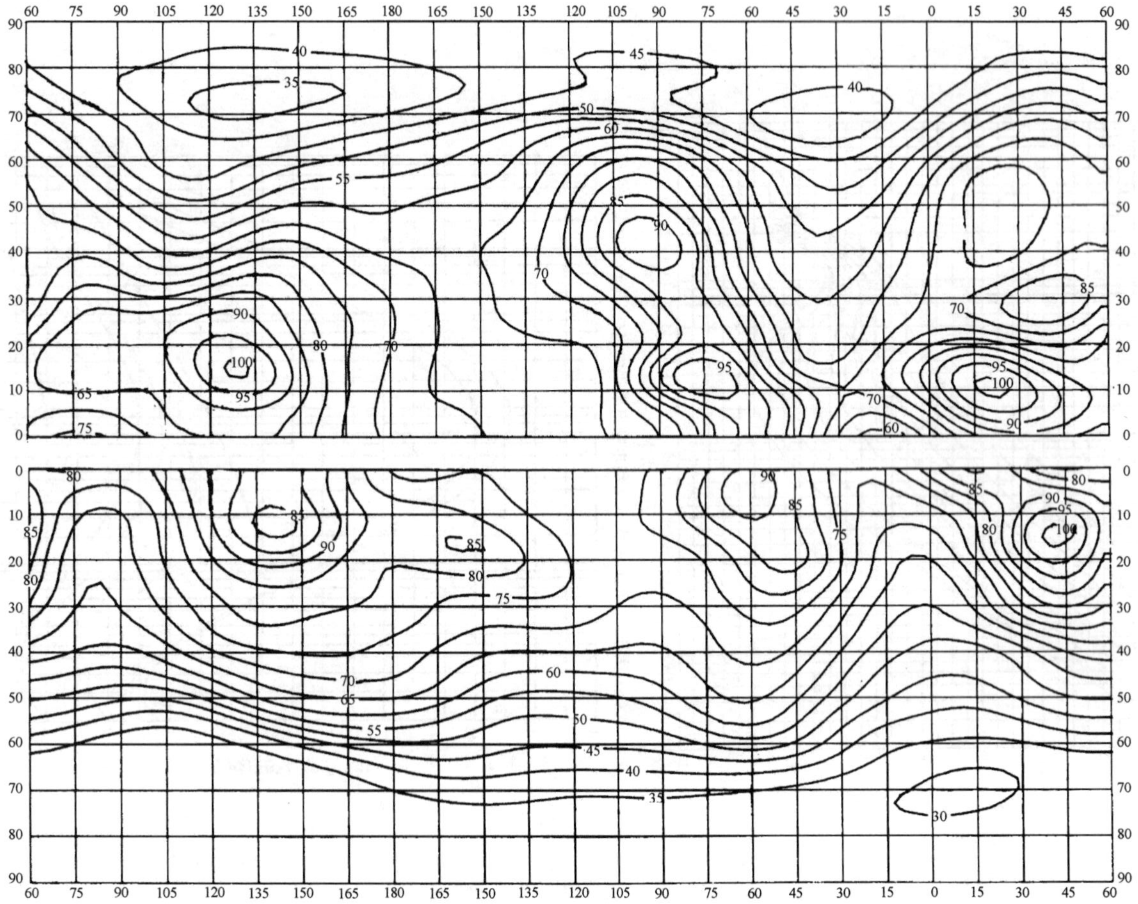

（a）1MHz大于kT_0b的背景大气无线电噪声预期F_{am}/dB

图 5-30　大气无线电噪声世界分布图（秋季，本地时间，20～24 时）

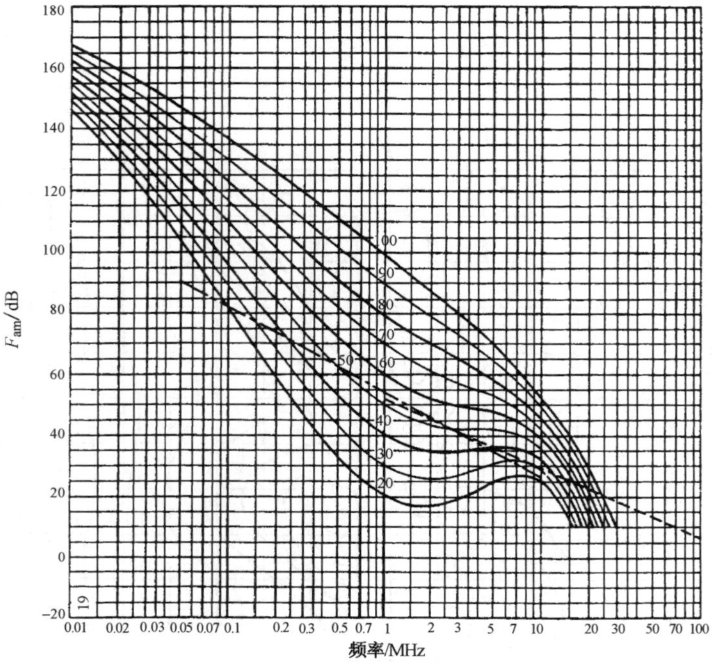

（b）大于kT_0b的背景大气无线电噪声期望中值F_{am}与频率的变化关系

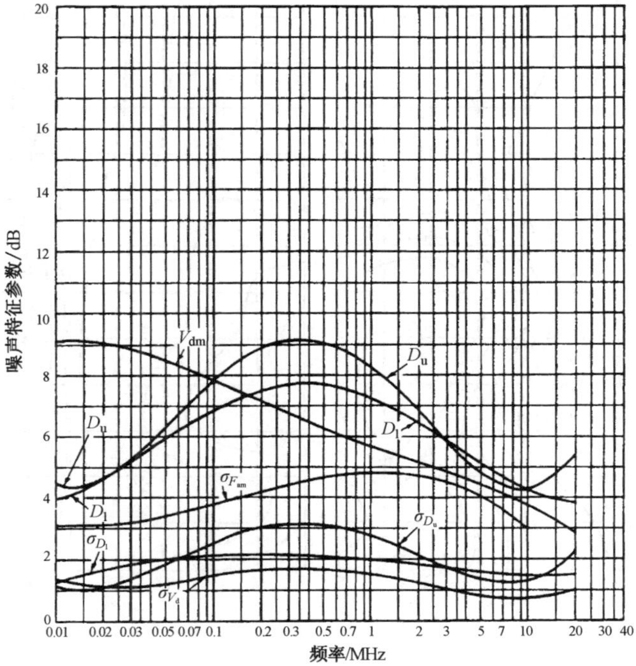

（c）噪声特征参数与频率的变化关系

图 5-30　大气无线电噪声世界分布图（秋季，本地时间，20～24 时）（续）

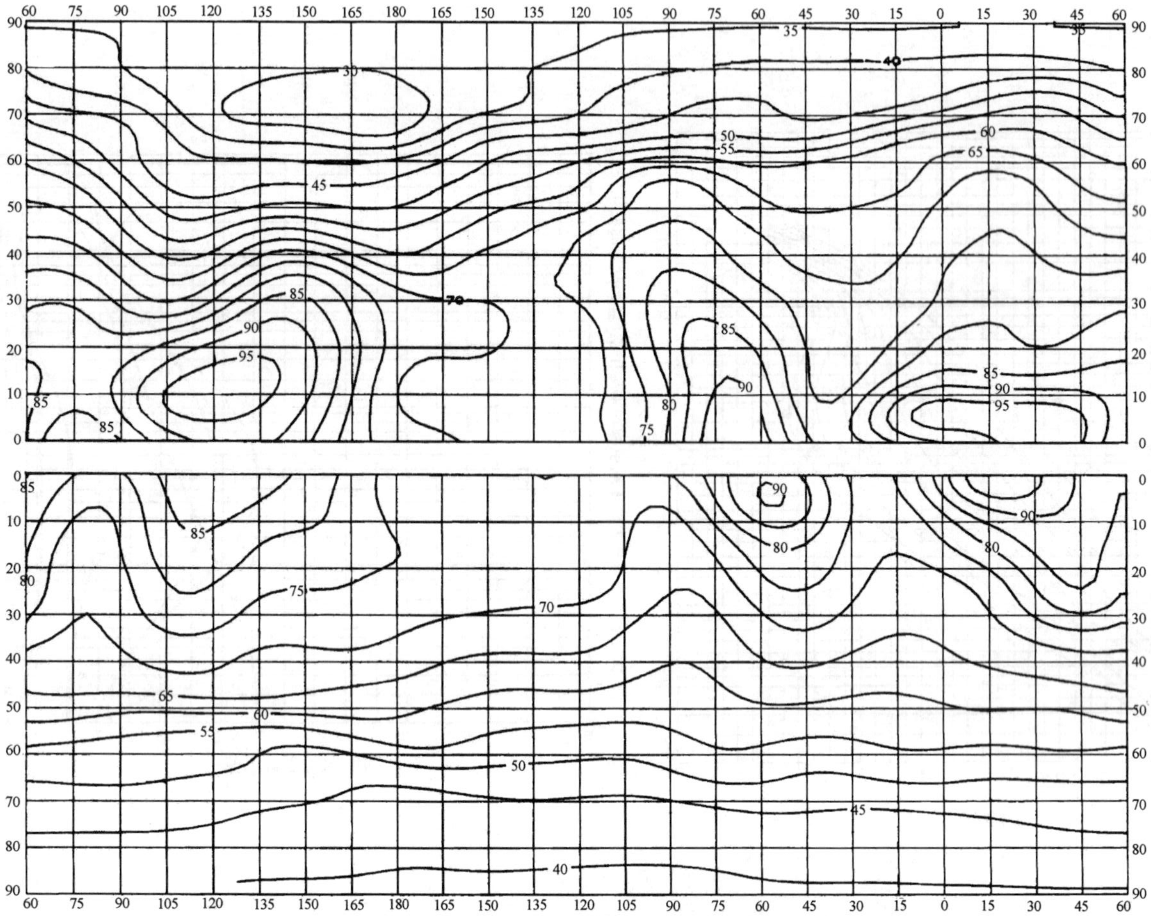

（a）1MHz大于kT_0b的背景大气无线电噪声预期F_{am}/dB

图 5-31　大气无线电噪声世界分布图（冬季，本地时间，0～4 时）

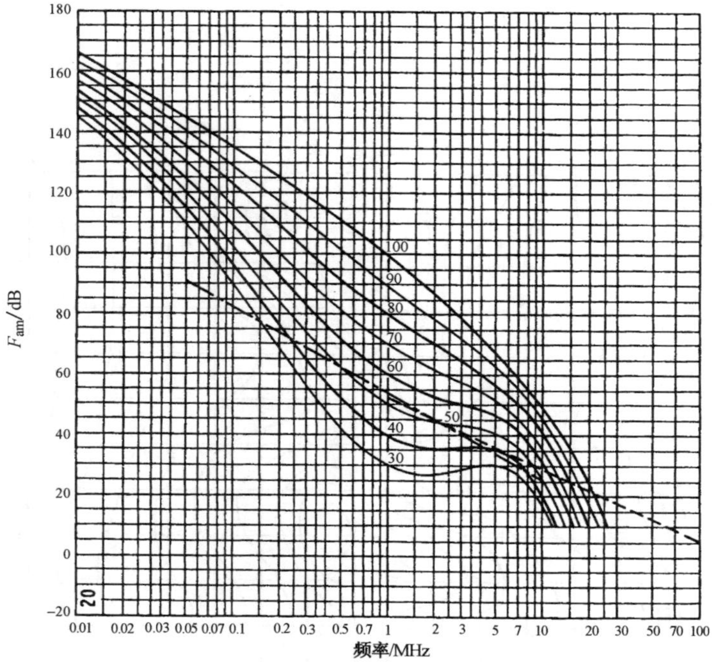

（b）大于kT_0b的背景大气无线电噪声期望中值F_{am}与频率的变化关系

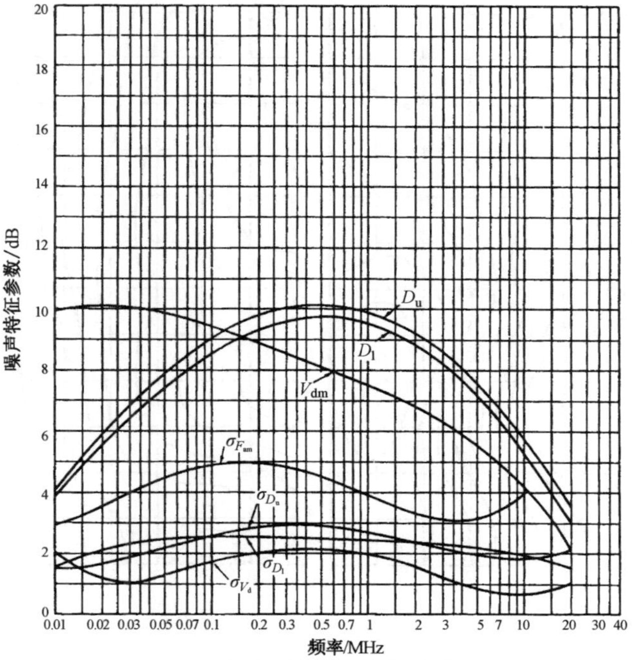

（c）噪声特征参数与频率的变化关系

图 5-31　大气无线电噪声世界分布图（冬季，本地时间，0～4 时）（续）

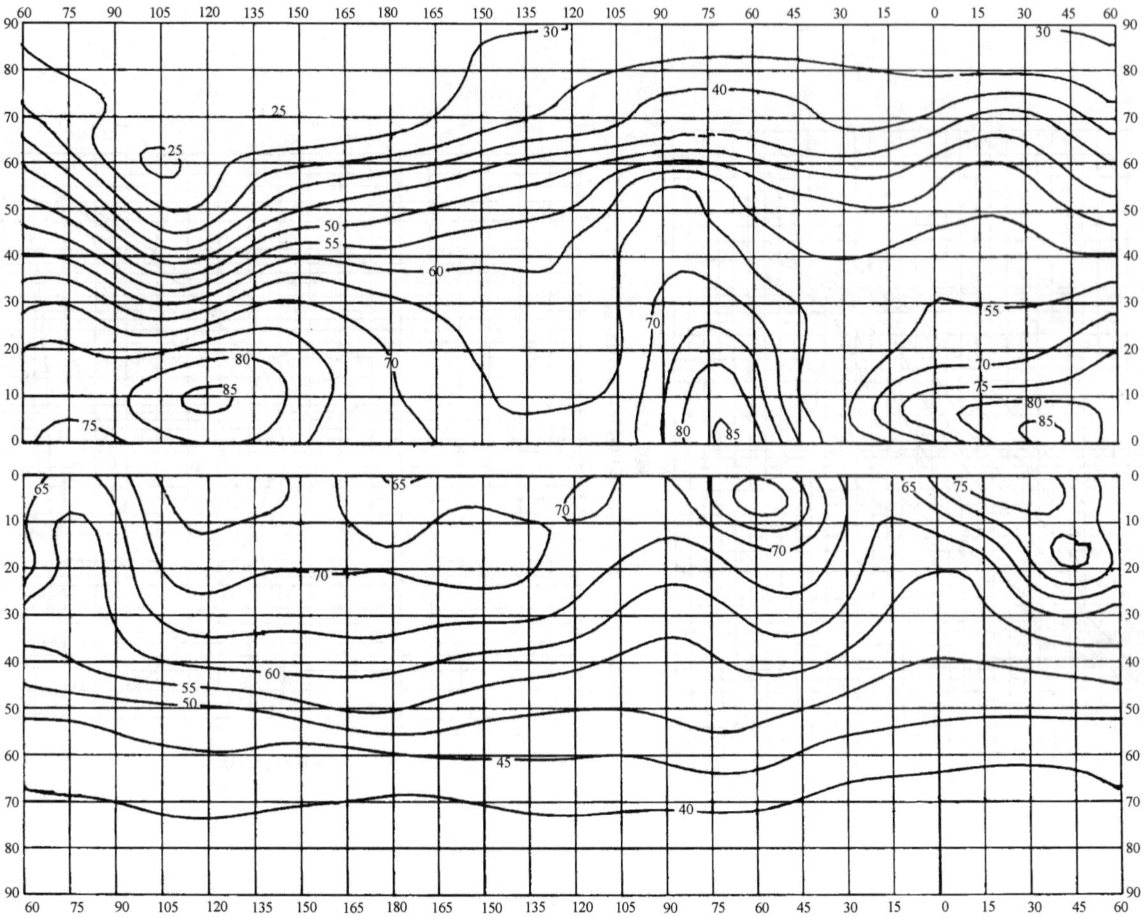

（a）1MHz大于kT_0b的背景大气无线电噪声预期F_{am}/dB

图 5-32　大气无线电噪声世界分布图（冬季，本地时间，4～8 时）

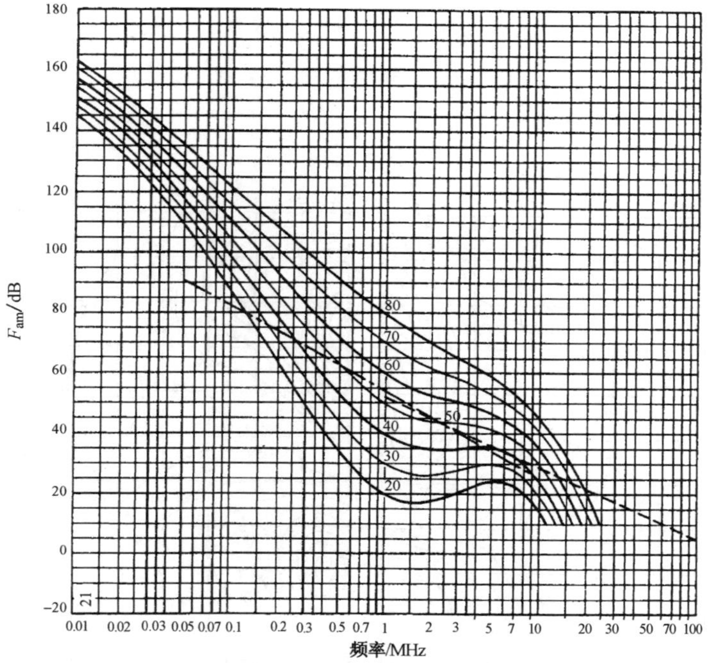

（b）大于kT_0b的背景大气无线电噪声期望中值F_{am}与频率的变化关系

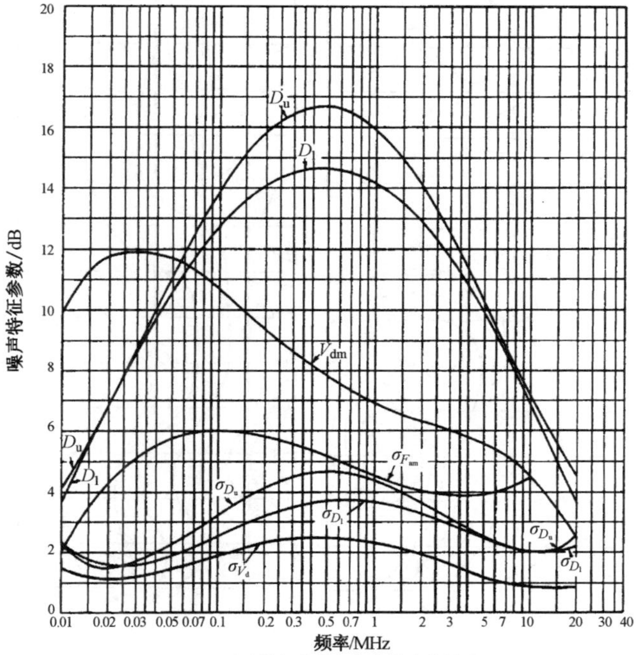

（c）噪声特征参数与频率的变化关系

图 5-32　大气无线电噪声世界分布图（冬季，本地时间，4～8 时）（续）

（a）1MHz大于kT_0b的背景大气无线电噪声预期F_{am}/dB

图 5-33　大气无线电噪声世界分布图（冬季，本地时间，8～12 时）

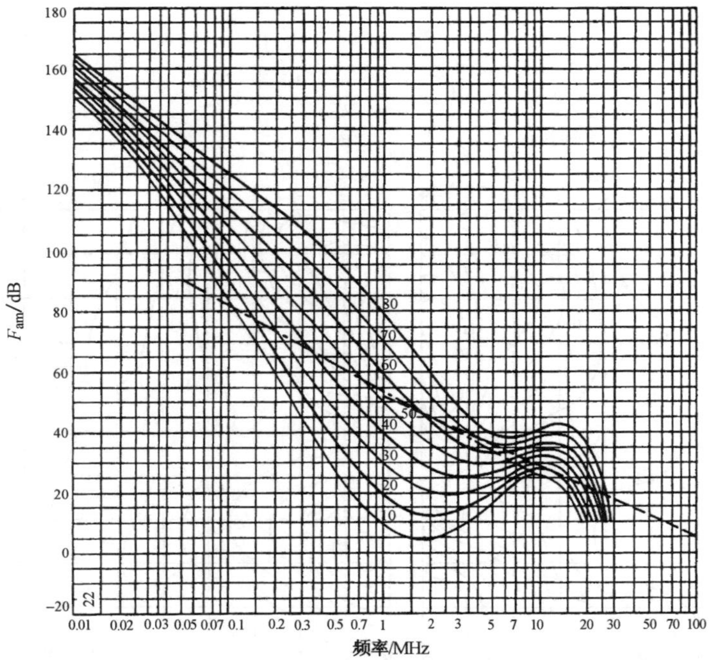

（b）大于kT_0b的背景大气无线电噪声期望中值F_{am}与频率的变化关系

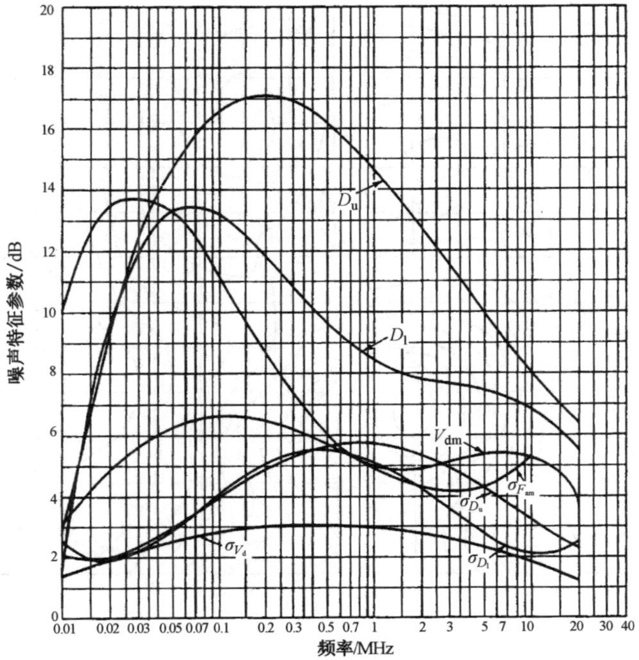

（c）噪声特征参数与频率的变化关系

图 5-33　大气无线电噪声世界分布图（冬季，本地时间，8～12 时）（续）

（a）1MHz大于kT_0b的背景大气无线电噪声预期F_{am}/dB

图 5-34　大气无线电噪声世界分布图（冬季，本地时间，12～16 时）

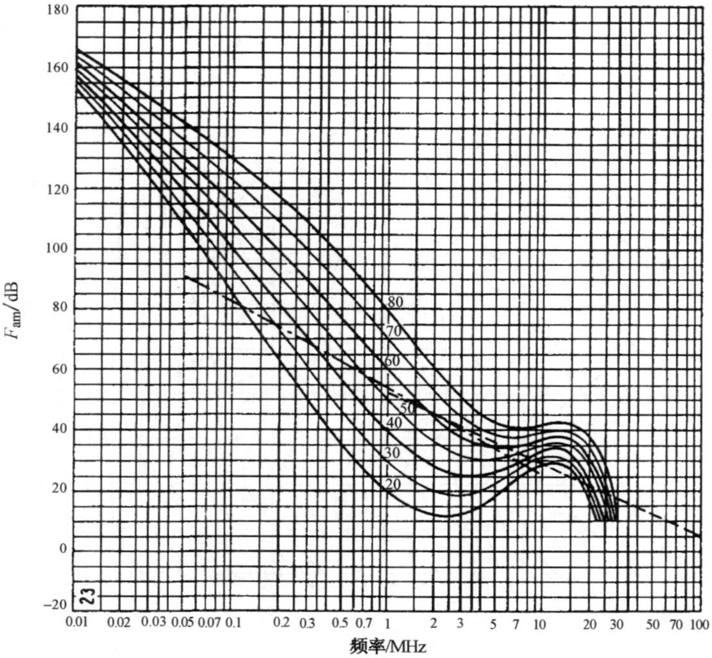

（b）大于kT_0b的背景大气无线电噪声期望中值F_{am}与频率的变化关系

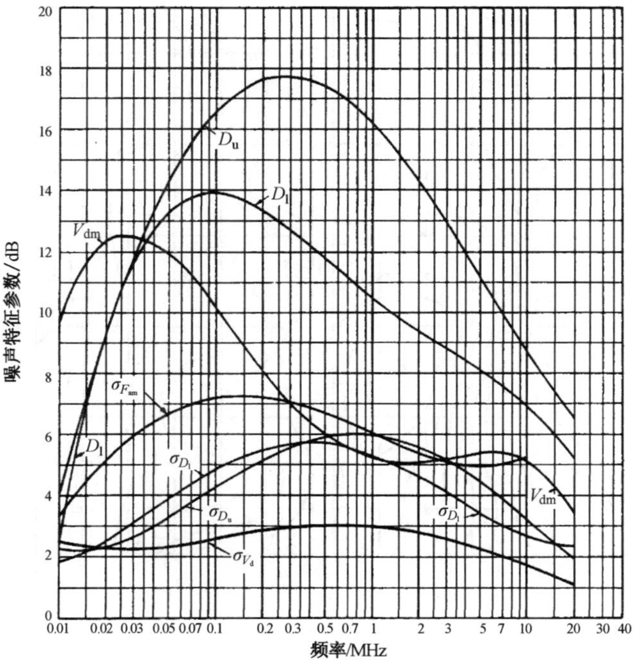

（c）噪声特征参数与频率的变化关系

图 5-34　大气无线电噪声世界分布图（冬季，本地时间，12～16 时）（续）

（a）1MHz大于kT_0b的背景大气无线电噪声预期F_{am}/dB

图 5-35　大气无线电噪声世界分布图（冬季，本地时间，16～20 时）

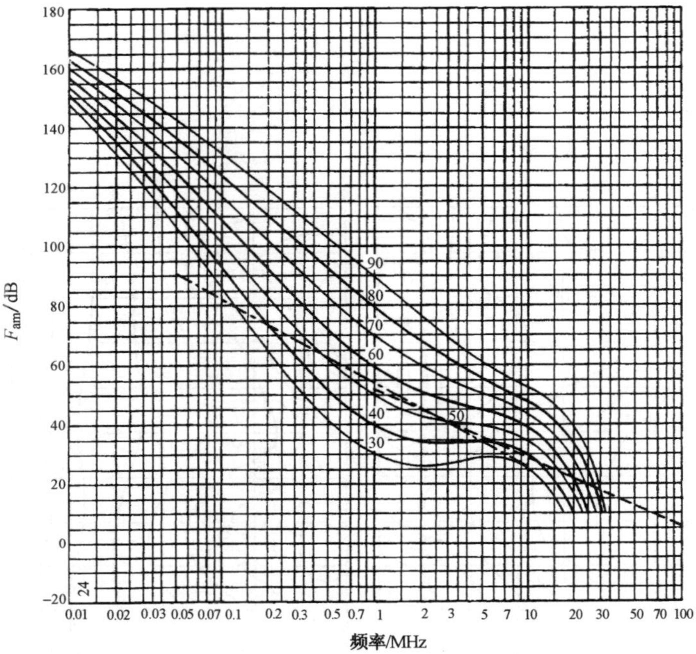

（b）大于kT_0b的背景大气无线电噪声期望中值F_{am}与频率的变化关系

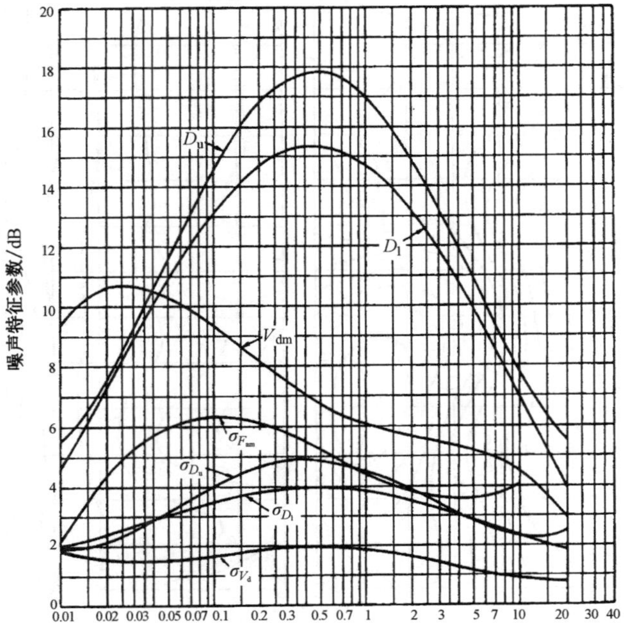

（c）噪声特征参数与频率的变化关系

图 5-35　大气无线电噪声世界分布图（冬季，本地时间，16～20 时）（续）

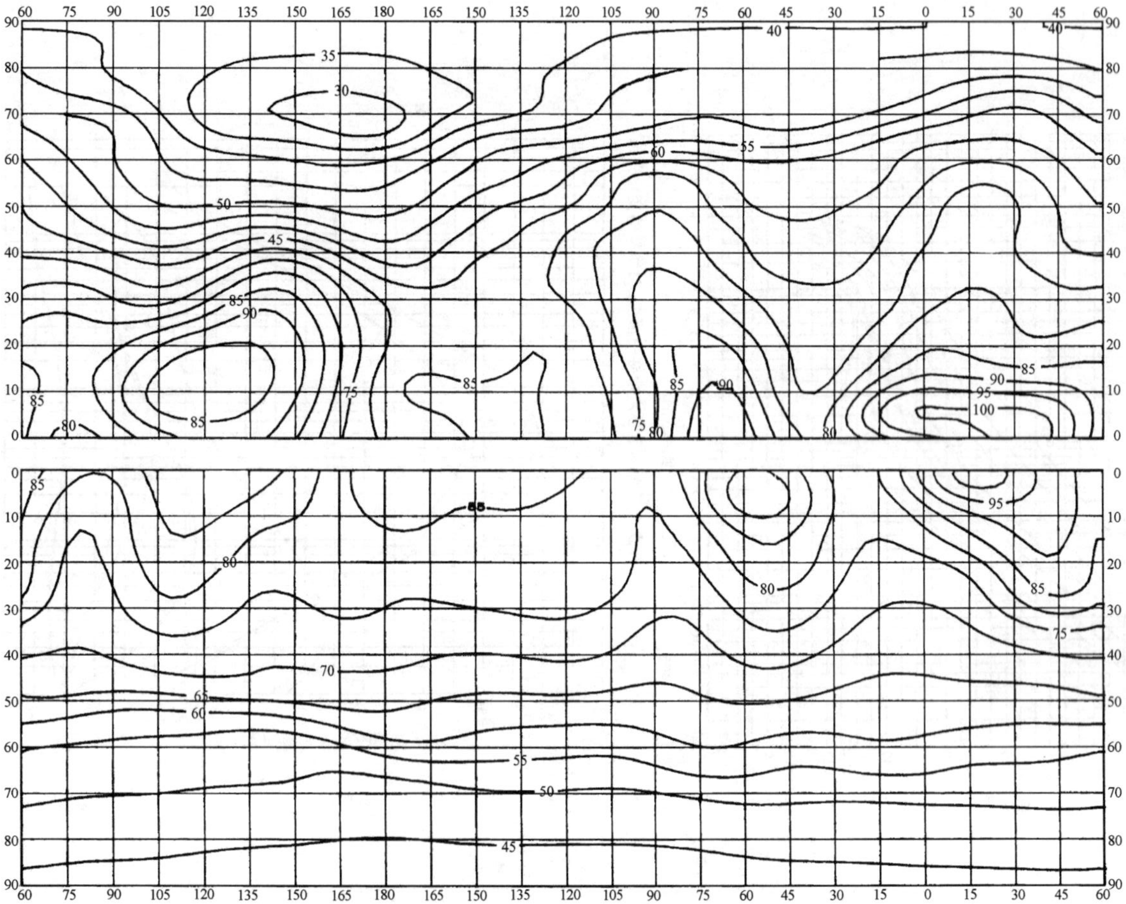

（a）1MHz大于kT_0b的背景大气无线电噪声预期F_{am}/dB

图 5-36 大气无线电噪声世界分布图（冬季，本地时间，20～24 时）

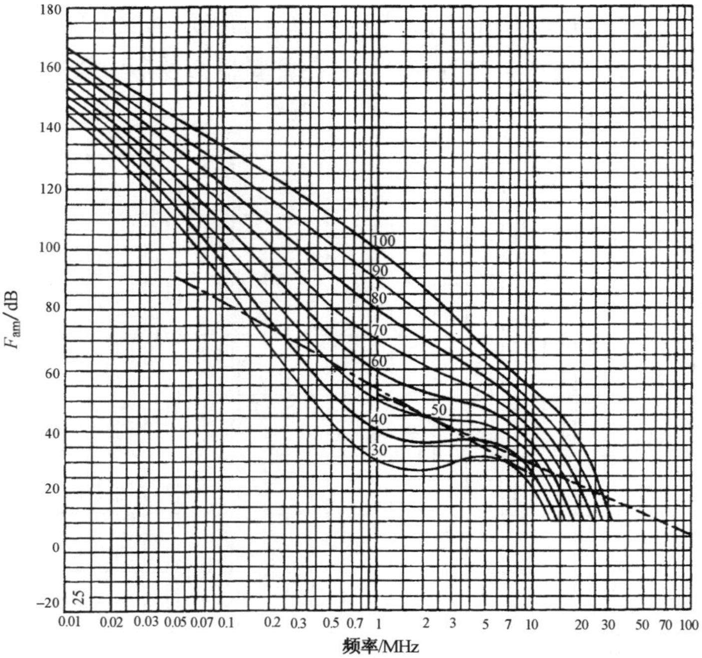

（b）大于kT_0b的背景大气无线电噪声期望中值F_{am}与频率的变化关系

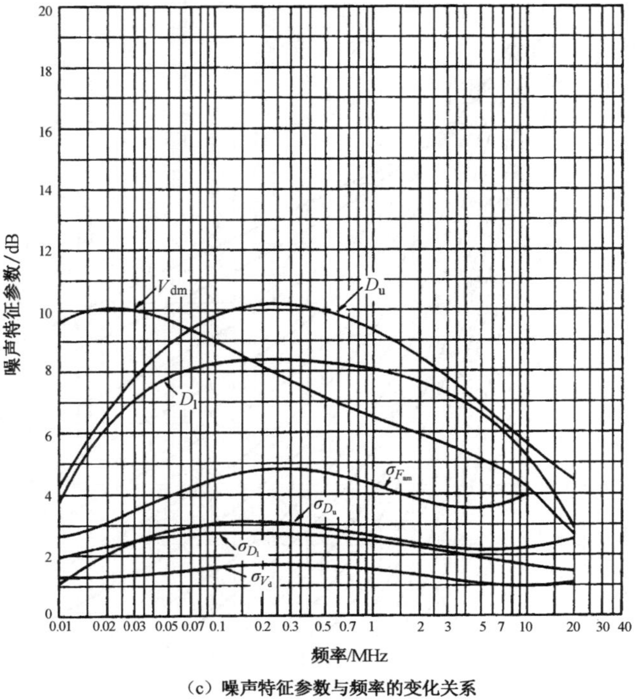

（c）噪声特征参数与频率的变化关系

图 5-36　大气无线电噪声世界分布图（冬季，本地时间，20～24 时）（续）

图 5-37 给出了与各种不同包络电压V_d相关的噪声幅度概率分布（APD）曲线，它以包络电压均方根V_{rms}作为参考。V_d的测量值在预期中值V_{dm}上下变化，而它们的偏差由σ_{V_d}给出。

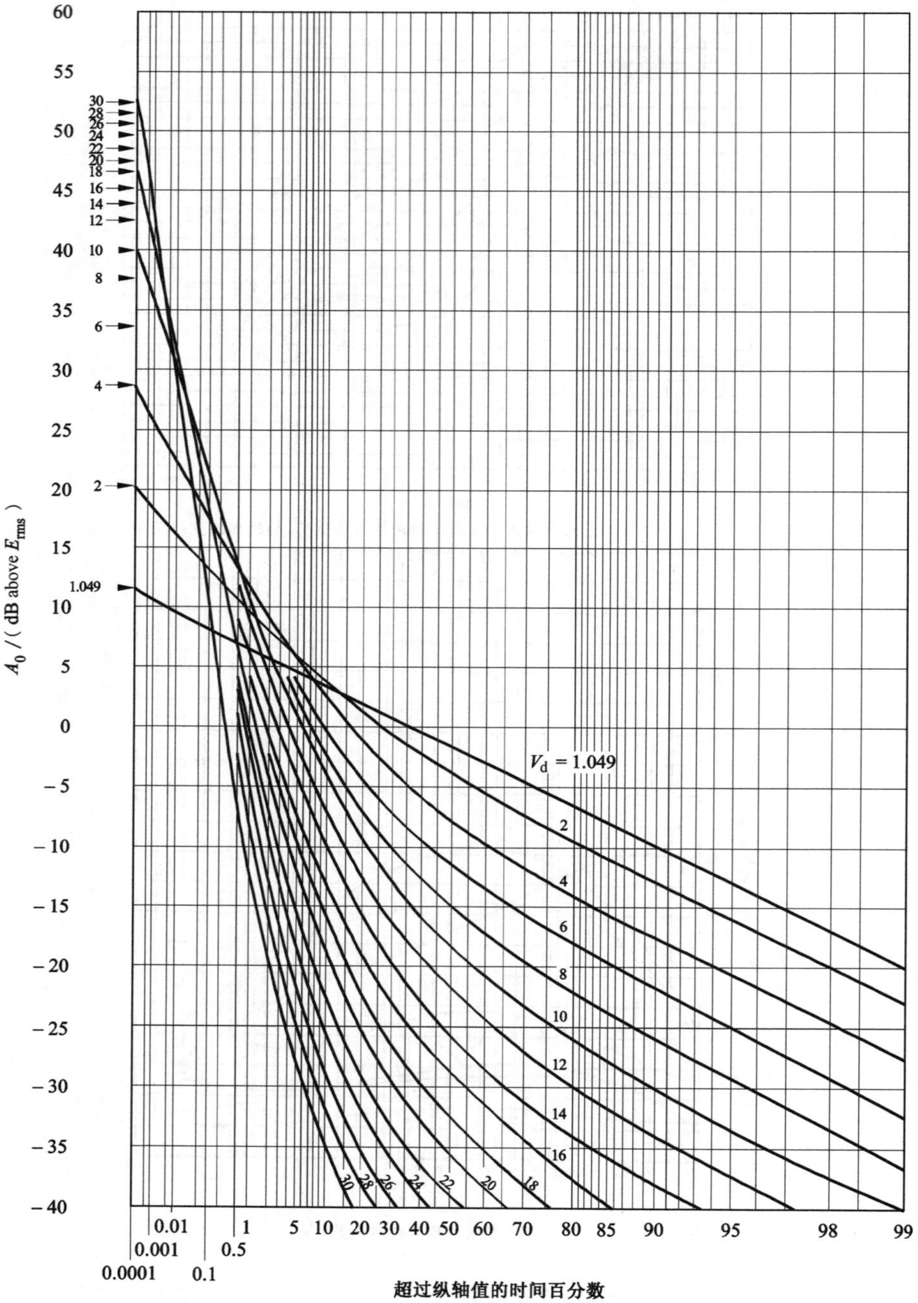

图 5-37 不同 V_d 的大气噪声幅度概率分布

频率范围在 0.01～20 MHz 的 V_{dm} 和 σ_{V_d} 可以在图 5-13（c）～图 5-36（c）中查到。APD 曲线可以在带宽很宽的范围内使用。图 5-13（c）～图 5-36（c）中的 V_d 估值是以 200 Hz 带宽给出的。图 5-38 给出了不同带宽 V_d 的转换关系。利用图 5-38 可以将 200 Hz 带宽的 V_d 转换为其他频带宽度的 V_d。但必须注意，图 5-38 仅对 MF、HF 频段有效，而在低频范围（LF、VLF 和 ELF）要慎用。

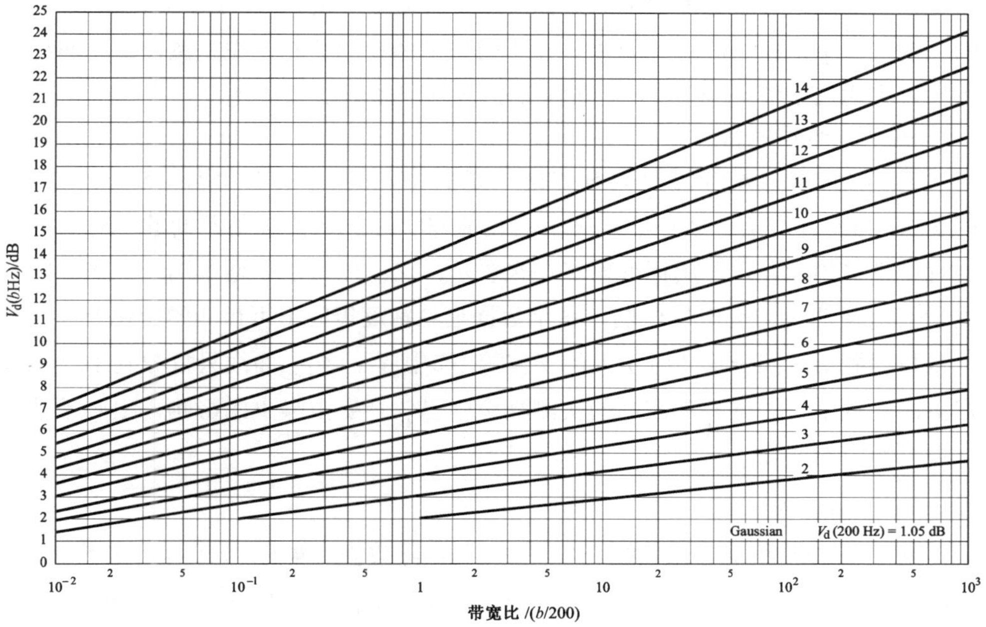

图 5-38　200 Hz 带宽的 V_d、V_{dm} 对 b 带宽的相应值的变换关系

2. 大气噪声参数说明

利用上述大气噪声全球分布图可以进行不同季节、不同时间段、不同频率大气噪声预期值的计算。这里详细介绍图中各种参数的意义和使用方法。

1）1 MHz 频率 F_{am} 等值线

图 5-13（a）～图 5-36（a）将同属一个季节的南北半球的世界地图放在一起，标出的是 1 MHz 频率 F_{am} 的等值线。因此，只要知道接收点的地理位置就可以直接查得或插值得到相应的 F_{am}。

2）任意频率的 F_{am}

利用图 5-13（b）～图 5-36（b）可以将 1 MHz 的 F_{am} 转换为任意频率的 F_{am}。图中的曲线表示不同的大气噪声中值 F_{am} 随频率的变化。如果由图 5-13（a）～图 5-36（a）得到某地 1 MHz 的 F_{am} 为 60 dB，则可通过图 5-13（b）～5-36（b）中 60 dB 的 F_{am} 曲线在纵轴上找到所需求频率相应的 F_{am}。

3）F_a 的上、下十分位值

噪声电平 F_{am} 表示的是每个季节、每个时间段的小时中值。一个时间段中小时值的变化用超过10%和90%时间的 F_a 表示，即分别以相对于时段中值 F_{am} 的偏差 D_u 和 D_l 来表示。如果 F_{au} 是 F_a 在超过90%时间的数值，则 $D_u = F_{au} - F_{am}$；如果 F_{al} 是 F_a 在超过 10%时间的数值，则 $D_l = F_{am} - F_{al}$。偏差 D 在中值以上的振幅分布可相当准确地在正态概率分布坐标图上，用通过中值 F_{am} 和上十分位值偏差 D_u 的一条直线来描述。同样，偏差 D 在中值以下的振幅分布，在正态概率分布坐标上，可用通过中值 F_{am} 和下十分位值偏差 D_l 的一条直线来描述。

4）F_{am} 的标准差

F_{am} 的预期值是经过对大量数据平整后得到的。因此，由图 5-13（a）～图 5-36（a）查得某一地点给定频率的数值与实际测量值总是不同的，对于处理过程中消去的偏差，可用标准差 $\sigma_{F_{am}}$ 来表示。$\sigma_{F_{am}}$ 的数值是通过同一地点的实际测量值与预期值的差值导出的，这个数据也包括逐年间不可预测的变化及需要把大量数据概括成同一形式时引入的误差等不定因素。$\sigma_{F_{am}}$ 曲线只推导到 10 MHz，在更高的频率上，许多观测站的实测噪声中已包括宇宙噪声的影响，很难单独估计大气噪声的变化。

5）D 的标准差

同样，对 D_u 和 D_l，由曲线查得的数据与实际数值的偏差，分别用标准差 σ_{D_u} 和 σ_{D_l} 来表示。$\sigma_{F_{am}}$、σ_{D_u} 和 σ_{D_l} 随频率变化的曲线也在图 5-13（c）～图 5-36（c）中标出。

6）V_{dm} 和 σ_{V_d}

V_d 是大气噪声的振幅包络电压，以包络的均方根 V_{rms} 作为参考。V_{d_m} 是 V_d 的中值，V_{dm} 是它的标准差。V_{d_m} 和 σ_{V_d} 随频率的变化也由图 5-13（c）～图 5-36（c）标出。注意到图 5-38 的纵坐标 A_0 是振幅 V_d 与 V_{rms} 的比值。

3. 大气噪声电平预期值的计算

某地某季节某时段某频率大气噪声电平预期值的计算步骤如下。

（1）在图 5-13（a）～图 5-36（a）中找到一张合适季节、合适时段的 F_{am} 世界分布图，并在接收点处确定 1 MHz 的 F_{am}；

（2）以该 1MHz 的 F_{am} 作为等级，在其对应的图（b）F_{am} 等级曲线中找到指定频率的 F_{am}。

（3）在对应的图（c）上，对指定的频率找出各变化参数及其标准差 D_u、D_l、$\sigma_{F_{am}}$、σ_{D_u} 和 σ_{D_l}。要计算振幅概率分布，还可查到指定频率的 V_{dm} 和 σ_{V_d}。

（4）利用式（5.22）计算某地某季节某时段某频率 10%时间超过的大气噪声预期值：

$$F_{\mathrm{a}} = F_{\mathrm{am}} + D_{\mathrm{u}} + ({\sigma_{F_{\mathrm{am}}}}^2 + {\sigma_{D_{\mathrm{u}}}}^2)^{1/2} \qquad (\mathrm{dB}) \tag{5.22}$$

4．多来源的组合噪声

在某些情况下，需要考虑多种类型的噪声，因为两种或更多种类型的噪声强度比较接近。一般来说，在任何频率都可能出现这种情况，但是高频频段最为常见，因为这个频段的大气噪声、人为噪声和银河系噪声强度具有可比拟的大小。

假设以上确定的每个噪声源的噪声数值 F_{a}（dB）分布都可用中值 F_{am} 一侧的两个半正态分布表示，较低的半正态分布具有低于中值的标准差，而较高的半正态分布具有高于中值的标准差。相应地，噪声系数 f_{a}（W）在中值的每侧都呈对数正态分布。

用于求两个或多个噪声过程之和的噪声强度中值 F_{amT} 及其标差 σ_{T} 为

$$F_{\mathrm{amT}} = C\left[\ln\left(\alpha_{\mathrm{T}}\right) - \frac{{\sigma_{\mathrm{T}}}^2}{2c^2}\right] \qquad (\mathrm{dB}) \tag{5.23}$$

$$\sigma_{\mathrm{T}} = c\sqrt{\ln\left(1 + \frac{\beta_{\mathrm{T}}}{\alpha_{\mathrm{T}}^2}\right)}\sigma\beta_{\mathrm{T}} \qquad (\mathrm{dB}) \tag{5.24}$$

式中，

$$c = 10/\ln(10) = 4.343 \tag{5.25}$$

$$\alpha_{\mathrm{T}} = \sum_{i=1}^{n}\alpha_i = \sum_{i=1}^{n}\exp\left[\frac{F_{\mathrm{am}i}}{c} + \frac{\sigma_i^2}{2c^2}\right] \qquad (\mathrm{W}) \tag{5.26}$$

$$\beta_{\mathrm{T}} = \sum_{i=1}^{n}\alpha_i^2\left[\exp\left(\frac{\sigma_i^2}{c^2}\right) - 1\right] \qquad (\mathrm{W}^2) \tag{5.27}$$

式中，$F_{\mathrm{am}i}$ 和 σ_i 是分量噪声源的噪声系数中值和标准差。

两个或多个噪声过程之和的噪声数值的上十分位偏差 D_{uT} 为

$$D_{\mathrm{uT}} = 1.282\sigma_{\mathrm{T}} \qquad (\mathrm{dB}) \tag{5.28}$$

两个或多个噪声过程之和的噪声数值的下十分位偏差 D_{lT} 为

$$D_{\mathrm{lT}} = 1.282\sigma_{\mathrm{T}} \qquad (\mathrm{dB}) \tag{5.29}$$

5.6.3　中国大气噪声实际测量数据

中国电波传播研究所对华南、华中、华北等地区的大气噪声进行了长期的观测[2~4]。采用符合 CCIR 和 ITU 标准的噪声测试设备和测量天线，观测站的环境是“乡村”级。图 5-39～图 5-42 是位于华南、华中、华北的 3 个观测站实测的 4

个季度典型时段的噪声数据图（其中，图 5-40 为 4 个地区 4 个观测站的数据）。从这些图中容易看出，在各个季节，实测大气噪声系数随纬度的变化是明显的，实测值与 CCIR、ITU 的“乡村”级预测估值大致相符。

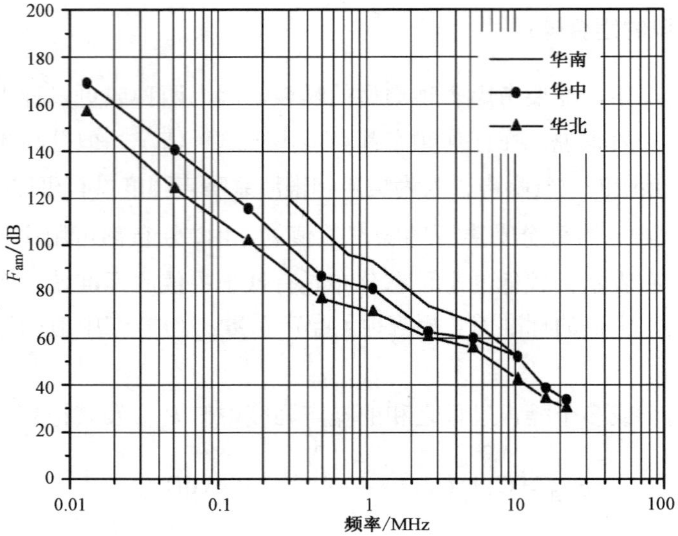

（a）北京时间春季 0～4 时

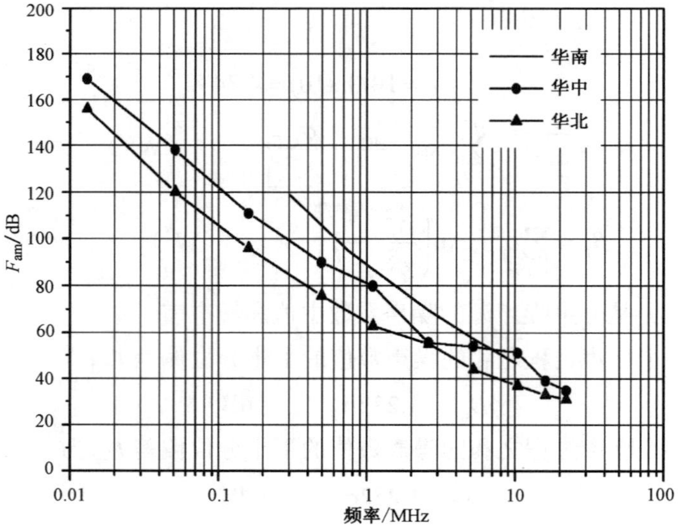

（b）北京时间春季 8～12 时

图 5-39　3 个大气无线电噪声测量站（春季）大于 kT_0b 的实测值比较

测量数据与 ITU 报告的大气噪声预期值的分析比较表明，我国地区实测数据 F_{am} 比 ITU 报告中的大气噪声预期值平均要大 4～8 dB，随频率升高而基本上单调减小；10 MHz 以下，大气噪声占主要成分，10 MHz 以上，以人为噪声为主，15～30 MHz，环境组合噪声随季节、昼夜时间变化甚小。

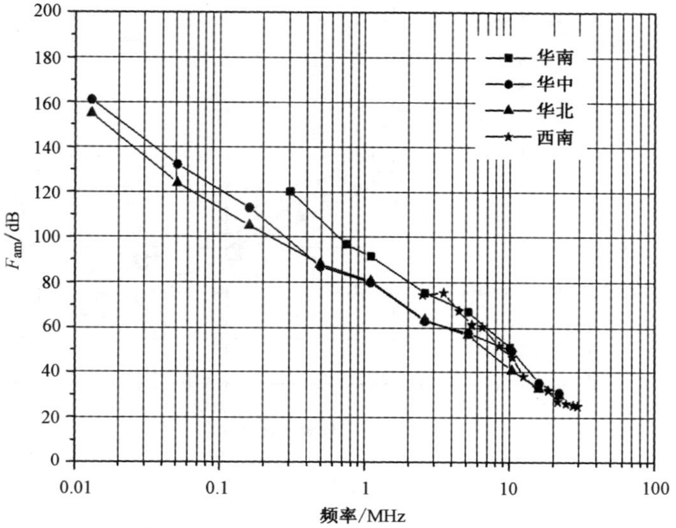

（a）北京时间夏季 0～4 时

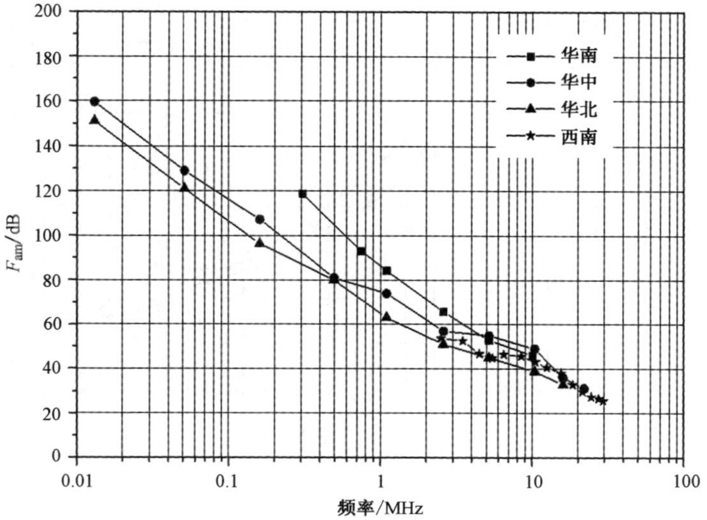

（b）北京时间夏季 8～12 时

图 5-40　4 个大气无线电噪声测量站（夏季）大于 kT_0b 的实测值比较

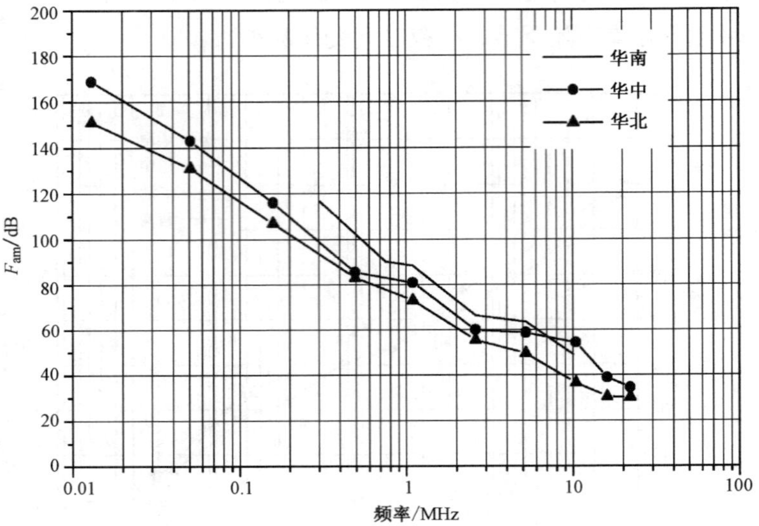

（a）北京时间秋季 0～4 时

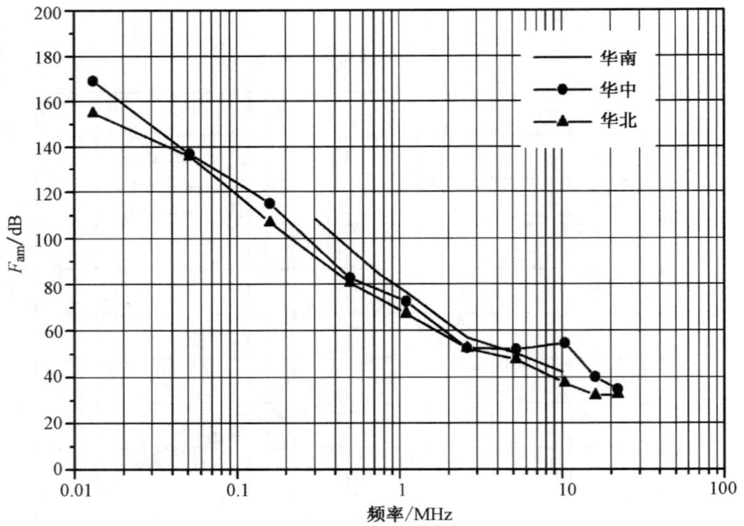

（b）北京时间秋季 8～12 时

图 5-41　3 个大气无线电噪声测量站（秋季）大于 kT_0b 的实测值比较

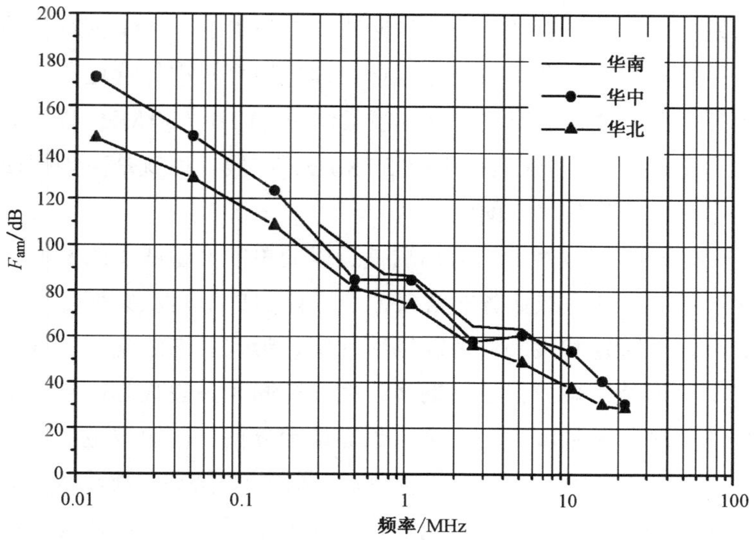

（a）北京时间冬季 0～4 时

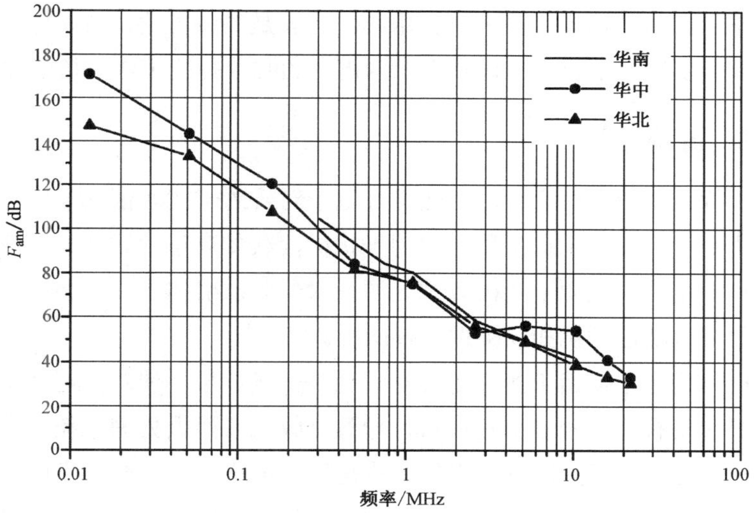

（b）北京时间冬季 8～12 时

图 5-42　3 个大气无线电噪声测量站（冬季）大于 kT_0b 的实测值比较

5.7　无线电干扰

无线电干扰包括非蓄意干扰和蓄意干扰，下面分别进行介绍。

5.7.1　非蓄意干扰

非蓄意干扰主要是指非蓄意的各种通信电台和广播电台的干扰，这些干扰以窄带的形式发射，由发射载频及边带和谐波产生干扰电平。ITU 对各种业务的使用频率进行了严格划分，各国政府无线电管理机构严格进行管理和协调，原则上讲，各种业务是在各自划定的频段上有序工作的。VHF（30 MHz 以上）以上频率的雷达受电台干扰较少，但在 HF（3～30 MHz）频段，也就是高频超视距雷达工作的频段，电台的干扰是严重的。

HF（3～30 MHz）频段能用电离层信道以简单的设备或小的发射功率进行远距离通信和广播，因此短波业务非常繁忙，尽管 ITU 对短波频率分配指定 3 类地区按业务划分，并规定和限制业务的辐射功率、带宽及谐波电平，各国也据此进行严格的管制，但是，短波信道的拥挤程度在夜间和黄昏最为严重；黎明受电离层传播条件的限制可用频段大为变窄，也显得十分拥挤。短波电台的辐射带宽为 3～100 kHz，信号形式有连续波、脉冲、调幅调频、单边带、跳频等。对于高频雷达，电台干扰有明显的方向性。但电台信号经过电离层传播后，经常在方位上产生±6°的漂移，这给高频雷达空间滤波增加了困难。在一般情况下，全天很少有时段一个 3kHz 带宽的信道是没有被占用的。这就是高频雷达，特别是高频天波超视距雷达必须要有一个自适应选频系统为雷达随时选择能工作信道的原因。

5.7.2 蓄意干扰

蓄意干扰是指敌方有意针对雷达进行电子对抗的干扰。蓄意干扰分有源干扰和无源干扰两种。有源干扰采用专门的干扰机，载体有移动式（如车载、舰载和机载等）和固定式。无源干扰由各种无源反射器和散射体形成。蓄意干扰按作用性质分主要有压制性干扰和欺骗性干扰两种。

压制性干扰是指使用干扰设备发射大功率干扰信号，使对方雷达接收机信干比严重降低或使有用信号被干扰遮盖，导致接收机或数据处理系统过载饱和，难以获得目标信息。常用的压制性干扰方式是噪声干扰、连续波干扰和脉冲干扰。

欺骗性干扰是指模拟发射或转发虚假目标信号，破坏对方雷达对目标的探测、识别和跟踪或导致虚警概率大幅度增高。欺骗性干扰有距离欺骗、速度欺骗、角度欺骗、假目标干扰等。

蓄意有源干扰根据干扰频谱宽度 Δf_{i} 和雷达探测信号频谱宽度 Δf_{S} 的大小，可分为阻塞式有源干扰、瞄准式有源干扰和瞄准阻塞式有源干扰 3 种。当 $\Delta f_{\mathrm{i}} \gg \Delta f_{\mathrm{S}}$ 时，为阻塞式有源干扰。这种干扰可保证不需要按照频率对干扰发射源进行精确引导就能压制雷达。当 $\Delta f_{\mathrm{i}} \approx (1.5 \sim 2)\Delta f_{\mathrm{S}}$ 时，为瞄准式有源干扰，其干扰有效性取决于在频率上与探测信号重合的精度、功率谱密度和该雷达的处理方法。瞄准式有源干扰包括模拟自然干扰，以及模拟虚警目标的回答式干扰。当

$\Delta f_{\mathrm{i}} \approx (10 \sim 50)\Delta f_{\mathrm{S}}$ 时，为瞄准阻塞式有源干扰，这种干扰方法在战争中常用。

雷达接收天线口径处蓄意有源干扰的功率电平 P_{n} 估计值为

$$P_{\mathrm{n}} = P_{\mathrm{j}} + G_{\mathrm{j}} - W - 10\lg(\Delta f_{\mathrm{i}} / \Delta f_{\mathrm{S}}) \quad (\mathrm{dBW}) \tag{5.30}$$

式中，P_{j} 为干扰机辐射功率（dBW）；G_{j} 为干扰机的发射天线增益（dB）；W 为干扰机至雷达接收机的传播通道的衰减（dB）。

参考文献

[1] REC. ITU-R PI 372-6: Radio Noise[R]. 1994.

[2] 熊皓. 无线电波传播[M]. 北京：电子工业出版社，2000.

[3] 黄德耀，王聚杰，杨维富，等. 福建地区大气无线电噪声的某些特征[J]. 电波科学学报，2002，17(6)：650-654.

[4] 王聚杰，焦培南，凡俊梅，等. 城市居民电磁环境测量分析与评价[J]. 电波科学学报，2000，15(3)：260-264.

[5] 焦培南，张忠治. 雷达环境与电波传播特性[M]. 北京：电子工业出版社，2007.

第6章

电波环境信息的应用

前面各章给出了各种雷达环境及雷达电波传播特性。可以看到，几乎所有频段的雷达电波传播都受到各种雷达环境不同程度的影响。雷达环境对雷达电波传播的影响是多方面的，如折射、衰减、色散、闪烁、多径、去极化、多普勒、法拉第旋转效应等，这些效应对雷达作用范围和测量精度带来了不可忽略的影响。雷达电波传播环境信息是可以通过各种传感器和观测手段获得的。有了雷达电波传播环境信息，就能在设计雷达时充分考虑雷达环境对雷达设备性能的影响，评价雷达战术性能与在实际工作中的差异，并对影响加以计算和修正。

本章基于前述章节介绍的电波环境及电波传播相关知识，首先介绍电波折射和电波衰减在雷达装备中的实际应用，通过具体案例反映电波折射和电波衰减对雷达探测参数的影响及折射修正效果；然后介绍电波传播效应对微波超视距雷达、高频超视距雷达、星载综合孔径雷达（SAR）、对海下视雷达、探地雷达等的影响，以及这些雷达在复杂电波环境中的性能评估与分析。

6.1　电波折射修正的实际应用[1]

雷达电波在雷达与目标间往返传播时受大气层折射的影响，主要表现为两个方面：一是使雷达探测、跟踪目标的作用范围与在自由空间有所不同，一般在垂直面内向下（有时向上）倾斜；二是使雷达测量的目标位置参数（斜距、仰角、高度、距离和、距离差）及其变化率（径向速度等）产生误差。在实际应用中，应对这两类影响加以修正。

6.1.1　雷达垂直面作用范围图修正

雷达作用范围在垂直面内受大气层折射的影响，反映在雷达垂直面作用范围图的变化上。大气层折射对沿不同初始仰角（目标的视在仰角）传播的雷达电波的影响程度是不同的，较低仰角电波射线轨迹的弯曲程度较大。根据雷达方程，计算出对应于不同初始仰角雷达射线轨迹上空间每个点电波能够探测（或跟踪）特定目标的斜距，并将其逐点标绘在垂直面坐标上，再连成光滑曲线，就能得到经大气折射后的雷达垂直面作用范围图。

目前常用的反映大气折射的雷达垂直面作用范围图有两种：一种是用横坐标表示斜距 R_e，用纵坐标表示高度，称为垂直面坐标图（A）；另一种是用横坐标表示水平距离（初始仰角为 0° 时的斜距）R_h，用纵坐标表示高度，称为垂直面坐标图（B）。

对于使用的垂直面作用范围图，当它需要精确修正时，使用雷达站获得大气层折射的实测参数；当未能获得大气层折射的实测参数，或不需要精确修正时，使用中国大气层折射的平均参数，绘制平均折射的垂直面坐标图，对雷达垂直面作用范围图进行平均修正。

1. 反映实际大气层折射的垂直面坐标图绘制

雷达站在获得实测大气折射指数 n 的垂直分布数据时，可按以下步骤绘制适用于本站，并反映实际大气层折射、雷达天线任意海拔高度的垂直面坐标图[2]。

1）垂直面坐标图（A）的绘制步骤

① 给出目标真实海拔高度 h_T 的系列值，对不同的初始仰角 θ_0，按 3.7.2 节中式（3.112）和式（3.113）计算出相应视在距离 R_a 的系列值。h_T 应在 0 km 至雷达目标可能存在的最大高度之间按等间隔整数选取；θ_0 应在某下限、上限（按不同雷达用途确定）之间按适当的间隔选取，低仰角部分间隔应取得小些，随着仰角的增大，间隔应逐渐取得大些。当雷达天线海拔高度 h_0 较高（如架设在高山或空中平台上）时，在俯视空间还应对不同的初始俯角 θ_0 按 3.7.2 节式（3.125）计算出相应视在距离 R_a 的系列值，可根据由 $h_T=0$ 与 θ_0 计算出的 R_a 确定地球表面。

② 在直角坐标纸上，用横坐标表示 R_a，用纵坐标表示 $\theta_0=90°$ 时的 h_T 值。

③ 按 $h_T-h_0=R_a\sin\theta_0$，在直角坐标纸上从纵坐标上 h_0 点出发，绘出等 θ_0 直线族，当 h_0 较高时，还应在俯视空间绘出等 θ_0 直线族。

④ 根据第①步的计算结果，在每条等 θ_0 直线下标出与各 h_T 值对应的 R_a 值的点。

⑤ 将相同 h_T 的各点连成光滑曲线，得到高度曲线族。

2）垂直面坐标图（B）的绘制步骤

① 同垂直面坐标图（A）绘制步骤的第①步。

② 在直角坐标纸上，用横坐标表示 $\theta_0=0°$ 时的 R_h，用纵坐标表示 $\theta_0=90°$ 时的 h_T 的值。

③ 按 $h_T-h_0=R_h\tan\theta_0$，在直角坐标纸上从纵坐标上 h_0 点出发，绘出等 θ_0 直线族，当 h_0 较高时，还应在俯视空间绘出等 θ_0 直线族。

④ 根据 $R_h=R_a\cos\theta_0$ 与 $h_T-h_0=R_a\sin\theta_0$，在直角坐标纸上绘出等 R_a 椭圆族（若横轴、纵轴比例相等，则为等 R_a 圆族）。

⑤ 同垂直面坐标图（A）绘制步骤的第④步。

⑥ 同垂直面坐标图（A）绘制步骤的第⑤步。

2. 反映中国大气层平均折射的超低空垂直面坐标图的绘制

采用近地面 0.1km 低层大气折射率的线性模型，即式（3.15），按与 6.1.1 节中相同的方法，绘制大气层平均折射的超低空垂直面坐标图。

按照要求的精确程度，线性模式中的 N_0 和 $\Delta N_{0.1}$ 可分别采用以下两种数值。

1）地区和季节的平均值

按照雷达站所在地和工作季节，采用我国各地区、各季节代表性月份的平均值，这些平均值可从 GJB 1655-93[3]查到。

2）全国年平均值

N_0 和 $\Delta N_{0.1}$ 的全国年平均值分别为 338.5N 单位和 47.0/km。

采用大气折射率的线性模式，相当于采用 k 为常数的等效地球半径。等效地球半径可用式（3.110）并将 $\frac{\mathrm{d}N}{\mathrm{d}h}$ 取为相应的 $-\Delta N_{0.1}$ 求得。对应于全国年平均值 $\Delta N_{0.1}$ 的 k 取值为 1.425。

根据全国年平均值绘制的中国标准超低空垂直面坐标图如图 6-1 和图 6-2 所示，这里计算时取 $h_0 = 0$。

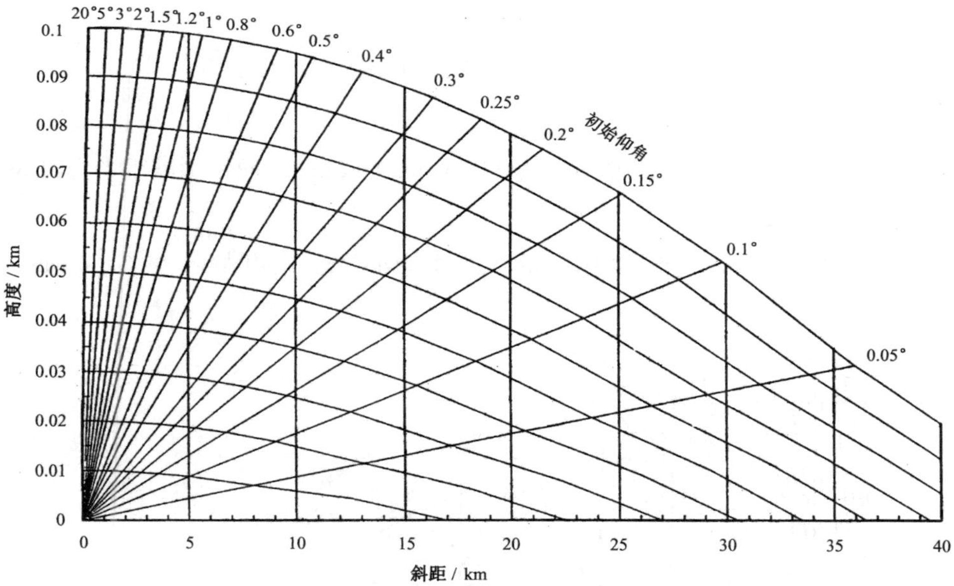

图 6-1　中国标准超低空垂直面坐标图（A）

3．反映中国大气层平均折射的低空垂直面坐标图的绘制

采用地面 1 km 低层大气折射率的线性模式，即式（3.15），按与 6.1.1 节中相同的方法，绘制大气层平均折射的低空垂直面坐标图。

按照要求的精确程度，线性模式中的 N_0 和 ΔN_1 可分别采用以下两种数值。

1）地区和季节的平均值

按照雷达站所在地和工作季节，采用我国各地区、各季节代表性月份的平均值，这些平均值可从 GJB 1655-93 中查到。

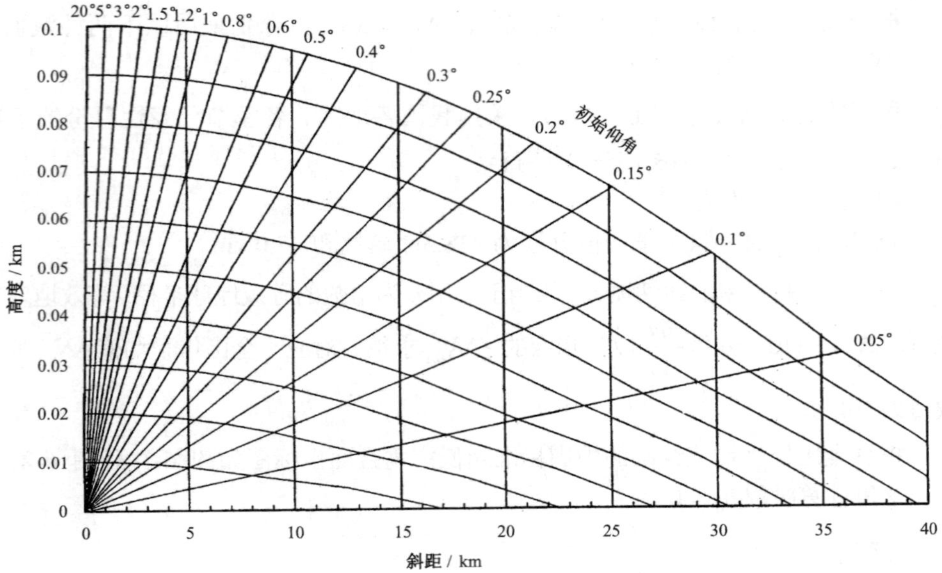

图 6-2 中国标准超低空垂直面坐标图（B）

2）全国年平均值

N_0 和 ΔN_1 的全国年平均值分别为 338.5 和 39.4/km。对应于全国年平均值 ΔN_1 的 k 取值为 1.334。

根据全国年平均值绘制的中国标准低空垂直面坐标图如图 6-3 和图 6-4 所示，这里计算时取 $h_0 = 0$。

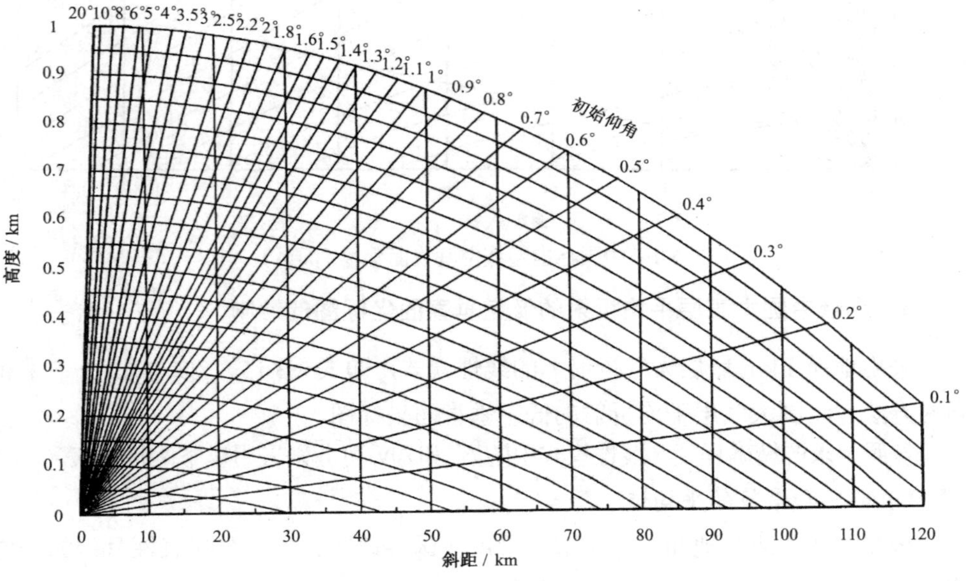

图 6-3 中国标准低空垂直面坐标图（A）

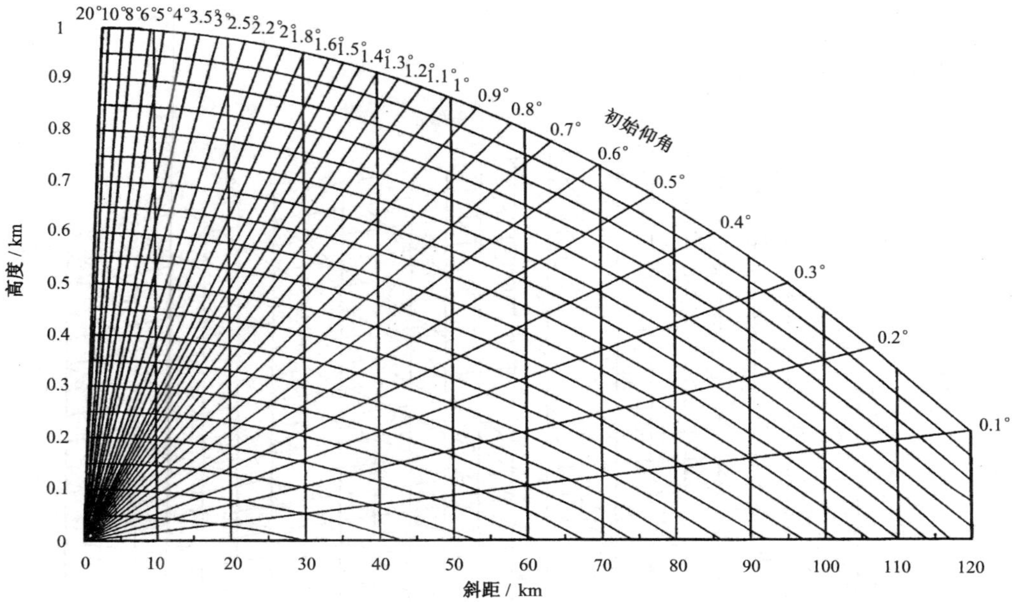

图 6-4　中国标准低空垂直面坐标图（B）

4. 反映中国大气层平均折射的中高空垂直面坐标图的绘制

按所要求的精确程度，分别采用低层大气折射率的下列 4 种模式，按照与 6.1.1 节中相同的方法，绘制大气层平均折射的中高空垂直面坐标图。

1）地区和季节平均分段模式

采用式（3.17）的平均分段模式。其中，地面折射率 N_0、近地面 1km 的折射率负梯度 ΔN_1、离地面 1 km 处的折射率 N_1、指数衰减率 C_{a1} 与 C_{a9}，均按照雷达站所在地和工作季节采用我国各地区、各季节代表性月份的平均值，这些平均值可从 GJB 1655-93 中查到。

2）全国年平均分段模式

采用式（3.17）的平均分段模式。其中，N_0、ΔN_1、N_1、C_{a1} 和 C_{a9} 分别采用我国年平均值 338.5N 单位、39.4N/km、229.1N 单位、0.1258/km 和 0.1434/km。

3）地区和季节平均指数模式

采用式（3.6）的平均指数模式。其中，N_1 和 C_a 均按照雷达站所在地和工作季节采用我国各地区、各季节代表性月份的平均值，这些平均值可从 GJB 1655-93 中查到。

4）全国年平均指数模式

采用式（3.6）的平均指数模式。其中，N_1 和 C_a 分别采用我国年平均值 338.5 和 0.1404/km。

根据全国年平均指数模式绘制的中国标准中高空（20 km 和 30 km）垂直面坐标图如图 6-5～图 6-8 所示。

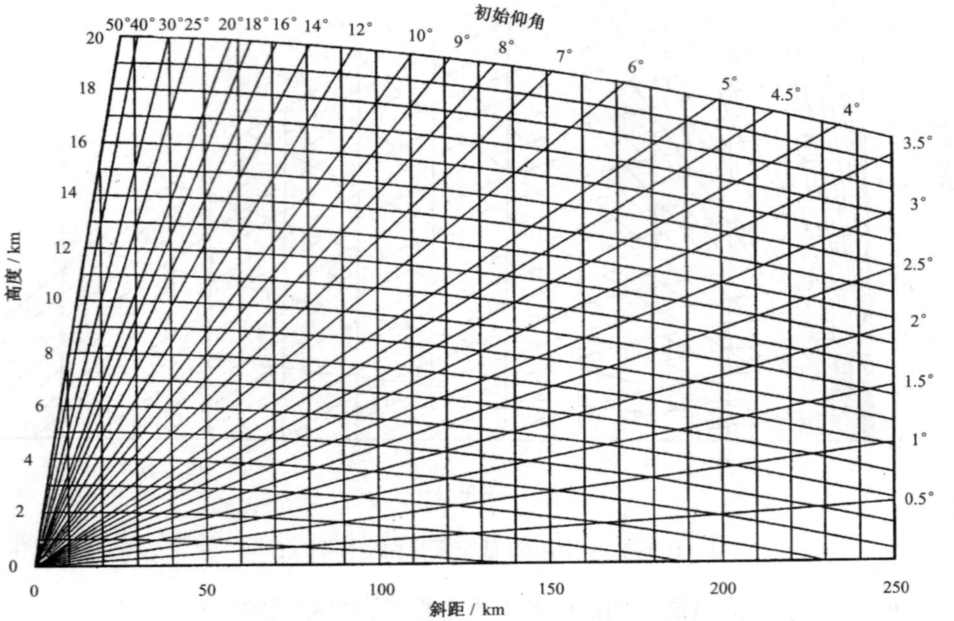

图 6-5　中国标准中高空（20 km）垂直面坐标图（A）

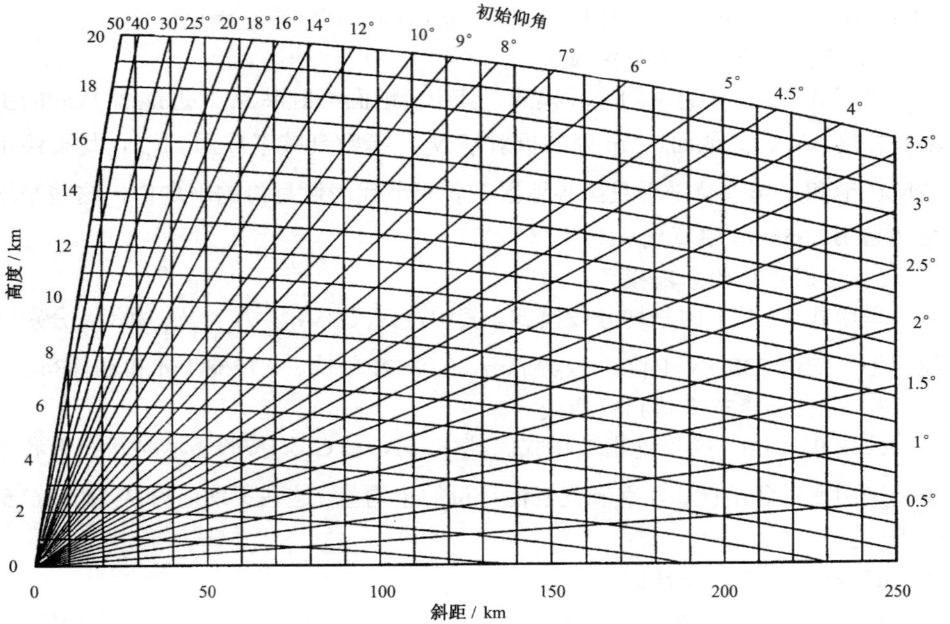

图 6-6　中国标准中高空（20 km）垂直面坐标图（B）

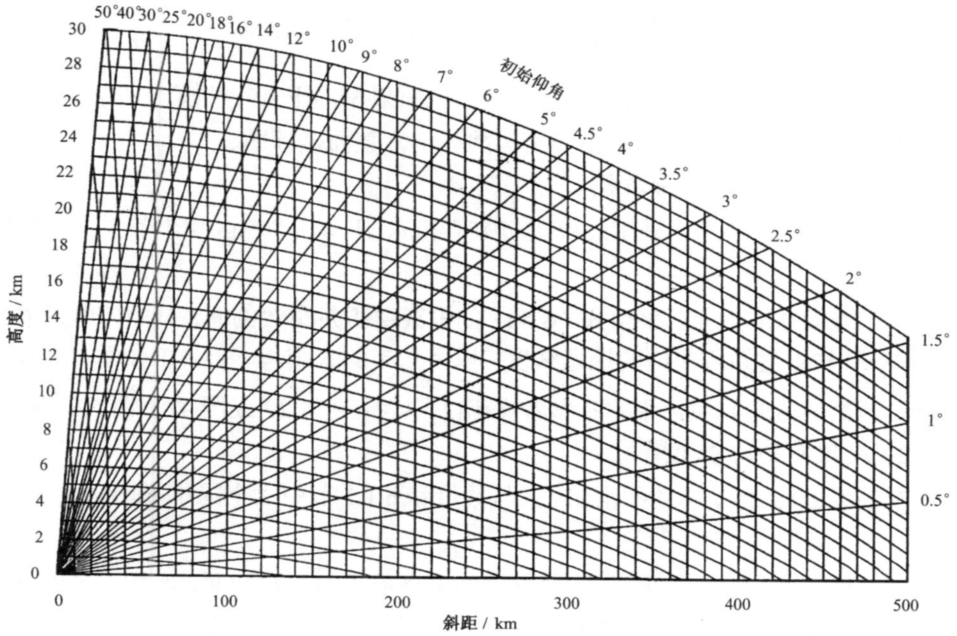

图 6-7　中国标准中高空（30 km）垂直面坐标图（A）

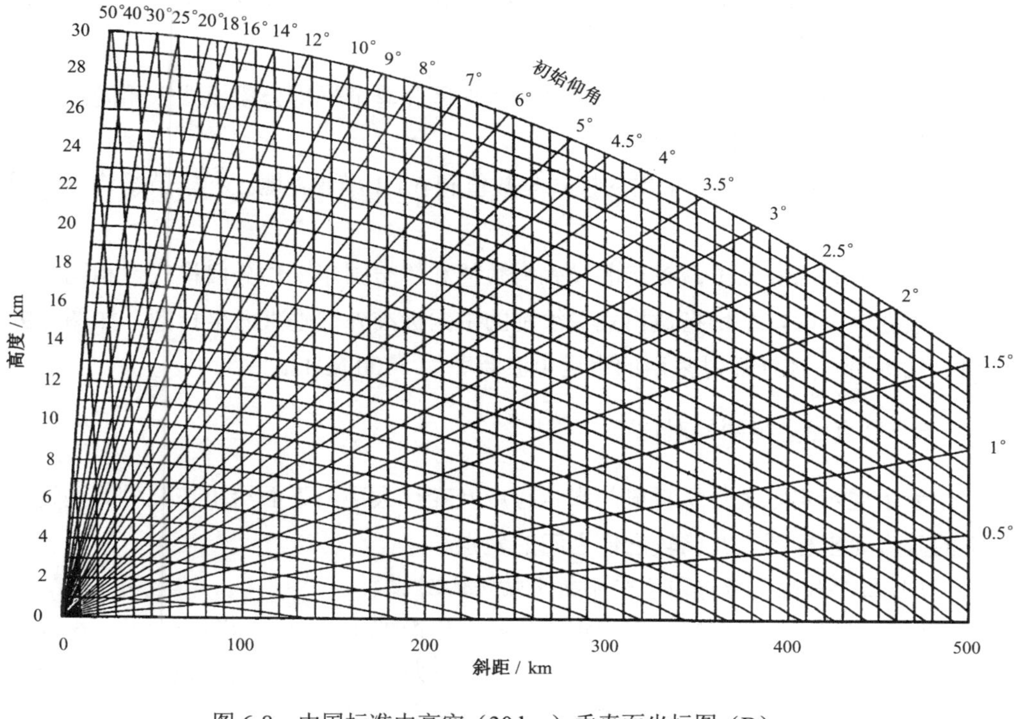

图 6-8　中国标准中高空（30 km）垂直面坐标图（B）

5．反映中国大气层平均折射的外空垂直面坐标图的绘制

按照要求的精确程度，分别采用低层大气折射率的下列 4 种模式，按照与 6.1.1 节中相同的方法，绘制大气层平均折射的外空垂直面坐标图。

1）地区和季节平均分段模式

在高度 60 km 以下，采用的模式与数值和 6.1.1 节中“地区和季节平均分段模式”相同。

在高度 60 km 以上，采用式（4.50）的电离层折射指数剖面，其中，电子浓度剖面 $N_e(h)$ 与雷达站所在地的地理纬度，以及当年的太阳黑子数、工作季节、雷达站所在地的地方时有关，由本章参考文献[2]中表 4～表 27 或图 47～图 52 查得。

2）全国年平均分段模式

在高度 60 km 以下，采用的模式与数值和 6.1.1 节中“全国年平均分段模式”相同。

在高度 60 km 以上，采用式（4.50）的电离层折射指数剖面，其中，中国电离层中等电子浓度平均剖面 $N_e(h)$ 由本章参考文献[2]中表 28 或图 53 查得。

3）地区和季节平均指数模式

在高度 60 km 以下，采用的模式与数值和 6.1.1 节中“地区和季节平均指数模式”相同。

在高度 60 km 以上，采用的模式与“地区和季节平均分段模式”相同。

4）全国年平均指数模式

在高度 60 km 以下，采用的模式与数值和 6.1.1 节中“地区和季节平均分段模式”相同。

在高度 60 km 以上，采用的模式与数值和“全国年平均分段模式”相同。

根据“全国年平均指数模式”绘制的中国标准外空垂直面坐标图，如图 6-9、图 6-10 所示，在计算时采用的雷达电波频率为 5400 MHz。

6．垂直面坐标图的对比

为了展示实际大气层折射的影响程度及变化大小，下面给出在几种典型情况下的垂直面坐标图，并比较它们之间的差别。

1）无折射情况与中国年平均折射情况的对比

自由空间无折射情况与中国年平均折射情况的垂直面坐标图分别如图 6-11 和图 6-12 所示。其中，目标高度为 3 km，仰角为 1.4°，观测的斜距在无折射情况下为 93 km，在中国年平均指数模式下为 100 km。

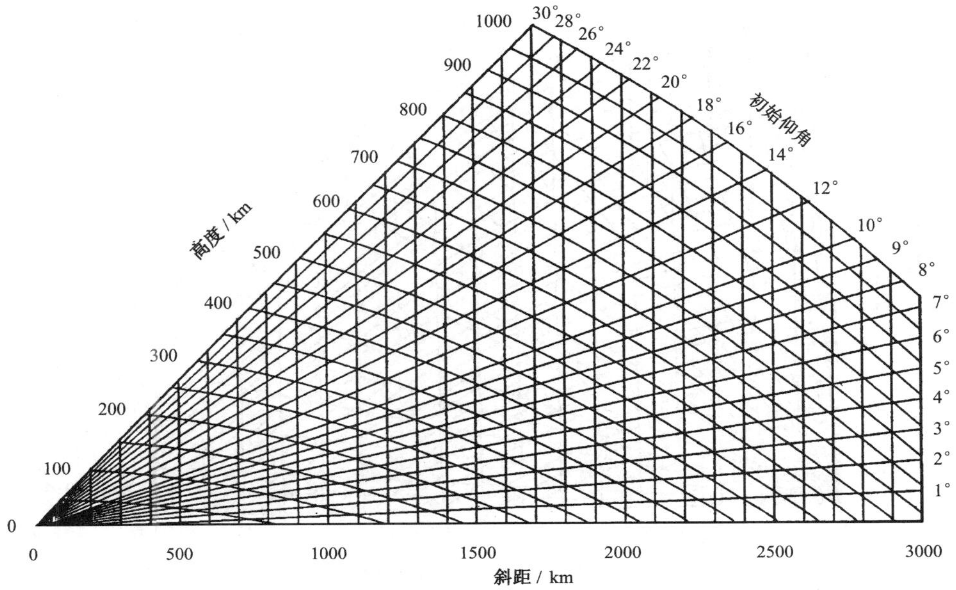

图 6-9　中国标准外空垂直面坐标图（A）

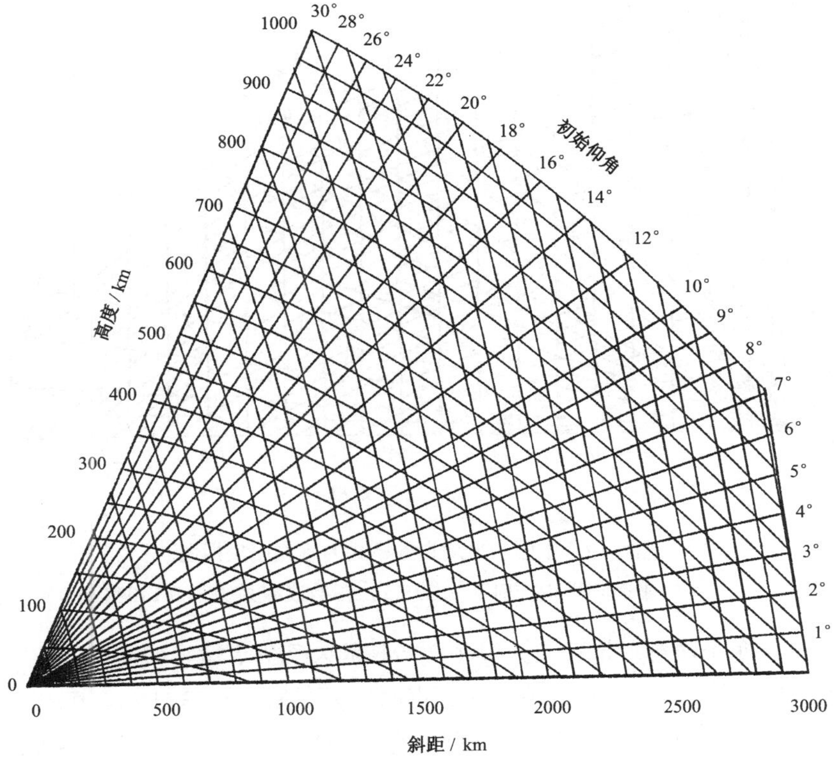

图 6-10　中国标准外空垂直面坐标图（B）

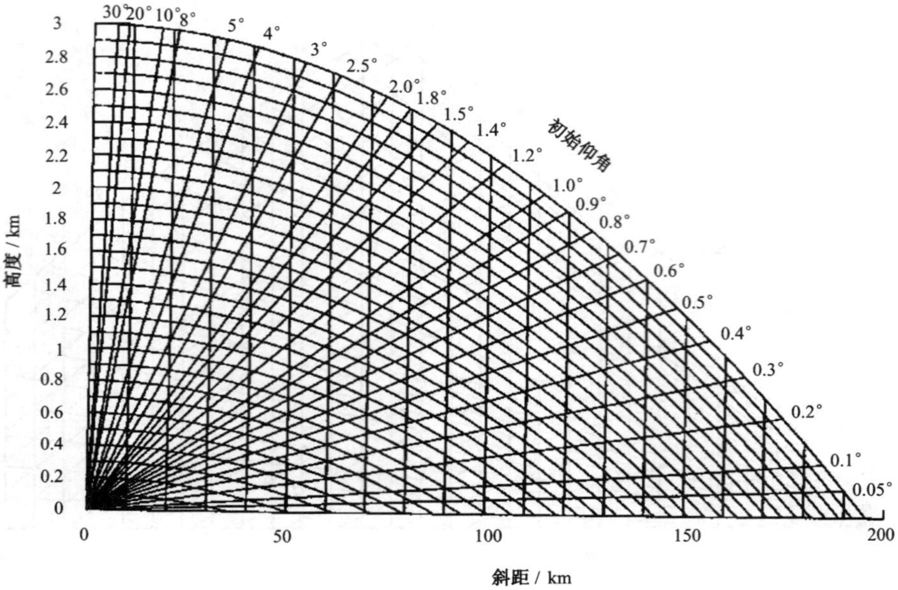

图 6-11　自由空间无折射情况的垂直面坐标图

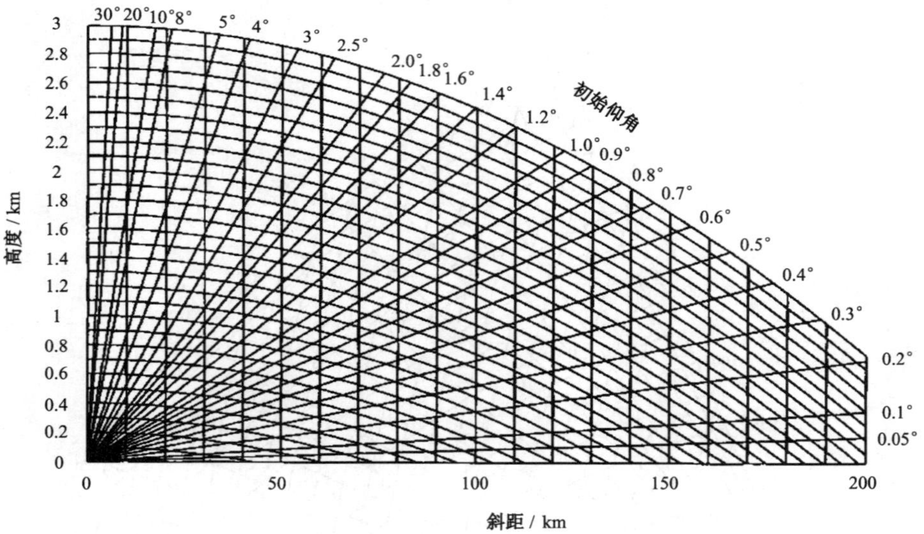

图 6-12　中国年平均指数模式的垂直面坐标图

（海平面年平均折射率为 338.5，指数衰减系数为 0.1404/km）

2）中国年平均折射情况与美国年平均指数大气折射情况的对比

美国年平均指数大气折射情况的垂直面坐标图如图 6-13 所示。其中，目标高度为 3 km，仰角为 0.9°，观测的斜距在美国年平均指数模式下为 128 km，而在中国年平均指数模式下为 120 km。

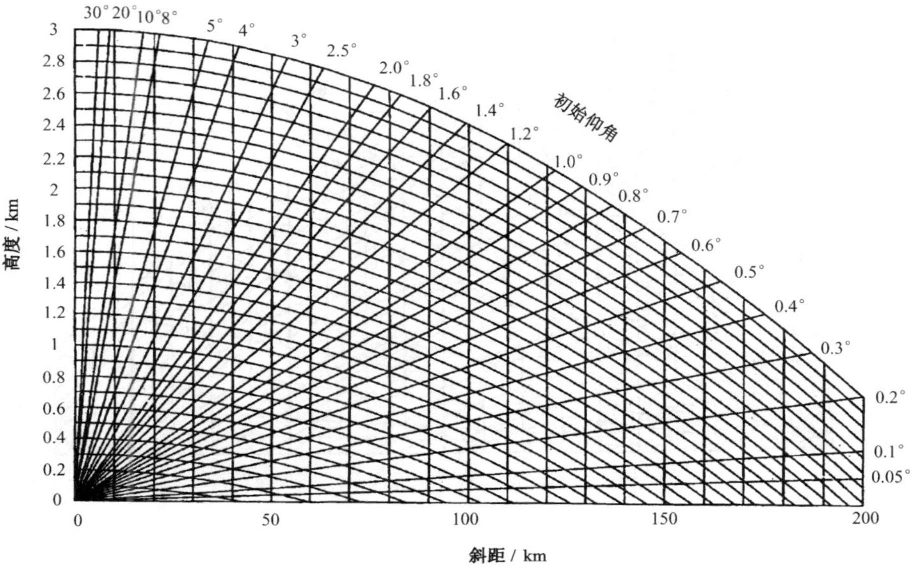

图 6-13　美国年平均指数模式大气折射指数的垂直面坐标图

（海平面年平均折射率为 315，指数衰减系数为 0.1364/km）

3）我国两个大气层折射差别大的地区情况对比

我国老东庙和海口是两个大气折射率差别较大的地区，它们的垂直面坐标图如图 6-14 和图 6-15 所示。其中，目标高度为 3 km，仰角为 1.6°，观测的斜距在老东庙为 142 km，在海口为 150 km。

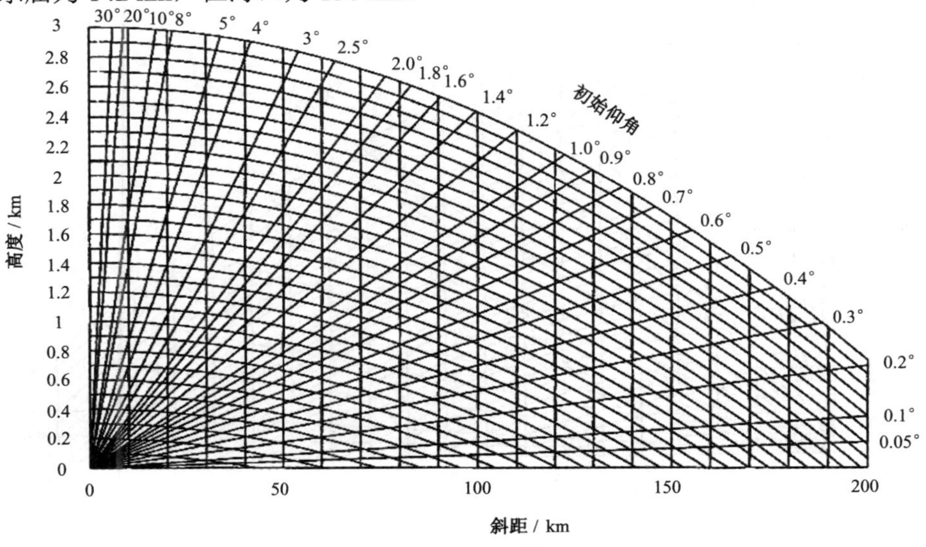

图 6-14　我国老东庙指数模式大气折射指数的垂直面坐标图

（海平面年平均折射率为 315，指数衰减系数为 0.1500/km）

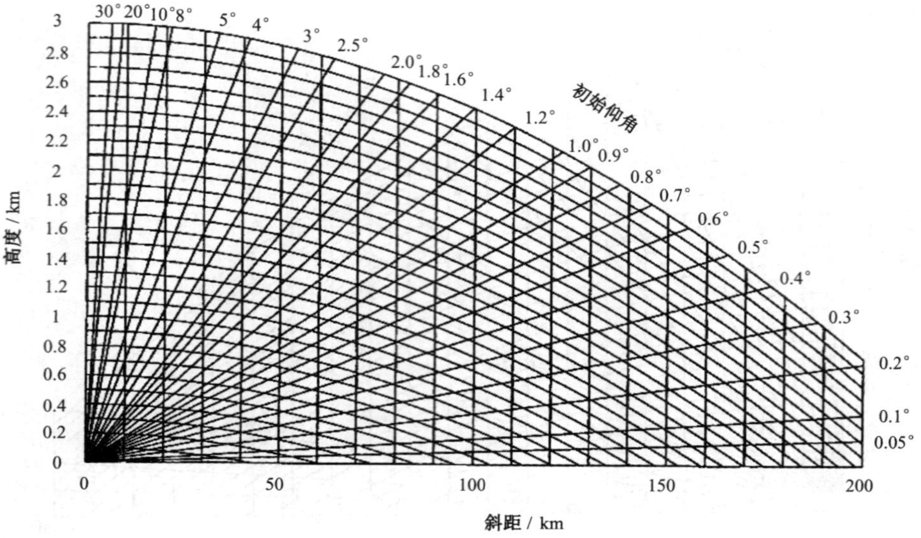

图 6-15　我国海口指数模式大气折射指数的垂直面坐标图

（海平面年平均折射率为 390，指数衰减系数为 0.1590 / km）

4）我国同一地区不同季节大气层折射情况的对比

我国青岛地区 2 月和 7 月大气折射率的垂直面坐标图如图 6-16 和图 6-17 所示。其中，目标高度为 3 km，仰角为 0.6°，青岛地区观测的斜距在 2 月为 150 km，在 7 月为 165 km。

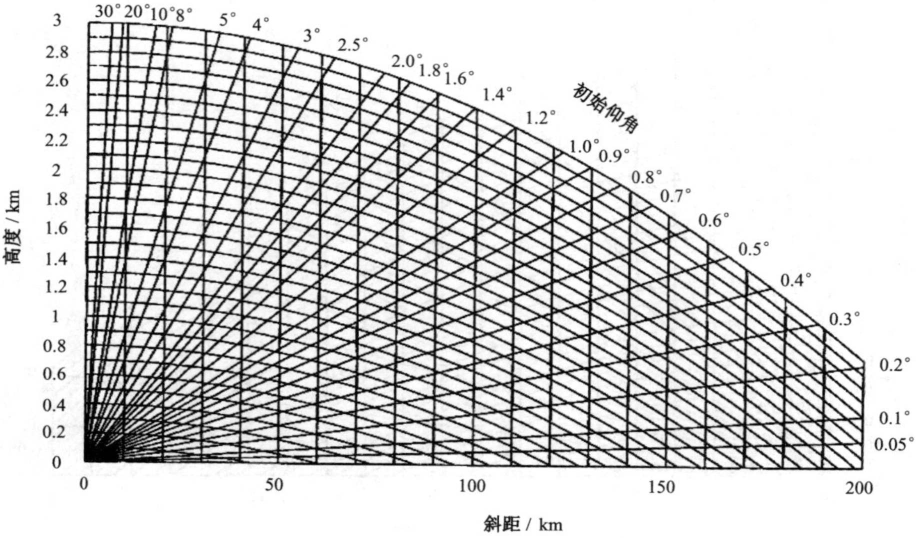

图 6-16　我国青岛地区 2 月指数模式大气折射指数的垂直面坐标图

（海平面年平均折射率为 299.86，指数衰减系数为 0.1095 / km）

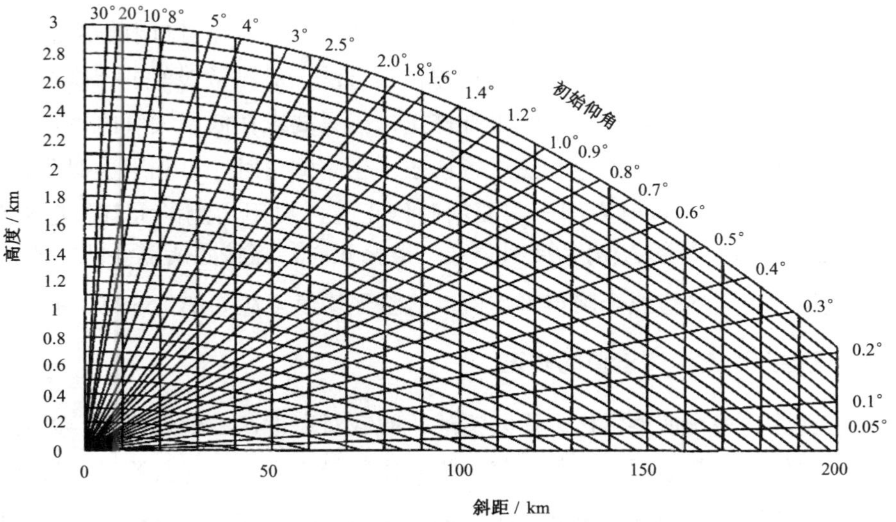

图 6-17 我国青岛地区 7 月指数模式大气折射指数的垂直面坐标图

（海平面年平均折射率为 399.059，指数衰减系数为 0.1899 / km）

7. 雷达作用范围下边界的确定

除短波超视距雷达作用范围下边界为地（海）面外，其他雷达作用范围下边界应按以下方法确定。

1）无障碍物时的下边界

当雷达阵地附近不存在地面突起障碍时，雷达作用范围下边界以雷达视线为极限，雷达视线距离计算式为

$$R_{\mathrm{L}} = 3.57\sqrt{k}(\sqrt{h_0} + \sqrt{h_{\mathrm{T}}}) \tag{6.1}$$

式中，k 为等效地球半径系数；h_0 为雷达天线离地（海）面高度（m）；h_{T} 为目标的真实离地（海）面高度（m）。

k 由式（3.110）计算。当雷达站和目标均位于离地 100m 以下时，式（3.110）中的 $\mathrm{d}N/\mathrm{d}h$ 应取 $-\Delta N_{0.1}$；当雷达站和目标有一方或双方均位于离地面 100m 以上、1000m 以下时，$\mathrm{d}N/\mathrm{d}h$ 应取 $-\Delta N_1$；在其他情况下，以及只需要一般描述雷达视线范围时，可使用 ΔN_1 的全国年平均值 39.4/km，此时相应的 k 为 1.334。

2）有障碍物时的下边界

当雷达阵地附近存在地面突起障碍时，雷达作用范围的下边界，在该方向主要由障碍物顶部的仰角线确定。

6.1.2 雷达测量值修正

大气层折射的作用，使雷达测量的目标斜距、仰角、高度、距离、距离变化

率（多普勒频移）、距离差、距离差变化率产生误差，误差随着折射程度的变化而变化，雷达工作中应按 3.7 节的折射误差修正方法，对测量误差进行修正。当计算条件较好时，宜采用线性分层法进行修正；当只要求在低层大气内进行简单近似修正时，可采用等效地球半径法进行修正；当高仰角时，可利用近似公式进行修正。所使用的大气折射率剖面需要精确修正时，要用实测的大气折射率剖面 $N(h)$；当未获得实测的 $N(h)$，或只需要一般修正时，应按照所需要的精确程度，选用大气折射率平均值或全国年平均值，这些平均值可从 GJB 1655-93 中查得。

1. 近地探测雷达测量值的修正

低空雷达、战场侦察雷达、岸防雷达、舰载对海雷达、地炮雷达，以及电波在对流层中传播的其他雷达，受大气层折射作用最为显著。对其测量的目标仰角和高度应进行修正；对其测量的斜距，因通常探测的目标距离较近，误差很小，除地炮雷达计算炮弹轨迹要求较精确要进行修正外，一般不需要修正。

近地探测雷达测量的目标仰角和目标高度，一般按 3.7.2 节进行修正。所需等效地球半径系数 k 由式（3.110）计算，当需要精确修正时，式（3.110）中的 $\mathrm{d}N/\mathrm{d}h$ 应采用实测数据；当不需要精确修正或未获得 $\mathrm{d}N/\mathrm{d}h$ 的实测数据时，可根据雷达站所在地和工作季节代表性月份从 GJB 1655-93 中选用 $-\Delta N_1$ 或 $-\Delta N_{0.1}$，或者采用全国年平均 $-\Delta N_1$ 或 $-\Delta N_{0.1}$ 作为 $\mathrm{d}N/\mathrm{d}h$。当雷达站和目标均位于离地面 100m 以下时，应取 $-\Delta N_{0.1}$；当雷达站和目标有一方或双方均位于离地面 100m 以上、1000m 以下时，应取 $-\Delta N_1$。

举例：架设在天津地面的低空雷达，测得目标的斜距 R_a 为 50km、仰角 θ_0 为 $0.8°$，在不考虑折射时算得目标高度 $h_a = 0.894\,\text{km}$，修正步骤如下。

（1）确定射线沿线的 $\mathrm{d}N/\mathrm{d}h$。有实测数据最好，若无实测数据，可根据雷达站所在地和工作季节代表月份，由 GJB 1655-93 查取。例如，天津春季，由 GJB 1655-93 中图 15 查得 $\Delta N_1 = 39/\text{km}$，以其负值作为 $\mathrm{d}N/\mathrm{d}h$。

（2）按式（3.110）计算等效地球半径系数 $k = 1.3305$。

（3）按

$$\varepsilon_0 \approx -1/2(R_a \times \mathrm{d}N/\mathrm{d}h \times 10^{-6}\cos\theta_0) \tag{6.2}$$

计算仰角折射误差 ε_0=0.056°，因此目标的真实仰角 α_0=0.744°。

（4）按

$$h_T \approx R_a \sin\theta_0 + R_a^2/2ka + h_0 \tag{6.3}$$

计算目标真实高度 $h_T = 0.846\,\text{km}$，因此高度误差 $\Delta h = 0.048\,\text{km}$。

2. 对空探测雷达测量值的修正

对空情报雷达、测量雷达、火控雷达、预警雷达、气象雷达及电波在对流层和平流层中传播的其他雷达，均经受大气层折射作用。对其测量的目标仰角、高度应进行修正。当需要精确测量时，对其测量的目标斜距也需要修正。

对空探测雷达测量的目标仰角和目标高度，按 3.7.2 节进行修正，其中 $n(h)$ 或 $N(h)$ 一般应采用实测数据，当不需要精确修正或未获得实测数据时，应采用分段模式，即式（3.17），或指数模式，即式（3.16）。当采用分段模式时，应根据雷达站所在地和工作季节代表性月份选用 N_0、ΔN_1、N_1、C_{a1} 和 C_{a9} 值，或者采用全国年平均值。当采用指数模式时，应根据雷达站所在地和工作季节代表性月份选用 N_0 和 C_a，或者采用全国年平均值。

对空探测雷达测量的目标斜距，应在测量仰角和高度修正的基础上，按 3.7.2 节进行修正；当目标仰角大于 3° 时，可按式（3.121）进行修正。

举例：某舰载对空情报雷达，天线高度 h_0 可视为 0。测得目标斜距为 240km，视在仰角为 1.8°。不考虑大气层折射时算得目标高度 $h_a = 12.06\,\text{km}$。无大气实测数据，修正步骤如下。

（1）选定大气折射指数。因只需要进行一般修正，故可采用低层大气指数模式，由 GJB 1655-93 取地面折射率 N_0 和指数衰减率 C_e 的全国年平均值分别为 338.5N 单位和 0.1404/km。

（2）计算目标真实高度 h_T。由式（3.112），取 $h_0 = 0$，$R_a = 240\,\text{km}$，$\theta_0 = 1.8°$，$n_0 = 1.0003385$，其他高度上的 n 由指数模式计算后代入，结果算得 $h_T = 11.1\,\text{km}$。高度折射误差 $\Delta h = 0.96\,\text{km}$。

（3）计算目标真实仰角 α_0。由式（3.116），计算得到地心张角 $\varphi = 2.15°$，由式（3.115），算得 $\alpha_0 = 1.57°$，仰角折射误差 $\varepsilon_0 = 0.23°$。

3. 空中平台雷达测量值的修正

机载预警雷达、机载火控雷达、气球载低空预警雷达等架设于空中平台上的雷达，其电波在低层大气中传播，经受大气层折射作用，对其测量的目标仰角、高度应进行修正，当需要精确测量时，对其测量的目标斜距也需要修正。

空中平台雷达分两种情况：当雷达仰视或平视时，或者当雷达俯视目标时，按 3.7.2 节进行修正。$n(h)$ 或 $N(h)$ 的采用与前文相同。

举例：某机载预警雷达，飞行高度 $h_0 = 8000\,\text{m}$。1 月在南京上空测得空中目标的斜距 $R_a = 150\,\text{km}$，俯角 $\theta_0 = 1.5°$。在不考虑大气层折射时算得目标高度

$h_a = 5.84\,\text{km}$。无大气实测数据，修正步骤如下。

（1）选定射线轨迹沿线的值 $n(h)$。此时选用大气指数模式，由 GJB 1655-93 中图 1 和图 25 查得南京 1 月 $N_s = 314$，$C_a = 0.136/\text{km}$。又查得南京的地面高度为 15m，即 $h_0 = 0.015\,\text{km}$，于是由低层大气指数模式算得不同高度的 N 值如表 6-1 所示。

表 6-1　由低层大气指数模式算得不同高度的 N 值

高度/km	0.015	7.0	7.1	7.2	7.3	7.4	7.5	7.6	7.7	7.8	7.9
N	314	121.4	119.8	118.2	116.6	115.0	113.5	111.9	110.4	108.9	107.5
高度/km	8.0	8.1	8.2	8.3	8.4	8.5	8.6	8.7	8.8	8.9	9.0
N	106.0	104.6	103.2	101.8	100.4	99.0	97.7	96.4	95.1	93.8	92.5

（2）计算目标真实高度。按式（3.125）算得 $h_T = 5.63\,\text{km}$，于是高度折射误差 $\Delta h = 0.21\,\text{km}$。

（3）计算目标真实俯角 α_0。按式（3.128）算得地心张角 $\varphi = 1.36°$，再按式（3.127）算得目标真实俯角 $\alpha_0 = 1.58°$，于是俯角误差 $\varepsilon_0 = 0.08°$。

4．航天测控雷达测量值的修正

航天测控雷达，其电波穿过低层大气并在电离层中传播，经大气层折射作用，对其测量的航天目标仰角、高度、斜距、距离、距离变化率、距离差、距离差变化率应进行修正。

航天测控雷达测量仰角、高度、斜距值的修正，应按 3.7.2 节进行，其中，$n(h)$ 或 $N(h)$ 应采用实测数据。当不能获得大气折射率的实测数据或不需要精确修正时，在 60 km 以下的低层大气中采用大气折射率的分段模式或指数模式，其中，各个大气参数采用雷达站所在地和工作季节代表性月份的平均值；而在高度 60km 以上，采用式（4.50）的电离层折射指数剖面，其中，电子浓度剖面 $N_e(h)$ 与雷达站所在地的地理纬度，以及当年的太阳黑子数、工作季节代表性月份和当时的地方时有关，可根据 4.3 节计算得到。

航天测控雷达测量的目标多普勒频移（距离变化率），应按 3.7.2 节进行修正。在 3 站测量情况下，可以得出目标的真实速度。

当用连续波干涉仪方式测量目标的距离和、距离差，从而进行精确定位时，应按 3.7.2 节进行修正，其中，$n(h)$ 或 $N(h)$ 应采用实测数据。当不能获得大气折射率的实测数据时，$n(h)$ 或 $N(h)$ 如前文所述办法取值。

用连续波多普勒方法测量目标距离和、距离差的变化率，并计算其运动速度时，应在测量距离和、距离差修正的基础上，按 3.7.2 节进行修正。

举例：某测量雷达架设于测量船上，h_0 可视为 0。测得目标的斜距 $R_a = 600$ km，仰角 $\theta_0 = 4.5°$ 。当不考虑大气层折射时，算得目标高度 $h_a = 75.33$ km。无大气实测数据，修正步骤如下。

（1）选定大气折射参数。因只需要进行一般修正，故可对低层大气取指数模式，由 GJB 1655-93 取地面折射率 N_0 和指数衰减率 C_a 的全国年平均值，分别为 338.5 和 0.1404/km。

（2）计算目标真实高度 h_T。由式（3.112），取 $h_0 = 0$，$R_a = 600$km，$\theta_0 = 4.5°$，$n_0 = 1.0003385$，其他高度上的 n 由指数模式计算，结果算得 $h_T = 72.86$ km。高度折射误差 $\Delta h = 2.47$ km。

（3）计算目标真实仰角 α_0。由式（3.116），计算得到地心张角 $\varphi = 5.3259°$，由式（3.115），算得 $\alpha_0 = 4.307°$，因此仰角折射误差 $\varepsilon_0 = 0.19°$。

（4）计算目标真实距离 R_0。由式（3.130），$R_0 = 599.731$ km，距离折射误差 $\Delta R = 0.269$ km。

6.2　电波衰减的实际应用[1]

电波在雷达与目标间往返传播时经受大气层的各种衰减，结果一是使雷达探测、跟踪目标的最大探测距离与在自由空间有所不同，一般是减小；二是使雷达接收到的目标回波功率与在自由空间有所不同，一般也是减小。

若雷达电波在传播中同时经受各种衰减，则 p% 时间超过的总传播衰减为

$$A(p) = A_1 + A_2 + \cdots + A_m + \sqrt{A_1^2(p) + A_2^2(p) + \cdots + A_n^2(p)} \tag{6.4}$$

式中，$A_1, A_2, \cdots, A_m$ 为非随机性衰减；$A_1(p), A_2(p), \cdots, A_n(p)$ 为 p% 时间超过的随机性衰减。

6.2.1　雷达最大探测距离修正

1．单基地雷达最大探测距离

当进行系统论证和总体设计时，雷达最大作用距离的计算必须计入传播衰减的因素。由计入双程传播衰减的雷达方程可以导出雷达的实际最大探测距离与传播衰减的关系为

$$10\lg R = 10\lg R_0 - \frac{A}{2} \tag{6.5}$$

或

$$R = \frac{R_0}{10^{\frac{A}{20}}} \tag{6.6}$$

式中，R 为雷达的实际最大探测距离；R_0 为自由空间中雷达的最大探测距离，由雷达性能参数与目标雷达截面积确定；A 为雷达天线与目标之间的衰减。

2．雷达最大探测距离修正的迭代算法

传播衰减 A 中包括多种因子，其中，有的因子是传播距离的函数。因此，按式（6.5）修正雷达最大探测距离时，一般需要进行迭代运算，具体步骤如下。

（1）计算 R 的第一次修正值，即

$$10\lg R_1 = 10\lg R_0 - \frac{A^{(0)}}{2} \tag{6.7}$$

式中，R_1 为 R 的第一次修正值；$A^{(0)}$ 为传播距离 R_0 的衰减。

（2）计算 R 的第二次修正值 R_2，即

$$10\lg R_2 = 10\lg R_0 - \frac{A^{(1)}}{2} \tag{6.8}$$

式中，R_2 为 R 的第二次修正值；$A^{(1)}$ 为传播距离 R_1 的衰减。

（3）计算 R 的第三次修正值 R_3。

如此继续下去，直到第 n 次修正值 R_n 与第 $n-1$ 次修正值 R_{n-1} 的差值小于规定的允许值 ΔR 为止（无具体要求时一般取为 $0.01R_0$），此时即以 R_n 作为受传播衰减后的雷达实际最大探测距离。

举例：在未考虑传播衰减前，算得某雷达的最大作用距离 $R_0 = 350\text{km}$，并算得传播衰减 $A = A_1 + A_2(R)$，$A_1 = 1\text{dB}$，$A_2(R) = \text{千米数} \times 0.005\text{dB/km}$。

（1）计算 R 的第一次修正值。

此时按单程传播距离 $R_0 = 350\text{km}$，算得 $A = 1 + 0.005 \times 350 = 2.75\text{dB}$，由式（6.7）算得 $R_1 = 255.016\text{km}$。

（2）计算 R 的第二次修正值 R_2。

此时按单程传播距离为 R_1，算得 $A = 1 + 0.005 \times 255.016 = 2.275\text{dB}$，再由式（6.8）算得 $R_2 = 269.351\text{km}$。

（3）计算 R 的第三次修正值 R_3。

此时按单程传播距离 R_2，算得 $A = 1 + 0.005 \times 269.351 = 2.347\text{dB}$，再由式（6.7）算得 $R_3 = 267.1276\text{km}$，因为 R_3 和 R_2 的差值已小于规定的允许值，所以可将 267km 作为经衰减后的雷达实际最大作用距离。

用计算机进行计算时，若结果在两个数值 R_n 与 R_{n-1} 间振荡而不再收敛，则可

取两者的平均值作为 R 的值。

3．双基地雷达最大探测距离的修正

当双基地雷达的发射站和接收站相距较远时，需要分别计算从发射站到目标的传播衰减，以及从目标到接收站的传播衰减。此时，雷达的实际最大探测距离与传播衰减的关系为

$$10\lg R_{\rm b}=10\lg R_{\rm b0}-\frac{1}{4}(A_{\rm t}+A_{\rm r}) \tag{6.9}$$

或

$$R_{\rm b}=\frac{R_{\rm b0}}{10^{\frac{(A_{\rm t}+A_{\rm r})}{40}}} \tag{6.10}$$

式中，$R_{\rm b}=(\sqrt{R_{\rm t}R_{\rm r}})_{\max}$ 为双基地雷达的实际最大探测距离，$R_{\rm t}$ 为发射天线到目标的距离，$R_{\rm r}$ 为目标到接收天线的距离，$R_{\rm b0}$ 为在自由空间双基地雷达的最大探测距离，$A_{\rm t}$ 为电波从发射天线传播到目标的衰减，$A_{\rm r}$ 为电波从目标传播到接收天线的衰减。

修正双基地雷达最大探测距离的迭代运算步骤同于单基地雷达最大探测距离的修正。

4．二次雷达最大探测距离的修正

对于二次雷达，实际最大询问距离或应答距离与传播衰减的关系为

$$10\lg R=10\lg R_0-\frac{A}{2} \tag{6.11}$$

或

$$R=\frac{R_0}{10^{\frac{A}{20}}} \tag{6.12}$$

式中，R 为二次雷达的实际最大询问距离或应答距离；R_0 为在自由空间二次雷达的最大询问距离或应答距离，A 为电波从询问机天线传播到目标的衰减，或者从目标应答机传播到询问机天线的衰减。

修正二次雷达最大探测距离的迭代运算步骤同于单基地雷达最大探测距离的修正。

6.2.2　目标回波功率密度计算

1．单基地雷达目标回波功率密度的计算方法

对于单基地雷达，目标回波的实际功率密度与传播衰减的关系为

$$10\lg s = 10\lg s_0 - 2A \quad 或 \quad s = \frac{s_0}{10^{\frac{2A}{10}}} \tag{6.13}$$

式中，s 为雷达接收天线处的目标回波实际功率密度；s_0 为自由空间雷达接收天线处的目标回波功率密度，它由雷达性能参数、目标雷达截面积与传播距离确定；A 为雷达天线与目标之间的衰减。

2．双基地雷达目标回波功率密度的计算方法

对于双基地雷达，目标回波的实际功率密度与传播衰减的关系为

$$10\lg s_b = 10\lg s_{b0} - A_t - A_r \quad 或 \quad s_b = \frac{s_{b0}}{10^{\frac{A_t + A_r}{10}}} \tag{6.14}$$

式中，s_b 为雷达接收天线处的目标回波实际功率密度；s_{b0} 为自由空间雷达接收天线处的目标回波功率密度；A_t、A_r 分别为发射天线至目标、目标至接收天线的传播衰减。

3．二次雷达信号功率密度的计算方法

对于二次雷达，雷达信号（目标应答机处的询问信号或询问机处的应答信号）的实际功率密度与传播衰减的关系为

$$10\lg s_s = 10\lg s_{s0} - A \quad 或 \quad s_s = \frac{s_{s0}}{10^{\frac{A}{10}}} \tag{6.15}$$

式中，s_s 为二次雷达信号的实际功率密度；s_{s0} 为自由空间二次雷达信号的功率密度；A 为询问机与应答机之间的传播衰减。

6.2.3 短波地波超视距雷达传播衰减计算

根据表 1-6，短波地波超视距雷达需要计入环境传播引起的路径损耗项有：当雷达贴地面时，光滑海面的损耗 A_{gl}；当雷达有一定高度时，光滑海面的损耗 A_{gh}，粗糙海面的附加损耗 A_{ss}。地波传播衰减与海面光滑程度（海况），以及雷达天线和目标相对于海面的高度有关，所以划分为 3 种情况。

（1）雷达贴近海面，在探测光滑海面上的舰船目标时，衰减 A_{gl} 应按 2.3.2 节的图 2-8～图 2-18 选取。

（2）雷达离海面有一定高度，在探测光滑海面上空的飞机目标时，衰减 A_{gh} 应按 2.3.2 节的图 2-19～图 2-38 选取。在使用这些图时，雷达天线与目标的高度可以互换。

（3）当海面粗糙时，上面两种情况的衰减应加上粗糙海面的附加衰减 A_{ss}，即

$$A_{ls} = A_{gl} + A_{ss} \tag{6.16}$$

$$A_{hs} = A_{gh} + A_{ss} \tag{6.17}$$

A_{ss} 的值应按 2.3.3 节的图 2-39～图 2-43 选取。

6.2.4　短波天波超视距雷达传播衰减计算

短波天波超视距雷达可能的总传播衰减为

$$A_i = A_{ia} + A_{ec} + A_q + A_{er} + A_h + A_s \tag{6.18}$$

式中，A_{ia}、A_{ec}、A_q、A_{er}、A_h、A_s 分别为电离层吸收、电离层吸收修正值、Es 层部分遮蔽衰减、Es 层反射衰减、极区衰减和附加衰减。它们按照 4.8 节的规定选取。如果某些条件不满足，则相应的衰减不需要计入。

6.2.5　超短波雷达传播衰减计算

1．超短波对空、对海、对地雷达传播衰减的选取

超短波对空、对海、对地雷达需要计入环境传播引起的路径损耗项有：地（海）面干涉损耗 A_{in}，障碍物绕射损耗 A_d，树林损耗 A_{wd}，在大气波导传播超过 p%时间的损耗 $A_e(p)$。它们都是有条件存在的。超短波对空、对海、对地雷达最多可能的总传播衰减为

$$A_{wd} = A_{in} + A_d + A_{wd} + A_e(p) \tag{6.19}$$

式中，A_d 为 A_{dk} 或 A_{dr}。如果某些条件不满足，则相应的衰减不需要计入；如果某些条件数次出现，则相应的衰减需要数次计入。

（1）雷达阵地周围存在能反射雷达电波的较平坦地（海）面时，存在干涉衰减 A_{in}。

地（海）面反射波引起的干涉衰减 A_{in} 应按 2.4.1 节和 2.4.2 节的方法计算，但在下列条件下计算可以简化：当电波射线擦地角很小（对水平极化波小于 10°，对垂直极化波小于 0.5°）时，$R\approx1$，$\varphi\approx\pi$；当雷达天线离阵地反射面的高度不太高（小于 150m）时，$D\approx1$；当阵地反射面起伏小（起伏标准偏差与波长之比小于 0.125）时，$\rho_s\approx1$。

（2）若雷达阵地周围存在能绕射雷达电波的障碍，则在该障碍所处方向存在刃形障碍绕射衰减 A_{dk} 或圆顶障碍绕射衰减 A_{dr}。A_{dk} 与 A_{dr} 分别按 2.5.2 节和 2.5.3 节的方法计算。

（3）若雷达天线与目标之间存在树林遮挡，则存在树林衰减 A_{wd}。A_{wd} 按 2.7

节的图 2-72 选取。

超短波雷达电波进入对流层波导传播时存在对流层波导衰减。当出现对流层波导传播时，超短波对空、对海、对地雷达电波的低仰角部分进入波导传播，经对流层波导传播衰减。对流层波导传播 p%时间超过的衰减 $A_e(p)$按 3.5.4 节的方法计算。

2. 超短波航天测控雷达传播衰减的选取

超短波航天测控雷达的电波穿越低层大气、电离层传播时，需要计入环境传播引起的路径损耗项有：地（海）面干涉损耗 A_{in}，障碍绕射损耗 A_d，树林损耗 A_{wd}，p%时间超过的电离层闪烁衰落深度 $A_{sc}(p)$。因此，超短波航天测控雷达 p%时间超过的最多可能的总传播衰减为

$$A_{wi}(p) = A_{in} + A_d + A_{wd} + A_{sc}(p) \tag{6.20}$$

式中，地（海）面干涉损耗 A_{in}，障碍绕射损耗 A_d，树林损耗 A_{wd}，可参照超短波对空、对海、对地雷达所示方法计算。

p%时间超过的电离层闪烁衰落深度 $A_{sc}(p)$按 4.6.5 节的图 4.34 选取。

如果某些条件不满足，则相应的衰减不需要计入；如果某些条件数次出现，则相应的衰减需要数次计入。

6.2.6 微波、毫米波雷达传播衰减计算

1. 微波、毫米波对空、对海、对地雷达

微波、毫米波对空、对海、对地雷达的电波在低层大气传播时，经大气气体吸收衰减，需要计入的环境传播引起的路径损耗项有：大气吸收损耗 A_{gt}（或 A_{gs}），地（海）面干涉损耗 A_{in}，障碍绕射损耗 A_d，树林损耗 A_{wd}，云雾损耗 A_g，沙尘损耗 A_{sd}，p%时间超过的降雨损耗 $A_R(p)$，在大气波导传播 p%时间超过的损耗 $A_e(p)$。因此，微波、毫米波对空、对海、对地雷达超过 p%时间的最可能的总传播衰减为

$$A_{wi}(p) = A_{in} + A_d + A_{wd} + A_g + A_{sd} + A_{gt,gs} + A_e(p) + A_R(p) \tag{6.21}$$

式中，地（海）面反射波引起的干涉衰减 A_{in} 按 2.4.1 节和 2.4.2 节的方法计算。但在下列条件下计算可以简化；当电波射线擦地角很小（对水平极化波小于 10°，对垂直极化小波小于 0.2°）时，$R\approx1$，$\varphi\approx\pi$；当雷达天线离阵地反射面的高度不太高（小于 150m）时，$D\approx1$；当阵地反射面起伏小（起伏标准差与波长之比小于 0.125）时，$\rho_s\approx1$；当雷达天线垂直波束较窄，并且地面反射波的天线方向性抑制因子 r_A 小于 0.1 时，$A_{in}\approx0$，即将地（海）面反射忽略不计。障碍绕射损耗 A_d，

树林损耗 A_{wd}，在大气波导传播 p%时间超过的损耗 $A_e(p)$可参照超短波航天测控雷达所示方法计算。

大气吸收损耗 A_{gt}（或 A_{gs}）按 3.5.1 节的方法计算。

当雷达天线与目标之间存在降雨区时，存在降雨衰减。p%时间超过的降雨损耗 $A_R(p)$按 3.5.2 节的方法计算。

当雷达天线与目标之间存在云雾区或沙尘区时，存在云雾衰减 A_g 和沙尘损耗 A_{sd}。A_g 按 3.5.3 节的方法和图 3.59 计算。

如果某些条件不满足，则相应的衰减不需要计入；如果某些条件数次出现，则相应的衰减需要数次计入。

2．微波航天测控雷达传播衰减的选取

微波航天测控雷达的电波穿越低层大气、电离层传播时，经大气气体吸收衰减与电离层闪烁衰减，需要计入环境传播引起的路径损耗项有：大气吸收损耗 A_{gt}（或 A_{gs}），地（海）面干涉损耗 A_{in}，障碍绕射损耗 A_d，树林损耗 A_{wd}，云雾损耗 A_g，沙尘损耗 A_{sd}，p%时间超过的降雨损耗 $A_R(p)$，p%时间超过的对流层和电离层闪烁损耗 $A_{sc}(p)$，但它们是有条件存在的。因此，微波航天测控雷达 p%时间超过的最可能的总传播衰减为

$$A_{ms}(p) = A_g + A_{in} + A_d + A_{wd} + A_{gt,gs} + A_{sd} + \sqrt{A_R^2(p) + A_{sc}^2(p)} \tag{6.22}$$

各传播衰减因子的选取方法同前。如果某些条件数次出现，则相应的衰减需要数次计入。

6.3 电波环境中雷达性能评估

雷达工作环境条件复杂多变，实际环境中雷达的实际工作性能与设计性能可能会有较大差距。下面介绍实际电波传播环境对雷达性能的影响及其评估方法。

6.3.1 大气波导中微波雷达性能评估

1．雷达探测距离误差估计

微波雷达工作在大气波导环境中会产生超视距探测效果，雷达电波在大气波导中传播，雷达探测距离相对自由空间将发生变化，因此会产生定位误差。

在实际环境中，雷达电波信号从离开雷达后经过目标反射回到雷达的距离为雷达探测的视在距离 R_a，即

$$R_a = tc/2 \tag{6.23}$$

式中，c 为光速，时间 t 由电波射线长度 s 和电波传播的速度决定，即

$$\mathrm{d}t = 2\frac{\mathrm{d}s}{v} = 2\frac{n(h)\mathrm{d}s}{c} \tag{6.24}$$

式中，v 是电波在实际环境中的传播速度。

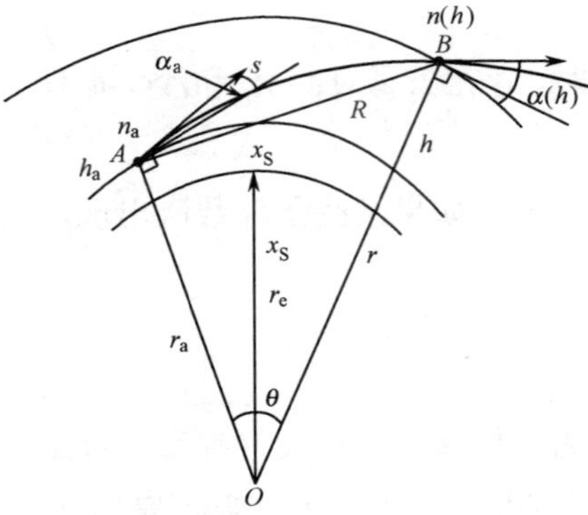

图 6-18　电波射线在大气中传播的几个参量（射线上 B 点到发射点 A 的真实距离 $R(\overline{AB})$、地面距离 x_S、射线长度 s 和两点上的射线仰角、高度、折射指数等参数）

由于大气对电波射线的折射，电波射线通过大气层传播时会产生弯曲，所以大气中射线经过的真实路径不再和自由空间雷达距离方程中体现的直线距离相同。雷达探测目标所关心的几个参量和电波射线之间的几何关系如图 6-18 所示。雷达定位关心的目标位置参数主要是目标的离地高度、地面距离及目标到雷达的真实距离等，若图 6-18 中 A、B 分别是雷达和目标的位置，则上述 3 个参数就分别是图 6-18 中的 h、x_S 和 R。参数 $n(h)$ 和 $\alpha(h)$ 分别为离地高度 h 处的空气折射指数和射线的本地仰角，$r = r_e + h$，r_e 为地球半径，下标 a 表明是发射点 A 处的参数。

视在距离 R_a 与真实长度 s 的关系为

$$\mathrm{d}R_a = n(h)\mathrm{d}s \tag{6.25}$$

结合 3.36 节中的传播射线方程，可以得到雷达视在距离方程

$$\frac{\mathrm{d}R_a}{\mathrm{d}h} = \pm\frac{n^2(h)(r_e + h)}{\sqrt{[n(h)(r_e + h)]^2 - [n(h_a)(r_e + h_a)\gamma_a]^2}} \tag{6.26}$$

式中，γ_a 为射线起始点的方向余弦。式（6.26）确定了高度 h 和目标视在距离 R_a 的关系，而地面距离由 3.36 节中的式（3.52）得到。地面距离 x_S 和水平方向上的距离 x 存在如下关系：

$$\frac{x_S}{x} = \frac{r_e}{r_e + h} \tag{6.27}$$

由此导出地面距离的表达式为

$$\frac{\mathrm{d}x_S}{\mathrm{d}h} = \pm\frac{r_e}{r_e + h}\frac{n(h_a)(r_e + h_a)\gamma_a}{\sqrt{[n(h)(r_e + h)]^2 - [n(h_a)(r_e + h_a)\gamma_a]^2}} \tag{6.28}$$

可以得到视在距离和地面距离的关系为

$$\frac{\mathrm{d}R_{\mathrm{a}}}{\mathrm{d}x_{\mathrm{S}}}=\frac{n^2(h)(r_{\mathrm{e}}+h)^2}{n(h_{\mathrm{a}})r_{\mathrm{e}}(r_{\mathrm{e}}+h_{\mathrm{a}})\gamma_{\mathrm{a}}} \tag{6.29}$$

显然，地面附近目标到雷达的距离可近似为

$$R\approx\sqrt{s_{\mathrm{S}}^2+h^2} \tag{6.30}$$

在蒸发波导环境中，上述计算更为复杂。一方面是因为波导传播多发生于零度附近的仰角上，通常存在一些计算上的困难；另一方面是因为大气波导引起的射线弯曲消除了地平线效应，使射线在波导层结内产生多次跳跃，从而给数值计算增加了麻烦。

假设雷达处在蒸发波导环境中，且只关心海面目标的距离，则蒸发波导传播导致的地面距离探测的误差为

$$\Delta x_{\mathrm{S}}=R_{\mathrm{a}}-x_{\mathrm{S}} \tag{6.31}$$

这时可只考虑蒸发波导传播的射线轨迹，电波射线将在海面和波导层顶之间不断反射向前传播。假定蒸发波导水平均匀扩展，可针对不同仰角的射线计算出视在距离和地面距离的关系，得到距离修正结果。图 6-19 是天线高度分别为 10 m 和 5 m，在零度仰角时不同地面距离处的误差拟合结果。相应的大气环境剖面由蒸发波导剖面和指数大气折射率剖面构成[4]，即

$$N(h)=\begin{cases}N(0)-0.125h_{\mathrm{evd}}\ln\left(\dfrac{z_0+h}{z_0}\right)-0.032h, & h\leqslant h_{\mathrm{evd}}\\ N(h_{\mathrm{evd}})\mathrm{e}^{-c_{\mathrm{e}}(h-h_{\mathrm{evd}})}, & h>h_{\mathrm{evd}}\end{cases} \tag{6.32}$$

式中，$h\leqslant h_{\mathrm{evd}}$ 的表达式是中性大气条件下的蒸发波导剖面；$h>h_{\mathrm{evd}}$ 的表达式是指数大气折射率剖面；h_{evd} 是蒸发波导高度；z_0 是空气动力学粗糙度；c_{e} 是低层大气折射指数剖面指数衰减系数。

图 6-19 表明，在式（6.32）蒸发波导传播条件下，雷达视在距离和地面距离

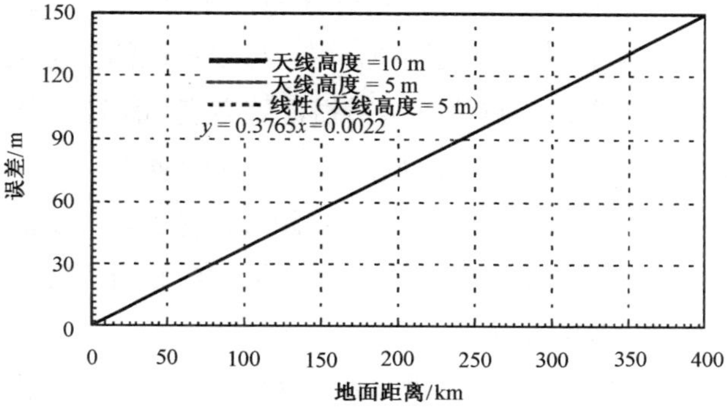

图 6-19　在蒸发波导传播条件下零度仰角时雷达测得的目标距离误差

（两条曲线分别对应于 10 m 和 5 m 的天线高度）

的误差基本上是线性的，当地面距离为 400 km 时，距离误差约为 150 m。这和在正常大气条件下的结果是不同的。在正常大气条件下，随着地面距离的增加，雷达视在距离和地面距离的误差不再是线性的，零度仰角时距离误差曲线是接近距离三次方的多项式曲线。这时，地面距离为 150 km 时距离误差约为 70 m，地面距离为 250 km 时距离误差约为 153 m，地面距离为 400 km 时距离误差已超过 400 m。

2. 雷达探测性能评估

为了研究对流层大气和地（海）面环境对雷达电波传播的影响，评估雷达实际性能，中国电波传播研究所研制了对流层传播预测系统。该系统考虑了环境参数和系统参数两个部分。

环境参数主要包括大气参数和地面参数。大气参数包含不同距离点的垂直方向复折射指数，以及不同高度上的修正折射指数。地面参数包含地面类型参数及地面起伏参数。其中，地面类型又包含盐分浓度不同的海面、淡水水面、中等干燥的地面、干燥地面、冰面及用户自己定义的地面类型，同时要考虑相应地面的相对介电常数和电导率。地面起伏参数用不同距离点的海拔高度表征，该参数决定了计算路径上的地面宏观起伏特征。

系统参数主要包括工作频率、天线类型、天线仰角、天线高度、天线垂直方向波瓣宽度、极化形式、距离范围和高度范围等。其中，天线类型可以在其下拉列表中选择，若选择用户自定义类型，则需要输入用户定义的天线方向图。极化形式可以选择水平极化或垂直极化。

基于输入参数，可计算得到传播损耗随距离和高度的变化情况，电波在标准大气中的传输损耗如图 6-20 所示，或根据探测目标的 RCS 得到探测概率图，如图 6-21～图 6-23 所示。在传播损耗图中，用户可以在图的任意位置点击，窗口右边的两个曲线框将给出在点击点位置传播损耗随高度和距离变化的剖面图。在探测概率图中，用户点击后，系统将给出点击处的探测概率。

在图 6-20 中，左侧损耗图的横坐标表示距离，纵坐标表示高度，损耗为伪彩色表示；窗口右侧的第一个框是损耗随高度变化的剖面图，第二框是损耗随距离变化的剖面图，其横轴均表示损耗。

在图 6-21～图 6-23 中，横坐标表示距离（km），纵坐标表示高度（m），检测概率的大小用伪彩色表示。

图 6-21 给出的是天线高度为 6000 m、波束宽度为 10°、仰角为 0° 的雷达，在

标准大气中观测到的小喷气式飞机探测概率图。由图 6-21 可见，距离为 212.78 km 处上空 3852.4 m 的小喷气式飞机探测概率为 66%。

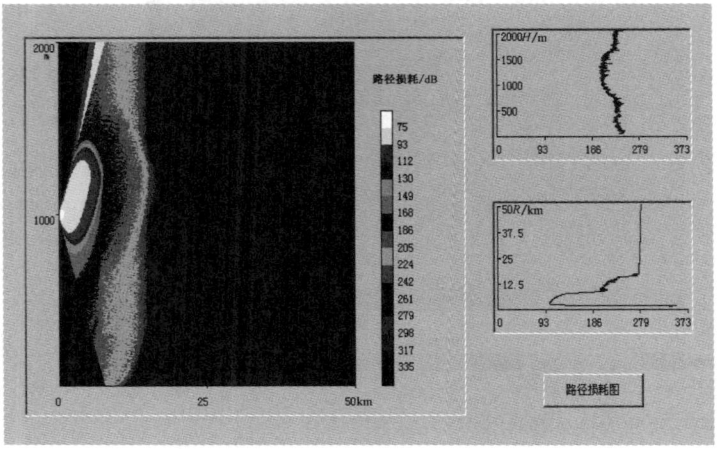

注：彩插页有对应彩色图像。

图 6-20　电波在标准大气中的传输损耗

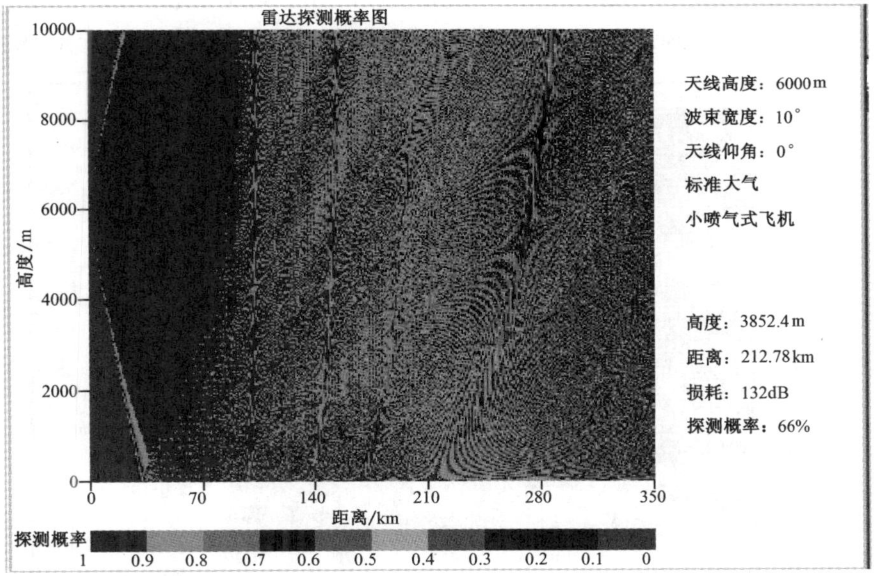

注：彩插页有对应彩色图像。

图 6-21　标准大气中的雷达探测概率

由图 6-22 可知，当相同雷达存在大气悬空波导时，观测的小喷气式飞机探测概率为 35%，而波导内的探测概率≥95%。

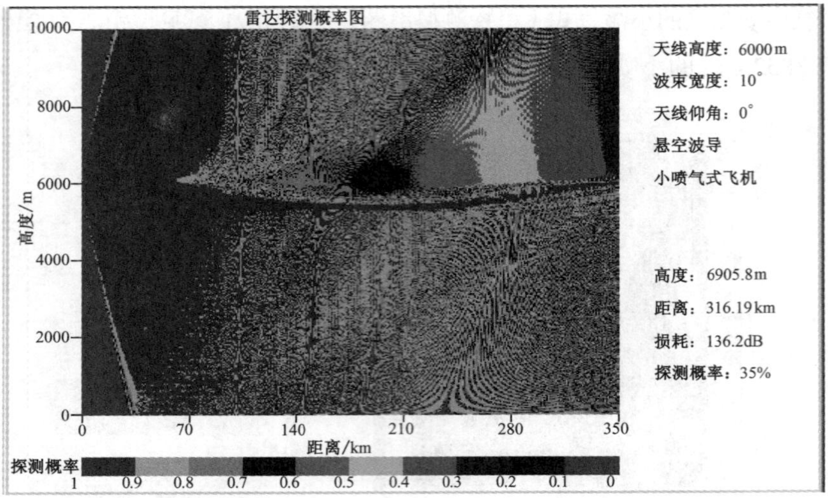

注：彩插页有对应彩色图像。

图 6-22　悬空波导的雷达探测概率

图 6-23 给出的是天线高度为 80 m、波束宽度为 16°、仰角为 0° 的沿海雷达当存在贴地波导时观测的小喷气式飞机探测概率图。由图 6-23 可见，距离为 201.46 km 处上空 1500.4 m 的小喷气式飞机探测概率为 0，而贴地波导内探测概率≥80%。

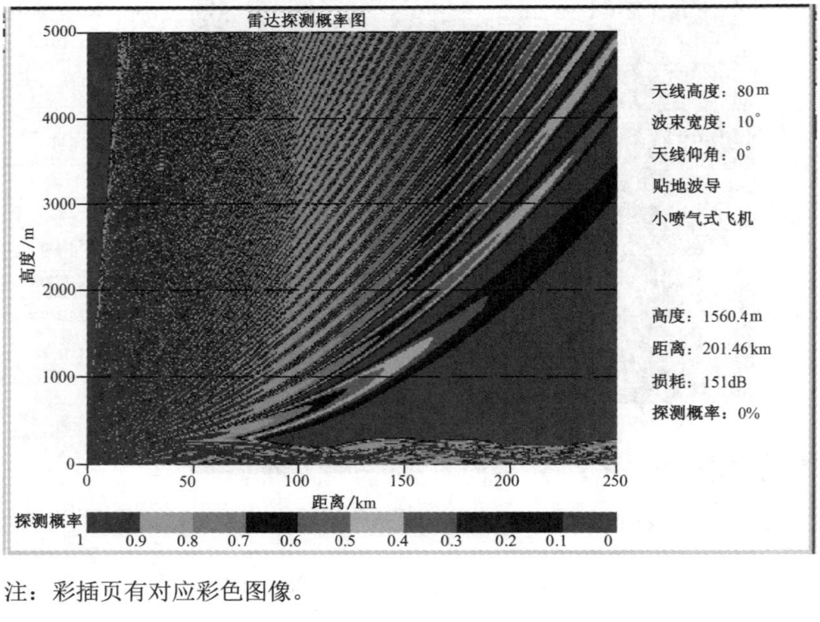

注：彩插页有对应彩色图像。

图 6-23　贴地波导的雷达探测概率

由抛物方程直接计算获得的是距离—高度平面内的损耗和雷达探测概率，若需要平面位置（PPI）图，则需要在不同方位进行多次计算，可将雷达探测概率图叠加在地理信息上，雷达探测评估 PPI 图如图 6-24 所示。

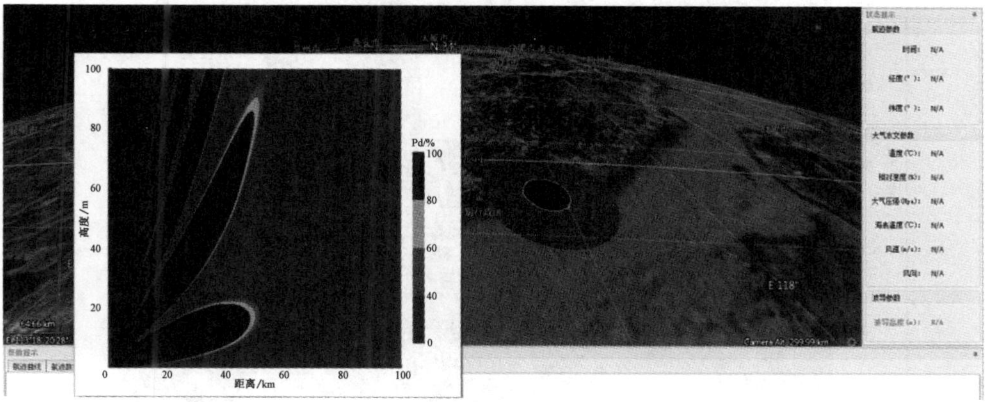

图 6-24　雷达探测评估 PPI 图

相对而言，美国研制的 AREPS（Advanced Refractive Effects Prediction System）经过多年发展，功能和性能更为强大。该系统不仅考虑了大气波导环境的影响，还集成了大气折射之外的其他效应，如下垫面状态、目标特征、系统平台参数等，并将服务对象扩展至通信甚至无线电外测等，如可用于数种战术决策辅助信息的计算和结果显示[5]。这些战术决策辅助信息包括雷达探测概率、电子支援措施（ESM）的截获能力、超高频—甚高频（UHF-VHF）通信，以及实时雷达探测能力和电子支援措施（ESW）截获能力。这些信息均能以高度、距离和方向函数的形式显示出来。探测概率、ESM 截获能力和通信评估都是针对已存储的可选择、可维护数据库中的无线电（EM）系统参数进行的。传输路径包含地面特性，这取决于给定的地面数据，地面数据可以是美国测绘局（NIMA）的一级数字地理高度剖面数据（DTED），也可以是用户自定义的数据。图 6-25 是 AREPS 的一个战术决策辅助信息输出结果，相应决策辅助范围图的各种信息在窗口右边。有些信息取决于当前任务，如雷达名称、目标名称等；其他信息则随着鼠标移动指向的显示画面出现，如高度、距离、经度、纬度、方位、传播损耗等。通过在画面内选定选择框或者右击鼠标，就会打开另一个选项菜单窗口（显示打开）。从这些菜单中可以选择传播损耗或信噪比随距离或高度的变化图。系统可以根据用户的要求选择很多这种图示。

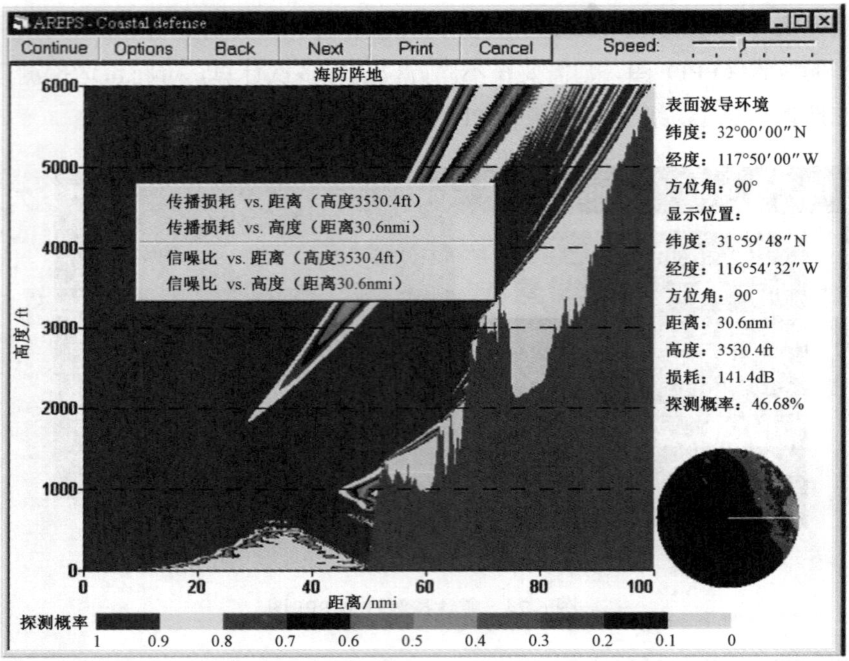

图 6-25　AREPS 战术决策辅助信息输出

6.3.2　地波超视距雷达电离层污染分析

由电磁场理论可知，当垂直极化的天线位于无限大理想导电平面上时，天线在其垂直方向上将无辐射。然而，在实际工程中，地波雷达天线建设的场地不可能是理想的无限大理想导电平面，因此地波雷达发射、接收天线在其垂直方向上存在一定数量的副瓣，从而导致地波雷达辐射的电磁波能量除绝大多数沿海面传播外，还有部分能量通过天线副瓣或较宽的主瓣向上传播到电离层，经电离层反射后进入地波雷达接收机，形成电离层杂波污染。

电离层的分层不均匀结构、非平稳特性决定了电离层杂波的复杂性，并且电离层杂波能量会高于目标回波能量，目标淹没在较强的电离层杂波中无法被检测，将严重影响雷达的目标探测能力。

1. 电离层杂波传播模式

地波超视距雷达的电离层杂波主要包括 3 种传播模式：直接反射模式、天地模式和返回散射模式，如图 6-26 所示。直接反射模式（见图 6-26 中的路径 A）是指电磁波入射到电离层后直接反射回来被接收机接收的电离层回波，这种情况出现的概率最大，是电离层杂波的主要产生模式。天地模式（见图 6-26 中的路径 B）

是指电磁波以一定角度入射到电离层，反射后照射到与接收点有一定距离的海面，然后由海面散射回接收点并被接收的电离层回波，该模式一般在电离层反射信号较强并伴有多跳信号时出现。返回散射模式（见图 6-26 中的路径 C）是指电磁波经电离层反射后到达海面，由海面散射并再次经电离层反射后由接收机接收，其原理与天波超视距雷达相同，在电离层出现 F 层情况下，该模式的杂波能量一般很弱，且影响距离较远，对地波雷达影响较小，但当电离层出现 Es 层时，仍会在 200km 附近产生严重影响。

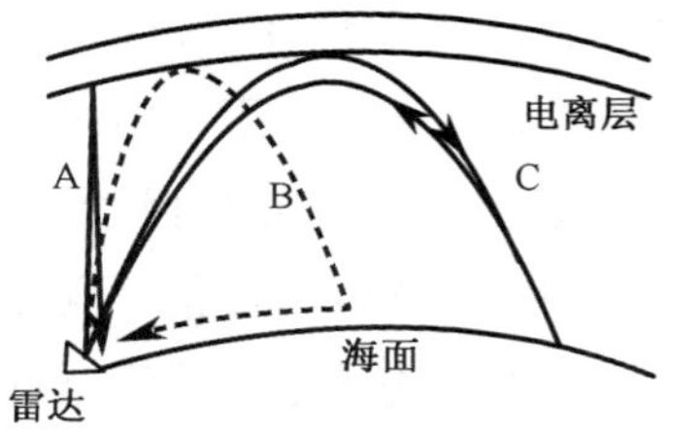

图 6-26　电离层杂波的 3 种传播模式

2. 电离层杂波影响

大量实测数据显示，电离层杂波多出现在 90km 以外的距离区间，并且不同昼夜时间、不同季节，电离层杂波的强度、多普勒频移、多普勒展宽及影响的距离单元都不同。统计数据表明，有效探测距离 200km 以内电离层杂波出现的概率相对较低，200km 以外电离层杂波出现的概率很高，这对于作用距离超过 200km 的地波超视距雷达目标探测影响较大。

电离层具有多层和不规则性，不是理想的镜面反射。短波发射信号经过电离层后相当于经过频率、空间、时间和极化域的调制，表现为一个经过时变滤波器的输出。由于其调制在一个较长的相干积累时间内是非线性的，因此电离层杂波能量除了具有一定的多普勒频移，还具有一定的宽度，呈现多类型的多普勒谱形态。这里给出几种实验观测到的电离层杂波多普勒谱形态[6]。

1）日间 F 层电离层杂波谱

日间 F 层电离层杂波几乎存在于白天所有时段，部分时段可能出现距离较远或较弱，对雷达影响不大。图 6-27（a）为地波超视距雷达常见的日间电离层杂波谱（工作频率为 6.22MHz），图 6-27（b）为对应时段的电离层垂直探测频高图。对比两图可以发现，日间电离层杂波谱由白天的 F 层（包括 F1 层和 F2 层）形成，通常位于 200 km 以外，有时会出现明显的 X 波、O 波分离现象［见图 6-27（a）中 250 km 和 270 km 处］。

2）夜间 F 层电离层杂波谱

图 6-28（a）为地波超视距雷达夜间电离层杂波谱（工作频率为 6.35MHz），图 6-28（b）为对应时段的电离层垂直探测频高图。对比两图可以发现，夜间电离层杂波主要受日落快速变化及夜间扩展 F 层的影响，通常频谱展宽较白天

严重，而且强度会有一定增加［见图 6-28（a）中 200～250km 处］。这是由于夜间没有太阳的电离作用，电离层电子浓度逐渐降低，D 层和 F1 层消失。D 层消失，导致通过电离层反射到雷达的电离层杂波能量较强；F1 层消失，导致电离层回波随频率变化较小，使不同频率电离层杂波几乎无差别；同时可能出现扩散 F 层，进一步加剧了电离层污染程度。

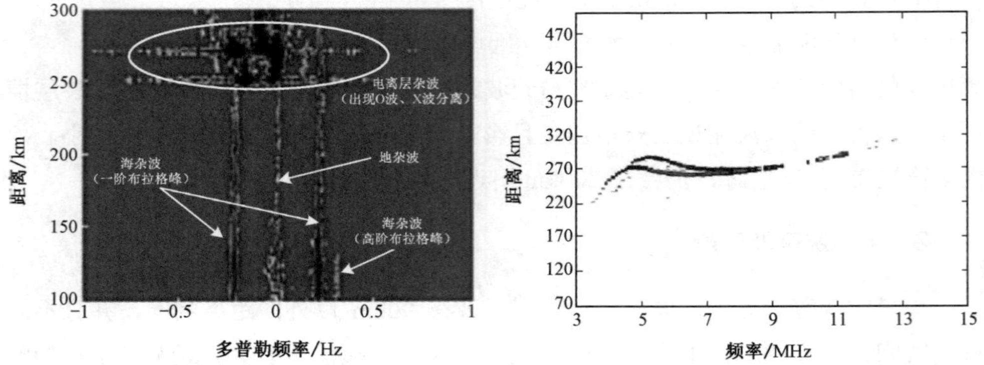

（a）地波超视距雷达日间电离层杂波谱　　（b）对应时段的电离层垂直探测频高图

图 6-27　日间 F 层电离层杂波能量图

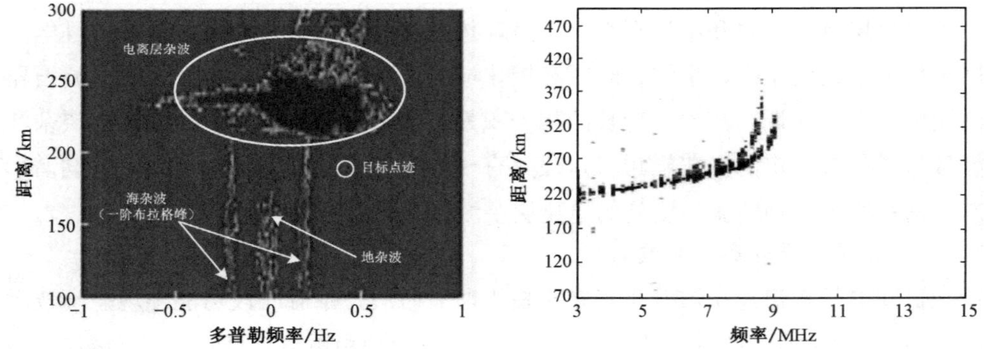

（a）地波超视距雷达日间电离层杂波谱　　（b）对应时段的电离层垂直探测频高图

图 6-28　夜间 F 层电离层杂波能量图

零点以后，由于电离层电子浓度继续降低，F 层临界频率逐渐减小，直到低于雷达工作频率，电离层杂波消失。

3）*Es 层强电离层杂波*

该类杂波是影响地波雷达最严重的一类，如图 6-29（a）所示，其出现时间具有不规律性，距离和多普勒影响范围大，严重时会将雷达探测距离限制在

90km 以内，大大降低了雷达的探测威力。根据其出现时刻对应的电离层频高图，如图 6-29（b）所示，该类杂波由电离层 Es 层引起。Es 层由大量不均匀体构成，具有高度低、临界频率高、反射能量强等特点，因此该类电离层杂波严重影响雷达探测性能。当出现 Es 层强电离层杂波时，可以通过更换频率的方式避免强杂波的干扰。例如，在图 6-29 的情况下，根据对应时段的电离层频高图，可以选择 9MHz 以上的频率避免强杂波干扰，但同时要考虑高频地波衰减更大的特性，因此应综合考虑两种因素，选择合适频率以保证地波雷达性能的最佳发挥。

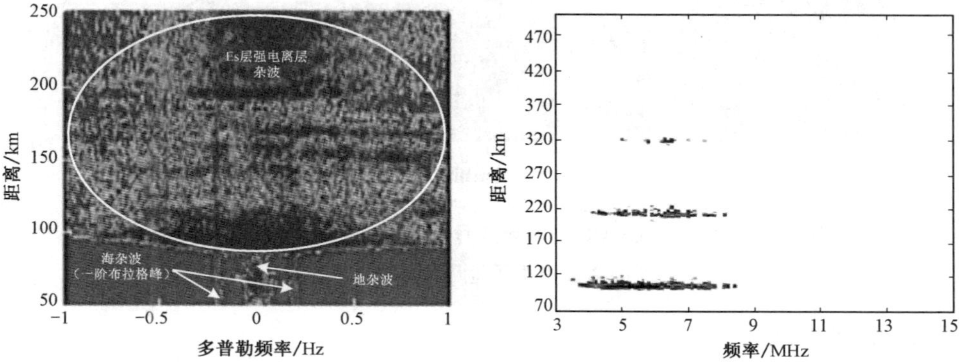

（a）地波超视距雷达探测谱图　　（b）对应时段的电离层频高图

图 6-29　Es 层强电离层杂波能量图

6.3.3　合成孔径雷达（SAR）电离层影响分析

合成孔径雷达（SAR）是第二次世界大战后发展起来的一种成像雷达，具有全天候、全天时、远距离和高分辨成像的能力，是雷达技术的一个重要分支，应用范围广泛。目前，进行遥感与对地观测的星载 SAR 大多工作在 L、C、X、K 频段。随着星载 SAR 技术的发展，工作频段开始向较低频段（VHF、UHF）发展。VHF、UHF 频段的最主要特点是具有可以穿透地表土壤、密林、人工掩体等的探测能力，具有显著的军事应用价值，但伴随的问题是电离层对较低频段 SAR 影响严重。

电离层对星载 SAR 的影响主要分为两类：一类是背景电离层造成的折射、色散和法拉第旋转效应等对 SAR 成像的影响，电离层色散导致不同频率回波时延不同而产生图像散焦现象，法拉第旋转产生极化偏转；另一类是电离层中的小尺度不规则结构（电离层电子密度的随机波动或扰动）引起的电离层闪烁效应对 SAR 成像的影响。图 6-30 为美国 PALSAR 2008 年 3 月 26 日在南美地区的观测图像，可以明显看出电离层小尺度不规则体引起的条纹结构[6]。

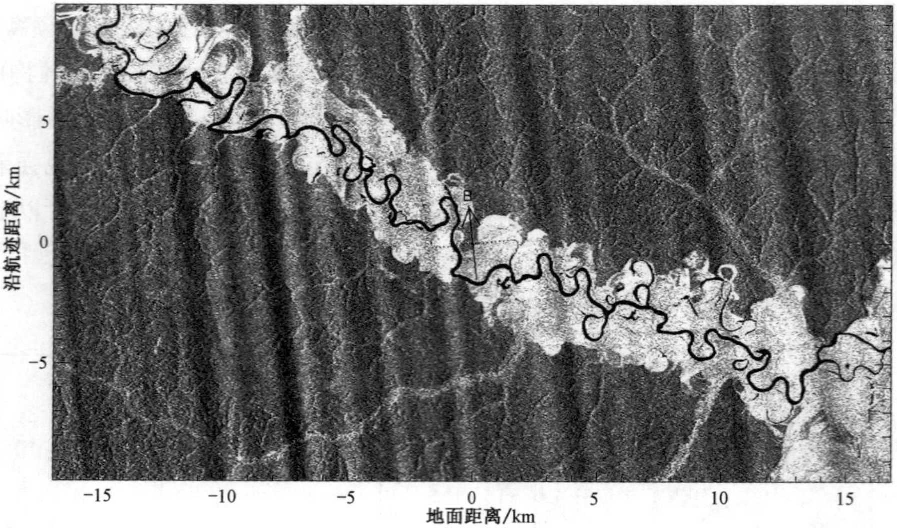

图 6-30 美国 PALSAR 2008 年 3 月 26 日在南美地区的观测图像
（图中箭头指出了地磁场水平方向）

1. 路径偏移

电离层对星载 SAR 的影响之一是造成系统信号路径偏移。t_{i} 时刻星载 SAR 信号沿天顶方向传播的路径偏移为[8]

$$S_{k,\mathrm{ion}}^{t_{\mathrm{i}}} = \frac{1}{10^6}\int_0^H N_{\mathrm{ion}}\mathrm{d}h \tag{6.33}$$

式中，N_{ion} 是电离层折射率，其近似计算式为

$$N_{\mathrm{ion}} = -40.28\times 10^6 \frac{n_{\mathrm{e}}}{f^2} \tag{6.34}$$

式中，n_{e} 为电离层电子浓度，f 为 SAR 系统工作频率。将式（6.34）代入式（6.33），并考虑斜向入射后（入射角 θ_{i}），有

$$S_{k,\mathrm{ion}}^{t_{\mathrm{i}}} = \frac{1}{10^6\cos\theta_{\mathrm{i}}}\int_0^H N_{\mathrm{ion}}\mathrm{d}h = -\frac{40.28}{f^2\cos\theta_{\mathrm{i}}}\int_0^H n_{\mathrm{e}}\mathrm{d}h = -\frac{40.28}{f^2\cos\theta_{\mathrm{i}}}\mathrm{TEC} \tag{6.35}$$

TEC 为电子总含量，代表沿 SAR 信号传播路径上电子密度的积分。TEC 的值可以从太阳活动平静时期的 20 TECU 变化到太阳活动高年期间的 100 TECU 以上。图 6-31 给出了 SAR 信号路径偏移与 TEC、频率、入射角之间的关系。图中，实线表示较大 TEC 情况（70 TECU），虚线表示较小 TEC 情况（20 TECU）。可以看出，电离层的状态变化（TEC 的变化）和卫星的运动可以导致偏移量的较大幅度变化。尤其是对于 UHF 频段 SAR 信号，路径偏移量普遍在百米数量级，导致较大的相位误差。

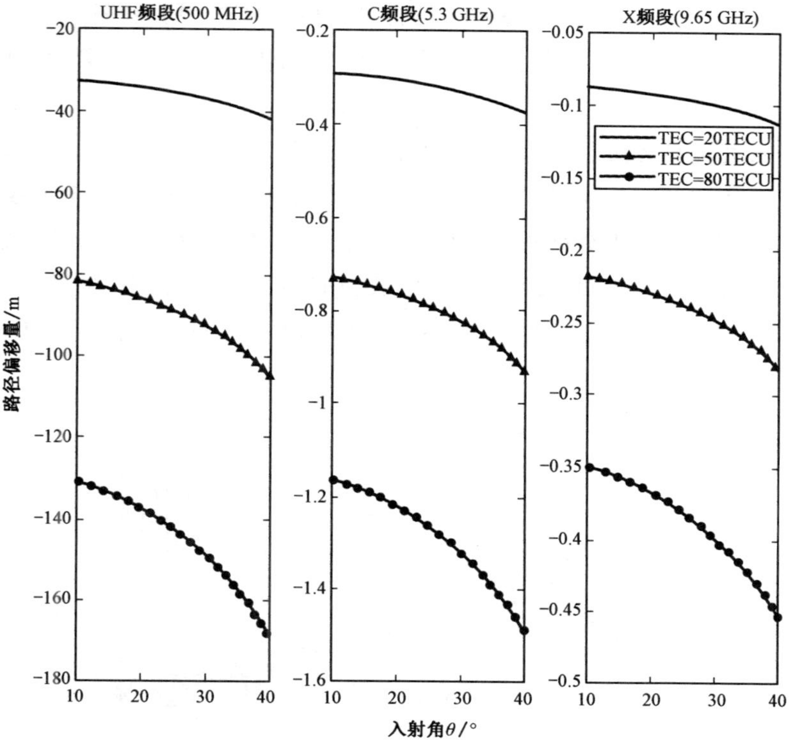

图 6-31　SAR 信号路径偏移与 TEC、频率、入射角之间的关系

2. 波束展宽

宽带 SAR 信号穿越电离层时，受电离层的影响，信号中高频分量的路径偏移量小于低频分量，由此造成波束展宽，降低目标成像分辨率。对于带宽为 B 的 SAR 信号，电离层引起的点目标空间扩展量为[9]

$$\Delta\rho = \Delta r_{\mathrm{c}}\left[\frac{1}{(1-B/2f_{\mathrm{c}})^2} - \frac{1}{(1+B/2f_{\mathrm{c}})^2}\right] \tag{6.36}$$

式中，Δr_{c} 为中心频率 f_{c} 的路径偏移。对于中心频率 $f_{\mathrm{c}} = 200\mathrm{MHz}$、带宽 $B = 30\mathrm{MHz}$ 的 SAR 信号，电离层 TEC 为 10 TECU 时，可造成点目标空间扩展量约为 60m，使星载雷达的距离分辨率造成严重减小。

3. 法拉第旋转效应

当线性极化波入射到沿传播方向有纵向分量的磁场中时，波的极化面在传播过程中会发生一定角度的旋转，即法拉第旋转效应。法拉第旋转效应将直接影响

SAR 对目标极化特征的提取和识别。法拉第旋转角取决于射线路径上的总电子含量、波长，以及地磁场大小等因素，频率为f的 SAR 信号的法拉第旋转角可由式（4.60）计算得到。

对于微波较高频段星载 SAR（C 频段或更高）信号，即使在太阳活动强烈的情况下，电离层带来的法拉第旋转效应仍可以忽略，但对较低频段星载 SAR 而言，电离层的影响将十分严重。在太阳活动低年，L 频段 SAR 信号的法拉第旋转效应可以被忽略，但对于比 L 频段更低的 UHF 频段和 VHF 频段，其所受法拉第旋转效应的影响将十分严重，VHF/UHF 频段不同 TEC 条件下的法拉第旋转角如图 6-32 所示。

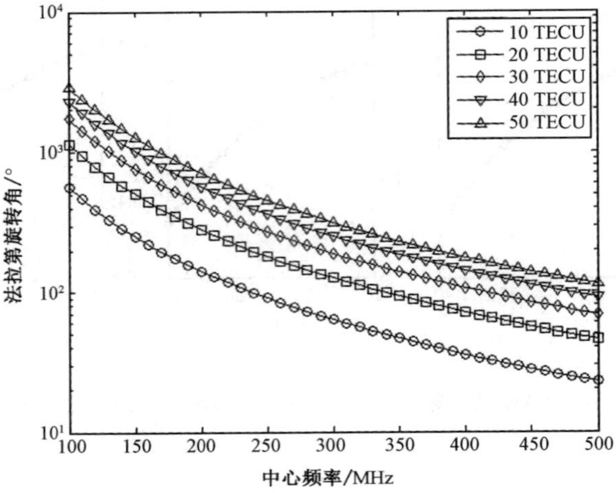

图 6-32　VHF/UHF 频段不同 TEC 条件下的法拉第旋转角

4．电离层闪烁影响

对星载 SAR 而言，小尺度电离层不规则结构（电离层闪烁）将在方位向造成随机相位误差，使合成孔径内的相位相干性减弱，方位向点扩展函数的主瓣宽度增大，从而降低方位向分辨率。VHF、UHF 频段雷达信号穿越电离层时，经常会发生闪烁现象。甚至当频率高到 C 频段时，偶尔也能观察到强闪烁事件。对工作在较低频段（如 UHF 频段）的 SAR 系统而言，必须考虑电离层闪烁的影响。

利用相位屏方法可以计算分析不同强度电离层闪烁对 UHF 频段 SAR 的成像影响。计算中选取的系统和电离层仿真参数如表 6-2 所示。

表 6-2　仿真参数

卫星高度/km	600
系统频率/MHz	500
SAR 视角/°	25
IRF 采样间隔/m	0.5
电离层等效高度/km	350
电子总含量/TECU	20

图 6-33 为在理想状态下，方位向合成增益仿真结果。当无电离层影响时，SAR 的方位向分辨率是天线在方位向尺度的一半，为 6m（天线的方位向尺度取 12m）。

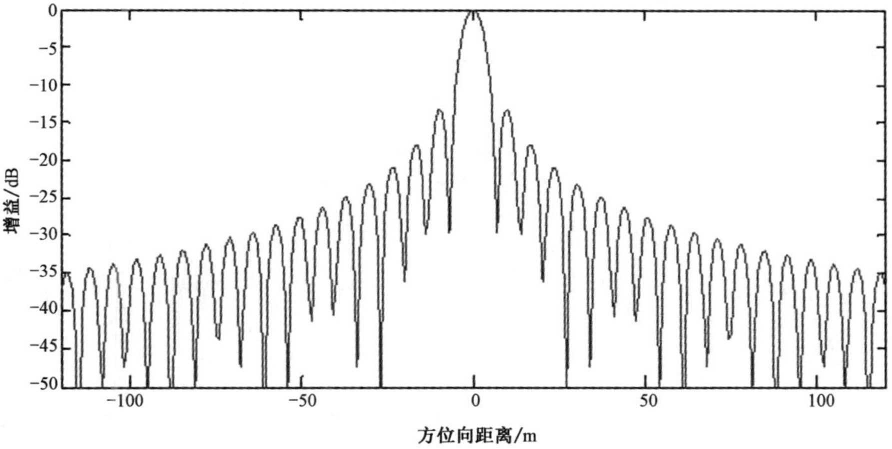

图 6-33　在理想情况下（无电离层影响）的方位向合成增益图

图 6-34 为在无电离层闪烁情况下（S_4 取 0.03）合成增益的计算结果。当无闪烁影响时，冲激响应函数的形状与在理想情况下的相似，方位向分辨率仍为 6 m。

图 6-35 为在弱电离层闪烁（S_4 取 0.1）情况下合成增益的计算结果。与理想状态相比，冲激响应函数出现明显的扰动，主瓣宽度变大，副瓣增益增大，此时的方位向分辨率约为 8 m。

图 6-36 为在中等强度电离层闪烁（S_4 取 0.3）情况下合成增益的计算结果。当发生中等强度的电离层闪烁时，冲激响应函数出现严重扰动，主瓣发生移动，且增益降低；副瓣增益增大至主瓣增益水平。

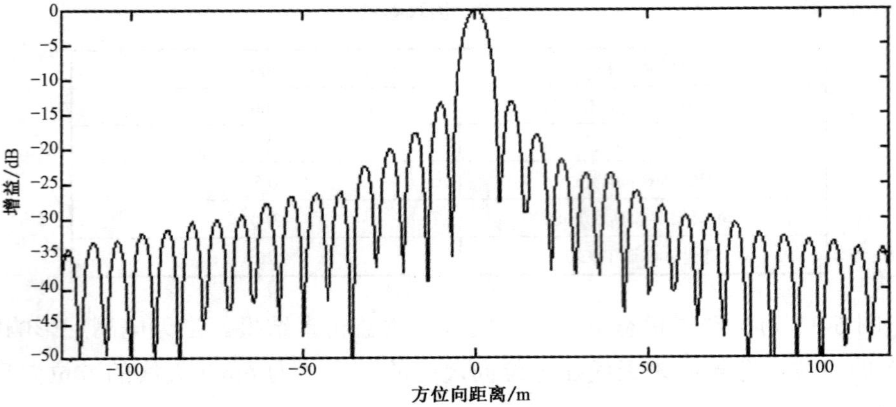

图 6-34　在无电离层闪烁情况下（S_4 取 0.03）的方位向合成增益图

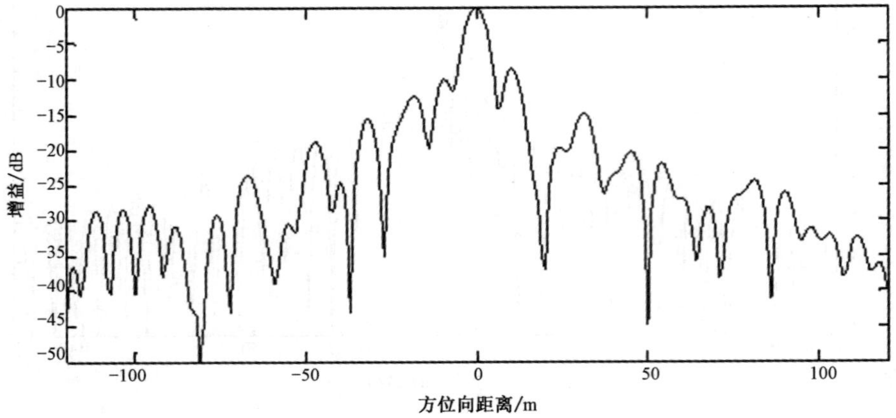

图 6-35　在弱电离层闪烁情况下（S_4 取 0.1）的方位向合成增益图

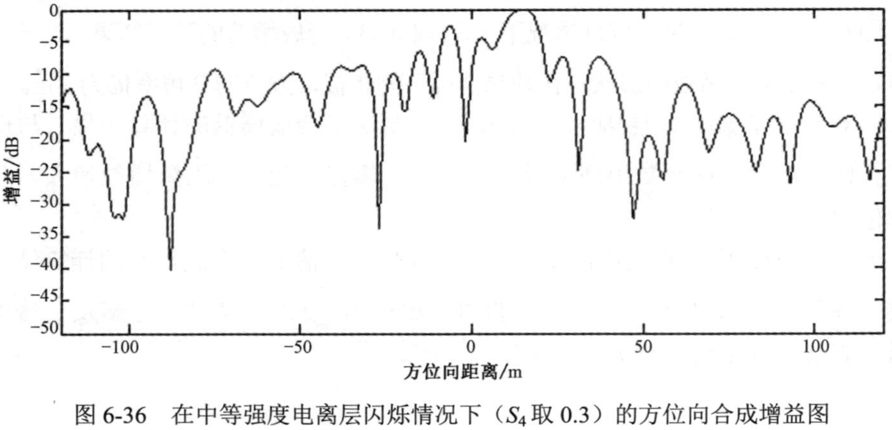

图 6-36　在中等强度电离层闪烁情况下（S_4 取 0.3）的方位向合成增益图

大量的计算结果表明，电离层闪烁对 UHF 频段 SAR 系统的影响较为严重，当闪烁指数大于 0.1 时，会使方位向分辨率、峰值旁瓣比、积分旁瓣比等指标下降，影响系统工作；当闪烁指数大于 0.3 时，冲激响应函数出现严重扰动，可能使系统无法直接成像。

6.3.4　杂波环境中雷达探测性能分析

1. 杂波和雷达作用距离

杂波对雷达检测效果的影响首先体现在雷达作用距离上，与作用距离直接相关的是信杂噪比。在实际环境中，雷达接收机接收到的目标、背景杂波和噪声的功率可分别记为 P_{s}、P_{c} 和 P_{n}，其方程表示为

$$P_{\mathrm{s}}=\frac{P_{\mathrm{t}}G^2\lambda^2\sigma_{\mathrm{t}}}{(4\pi)^3R^4L_{\mathrm{a}}L_{\mu}} \tag{6.37}$$

$$P_{\mathrm{c}}=\frac{P_{\mathrm{t}}G^2\lambda^2\sigma^0A_{\mathrm{c}}}{(4\pi)^3R^4L_{\mathrm{a}}L_{\mu}} \tag{6.38}$$

$$P_{\mathrm{n}}=kT_0BF_{\mathrm{n}} \tag{6.39}$$

式中，P_{t} 为雷达的发射功率，P_{r} 为接收功率，G 为天线增益，λ 为雷达的工作波长，σ_{t} 为目标 RCS 均值，σ^0 为杂波散射系数（均值），R 为雷达的作用距离，A_{c} 为雷达分辨单元的尺寸，L_{μ} 代表所有的微波损耗和滤波器不匹配损耗，L_{a} 为传播损耗，k 为玻尔兹曼常数（$k=1.38\times10^{-23}$ J/K），T_0 为基准温度 290K，B 为接收机带宽（单位 Hz），F_{n} 为接收机噪声系数。

式（6.38）是杂波测量单个单元下的回波公式，在实际应用中雷达回波是对天线全部照射（无论主副瓣）背景的杂波接收，只是在杂波测量时主瓣杂波远高于副瓣杂波，因而忽略了副瓣回波的影响。但是在雷达目标检测时，须同时考虑主瓣杂波和副瓣杂波，以采用不同的信号处理策略，那么式（6.38）改写为

$$P_{\mathrm{c}}=\frac{P_{\mathrm{t}}G^2\lambda^2}{(4\pi)^3L_{\mu}}\sum\frac{\sigma_i^0A_{\mathrm{c}i}}{R_i^4L_{\mathrm{a}i}} \tag{6.40}$$

式中，下标 i 代表雷达照射区域划分为若干单元的序号。

以正侧视的机载雷达为例，当采用低脉冲重复频率时，目标信号只需要考虑与天线主瓣的杂波对抗，而当采用较高的脉冲重复频率时，由于距离和多普勒模糊，雷达接收机中杂波信号是多个等距离等多普勒单元回波之和。在图 6-37 中，双曲线为等多普勒线，封闭圆环为等距离线，等距离线和等多普勒线交叉的单元为与目标同时可被接收机接收的杂波单元。经多普勒滤波处理，主波束杂波被滤

除，而大角度的近距离杂波虽然被副瓣接收，但由于距离近，若目标信号弱，则同样会给检测造成麻烦。显然影响雷达对目标检测的杂波单元是不同的。图 6-38 给出了 L 频段机载雷达对空中目标检测实验时的两条航线，实验结果发现，对同一区域海上目标检测时，两条航线雷达作用距离差异较大。经对比分析，主要缘于两条航线雷达副瓣区域内城镇乡村分布不同，副瓣杂波差异使雷达作用距离不同。

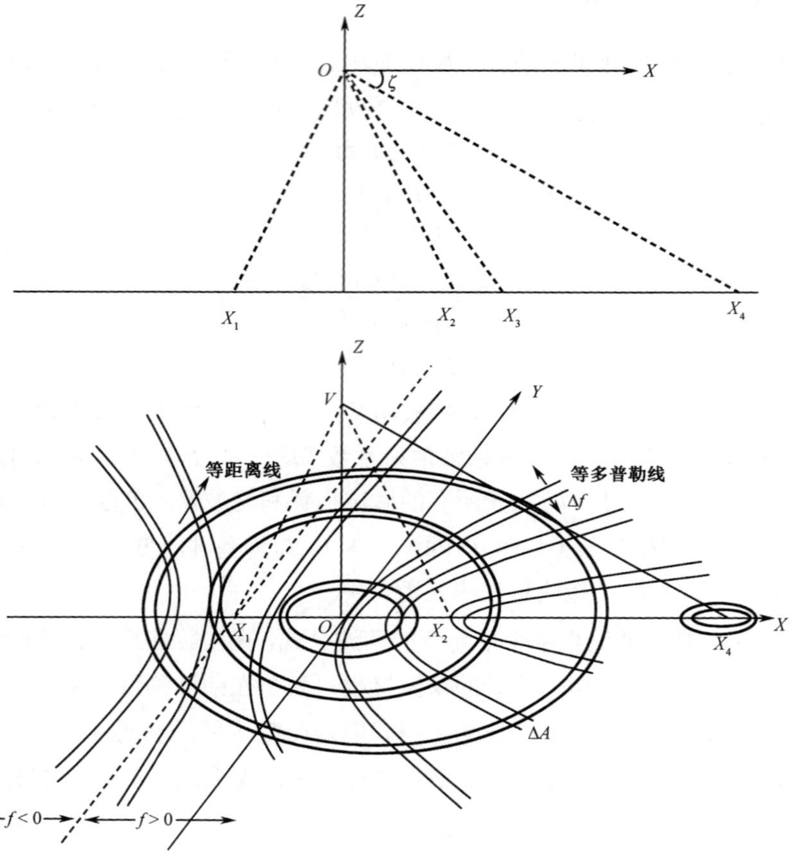

图 6-37　机载雷达脉冲距离多普勒单元

1）噪声背景下的雷达作用距离

在噪声背景下，雷达接收机噪声与雷达参数、外部温度等因素有关，而雷达“点目标”回波与目标雷达散射截面积、径向距离、俯仰方向图、方位方向图及雷达发射功率有关。根据雷达方程，目标的最小可检测信噪比［$(S/N)_{\min}$］与雷达最大探测距离（$R_{\max}$）的关系为

$$(S/N)_{\min} = \frac{P_t G^2 \lambda^2 \sigma_t}{(4\pi)^3 k T_0 B F_n L_s R_{\max}^4} \tag{6.41}$$

式中，P_t 为雷达发射功率，G 为雷达发射增益和接收增益，λ 为雷达工作波长，σ_t 为点目标的 RCS，k 为玻尔兹曼常数，T_0 为标准温度，B 为雷达接收机带宽，F_n 为雷达噪声系数，L_s 为雷达系统常数。

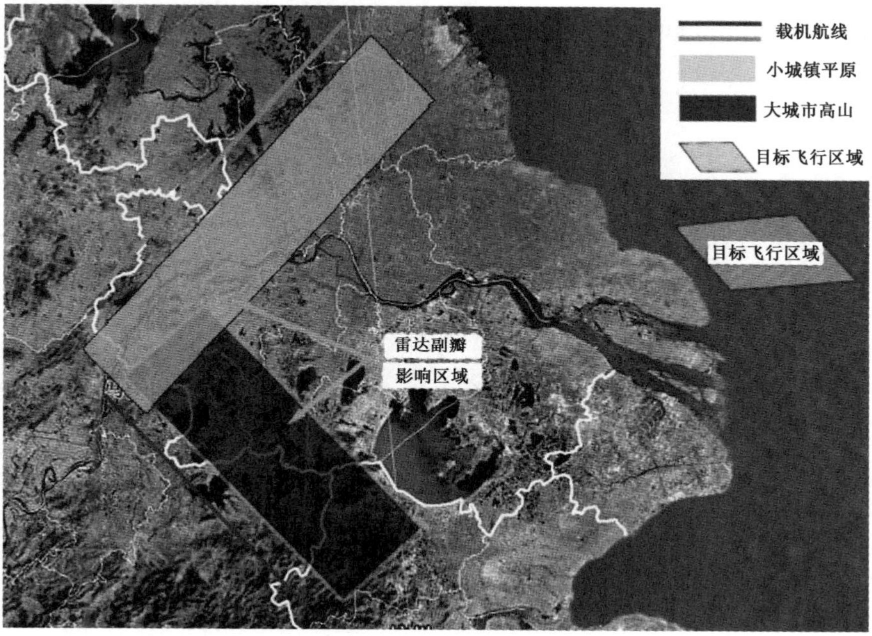

图 6-38　机载雷达两条相邻试飞航线

当雷达系统参数确定时，忽略常数项的影响，式（6.41）可以简化为式（6.42），从而得出检测方法 SNR 改善与探测威力增加百分比之间的关系，即

$$R_{\max} \propto \frac{1}{\sqrt[4]{(S/N)_{\min}}} \tag{6.42}$$

从式（6.42）中可以看出，雷达的最小可探测信噪比与探测距离的 4 次方成反比，这意味着，在噪声背景下，3dB 的最小可检测信噪比改善对应约 19%的探测距离提升，噪声背景下信噪比改善与探测距离提升之间的关系如图 6-39 所示。

2）杂波背景下的雷达作用距离

以低重频雷达照射分辨单元杂波影响为例。雷达在杂波背景中工作，目标信杂比的计算需要考虑雷达天线方向图调制和距离衰减作用下，杂波背景和目标回波功率的空间变化。对于杂波，接收到的杂波功率可以表示为分辨单元对应的曲面上大量散射体的回波向量和，并且通过将分辨单元中的杂波 RCS 替换为散射系数简化回波功率与探测距离之间的关系：

$$P_c = \frac{P_t G_r G_t F_r^2 F_t^2 \sigma_c(R)}{(4\pi)^2 R^4 L_s} \propto \frac{\sigma_c^0(R)\pi R \Delta r \Phi_e^2(R)}{R^4} \propto \frac{\sigma_c^0(R)\Phi_e^2(R)}{R^3} \tag{6.43}$$

式中，F_t 为发射方向图的传播因子，F_r 为接收方向图的传播因子，$\sigma_c(R)$ 为径向距离为 R 的分辨单元的 RCS，$\sigma_c^0(R)$ 为分辨单元中杂波的归一化 RCS，Δr 为分辨单元的径向尺寸，$\Phi_e^2(R)$ 为天线俯仰方向图对杂波功率的影响因子，其中方位方向图已经对每个分辨单元沿方位按照积分形式平均。

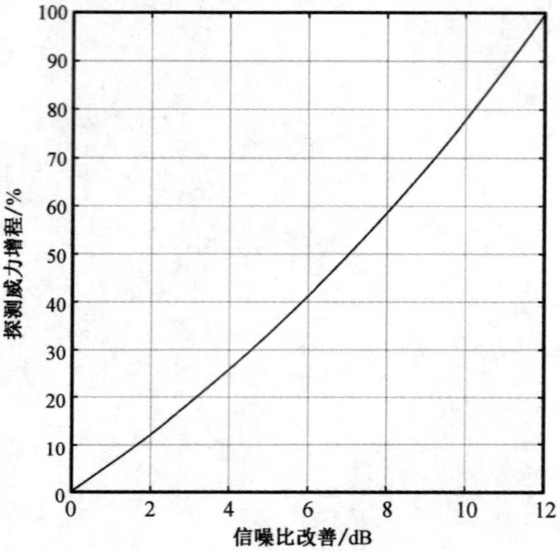

图 6-39　噪声背景下信噪比改善与探测距离提升之间的关系

类似地，点目标回波功率的空间变化可以表示为

$$P_{\text{target}} \propto \frac{\sigma_t}{R^4} \propto \Phi_e^2(R)\Phi_a^2(\theta) \tag{6.44}$$

式中，$\Phi_a^2(\theta)$ 为天线方位方向图对回波功率的影响因子，当目标位于雷达视线上时，取值为 1。

根据点目标与杂波功率的表达式，假定目标位于雷达视线上，并且杂波的归一化散射系数对距离的依赖关系被忽略，则检测方法需要的最小可检测信杂比与雷达探测距离的关系为

$$(S/C)_{\min} = \frac{P_{\text{target}}}{P_c} = \frac{1}{R_{\max}}\left(\frac{\sigma_t \Phi_a^2(\theta)}{\sigma_c^0(R)}\right) \propto \frac{1}{R_{\max}} \tag{6.45}$$

式（6.45）表明，在杂波背景下最小可检测信杂比改善与雷达探测距离提升成反比。杂波背景下信杂比改善与雷达探测距离提升之间的关系如图 6-40 所示，根据式（6.45）可以估计出检测算法 1dB 的信杂比（SCR）改善能带来雷达探测距离 25%的提升。

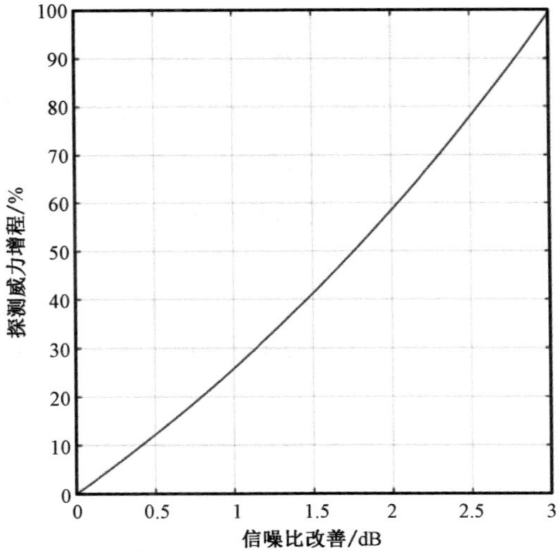

图 6-40　杂波背景下信杂比改善与雷达探测距离提升之间的关系

上文假定杂波的归一化散射系数对距离的依赖关系被忽略，实际上这是不成立的，因为当雷达具有一定高度时，散射系数随距离的关系对应于散射系数随角度的关系，而散射系数随角度是变化的。最简单的散射系数随角度的关系是 γ 模型。在 γ 模型下，根据典型地杂波统计分析结果，对 L 频段机载雷达的目标探测距离进行定量评估，相对于沙漠地区，平原地区的目标探测距离缩短 18%，中等城镇地区的目标探测距离缩短 28%，不同地物杂波下机载雷达探测距离的变化如图 6-41 所示。由于散射系数随空间、地形及雷达参数变化，甚至有可能出现远距离下检测效果优于较近距离下检测效果的情形，对作用距离的估计需要综合考虑。

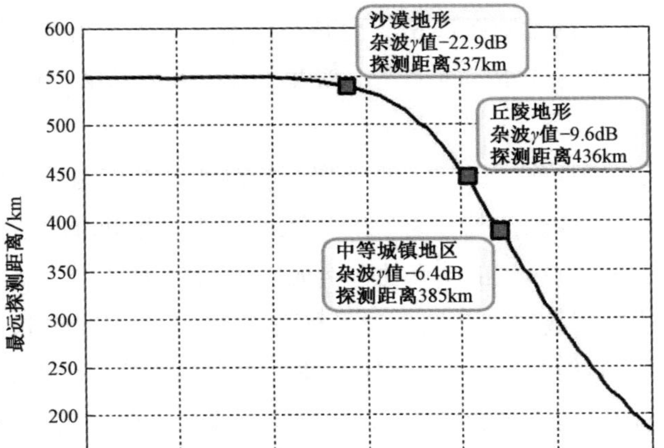

图 6-41　不同地物杂波下机载雷达探测距离的变化

3）噪声杂波背景下作用距离

在实际雷达探测场景中，随着雷达分辨率的提高及探测距离的增大，杂波功率会明显下降。此时，无法直接忽略接收机噪声的影响。因此，在计算检测性能改善与雷达探测距离增程的关系时，需要综合考虑杂波与噪声的影响。仍以低重频雷达照射分辨单元杂波影响为例，接收机信号中目标信号与杂波噪声比可以表示为

$$S/\mathrm{CN}=\frac{P_{\mathrm{t}}}{P_{\mathrm{c}}+P_{\mathrm{n}}}=\frac{\sigma_{\mathrm{t}}}{R\sigma_{\mathrm{c}}^{0}(R)\Delta r\Delta\theta}\cdot\frac{\varPhi_{\mathrm{a}}^{2}(\theta_{\mathrm{t}})}{\bar{\varPhi}_{\mathrm{a}}^{2}}\cdot\frac{\mathrm{CNR}(R)}{1+\mathrm{CNR}(R)} \tag{6.46}$$

式中，$\bar{\varPhi}_{\mathrm{a}}^{2}=\frac{\int_{-\Delta\theta}^{\Delta\theta}\varPhi_{\mathrm{a}}^{2}(\theta)\mathrm{d}\theta}{\Delta\theta}$；$\varPhi_{\mathrm{a}}(\theta)$ 为方位方向图，$\mathrm{CNR}(R)=\frac{P_{\mathrm{c}}(R)}{P_{\mathrm{n}}}$，$\theta_t$ 表示目标方位角。

式（6.46）中等号右边第一项表示目标与面杂波的 RCS 之比，只与目标 RCS 和面杂波分辨单元的 RCS 有关，与杂噪比和雷达俯仰角、方位角无关，其分母表示面杂波分辨单元内杂波的 RCS，由归一化散射系数、径向距离、距离门宽度及波束宽度确定。第二项表示方位方向图对目标信号的调制因子，仅与目标的方位角有关，用于描述目标回波受雷达天线方位方向图调制导致的信杂噪比变化，在设计验证检测性能改善的实验中十分重要。第三项表示杂噪比因子与径向距离、俯仰方向图和接收机噪声功率有关，而与其他因素无关，具体可以表示为

$$\mathrm{CNR}(R)=\frac{P_{\mathrm{c}}(R)}{P_{\mathrm{n}}}=\frac{P_{\mathrm{t}}G^{2}\lambda^{2}\Delta r\Delta\theta\bar{\varPhi}_{\mathrm{a}}^{2}}{(4\pi)^{3}L_{\mathrm{s}}}\cdot\frac{\sigma_{\mathrm{c}}^{0}(R)}{R^{3}}\cdot\varPhi_{\mathrm{e}}^{2}\left(\arccos\left(\frac{h_{\mathrm{r}}}{R}\right)-\psi_{0}\right) \tag{6.47}$$

式中，等式右边的第一项不随俯仰角、方位角变化；第二项表示 CNR 的距离因子，其中，归一化散射系数随距离增大而减小；第三项表示雷达俯仰方向图对杂噪比的调整因子，R 表示目标径向距离，h_{t} 表示雷达海拔高度，ψ_0 表示雷达天线波束中心俯仰角。

无论何种情况，增加作用距离，必须提高检测所需的信杂比。因而除需要在雷达天线设计上降低接收杂波外，重要的是通过雷达信号处理将接收机直接接收的输入信杂比提高到检测所需的信杂比。例如，在 MTI 系统中定义了杂波中可见度 SCV 来衡量雷达检测叠加在杂波中动目标的能力，其含义是在指定的雷达检测概率和虚警概率下，雷达目标回波功率比杂波功率小但仍能检测两者的功率之比。与之相关的另一个指标是改善因子 I，即杂波滤波器输入信杂比除以输出信杂比。需要注意，雷达接收机噪声是接收机信号的最低限，接收机噪声假设为高斯随机信号，高斯随机噪声中的信号检测是随机信号理论检测中的理想状态，检测效果常与信噪比相关联。实际上杂波功率通常远高于噪声，且杂波通常为非高斯过

程，因此检测效果远远低于上述理想状态。要提升雷达实际检测效果，必须考虑提高检测的信杂比（信杂噪比）。

2．杂波对目标检测性能的影响

1）低分辨雷达统计检测

在低分辨模式下，杂波的散射单元面积大，杂波水平高，目前目标检测的主要方式是基于统计特性的检测方法。这些检测方法的性能主要依赖杂波抑制的效果。杂波空间的非均匀性是限制杂波抑制中参考单元选择范围的主要因素。杂波的时间非平稳性限制了目标回波的累积时间，小的目标回波累积增益给弱目标检测带来了困难。杂波幅度分布的非高斯型、长拖尾要求目标检测需要杂波抑制技术提供高的输出信杂比。下面以灵山岛 UHF 频段雷达海杂波条件下目标检测为例进行简要介绍。

① 杂波幅度分布对目标检测的影响。

杂波幅度分布特性直观反映了杂波的非高斯特性。若将杂波幅度建模为 K 分布模型，K 分布形状参数的大小则反映了杂波非高斯特性的强弱，当 K 分布形状参数趋于无穷时杂波接近高斯分布，K 分布形状参数越小表示杂波非高斯特性越强。常用的动目标检测（Moving Target Detection，MTD）方法是适用于独立高斯杂波背景下的最优检测器，对于非高斯杂波其性能欠佳。基于此，水鹏朗等[10]提出了一种匹配 K 分布杂波非高斯特性的近最优检测器，被称为α-AMF，可最大限度地消除杂波起伏对雷达目标检测性能带来的影响。

图 6-42 给出了灵山岛 UHF 频段雷达海杂波 K 分布形状参数在 1～5 级海情（SS）下随距离门的变化，其中擦地角范围为 4°～7°。从图中可以看出，1～3 级海情 K 分布的形状参数取值范围变化不大，而 4 级、5 级海情的 K 分布形状参数明显减小，且 5 级海情条件下的 K 分布形状参数整体上小于 4 级海情。另外，1～3 级海情条件下 K 分布形状参数的值均大于 15，表明杂波较强的高斯特性，而 4、5 级海情条件下 K 分布形状参数偏小，表明了杂波较强的非高斯特性。

为分析不同海情下目标的检测性能，这里设置一仿真目标。仿真目标的雷达回波信号 $\boldsymbol{s}$ 可以建模为信号幅度常量 a 和多普勒导向向量 $\boldsymbol{p}$ 乘积的形式，即 $\boldsymbol{s}=a\boldsymbol{p}$，其中，向量 $\boldsymbol{p}$ 中第 n 个元素为 $\exp[\mathrm{j}(2\pi n f_{\mathrm{d}} T_{\mathrm{r}}+\varphi)]$（$n=0,1,\cdots,N-1$），$f_{\mathrm{d}}\in[-f_{\mathrm{r}}/2, f_{\mathrm{r}}/2]$为目标的多普勒频率，$T_{\mathrm{r}}$为雷达脉冲重复间隔，$\varphi$为$[-\pi,\pi]$上服从均匀分布的随机初相，$N$ 为积累脉冲数，常量 a 的均值为$\sqrt{\bar{P}_{\mathrm{c}}}\times 10^{\mathrm{SCR}/20}$，$\bar{P}_{\mathrm{c}}$为 N 个积累脉冲杂波的平均功率，SCR 为信杂比（单位 dB）。对海上渔船目标实测数据分析发现，低速渔船目标的 RCS 具有秒级相关时间，也就是说船类目标属于

慢起伏类型的目标，因此采用短时间的相参积累时，可认为相参积累时间内目标的幅度和运动状态基本保持不变。

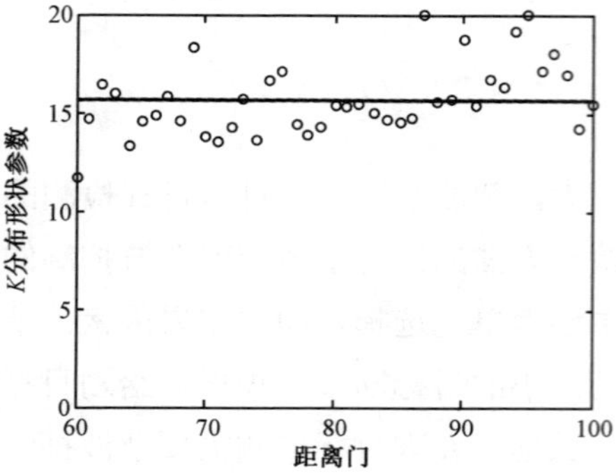

（a）1 级海情 SS1

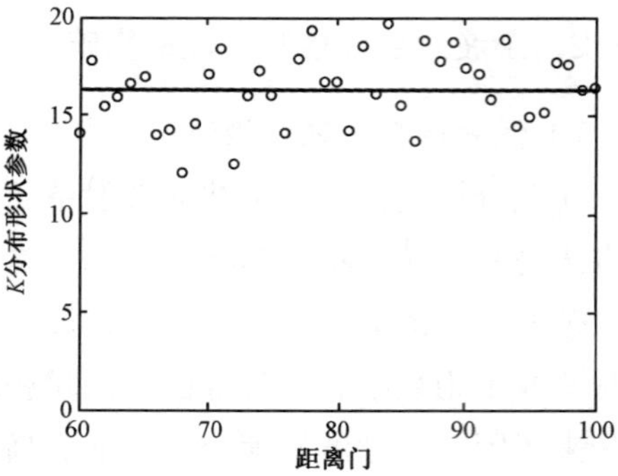

（b）2 级海情 SS2

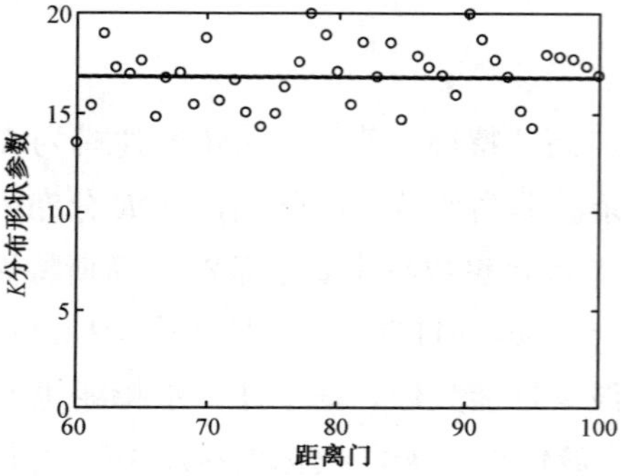

（c）3 级海情 SS3

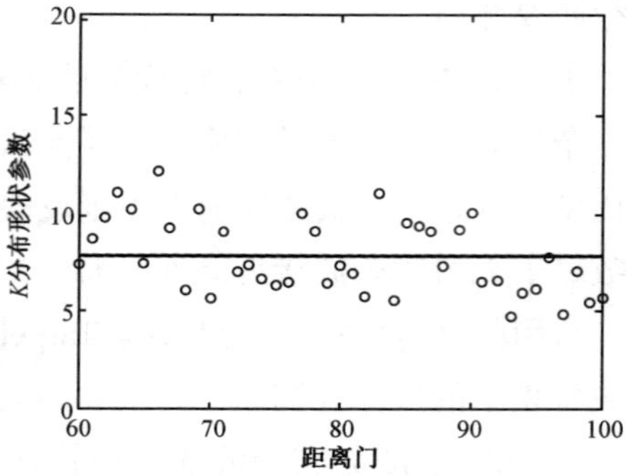

（d）4 级海情 SS4

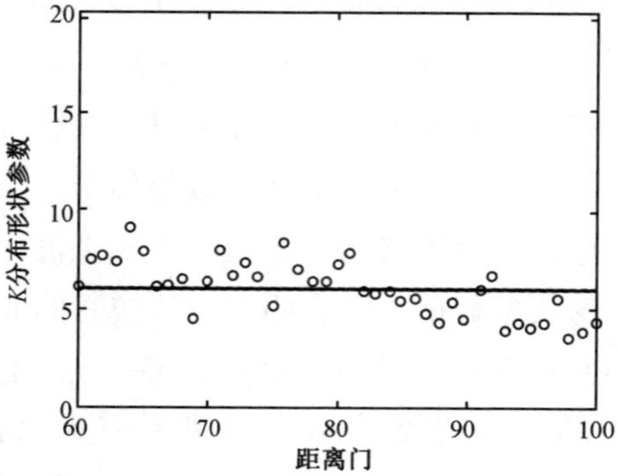

（e）5 级海情 SS5

图 6-42　不同海情（SS）下海杂波 *K* 分布形状参数随距离门的变化

目标的多普勒频率在其取值范围内进行随机取值，信杂比取值范围设为−10～15dB，步长为 1dB。对应每个信杂比取值，随机选取杂波向量添加仿真目标信号，分别采用 MTD 方法和α-AMF 检测方法对仿真目标进行检测。目标检测相参积累脉冲数为 15，参考单元数为 30，每个多普勒通道的理论虚警概率设为 10^{-5}，每组数据重复试验 2000 次，因此每种海情 10 组数据的重复试验次数累计 20000 次，统计相应信杂比条件下两种方法的检测概率，得到检测概率随信杂比的变化曲线，不同海情（SS）下检测概率随信杂比的变化如图 6-43 所示。可以看出，1～3 级海情下两种检测方法的差距较小且均能达到较好的检测效果，而在 4 级、5 级海情下 MTD 方法的检测概率明显下降，而α-AMF 检测方法仍然保持了较高的检测概率。其中，在检测概率为 0.8 时，1～3 级海情下α-AMF 检测方法相比 MTD 方法的信杂比改善小于 2dB，而 4 级、5 级海情下的信杂比改善可达 10dB。

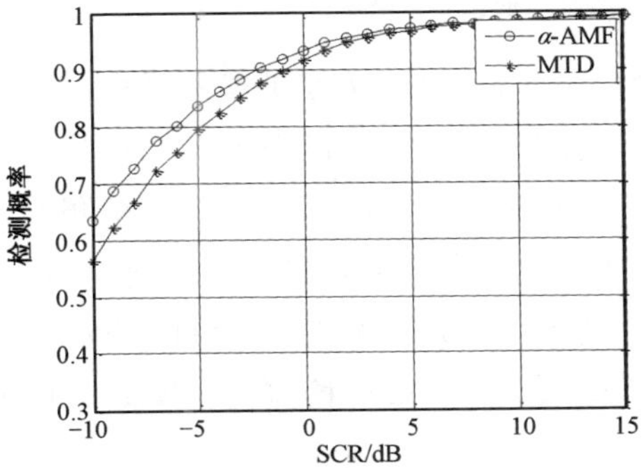

（a）1 级海情 SS1

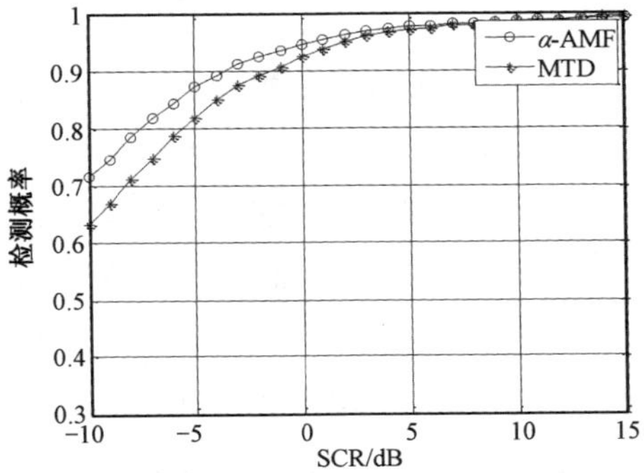

（b）2 级海情 SS2

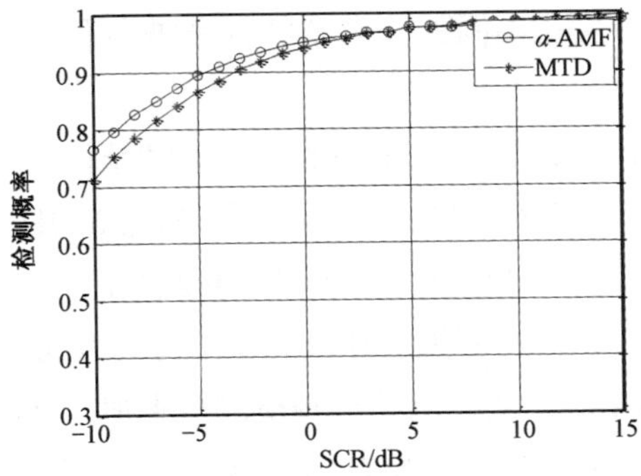

（c）3 级海情 SS3

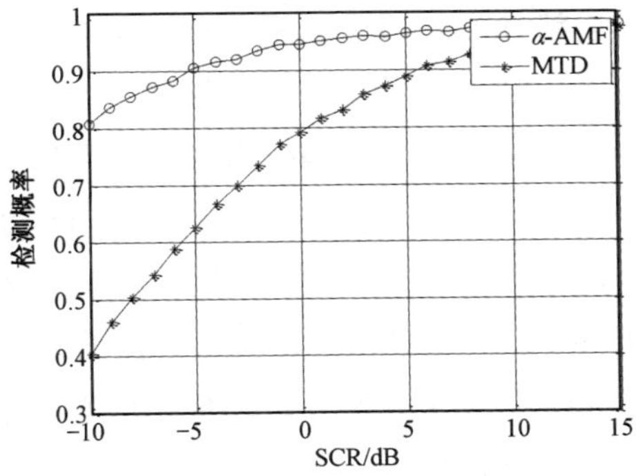

（d）4 级海情 SS4

图 6-43　不同海情（SS）下检测概率随信杂比的变化

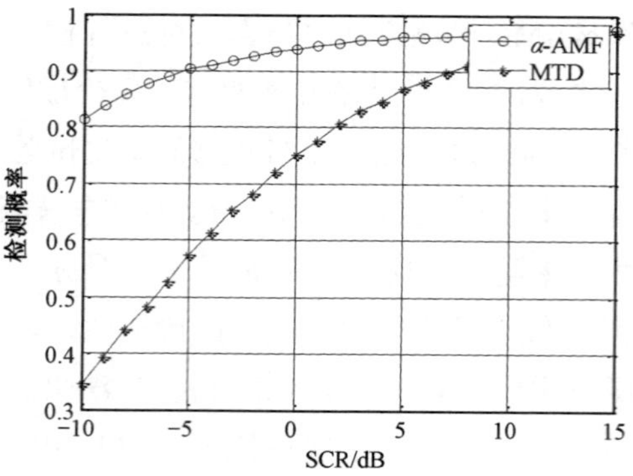

（e）5 级海情 SS5

图 6-43　不同海情（SS）下检测概率随信杂比的变化（续）

当 K 分布形状参数较大，即杂波高斯性强时，MTD 方法的检测概率虽然略低于α-AMF 检测方法，但仍可以得到相对满意的检测效果，但当 K 分布形状参数较小即杂波非高斯性强时，MTD 方法的检测概率明显减小，而α-AMF 检测方法仍保持了较高的检测概率。MTD 方法等价于独立高斯杂波背景下的最优检测器，而实际上由于杂波具有非高斯性、杂波谱不均匀，在这种情况下 MTD 方法不是最优检测器。α-AMF 检测方法是基于 K 分布模型的近最优检测器，实测数据表明在不同海情下 K 分布模型均具有较好的幅度分布拟合效果，只是不同海情对应不同大小的 K 分布形状参数。另外，随着探测场景的扩大，海杂波特性在场景中不同空间位置也会变化，通过 K 分布形状参数来实现检测器与局部杂波非高斯特性的自适应匹配，使α-AMF 检测方法在不同的非高斯特性杂波条件下均可以达到令人满意的检测性能。

图 6-44～图 6-46 给出了灵山岛 UHF 频段雷达对小渔船目标的试验检测结果。在试验中，配试长宽分别为 7 m 和 2.5 m 的木质渔船，工作频率为 456 MHz，带宽为 2.5 MHz，水平极化，浪高 0.8 m。其中，3 组平均信杂比（9.2 dB、5.6 dB 和−3.9 dB）通过雷达方位方向图的调制获得，雷达积累脉冲数为 15，参考单元数为 30，每个多普勒通道的理论虚警概率为 10^{-5}。从检测结果和检测概率值（P_{D}）均可以明显看出，在 3 种信杂比下α-AMF 检测方法相比 MTD 方法均有更好的检测性能。另外，从图 6-45 和图 6-46 中可以看出，从时空灰度图中无法发现的非合作目标在检测结果图中出现了清晰的航迹，这是由于α-AMF 检测方法和 MTD 方法均不是只依赖回波能量的检测方法，它们均利用了目标的多普勒信息，因此，即使目标信杂比很弱，但当其具有一定的多普勒速度时也可以达到很好的检测效果。

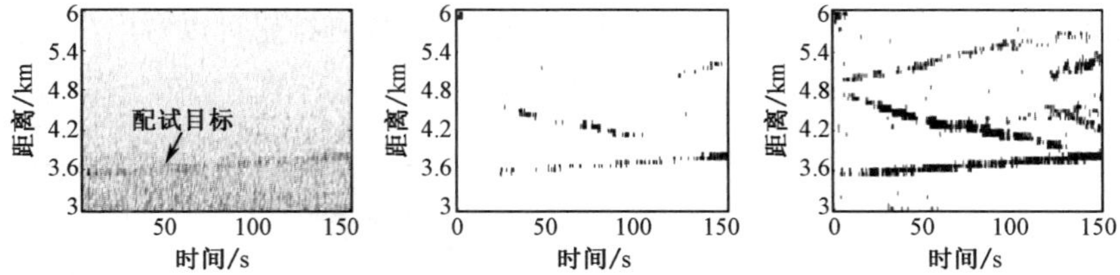

（a）时空灰度图　（b）MTD（P_D=0.23）　（c）α-AMF（P_D=0.77）

图 6-44　平均信杂比 9.2dB 的雷达检测结果

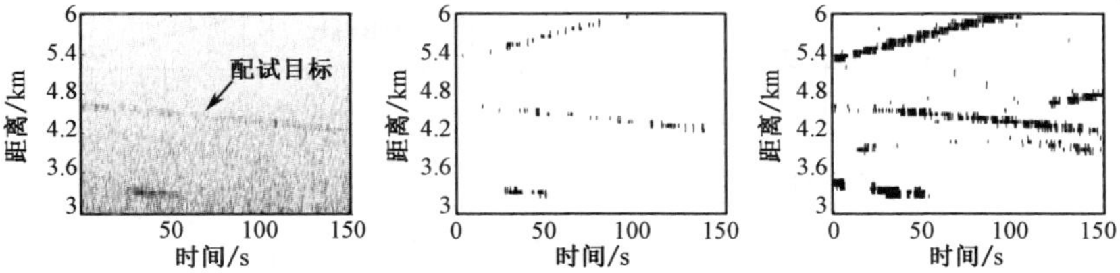

（a）时空灰度图　（b）MTD（P_D=0.13）　（c）α-AMF（P_D=0.57）

图 6-45　平均信杂比 5.6dB 的雷达检测结果

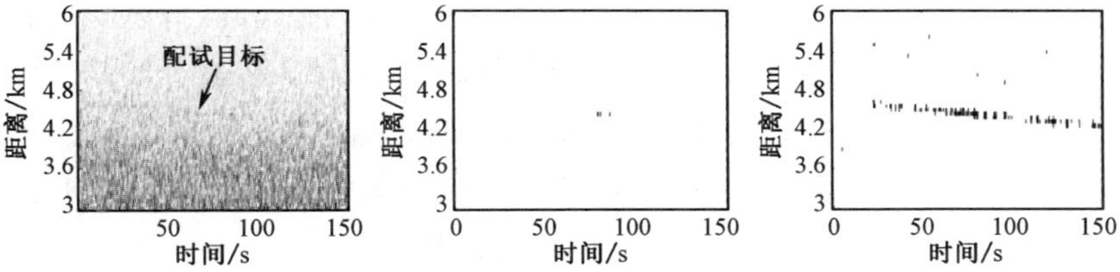

（a）时空灰度图　（b）MTD（P_D=0.01）　（c）α-AMF（P_D=0.29）

图 6-46　平均信杂比−3.9dB 的雷达检测结果

上述结果表明，海杂波幅度分布模型与雷达目标检测方法的模型失配会导致雷达目标检测性能的严重下降。因此，对于不同参数的雷达测量系统，首先需要掌握其杂波特性，采用与杂波特性相匹配的雷达目标检测方法才能获得最优的雷达目标检测性能。

② 杂波谱对动目标检测性能的影响。

杂波频谱具有一定的宽度，雷达回波向量在频域可以划分为杂波区和噪声区，当目标落入杂波区时目标检测需要目标与强杂波竞争，而当目标落入噪声区时目标检测目标信号仅与噪声竞争，由于杂波幅度通常强于噪声幅度，且通常为非高斯性，因此目标落入杂波区的检测性能与落入噪声区相比有所下降。

图 6-47 给出了灵山岛 UHF 频段雷达针对不同目标的试验检测结果，其中，检测方法为α-AMF，低速、高信杂比目标为合作目标，径向速度约为 3m/s；高速、

低信杂比目标为非合作目标，径向速度约为 6m/s。从检测结果可以看出，高速、低信杂比目标比低速、高信杂比目标有更清晰的航迹。

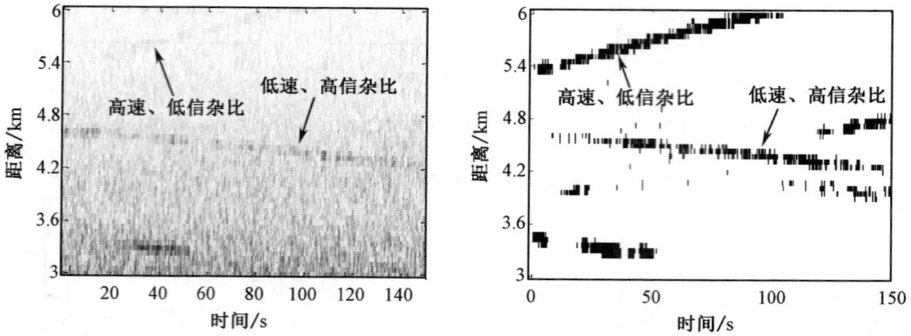

（a）空时灰度图　（b）检测结果

图 6-47　不同速度和信杂比下雷达检测结果

实测海杂波的多普勒谱表明，UHF 频段雷达海杂波具有较窄的杂波谱，其多普勒谱频带范围为−10～10 Hz，图 6-47 中低速目标的多普勒频移约为 9Hz，而高速目标的多普勒频移约为−18Hz，因此低速目标基本处于杂波区或杂噪交界区，而高速目标处于噪声区，结果表明杂波区目标比噪声区目标需要更高的信杂比。

图 6-48 给出了不同海情（SS）下雷达的检测曲线，其中，雷达积累脉冲数为 15，参考单元数为 30，每个多普勒通道的理论虚警概率为 10^{-5}。图 6-48（a）中目标信号多普勒频率区间为[−10,10]Hz，表明目标处于杂波区；图 6-48（b）中目标信号多普勒频率区间为$[-500,-10)\cup(10,500]$Hz，表明目标处于噪声区。从图 6-48 中结果可以看出，在相同平均信杂比条件下，在杂波区的目标检测概率明显小于噪声区，且随着海情升高杂波区的检测概率呈减小趋势，而噪声区的检测概率呈增大趋势。

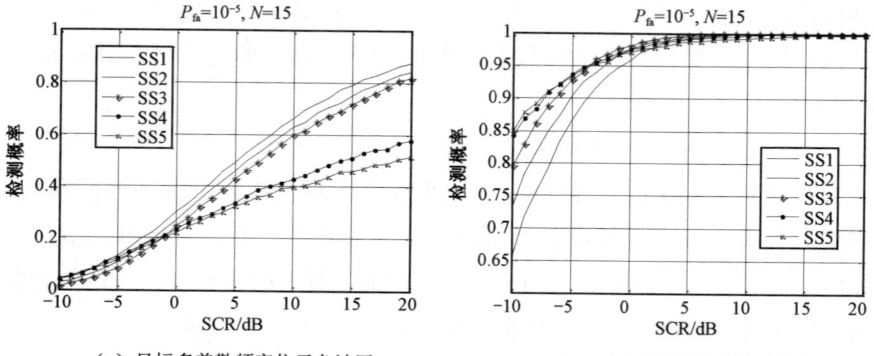

（a）目标多普勒频率位于杂波区　（b）目标多普勒频率位于噪声区

图 6-48　不同海情下目标多普勒频率对目标检测性能的影响

这些结果表明，目标多普勒频率与杂波谱的频带范围是影响雷达目标检测性能的重要因素，在分析雷达目标检测性能时，杂波谱特性估计将成为影响雷达目标检测性能评估的重要环节。

③ 积累脉冲数设置对检测性能的影响。

通常积累脉冲数越大产生积累增益越大，检测概率也随之提高，但这并不意味着积累脉冲数设置得越大越好。首先，积累脉冲数的增大会增加计算量，使检测效率下降；其次，积累脉冲数的增大意味着需要更多的参考单元样本满足杂波估计的需求，但杂波样本的空间非均匀性限制了可用参考单元样本的数量；最后，积累脉冲数的增大会降低雷达扫描速率。

图 6-49 给出了不同海情下积累脉冲数对α-AMF 检测方法目标检测性能影响的计算结果，其中，设置积累脉冲数 N 为 5、10、15，给定目标平均信杂比为 0dB。

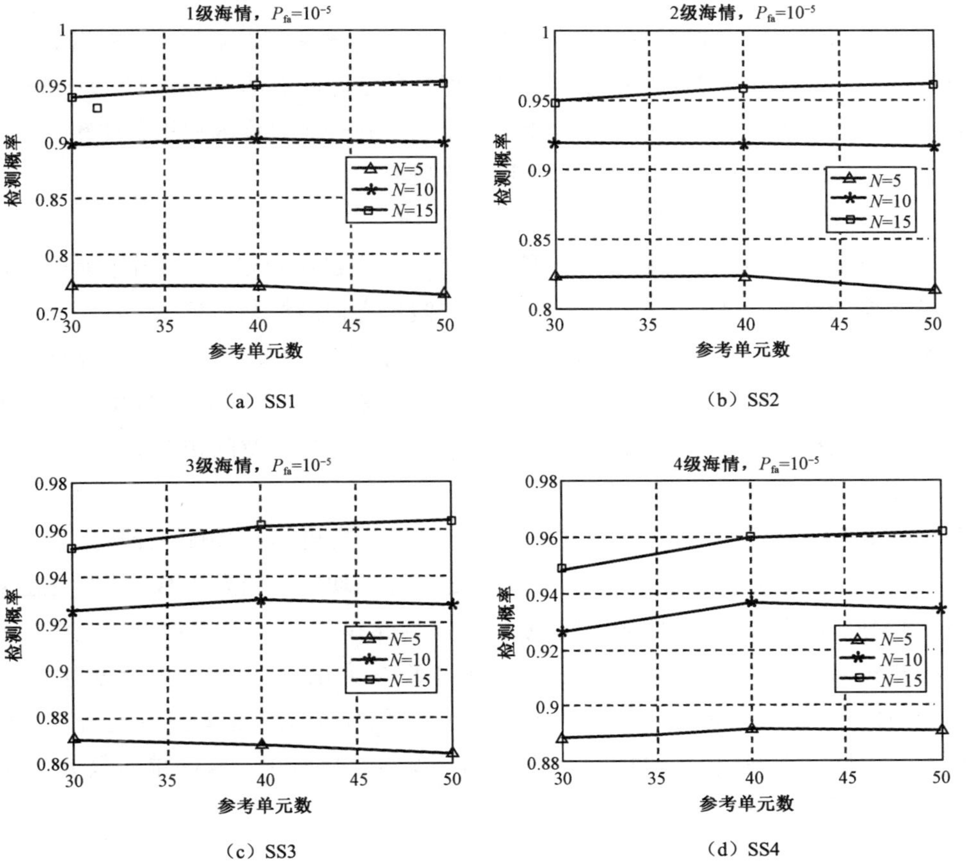

（a）SS1　（b）SS2　（c）SS3　（d）SS4

图 6-49　不同海情下积累脉冲数对检测概率的影响

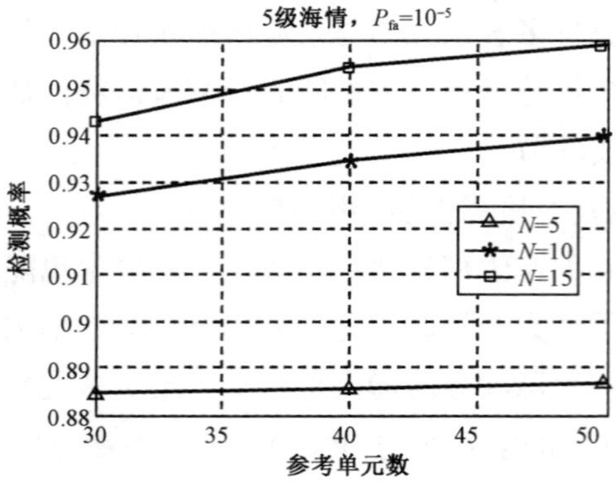

（e）SS5

图 6-49　不同海情下积累脉冲数对检测概率的影响（续）

由图 6-49 可以看出，随着积累脉冲数的增加，检测概率随之增加。当积累脉冲数从 N=5 变为 N=10 时检测概率改善明显，但当积累脉冲数从 N=10 变为 N=15 时，检测概率的改善变弱。从这个趋势来看，似乎存在一个最优的积累脉冲数，但由于相干积累脉冲数有限，该推断有待进一步研究。

④ 杂波参考单元数设置对检测性能的影响。

在目标检测中，无论是相参检测方法还是非相参检测方法，参考单元的选择都是必要的环节。对于参考单元样本，通常假定它们是纯杂波单元，且不同单元的杂波向量是独立同分布的，杂波特性的估计通常也是基于参考单元数据获得的。参考样本的选择多为待检测单元邻近的距离单元样本，有时也采用距离—方位联合选取样本的方法。因此，实际应用中雷达要能根据空间相关函数，自适应调整参考窗长度。

图 6-50 给出了不同海情下参考单元数对目标检测性能影响的计算结果，其中，设置积累脉冲数 N 为 5、10、15，给定目标平均信杂比为 0dB，检测方法采用α-AMF。由图可以看出，在积累脉冲数 N 为 5 和 10 时，随着参考单元数的增加检测概率有的升高有的降低，在积累脉冲数 N 为 15 时，参考单元数由 30 变为 40 时检测概率升高明显，参考单元数由 40 变为 50 时检测概率略有升高。综合不同海情、不同积累脉冲数条件下的检测结果可以看出，参考单元数 P 取 40 的整体检测性能更好。

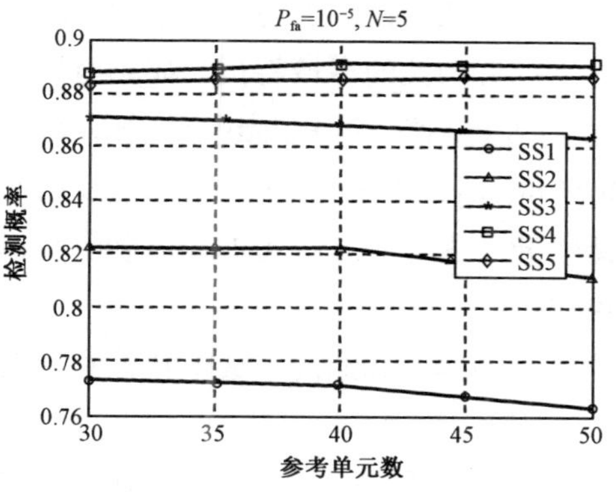

（a）N=5

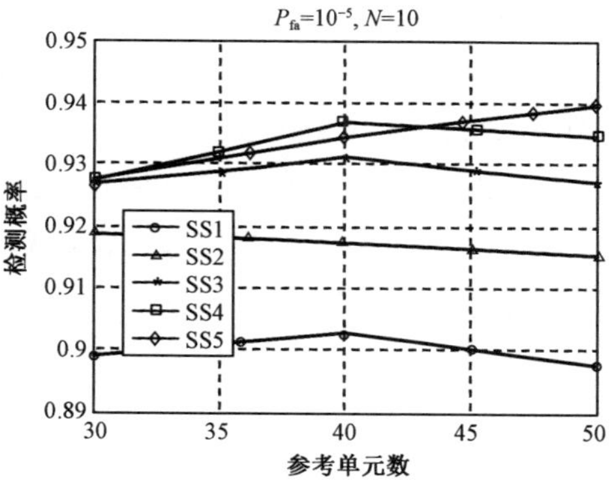

（b）N=10

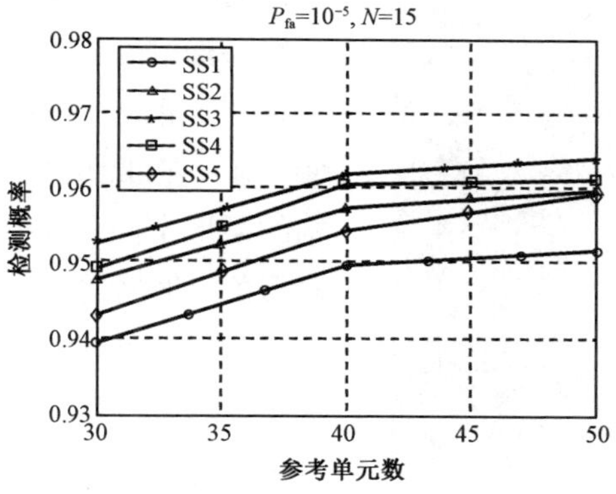

（c）N=15

图 6-50　不同海情下参考单元数对检测概率的影响

这些结果表明，参考单元的选择不仅需要考虑空间样本的相关性，还需要考虑空间样本的非均匀性。另外，参考样本选择的限制同样约束了积累脉冲数的设置，根据 RMB（Reed-Mallett-Brennan）准则，为使参数估计带来的信杂比损失小于 3dB，应满足参考单元数大于等于 2 倍的积累脉冲数。

2）高分辨雷达特征检测

近年来，海面弱目标已成为雷达预警、搜索、警戒的重点关注对象。弱目标泛指雷达横截面积小、雷达回波通常淹没在强海杂波中的各类海面或海上低空目标。为探测这类弱目标，通常采用高分辨雷达，以达到降低海杂波水平和提高目标回波信杂比的目的。然而，高分辨杂波的特性更复杂，其具有概率分布上的非高斯性、时间上的非平稳性和空间上的非均匀性，这些特性反过来使目标检测的难度大大增加。

传统检测算法利用信息少，杂波与目标区别度低，检测性能差。为此，近年来，有学者提出了多特征联合检测技术，通过挖掘杂波的多域特征，如相对平均幅度（Relative Average Amplitude，RAA）、相对多普勒峰高（Relative Doppler Peak Height，RPH）、相对向量熵（Relative Vector Entropy，RVE）等[11]，并进行联合，寻找目标和杂波特性的最大差异，提高检测性能。进一步地，考虑到运动小目标具有的时频特征，时频三特征的检测方法也被提出[11]。

下面以灵山岛 Ku 频段雷达无人机检测试验为例，介绍海杂波多特征利用及检测效果。

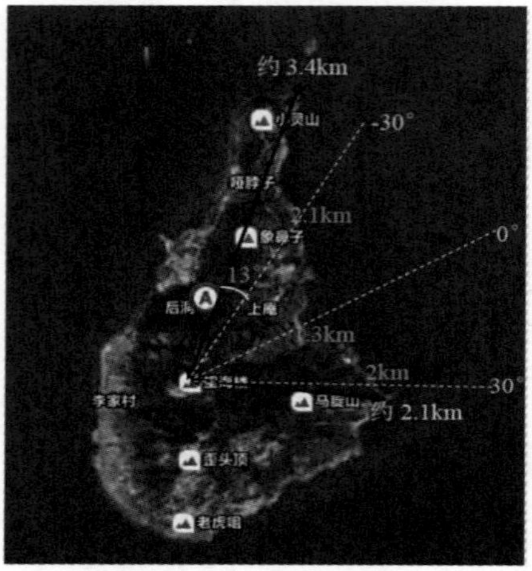

图 6-51　灵山岛 Ku 频段雷达照射海域

图 6-51 为灵山岛 Ku 频段雷达照射海域，其主要参数如表 6-3 所示。由于灵山岛延伸的最远径向距离为 3.4km，为防止雷达天线旁瓣内存在地杂波泄漏，试验中配试目标在运动过程中位于如图 6-51 所示的 60° 扇区内。配试目标是具有 8 个三面角结构的菱形全向角反射器，材质为镁铝合金。菱形角反射器的边长为 15cm，使用金属杆悬挂于无人机下方。为避免角反射器在无人机飞行时产生较大的风阻影响无人机操纵，在角反外部添加了直径为 22cm 的球形保护罩，略大于菱形角反射器的体对角线长度。无人机的最大水平飞行速度为 26m/s。

表 6-3　灵山岛 Ku 频段雷达主要参数

发射频率	15GHz	脉冲宽度	5×10^{-6}s
脉冲重复频率	2000Hz	工作模式	驻留模式
架高（海拔）	445m	目标高度	110m
波束宽度（3dB）	1°	天线俯角	5°
发射带宽	10MHz	极化方式	水平极化
采样率	50MHz	分辨率	3m

根据表 6-3 中雷达参数与角反射器的几何尺寸，可以计算得到其 RCS 的三维空间分布，配试 RCS 的空间分布如图 6-52 所示。RCS 呈几何中心对称分布，最大值为 11.78 m^2，平均值为 1.33 m^2。

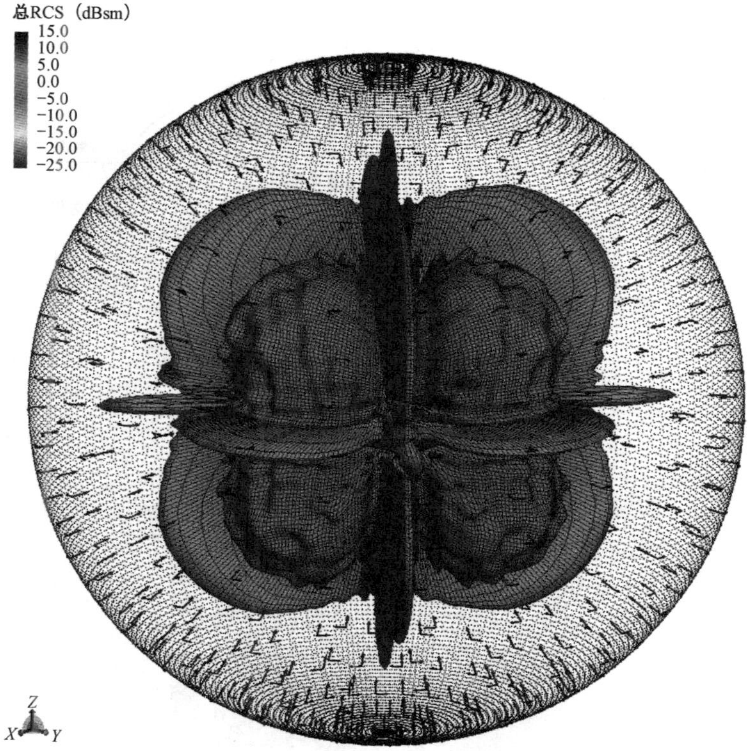

图 6-52　配试目标 RCS 的空间分布

为获得更大的信杂噪比动态范围，利用天线方向图对目标回波功率的调制作用，使目标在主波束区域内沿 S 形运动，配试目标的运动轨迹如图 6-53 所示。当目标位于波束中心附近时，目标回波具有较大的信杂噪比；当目标偏离波束中心时，天线方位方向图的增益降低，目标回波具有较小的信杂噪比。

图 6-54 为离线脉冲压缩处理后的目标回波图。可以看出，配试目标在前 45s 远离雷达快速运动，45s 后目标的径向距离基本保持不变，径向速度接近 0。图 6-55（a）给出了目标的切向运动导致的方位方向图调制作用，可以看出目标的切向运动导致回波强度随时间明显起伏，30～45s 在方位上偏离雷达主波束，从而导致该段时间内的目标回波强度明显降低。另外，从图 6-55（a）中可以看出目标归一化强度变化与由目标切向运动导致的天线方位方向图变化之间存在明显的相关性。利用无人机的实时位置信息，图 6-55（b）显示了目标在观测时间内的回波强度和速度变化，其中，灰色曲线灰度变化变化反映了目标切向运动导致的回波强弱变化，灰色轨迹的纵坐标反映了目标的速度变化，这两种特性的变化与图 6-54、图 6-55（a）观测到的结果基本保持一致。

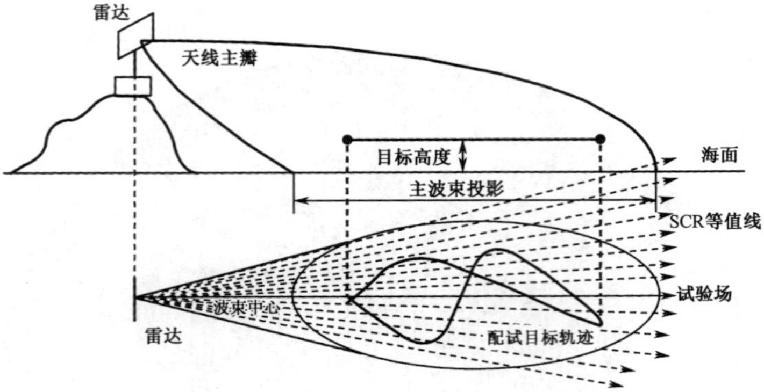

图 6-53　配试目标的运动轨迹

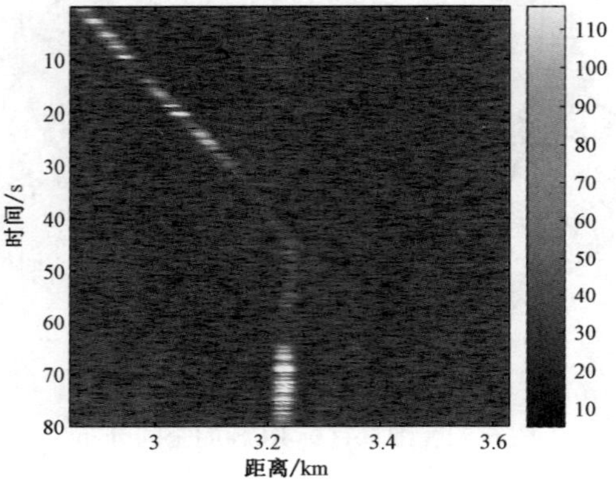

图 6-54　配试目标回波图

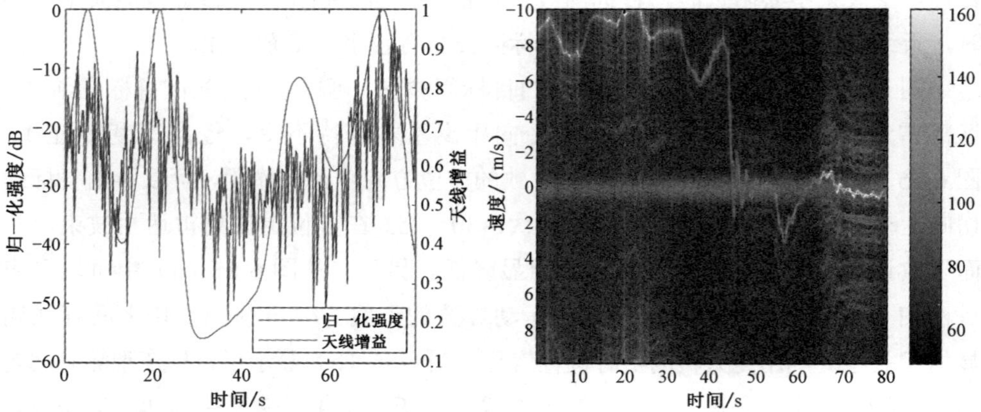

（a）回波功率受天线方位方向图增益的调制　　（b）目标运动时频图

图 6-55　配试目标回波功率和运动时频图

试验中采用 4 种检测方法对配试目标进行检测，4 种检测方法分别为分形检测方法、基于三特征的检测方法、基于时频三特征的检测方法、基于特征压缩的检测方法。考虑到目标回波的扩展，所有特征提取时待检测单元的参考单元均选择其相邻的 60 个距离单元。图 6-56 为试验测得的回波功率图，可以清晰看到目标的运动轨迹，由第 1 个距离门运动至第 130 个距离门，随后再返回。采取先学习后检测的方案，即使用 1～25s 的纯杂波数据进行检测器门限或判决区域的学习，使用 25s 之后的数据进行目标检测。图 6-57 为预设虚警概率为 0.001、累积脉冲数为 512，分别使用 4 种检测方法得到的检测结果。由图可知，分形检测方法检测性能最差，几乎无法获得目标的运动轨迹。剩余 3 种检测方法均可获得目标的运动轨迹，性能由好到差依次为基于特征压缩的检测方法、基于时频三特征的检测方法、基于三特征的检测方法，检测概率分别为 0.8390、0.8244、0.7333。相对于基于三特征的检测方法，基于特征压缩的检测方法将检测概率提升了 10.57%，基于时频三特征的检测方法将检测概率提升了 9.11%。

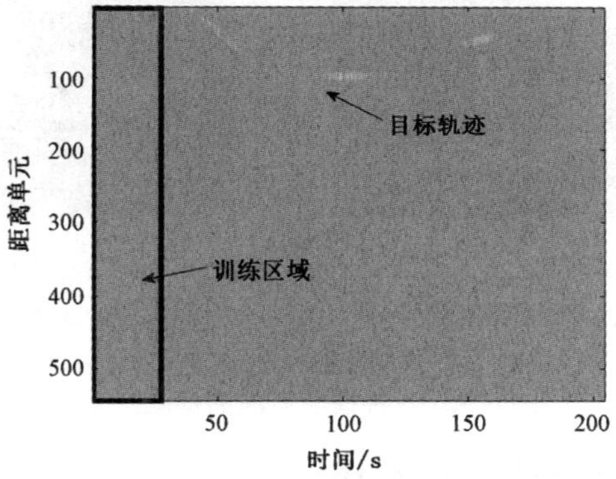

注：彩插页有对应彩色图像。

图 6-56　试验测得的回波功率图

传统的分形检测方法只使用了雷达回波的幅度特性，缺乏相位等重要信息，因此其检测性能很难达到良好。在传统的基于三特征的检测方法中，使用了一个幅度特征和两个多普勒特征，大大提升了检测器的性能，但是当目标回波落入多普勒域的主杂波带内时，检测效果会面临不可避免的损失。基于时频三特征的检测方法通过使用时频域的 3 个特征，实现了有效检测。时频域的特征相比时域特征或多普勒域特征的优势在于多了一个维度的信息。然而，面对高分辨海杂波的复杂特性，目标回波具有复杂的幅度和相位调制，以及两者之间的相互作用，联合利用多个互补特征是获得鲁棒性和良好检测性能的有效途径。

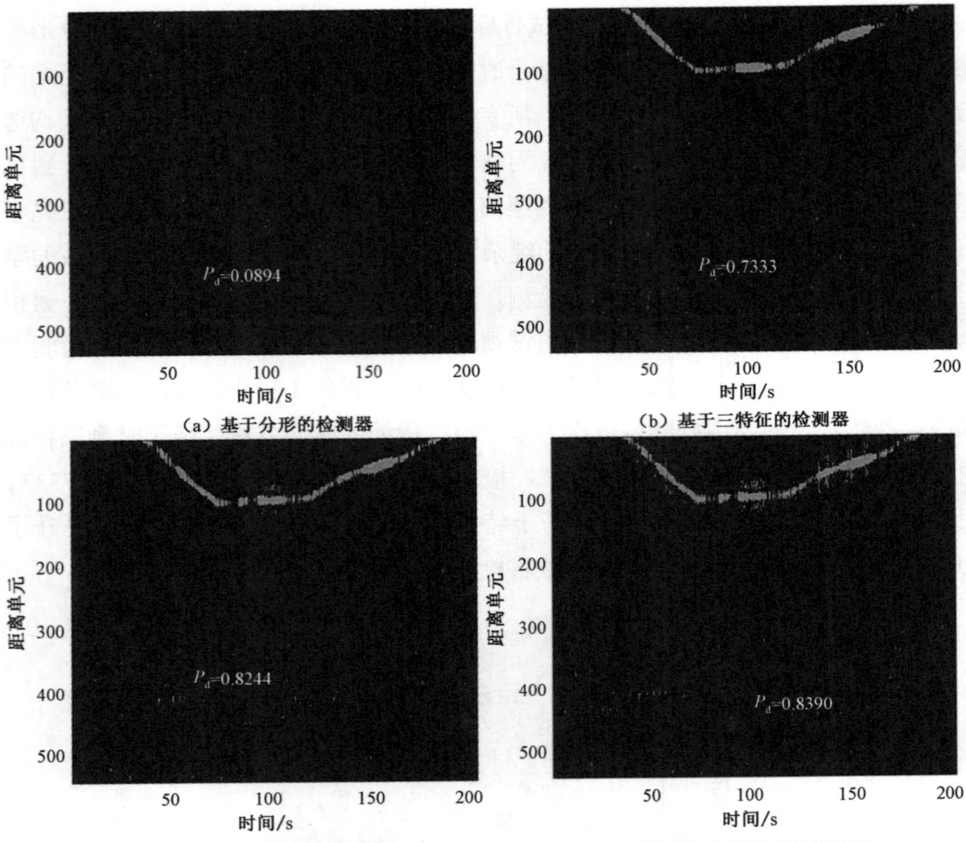

（a）基于分形的检测器　（b）基于三特征的检测器

（c）基于时频三特征的检测器　（d）基于特征压缩的检测器

图 6-57　4 种检测方法的检测结果

6.3.5　探地雷达探测性能分析

冲激脉冲体制探地雷达又称无载波雷达，是超宽带雷达（UWB）的一个分支和特例，是近年来研究和迅速发展起来的一种新的探测体制雷达。冲激脉冲体制的探地雷达具有高效率、高分辨率、探测结果直观等特点，可以探测地下金属和非金属目标，且设备成本低，已广泛应用于水文地质调查、地基和道路下空洞及裂缝调查、埋设物探测、水坝探测、岸堤探测、古墓遗迹探查等方面，成为交通、能源、资源、城市建设、灾害预防与检测、水利、环保、军事等众多领域的一种常规探测手段。

图 6-58 为探地雷达的工作原理图。探地雷达的发射天线向地下介质发射电磁波（数十 MHz 至数 GHz），电磁波在地下介质中传播，在遇到电磁特性差异的地下目标体（如空洞、水、分界面）时，电磁波便发生反射或散射，最后折回地面

被接收天线所接收。利用接收回波信号的幅度、时延、形状及频谱特性等信息参数，可解译目标深度、目标尺寸甚至材质等特性。

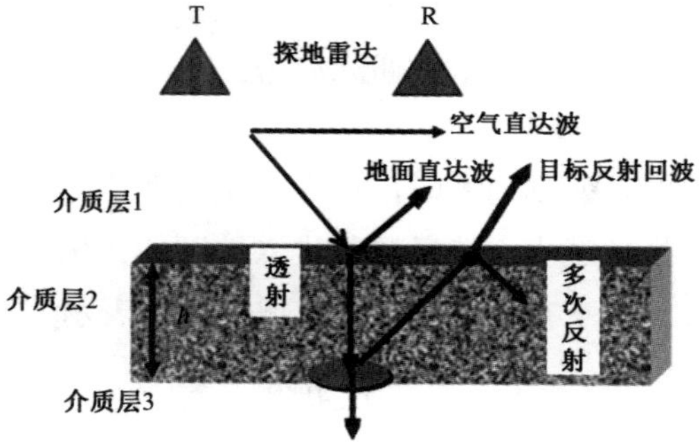

图 6-58　探地雷达工作原理图（T：发射天线，R：接收天线）

图 6-59 是一个典型的探地雷达探测地下目标接收回波时间轴单道波形图，第一个回波是空气和土壤的界面反射，以及收发天线之间的直接耦合叠加的结果，在时间轴上靠后的回波是探测目标的回波。其中，横坐标是电磁波传播双程时间 T，纵坐标为信号幅度 V。

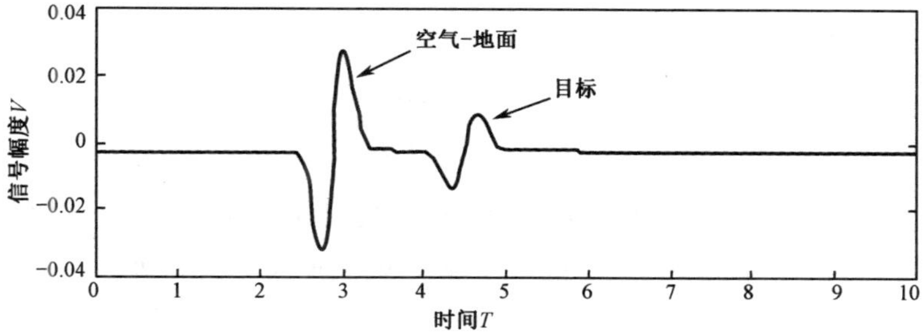

图 6-59　探地雷达探测地下目标接收回波示意图

1．地下介质对探测性能的影响

探地雷达与对空雷达不同，其传输介质为有耗介质，雷达的探测深度与地下介质特性密切相关，雷达方程可表示为[13]

$$P_{\mathrm{r\,min}} = \frac{P_{\mathrm{t}} G^2 \sigma \left(\lambda_0 / \varepsilon_{\mathrm{r}}\right)^2}{(4\pi)^3 R^4 L_{\mathrm{p}}} \tag{6.48}$$

式中，$P_{\mathrm{r\,min}}$ 为雷达最小可检测的信号功率，P_{t} 为雷达的发射功率，G 为天线增益，σ 为目标的散射截面积，λ_0 为雷达工作波长，R 为探地雷达所能探测的最大深度，ε_{r} 为传输介质的相对介电常数，L_{p} 为路径传播损耗。

从式（6.48）可以看出，探地雷达所能探测到的最大深度受路径传播损耗的影响很大，路径传播损耗主要包括地表的反射吸收、介质的衰减等，其中，介质衰减主要取决于介质类型和含水量。一般来说，电磁波在地下介质中的传播，频率越高，衰减越大，土壤相当于一个低通滤波器。

1）地表的反射与透射损耗

当电磁波从空气中入射到地表时，由于阻抗的变化，将产生反射和透射。对探地雷达来说，反射损耗越小，能量透射进入地下的比例越大；透射损耗越小，进入传播的能量越大。地下有耗介质中等效波阻抗可表示为

$$\eta_1 = \sqrt{\frac{\mathrm{j}\omega\mu}{\sigma + \mathrm{j}\omega\varepsilon}} \tag{6.49}$$

式中，ω 为入射波频率，σ 为地下介质的电导率，ε 为地下介质的介电常数，μ 为地下介质的磁导率。

地面的反射系数为

$$\varGamma = \frac{\eta_1 - \eta_0}{\eta_1 + \eta_0} \tag{6.50}$$

式中，η_0 为空气的波阻抗，$\eta_0 = \sqrt{\mu_0 / \varepsilon_0} \approx 377\Omega$。

地面的透射系数为

$$T = \frac{2\eta_1}{\eta_1 + \eta_0} \tag{6.51}$$

采用坡印廷矢量计算能量损耗，则反射损耗可表示为反射能量 S^{r} 和入射能量 S^{i} 之比，透射损耗可表示为透射能量 S^{t} 和入射能量 S^{i} 之比，即

$$\rho = \frac{S^{\mathrm{r}}}{S^{\mathrm{i}}} = |\varGamma|^2，\quad \varsigma = \frac{S^{\mathrm{t}}}{S^{\mathrm{i}}} = \frac{\eta_0}{\eta_1}|T|^2 \tag{6.52}$$

图 6-60 和图 6-61 分别给出两种湿度的土壤情况下反射损耗和透射损耗随频率变化的关系曲线[14]。从图中可以看出，当频率低于 100MHz 和大于 10GHz 时，两种损耗随频率都有明显变化；在 100MHz 到 10GHz 频段，两种损耗基本保持不变。目前，探地雷达一般工作在 50MHz～3GHz，在土壤湿度固定的情况下，可以简单地认为反射损耗和透射损耗不随频率变化。

值得注意的是，当土壤湿度不同时，损耗存在较大差异，这也是探地雷达探测性能受地下介质含水量影响大的原因。

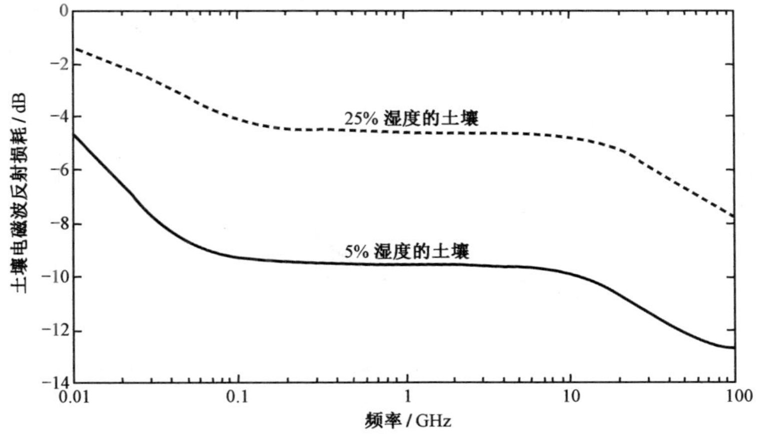

图 6-60　两种湿度的土壤电磁波反射损耗与频率的关系

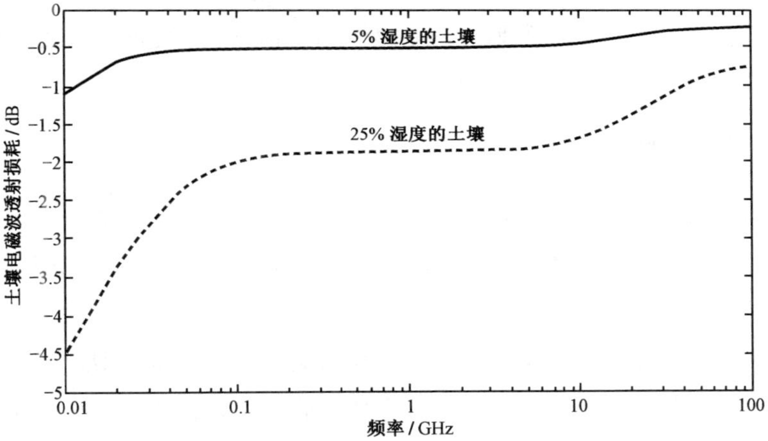

图 6-61　两种湿度的土壤电磁波透射损耗与频率的关系

2）地下介质的传播衰减

地下介质可视为多种物质组成的混合物，而这些组成成分通常具有与频率相关的复电参数和磁参数，平面波传播衰减因子可表示为

$$\alpha = \omega\left[\frac{1}{2}\mu\varepsilon\left(\sqrt{1+\left(\frac{\sigma}{\omega\varepsilon}\right)^2}-1\right)\right]^{1/2}$$

图 6-62 为土壤电磁波衰减与频率的关系曲线，从图中可以看出，当频率大于 1GHz 时，衰减急剧增大。同时，土壤湿度增大，衰减也明显增大。

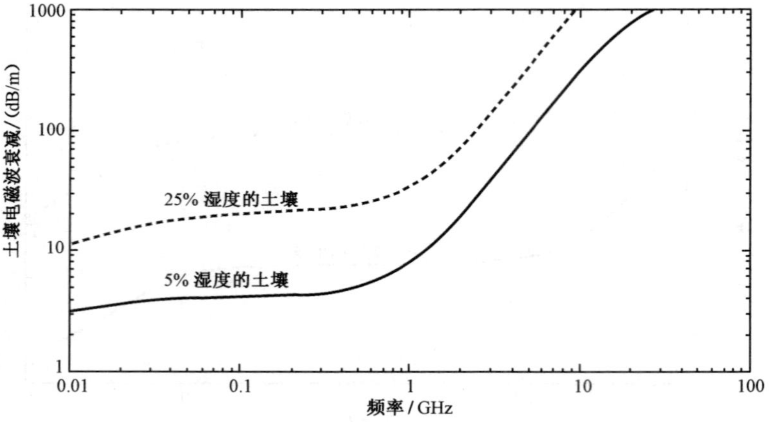

图 6-62　两种湿度的土壤电磁波衰减与频率的关系

由于土壤的强烈衰减，通过增大冲激脉冲幅度来增加探测深度的方式，效果并不理想。同时，脉冲幅度的增大，明显增加了收发天线之间、天线和地表之间的直接耦合，使浅层目标的盲区增加。

2．探地雷达的分辨率

探地雷达的分辨率是雷达所能探测到物体的最小尺度，也是雷达分辨最小异常目标的能力。对于探地雷达系统来说，分辨率包括两个方面，一是纵向分辨率，二是水平分辨率。

纵向分辨率是雷达能探测到的物体的纵向最小尺度（也称深度分辨率），用于衡量雷达探测深度方向上分辨两层不同介质的能力，如高速公路的沥青层。纵向分辨率与发射脉冲宽度，以及电磁波在介质中的传播速度密切相关，满足[14]

$$\Delta R = \frac{v}{2B} = \frac{c}{2B\sqrt{\varepsilon_{\mathrm{r}}}} \tag{6.53}$$

式中，c 为空气中雷达波波速，v 为电磁波在介质中的传播速度，ε_{r} 为传输介质的相对介电常数，B 为频谱宽度。

水平分辨率定义为水平方向上所能分辨的最小异常体的尺寸，用于衡量雷达在水平方向上将并排排列的异常目标区别开的能力。假设目标埋设深度为 h，发射、接收天线的距离远小于 h，则水平分辨率的计算公式为[13]

$$R_{\mathrm{f}} = \sqrt{\lambda_{\mathrm{r}} h/2} = \left[\frac{ch}{2f\sqrt{\varepsilon_{\mathrm{r}}}}\right]^{1/2} \tag{6.54}$$

式中，λ_r 为电磁波在介质中的波长。可以看出，探地雷达的分辨率主要受地下介质的介电常数影响。

3．探地雷达的天线选型与典型回波图

表 6-4 给出了中国电波传播研究所研制的 LTD-2600 型探地雷达用于不同探测深度的天线选型。

表 6-4　LTD-2600 型探地雷达天线选型

设备	型号	尺寸/mm	质量/kg	探测深度/m	应用范围
通用雷达主机	LTD-2600	340×270×70	3.5		可适配所有天线
空气耦合天线	AL2000MHz	430×220×470	3.8	0.02～0.3	公路基层厚度检测
	AL1500MHz	430×220×470	3.8	0.03～0.5	
高频屏蔽天线	GC1500MHz	240×160×130	1.1	0.03～0.5	工程检测
	GC900MHz	400×200×180	1.8	0.05～1.0	
中频天线	GC400MHz	330×330×210	3.8	0.06～3.0	管线定位、道路病害检测
	GC270MHz	440×440×220	4.9	0.1～5.0	
低频天线	GC100MHz	770×770×220	14.9	0.15～30	深层目标探测
	GC50MHz	1800×120×30	12	0.2～30	

不同的地下介质，电磁波在其中的传播速度不同，探地雷达回波图谱的表现不同，典型的回波包括双曲线、相位不连续、连续振荡反应等。图 6-63 为常德—张家界公路地质勘察雷达图像，该公路通车后不久出现路面开裂塌陷等，2～12 m 范

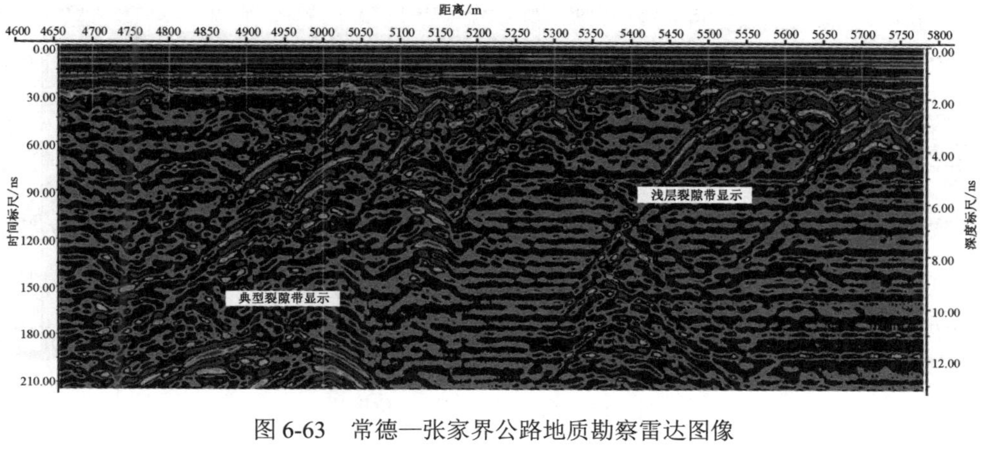

图 6-63　常德—张家界公路地质勘察雷达图像

围内路基有很多裂隙，左下方 12 m 深处有明显的溶洞回波特征。图 6-64 为管线探测图谱，由于管线为规则形状，回波显示为比较规则的双曲线图形。图 6-65 为高速公路探测层位图谱，高速公路主要包括沥青层、水稳层和地基等，在图谱上显示比较明显的层位信息。

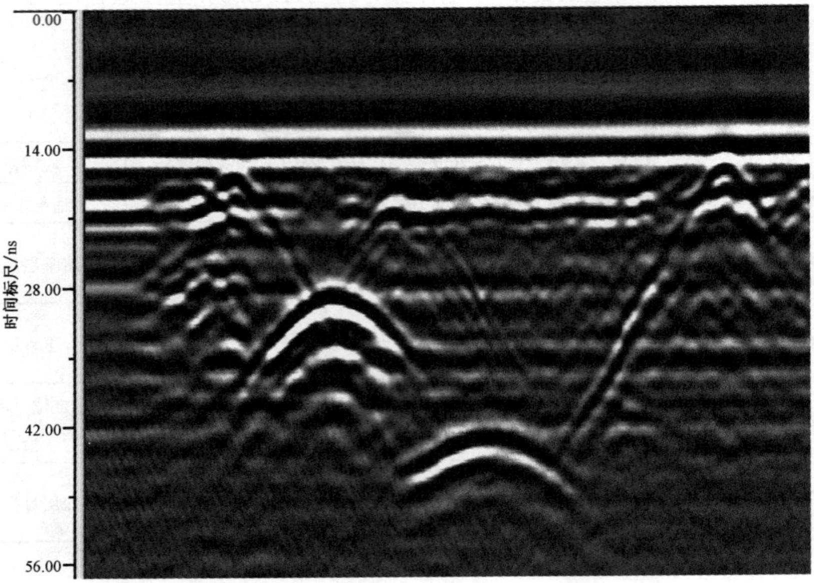

图 6-64　管线探测图谱

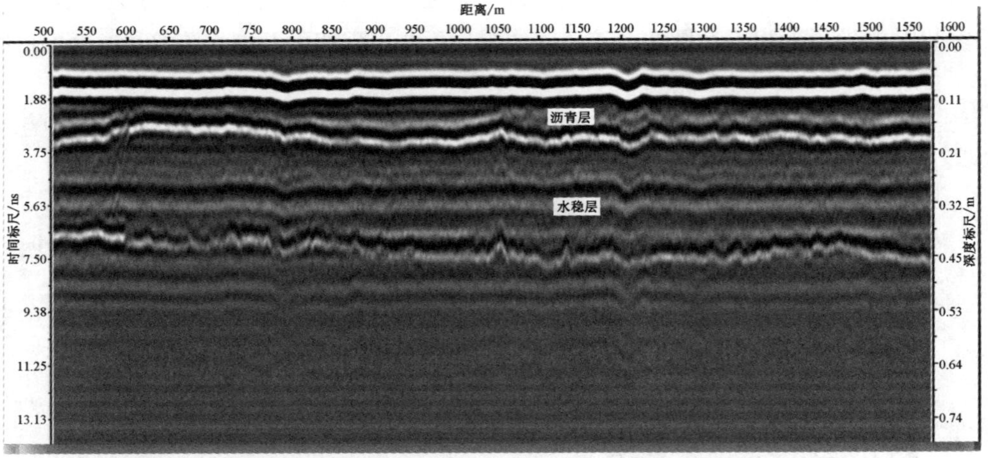

图 6-65　高速公路探测层位图谱

参考文献

[1] 焦培南，张忠治. 雷达环境与电波传播特性[M]. 北京：电子工业出版社，2007.

[2] 江长荫，张明高，焦培南，等. 雷达电波传播折射与衰减手册：GJB/Z 87—97[S]. 1997.

[3] 张武良等，对流层电波折射修正大气模式：GJB1655—93[S]. 1993.

[4] REC. ITU-R P.676-6: Attenuation by Atmospheric Gases[R]. 2005.

[5] PATTERSON W L. Advanced Refractive Effects Prediction System(AREPS)[C]// 2007 IEEE Radar Conference. IEEE, 2007: 891-895.

[6] 李吉宁，凡俊梅，李雪，等. 高频海态监测中几种电离层杂波特性及成因分析[J]. 电波科学学报，2014，29(1)：334-338.

[7] CARRANO C S, GROVES K M, CATON R G. Simulating the Impacts of Ionospheric Scintillation on L Band SAR Image Formation[J]. Radio Science, 2012, 47(04): 1-14.

[8] MEYER F. How Atmospheric Delay Maps onto SAR Measurements[M]. München: Remote Sensing Technology Technische Universität München, 2005.

[9] 赵万里，梁甸农，周智敏. VHF/UHF 波段星载 SAR 电离层效应研究[J]. 电波科学学报，2001，16(2)： 189-195.

[10] SHUI P L, LIU M, XU S W. Shape-parameter-dependent Coherent Radar Target Detection in *K*-distributed Clutter[J]. IEEE Transaction on Aerospace and Electronic Systems, 2016, 52(1): 451-465.

[11] SHUI P L, LI D C, XU S W. Tri-feature-based Detection of Floating Small Targets in Sea Clutter[J]. IEEE Transaction on Aerospace and Electronic Systems, 2014, 50(2): 1416-1430.

[12] SHI S N, SHUI P L. Sea-surface Floating Small Target Detection by One-class Classifier in Time-frequency Feature Space[J]. IEEE Transactions on Geoscience and Remote Sensing, 2018, 56(11): 6395-6411.

[13] 雷文太. 探地雷达理论与应用[M]. 1 版. 北京：电子工业出版社，2011.

[14] EIDE E S. Radar Imaging of Small Objects Closely Below the Earth Surface[D]. Department of Telecommunications, Norwegian of Science and Technology, 2000.

反侵权盗版声明

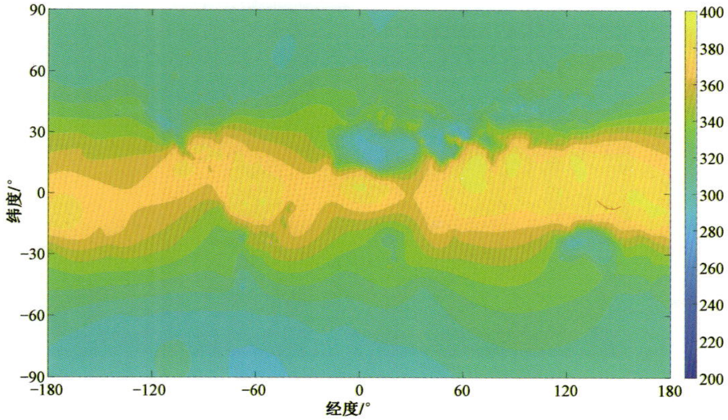

图 3-3　全球海平面折射率中值分布图

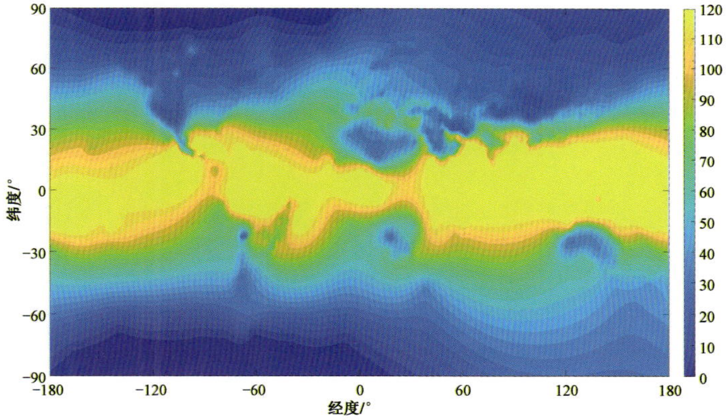

图 3-4　全球表面折射率湿项中值分布图

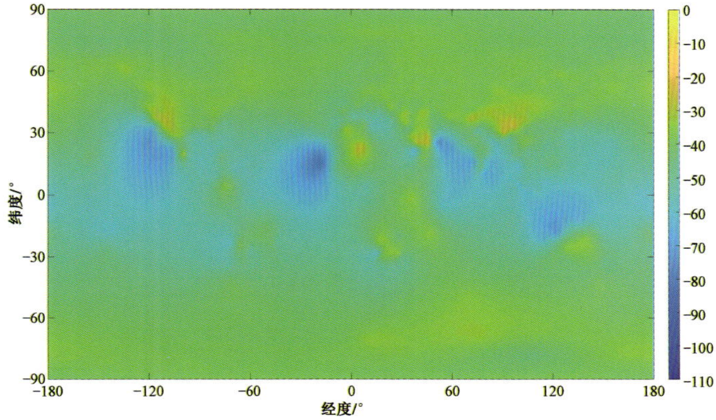

图 3-5　全球 1km 折射率梯度中值分布图

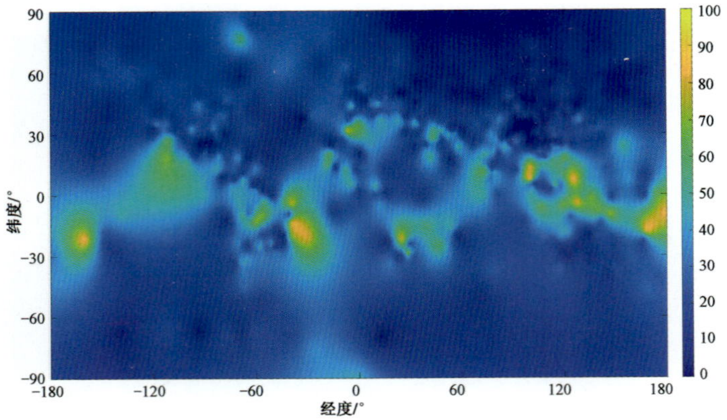

图 3-6　全球 100m 折射率梯度小于−100N 单位/km 的时间百分比分布图

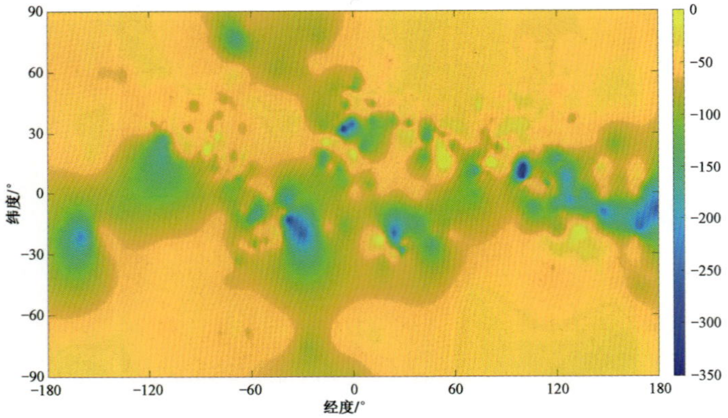

图 3-7　全球 65m 折射率梯度中值分布图

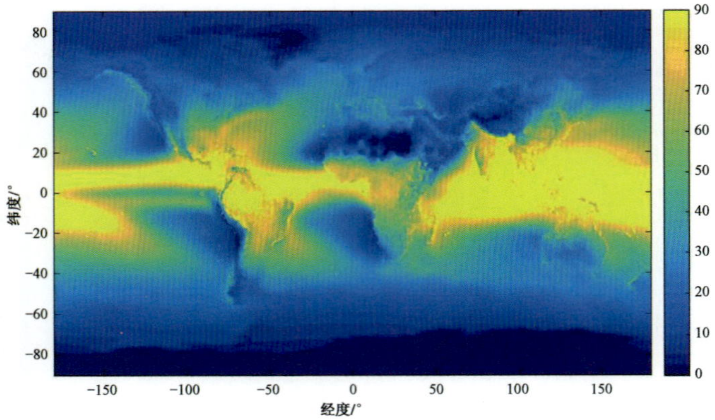

图 3-11　全球 0.01%时间被超过的降雨率数字地图

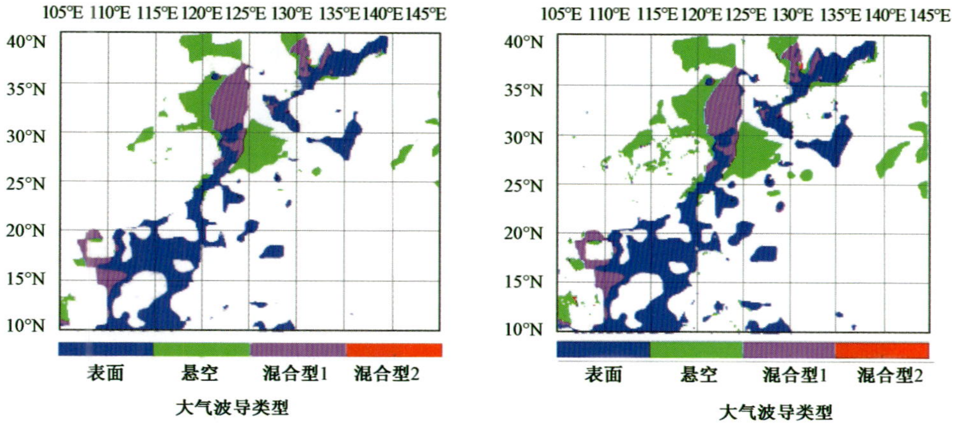

(a）大气波导类型分布

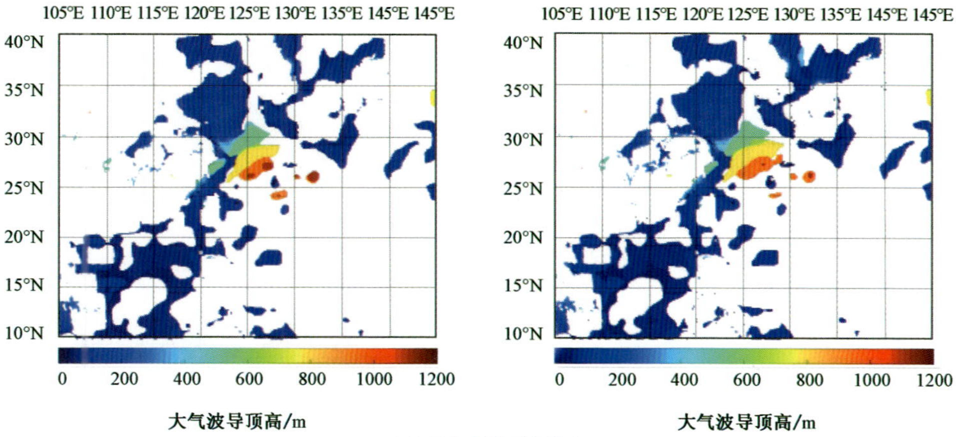

(b）大气波导顶高分布

图 3-37 常规观测资料同化前后大气波导预报结果对比

（左图为未同化观测数据；右图为同化常规观测数据）

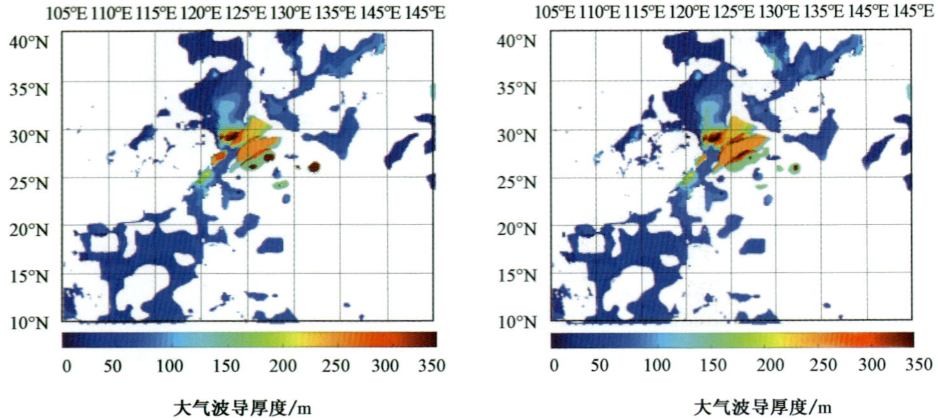

（c）大气波导厚度分布

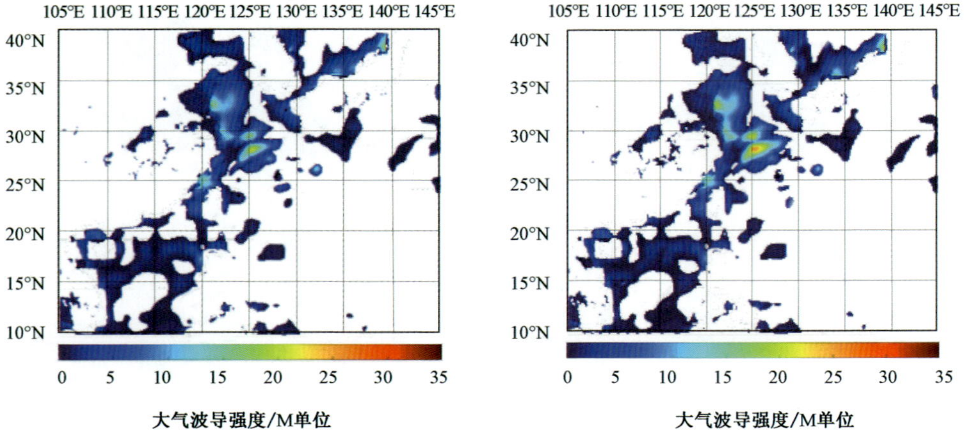

（d）大气波导强度分布

图 3-37　常规观测资料同化前后大气波导预报结果对比（续）

（左图为未同化观测数据；右图为同化常规观测数据）

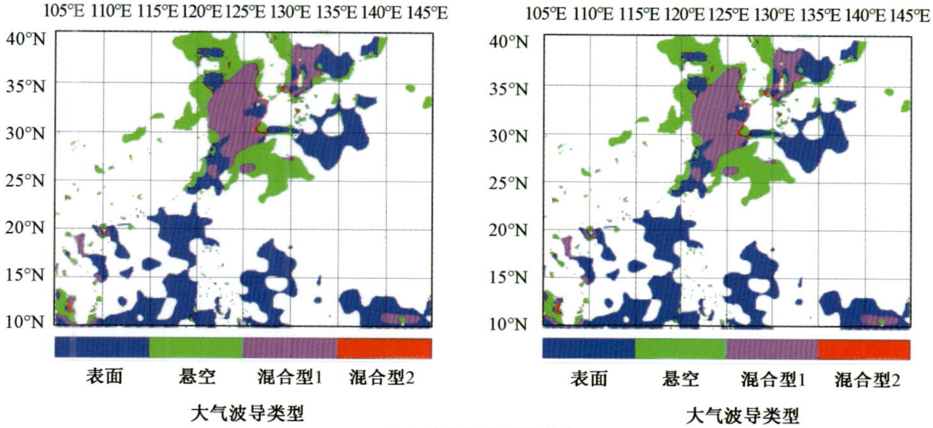

（a）大气波导类型分布

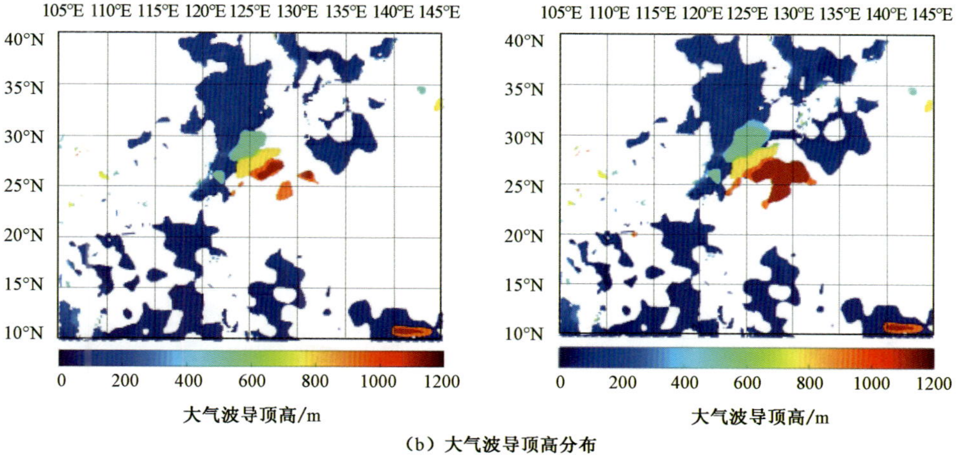

（b）大气波导顶高分布

图 3-39　卫星资料同化前后大气波导预报结果对比

（左图为未同化卫星数据；右图为同化 AIRS 辐射数据）

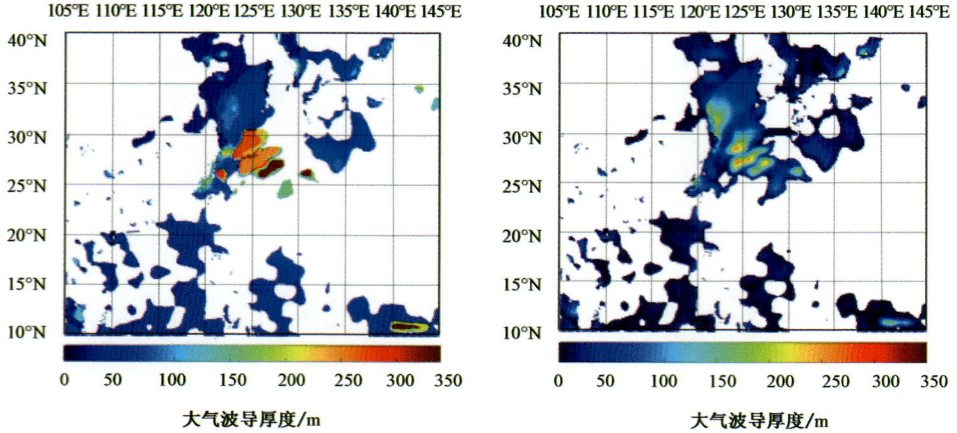

（c）大气波导厚度分布

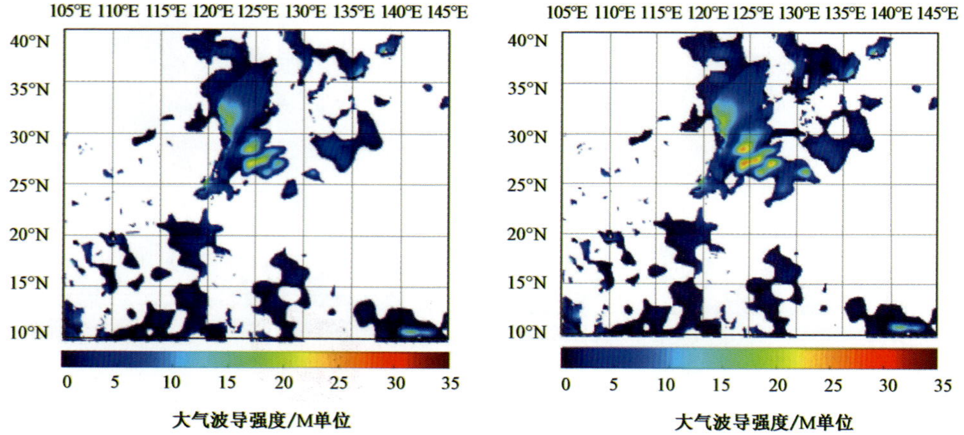

（d）大气波导强度分布

图 3-39　卫星资料同化前后大气波导预报结果对比（续）
（左图为未同化卫星数据；右图为同化 AIRS 辐射数据）

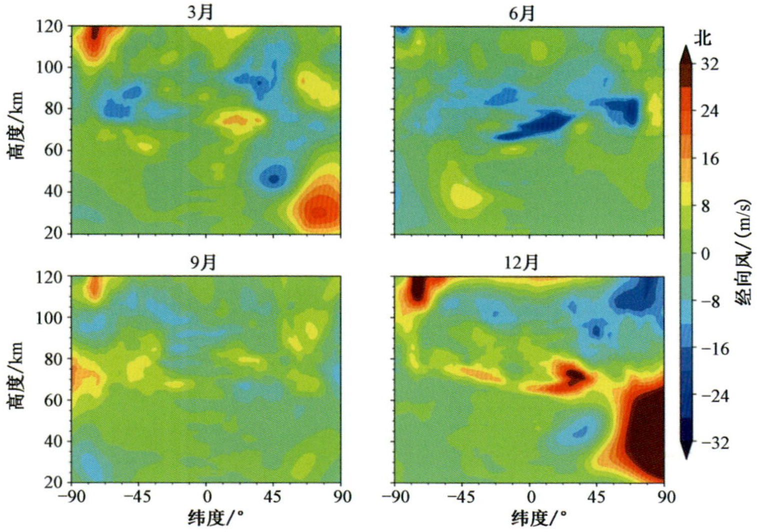

图 3-52 不同月份 WACCM-X 模拟的（120°E）经向风随纬度和高度的分布

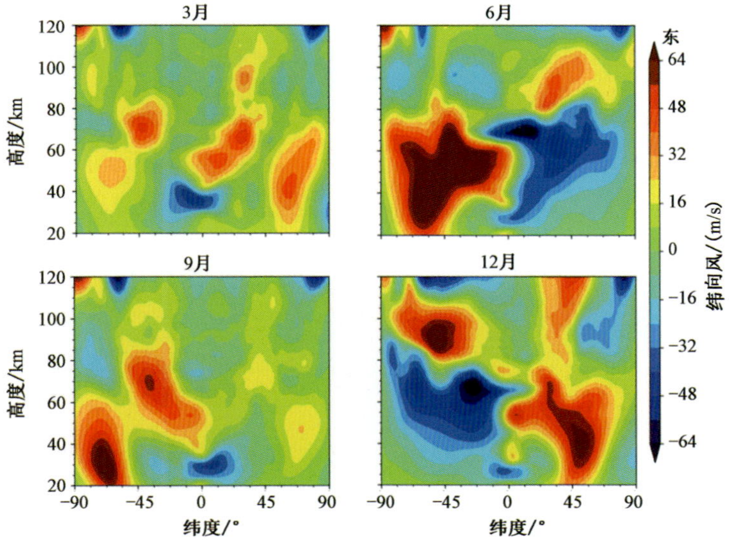

图 3-53 不同月份 WACCM-X 模拟的（120°E）纬向风随纬度和高度的分布

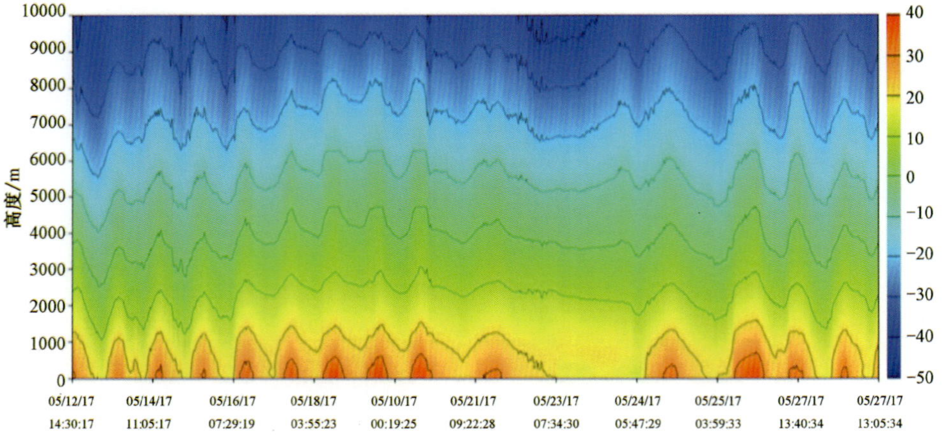

（a）温度的时间—高度二维分布

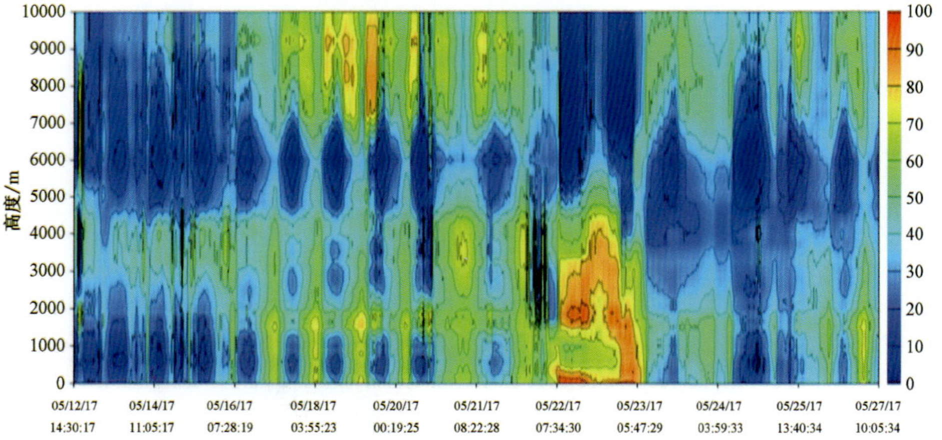

（b）相对湿度的时间—高度二维分布

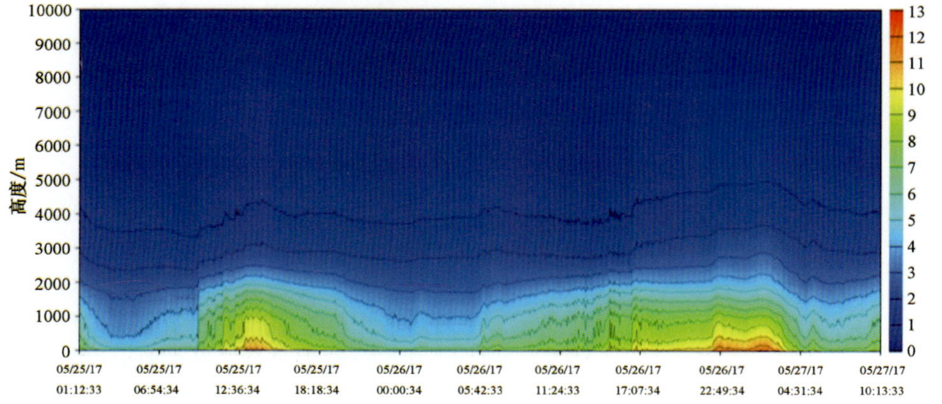

（c）水汽密度的时间—高度二维分布

图 3-78　微波辐射计测量结果

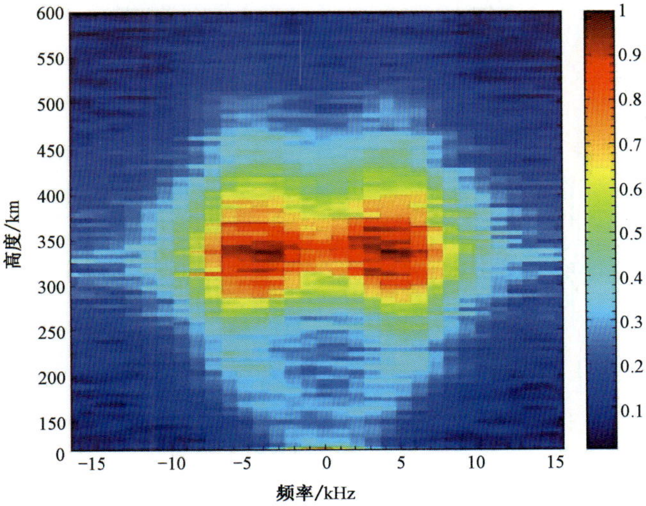

图 4-13　昆明非相干散射雷达探测的电离层回波功率谱

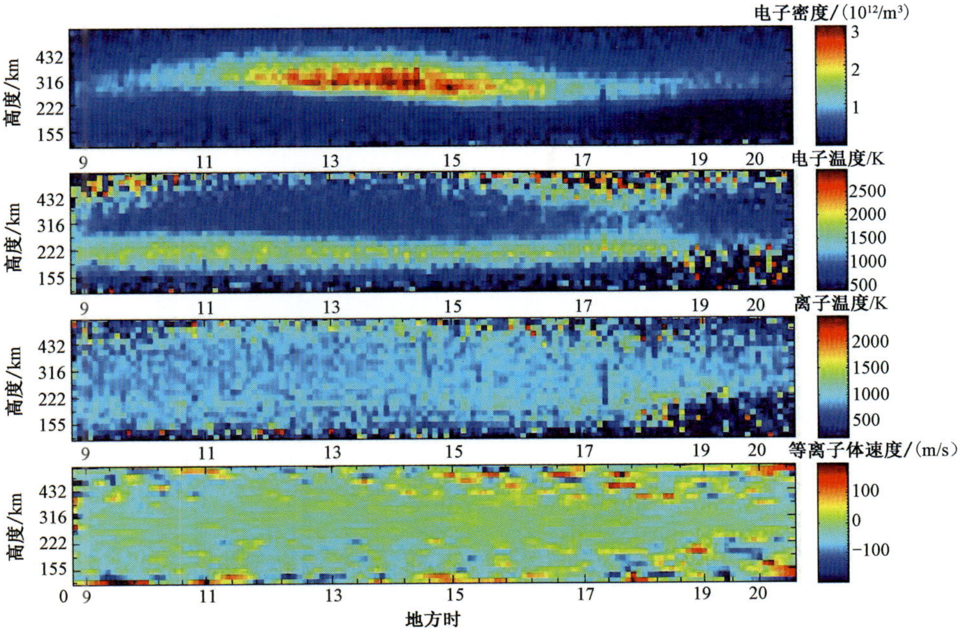

图 4-14　昆明非相干散射雷达探测的电离层参数随高度的分布与日变化

（从上到下依次为电子密度、电子温度、离子温度和等离子体速度）

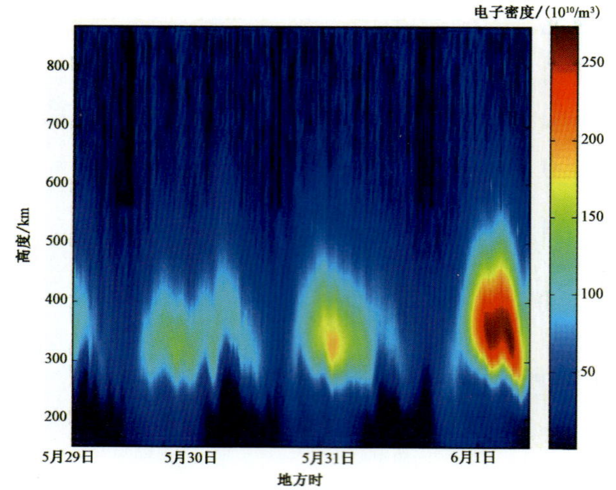

图 4-15　昆明非相干散射雷达探测的电离层电子密度连续变化

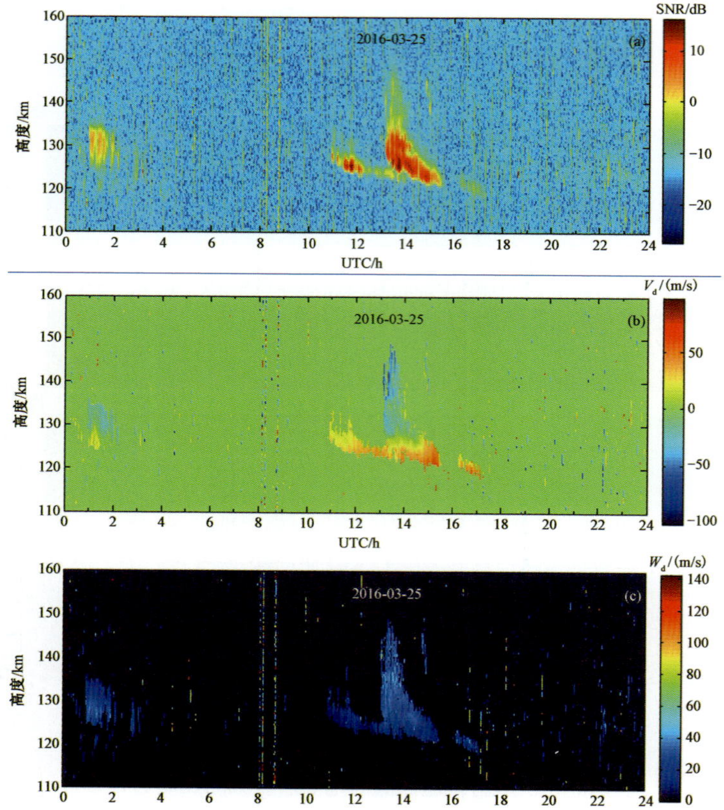

图 4-17　昆明相干散射雷达观测的电离层不均匀体回波（从上到下依次为信噪比、速度和谱宽）

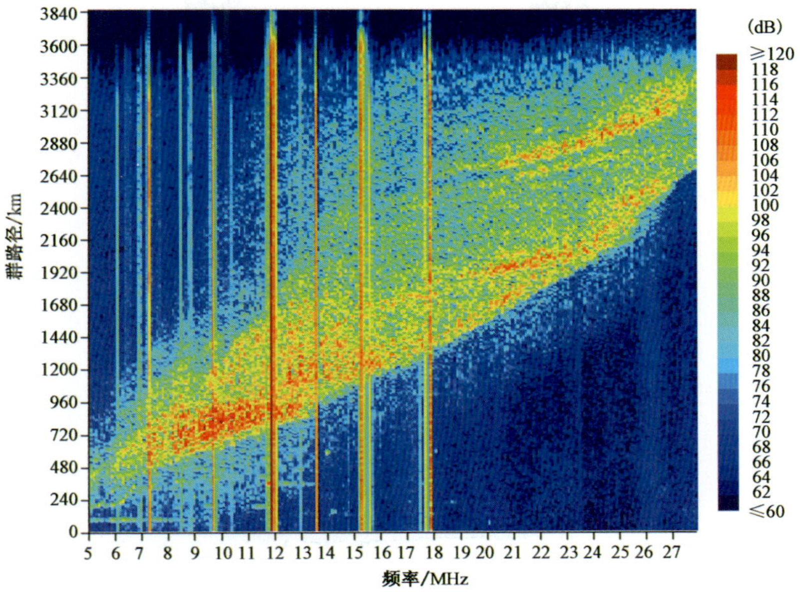

图 4-42　最典型的白天返回散射扫频电离图

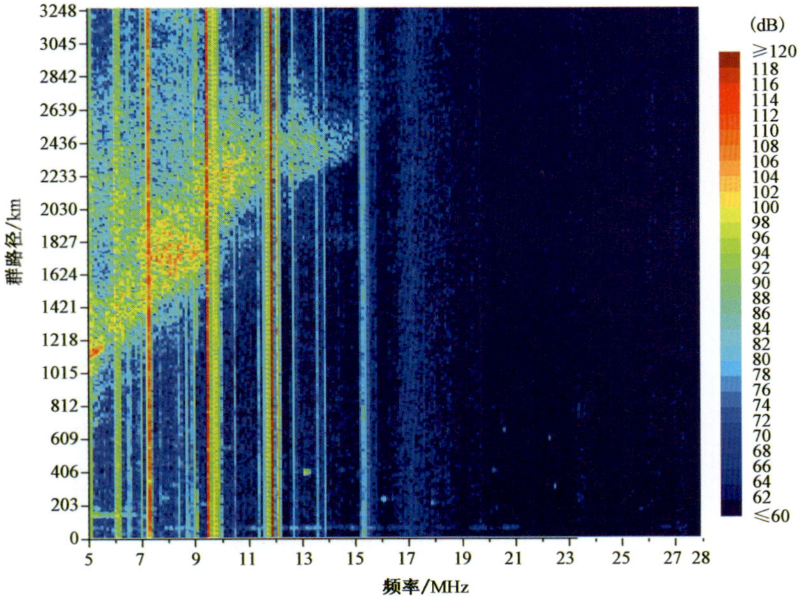

图 4-43　夜间返回散射扫频电离图

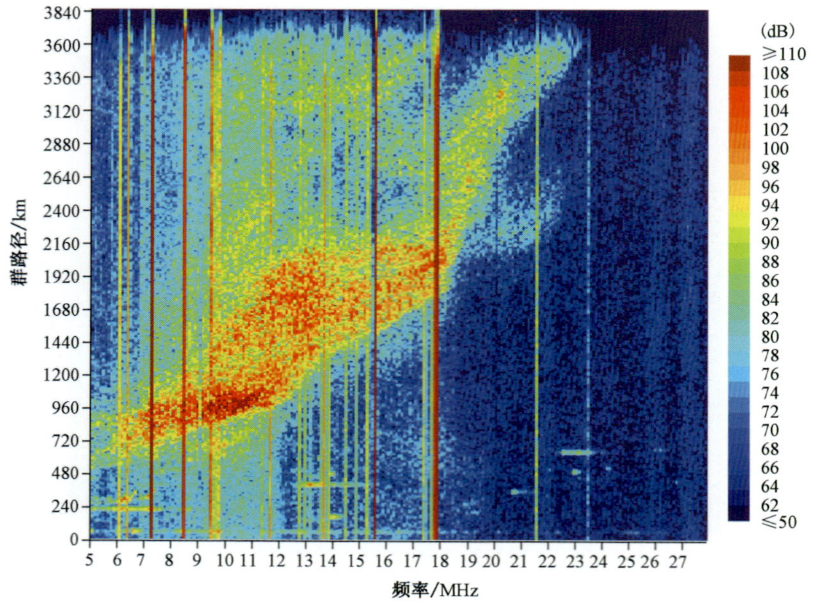

图 4-44　F 层波动型前沿返回散射扫频电离图

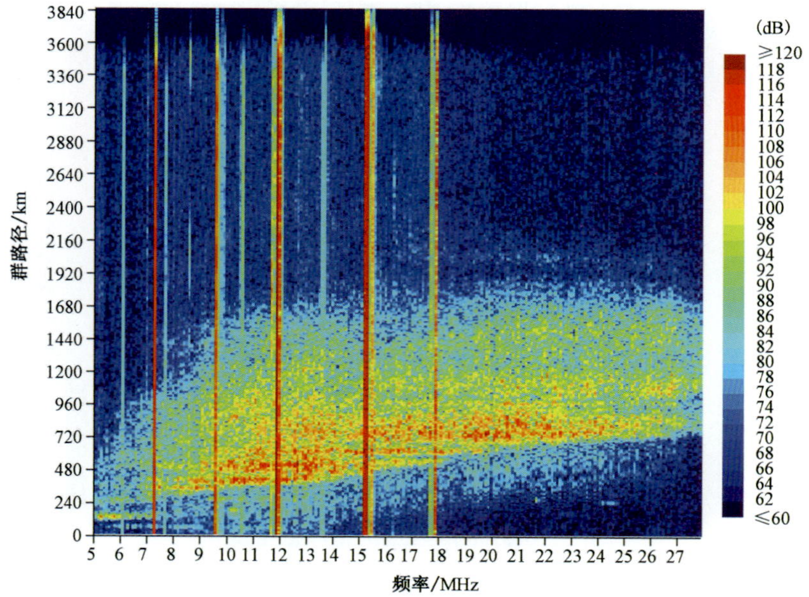

图 4-45　Es 层全遮蔽返回散射扫频电离图

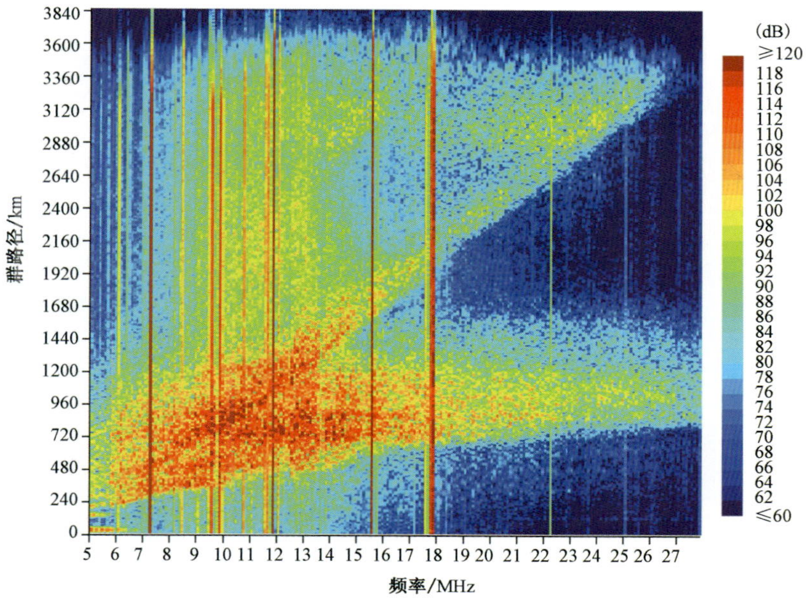

图 4-46 Es 层半遮蔽返回散射扫频电离图

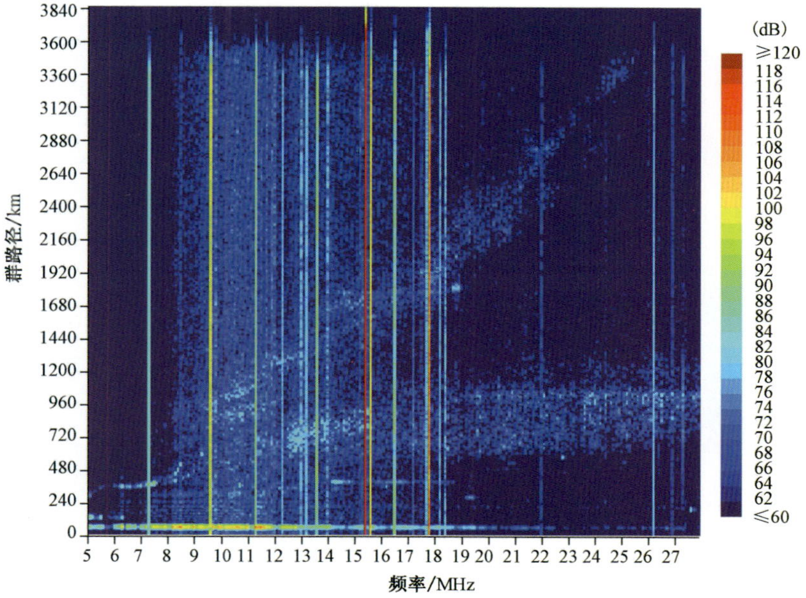

图 4-47 突然电离层骚扰时返回散射扫频电离图

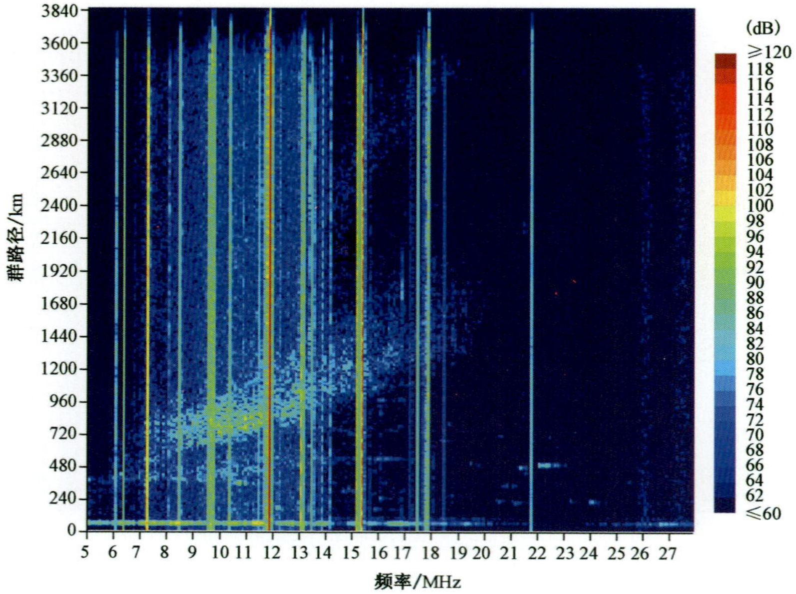

图 4-48　电离层暴时返回散射扫频电离图

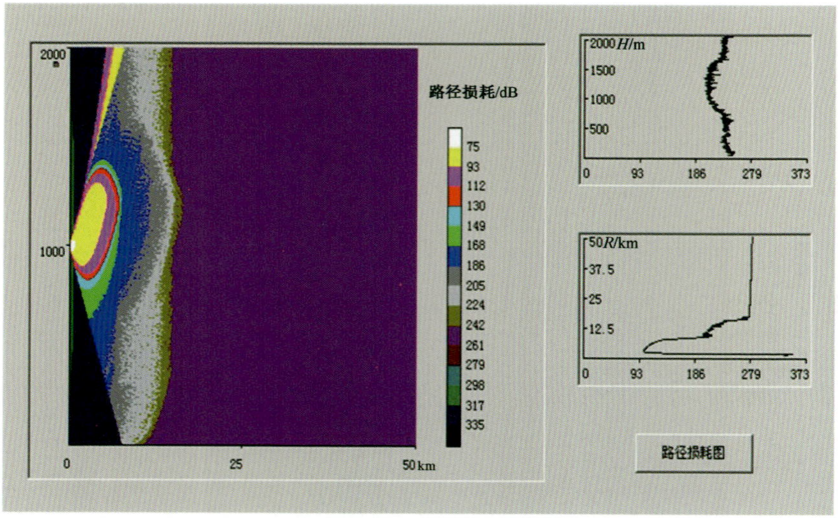

图 6-20　电波在标准大气中的传输损耗

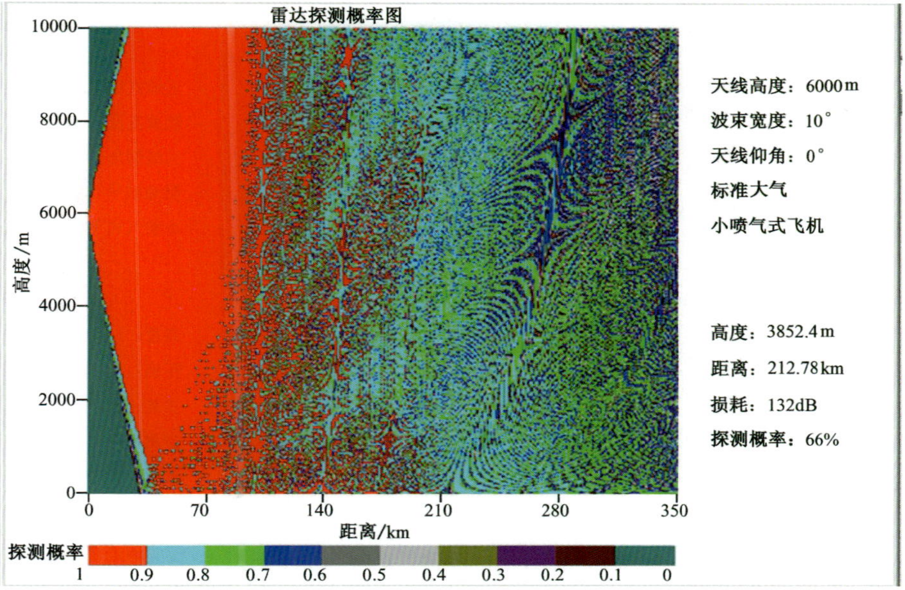

图 6-21　标准大气中的雷达探测概率

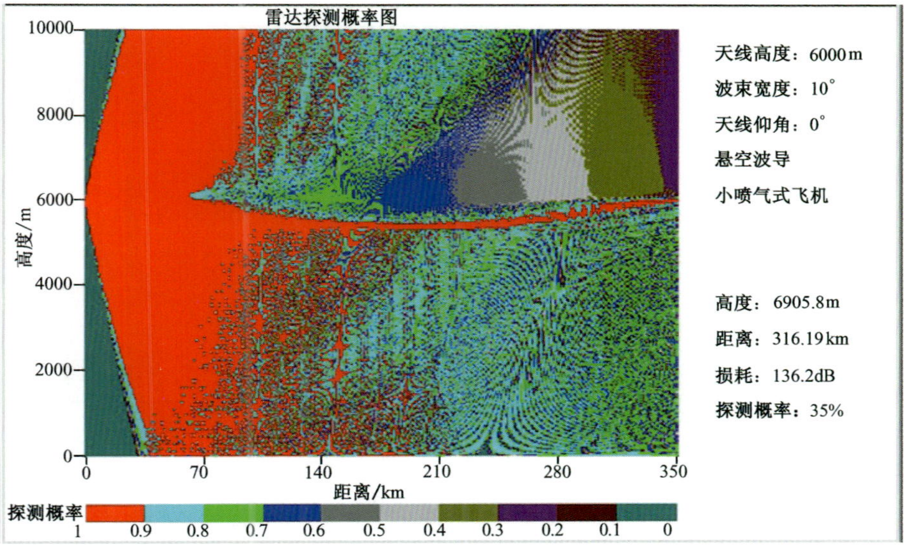

图 6-22　悬空波导的雷达探测概率

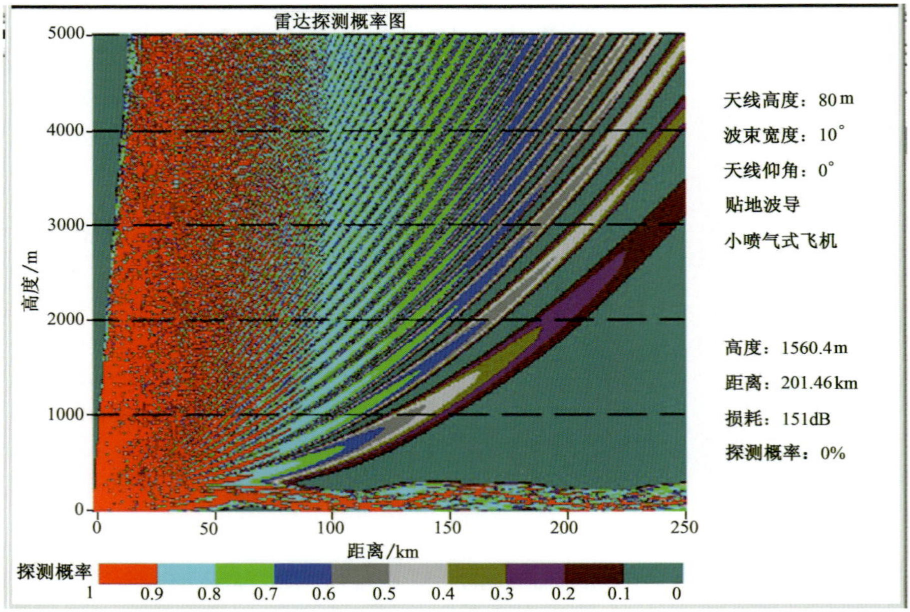

图 6-23　贴地波导的雷达探测概率

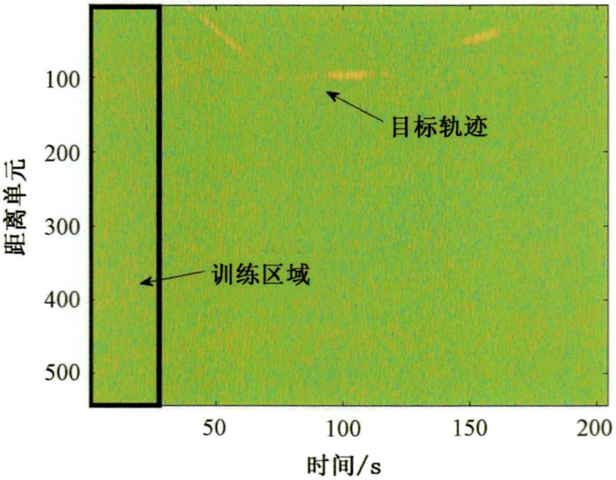

图 6-56　试验测得的回波功率图